T0212348

Springer-Lehrbuch

Gerald Rimbach • Jennifer Nagursky
Helmut F. Erbersdobler

Lebensmittel-Warenkunde für Einsteiger

2. Auflage

Gerald Rimbach
Institut für Humanernährung
und Lebensmittelkunde
Universität Kiel
Kiel, Deutschland

Helmut F. Erbersdobler
Institut für Humanernährung
und Lebensmittelkunde
Universität Kiel
Kiel, Deutschland

Jennifer Nagursky
Institut für Humanernährung
und Lebensmittelkunde
Universität Kiel
Kiel, Deutschland

ISSN 0937-7433
Springer-Lehrbuch
ISBN 978-3-662-46279-9   ISBN 978-3-662-46280-5 (eBook)
DOI 10.1007/978-3-662-46280-5

Die Deutsche Nationalbibliothek verzeichnet diese Publikation in der Deutschen Nationalbibliografie;
detaillierte bibliografische Daten sind im Internet über http://dnb.d-nb.de abrufbar.

Springer Spektrum
© Springer-Verlag Berlin Heidelberg 2015

Planung: Merlet Behncke-Braunbeck

Gedruckt auf säurefreiem und chlorfrei gebleichtem Papier

Springer Berlin Heidelberg ist Teil der Fachverlagsgruppe Springer Science+Business Media
(www.springer.com)

Vorwort

Das vorliegende Lehrbuch gibt eine Übersicht zur Warenkunde von Lebensmitteln pflanzlicher und tierischer Herkunft. Der Begriff der „Warenkunde" geht möglicherweise auf den Göttinger Professor Johann Beckmann (1739–1811) zurück und diente ursprünglich der Erklärung und Bekanntmachung von Kolonialwaren. Nach Beckmann zählen zu den Aufgaben der Warenkunde eine systematische Ordnung, die Identifizierung und Prüfung sowie die Ermittlung der Herkunft der Waren und der wichtigsten Märkte. Weitere Bereiche der Warenkunde waren die Beschreibung der Herstellungsverfahren, die Erläuterungen des unterschiedlichen Wertes der Sorten und Qualitäten sowie die Bedeutung der Waren im Wirtschaftsleben.

Dieses Buch vertieft die Vorlesung zur „Warenkunde von Lebensmitteln pflanzlicher und tierischer Herkunft" von Prof. Dr. G. Rimbach und seinem Vorgänger Prof. Dr. H. Erbersdobler (beide Institut für Humanernährung und Lebensmittelkunde) an der Christian-Albrechts-Universität zu Kiel. Es richtet sich vor allem an Studierende der Ökotrophologie und Ernährungswissenschaften sowie der Lebensmittelwissenschaften.

Die Gliederung dieses Buches orientiert sich an den Vorlesungsthemen. Dazu gehören einerseits die Lebensmittel tierischer Herkunft, welche in den Abschnitten Milch, Milchprodukte und Käse, Eier, Fleisch und Fisch näher vorgestellt werden. Andererseits gibt es die Kapitel Getreide, Leguminosen, Speiseöle, Obst und Gemüse sowie Gewürze, die unter den Lebensmitteln pflanzlicher Herkunft subsumiert werden. Weitere Kapitel beschäftigen sich mit den Getränken Kaffee, Tee, Kakao sowie Bier, Wein und Spirituosen. Auf dem europäischen Markt werden zunehmend Lebensmitteln angeboten, die zusätzlich zu Ihrem Nährwert, einen besonderen gesundheitlichen Nutzen aufweisen sollen. Diese Produkte werden als sogenannte funktionelle Lebensmittel („Functional Food") bezeichnet. Darüber hinaus werden, seitens des Verbrauchers, vermehrt Biolebensmittel aus ökologischer Produktion nachgefragt. In der zweiten Auflage des vorliegenden Lehrbuchs werden daher funktionelle Lebensmittel und Biolebensmittel erweitert dargestellt.

Die einzelnen Abschnitte des Lehrbuchs informieren über die Be- und Verarbeitung von Lebensmitteln sowie deren Auswirkungen auf die Qualität der wichtigsten Lebensmittelgruppen. Weiterhin werden die Zusammensetzung und die ernährungsphysiologische Bedeutung der Lebensmittel beschrieben und erläutert. Darüber hinaus werden kurz die wirschaftliche Bedeutung inklusive einiger Produktions- und Verbrauchszahlen und gegebenenfalls die Herkunft und der Ursprung der einzelnen

Lebensmittel näher vorgestellt. Teilweise sind rechtliche Grundlagen zur Unterstützung des Verständnisses angemerkt.

Tabellen, Abbildungen und Strukturformeln verdeutlichen an erforderlicher Stelle komplexe Zusammenhänge der Warenkunde der Lebensmittel.

Am Ende jedes Kapitels befinden sich zu jedem Thema Literaturhinweise, die den Studierenden zur Vertiefung der einzelnen Themen dienen.

Kiel, Februar 2015   Gerald Rimbach
                                                                                         Jennifer Nagursky
                                                                                Helmut F. Erbersdobler

Inhaltsverzeichnis

Abkürzungsverzeichnis

AA	Arachidonsäure (Arachidonic Acid)
ACE	Angiotensine-Converting-Enzyme
ALA	-Linolensäure
AP	alkalische Phosphatase
AS	Aminosäure
ADP	Adenosindiphosphat
AMP	Adenosinmonophosphat
A.P.Nr	amtliche Prüfungsnummer
ATP	Adenosintriphosphat
AXT	Astaxanthin
BDSI	Bundesverband der Deutschen Süßwarenindustrie e. V.
BEFFE	bindegewebseiweißfreies Fleischeiweiß
BGVV	Bundesinstitut für gesundheitlichen Verbraucherschutz und Veterinärmedizin
BMELV	Bundesministerium für Ernährung, Landwirtschaft und Verbraucherschutz
BSE	Bovine spongiforme Enzephalopathie
BSI	Bundesverband der Deutschen Spirituosen-Industrie
BW	biologische Wertigkeit
C4H	Zimtsäure-4-hydroxylase
CA	Controlled Atmosphere
CSH	Cystein (reduziert)
CSSC	Cystein (oxidiert) = Cystin
CSSP	Cystein (proteingebunden)
CTC	Crushing Tearing Curling
DCB	Dark Cutting Beef
DFD	Dark, Firm, Dry
DGE	Deutsche Gesellschaft für Ernährung
DGF	Deutsche Gesellschaft für Fettforschung
DIB	Deutscher Imkerbund
DHA	Docosahexaensäure (Docosahexaenoic Acid)
DMA	Dimethylamin
EC	Epicatechin
ECG	Epicatechin-3-gallat

EDTA	Ethylendiamin-Tetraacetat
EFSA	Europäische Behörde für Lebensmittelsicherheit
EGC	Epigallocatechin
EGCG	Epigallocatechin-3-gallat
EPA	Eicosapentaensäure (Eicosapentanoic Acid)
ER	Östrogen-Rezeptor
ESL	Extended Shelf Life
FAO	Food and Agriculture Organization
fFS	freie Fettsäure
FF-SH	2-Furfurylthiol
F. i. Tr.	Fett in der Trockenmasse
FIZ	Fischinformationszentrum
FOSHU	Food For Specific Health Use
FS	Fettsäure
G6PDH	Glukose-6-phosphat-dehydrogenase
Gfk	Gesellschaft für Konsumforschung
GR	Glutathion-Reduktase
GRAS	Generally Recognized As Safe
GSH	Glutathion (reduziert)
GSSG	Glutathion (oxidiert)
GSSP	Glutathion (proteingebunden)
GVO	gentechnisch veränderter Organismus
HCN	Blausäure
HDL	High Density Lipoprotein
HMF	5-Hydroxymethylfurfural
HPLC	High Performance Liquid Chromatography
HTST	High-Temperature-Short-Time
ICCO	International Cacoa Organization
ICS	Imperial College Selection
I. E.	Internationale Einheit
IEP	isoelektrischer Punkt
IMP	Inosinmonophosphat
Ig	Immunglobulin
KG	Körpergewicht
KHK	koronare Herzerkrankungen
LDL	Low Density Lipoprotein
LI	Laktose-Intoleranz
LM	Lebensmittel
LPO	Laktoperoxidase
LT	Leukotriene
LTLT	Low-Temperature-Long-Time
LTP	Lawrie Tea Processor
MF-SH	2-Methyl-3-Furanthiol
MHD	Mindesthaltbarkeitsdatum
MMA	Monomethylamin
N-3	Omega-3

NAD	Nicotinamid-Adenin-Dinukleotid
NADP	Nicotinamid-Adenin-Dinukleotid-Phosphat
NaOH	Natriumhydroxid
NFCS	Non Fat Cocoa Solid Contents
NPN	Non-Protein-Nitrogen
NVS	Nationale Verzehrsstudie
°Oe	°Oechsle
PAL	Phenylalanin-Ammonium-Lyase
PG	Prostaglandine
PHB	Para-Hydroxybenzoesäure
PN	Packstellen-Nummer
PPO	Polyphenoloxidase
PSE	Pale, Soft, Exsudativ
Q.b.A.	Qualitätswein bestimmter Anbaugebiete
RBS	Roggen-Backschrot
RM	Roggenmehl
ROF	Raffinose-Familie von Oligosacchariden
SERMs	Selektive Östrogen-Rezeptor-Modulatoren
SFA	gesättigte Fettsäure (Saturated Fatty Acid)
THA	Tetracasohexaenoic Acid
TMA	Trimethylamin
TMA-O	Trimethylamin-Oxid
TS	Trockensubstanz
TVB-N	Gesamtgehalt flüchtiger Basen (Total Volatile Basic Nitrogene)
TX	Thromboxane
UFOP	Union zur Förderung von Oel- und Proteinpflanzen e. V.
UHT	Ultra-High-Temperature
UN/ECE	United Nations Economic Commission for Europe
VO	Verordnung
VRS	flüchtige reduzierende Substanzen (Volatile Reducing Substances)
WBS	Weizen-Backschrot
Wff	Wassergehalt der fettfreien Masse
WHO	World Health Organization
WM	Weizenmehl
ZMP	Zentrale Markt- und Preisberichtsstelle

Milch

1

Inhaltsverzeichnis

1.1 Definition und Geschichte

Laut Milchverordnung handelt es sich bei Milch bzw. Rohmilch im Allgemeinen um „das durch einmaliges oder mehrmaliges tägliches Melken gewonnene unveränderte Eutersekret von zur Milchgewinnung gehaltenen Kühen". Zwar wird auch die Milch anderer Säugetierarten wie z. B. Büffel, Pferd, Schaf, Ziege oder Esel genutzt, aber diese muss eindeutig als solche gekennzeichnet werden. Kolostrum (Biest- oder Erstmilch) darf nicht in den Verkehr gebracht werden. Etwa 90% der

© Springer-Verlag Berlin Heidelberg 2015
G. Rimbach et al., *Lebensmittel-Warenkunde für Einsteiger,* Springer-Lehrbuch,
DOI 10.1007/978-3-662-46280-5_1

Weltmilchproduktion wird von Rindern gewonnen. Für Milch bzw. die verschiedenen Milchsorten und -erzeugnisse gibt es eine Vielzahl gesetzlicher Regelungen wie z. B. die Milchverordnung, die Milch-Güteverordnung, die Milcherzeugnisverordnung, die EG-Lebensmittelverordnung und die EG-Lebensmittelhygiene-Verordnung. In diesen Verordnungen sind u. a. die Begriffsbestimmungen, die Behandlung von Milch, die Qualitätsanforderungen, die hygienischen Aspekte und die Vermarktung von Milch geregelt.

Ausgegrabene Tontafeln aus dem ehemaligen Babylonien belegen, dass Milch schon vor etwa 5.000 Jahren genutzt wurde. Wahrscheinlich hielten die dort lebenden Sumerer Milchkühe bzw. weibliche Auerochsen und stellten mit Kräutern und Honig gewürzten Quark her. Weiterhin gibt es Hinweise darauf, dass auch im alten Ägypten (ca. 3.000 v. Chr.) und in Indien (etwa 2.000 v. Chr.) schon Milchwirtschaft betrieben wurde. Angeblich soll Milch den in Griechenland verehrten Göttern Unsterblichkeit verliehen haben.

Eine wichtige Entdeckung in der Geschichte der Milch machte der Franzose *Louis Pasteur* im Jahre 1857. Der Chemiker und Biologe fand heraus, dass die in der Milch enthaltenen Bakterien durch Erhitzung abgetötet und die Haltbarkeit der Milch so erhöht werden kann. Dieses Verfahren ist heute als „Pasteurisierung" bekannt und führte zu einer europa- bzw. weltweiten Verbreitung von Milch- und Milchprodukten.

1.2 Produktion und Verbrauch

Kühe werden mit zwei bis drei Jahren „milchend" und die maximale Leistung ist mit ca. zehn Jahren erreicht. Vor dem Kalben wird die Kuh etwa zwei Monate trocken gestellt, dann beträgt die Laktationsperiode nach dem Kalben etwa 270–300 Tage. Milchkühe sollten daher etwa einmal im Jahr kalben. Im Durchschnitt liegt die weltweite landwirtschaftliche Milchproduktion bei etwa 609 Mio. t jährlich. Kuhmilch hat einen Anteil von 85% daran (ca. 520 Mio. t im Jahre 2004). Die größten Milcherzeugerländer sind die USA, Indien und Russland. In der EU werden durchschnittlich 200 Mio. t Milch produziert, woran Deutschland und Frankreich den größten Anteil haben. Die Milchproduktion deutscher Kühe ist in den vergangenen Jahrzehnten infolge von Verbesserungen im Bereich der Tierzucht und -ernährung stark angestiegen. Eine deutsche Milchkuh gibt täglich durchschnittlich 18 L Milch bzw. 6.850 kg/Jahr. Aus 18 L ermolkener Milch können entweder 18 L Trinkmilch, 3,5 Päckchen Butter oder 2,2 kg Käse erzeugt werden.

Der Milchkuhbestand im Jahre 2007 in Deutschland umfasste ca. 4,1 Mio. Milchkühe, wovon Bayern und Niedersachsen die größten Anteile tragen. Der Trend ist steigend. Die Kuhmilcherzeugung insgesamt betrug in Deutschland im Jahre 2007 etwa 27,6 Mio. t, die von etwa 102.000 Milcherzeugerbetrieben produziert wurden. Die mittlere Zufuhr von Milch (inkl. Milchmischgetränken) beträgt bei Frauen ca. 100 g/Tag, während Männer täglich etwa 130 g Milch zu sich nehmen. Mit steigendem Alter nimmt der Verzehr jedoch bei beiden Geschlechtern ab (Daten: NVS II 2005–2006).

Der weltweite Milchkonsum ist sehr ungleich verteilt. Einerseits gibt es Kulturen, die hauptsächlich aus Hirten und Nomaden hervorgegangen sind und bei denen Milchviehhaltung bzw. Milch und Milchprodukte im Mittelpunkt der Ernährung stehen, andererseits gibt es auch Völker wie z. B. Japaner oder Chinesen, die traditionell außer Muttermilch praktisch keine Milch konsumieren. Weltweit ist der Milchkonsum allerdings steigend mit überproportionalem Anstieg verarbeiteter Milchprodukte.

1.3 Behandlung von Milch

Nach dem Melken wird Milch in Tankwagen unter Kühlen zu den Meiereien transportiert. Vor der Abgabe an den Verbraucher wird die Rohmilch weiteren Behandlungen zur Haltbarmachung und Qualitätsverbesserung unterzogen. Die Abb. 1.1 gibt eine Übersicht über die Schritte der Milchbehandlung vom Melken bis zur fertigen Konsummilch.

Vor der eigentlichen Wärmebehandlung wird Rohmilch auf ca. 40 °C vorgewärmt und in Zentrifugen gereinigt und entrahmt. Dabei wird zunächst der feste Schmutz abgeschieden und die Flüssigkeit teilt sich in fettreichen Rahm und entrahmte Milch. Durch Rückmischung von Rahm und Magermilch werden anschließend die verschiedenen Trinkmilchsorten auf den entsprechenden Fettgehalt eingestellt. Rohmilch darf vor der Wärmebehandlung einmal thermisiert werden, um den Gehalt an vegetativen Keimen zu reduzieren. Die Thermisierung erfolgt im kontinuierlichen Durchflussverfahren bei 57–68 °C mit Heißhaltezeit von längstens 30 s. Nach dem Thermisieren muss der Phosphatasennachweis (siehe Abschn. 1.3.3) positiv sein, aber die Milch ist noch nicht verkehrsfähig. Milch, die durch maschinelles Melken unter hygienisch einwandfreien Bedingungen (Kühlung) frisch ermolken wurde, hat einen Keimgehalt von ca. 10.000–50.000 Keimen pro cm^3. Bei den in der Milch vorkommenden Bakterien handelt es sich um säurebildende Streptokokken und Bazillen, psychrophile Bakterien, Mikrokokken, Coli-Vertreter sowie vereinzelt auch Sporenbildner. Durch kranke Tiere oder über den Menschen können aber auch Krankheitserreger in die Milch gelangen. Deshalb muss die Milch zur Abtötung pathogener Keime und zur Erhöhung der Haltbarkeit einem Wärmebehandlungsverfahren unterzogen werden. Zu den anerkannten Wärmebehandlungsverfahren für Milch gehören Pasteurisierung, Ultrahocherhitzung, Sterilisierung und Kochen.

Milch wird i. d. R nur „physikalisch" (Homogenisierung, Erhitzung) behandelt – der Zusatz von Vitaminen, Mineralstoffen etc. ist in Deutschland nicht üblich.

1.3.1 Pasteurisieren

Dieses nach seinem Erfinder *Louis Pasteur* (franz. Chemiker und Biologe) benannte Verfahren dient in erster Linie der Abtötung pathogener Keime. Es werden die drei Arten der *Dauer-, Kurzzeit-* und *Hocherhitzung* der Pasteurisierung unterschieden:

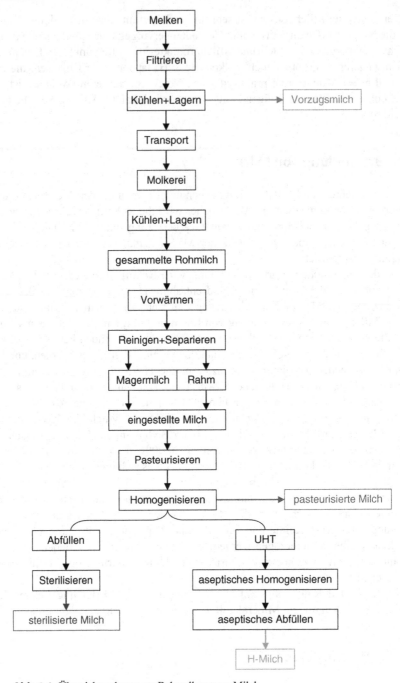

Abb. 1.1 Übersichtsschema zur Behandlung von Milch

Dauererhitzung: Die Dauererhitzung wird auch als LTLT-Pasteurisierung (Low-Temperature-Long-Time) bezeichnet. Hierbei wird die Milch in einem geschlossenen Behälter auf 62–65 °C erhitzt und für 30–32 min heiß gehalten. Diese Methode wird häufig auf kleineren Bauernhöfen durchgeführt.

Kurzzeiterhitzung: Beim Kurzzeiterhitzen wird die Milch im kontinuierlichen Durchfluss auf 72–75 °C mit einer Heißhaltezeit von 15–30 s erhitzt. Diese Art der Pasteurisierung wird auch als HTST-Pasteurisierung (High-Temperature-Short-Time) bezeichnet und vorwiegend in großen Industriebetrieben angewandt.

Hocherhitzung: Das Hocherhitzen ist ein kontinuierliches Durchflussverfahren, bei dem die Milch auf 85–127 °C unter solchen Temperatur-Zeit-Bedingungen behandelt wird, dass der Peroxidase-Nachweis (siehe Abschn. 1.3.3) negativ ausfällt.

Beim Pasteurisieren werden nicht nur unerwünschte Mikroorganismen abgetötet, sondern auch Milchsäurebakterien, die schnell zum „Sauerwerden" von Frischmilch führen. Die Mindesthaltbarkeit pasteurisierter Milch beträgt so bei Kühlung sechs Tage.

Ultrahocherhitzen (UHT): Das Verfahren der Ultrahocherhitzung wird auch als „Uperisierung" oder UHT-Erhitzung (Ultra-High-Temperature) bezeichnet. Es handelt sich um ein kontinuierliches Durchflussverfahren, bei dem die Milch auf 135–150 °C in Verbindung mit geeigneten, sehr kurzen Heißhaltezeiten erhitzt wird. Die Ultrahocherhitzung kann entweder in Form einer direkten Erhitzung erfolgen, bei der die Milch durch unmittelbare Berührung mit Wasserdampf sterilisiert wird oder mittels einer indirekten Erhitzung über die Oberfläche eines Wärmeaustauschers (Plattenwärmeaustauscher). Der Wirkungsgrad der Ultrahocherhitzung kommt dem einer Sterilisation nahe, allerdings unter weitgehender Schonung der Inhaltsstoffe der Milch (Vitamine, Eiweiß etc.), dennoch kommt es im Vergleich zur Pasteurisierung bereits zu Vitaminverlusten. Nach dem Erhitzen muss die Milch unter aseptischen Bedingungen in sterile, mit Lichtschutz versehene Packungen abgefüllt werden. Im Handel ist ultrahocherhitzte Milch als „H-Milch" erhältlich. Die Mindesthaltbarkeit beträgt sechs Wochen bei Zimmertemperatur.

1.3.2 Sterilisieren

Ziel der Sterilisation ist eine Vernichtung aller Mikroorganismen (einschließlich der Sporen) sowie die Inaktivierung aller Enzyme in Verbindung mit einer dauerhaften Haltbarkeit. Beim Sterilisieren wird die Milch in luftdichten, verschlossenen Behältnissen mit unbeschädigtem Verschluss auf mindestens 110 °C erhitzt (107–115 °C für 20–40 min oder 120–130 °C für 8–12 min). In Folge der Sterilisation kann die Milch bereits einer Braunfärbungsreaktion, der so genannten *Maillard-Reaktion* (freie Aminogruppen der Milchproteine – v. a. die ε-Aminogruppe des Lysins – reagieren unter Hitzeeinwirkung mit den Aldehydgruppen der Laktose) ausgesetzt sein. Aufgrund der Maillard-Reaktion kann es neben den Farbveränderungen zu einer Verringerung der Proteinwertigkeit in Folge der Lysinschädigung sowie zu Geschmacksveränderungen in Form eines Koch- oder Karamellgeschmacks kommen. Während der Lagerung entstehen durch chemische Reaktionen, wie eine durch Lichteinwirkung stimulierte Oxidation, ebenfalls Geschmacksveränderungen, wodurch das Produkt nicht unbegrenzt lagerfähig ist (ca. 1 Jahr). Zusätzlich werden hitzeempfindliche Vitamine teilweise zerstört und die biologische Wertigkeit der Milcheiweiße herabgesetzt.

1.3.3 Nachweis von Wärmebehandlung

Zum Nachweis einer Wärmebehandlung stehen zwei unterschiedliche Tests zur Verfügung, der *Phosphatase-Test* und der *Peroxidase-Test*. Diese Tests beruhen darauf, dass pathogene Keime bei relativ geringen Temperaturen abgetötet werden und die Enzyme alkalische Phosphatase sowie die Peroxidase nahezu im gleichen Temperaturbereich inaktiviert werden. So kann also durch die Untersuchung der Enzymaktivität auf eine Erhitzung der Milch bzw. daraus auf die Abtötung der pathogenen Keime geschlossen werden (siehe Tab. 1.1).

Phosphatase-Test: Die alkalische Phosphatase ist ein hitzeempfindliches Enzym in der Milch, das ab einer Temperatur von ca. 60 °C inaktiviert wird. Bei Milch beträgt die Nachweisgrenze 0,2%. Das bedeutet, dass bei einer Phosphatase-Aktivität von >0,2% die Milch nur unzureichend erhitzt wurde.

Peroxidase-Test: Rohmilch enthält viel Peroxidase, die bei Temperaturen von ca. 85 °C inaktiviert wird. Bei aktiver Peroxidase wird farbloses Peroxidase-Substrat zu einem bräunlichen Farbstoff gespalten.

1.3.4 Homogenisieren

Das Verfahren der Homogenisierung soll Milch in eine homogene Mischung bringen bzw. die Bestandteile der Milch (Wasser und Fett) gleichmäßig miteinander

Tab. 1.1 Anforderungen an den Nachweis der Wärmebehandlung (Milch-VO)

Produkt	Erhitzungstemperatur (°C)	Anforderungen	
		Phosphatase	Peroxidase
Rohmilch, thermisierte Werkmilch	bis 40	+	+
Past. dauererhitzt	62–65	–	+
Past. kurzzeiterhitzt	72–75	–	+
Past. hocherhitzt	85–127	–	–
UHT-Milch	136–145	– (+)	–
Sterilmilch	107–130	–	–

vermischen. Beim Homogenisieren sollen größere Fettkugeln in kleinere mit einem möglichst einheitlichen Durchmesser (<1 μm) zerteilt werden. Dazu wird die Milch mit hohem Druck (200–250 bar) durch enge Spalte gepresst, die nur wenig größer sind als die Kugeldurchmesser selbst. Dabei erhöht sich die Strömungsgeschwindigkeit, die im engsten Spalt 100–250 m/s betragen kann, wodurch hohe Scherkräfte und Kavitation ausgelöst werden. Letztendlich deformieren, zerwellen und zerfallen die Fettkugeln in mehrere kleinere Fettkügelchen von <1 μm Durchmesser. Zusätzlich kommt es zur Oberflächenvergrößerung und zum Einbau von Caseine und Molkenproteinen in die Fettkügelchenmembran. Die optimale Homogenisierungs-Temperatur liegt bei 60–75 °C. Das Homogenisieren hat mehrere Effekte auf die Milch:

- Verhinderung (Verzögerung) des Aufrahmens,
- Erhöhung der Weißkraft durch vergrößertes Lichtreflexionsvermögen,
- Geschmacksveränderung („voller Geschmack“) und leichtere Verdaubarkeit,
- Viskositätsanstieg und
- Neubildung einer Fettkugelmembran (Sekundärmembran) aufgrund der stark vergrößerten Fettoberfläche.

Ein Teil der originären Membran befindet sich nach dem Homogenisieren auch auf der Sekundärmembran (siehe Abb. 1.2).

Es findet eine bevorzugte Anlagerung von Caseinmicellen, Submicellen und Einzelmolekülen (vorwiegend α_{s1}- und β-Fraktionen) als neues Membranmaterial statt. Auch denaturierte Molkenproteine (bes. β-Laktoglobulin) werden zunehmend angelagert, da die Homogenisierung oft bei 70 °C durchgeführt wird. Lokal resul-

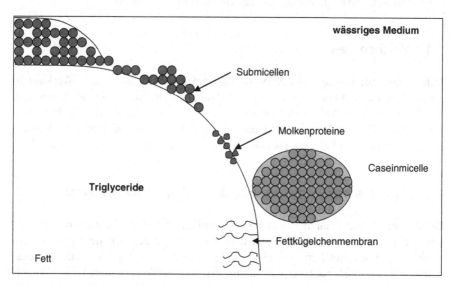

Abb. 1.2 Sekundärfettkugelmembran von homogenisierter Milch (Walstra et al. 1984)

Abb. 1.3 Formel zur Berechnung des Homogenisierungs-
grades von Milch

$$HG = \frac{(f - y) \times 100}{f}$$

HG = Homogenisierungsgrad
f   = Fettgehalt der Ausgangsmilch
y   = Differenz zwischen dem Fettgehalt der entnommenen
      Milchprobe und dem der Ausgangsmilchprobe

tieren dadurch äußerst unterschiedliche Membrandicken aufgrund der ungeordne-
ten Verteilung der Caseine und Molkenproteine. Laut Milch-VO darf Milch homogenisiert werden, dabei muss das Fett durch mechanische Einwirkung so fein verteilt werden, dass während der angegebenen Mindesthaltbarkeitszeit keine deutlich
sichtbare Aufrahmung stattfindet. Die Aufrahmungsgeschwindigkeit ist vor allem
von der Größe der Fettkügelchen abhängig. Der Homogenisierungsgrad kann mittels der Lagerungsmethode überprüft werden. Dabei darf nach einer Lagerungs-
dauer von 48 h keine sichtbare Aufrahmung erfolgen und der Fettgehalt einer definierten Oberschicht (100 mL in einer Quartflasche) darf nicht mehr als 10% von
der übrigen Milch abweichen. Bei einer anderen Lagerungsprobe werden 250 mL
Milch bei 5 °C für 72 h gelagert und anschließend werden 50 mL sorgfältig vom Boden des Gefäßes abgenommen. Der Fettgehalt der entnommenen Probe wird dann
mit dem ursprünglichen Fettgehalt der Milchprobe verglichen. Weiterhin kann der
Homogenisierungsgrad mit einer Formel berechnet werden (siehe Abb. 1.3). Homo-
genisierte Milch sollte einen Homogenisierungsgrad von mindestens 90 aufweisen.

Auch mikroskopisch kann ein Nachweis auf Homogenisierung erbracht werden,
denn so lassen sich deutlich die Größenunterschiede im Nativpräparat (Rohmilch)
und der homogenisierten Milch erkennen. Meist wird das Homogenisieren mit der
Pasteurisation, Sterilisation oder Ultrahocherhitzung kombiniert.

1.4 Milchsorten

Milch kann auf Grund ihres Verwendungszwecks in Konsum- und Werkmilch
unterteilt werden. **Werkmilch** ist nicht im Handel erhältlich, sondern als gereinigte
Milch zur direkten Weiterverarbeitung bestimmt. Milch, die an den Verbraucher
abgegeben werden soll, wird als „Konsummilch" bezeichnet. **Konsummilch** kann
entweder anhand der Erhitzungsart oder nach dem Fettgehalt unterschieden werden.

1.4.1 Unterscheidung nach dem Wärmebehandlungsverfahren

Rohmilch: Generell handelt es sich bei Rohmilch um Milch, die nicht über 40 °C
erwärmt worden ist. Diese Milch wird von dem jeweiligen Milcherzeugerbetrieb
direkt an den Verbraucher abgegeben (Milch-ab-Hof-Abgabe). Der Verkauf muss
innerhalb eines Tages nach der Gewinnung erfolgen. Außerdem muss beim Verkauf
der Hinweis: „*Rohmilch, vor dem Verzehr abkochen*" erfolgen.

Tab. 1.2 Unterscheidung von Milch anhand des Erhitzungsverfahrens (Spreer 2005; Sienkiewicz u. Kirst 2006)

	Erhitzungsverfahren	Temperatur (°C)	Zeit	MHD
Pasteurisierte Milch	**Pasteurisieren**			
	Dauererhitzen	62–65	30–32 min	
	Kurzzeiterhitzen im Durchfluss	72–75	15–30 s	6 Tage (Kühlung)
	Hocherhitzen im Durchfluss	mind. 85	mind. 2–3 s	
H-Milch	**Ultrahocherhitzen (UHT)**			
	Dampfinjektion (direktes Erhitzen im Durchfluss)	140–145	2–4 s	6–8 Wochen
	Indirektes Erhitzen im Durchfluss	136–138	5–8 s	
Sterilmilch	**Sterilisieren**			
	Erhitzen in der Verpackung	107–115 / 120–130	20–40 min / 8–12 min	1 Jahr
Kondensmilch	Eindicken, Erhitzen in der Verpackung	115–120	20 min	1 Jahr

Vorzugsmilch: Rohmilch, deren Gewinnung und Vermarktung besonderen hygienischen Auflagen unterliegt, trägt die Bezeichnung *Vorzugsmilch*. Weiterhin ist zur Vermarktung dieser Milch eine Zulassung des Betriebes erforderlich sowie betriebseigene Kontrollen der Kühe mit Nachweisen (Untersuchungen, Erkrankungen, Arzneimittel). Vorzugsmilch muss gereinigt und innerhalb von zwei Stunden auf maximal 4 °C abgekühlt werden. Nach der Abfüllung muss die Milch bei maximal 8 °C gelagert werden. Das Verbrauchsdatum von Vorzugsmilch beträgt maximal 96 h nach der Gewinnung. Vor dem Verzehr muss Vorzugsmilch abgekocht werden.

Weitere Sorten sind **Frischmilch** (pasteurisierte Milch), **H-Milch** (ultrahocherhitzte Milch), **Sterilmilch** und **Kondensmilch** (siehe Tab. 1.2).

ESL-Milch/Länger-frisch-Milch: ESL steht für *Extended Shelf Life* und bietet eine Alternative zu pasteurisierter Frischmilch und H-Milch. Auf der Verpackung der seit 2003 im Handel erhältlichen ESL-Milch wird dieses Produkt als „länger frisch", „extra lang frisch" etc. beworben. Bei der Behandlung der ESL-Milch werden verschiedene Erhitzungs- und Abfüllverfahren kombiniert, die zwischen der Pasteurisierung und der Ultrahocherhitzung liegen. Gekennzeichnet wird die Hitzebehandlung als „hocherhitzt". Zunächst erfolgt eine schnellere Erhitzung durch direkte Dampfinjektion auf 127 °C (Fallstromerhitzung) anstelle der indirekten Erhitzung im Wärmeaustauscher. Danach wird die Milch aseptisch homogenisiert und auf 3–5 °C heruntergekühlt. Anschließend wird ein Großteil der Mikroorganismen durch Mikrofiltration mit Membranen mechanisch abgetrennt und somit die Haltbarkeit der Milch erhöht. Eine weitere Möglichkeit ist die Anwendung von Tiefenfiltern in Kombination mit einer nachgeschalteten, thermischen Behandlung. Durch die spezielle thermische Behandlung liegt die Haltbarkeit von ESL-Milch zwischen der von pasteurisierter Milch und H-Milch. ESL-Milch muss gekühlt gelagert werden und ist ungeöffnet bei Temperaturen von 8–10 °C ca. 12–21 Tage haltbar bzw. bei Temperaturen von 5 °C sogar 20–40 Tage. Im Vergleich zur H-Milch besitzt die ESL-Milch einen höheren Vitamingehalt sowie geringere Geschmacksveränderungen. Der Geschmack von ESL-Milch kann als *Frischmilch mit leichtem H-Milch-artigem Beigeschmack* beschrieben werden.

Kondensmilch: Beim Kondensieren wird der Milch gegebenenfalls unter Zugabe von Zucker bis zu 70% Wasser entzogen. Die Milch wird dazu in einem Vakuum-behälter bzw. einer Verpackung für 20 min auf etwa 115–120 °C erhitzt. Durch den Wasserentzug hat die Kondensmilch einen hohen Trockenmassegehalt. Kondensmilch gibt es in unterschiedlichen Konzentrationen mit unterschiedlichen Fettgehalten:

- Kondensmagermilch (mindestens 20% Trockenmasse; bis zu 1% Fett)
- teilentrahmte Kondensmilch (4,0–4,5% Fett)
- Kondensmilch (25–33% Trockenmasse; mindestens 7,5% Fett)
- Kondenssahne (aus Sahne gewonnen; 26,5% Trockenmasse, mindestens 15% Fett)
- gezuckerte Kondensmilch (Kondensmilch aller Fettstufen mit Zucker gesüßt)

1.4.2   Unterscheidung nach dem Milchfettgehalt

Rohmilch und Vorzugsmilch: Rohmilch und Vorzugsmilch besitzen den na-türlichen Milchfettgehalt, der durchschnittlich zwischen 3,5–4,0% liegt. Je nach Kuhrasse, Futter und Jahreszeit kann es jedoch auch stärkere Abweichungen im Milchfettgehalt geben.

Vollmilch: Vollmilch hat einen konstanten Fettgehalt von 3,5% und ist die wich-tigste standardisierte Milchsorte. Eine Ausnahme bildet die Vollmilch mit natürli-chem Fettgehalt (Landmilch) von mindestens 3,8–4,3%. Diese Milch wird nicht wie die anderen Milchsorten erst in Rahm und Magermilch getrennt.

Fettarme Milch: Diese standardisierte Milchsorte wird auch als teilentrahmte Milch bezeichnet. Der Fettgehalt wird auf mindestens 1,5% und höchstens 1,8% eingestellt. Teilweise wird fettarme Milch noch unter entsprechender Kennzeich-nung auf der Verpackung mit Milcheiweiß angereichert.

Magermilch: Magermilch wird auch als entrahmte Milch bezeichnet und hat einen Fettgehalt von maximal 0,5%. Es kann eine Anreicherung mit Milcheiweiß erfol-gen, die aber auf der Verpackung kenntlich gemacht werden muss.

1.4.3   Biomilch

Biomilch muss nach den Anforderungen der EG-ÖKO-Verordnung erzeugt worden sein, um in Deutschland mit der Bezeichnung „Bio" oder „Öko" verkauft zu wer-den. Die Verordnung regelt u. a. die Haltungsbedingungen und Fütterung der Kühe (siehe Abschn. 4.3.7). Die von Bio-Betrieben erzeugte Milch wird separat gesam-melt und in den Molkereien getrennt weiterverarbeitet.

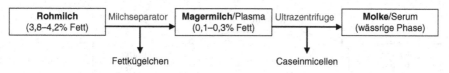

Abb. 1.4 Trennung der Milchfraktionen

1.5 Zusammensetzung der Milch

Milch ist neben Honig das einzige Lebensmittel tierischer Herkunft, das die Natur bereits per se als Lebensmittel bereitstellt. Die Funktion der Milch besteht in der Versorgung des Neugeborenen mit Nährstoffen und Energie sowie in der Übertragung immunologisch wichtiger Substanzen. Viele der Milchinhaltsstoffe liegen in einer für die Milch spezifischen, sonst in der Natur unbekannten Form vor. Milch (von Säugetieren und des Menschen) ist eine Fett-in-Wasser-Emulsion mit dispergierten Proteinteilchen unterschiedlicher Größe (Casein, Molkenproteine). Außerdem enthält Milch weitere gelöste Teilchen wie verschiedene weitere Proteine, Kohlenhydrate (Laktose), Mineralstoffe (gelöst oder an Proteine gebunden) und Vitamine (gelöst). Rohmilch kann durch entsprechende technologische Verfahren grob in die in Abb. 1.4 dargestellten Fraktionen aufgeteilt werden.

Die Zusammensetzung der Milch schwankt nicht nur von Tierart zu Tierart (siehe Tab. 1.3), sondern auch innerhalb einer Tierart, -rasse und in Abhängigkeit von der Jahreszeit, dem Laktationsstadium und den Fütterungsbedingungen. Der Eiweißgehalt der einzelnen Spezies unterscheidet sich teilweise deutlich voneinander z. B. 1,1 g/L bei Humanmilch und 5,2 g/L bei Schafsmilch. Zwischen dem Eiweißgehalt der Milch und der Wachstumsgeschwindigkeit der Nachkommen besteht eine lineare Beziehung, denn je höher der Eiweißgehalt der Milch ist, desto schneller verdoppelt sich das Geburtsgewicht (beim Menschen 180 Tage und beim Schaf 18 Tage). Kuhmilch und Humanmilch haben zwar den gleichen Energiege-

Tab. 1.3 Mittlere Zusammensetzung von Milch verschiedener Spezies (g/100 mL) (Souci et al. 2008)

Spezies	Wasser	Fett	Laktose	Asche	Eiweiß	Casein	Molken-protein	Verhältnis (Casein:Molkenprotein)
Büffel	81,1	8,0	4,9	0,7	3,9	3,5	0,4	85:15
Mensch	87,5	4,0	7,0	0,2	1,1	0,4	0,6	40:60
Kamel	85,4	4,1	4,8	0,6	5,0	k. A.	k. A.	k. A.
Kuh	87,2	3,8	4,7	0,7	3,3	2,7	0,6	80:20
Pferd	89,7	1,5	6,2	0,4	2,2	1,2	1,0	55:45
Schaf	82,7	6,0	4,4	0,9	5,2	4,5	0,7	85:15
Ziege	86,6	3,9	4,2	0,8	3,6	2,9	0,7	80:20

k. A. keine Angabe

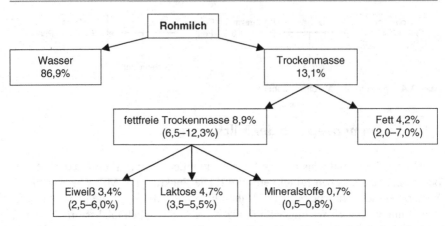

Abb. 1.5 Mittlere Zusammensetzung von Kuhmilch (Gew.%) und Schwankungsbreiten (Schlimme u. Buchheim 1999)

halt (335–360 kJ/L), unterscheiden sich aber in ihrer Zusammensetzung. Während Humanmilch über einen höheren Gehalt an Fett und Laktose verfügt, hat Kuhmilch einen vergleichsweise hohen Proteingehalt. Abbildung 1.5 zeigt die durchschnittliche Zusammensetzung von Kuhmilch (roh) und die natürlichen Schwankungsbreiten.

1.5.1 Wasser

Der Wassergehalt von Kuhmilch beträgt im Mittel ca. 87%. Das Wasser der Milch hat verschiedene Funktionen als:

- *Lösungsmittel* für Molkenproteine, Laktose, die meisten Mineralstoffe und wasserlösliche Vitamine,
- *Dispersionsmittel* für Fett und Casein,
- *Hydratwasser,* denn ca. 3–4% des Wassers in Kuhmilch sind chemisch an Eiweiß oder Laktosekristalle gebunden
- und als *Reaktionsmittel* für alle chemischen Reaktionen.

1.5.2 Proteine

Milch verfügt im Mittel über einen Eiweißgehalt von ca. 3,4%. In Abhängigkeit von der genetischen Ausstattung, dem Laktationsstadium, der Fütterung und der Haltung kann der Gehalt zwischen 2,5 und 6,0% betragen. Abbildung 1.6 zeigt eine Aufteilung der Eiweißfraktionen von Kuhmilch.

Die Proteinfraktion von Kuhmilch setzt sich zu ca. 80% aus Caseinen (26 g/kg Milch) und zu ca. 20% aus Molkenproteinen (6,3 g/kg Milch) zusammen. Dieses

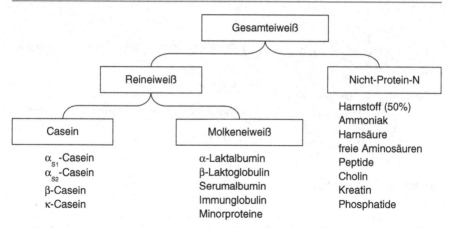

Abb. 1.6 Übersicht über die Eiweißfraktionen in Kuhmilch (Walstra et al. 1999)

Verhältnis von Casein zu Molkenprotein ist aber von Spezies zu Spezies unterschiedlich (siehe Tab. 1.3). Zu den **Caseinen** zählen die originären Caseine α_{S1} (38%), α_{S2} (10%), β (36%) und κ (13%):

α-Casein (60%) – Molekulargewicht: 23.619 (α_{S1}) 25.230 (α_{S2})
  – 199 bzw. 207 Aminosäuren
  – Molekül enthält acht Serinreste (phosphoreliert) und kein Cystein
  – Ausfällung durch Calcium

β-Casein (35%) – Molekulargewicht: 23.983
  – 209 Aminosäuren
  – Molekül enthält fünf Phosphorserinreste und kein Cystein
  – Ausfällung durch Calcium

κ-Casein – Molekulargewicht: 19.007
  – 169 Aminosäuren
  – keine Auswirkung durch Calciumionen
  – Molekül besitzt einen Phosphatrest und wechselnde Mengen Kohlenhydrate

Außerdem gibt es Caseinabkömmlinge wie $\gamma 1$, $\gamma 2$, $\gamma 3$ (durch enzymatische Spaltung des β-Caseins) und λ (Herkunft α-Casein). α_S- und β-Casein sind im Gegensatz zu κ-Casein in Gegenwart von Calciumionen unlöslich. Das „s" am α-Casein steht für „calcium sensitive". Die Proteinfraktion der Caseine, die in der Milchdrüse synthetisiert wird, ist milchspezifisch und zu etwa 95% kolloidal-feindispers in der Milch verteilt (Micellen). Im Gesamt-Casein ist relativ viel Phosphor enthalten, was besonders wichtig für die Micellenbildung ist. Weiterhin enthalten die Micellen neben Calciumphosphat kleine Mengen Magnesium und Citrat. Die Abb. 1.7 zeigt modellhaft den Aufbau einer Caseinmicelle.

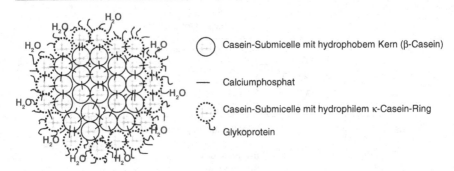

Abb. 1.7 Modell des Aufbaus einer Casein-Micelle (Walstra et al. 1984)

Die Aminosäuren Glutamin/Glutamat und Prolin kommen in einem verhältnismäßig hohen Anteil im Casein vor, der Schwefelanteil ist hingegen gering. Caseine besitzen eine Quartärstruktur, keine Sekundär- und Tertiärstruktur und sind relativ hitzestabil (Hitzefällung erst bei Temperaturen von etwa 160–200 °C, je nach Erhitzungsdauer). Das durch Erhitzung der Milch auf der Oberfläche entstehende „Milchhäutchen" besteht lediglich aus Albumin und Globulin. Casein ist mit Alkohol bei erniedrigtem pH-Wert (Nachweis in saurer Milch), durch Säure bei einem pH-Wert von 4,6 (isoelektrischer Punkt = IEP) oder durch Labenzym fällbar. Diese Eigenschaften spielen vor allem bei der Dicklegung der Milch zur Käseherstellung eine bedeutende Rolle (siehe Abschn. 2.3.1). Nach Ausfällung des Caseins bleibt Molke zurück, in der die Fraktion der Molkenproteine (Serumproteine) molekular-dispers gelöst ist. **Molkenproteine** bestehen überwiegend aus Albuminen und Globulinen. Zu den Hauptvertretern gehören die in der Milchdrüse gebildeten α-Laktalbumin und β-Laktoglobulin. Die aus dem Blut stammenden Immunglobuline (IgG_1, IgG_2, IgA, IgM), Serumalbumin und Proteose-Peptone machen einen kleineren Anteil aus. Molkenproteine enthalten keinen Phosphor, aber im Gegensatz zu Caseinen einen hohen Anteil an α-Helixstrukturen, Cystin sowie Cystein. Außerdem sind Molkenproteine gegenüber dem Casein durch intramolekulare Disulfidbrücken kompakter strukturiert. Durch Wärmebehandlung der Milch werden die Molkenproteine teilweise oder vollständig zerstört. Darüber hinaus gibt es noch die Fraktion der **Minorproteine**, die sich aus Laktoferrin, Transferrin, Membranproteinen und Enzymen zusammensetzt. Laktoferrin und Transferrin binden Eisen und haben dadurch eine bakteriostatische Wirkung. Frauenmilch enthält viel Laktoferrin, jedoch kein Transferrin, während Kuhmilch beide Ferrine in mittlerer Konzentration enthält. Der Laktoferringehalt im Kolostrum (Erstmilch) ist etwa zehnfach erhöht verglichen mit der nachfolgenden Milch.

1.5.3 Enzyme

Milch enthält ca. 60 verschiedene Enzyme (siehe Tab. 1.4), die prinzipiell von zwei verschiedenen Quellen stammen können. Einerseits kann es sich um *originäre* bzw.

Tab. 1.4 Wichtige Enzyme in der Milch

Enzym	Eigenschaften
Katalase	• Spaltet Wasserstoffperoxid in Wasser und molekularen Sauerstoff • Wirkungsoptimum bei 37 °C und einem pH-Wert von 7,0 • Inaktivierung durch Pasteurisierung • Erhöhte Gehalte des Enzyms im Kolostrum, am Ende der Laktationszeit sowie bei Eutererkrankungen
Laktoper-oxidase	• Vorherrschendes Enzym in der Milch (bis zu 1% des Molkenproteins) • Spaltet atomaren Sauerstoff aus Peroxiden ab, überträgt diesen auf leicht oxidierbare Stoffe • Gehört zum antibakteriellen System der Milch → Führt in Anwesenheit von H_2O_2 dazu, dass Thiocyanat zu einem Intermediärprodukt (Hypothiocyanat) oxidiert wird, dadurch Hemmung von Milchsäurebakterien sowie Abtötung von coliformen Keimen, Salmonellen und Pseudomonaden • Wirkungsoptimum bei pH 6,8 • Inaktivierung durch Erhitzung auf ca. 85 °C für etwa 10 s (Indikator für Hocherhitzung) • Gehalt abhängig von Laktationsstadium, Fütterung sowie möglichen Sekretionsstörungen
Lipasen	• Können milcheigener sowie bakterieller Herkunft sein • Lipoproteinlipasen sind milcheigen (im Euter synthetisiert; meist an Casein gebunden) • Wirkungsoptimum bei pH 8,5 und einer Temperatur von 37 °C • Inaktivierung durch Pasteurisierung • Lipasen bakteriellen Ursprungs (von psychotrophen Bakterien) sind hitzestabil
Lysozym (Murami-dase)	• Besitzt bakteriostatische Wirkung → Kann die glykosidische Bindung zwischen N-Acetylglucosamin und N-Acetylmuraminsäure in der Zellwand grampositiver Bakterien spalten (siehe Abb. 1.8) • Lysozymkonzentration in Frauenmilch höher als in Kuhmilch; besonders hoch im Eiklar
Phosphata-sen	• In Milch sowohl saure als auch alkalische Phosphatase (AP) • Katalysieren die Spaltung von Phosphorsäureestern • Saure Phosphatase ist hitzestabil, Inaktivierung > 90 °C • Wirkungsoptimum bei pH 4,0–4,1 • Alkalische Phosphatase ist hitzelabiler → Für Erhitzungsnachweis von kurzzeiterhitzter (72–75 °C für 15–30 s) oder dauererhitzter (62–65 °C für 30–32 min) Milch eingesetzt • Gehalt von Laktationsstadium, Milchleistung und möglichen Sekretionsstörungen abhängig
Proteasen	• Können milcheigener sowie bakterieller Herkunft sein • Z. B. aus inaktiver Vorstufe des Plasminogen gebildetes *Plasmin* (Serin-Endopeptidase) • Plasmingehalt in Milch etwa 15–75 μg/100 mL, überwiegend an Caseinmicellen gebunden → Spaltet β-Casein in γ-Casein und Protease-Peptone
Xanthinoxi-dase	• In Fettkügelchenmembran lokalisiert • Katalysiert die Oxidation von Xanthin zu Harnsäure • Besitzt antibakterielle Aktivität • Inaktivierung bei Temperaturen > 70 °C • Gehalt abhängig von Laktationsstadium, Fütterung und möglichen Sekretionsstörungen

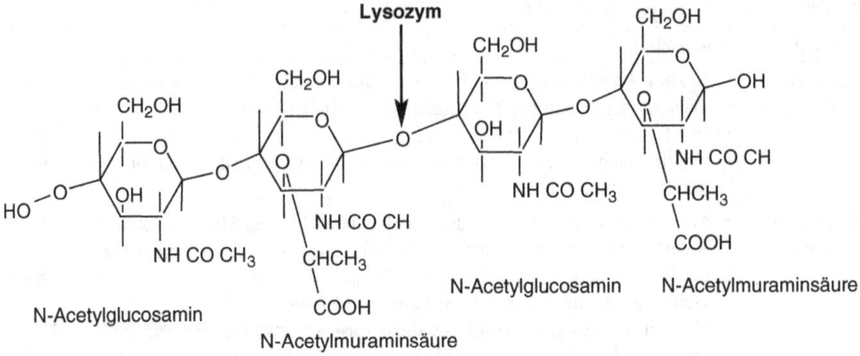

Abb. 1.8 Spaltung der Zellwand grampositiver Bakterien durch Lysozym

milcheigene Enzyme handeln, die aus dem Blut oder Drüsengewebe in die Milch sezerniert werden. Andererseits kann es sich um *bakterielle* bzw. *sekundäre* Enzyme von den ggf. die Milchdrüse besiedelnden Keimen oder von Kontaminationskeimen handeln. Nicht in jedem Fall ist eine klare Herkunftsbestimmung der Enzyme möglich. Enzyme gleicher Wirkung können beiden Quellen entstammen wie z. B. Proteasen oder Lipasen.

Des Weiteren können die Enzyme der Milch in *Oxidoreduktasen* und *Hydrolasen* unterteilt werden. Oxidoreduktasen sind elektronen- und wasserstoffübertragende Enzyme, die biologische Oxidationen auslösen, wie z. B. die Laktoperoxidase (LPO), die Katalase und die Xanthinoxidase. Hydrolasen sind Enzyme, die hydrolytische Spaltungen katalysieren. Zu den nachgewiesenen Hydrolasen in Milch zählen u. a. Amylasen, Esterasen, Phosphatasen, Lipasen und Proteasen. Nach einer Inaktivierung der Enzyme durch Hochtemperatur-Kurzzeit-Hitzebehandlung (150 °C, 1 s) kann es bei manchen Enzymen jedoch zu einer partiellen Reaktivierung kommen. Unkontrollierte enzymatische Aktivitäten (z. B. durch Fremdinfektion) können zu sensorischen Veränderungen führen. Bestimmte enzymatische Prozesse können jedoch auch zu einer bewussten Erzeugung erwünschter Aroma- und Geschmacksstoffe genutzt werden.

1.5.4 Lipide

In Abhängigkeit von der Spezies variieren der Gehalt sowie die Zusammensetzung des Milchfettes. Milchlipide lassen sich grob in vier Gruppen aufteilen (siehe Abb. 1.9).

Lipide sind in der Milch grob-dispers als Fettkügelchen (Ø 0,1–10 μm) verteilt. Der natürliche Milchfettgehalt von Kuhmilch beträgt im Mittel 3,8 %, wovon etwa 98 % Triglyceride sind. In geringeren Konzentrationen sind in der Milch auch Monoglyceride, freie Fettsäuren, Phospholipide, Sterole (überwiegend Cholesterin) und Glykolipide wie z. B. Cerebroside und Ganglioside enthalten. Milch enthält über 400 verschiedene Fettsäuren, die dominierenden in der Kuhmilch sind

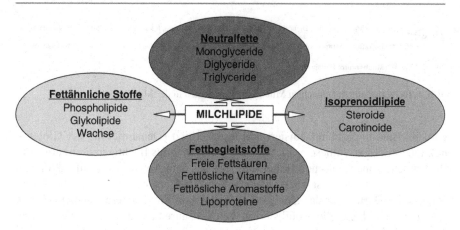

Abb. 1.9 Einteilung der Milchlipide

Tab. 1.5 Fettsäurezusammensetzung von Milchfett (mg/100 g) (Souci et al. 2008)

Fettsäure	Kuhmilch[*]	Schafmilch	Ziegenmilch	Humanmilch
Buttersäure (4:0)	148	202	90	k. A.
Capronsäure (6:0)	84	143	87	k. A.
Caprylsäure (8:0)	48	112	98	k. A.
Caprinsäure (10:0)	103	323	337	61
Laurinsäure (12:0)	130	177	156	290
Myristinsäure (14:0)	396	519	369	457
Palmitinsäure (16:0)	1.021	1.387	965	963
Palmitolein (16:1)	56	74	50	144
Stearinsäure (18:0)	338	565	373	214
Ölsäure (18:1)	719	969	792	1.282
Linolsäure (18:2)	44	91	106	413
Linolensäure (18:3)	24	104	26	22

k. A. keine Angaben
[*] Vollmilch (Rohmilch, Vorzugsmilch)

Palmitin- und Ölsäure. Darüber hinaus findet sich im Milchfett ein hoher Anteil kurz- und mittelkettiger Fettsäuren mit 4–16 C-Atomen. Mehrfach ungesättigte Fettsäuren mit teilweise essentiellem Charakter kommen nur in geringen Mengen vor. Stutenmilch hat einen relativ hohen Gehalt an einfach und mehrfach ungesättigten Fettsäuren, während Humanmilch einen hohen Gehalt an Ölsäure hat (siehe Abb. 3.9). Tabelle 1.5 zeigt die mittlere Fettsäurezusammensetzung des Milchfettes verschiedener Spezies. Die einzelnen Komponenten der Milchlipide sind auf drei Kompartimente verteilt (siehe Abb. 1.10).

Durch Proteine (Globuline) in der Fettkügelchenmembran kommt es zur Agglutination (Traubenbildung) der Fettkügelchen. Um eine Aufrahmung zu verhindern,

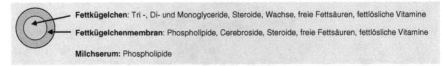

Fettkügelchen: Tri -, Di- und Monoglyceride, Steroide, Wachse, freie Fettsäuren, fettlösliche Vitamine

Fettkügelchenmembran: Phospholipide, Cerebroside, Steroide, freie Fettsäuren, fettlösliche Vitamine

Milchserum: Phospholipide

Abb. 1.10 Verteilung der einzelnen Milchfettkomponenten in der Milch

wird Konsummilch homogenisiert und leicht erhitzt (Denaturierung der Globuline). Die Milchfettsynthese erfolgt beim Wiederkäuer aus flüchtigen Fettsäuren, im Wesentlichen aus Essig- und Buttersäure, die aus dem Abbau von Kohlenhydraten im Pansen entstehen, zusätzlich gelangen Fettsäuren aus dem Futterfett durch Resorption im Darm über das Blut in die Milchdrüse. Eine weitere Möglichkeit bei Energiemangel bietet die Mobilisierung von Fettsäuren aus dem Körperfett, deren Synthese beim Wiederkäuer von der Kettenlänge abhängig ist:

- **Kurz- und mittelkettige Fettsäuren** (bis C 14): Synthese in den Alveolarzellen der Milchdrüse; vorwiegend aus Essigsäure und in geringerem Umfang aus Butter-, Ameisen- und Propionsäure.
- **Langkettige Fettsäuren** (>C16): stammen aus dem Futterfett oder dem Depotfett der Kuh.
- **Palmitinsäure** (16:0): kann sowohl aus Essigsäure synthetisiert werden, als auch aus dem Futter- oder Depotfett stammen.

In Abhängigkeit von der Fütterung und der Jahreszeit schwankt die Konsistenz des Milchfettes (unterschiedliche Gehalte der Fettsäuren), wodurch z. B. das Schmelzverhalten von Butter beeinflusst wird.

1.5.5 Kohlenhydrate

Die Kohlenhydratfraktion von Milch besteht überwiegend aus **Laktose** (3,5–5,5%). Laktose (4β-Galaktosyl-1-Glukose) ist ein Disaccharid aus Galaktose und Glukose; von dem es eine α- und eine β-Form gibt, die im Verhältnis 1:1,55 vorliegen (siehe Abb. 1.11). Dieser reduzierende Zucker kommt nur in Milch und einigen tropischen Milchgewächsen (*Sapotaceae*) vor.

Abb. 1.11 Strukturformel der
β-Laktose

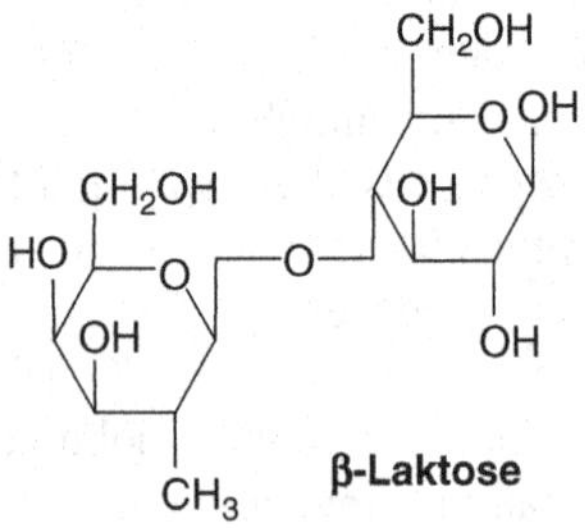

β-Laktose

Laktose dient den Nachkommen als Energiequelle und wird durch enzymatische Spaltung (β-Galaktosidase) relativ langsam hydrolysiert. Ihre Süßkraft ist verglichen mit Saccharose gering. Da Laktose schlecht löslich ist, neigt der Milchzucker zur schnellen Auskristallisation (z. B. in Eiscreme als Sandigkeit bemerkbar). Bei hocherhitzten Milchprodukten kann es in Folge der *Maillard-Reaktion* zu unerwünschten Farb-, Geschmacks- und Geruchsveränderungen kommen. Neben anderen organischen Komponenten ist Laktose mitverantwortlich für den osmotischen Druck der Milch. Bei einer Mastitis-Erkrankung sinkt der Laktosegehalt der Milch ab und es kommt zu einer kompensatorischen Erhöhung von Kochsalz. Den Milchsäurebakterien sowie auch alkoholbildenden Pilzkulturen (z. B. *Saccharomyces kefir*) dient Laktose als Substrat (fermentierte Milchprodukte). Weiterhin wird Laktose als Grundstoff bei der Tablettenherstellung und zur Herstellung der leicht abführenden Laktulose verwendet. Einige Menschen vertragen Laktose nicht, so ist besonders in Asien, Afrika und Südamerika die Laktoseintoleranz weit verbreitet und betrifft mindestens 90% der erwachsenen Bevölkerung. Es sind vorwiegend dunkelhäutige Menschen betroffen, während in Westeuropa, Australien und Nordamerika nur etwa 5–15% der erwachsenen Bevölkerung die Intoleranz zeigen. Es liegt dann eine Laktoseintoleranz vor, wenn es ab einer Aufnahme von 2 g Laktose pro Kilogramm KG bei Kindern bzw. 50 g Laktose bei Erwachsenen zu Bauchschmerzen, Blähungen und Durchfällen kommt (Testbedingungen). Die maximale Zunahme des Blutzuckerspiegels beträgt nach Aufnahme der Standard-Laktose-Testdosis weniger als 20 mg je 100 mL Blut. Es gibt drei Formen der Laktose-Intoleranz (LI):

* **Kongeniale LI:** Bei dieser Form wird von Geburt an keine β-Galaktosidase gebildet. Bereits in den ersten Lebenswochen wird die LI durch Krankheitserscheinungen offensichtlich. Diese Form ist eher selten.
* **Erbliche (primäre) LI:** Dies ist die am häufigsten beobachtete Form der Laktoseintoleranz. Die Ursache ist das Nachlassen der β-Galaktosidase-Bildung, die sowohl bei heranwachsenden Kindern als auch bei Erwachsenen zu beobachten ist.
* **Erworbene (sekundäre) LI:** Diese Form tritt nach Schädigung des Dünndarmepithels als Folge verschiedener Darmerkrankungen bzw. Darminfektionen auf.

Für Menschen mit einer Laktose-Intoleranz sind auf dem Markt bereits diätetische, Laktose-hydrolysierte Milchprodukte erhältlich, die durch Behandlung mit β-Galaktosidase für diese Personen verträglich sind.

Neben Laktose kommen in Milch auch kleinere Mengen Glukose, einige Aminozucker und Oligosaccharide vor.

1.5.6   Vitamine

Kuhmilch enthält alle bekannten Vitamine und trägt wesentlich zur Bedarfsdeckung für die Vitamine A, B_1, B_2, B_{12} und Pantothensäure bei. Ein halber Liter Milch kann beispielsweise einen Großteil des täglichen Vitamin A- (25%), Vitamin B_2- (50%), Pantothensäure- (25%) und Vitamin B_{12}-Bedarfs (70%) decken. Der Gehalt fettlöslicher Vitamine in Milch ist fütterungsabhängig, während der Gehalt an **B-Vitaminen**, die im Pansen synthetisiert werden, (ausgenommen Cobalamin) weitestgehend fütterungsunabhängig ist. Infolge der Wärmebehandlungsverfahren kommt es jedoch zum Vitaminverlust. Die geringsten Verluste werden durch die Pasteurisierung verursacht, die höchsten durch die Sterilisation. Zu den hitzeempfindlichen Vitaminen zählen besonders die Vitamine B_1, B_6, B_{12}, C und Folsäure. Kuhmilch enthält sowohl **Retinol** als auch β-Carotin. Das Verhältnis von Retinol zu β-Carotin ist teilweise genetisch determiniert und teilweise durch die Fütterung beeinflussbar. Grüne Pflanzen enthalten reichlich β-Carotin, das den Tieren nur bei Weidegang in voller Höhe zur Verfügung steht. Werden die Pflanzen geschnitten, setzt der Abbau des β-Carotins unmittelbar danach ein. Ziegenmilch enthält kein β-Carotin, daher ist die Milch besonders weiß.

Vitamin D kommt in Milch vorwiegend als Vitamin D_2 vor und in geringeren Mengen als Vitamin D_3. Der Vitamin-D-Gehalt der Milch hängt von der Jahreszeit und der Weideregion ab. Kühe, die auf Bergweiden grasen, produzieren Milch mit etwa 50–110 I. E. (1,25–2,75 µg) Vitamin D pro Liter Milch und Kühe von Weiden aus tiefer gelegenen Gebieten nur ca. 20–40 I. E. (0,5–1,0 µg) Vitamin D pro Liter Milch.

Folsäure kommt in Milch überwiegend als 5-Methyltetrahydrofolat vor und ist zu einem Großteil an spezifische Proteine gebunden. Ziegenmilch enthält nur etwa ein Zehntel der Folsäure von Kuhmilch.

Bei der Weiterverarbeitung von Milch kommt es zu einer Aufteilung bzw. Kompartimentierung der Vitamine. Die fettlöslichen Vitamine verbleiben größtenteils im Rahm und die wasserlöslichen in der Magermilch bzw. Molke.

1.5.7 Mineralstoffe und organische Säuren

Mineralstoffe und Spurenelemente sind in der Milch mit einem Gehalt von ca. 0,7% molekular-kolloidal verteilt. Der Mineralstoffgehalt ist kaum durch die Fütterung zu beeinflussen, sondern weitgehend genetisch bestimmt. **Calcium** (1,2 g/L) und **Phosphor** (0,9 g/L) (siehe Tab. 1.6) sind die wichtigsten Mengenelemente der Milch und können bei vorübergehend unzureichender Zufuhr auch aus dem Skelettsystem mobilisiert werden. Kommt es jedoch zum langfristigen Absinken der nutritiven Ca- und P-Versorgung, wird die Milchleistung (unter Konstanthaltung der Ca- und P-Gehalte der Milch) reduziert. Das Verhältnis von Ca/P ist in der Milch besonders günstig. Zusätzlich enthalten Milch- und Milchprodukte fördernde Liganden der Ca- und P-Versorgung, wie z. B. Citronensäure, Laktose und Laktat.

Milch ist zusätzlich eine Quelle für Magnesium und Zink (siehe Tab. 1.6). Der Eisengehalt von Kuh- und Frauenmilch ist relativ gering und der Jodgehalt ist stark vom Jodgehalt des Futters abhängig.

Tab. 1.6 Gehalt von Calcium, Phosphor, Magnesium, Zink, Eisen und Jod in Kuh-, Ziegen- und Humanmilch (Souci et al. 2008)

Milchart	Ca (mg/100 g)	P (mg/100 g)	Mg (mg/100 g)	Zn (µg/100 g)	Fe (µg/100 g)	I (µg/100 g)
Kuhmilch	120	92	12	380	46	2,7
Ziegenmilch	127	109	11	242	41	4,1
Humanmilch	29	15	3,1	132	58	5,1

1.6   Milch in der Ernährung des Menschen

Milch, in erster Linie Kuhmilch, ist ein wichtiges Lebensmittel für eine ausgewogene Ernährung. Fettarme Milch ist an der Basis (grüner Bereich) auf der Seite der Lebensmittel tierischer Herkunft der dreidimensionalen Ernährungspyramide der DGE angeordnet. Das bedeutet, dieses Lebensmittel sollte in größerem Umfang konsumiert werden. Als Erstnahrung für Mensch und Säugetier ist Milch nicht nur eine hochwertige Proteinquelle, sondern auch Lieferant von Vitaminen und Mineralstoffen wie Vitamin B_2, B_{12} Vitamin A und Vitamin D, Calcium und Jod. Nach den zehn Regeln der DGE sollten Milch und Milchprodukte täglich verzehrt werden (etwa 200–250 mL Milch), wobei fettarme Produkte zu bevorzugen sind. Nachteilig in vollfetter Milch sind die hohen Gehalte an gesättigten Fettsäuren, insbesondere Palmitinsäure (C16), Myristinsäure (C14) und Laurinsäure (C12).

Das Eiweiß der Milch, insbesondere das Molkenprotein hat eine sehr hohe biologische Wertigkeit. Die Ergebnisse der NVS II (2005–2006) zeigen, dass ca. 75% der weiblichen Jugendlichen sowie ca. 65% der älteren Erwachsenen (65–80 Jahre) die DGE-Zufuhrempfehlungen für Calcium von 1.200 mg/Tag bzw. 1.000 mg/ Tag nicht erreichen. Die DGE bezeichnet Milch und Milchprodukte als die wichtigsten Calciumquellen in der Ernährung des Menschen. Ein Liter Milch enthält rund 1.200 mg Calcium, das im Vergleich zu Calcium aus Lebensmitteln pflanzlicher Herkunft sehr gut verfügbar ist. So kann ein halber Liter Milch etwa 60% der Empfehlungen für die Calciumzufuhr eines Erwachsenen decken. Milch liefert darüber hinaus etwa 50% der Zufuhr an Vitamin B_2. Da Vitamin B_{12} überwiegend in Lebensmitteln tierischer Herkunft vorkommt, leistet Milch besonders für Lakto-Vegetarier, die Milch und Milchprodukte verzehren, einen wichtigen Beitrag zur Deckung des Vitamin-B_{12}-Bedarfs. Knapp 70% der Vitamin-B_{12}-Empfehlung eines Erwachsenen (3,0 µg/Tag) können mit einem halben Liter Milch gedeckt werden. Dies gilt in etwa auch für Vitamin A.

Darüber hinaus spielt Konsummilch auch für die Jodzufuhr eine bedeutende Rolle und kann bis zu einem Drittel zu den Empfehlungen für die Jodzufuhr beitragen.

Bibliographie

Frede, W., Precht, D., Timmen, H. (1990): Lipide: Fettsäuren, Fette und Fettbegleitstoffe einschließlich fettlöslicher Vitamine. In: Schlimme, E. (Hrsg.): Kompendium zur milchwirtschaft-
lichen Chemie. VV-GmbH Volkswirtschaftlicher Verlag, München.

Kaufmann, G. (2008): Milch und Milcherzeugnisse. 17. überarbeitete Auflage, aid-Infodienst,
Bonn.

Kielwein, G. (1994): Leitfaden der Milchkunde und Milchhygiene. 3. neubearbeitete Auflage,
Blackwell Wissenschafts-Verlag, Berlin.

Schlimme, E. & Buchheim, W. (1999): Milch und ihre Inhaltsstoffe. 2. Auflage, Verlag Th. Mann,
Gelsenkirchen.

Sienkiewicz, T. & Kirst, E. (2006): Analytik von Milch und Milcherzeugnissen. 1. Auflage, Behr's
Verlag, Hamburg.

S.W. Souci, W. Fachmann, H. Kraut: Die Zusammensetzung der Lebensmittel Nährwert-Tabellen.
7. Aufl., MedPharm Scientific Publishers, Stuttgart 2008

Spreer, E. (2005): Technologie der Milchverarbeitung. 8. Auflage, Behr's Verlag, Hamburg.

Vesa, T.H., Philippe, M., Korpela, R. (2000): Lactose Intolerance. *Journal of the American College
of Nutrition* **19**, 165S-175.

Walstra, P., Jenness, R., Badings, H.T. (1984): Dairy Chemistry and Physics. John Wiley & Sons,
New York.

Walstra, P., Geurts, T.J., Noomen, A., Jellema, A., van Bokel, M.A.J.S. (1999): Dairy Technology.
Marcel Dekker, Incorporation, New York.

Käse und andere Milchprodukte

2

Inhaltsverzeichnis

2.1 Produktion und Verbrauch

Im Jahre 2006 wurden in Deutschland etwa 27 Mio. t Milch zur Weiterverarbeitung an Molkereien geliefert; 2007 ist die Menge auf rund 27,3 Mio. t leicht gestiegen und zusätzlich wurden etwa 1,4 Mio. t Milch exportiert. In den Molkereien wird die Milch zu vielfältigen Milchprodukten weiterverarbeitet. Einen besonders großen Anteil machen die Milchfrischprodukte und Käse aus, gefolgt von den Dauermilcherzeugnissen. Abbildung 2.1 gibt einen Überblick über das Produktionsvolumen von Milcherzeugnissen in Deutschland im Jahre 2007. Deutschland ist für einige Warengruppen wie Käse, Konsummilch, Joghurt, Kondensmilch und Magermilchpulver der größte europäische Exporteur. Knapp die Hälfte der zur Weiterverarbeitung bestimmten Milchmenge wird in Form von Milchprodukten exportiert, aber auch die Importe von Milchprodukten spielen in Deutschland eine wichtige Rolle.

In Deutschland wurden 2006 pro Kopf zusätzlich zu ca. 65 kg Konsummilch auch relativ große Mengen an Milchprodukten konsumiert. Pro Kopf wurden etwa 29 kg Sauermilch- und Milchmischgetränke (davon ca. 17,0 kg Joghurt), etwa 23 kg

© Springer-Verlag Berlin Heidelberg 2015
G. Rimbach et al., *Lebensmittel-Warenkunde für Einsteiger,* Springer-Lehrbuch,
DOI 10.1007/978-3-662-46280-5_2

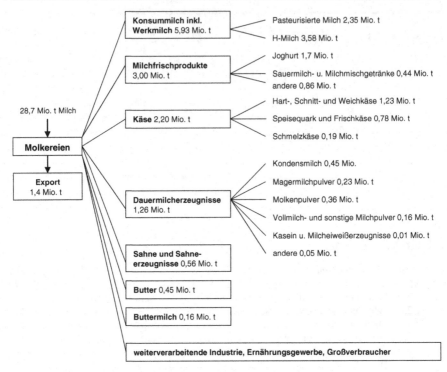

Abb. 2.1 Produktion von Milcherzeugnissen (in Mio. t) in Deutschland im Jahre 2007 (Daten: Statistisches Bundesamt, BMELV, ZMP, MIV)

Käse (davon ca. 11 kg Hart-, Schnitt- und Weichkäse, ca. 10 kg Speisequark und Frischkäse sowie ca. 2 kg Schmelzkäse), etwa 8 kg Sahne und Sahneerzeugnisse sowie etwa 6 kg Butter verbraucht.

2.2 Milchprodukte

In der Lebensmittelindustrie wird Milch zum einen zu klassischen Milchprodukten wie z. B. Sahne, Käse, Butter etc. weiterverarbeitet (siehe Tab. 2.1). Zum anderen wird Milch zur Herstellung von Backwaren, Eiscreme, Fertignahrung, Schokoladen- und Süßwaren und in der Fleischverarbeitung verwendet. Nach dem Gesetz über Milcherzeugnisse (Milcherzeugnis-VO) handelt es sich bei einem Milchprodukt um „ein ausschließlich aus Milch hergestelltes Erzeugnis, auch unter Zusatz anderer Stoffe, sofern diese nicht verwendet werden, um einen Milchbestandteil völlig oder teilweise zu ersetzen". Zu den klassischen Milchprodukten zählen mehrere Produktgruppen: Milchfrischprodukte, Sahne und Sahneerzeugnisse, Milchfetterzeugnisse, Dauermilcherzeugnisse, Käse und andere. Die rechtlichen Einordnungen der einzelnen Produkte stehen in den gesonderten Verordnungen (Käse-VO, Butter-VO etc.).

Tab. 2.1 Übersicht zu verschiedenen Gruppen von Milchprodukten und deren Fettgehalte

Produktgruppe	Produkte	Fettgehalte/Fettgehaltsstufen
Sauermilch- und Milchfrischprodukte		
	Buttermilch (süß, sauer)	Max. 1%
	Dickmilch Sahnedickmilch	1,5–3,5% Mind. 10%
	Joghurt und Joghurterzeugnisse (stichfest, gerührt, Trinkjoghurt) normal oder mild	Aus entrahmter Milch max. 0,3% Fettarmer Joghurt 1,5–1,8% Joghurt mind. 3,5% Sahnejoghurt mind. 10%
	Kefir, Kefir mild	Aus entrahmter Milch max. 0,3% Fettarmer Kefir 1,5–1,8% Kefir mind. 3,5% Sahnekefir mind. 10%
	Milchmischerzeugnisse (Fruchtjoghurt, Fruchtkefir)	Siehe Kefir bzw. Joghurt
	Trinksauermilch	Milch-übliche Fettgehaltsstufen: Vollfett 3,8–4,3% Fettarm 1,5–1,8% Entrahmt max. 0,5%
	Crème fraîche	Mind. 30%
	Saure Sahne Schmand	Mind. 10% 20–28%
	Molke	<1%
	Milchmischgetränke	Milch-übliche Fettgehaltsstufen: Vollfett 3,8–4,3% Fettarm 1,5–1,8% Entrahmt max. 0,5%
Sahne- und Sahneerzeugnisse		
	Kaffeesahne	Mind. 10%
	Schlagsahne	Mind. 30% bzw. 36% bei Schlagsahne *extra*
	Crème double	Mind. 40%
Milchfetterzeugnisse		
	Butter (Sauerrahm-, Süßrahm- und mildgesäuerte Butter)	Mind. 82% bei deutscher Markenbutter
	Butterschmalz	Mind. 99,8%
	Milchstreichfette (dreiviertel- und halbfett Butter)	60–62% 39–41%
Dauermilcherzeugnisse		
	Milchpulver	Magermilchpulver max. 1,5% Teilentrahmt 1,5–26% Vollmilchpulver mind. 26%
	Molkenpulver	ca. 0,1%
	Sahnepulver	Mind. 42%

2.2.1 Sauermilch- und Milchfrischprodukte

Milchfrischprodukte sind aus Milch erzeugte Produkte, die aufgrund ihrer relativ kurzen Haltbarkeit zum baldigen Verzehr bestimmt sind. Sauermilch- und Joghurterzeugnisse sind genussfähige Zubereitungen aus wärmebehandelter Milch bzw. wärmebehandeltem Rahm, die durch speziell gezüchtete Milchsäurebakterien gesäuert werden und dabei ihre typische Textur erhalten. Die verwendeten Kulturen gehören den Gattungen *Lactobacillus, Lactococcus, Streptococcus, Enterococcus, Leuconostoc* und *Pediococcus* an. Der Unterschied zwischen Joghurt- und Sauermilcherzeugnissen besteht in der Auswahl der Milchsäurebakterien. Während bei der Joghurtherstellung thermophile Milchsäurekulturen (bakterielle Prozesse laufen bei >50 °C ab) eingesetzt werden, sind es bei der Herstellung von Sauermilchprodukten mesophile (bakterielle Prozesse laufen bei 30–40 °C ab) wie z. B. *Lactococcus lactis* und *Lactococcus cremoris*. Häufig werden verschiedene, symbiotisch zusammenlebende Bakterien miteinander kombiniert. Durch die Zugabe von Milchsäurebakterien zur vorbehandelten Milch wird ein Teil der Laktose mikrobiell zu Laktat abgebaut. Es kommt zu einem säurebedingten Abfall des pH-Wertes auf 5–4, wodurch das Eiweiß der Milch feinflockig gerinnt und die Milch dick wird. Die Auswahl der Kulturen entscheidet sowohl über den Fermentationstyp als auch über die Konfiguration der gebildeten Milchsäure. Die Bildung von Milchsäure kann einerseits bei der homofermentativen Milchsäuregärung über den Glykolyseweg erfolgen, wobei ausschließlich Milchsäure gebildet wird. Andererseits gibt es die heterofermentative Milchsäuregärung, bei der über den Pentosephosphatweg neben Milchsäure auch Ethanol und gegebenenfalls CO_2 gebildet werden. Je nach Enzymausstattung können die Starterkulturen obligat homofermentativ, obligat heterofermentativ oder – wenn sie über beide Stoffwechselwege verfügen – fakultativ homofermentativ sein.

Bei der Fermentation werden in wechselnden Mengen linksdrehende (D-minus) Milchsäure und rechtsdrehende (L-plus) Milchsäure gebildet (siehe Abb. 2.2). Der Gehalt an D(−)-Laktat oder L(+)-Laktat oder beider Enantiomere in den Sauermilchprodukten variiert je nach Art und Verhältnis der verwendeten Mikroorganismen. Neben Milchsäure werden weitere Fermentationsprodukte gebildet (siehe Tab. 2.2).

Nach der Fermentation darf bei Sauermilchprodukten keine Wärmebehandlung durchgeführt werden. Gegebenenfalls kann nun eine Anreicherung mit fettfreier Trockensubstanz und/oder geschmacksgebenden Zutaten wie z. B. Gewürzen,

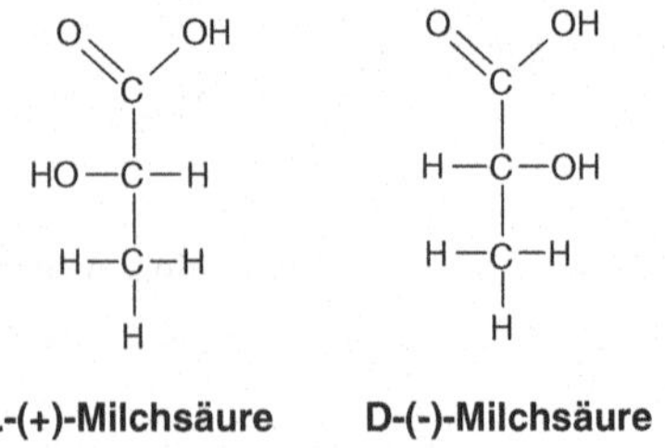

Abb. 2.2 Strukturformel der
L-(+)- und D-(−)-Milchsäure

L-(+)-Milchsäure   **D-(-)-Milchsäure**

Tab. 2.2 Fermentationsprodukte bei der Herstellung von Sauermilchprodukten

Prägende Aromasubstanzen	Weitere Säuren	Sonstige
Acetaldehyd	Citronensäure	Flüchtige Fettsäuren
Aceton	Essigsäure	Carboxylverbindungen
Ethanol	Ameisensäure	Alkohole
Ethanal	Bernsteinsäure	
Buthanon-2	Buttersäure	
Diacetyl	CO_2	
Ethylacetat		
Dimethylsulfid		

Kräutern oder Früchten erfolgen. Sauermilchprodukte sind einander sehr ähnlich, aber unterscheiden sich unter anderem bezüglich der verwendeten Milchsäurekulturen, der Bebrütungsbedingungen, der Konsistenz sowie möglicher Zusätze. Zu den Sauermilchprodukten zählen u. a. Trinksauermilch, Dickmilch, Saure Sahne, Schmand, Crème fraîche, Buttermilch und Kefir. Seit einigen Jahren gibt es außerdem einen großen Markt für probiotische Sauermilchprodukte.

Buttermilch: Buttermilch ist die während der Butterung vom Butterkorn abgetrennte Flüssigkeit. Je nachdem, ob die Buttermilch bei der Herstellung von Süßrahm- oder Sauerrahmbutter anfällt, wird zwischen süßer und saurer Buttermilch unterschieden. Süße Buttermilch kann nachträglich durch Zugabe von Milchsäurebakterien gesäuert werden. Der Fettgehalt von Buttermilch beträgt höchstens 1%. Es werden zwei Standardsorten unterschieden: *Buttermilch* und *reine Buttermilch*. Bei der reinen Buttermilch sind im Gegensatz zur Buttermilch Zusätze von Wasser oder Magermilch verboten. Außerdem ist die Erhöhung der Trockensubstanz nur durch Wasserentzug erlaubt. Eine Anreicherung mit Milcheiweißerzeugnissen oder Sahne ist aber bei beiden Sorten untersagt. Unbehandelte Buttermilch muss sofort gekühlt werden, da es sich hierbei um ein leicht verderbliches Produkt handelt, aber zur Verlängerung der Haltbarkeit kann eine Wärmebehandlung durchgeführt werden.

Dickmilch: Dickmilch wird auch als Setz- oder Stockmilch bezeichnet und besitzt eine stichfeste Konsistenz. Die Dicklegung der Milch erfolgt bei Zimmertemperatur unter Zugabe von so genannten Dickmilchkulturen (Milchsäurebakterien). Der Fettgehalt von Dickmilch beträgt ca. 1,5–3,5% bzw. 10% bei Sahne-Dickmilch.

Joghurt: Joghurt und Joghurterzeugnisse sind mit Hilfe von thermophilen Milchsäurebakterien (Wachstumsoptimum bei 38–42 °C) aus wärmebehandelter Milch erzeugte Produkte von stichfester, sämiger oder trinkbarer Konsistenz. Zur Erhöhung der Trockensubstanz kann die Milch vorher eingedampft werden oder der Zusatz von Milchpulver oder -konzentrat erfolgen. Als Starterkulturen werden für Joghurt *Streptococcus salivarius ssp. thermophilus* und *Lactobacillus delbrueckii ssp. bulgaricus* bzw. bei Joghurt mild *Streptococcus salivarius ssp. thermophilus*

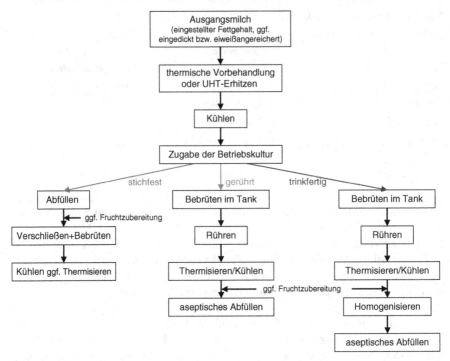

Abb. 2.3 Herstellung von Joghurt (stichfest, gerührt, trinkfertig)

und *Lactobacillus acidophilus* im Verhältnis 1:1 bis 2:3 eingesetzt. Stichfester Joghurt reift (erstarrt) im Becher, während gerührter Joghurt und Trinkjoghurt nach der Reifung in großen Behältern gebrochen (gerührt) und anschließend gekühlt und abgefüllt werden (siehe Abb. 2.3).

Bei der Standardsorte Joghurt ist eine Wärmebehandlung nach der Fermentation sowie der Zusatz von Bindemitteln nicht erlaubt. Ein Joghurterzeugnis bzw. eine Joghurtzubereitung ist Joghurt, dem geschmackgebende Zutaten (z. B. Fruchtzubereitungen) zugefügt wurden. Diese Produkte dürfen mit Bindemitteln versetzt werden und eine Wärmebehandlung nach der Fermentation ist zur Verlängerung der Haltbarkeit möglich. Joghurt mit Früchten und Fruchtjoghurt sind keine Joghurterzeugnisse, sondern Milchmischerzeugnisse. Zu den Standardsorten von Joghurt gehören laut Milcherzeugnisse-VO Joghurt (mind. 3,5% Fett), fettarmer Joghurt (1,5–1,8% Fett), Joghurt aus entrahmter Milch (höchstens 0,3% Fett) sowie Sahne-(Rahm-)joghurt (mindestens 10%) jeweils in normaler und in milder Form.

Kefir: Kefir ist ein schäumendes, alkohol- und kohlensäurehaltiges Getränk aus Milch. Zur Herstellung von Kefir wird wärmebehandelte, Fettgehalt-standardisierte bzw. entrahmte Milch mit Kefirknöllchen versetzt. Anders als bei Joghurt findet eine gemischte Milchsäure- und alkoholische Gärung statt. Die Starterkultur besteht aus Kefirkörnern (Kefirknöllchen) und enthält verschiedene Milchsäurebakterien und Hefen (siehe Tab. 2.3).

Tab. 2.3 Zusammensetzung von Kefirknöllchen (Beispiel)

Kefirkulturen
Lactobacillus lactis ssp. lactis
Lactobacillus brevis
Lactobacillus caucasium
Lactobacillus acidophilus
Saccharomyces lactis
Saccharomyces cerevisiae
Candida kefir

Kefir hat leicht moussierende Eigenschaften, da durch die Hefen beim Abbau des Milchzuckers neben Alkohol (Ethanol, meist 0,2–0,5%) auch CO_2 gebildet wird. Deshalb kann es nach dem Abfüllen zur Deckelwölbung der Verpackung kommen. Wie bei Joghurt gibt es die Standardsorten *Kefir* und *Kefir mild* und die Fettgehaltsstufen höchstens 0,3%, 1,5–1,8%, mindestens 3,5% und mindestens 10% Fett (Sahnekefir). Kefir mild wird mit hefefreien Kulturen hergestellt, so dass beim Milchzuckerabbau weder Alkohol noch CO_2 entstehen. Kefir gibt es auch mit Fruchtzusätzen, dabei handelt es sich allerdings um ein Milchmischerzeugnis.

Milchmischerzeugnisse: Zu den Milchmischerzeugnissen gehören z. B. Fruchtjoghurt und Fruchtkefir. Diese Erzeugnisse sind Mischungen von Milch oder Milcherzeugnissen mit geschmacksgebenden Lebensmitteln wie Früchten. Der Milchanteil dieser Produkte muss mindestens 70% betragen. Es gibt mehrere Sorten an Fruchtjoghurt, die sich in dem gesetzlich festgelegten Mindest-Frischfruchtanteil unterscheiden: Fruchtjoghurt (mindestens 6% Frischfrucht im Fertigprodukt), Joghurt mit Fruchtbereitung (mindestens 3,5% Frischfrucht im Fertigprodukt) und Joghurt mit Fruchtgeschmack (Frischfruchtanteil <3,5%).

Trinksauermilch: Zur Herstellung von Trinksauermilch wird die durch Milchsäurebakterien erzeugte Dicklegung der Milch nicht zum Ende gebracht, sondern nach Erreichen eines entsprechenden Reifezustandes unterbrochen. Die Milch wird anschließend flüssig gerührt und das Produkt gelangt in trinkbarem Zustand in den Handel. Trinksauermilch wird in den Milch-üblichen Fettgehaltsstufen angeboten.

Crème fraîche: Crème fraîche ist ein festes, streichfähiges Sauerrahmprodukt mit einem Fettgehalt von mindestens 30%. Die Herstellung erfolgt ohne Wärmebehandlung, aber mit Hilfe von Milchsäurebakterien. Nach dem Beimpfen der Milch mit Milchsäurebakterien wird der entsprechende Fettgehalt durch Wasserverdampfung eingestellt.

Saure Sahne/Schmand: Der Fettgehalt von Saurer Sahne beträgt mindestens 10% und der von Schmand 20–28%. Diese Sauerrahmprodukte werden unter Verwendung von Milchsäurebakterien hergestellt.

Molke: Molke ist ein Nebenprodukt der Käseherstellung. Es handelt sich dabei um die Flüssigkeit, die sich bei der Dicklegung von dem geronnenen Eiweiß (Gallerte) abscheidet. Die Dicklegung der Milch kann entweder durch Milchsäurebakterien oder durch Lab, ein Enzym aus dem Kälbermagen, erfolgen. Daraus resultieren die zwei Sorten von Trinkmolke: *Sauer-* und *Labmolke*. Molke enthält sehr wenig Fett und Eiweiß, aber relativ viel Laktose und wird entweder pur oder mit Fruchtzusatz als Getränk gehandelt oder zu Molkenpulver weiterverarbeitet.

Milchmischgetränke: Milchmischgetränke sind Mischungen von Milch mit Aromakomponenten (natürlich und künstlich) wie Kakao, Vanille oder Fruchtkonzentraten, die außerdem etwa 4% Zucker enthalten. Zur Herstellung von Milchmischgetränken wird Milch unterschiedlicher Wärmebehandlungen und Fettgehaltsstufen verwendet.

2.2.2 Sahne und Sahneerzeugnisse

Sahne und Sahneerzeugnisse enthalten mindestens 10% Fett. Sahne wird aus Rahm gewonnen, der durch Zentrifugation in Separatoren von der Magermilch abgetrennt wird. Der erwünschte Fettgehalt wird durch Mischen von Magermilch und Rahm erreicht. Zusätzlich kann eine Anreicherung mit Milcheiweißerzeugnissen erfolgen. Sahneerzeugnisse werden anhand des Fettgehaltes und der Konsistenz unterschieden. Je nach Art der Haltbarmachung ist Sahne zwischen wenigen Tagen bis zu einem Jahr haltbar.

Kaffeesahne: Der Fettgehalt von Kaffeesahne beträgt mindestens 10%, kann aber auch höher sein. Kaffeesahne ist ein Süßrahmprodukt, das durch Erhitzung haltbar gemacht wird und sich nicht aufschlagen lässt. Mittels Homogenisierung kann die Weißkraft von Kaffeesahne erhöht werden. Kaffeesahne wird durch Ultrahocherhitzen, Sterilisieren oder Kondensieren haltbar gemacht.

Schlagsahne: Schlagsahne enthält mindestens 30% Fett bzw. 36% unter der Bezeichnung Schlagsahne *extra*, die besonders gut schlagfähig ist. Das Süßrahmprodukt vergrößert durch Aufschlagen sein Volumen um bis zu 100%. Es gibt gebrauchsfertige Sprühsahne in Sprühdosen, die meist bereits gesüßt ist.

Crème double: Dieses Sahneprodukt zählt zu den Süßrahmprodukten und hat einen sehr hohen Fettgehalt von mindestens 40%. Die Konsistenz ist stichfest.

2.2.3 Milchfetterzeugnisse

Milchfetterzeugnisse haben einen sehr hohen Fettgehalt und sind wasserarm bis weitgehend wasserfrei. Die Herstellung dieser Produkte erfolgt aus Milch bzw. Sahne durch Abtrennen von Buttermilch und/oder aus Butter durch Abtrennen von

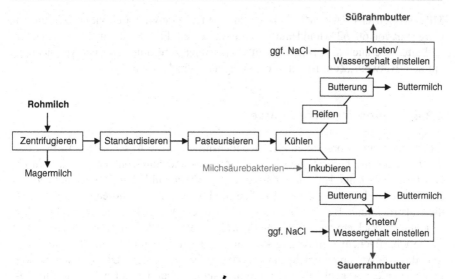

Abb. 2.4 Herstellungsprozess von Süß- und Sauerrahmbutter

Wasser und anschließendem Einstellen der fettfreien Trockenmasse. In Milchfett-erzeugnissen darf ausschließlich Milchfett enthalten sein. Zu den Milchfetterzeug-nissen zählen Butter, Butterschmalz sowie Milchstreichfette.

Butter: Butter wird aus Rahm durch Abtrennen von Buttermilch gewonnen (siehe Abb. 2.4).

Deutsche Markenbutter enthält ungesalzen mindestens 82% Fett und höchstens 16% Wasser. Für die Einstufung in die erste Handelsklasse in Deutschland muss Butter in den Eigenschaften *Aussehen, Geschmack, Geruch, Textur* und *Streichfä-higkeit* mindestens vier von maximal fünf Bewertungspunkten erhalten. Im Handel sind drei Buttersorten erhältlich: *Süßrahmbutter, mildgesäuerte Butter* und *Sauer-rahmbutter.* Süßrahmbutter wird aus ungesäuertem Rahm hergestellt. Bei mildge-säuerter Butter wird nach der Butterung von Süßrahm ein Milchsäurekonzentrat eingeknetet. Sauerrahmbutter wird aus pasteurisiertem, mit Milchsäurebakterien vorgereiftem Rahm hergestellt. Nach der Butterung entstehen während der Reifung die charakteristischen Aromakomponenten (besonders Diacetyl, siehe Abb. 2.5). Gesalzene Butter enthält zusätzlich ca. 1,2% NaCl.

Butterschmalz: Die Herstellung von Butterschmalz erfolgt aus Butter durch Ein-schmelzen und Wasserentzug. Butterschmalz enthält mindestens 99,8% reines Milchfett, ist wasser- und eiweißfrei und dadurch auch ohne Kühlung lange haltbar.

Abb. 2.5 Strukturformel von
Diacetyl

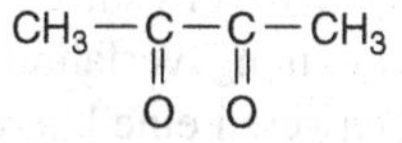

$$CH_3 - \underset{\underset{O}{\|}}{C} - \underset{\underset{O}{\|}}{C} - CH_3$$

Diacetyl

Milchstreichfette: Als Milchstreichfette gelten Dreiviertelfettbutter mit einem Fettgehalt von 60–62% und Halbfettbutter mit einem Fettgehalt von 39–41%. Halbfettbutter, die auch als „Butter leicht" bezeichnet wird, muss auf der Verpackung mit dem Hinweis „Zum Braten nicht geeignet" versehen sein.

2.2.4 Dauermilcherzeugnisse

Zu den Dauermilchprodukten zählt Kondensmilch (siehe Abschn. 1.4.1) sowie die durch Trocknung hergestellten Milch-, Molken- und Sahnepulver, die sich durch eine besonders lange Haltbarkeit auszeichnen. Zu den üblichen Trocknungsverfahren zur Herstellung von Milch-, Molken- und Sahnepulver gehören die Sprüh- und die Walztrocknung. Bei der *Walztrocknung* wird ein dünner Film des zu trocknenden Produktes (Milch etc.) auf eine erhitzte Walze (130–160 °C) aufgetragen. Durch die starke Oberflächenvergrößerung kommt es zu einer sekundenschnellen Verdunstung des Wassers und ein nahezu wasserfreies Pulver entsteht. Die *Sprühtrocknung* findet in einem so genannten Trockenturm statt, wobei die zu trocknende Flüssigkeit in kleine Tröpfchen zerstäubt wird. Mit Hilfe des Heißluftstroms (150–250 °C) im Turm werden die Tröpfchen im freien Fall getrocknet. Sprühtrocknen ist ein relativ schonendes Verfahren, da die Pulverpartikel durch die ‚dreidimensionale' Wasserverdampfung schnell abkühlen.

Milchpulver: Durch nahezu vollständigen Wasserentzug der Milch wird Milchpulver hergestellt. Die Trockenmilch wird u. a. als Grundlage von Säuglingsnahrung, zur Herstellung von Milchprodukten wie Käse oder Joghurt, für Back- und Süßwaren sowie für Schokolade verwendet. Milchpulver gibt es als Magermilch- (höchstens 1,5% Fett), teilentrahmtes (1,5–26% Fett) und Vollmilchpulver (mindestens 26% Fett). Durch Zusatz von Lecithin ist Milchpulver – unabhängig von der Temperatur – in Flüssigkeiten leicht löslich. Solche Produkte sind als „Kaffeeweißer" im Handel erhältlich.

Molkenpulver: Molkenpulver wird durch Trocknung von Molke hergestellt. Je nach Ausgangsprodukt wird zwischen Süß- und Sauermolkenpulver unterschieden. Molkenpulver ist nahezu fett- und wasserfrei, besitzt aber einen hohen Laktosegehalt.

Sahnepulver: Sahnepulver wird aus Rahm herstellt und hat einen Fettgehalt von mindestens 42%.

2.3 Käse

Käse ist weltweit eines der bedeutendsten Milchprodukte. Eine große Vielfalt an Herstellungsverfahren und die daraus entstehende breit gefächerte Produktpalette erschweren eine kurze, präzise Definition für das Lebensmittel Käse. In der Käse-VO ist Käse definiert als „frische oder in verschiedenen Graden der Reife befind-

Tab. 2.4 Anforderungen an käsereitaugliche Milch (Kessler 1996, Milchgüte-VO, Käse-VO, Milchhygiene-VO)

	Merkmal	Anforderung
1	Hemmstoffe	Keine; würden die Starterkultur hemmen
2	Soxhlet-Henkel-Zahl	6–7,4°SH (entspricht frischer, nicht bereits ansaurer Milch)
3	Zellgehalt	<300.000/mL, sonst würden erwünschte Inhaltsstoffe evtl. wegen subklinischer Mastitis gesenkt
4	Keimzahl	So niedrig wie möglich (<50.000/mL), da hitzestabile, bakterielle Enzyme (Lipasen, Proteasen) Eiweiß und Fett negativ beeinflussen können
5	Verderbniserreger	Frei von Chlostridien (Spätblähung) und coliformen Keimen (Frühblähung)
6	Labgerinnungszeit	Milch mit verzögerter Labgerinnungszeit nicht verwenden (Ursache Punkte 1–4)
7	Säuerungsaktivität	Nach Beimpfen mit Säuerungskulturen rasche Säuerung, Verzögerung bedingt durch Punkte 1–4
8	Wärmebehandlung	Falls ja, so schonend wie möglich (Stabilität der Proteine soll möglichst unbeeinträchtigt bleiben)
9	Sensorik	Einwandfreier Geruch und Geschmack

liche Erzeugnisse, die aus dickgelegter Käsereimilch, der Molke entzogen worden ist, hergestellt sind." Weltweit sind derzeit etwa 2.000 Käsesorten auf dem Markt. Es kommen jedoch ständig neue, teilweise schwer kategorisierbare Produkte auf den Markt.

2.3.1 Herstellung

Im Prinzip ist die Käseherstellung ein Dehydrierungsprozess, in dem Fett und Casein stark aufkonzentriert werden. Die zahlreichen Käsesorten erfordern verschiedene Verfahrensweisen. Oftmals gibt es sogar für eine Käsesorte unterschiedliche Herstellungsvarianten. Grundsätzlich kann Käse nach Art der Herstellung in Labkäse (z. B. Emmentaler), Sauermilchkäse (z. B. Mainzer), Labsäurekäse (z. B. Camembert), Molkenkäse (z. B. Ricotta) und Schmelzkäse eingeteilt werden. Eine wichtige Grundvoraussetzung für die Käseherstellung ist die Käsereitauglichkeit der verwendeten Milch, die auch als „Kesselmilch" oder „Käsereimilch" bezeichnet wird. Die Käsereitauglichkeit umfasst die Eignung der Milch zur enzymatischen Gerinnung und Säuregerinnung, Bruchbearbeitung sowie zum Wachstum aller für die Käseherstellung und -reifung wichtigen Mikroorganismen. Kesselmilch muss qualitativ sehr hochwertig sein und die in Tab. 2.4 aufgeführten Kriterien erfüllen.

Neben Rohmilch oder wärmebehandelter Milch von Kuh, Büffel, Schaf oder Ziege dürfen auch andere Produkte als Käsereimilch mitverwendet werden:

- Sahne- und Buttermilcherzeugnisse, Süß- und Sauermolke und Molkenrahm,
- Buttermilcherzeugnisse (ohne Bindemittelzusatz) als alleiniger Ausgangsstoff der Käsereimilch,

- Sahneerzeugnisse als alleiniger Ausgangsstoff bei Frischkäse,
- Süß- und Sauermolke, Molkenrahm, auch unter Zusatz von Milch und Sahneerzeugnissen als alleiniger Ausgangsstoff für Molkeneiweißkäse.

Diese Ausgangsprodukte können teilweise auch als Konzentrate oder Eiweißkonzentrate verwendet werden, wobei der Anteil des Molkeneiweißes am Gesamteiweiß aber nicht größer sein darf als in der Käsereimilch. Die Grundzüge der Käseherstellung zeigt die Abb. 2.6.

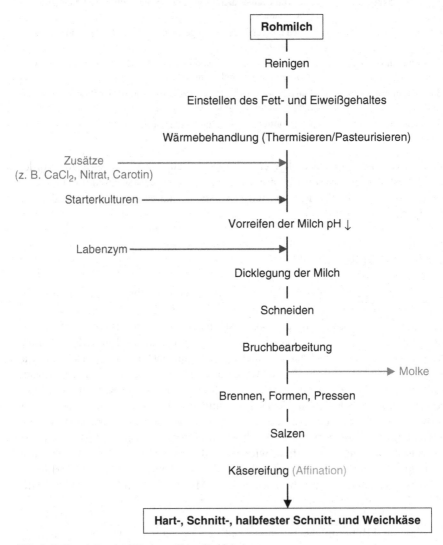

Abb. 2.6 Grundzüge der Käseherstellung (Labkäse)

Tab. 2.5 Erlaubte Zusätze zur Käsereimilch (Käse-VO)

	Zusatz	Zweck
1	**Calciumchlorid** (max. 0,2 g/L) oder **Calcium- phosphat** (max. 0,2 g/L)	Verbesserung des Salzgleichgewichtes der Milch, dadurch bessere Gerinnungsfähigkeit bei der Labfällung und bessere Gelstruktur des ausgefällten Caseins (stärkere Ausbildung von Casein-Phosphat-Komplexen und Calcium-Para-κ-caseinat-Phosphat-Komplexen)
2	**Natriumnitrat** (max. 0,15 g/L) oder **Lysozym** (0,1 mg/L)	Unterdrücken des Wachstums auskeimender Sporen, insbesondere Clostridien, Nitrat sollte wegen Nitrosaminbildung so niedrig wie möglich dosiert werden *Besser*: Vermeidung oder Reduzierung der Clostridienbelastung (keine Silagefütterung von Kühen aus Käserei-Einzugsgebiet; Bactofugation von Sporen)
3	**Farbstoffe:** Carotin (Provitamin A, β-Carotin), Riboflavin, Carotinoide („Annatto" = „Bixin")	Gelbliche oder rötliche Färbung einiger Käsesorten (z. B. „Annatto" bei der Herstellung von Cheddar zur Erzielung der rötlichen Färbung)

Konditionierung: Zunächst wird die Kesselmilch gereinigt und der Fett- und Eiweißgehalt standardisiert. Anschließend erfolgt eine Wärmebehandlung der Milch in Form einer Pasteurisierung oder Thermisierung. Die Temperatur muss umso niedriger sein, je stärker die erwünschte Synärese sein soll bzw. je mehr Molke dem Bruch später entzogen wird und je härter das Endprodukt sein soll. Bei Sauermilchprodukten muss entsprechend eine starke Erhitzung der Käsereimilch erfolgen, um die Synärese zu unterbinden. Gegebenenfalls können der Milch noch weitere Zusätze beigefügt werden (siehe Tab. 2.5).

Annatto (all-trans-Bixin) (siehe Abb. 2.7) stammt aus rötlich-gelb färbenden Samen des in der Karibik und Südamerika vorkommenden Orleanstrauches, es wird mit der Zusatzstoffnummer E 160b gekennzeichnet. Um die Inhaltsstoffe aus den Samen zu lösen, werden diese gemahlen oder mit heißem Wasser behandelt. Annatto wird unter anderem zur Färbung einiger Käsesorten wie z. B. Cheddar, BlueNote, Mimolette oder auch Gouda verwendet.

Nach Zugabe von 0,1% der Starterkultur erfolgt eine Vorreifung über Nacht bei etwa 12 °C. Die Zusammensetzung der Starterkultur ist von der entsprechenden Käsesorte abhängig. Durch die Mikroorganismen kommt es zur mikrobiellen Vergärung von Laktose zu Milchsäure und zur Absenkung des pH-Wertes (Sauermilchkäse pH 4,9–4,6; Labkäse pH 6,3–6,6). In Folge dessen verbessern sich das Eiweißquellvermögen und die Ausflockung des Caseins bei der Dicklegung. Käse grenzt

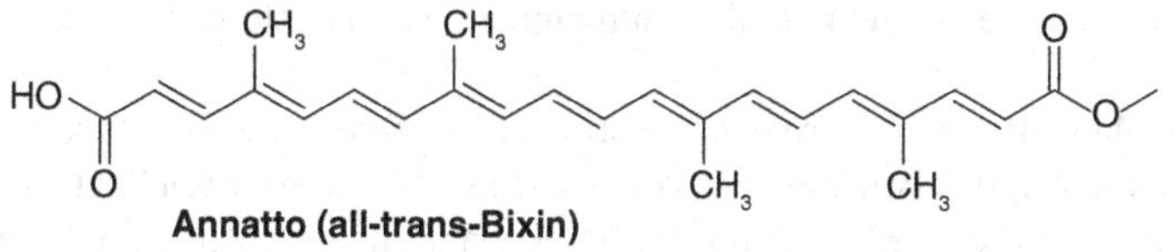

Annatto (all-trans-Bixin)

Abb. 2.7 Strukturformel von Annatto (all-trans-Bixin)

sich von Sauermilchprodukten dadurch ab, dass die Dicklegung nicht ausschließlich durch Milchsäuregärung, sondern auch durch proteolytische Enzyme erfolgt.

Einlaben der Milch und Dicklegung: Bei der Herstellung von Labkäse wird zur Dicklegung der Milch Lab oder ein Labersatzprodukt zugefügt:

- Wiederkäuermagenlab (Labenzym/Chymosin) – flüssig oder als Pulver, evtl. mit Konservierungsmitteln
- Lab-Pepsin-Zubereitungen: Chymosin + Pepsin (Wiederkäuer/Schwein) mit mind. 25% Chymosin
- gentechnisch gewonnene Chymosinpräparate (75–80% der Weltkäseproduktion)
- Labaustauschstoffe: Enzyme mikrobiellen Ursprungs (mit gleicher Wirkung wie Chymosin); unterliegen bestimmten Anforderungen an gesundheitliche Unbedenklichkeit und Kennzeichnung.

κ-Casein ist an der Oberfläche der Caseinmicelle lokalisiert und schützt die Calcium-empfindlichen α- und β-Caseine. Nach Zugabe von Labenzym bzw. Chymosin wird das κ-Casein selektiv zwischen den Aminosäuren Phe[105] und Met[106] zu para-κ-Casein und einem Glykopeptid gespalten. Das Glykopeptid ist löslich, während das para-κ-Casein in Gegenwart von Calcium unlöslich ist. In Folge dessen verliert das κ-Casein die Fähigkeit, die Caseinmicelle in Lösung zu halten. Calcium-Ionen gehen Bindungen mit Serin, Glutaminsäure und Asparaginsäure ein. Das dann entstehende Calciumcaseinat ist unlöslich und fällt aus. Abhängig von der Enzymdosis und der gewählten Betriebstemperatur beginnt die Dicklegung der Milch nach etwa 10–20 min und dauert etwa 10–40 min. Durch Koagulation des Caseins fällt die so genannte „Gallerte" oder auch die „Dickete" aus. Die Caseinfällung bei Sauermilchkäse wird allein durch Milchsäurebildung der Starterkulturen hervorgerufen, die Zugabe von Labenzym entfällt ganz. Bei der Säurefällung werden die Caseine am isoelektrischen Punkt (pH 4,6) ausgefällt. Dadurch aggregieren die Micellen und das Calcium bleibt weitgehend in der Molke. Im Falle von Labsäurekäse werden sowohl Starterkulturen als auch Lab hinzugefügt. Die Caseine destabilisieren durch die Säureeinwirkung, werden aber noch nicht ausgefällt. Erst durch den Labzusatz fällt das Casein aus, wodurch die Käseausbeute erhöht werden soll.

Schneiden: Nach Abschluss der Dicklegung wird die Gallerte einer mehrstufigen Bruchbearbeitung unterzogen. Zuerst wird der Bruch mit einer „Käseharfe" geschnitten, wodurch es zum Zusammenschrumpfen des Caseingerüstes und zum Molkenaustritt kommt. Die Molke enthält den größten Teil an Wasser, Laktose und Molkenproteinen. Dieser Prozess wird als „Synärese" bezeichnet. Je kleiner die Bruchkorngröße, desto mehr Molke kann austreten und desto fester wird der Käse.

Brennen: Als „Brennen" wird das Erwärmen (Temperatur ca. 35–55 °C und Dauer je nach Käsesorte) des Bruches zum Austreiben von Wasser bezeichnet. Bei diesem Vorgang werden die Synärese und der Molkenaustritt durch die Temperaturerhöhung weiterhin gefördert. Bei Quark kann der Molkenabfluss mittels Separator und bei Weich- und Hartkäse mittels Tuch oder Sieb verstärkt werden.

Formen und Pressen: Als nächstes wird das Bruch-Molke-Gemisch in perforierte Formen oder Wannen abgefüllt. Der Bruch verfestigt sich, weil ein weiterer Molkenabfluss durch die Löcher der Formen möglich ist. Zum Feuchtigkeitsausgleich wird der Käse mehrmals gewendet und die Molke verstärkt ausgepresst. So erhöht sich der Trockensubstanzgehalt und es entsteht die sortentypische Form (Käselaib) und Konsistenz.

Salzen: Nachdem der Käse seine Form erhalten hat, folgen als weitere Arbeitsschritte das Salzen, Waschen, Schmieren und Wenden. Regelmäßiges Verreiben von Salz oder Salzlösungen auf der Käseoberfläche (z. B. Roquefort) und anschließendes Wenden des Käses führen zur gleichmäßigen Verteilung der Feuchtigkeit im Käselaib. Gleichzeitig können Oberflächenreifungskulturen (z. B. Rotschmiere) aufgetragen werden. Alternativ kann der Käse in ein Salzwasserbad mit ca. 18–22% NaCl für mehrere Stunden bis Tage eingelegt werden (Hart- und Schnittkäse). Eine dritte Möglichkeit des Salzens bietet die Zugabe von Trockensalz zum Käsebruch (z. B. Chesterkäse). Dieses Verfahren bewirkt eine schnellere Autolyse der Bakterien und dadurch eine frühere Freisetzung der bakteriellen Enzyme als im Salzbad. Außerdem kann der Käse schneller reifen und die Aromabildung ist verstärkt. Allgemein dient das Salzen durch a_w-Wert-Verringerung der Oberfläche dem Schutz vor Verderb. Zusätzlich fördert weiterer Molkenaustritt die Geschmacksbildung (-verbesserung) und die Verfestigung der Konsistenz. Bei Käsesorten mit geschlossener Rinde darf zum Verderbnisschutz eine Oberflächenbehandlung mit dem Antibiotikum „Natamycin" durchgeführt werden. Für diesen Vorgang besteht allerdings eine Kennzeichnungspflicht.

Käsereifung: Abschließend kann der Käse reifen und gegebenenfalls nachbehandelt werden. Bei definierter, konstanter Temperatur und Luftfeuchtigkeit wird der Käse mehrere Wochen bis Jahre gelagert. Die Rahmenbedingungen variieren je nach Käsesorte (meist 10–20 °C mit relativ hoher Luftfeuchtigkeit). Während dieser Zeit muss der Käse regelmäßig kontrolliert, gewendet sowie gegebenenfalls weiter geschmiert und gesalzen werden. Beim Reifen findet eine Umwandlung der Käseinhaltsstoffe statt (Laktose, Protein, Fett) (siehe Abb. 2.8), wodurch sich Veränderungen in Konsistenz, Geschmack und Aroma ergeben. Der Wassergehalt der fettfreien Masse (Wff) hat einen entscheidenden Einfluss auf die Reifung, denn je höher der Wff, desto schneller verläuft der Reifeprozess.

Das im Käse enthaltene Fett wird durch originäre Milchlipasen, Lipase-bildende Mikroorganismen der Rohmilch und zugesetzte Kulturen abgebaut. Die entstehenden Fettsäuren sind anhand des steigenden Säuregrades des Fettes nachweisbar. Eine möglichst geringe Lipolyse ist bei vielen Käsen die Voraussetzung für ein gutes Aroma, jedoch gibt es auch Ausnahmen wie z. B. Roquefort oder Gorgonzola. Die Lipolyse kann durch vorausgehendes Homogenisieren der Kesselmilch sowie durch Zusatz von Schimmelpilzen (z. B. *Penicillicum roqueforti*) oder Rotschmierebakterien (z. B. *Bact. Linens*) verstärkt werden. Diese Kulturen verfügen über bestimmte Enzyme wie Thiohydrolasen und Ketosäuredecarboxylasen, die für die Bildung wichtiger aromawirksamer Fettsäuren verantwortlich sind. Die im Käse

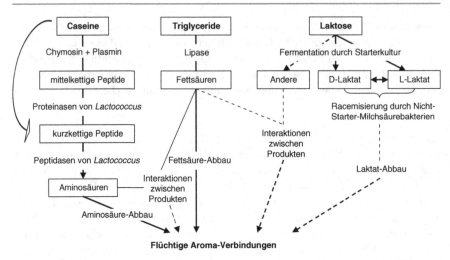

Abb. 2.8 Übersicht zu biochemischen Abläufen während der Käsereifung (Fox et al. 2004)

enthaltenen Proteine werden durch Proteasen über Peptide zu Aminosäuren abgebaut, wobei vor allem die Glutaminsäure einen Einfluss auf das Aroma hat. Zu den
wichtigen Proteasen gehören das aus Kälbermägen gewonnene Chymosin sowie
Plasmin, das aus der in der Leber synthetisierten Vorstufe Plasminogen gebildet
wird. Plasmin und Plasminogen gelangen teilweise aus dem Blut in die Milch, wodurch Plasmin durch seine proteolytischen Eigenschaften auch zur Aromabildung
im Käse beiträgt. Nach und nach werden die durch den Abbau entstandenen Aminosäuren weiter umgesetzt. Zunächst kommt es bei niedrigem pH-Wert zur Decarboxylierung zu biogenen Aminen (siehe Abschn. 5.3.2) und mit steigendem pH
dann zu Oxidationsreaktionen. Die Proteolyse ist auch für die Verflüssigung von
Weichkäsen verantwortlich. Als Kennzahl für die Proteolyse wird der relative Ca-
seingehalt herangezogen. Bei Hartkäsen wie z. B. Emmentaler wird das Eiweiß nur
langsam abgebaut, so dass nach etwa neun Monaten noch ca. 70–75% des aktiven
Caseins vorhanden sind, wohingegen viele Schimmelkäse im vollreifen Zustand
meist nur noch 30% aktives Casein haben, da die Proteolyse hier sehr schnell von-
stattengeht. Der im Käse verbliebene Laktoserest wird innerhalb von ein bis drei
Tagen durch homofermentative Milchsäurebakterien zu Laktat abgebaut. Im weiteren Verlauf wird Laktat dann allmählich durch Propionsäurebakterien zu anderen
Säuren wie z. B. Propionsäure, Essigsäure und Kohlensäure vergoren.

$$3CH_3CHOHCOOH \rightarrow 2CH_3CH_2COOH + CH_3COOH + CO_2 + H_2O$$

In Folge der CO_2-Bildung bei der Propionsäuregärung kann es zusätzlich zur Loch-
bildung im Käse kommen. Dabei handelt es sich um so genannte „Gärungslöcher",
die eine runde oder ovale Form haben können. Die durch Einschluss größerer Mengen an Molke und Luft gebildeten „Bruchlöcher" unterscheiden sich von den Gä-
rungslöchern durch ihre unregelmäßige Form.

Tab. 2.6 Mögliche Merkmale zur Klassifizierung von Käse

Merkmal	Käsegruppe bzw. -sorte
Herstellung	Labkäse, Labsäurekäse, Sauermilchkäse, Schmelzkäse
Konsistenz	Hartkäse, Schnittkäse, halbfester Schnittkäse, Weichkäse
Milcharte	Kuhmilch, Schafsmilch, Ziegenmilch, Büffelmilch
Chemische Zusammensetzung	Calciumgehalt und pH-Wert, Trockensubstanz, Wasser-, Fett- und Salzgehalt
Reifungsprozess	Gereifter Käse, Frischkäse
Art der Lochbildung	Große, mittlere, kleine Rundlöcher, Schlitzlochung, unregelmäßige Lochung, keine Lochung
Oberflächenbeschaffenheit	Blau- und Weißschimmelkäse, Schmierkäse, rindenlose Käse

Der Verlauf der Reifung unterscheidet sich bei den Käsesorten: Weichekäse reift beispielsweise von außen nach innen, während Hartkäse in allen Bereichen gleichmäßig reift.

2.3.2 Einteilung von Käse

Die verschiedenen Käsesorten können anhand unterschiedlicher Merkmale klassifiziert werden (siehe Tab. 2.6).

Dabei ist jedoch zu beachten, dass Käse stets mehrere Merkmale gleichzeitig aufweist, weshalb ein und derselbe Käse oftmals verschiedenen Gruppierungen zugeordnet werden kann. Ein echter Roquefort beispielsweise ist ein Labsäurekäse, Schnittkäse, gereifter Käse, calciumreicher und schwach saurer Käse, Schafskäse, Blauschimmelkäse mit unregelmäßiger Lochung und hohem Calcium- und Salzgehalt.

Nach der Einteilung von Käse bezüglich der milchgebenden Spezies ergeben sich vier Gruppen. Die meisten Sorten sind aus Kuhmilch hergestellt. Weiterhin gibt es Büffelkäse (z. B. Mozzarella), Schafskäse (z. B. Pecorino) und Ziegenkäse (z. B. Altenburger Ziegenkäse). Käse anderer Spezies sind in der Käse-VO derzeit nicht geregelt. Außer der Spezies, von der die Milch stammt, spielt auch die Wärmebehandlung der Käsereimilch eine Rolle. Die meisten im Handel erhältlichen Käse werden zwar aus wärmebehandelter Milch produziert, es gibt aber auch Käse, die aus Rohmilch hergestellt werden müssen. Zu den Rohmilchkäsen zählen oft geschmacklich hochwertige Sorten, wie z. B. Bergkäse, Emmentaler und echter Roquefort. In Bezug auf die mikrobiologischen Kriterien bestehen laut Milch-VO andere Anforderungen für Rohmilchkäse als bei Käse aus wärmebehandelter Milch. Durch die lange Reifung werden die meisten pathogenen Keime abgetötet, trotzdem müssen Käse aus Rohmilch gekennzeichnet werden. Außerdem dürfen Frischkäse (z. B. Quark), mit Ausnahme von denen für die Direktvermarktung, in Deutschland nicht aus Rohmilch hergestellt werden.

Tab. 2.7 Klassifizierung von Käse nach Geschmackstypen

Geschmackstyp	Beispiel
Italienischer Hart- und Reibekäse	Parmesan, Provolone
Schweizer Hartkäse	Emmentaler, Gruyère, Sprinz
Englischer Hartkäse	Cheddar, Chester
Holländischer Käse	Edamer, Gouda
Rot- und Gelbschmierekäse	Tilsiter, Münster, Limburger, Romadur
Oberflächenschimmelkäse	Brie, Camembert
Schimmeldurchsetzter Käse	Roquefort, Gorgonzola, Stilton, Doppelschimmelkäse
Salzscharfe Käse	Salzlakenkäse, Weißlacker
Frischkäse	Quark, Hütterkäse, Mascarpone

Die Einteilung von Käse nach Art der Herstellung betrifft die Ausfällung des Caseins. Hierbei gibt es vier verschiedene Gruppen:

- **Labkäse:** Casein wird mittels Labenzym (Chymosin) ausgefällt (z. B. Emmentaler, Butterkäse)
- **Sauermilchkäse:** Caseinausfällung mittels Säure (Milchsäurebildung durch Starterkulturen) (z. B. Harzer, Mainzer)
- **Labsäurekäse:** kombinierte Säure- und Labfällung (z. B. Brie, Camembert)
- **Molkenkäse:** Ausfällung der Molkenproteine durch Erhitzen der Milch evtl. kombiniert mit Säureeinwirkung (z. B. Ricotta)

Durch die vielen verschiedenen Herstellungsvarianten resultiert eine große Geschmacksvielfalt. Deshalb kann der Käse auch nach bestimmten Geschmackstypen klassifiziert werden (siehe Tab. 2.7).

Einteilung nach Käse-VO: Gemäß der Käse-VO gibt es zwei Einteilungsprinzipien: Zum einen erfolgt eine Einteilung in sechs Käsegruppen nach dem Wassergehalt (%) in der fettfreien Käsemasse (Wff) und zum anderen werden die Käsesorten nach ihrem Fettgehalt (%) einer von acht Klassen zugeordnet (siehe Abb. 2.9).
Der Fettgehalt in der Trockenmasse (F. i. Tr.) sagt aber nichts über den tatsächlichen Fettgehalt eines Käses aus. Zusätzlich muss der Wassergehalt des Käses bzw. der Trockenmassegehalt berücksichtigt werden, um den absoluten Fettgehalt zu bestimmen. Für die Umrechnung von F. i. Tr. in den absoluten Fettgehalt gilt:

$$\text{Hartkäse: F.i.Tr.} \times 0,7 = \text{Fettgehalt absolut}$$

$$\text{Schnittkäse: F.i.Tr.} \times 0,6 = \text{Fettgehalt absolut}$$

$$\text{Weichkäe: F.i.Tr.} \times 0,5 = \text{Fettgehalt absolut}$$

$$\text{Frischkäse: F.i.Tr.} \times 0,3 = \text{Fettgehalt absolut}$$

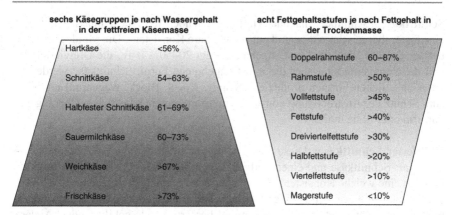

Abb. 2.9 Klassifizierung von Käse gemäß der Käse-VO nach zwei Einteilungsprinzipien (Käse-VO §§ 5 und 6)

Tab. 2.8 Einteilung von Käse bezüglich der Standardsorte (Käse-VO § 7)

Gruppe	Standardsorten
Hartkäse	Emmentaler, Bergkäse, Chester (Cheddar)
Schnittkäse	Gouda, Edamer, Tilsiter, Wilstermarsch
Halbfester Schnittkäse	Steinbuscher, Edelpilzkäse, Butterkäse, Weißlacker
Weichkäse	Camembert, Brie, Romadur, Limburger, Münsterkäse
Frischkäse	Speisequark, Schichtkäse, Rahmfrischkäse, Doppelrahmfrischkäse
Sauermilchkäse	Harzerkäse, Mainzerkäse, Handkäse, Bauernhandkäse, Korbkäse, Stangenkäse, Spitzkäse, Olmützer Quargel
Pasta filata-Käse	Provolone, Mozzarella, schnittfester Mozzarella

In der Käse-VO sind für die in Tab. 2.8 genannten Standardsorten die Herstellung, die Beschaffenheit und sonstige Eigenschaften genau festgelegt. Es gibt aber auch so genannte freie Käsesorten, deren Herstellung nicht genau vom Gesetzgeber festgelegt ist.

Hartkäse: Die Herstellung von Hartkäse erfolgt oftmals aus Rohmilch. Die Reifezeit beträgt mindestens drei Monate, kann aber auch mehr als ein Jahr betragen. Ausnahmen bilden die in Folie gereiften, aus pasteurisierter Milch hergestellten Käse wie z. B. Emmentaler. Diese Käse reifen schneller und sind vergleichsweise milder. Hartkäse ist durch einen hohen Trockenmassegehalt und einen Fettgehalt von mindestens 45–50% i. Tr. besonders lange haltbar. Extrahartkäse sind vollreife Käse von harter und poröser Struktur, die gebrochen oder gerieben werden. Einige Hartkäse wie Emmentaler oder Schweizer Greyerzer bilden infolge der Propionsäuregärung sehr große Löcher.

Schnittkäse: Schnittkäse hat nach Hartkäse den höchsten Trockenmassegehalt und eine feste, aber geschmeidige und gut schneidbare Konsistenz. Die Mindestreifezeit beträgt ca. fünf Wochen. Der Fettgehalt beträgt 20–50% i. Tr., die Dreiviertelfett- und die Rahmstufe sind aber die meist angebotene Form. Schnittkäse werden in unterschiedlichen Formen produziert (Stange, Kugel, Block, Wagenrad) und sind zum Schutz vor Austrocknung von außen meist mit einem künstlichen Überzug aus Paraffin oder Folie umhüllt.

Halbfester Schnittkäse: Diese Käsegruppe hat einen geringeren Trockenmassegehalt als Schnittkäse und einen Fettgehalt von 30–60% i. Tr. Halbfester Schnittkäse hat eine weiche Konsistenz, behält aber beim Schneiden trotzdem seine Form. Die Mindestreifezeit beträgt vier Wochen. Die Edelschimmelkäse lagern länger, wobei eine „blühende", mit Edelschimmel besetzte Rinde gebildet wird. Andere halbfeste Schnittkäse bilden während der Reifezeit eine harte, trockene Rinde. Ein besonderer halbfester Schnittkäse ist *Feta*. Den Namen „Feta" darf nach Entscheidung VO (EG) 1829/2007 der Kommission seit dem 15. Oktober 2007 nur noch in Salzlake gereifter weißer Käse aus Schaf- und/oder Ziegenmilch, der auf dem griechischen Festland und der Insel Lesbos hergestellt worden ist, tragen. Andere Käse dieser Art, die nicht auf diese Weise hergestellt wurden (z. B. aus Kuhmilch oder anderen Regionen) können z. B. als Schafskäse, Balkankäse, Hirtenkäse, Käse (Feta-Art) bezeichnet werden.

Weichkäse: Weichkäse hat einen geringen Trockenmassegehalt und einen Fettgehalt von 20–60% i. Tr. Die Mindestreifezeit beträgt vier Wochen, wobei die von außen nach innen verlaufende Reifung stark temperaturabhängig ist. Je höher die Temperatur, desto schneller reift der Käse und desto weicher wird die Konsistenz. Es gibt zwei Sorten von Weichkäse: zum einen mit Weißschimmel und zum anderen mit Rotschmiere. Camembert und Brie sind von außen mit einem blühend weißen Schimmelrasen überzogene Weißschimmel-Weichkäse. Die Schimmeldecke wird von besonderen, gezüchteten Pilzkulturen (z. B. *Penicillium candidum*) gebildet. Im Laufe der Reifung können graue Flecken in Erscheinung treten. Zu den Weichkäsen mit Rotschmiere zählen z. B. Münsterkäse und Limburger. Die feuchte, schmierige Oberfläche wird durch spezielle Bakterien (*Bakterium liners*) gebildet. Einige Sorten werden zusätzlich mit β-Carotin behandelt, um die gelbe bis rotbraune Färbung der Oberfläche zu verstärken.

Frischkäse: Frischkäse sind ungereifte, natürliche Erzeugnisse, die aus pasteurisierter oder temperierter Milch überwiegend durch Säuerung bzw. Zugabe von Milchsäurebakterien gewonnen werden. Teilweise kann auch eine geringfügige Labzugabe erfolgen. Nach Ausfällung des Caseins wird die Molke abgetrennt und der Käse eventuell durch Thermisierung oder Pasteurisierung länger haltbar gemacht. Der Trockenmassegehalt von Frischkäse beträgt ca. 15–30%. Frischkäse gibt es in allen acht Fettgehaltsstufen. Zu den Frischkäsen gehören beispielsweise Quark unterschiedlicher Fettstufen (Mager-, Speise- und Sahnequark) mit oder ohne Zusätze (Früchte, Kräuter, Gewürze), körniger Frischkäse (Hüttenkäse), Schichtkäse, streichfähiger Rahm- und Doppelrahmfrischkäse, Mascarpone und Chevroux (aus Ziegenmilch).

Sauermilchkäse: Als Ausgangsprodukt für die Herstellung von Sauermilchkäse dient Magermilch, die durch Milchsäurebakterien dickgelegt wird. Anschließend wird die ausgefallene Käsemasse gesalzen, abgepresst und vermahlen. Nach Zugabe von Reifungssalzen wird der Käse ausgeformt und mit Reifungskulturen versetzt, seine Reifezeit beträgt ca. zwei Wochen. Sauermilchkäse gehören zu den Käsesorten der Magerstufe mit einem Fettgehalt von <10% i. Tr. bei einem Trockenmassegehalt von etwa 35–55%. Der Eiweißgehalt von Sauermilchkäse ist relativ hoch und kann bis zu 37% betragen. Es gibt zwei Hauptgruppen von Sauermilchkäse. Zum einen die *Rot- und Gelbschimmelkäse*, die mit bestimmten Bakterienkulturen besprüht werden, damit der Käse nach einer gewissen Reifungsdauer mit Rot- bzw. Gelbschmiere überzogen ist. Eine zweite Gruppe bildet Sauermilchkäse mit Schimmel. Dazu wird der Käse nach dem Formen mit Weiß- oder Edelschimmelkulturen besprüht, wodurch sich ein gleichmäßiger, weißer Schimmelflaum auf der Oberfläche bildet. Es existieren jedoch noch zahlreiche regionale Abwandlungen.

Außerdem zählt Kochkäse zu den Sauermilchkäsen. Kochkäse hat eine zähflüssige, streichfähige Konsistenz und ist von glasig gelblicher Farbe. Als Ausgangsprodukt von Kochkäse dient Quark, der nach längerem Abtropfen mit Natron versetzt wird. Es folgt eine Ruhephase von mehreren Stunden bis Tagen und eine Erwärmung (<43 °C) bis zur Verflüssigung. Anschließend kann die Masse mit Zutaten wie Butter, Sahne, Eigelb, Salz und Kümmel verfeinert werden.

Pasta filata-Käse: Das Wort „filata" kommt von dem italienischen Wort „filare", das für „ziehen" steht. Diese Käsegruppe wird nach einem speziellen, ursprünglich aus Italien stammenden Herstellungsverfahren produziert. Der dickgelegte und bereits geschnittene Käsebruch wird nach längerem Verweilen in der Molke mit heißem Wasser von 80 °C überbrüht. Durch Rühren, Kneten und Ziehen wird die heiße Masse dann zu einem formbaren Teig verarbeitet. Anschließend werden gleichmäßige Stücke abgetrennt und zu typischen Formen wie z. B. einer Kugel oder einem Zopf geformt. Zum Schluss wird dieser Brühkäse in Wasser abgekühlt und abschließend in ein Salzbad gelegt, die Lagerzeit in diesem Salzbad ist von der Sorte abhängig. Käse dieser Sorte kann in frischer, getrockneter oder geräucherter Form angeboten werden.

Käseerzeugnisse: Erzeugnisse aus Käse sind Käsezubereitungen, Käsekompositionen, Schmelzkäse und Schmelzkäsezubereitungen. *Käsezubereitungen* werden aus Käse unter Zusatz von anderen Milcherzeugnissen oder Lebensmitteln ohne Schmelzen hergestellt. Schmelzkäse(zubereitungen) und Casein(at) dürfen nicht verwendet werden. Zur *Schmelzkäse*herstellung wird Käse fein vermahlen, mit Schmelzsalzen (Natrium-, Kalium- und Calciumcitrate sowie Mono-, Di- und Polyphosphate) und Wasser vermischt und bis zur Verflüssigung erwärmt. Es werden sensorisch einwandfreie Hart- und Weichkäse, meist als Gemisch, mit unterschiedlichen Reifungsgraden verwendet. Gegebenenfalls können auch andere Milcherzeugnisse, Farbstoffe oder organische Säuren hinzugefügt werden. Je nachdem, ob eine oder mehrere Käsesorten verwendet wurden, wird zwischen Schmelzkäse mit oder ohne Sortenname unterschieden. *Schmelzkäsezubereitungen* sind aus Käse und/oder Schmelzkäse durch Zusatz von anderen Milcherzeugnissen oder Lebensmitteln (Gewürze, Kräuter, Schinken) unter Anwendung von Wärme, Schmelzsalzen oder Emulgieren hergestellte Erzeugnisse. *Käsekompositionen* werden aus zwei oder mehr Käse(zubereitungen) oder Schmelzkäse(zubereitungen) hergestellt.

2.3.3   Kennzeichnung von Käse

Die Kennzeichnung von Käse, der für den Handel bestimmt ist, wird durch die Käse-VO, die Milch-VO sowie die Lebensmittelkennzeichnungs-VO geregelt. Nach diesen Verordnungen gibt es 14 Kriterien, die bei der Kennzeichnung von Käse beachtet werden müssen:

- Verkehrsbezeichnung, ggf. Standardsorte und geografische Herkunftsbezeichnung, ggf. der Hinweis „aus Rohmilch"
- Name oder Firma und Anschrift des Herstellers, des Verpackers oder eines EU-niedergelassenen Verkäufers
- Fettgehalt (Fettgehaltsstufe oder % Fett i. Tr.)
- Verzeichnis der Zutaten einschließlich Zusatzstoffe (alles außer Milchinhaltsstoffe und Starterkulturen)
- Gewicht, Preis (bei abgepackter Ware auch Kilogramm-Preis)
- Mindesthaltbarkeitsdatum mit Angabe der Lagerungsbedingungen
- ggf. der Hinweis auf Milch anderer Spezies (Schaf, Ziege, Büffel – bei Kuhmilch nicht erforderlich)
- Käse mit der Kennzeichnung „leicht", „light" oder „lite" darf höchstens 32,5% Fett i. Tr. aufweisen, Frischkäse weniger als 12,5% Fettgehalt im Käse („Fettgehaltsstufe" oder „Fett i. Tr".)
- Bei Verkauf von Käse im Anschnitt oder lose müssen die wichtigsten Angaben (Verkehrsbezeichnung, Fettgehalt, bei Frischkäse Mindesthaltbarkeitsdatum) auf einem Schild an der Ware angebracht sein.
- Bei Käse mit Kunststoffüberzug muss der Hinweis erfolgen „Kunststoffüberzug nicht zum Verzehr geeignet".
- Bei Käse und Käseerzeugnissen (ausgenommen Schmelzkäse, Schmelzkäsezubereitungen und Kochkäse) muss der Hinweis „wärmebehandelt" erfolgen, falls eine Wärmebehandlung durchgeführt wurde.
- Bei Frischkäse, der mehr Wasser enthält, als für Standardsorten erlaubt: „Wassergehalt mehr als 82%".
- Schmelzkäse und Schmelzkäsezubereitungen müssen als solche gekennzeichnet werden. Die verwendeten Schmelzsalze oder deren E-Nummern müssen angegeben werden.
- Inländische Käse: der Hinweis „Markenkäse" und das Gütezeichen (stilisierter Adler im Oval), bei Vorliegen der rechtlichen Voraussetzungen (Gütekontrollen).

Tab. 2.9 Deutsche Käse mit geografischem Bezeichnungsschutz (Käse-VO)

Käsebezeichnung	Herstellungs-Region
Allgäuer Emmentaler, Allgäuer Bergkäse	Landkreise: Lindau, Oberallgäu, Ostallgäu, Unterallgäu, Ravensburg, Bodenseekreis; Städte: Kaufbeuren, Kempten, Memmingen
Altenburger Ziegenkäse	Landkreise: Altenburg, Schmölln, Gera, Zeitz, Geithain, Grimma, Wurzen, Borna; Stadt: Gera
Odenwälder Frühstückskäse	Landkreise: Odenwaldkreis und Bergstraße
Sonneborner Weichkäse	Landkreise: Altenburg und Schmölln
Tiefländer	Landkreise: Malchin, Grimmen, Altentreptow, Teterow, Demmin, Güstrow, Waren
Tollenser	Landkreise: Malchin, Altentreptow, Teterow, Demmin, Neubrandenburg; Stadt: Neubrandenburg

Deutscher Käse kann nach einer Gütekontrolle als „Markenkäse" ausgezeichnet werden, wenn er bestimmte Anforderungen erfüllt. Der Käse muss mindestens 40% Fett i. Tr. enthalten und den jeweils angegebenen Fettgehalt aufweisen. Bei der sensorischen Beurteilung durch eine Überwachungsstelle muss der Käse außerdem mindestens vier der fünf möglichen Punkte für Aussehen (innen und außen), Konsistenz, Geruch und Geschmack erhalten.

Für einige in Deutschland produzierte Käse besteht ein Bezeichnungsschutz. Das bedeutet, dass solche Käse nur unter dem entsprechenden Namen angeboten werden dürfen, wenn die Herstellung in der entsprechenden Region stattgefunden hat (siehe Tab. 2.9).

2.4   Milchprodukte und Käse in der Ernährung des Menschen

Fettarme Milchprodukte liegen ebenfalls in der Basis (grüner Bereich) bei den Lebensmitteln tierischer Herkunft der dreidimensionalen Ernährungspyramide der DGE und sollten in größerem Umfang verzehrt werden. Fettreichere Milchprodukte und Käse sind im Mittelfeld (gelb-orangefarbener Bereich) der Pyramide angeordnet. Milchprodukte wie Trinkmilch, Joghurt, Quark und Käse stellen wie ihr Ausgangsstoff Milch eine wichtige Quelle für hochwertiges Protein sowie eine Vielzahl an Vitaminen und Mineralstoffen dar. Im Vordergrund stehen wie bei der Milch das Calcium und die Vitamine B_2, A und B_{12}. Die DGE empfiehlt im Rahmen einer ausgewogenen Ernährung den täglichen Verzehr fettarmer Milchprodukte und fettarmen Käses. Besonders für Menschen, die keine Trinkmilch trinken bzw. vertragen wie z. B. Personen mit einer Laktoseintoleranz, stellen Sauermilchprodukte (z. B. Joghurt) und Käse eine adäquate Alternative zu Milch dar. Für Personen, die keine Trinkmilch konsumieren, empfiehlt die DGE einen täglichen Verzehr von 200–250 g Milchprodukte und zusätzlich zwei Scheiben Käse (50–60 g). Quark enthält allerdings herstellungsbedingt weniger Calcium als die übrigen Milchprodukte.

Ein Nachteil fettreicher Milchprodukte ist deren hoher Gehalt an gesättigten Fettsäuren sowie bei Käse auch an Kochsalz.

Bibliographie

Early, R. (1998): The Technology of Dairy Products. 2. Auflage, Blackie Academic & Professional, London.

Eck, A. & Gillis, J.-C. (2000): Cheesemaking – From Science to Quality Assurance. 2. Auflage, Lavoisier Publishing, Paris.

Fox, P. F., McSweeney, P. L. H., Cogan, T. M., Guinee, T. P. (2004): Cheese. 2. Bände, 3. Auflage, Elsevier Academic Press, London.

Kaufmann, G. (2006): Käse. 10. überarbeitete Auflage, aid-Infodienst, Bonn.

Kessler, H. G. (1996): Lebensmittel- und Bioverfahrenstechnik – Molkereitechnologie, 4. Auflage, Verlag A. Kessler, München.

Tamime, A. Y. & Robinson, R. K. (1999): Yoghurt – Science and Technology. 2. Auflage, Woodhead Publishing, Cambridge.

Eier und Eiprodukte

3

Inhaltsverzeichnis

3.1   Produktion und Verbrauch

Weltweit hat sich die Eierproduktion in den letzten 20 Jahren nahezu verdoppelt und die Legehennenbestände wurden stark erweitert. Die jährliche Legeleistung der Hennen hat sich in den letzten 50 Jahren in Folge züchterischer und haltungstechnischer Verbesserungen sowie Fortschritten in der Tierernährung von durchschnittlich 120 auf 285 Eier (im Jahre 2006) erhöht. Mit 45% der Weltproduktion ist China der weltgrößte Eierproduzent vor der EU (11%) und den USA (8%). In der EU wurden im Jahre 2007 ca. 7 Mio. t Eier produziert. Drei Viertel der europäischen Produktion

G. Rimbach et al., *Lebensmittel-Warenkunde für Einsteiger,* Springer-Lehrbuch,
DOI 10.1007/978-3-662-46280-5_3

entfallen auf die Länder Frankreich, Spanien, Deutschland, Italien, Großbritannien, die Niederlande und Polen. Mit etwas über 100% ist der Selbstversorgungsgrad in der EU seit vielen Jahren relativ konstant. Die Niederlande und Deutschland weichen dennoch von einer ausgeglichenen Versorgungsbilanz ab. Während die Niederlande den höchsten Selbstversorgungsgrad mit ca. 220% haben, stellt Deutschland einen attraktiven Absatzmarkt für Eier und Eiprodukte dar, weil der Selbstversorgungsgrad hier nur ca. 68% beträgt. Demnach stammen etwa zwei Drittel der in Deutschland verbrauchten Eier aus der Eigenproduktion (etwa 12,7 Mio. Eier/Jahr) und das restliche Drittel wird überwiegend aus den Niederlanden und Belgien importiert. Eine Besonderheit der deutschen Eierproduktion ist die hohe regionale und einzelbetriebliche Konzentration. Etwa 45% des deutschen Hühnerbestandes werden in Niedersachsen (Vechta, Osnabrück, Cloppenburg) gehalten. Der pro-Kopf-Verbrauch an Eiern im Jahr 2007 ist mit durchschnittlich 13,1 kg bzw. 210 Eiern/Jahr leicht rückläufig, dabei ist bei den im Handel erhältlichen Eiern die Nachfrage speziell nach braunen Eiern in Deutschland gestiegen. Spitzenreiter im Eierverbrauch sind Ungarn, Dänemark und Spanien, während der geringste pro-Kopf-Eierverbrauch in Finnland und Portugal gemessen wurde. Den weltweit höchsten Eierverbrauch haben Japan mit ca. 21 kg und China mit ca. 18,5 kg Eiern pro Einwohner und Jahr.

3.2 Warenkunde

Als Lebensmittel werden nicht nur Hühnereier, sondern auch Eier anderer Hausgeflügelarten (Gans, Ente, Pute), Eier von Wildvögeln (z. B. Wachtel) sowie der Rogen mancher Fische (Kaviar) genutzt. In Deutschland darf mit dem Begriff „Ei" rechtlich gesehen nur das Hühnerei bezeichnet werden. Hühnereier werden nach EG-Vermarktungsnorm in Güte-, Gewichtsklassen sowie nach der Herkunft und Haltungsart der Legehennen eingeteilt. Ausgenommen sind Erzeuger, die Eier aus eigener Produktion direkt an den Endverbraucher verkaufen.

3.2.1 Handelsklassen

Als Kriterien für die Einteilung von Hühnereiern in Handelsklassen gelten die Gewichts- und Güteklasse sowie die Haltungsform.

Gewicht: Das Gewicht von Hühnereiern schwankt u. a. in Abhängigkeit von Futterangebot, Jahreszeit, Alter der Legehenne (Legedauer) und Lagerdauer, das Dottergewicht bleibt jedoch meist konstant. Im Durchschnitt wiegt ein Hühnerei 57 g. Das Gewicht von Hühner-, Enten- und Gänseeiern sowie die Gewichtsverteilung der einzelnen Ei-Kompartimente sind in der Tab. 3.2 dargestellt. Entsprechend der EG-Verordnung Nr. 589/2008 gilt in allen Güteklassen eine Einteilung der Eier in vier verschiedene Gewichtsklassen: S, M, L und XL (siehe Tab. 3.1). Die Legeleistung und damit verbunden die Anteile der gelegten Eier an den einzelnen Gewichtsklassen schwanken zwischen den Hühnerrassen. Allgemein entspricht der größte

Tab. 3.1 Gewichtsklassen von Eiern

Gewichtsklasse	Gewicht (g)
XL = extra large	≥73
L = large	63–72
M = medium	53–62
S = small	<53

Tab. 3.2 Gewicht und Gewichtsverteilung von Hühner-, Enten- und Gänseeiern

	Huhn	Ente	Gans
Gesamt	63 g	80 g	200 g
Eiklar	37 g (58%)	42 g (53%)	106 g (53%)
Dotter	20 g (32%)	28 g (35%)	70 g (35%)
Schale	6 g (10%)	10 g (12%)	24 g (12%)

Teil der Eier den Klassen M und L. Die Gewichtsklasse der im Handel erhältlichen Eier ist durch den Buchstaben, den Begriff oder beides auf der Verpackung versehen. Eine Angabe der Gewichtsspanne ist freiwillig.

Güteklassen: Es gibt drei Güteklassen für Eier – A, B und C. Eier der Güteklasse A – auch als „frisch" bezeichnet – machen den überwiegenden Anteil der im Handel erhältlichen Eier aus. Die Anforderungen, die Eier der Güteklasse A und B erfüllen müssen, sind in Tab. 3.3 zusammengefasst.

Über der Güteklasse A liegen nur noch Eier der Güteklasse „A extra". Die Verpackung dieser Eier ist mit einer Banderole der Aufschrift „extra" versehen, solange die Eier nicht älter als sieben Tage sind. Nach Ablauf dieser Zeit oder wenn die Luftkammer der Eier größer als 4 mm zum Zeitpunkt des Verpackens ist, muss die Banderole wieder entfernt werden. Zusätzlich müssen alle weiteren Kriterien der Güteklasse A erfüllt werden. Eier der Güteklasse B sind im Einzelhandel nur wenig vertreten. Zu den in Tab. 3.3 gelisteten Kriterien müssen Eier der Güteklasse B einen wisch- und kochechten Stempel mit dem Hinweis „haltbar gemacht" oder „2.

Tab. 3.3 Kriterien für Eier der Güteklasse A und B (Vermarktungsnorm für Hühnereier Verordnung (EG) Nr. 589/2008)

	Güteklasse A	Güteklasse B
Schale	Sauber und unverletzt	Normal und unverletzt
Luftkammer (Ei-Unterseite)	Max. 6 mm	Max. 9 mm
Eiweiß	Frei von Einlagerungen; feste gallertartige Konsistenz	Klar, durchsichtig und frei von Einlagerungen
Dotter	Frei von fremden Ein- oder Auflagerungen jeder Art	Frei von fremden Ein- oder Auflagerungen jeder Art
Keim	Nicht sichtbar entwickelt	Nicht sichtbar entwickelt
Geruch	Kein fremder Geruch feststellbar	Kein fremder Geruch feststellbar

Qualität" auf der Schale tragen. Alle genussfähigen Eier, die nicht der Güteklasse A oder B entsprechen, dürfen nicht im Einzelhandel angeboten werden. Eine Einordnung der Eier in Güteklasse A und B darf nicht erfolgen bei:

- unsymmetrischer oder untypischer Eiform,
- deutlichen Unebenheiten der Oberfläche,
- Schalenverletzungen,
- im Eileiter entstandenen Schalensprüngen, die wieder verkittet wurden („Lichtsprungeier"),
- und bebrüteten Eiern (genussuntauglich – Einsatz in Lebensmittelindustrie verboten!).

Diese Eier der Güteklasse C werden an weiterverarbeitende Betriebe oder Non-Food-Betriebe abgegeben. Alle Eier, mit Ausnahme von Eiern der Güteklasse A extra, dürfen einem Überzugsverfahren unterzogen werden. Dabei wird die Schale mit Öl abgedichtet.

3.2.2   Wachtel-, Enten- und Gänseeier

Verglichen mit Hühnereiern sind Wachteleier von geringer wirtschaftlicher Bedeutung. Auch Gänse- und Enteneier sind auf dem Markt kaum zu finden. Gänse und Enten werden vorwiegend wegen ihres Fleisches gemästet und nicht primär zur Eiproduktion.

Wachteleier: In Europa werden erst seit Beginn des 20. Jahrhunderts japanische Wachteln gehalten. Wachteleier sind deutlich kleiner als Hühnereier und haben eine gefleckte Schale. Diese Eier gelten als Delikatessen. Legewachteln legen jährlich etwa 250–300 Eier, die ca. 12–15 g wiegen. Geschmacklich und in ihrer Zusammensetzung sind Wachteleier den Hühnereiern sehr ähnlich.

Enteneier: Die Schale von Enteneiern ist weiß bis grünlich und glatt. Verglichen mit Hühnereiern sind Enteneier etwas größer und besitzen einen kräftigen, stark durch die Fütterung beeinflussten Geschmack. Diese Eier sind schlechter gegen das Eindringen von Mikroorganismen wie z. B. Salmonellen geschützt und dürfen deshalb nicht in rohem Zustand verarbeitet werden. Außerdem müssen die Eier von Enten mit dem Hinweis: „Entenei! 10 Minuten kochen!" versehen sein. Einige Entenarten legen nur saisonal Eier. Jährlich legen Enten etwa 150–180 Eier.

Gänseeier: Gänseeier sind deutlich größer als Hühnereier. Der Fettgehalt des Dotters ist bei Gänseeiern höher, dadurch ist der Geschmack dieser Eier mächtig und ähnlich kräftig wie bei Enteneiern. Gänse legen im Gegensatz zu Hühnern und Wachteln nur saisonal Eier – ab Januar/Februar bis ins späte Frühjahr hinein. Im Durchschnitt legt eine Gans pro Jahr 40–50 Eier.

Tab. 3.4 Beispiele für eihaltige Lebensmittel

Produktgruppe	Beispiel
Backwaren	Spezialbrote, Rosinenbrötchen, Hefegebäck, Torten, Kuchen, Waffeln, Kekse, Zwieback, Toast
Teigwaren	Nudeln und Nudelgerichte
Süßwaren	Speiseeis, Schaumzuckerwaren, Bonbons, Ovomaltine, Schokoriegel
Süßspeisen	Cremes, Pudding
Suppen und Saucen	Mayonnaise, Remoulade
Fleisch- und Wurstwaren	Hackbraten, Hamburger, Paniertes, Fleischpasteten
Beilagen aus Kartoffeln	Knödel, Kroketten, Kartoffel-Fertigprodukte

3.2.3 Eiprodukte

Die Verwendungszwecke von Eiern sind vielfältig. Neben Kochen, Braten und Pochieren von Eiern können diese u. a. auch als Backzutat, Lockerungsmittel, Bindemittel und Emulgator eingesetzt werden. In der Lebensmittelindustrie werden Eier z. B. für Back- und Teigwaren, Mayonnaise oder Süßwaren verwendet (siehe Tab. 3.4). Ei-Erzeugnisse werden in der Regel aus nicht verschmutzten und voll genussfähigen Hühnereiern der Güteklasse C gewonnen. Der Einsatz von Puten-, Gänse- oder Enteneiern ist ebenfalls möglich. Bei den Eiprodukten handelt es sich um flüssiges, tiefgekühltes, chemisch konserviertes oder sprühgetrocknetes Eigelb oder Eiweiß sowie um Trockeneipulver. Ein wichtiger Schritt bei der Herstellung von Eiprodukten ist die Pasteurisierung zum Schutz vor Salmonellen.

3.3 Haltungsform für Legehennen

Die Tierschutz-Nutztierhaltungsverordnung auf Grundlage des Tierschutzgesetzes, die EU-weit geltende Vermarktungsnormen für Eier sowie die EG-Ökoverordnung regeln die Mindestanforderungen an die verschiedenen Haltungssysteme für Legehennen in Deutschland. Für das Wohlergehen der Legehennen sind unterschiedliche Aspekte zu berücksichtigen und zwar: (1) zum allgemeinen Schutz der Hennen, (2) zu ihrem Verhalten, (3) zur Umwelt und (4) zur Tierbetreuung. Beispielsweise müssen die Futter- und Wasserversorgung optimiert werden, eine regelmäßige Stallreinigung stattfinden, ein gutes Stallklima vorhanden sein sowie eine tägliche Kontrolle der Legehennen und regelmäßige tierärztliche Untersuchungen durchgeführt werden. Durch die gesetzlichen Regelungen sollen gleichzeitig auch der Verbraucherschutz und die Ei-Qualität gewährleistet sein. Der Verbraucher wird durch die erste Ziffer des Eier-Kennzeichnungscodes auf dem Ei (siehe Abb. 3.6) über die jeweilige Haltungsform informiert, aus der das Ei stammt. Bei der Haltungsform von Legehennen wird zwischen *ökologischer Erzeugung, Freiland-, Boden-* und *Käfighaltung* unterschieden. Derzeit werden die meisten Legehennen noch in Käfigen gehalten. Hennen in Boden- und Freilandhaltung machen einen weitaus kleineren Anteil aus und die ökologische Erzeugung ist nur sehr gering verbreitet. Der Trend der letzten 15 Jahre zeigt aber eine deutliche Änderung – weg von der Bodenhaltung hin zu den Alternativhaltungsformen.

3.3.1 Käfighaltung

Der überwiegende Anteil der weltweit vermarkteten Eier stammt von Hennen aus Käfighaltung. Eier von Hühnern aus Käfighaltung tragen an erster Stelle des Kennzeichnungscodes die Ziffer „3". Bei dieser Haltungsform lebt eine Henne auf einer definierten Fläche mit einem Futtertrog und einer Wassertränke. Die Tiere müssen durch vollautomatische Versorgung dabei jederzeit ausreichend Zugang zu Futter und Wasser haben. Der leicht geneigte Gitterboden ist so beschaffen, dass die Hennen nicht abrutschen können, aber das Abrollen der Eier auf ein Sammelband und die Trennung der Tiere von ihrem Kot erfolgt. Das Krankheitsrisiko der Tiere ist im Vergleich zu anderen Haltungsformen in der Regel niedriger. Verhaltensweisen wie Scharren, Staubbaden oder eine Eiablage im Nest sind Hennen in dieser Haltungsform nicht möglich. Die herkömmliche Käfighaltung ist in Deutschland seit 2009 und in der gesamten EU ab 2012 verboten. Als Alternative sind aber EU-weit so genannte „ausgestaltete Käfige" erlaubt. Diese Käfige haben eine Fläche von 750 cm^2 und sind mit Nest, Sitzstangen und Scharrmöglichkeiten ausgestattet.

3.3.2 Bodenhaltung

Eier von Hennen aus Bodenhaltung sind mit der Ziffer „2" an der ersten Stelle des Kennzeichnungscodes gekennzeichnet. Legehennen in Bodenhaltung werden in einem geschlossenen Stallraum mit natürlichem Tageslicht-Einfall gehalten, dessen gesamte Fläche die Hühner jederzeit nutzen können. Jeder Henne sollten 1.100 cm^2 zur Verfügung stehen (neun Hennen pro m^2). Bei der Volierenhaltung wird durch den Einbau von Gerüsten nicht nur die Bodenfläche, sondern auch die Höhe des Raumes genutzt. Hierbei darf der maximale Tierbesatz 18 Hennen pro m^2 betragen. Der Zugang zum Scharrraum mit Einstreu aus Sand, Stroh oder anderen natürlichen Materialien ist uneingeschränkt und die Wasser- und Futterversorgung erfolgt vollautomatisch. Die Hühner können zur Eiablage Nester aufsuchen und auf Sitzstangen ruhen. Aus Hygienegründen muss die Einstreu regelmäßig nachgestreut und ausgewechselt werden. Zwei Drittel der nutzbaren Fläche sind mit Gitterrosten aus Kunststoff ausgelegt, durch die der Hühnerkot in Kotgruben fällt, damit die Hennen möglichst wenig mit dem Kot in Kontakt kommen. Ein erhöhter Betreuungsaufwand ist bei der Bodenhaltung aus hygienischen, tiergesundheitlichen und qualitativen Gründen nötig.

3.3.3 Freilandhaltung

Die Ziffer „1" vor dem Länderkürzel des Kennzeichnungscodes von Eiern bedeutet, dass das Ei von einer Legehenne aus Freilandhaltung stammt. Bei dieser Haltungsform können Hennen nicht nur jederzeit den gesamten Stallraum nutzen, es steht ihnen auch ein Freilandauslauf von 4 m² pro Huhn zur Verfügung. Die Freilandfläche sollte den Hennen mindestens sechs Stunden täglich zum Picken, Scharren und Laufen zugänglich sein. Außerdem müssen auf der Freilandfläche ausreichend Buschwerk, Hecken oder andere Unterschlupfmöglichkeiten sowie Wassertränken vorhanden sein. Zur Sicherheit der Tiere sollte die Freilauffläche umzäunt sein und sie muss über Auslassöffnungen ungehindert für die Tiere erreichbar sein.

3.3.4 Ökologische Erzeugung

Ökologisch erzeugte Eier haben die Ziffer „0" an erster Stelle des Kennzeichnungscodes. Im Prinzip entspricht die ökologische Haltung von Legehennen der Freilandhaltung. Hinzu kommen außerdem Mindestkriterien der europäischen Öko-Verordnung, welche die Halter der Legehennen erfüllen müssen. Legehennen aus ökologischer Haltung haben zusätzlich zum Stallraum eine Freilandauslauffläche von 4 m² pro Huhn zur Verfügung. Das Laufen, Picken und Scharren sollte den Hennen täglich mindestens sechs Stunden – empfohlen werden acht Stunden – ermöglicht werden. Auf der Freilandfläche müssen weiterhin ausreichend Buschwerk, Hecken oder sonstige Unterschlupfmöglichkeiten sowie Wassertränken vorhanden sein. Eine Besonderheit der ökologischen Haltung ist das Futter. Die Legehennen dürfen ausschließlich mit Futter aus ökologischer Erzeugung gefüttert werden. Auch für die Herdengröße gibt es Vorschriften, demnach darf die Herde nicht mehr als 3.000 Tiere umfassen.

3.4 Qualitätskriterien von Eiern

3.4.1 Haltbarkeit

Die Haltbarkeit von Eiern ist stark von der Lagertemperatur abhängig und kann zwischen einer Woche und mehreren Monaten bis Jahren schwanken (siehe Tab. 3.5).

Beim Kauf eines Eies ist dieses etwa zehn Tage alt. Auf der Eierverpackung ist das Mindesthaltbarkeitsdatum (MHD) und das Kühldatum vermerkt. Das Kühldatum besagt, ab wann eine Aufbewahrung der Eier zwischen +5 und +8 °C erfolgen muss. Die Mindesthaltbarkeit von Eiern beträgt 28 Tage. Die Ei-internen

Tab. 3.5 Haltbarkeit von Eiern

Bedingungen	Haltbarkeit
Raumtemperatur (18–20 °C)	1 Woche
Kühlschrank (6–8 °C)	3–4 Wochen
Kühlhaus (0–1 °C)	6–8 Monate
Tiefkühlung (−20 °C)	10 Monate
Trockenprodukte unter Stickstoff	Mehrere Jahre

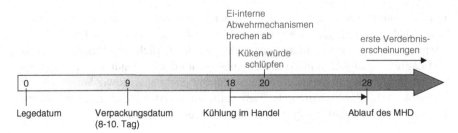

Abb. 3.1 Übersicht zu Haltbarkeits-relevanten Daten von Eiern

Abwehrmechanismen brechen ca. 18 Tage nach Eiablage zusammen und die ersten Verderbniserscheinungen können dann ab ca. 28 Tagen auftreten. Deshalb müssen Eier im Handel ab dem 18. Tag gekühlt werden und das MHD darf eine Frist von 28 Tagen nicht überschreiten. Bis zu diesem Zeitpunkt ist jedoch die Haltbarkeit des Eies durch den Handel gewährleistet. Das letzte Verkaufsdatum ist der 21. Tag nach der Eiablage. Weitere Daten, die das Alter des Eies beschreiben, sind das Legedatum, das den Tag der Eiablage bezeichnet, das Verpackungsdatum sowie das Verbrauchsdatum. Das Verpackungsdatum gibt den Tag des Verpackens durch den Verpacker an. Eier werden meist acht bis zehn Tage nach dem Legen verpackt. Werden Eier gekühlt angeboten, erfolgt der Vermerk des Verbrauchsdatums. Dieses Datum ist ein Maximaldatum und sollte niemals überschritten werden. Der Verkauf von Eiern nach Ablauf des Verbrauchsdatums ist strengstens verboten. Die Abb. 3.1 gibt eine Übersicht über die Haltbarkeitsdaten des Eies.

Wichtig für die Haltbarkeit ist, dass die Eier nach dem Legen nicht gewaschen werden. Dadurch würde die natürliche Schutzschicht des Eies zerstört und die Haltbarkeit herabgesetzt werden. Das Waschen von Eiern ist durch einen Test mit UV-Licht zu überprüfen. Außerdem gibt es viele weitere Überprüfungsmöglichkeiten zur Frische und Haltbarkeit von Eiern.

3.4.2   Frischekriterien und Frischetests

Die Frische eines Eies lässt sich anhand unterschiedlicher Parameter feststellen. Zu diesen Parametern zählen u. a. die Luftkammer, das Gewicht sowie die Beschaffenheit von Eidotter und Eiklar. Die **Luftkammer** vergrößert sich im Laufe der Eialterung, da während der Lagerung Wasser verdunstet. Ein frisches Ei hat eine kleine Luftkammer von etwa 2 mm Durchmesser. Nach etwa 30 Tagen vergrößert sich die Luftkammer auf ca. 8 mm. Die Grenze der Luftkammergröße ist von der Güteklasse abhängig. Infolge der Wasserdampfverdunstung nimmt auch das **Gewicht** des Eies ab. Die Größe der Luftkammer kann durch eine Durchleuchtung (Schieren), durch Schütteln oder durch einen Schwimmtest überprüft werden. Frische Eier dürfen beim **Schütteln** keine Geräusche machen. Für den **Schwimmtest** wird das Ei ins kalte Wasser gelegt. Wenn das Ei am Boden liegen bleibt, handelt es sich um ein

Abb. 3.2 Schwimmtest bei
Eiern

„frisch"   „alt"

frisches Ei. Richtet das Ei sich auf oder schwimmt es durch die vergrößerte Luftkammer sogar nach oben, ist das Ei schon älter (siehe Abb. 3.2).

Das **Eiklar** besteht aus zwei Schichten, einer dick- und einer dünnflüssigen
Schicht. Bei einem frischen, aufgeschlagenen Ei umschließt das Eiklar das hochge-
wölbte **Dotter** fest. Das Eiklar alter Eier fließt nach dem Aufschlagen breit ausein-
ander und auch das Dotter ist vergleichsweise flach und breit (siehe Abb. 3.3b). Der
Dotterindex bietet eine weitere Möglichkeit, die Frische eines Eies zu überprüfen:

$$\textbf{Dotterindex} = \frac{\text{Dotterhöhe} \times 100}{\text{Dotterbreite}}$$

Der Dotterindex frischer Eier beträgt mindestens 45.

Auch bei gekochten Eiern ist der Frischegrad anhand der Lage des Dotters und
der Luftkammer abzuschätzen. Beim frischen Ei liegt das Dotter zentral und die
Luftkammer ist klein. Alte, gekochte Eier haben eine große Luftkammer bzw. weniger Inhalt und das Dotter liegt nicht mehr zentral, sondern ist in Richtung Eischale
verlagert (siehe Abb. 3.3a).

Ein wichtiges Kriterium für das Dotter ist außerdem, dass es beim Durchleuch-
ten nur schattenhaft ist und beim Drehen des Eies nicht wesentlich von der zentralen
Lage abweichen darf. Die Methode des Durchleuchtens wird auch als „Schieren"
bezeichnet. Das Ei wird im abgedunkelten Raum mit einer Schierlampe durchleuch-
tet, so dass die Strukturen im Ei-Inneren im Durchlicht sichtbar werden. Dadurch
können befruchtete Eier aussortiert werden. Im Labor könnte ein Ergebnisblatt für
die Überprüfung der Frische von Eiern wie in Abb. 3.4 aussehen.

a 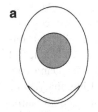 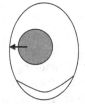   b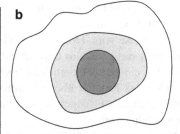

gekochtes, frisches Ei: **gekochtes, altes Ei:**
Dotter zentral,   Dotter zur Eischale verlagert,
Luftkammer klein   Luftkammer groß   zweischichtiges, galertartiges, festes Eiweiß

Abb. 3.3 a Sichtbare alterungsbedingte Veränderungen bei gekochten Eiern **b** frisches, rohes Ei

	Gewicht (g)	Luftkammer (mm)	Schale/Kutikula	ohne Ein-/Auflagerungen	Dotter schattenhaft sichtbar	beweglich	Eiklar deutlich zweischichtig, gallertartig, flüssig	noch zweischichtig, leicht verflüssigt	verflüssigt	Embryo nicht sichtbar entwickelt	befruchtet	Höhe (mm)	Durchmesser (mm)	Dotterindex (%)
Frisches Ei 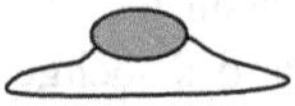	61,4	2	X		X					X		19	37	47
Altes Ei 	59,4	9	X	X					X	X		13	47	30

Abb. 3.4 Exemplarisches Laborergebnisblatt zur Frischeuntersuchung von Hühnereiern

3.4.3   Eifehler und Salmonellen

Eifehler können einerseits die Schale und andererseits das Ei-Innere betreffen. Zu den **Schalenfehlern** zählen u. a. Lichtsprünge, die fehlende Kalkschale beim so genannten „Windei" sowie eine raue und unregelmäßige Schale. Solche Erscheinungen können durch Mineralstoffmangel oder Krankheiten der Legehennen hervorgerufen werden. Im Ei-Inneren können infolge eines geplatzten Blutgefäßes am Eierstock **Blut- oder Fleischflecken** auftreten. Ein **verflüssigtes Eiklar** ist meist ein Hinweis auf eine weit vorangeschrittene Eialterung oder eine Erkrankung der Legehenne (Newcastle-Krankheit). Auch geschmackliche Eifehler wie z. B. Fischgeschmack können auftreten. Die Ursache für den Fischgeschmack ist *Trimethylamin (TMA)*, das meist mit einer Fütterung von viel Fisch- oder Rapsschrot einhergeht (siehe Abb. 3.5).

TMA wird durch Enterobakterien im Dickdarm der Henne gebildet. In der Hühnerfütterung eingesetztes Cholin und Sinapin (aus Raps) sind die pflanzlichen Precursoren der TMA-Entstehung. Weitere Vorstufen können TMAO (TMAO) aus Fischfutter oder mit so genanntem Stinkbrand (Pilzen) befallener Weizen sein. Üblicherweise wird TMA in der Leber von Hühnern enzymatisch zu TMAO umgewandelt, das geruchlos über den Kot ausgeschieden wird. Durch einen Gendefekt findet bei einigen Hühnern jedoch keine Umwandlung zu TMAO statt. Dann geht das TMA ins Eidotter über und sorgt für den fischigen Geruch. Eine analytische Bestimmung des Fischgeschmacks kann durch die Bestimmung von Trimethylamin durchgeführt werden.

Normalerweise sind frische Eier steril, eine transovarielle Kontamination mit *Salmonella Enteritidis* kann dennoch vorkommen. Ein anderer Kontaminationsweg

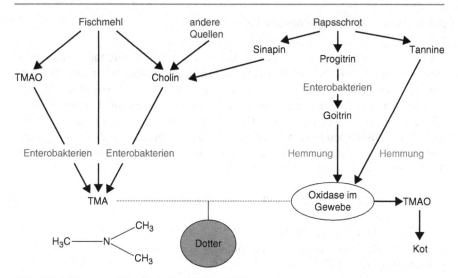

Abb. 3.5 Bildung von Trimethylamin (*TMA*) im Eidotter

der Eier entsteht durch Salmonellen, die über den Hühnerkot ausgeschieden werden und über die verschmutzte Schale ins Ei-Innere gelangen. Eier verfügen zwar über eine natürliche Barriere zum Schutz vor Bakterien, diese nimmt jedoch im Laufe der Eialterung ab. Besonders die Lagertemperatur hat einen großen Einfluss auf die Alterungsvorgänge im Ei. Bei Temperaturen von bis zu +6 °C vermehren sich Salmonellen nicht, aber bei Zimmertemperatur kommt es zu einem raschen Salmonellenwachstum. Dieser Vorgang ist weder durch nachträgliche Kühlung noch durch Tiefgefrieren rückgängig zu machen. Um Salmonellen abzutöten, müssen die Eier mindestens zehn Minuten bei >70°C erhitzt werden. Wird die Infektionsschwelle z. B. in Folge unsachgemäßer Lagerung oder mangelnder Küchenhygiene überschritten, kann es durch den Verzehr solcher Lebensmittel zu Salmonellose kommen. Besonders anfällig für Salmonellenerkrankungen sind immunschwache Personen wie beispielsweise Kinder und alte Menschen. Zur Vermeidung von Salmonellenerkrankungen gelten folgende Regeln:

- Speisen, die rohe Eier enthalten, sollten erst kurz vor dem Verzehr herstellt, bis zum Verzehr gekühlt und keine Reste aufgehoben werden,
- nur frische Eier zur Herstellung von Speisen mit rohen Eiern verwenden,
- Eier frisch kaufen und bald verwenden und
- Lagerung der Eier bei Temperaturen <+7 °C.

Nach Deutscher Hühnereier-Verordnung ist eine Temperatur zwischen +5 und +8 °C ab dem 18. Tag nach der Eiablage für die Aufbewahrung und den Transport der Eier vorgeschrieben.

3.4.4 Vermarktungsvorschriften

Die Abholung der Eier beim Erzeuger muss nach EWG-Verordnung mindestens jeden dritten Tag und bei Eiern mit der Bezeichnung „extra" sogar jeden Tag erfolgen. Zum Verkauf können die Eier entweder auf Eierhöckern (Eierpaletten/Eierpappen) oder in Kleinpackungen angeboten werden. Es müssen immer neue Kleinpackungen verwendet werden. Die Wiederbenutzung ist nicht erlaubt. Großpackungen müssen den hygienischen Vorschriften entsprechen und neuwertig sein. Werden Eier in so genannte Kleinpackungen von bis zu 36 Eiern verpackt, gelten folgende Pflichtangaben:

- Anzahl der verpackten Eier (z. B. „6 frische Eier")
- Güteklasse (A, B)
- Gewichtsklasse (XL, L, M, S)
- Mindesthaltbarkeitsdatum und empfohlene Lagerbedingungen
- Haltungsform und Herkunft
- Name, Anschrift und Kennnummer des Verpackerbetriebes.

Mit Ausnahme von Haltungsform und Herkunft erfolgen die Angaben auf der Ei-Verpackung. Die Angaben des Mindesthaltbarkeitsdatums sowie der empfohlenen Lagerbedingungen müssen einerseits die Angabe *„mindestens haltbar bis ... "* gefolgt von Tag und Monat enthalten. Andererseits muss der Vermerk: *„ Verbraucherhinweis: Bei Kühlschranktemperatur aufbewahren – nach Ablauf des Mindesthaltbarkeitsdatums durcherhitzen. "* erfolgen. Seit dem Jahre 2004 gibt es eine gesetzliche Regelung für eine einheitliche Eierkennzeichnung in der EU, die vorschreibt, dass jedes güteklassifizierte Ei mit einem Stempel auf der Schale versehen werden muss. Anhand eines Codes aus Buchstaben und Ziffern kann der Verbraucher sich über die Haltungsform, das Herkunftsland und den Erzeugerbetrieb der im Handel erhältlichen Eier informieren (siehe Abb. 3.6). An erster Stelle des Codes steht eine

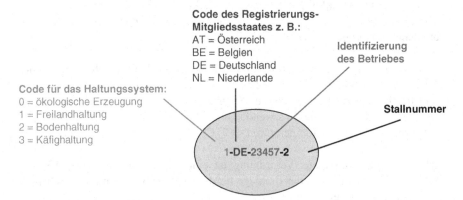

Abb. 3.6 Aufbau des Kennzeichnungscodes für Eier gemäß der Vermarktungsnorm für Hühnereier Verordnung (EG) Nr. 589/2008 (Der Erzeugercode besteht aus den unter Nummer 2 des Anhangs der Richtlinie 2002/4/EG vorgesehenen Codes und Buchstaben.)

Ziffer, welche die jeweilige Haltungsform beschreibt. Es folgt das Länderkürzel an zweiter Stelle und danach die Betriebsnummer. Abschließend ist nach einem Bindestrich noch die Stallnummer aufgeführt.

In der europäischen Gemeinschaft kann jeder Betrieb durch eine Packstellen-Nummer (PN) identifiziert werden. Jeder zugelassene Betrieb erhält eine „Kenn-Nr." oder „PN", wovon die erste Ziffer das EU-Land der Packstelle bezeichnet. Diese Nummer gibt jedoch lediglich den Ort der Abpackung des Eies an, nicht die Herkunft des Eies.

3.5 Aufbau und Zusammensetzung des Eies

Eier gibt es in unterschiedlichen Größen und Farben, unabhängig davon ob sie braun, weiß oder grün sind. Ein Ei besteht im Groben aus dem zentral gelegenen Eigelb (Dotter), dem Eiweiß (Eiklar), welches das Dotter umgibt, und der Eischale (siehe Abb. 3.7).

3.5.1 Eischale

Die poröse Kalkschale des Eies ist etwa 0,3 mm dick und macht etwa 10% (6 g) des Eiergewichtes aus. Hauptbestandteile der Schale sind ein Eiweißgerüst (Mucopolysaccharid-Komplex), Calciumcarbonat, Calciumphosphat und Magnesiumcarbonat. Zur Atmung des Kükens ist die Schale mit vielen kleinen Porenkanälen (7.000–17.000 pro Ei) durchsetzt. An der Schaleninnenseite anliegend befindet sich

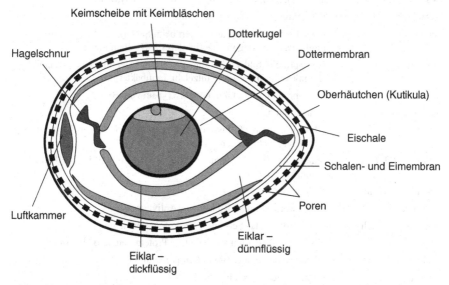

Abb. 3.7 Aufbau eines Eies

eine dünne, doppelschichtige Schalenhaut, die aus Protein-Polysaccharidfasern besteht. Sie setzt sich aus einer Schalen- und einer Eimembran zusammen, die sich am
breiteren Ende des Eies teilen. Dazwischen befindet sich eine anfangs kleine und
mit zunehmendem Alter des Eies größer werdende Luftkammer. Auf der Schalen-
außenseite ist noch eine aus Proteinen bestehende, dünne Schutzschicht (Cuticula)
aufgelagert, die jedoch durch Waschen oder Abreiben des Eies zerstört wird, so dass
Mikroorganismen eindringen können und die Haltbarkeit des Eies herabgesetzt ist.

3.5.2 Eiklar

Hühnereiweiß gilt aufgrund seiner Zusammensetzung als ein sehr hochwertiges
Nahrungseiweiß. Das Eiklar hat einen Gewichtsanteil von ca. 58% (ca. 33 g) eines
Eies. Die Hauptkomponenten des Eiweiß sind die Eiklarproteine (siehe Tab. 3.6).
    Genauer gesagt kann das Eiklar als eine 10%ige wässrige Lösung mit verschie-
denen **globulären Proteinen** beschrieben werden. Diese so genannten Ovomu-
cinfasern setzen sich größtenteils aus Ovalbumin, Conalbumin sowie geringeren
Mengen an Ovoglobulinen und Glykoproteinen zusammen. Tabelle 3.7 gibt eine

Tab. 3.6 Durchschnittliche Zusammensetzung von je 100 g Eiklar und Eidotter (Souci et al. 2008)

	Wasser (g)	Eiweiß (g)	Fett (g)	Kohlenhydrate (g)	Mineralstoffe (g)
Eiklar	87,3	11,1	0,03	0,7	0,7
Eidotter	50,0	16,1	31,9	0,3	1,7

Tab. 3.7 Proteine des Eiklars (Stadelman u. Cotterill 1977; Wells u. Belyavin 1986)

Protein	Bemerkung
Ovalbumin	Phosphoglykoprotein, denaturiert beim Schlagen, bildet sich im Laufe der Lagerung in hitzestabileres S-Ovalbumin um
Conalbumin	Glykoprotein, bildet mit 2- und 3-wertigen Metallionen hitzestabilere Komplexe, in freier Form hitzelabil (antibakteriell)
Ovomucid	Glykoprotein, hitzestabil, hemmt Trypsin vom Rind
G_2, G_3 Globulin	Schaumbildner
Ovomucin	Glykoprotein, in zähflüssigem Eiklaranteil in vierfacher Konzentration, Komplexbildung mit Lysozym
Lysozym (G_1 Globulin)	Sialoprotein, N-Acetylmuramidase, zerstört Zellwände von Bakterien (antibakteriell)
Ovoglykoprotein	Sialoprotein
Flavoprotein	Glykoprotein, bindet Riboflavin (Antivitamin)
Ovomakroglobulin	Glykoprotein, das Ser- und Cys-Proteinasen hemmt
Ovinhibitor	Glykoprotein, hemmt verschiedene Proteinasen, z. B. Trypsin
Avidin	Glykoprotein, bindet Biotin (Antivitamin)
Cystatin	Hemmt Cycteinproteinasen

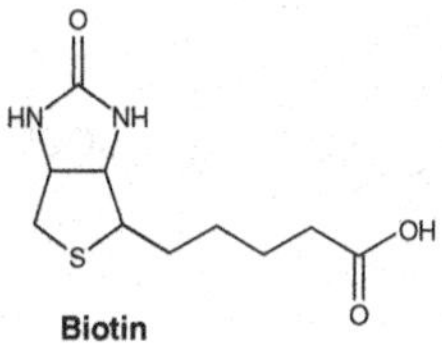

	• kommt in der Natur nur als D-Biotin vor,

• kommt in der Natur nur als D-Biotin vor,
• ist in Lebensmitteln i.d.R proteingebunden, wird durch das Enzym Biotinase (Pankreas) freigesetzt,
• ist im Intermediärstoffwechsel an einer Vielzahl von Carboxylierungsreaktionen (Übertragung von CO_2) beteiligt.
• Die biotinabhängige Carboxylierung von Acetyl-CoA zu Malonyl-CoA stellt eine Schlüsselreaktion der Lipogenese dar.
• *Vorkommen*: Leber, Pflanzensamen, Hefe
• *Avitaminose*: Dermatitis, Alopezie, Pigmentverlust der Haare, Empfindungsstörungen an Extremitäten, Depressionen, Lethargie, Ataxie
• *Hypovitaminose*: Müdigkeit, Appetitverlust, Muskelschmerzen, Übelkeit

Abb. 3.8 Strukturformel und Eigenschaften von Biotin

Übersicht über die Proteine des Eiklars; die Auflistung erfolgt nach absteigendem prozentualen Anteil am Gesamtprotein.

Es gibt zwei Typen von Eiklar, die beide nebeneinander im Ei vorkommen: das zähflüssige und das dünnflüssige Eiklar. Der Unterschied besteht in dem vierfach höheren Gehalt an Ovomucin im dickflüssigen Eiklar. Da das Eiklar einen Biotininhibitor (Avidin) enthält, sollte rohes Eiklar nicht oft und nur in kleinen Mengen verzehrt werden. **Avidin** ist ein basisches Glykoprotein (Molmasse = 66 kDa) und liegt als Tetramer vor. Zusammen mit anderen nicht verwandten Proteinen des Hühnereiweiß, dem Lysozym und dem Conalbumin, bildet Avidin das antibakterielle System des Hühnereiweiß. Avidin besitzt eine Disulfidbrücke und eine Oligosaccharideinheit aus vier Acetylglucosamin- und fünf Mannoseresten. Die vier identischen, arginin- und histidinreichen Avidin-Untereinheiten von 128 AS können jeweils ein Molekül Biotin (siehe Abb. 3.8) binden. Das heißt, ein Molekül Avidin bindet vier Moleküle Biotin. Mit dem Vitamin Biotin bildet das Avidin einen stöchiometrischen, festen Komplex, der durch proteolytische Enzyme nicht angegriffen und folglich im Darm nicht absorbiert werden kann.

Studien zeigen, dass bei Tieren eine experimentelle Fütterung mit Avidin oder rohem Hühnereiweiß einen Biotinmangel (Avitaminose) hervorrufen kann. Durch Backen oder Braten bzw. ab Temperaturen >85 °C kann Avidin inaktiviert werden, so dass es kein Biotin mehr bindet. Erst bei Temperaturen über 100 °C kann bereits gebundenes Biotin aus dem Avidin-Biotin-Komplex freigesetzt werden.

Kohlenhydrate kommen im Eiweiß nur zu ca. 1% vor. Davon ist eine Hälfte an Eiweiße gebunden und die andere Hälfte liegt als Glukose frei vor. Bei der Herstellung von Eipulvern kann die Glukose durch die Maillard-Reaktion zu unerwünschten Farbveränderungen führen. Durch enzymatischen Abbau oder Vergärung vor dem Trocknen lässt sich dies jedoch vermeiden.

3.5.3 Eidotter

Wie die Tab. 3.6 zeigt, besteht das Eidotter zu etwa einem Drittel aus Lipiden. Dieses Dotterfett wird auch als **Eieröl** bezeichnet und setzt sich zu 65% aus Triglyceriden und zu 30% aus Phospholipiden zusammen. Die Fettsäurezusammensetzung der Lipide ist von der Fütterung der Hühner abhängig. Trotzdem werden die einzelnen Fettsäuren in unterschiedlichem Umfang eingebaut. Eidotter verfügt über

Abb. 3.9 Strukturformeln der Ölsäure und Linolsäure

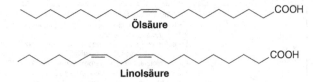

Ölsäure

Linolsäure

Tab. 3.8 Zusammensetzung der wichtigsten Fettsäuren des Eieröls (Souci et al. 2008)

Fettsäure	Gehalt (g)
Myristinsäure (14:0)	ca. 0,1
Palmitinsäure (16:0)	ca. 6,9
Stearinsäure (18:0)	ca. 2,0
Arachinsäure (20:0)	ca. 0,4
Hexadecensäure (16:1)	ca. 1,2
Ölsäure (18:1)	ca. 11,7
Linolsäure (18:2)	ca. 4,8
Cholesterin	ca. 1,3

große Mengen der einfach ungesättigten Ölsäure sowie der zweifach ungesättigten Linolsäure (siehe Abb. 3.9).

Tabelle 3.8 gibt die Zusammensetzung der Fettsäuren von Eieröl wieder.

Der hohe Gehalt an **Phospholipiden** sorgt für eine gute Emulgierbarkeit des Eigelbs, was besonders bei der Herstellung von Margarine, Mayonnaise sowie Back- und Teigwaren von Vorteil ist. Vier Fünftel der Phospholipide machen Lecithine aus, 15% Kephaline. Etwa 5% der Nicht-Triglycerid-Fraktion ist **Cholesterin**.

Die **Eiweißfraktion** des Eidotters besteht vorwiegend aus Levitinen (wasserlösliche, globuläre Proteine), Lipovitellinen (Lipoproteine hoher Dichte) und Phosvitinen (Glykophosphoproteine). Die **Färbung** des Dotters ist stark von der Fütterung der Hühner abhängig und kann von schwach gelb über zitronengelb und goldgelb bis hin zu rot schwanken. Der Verbraucher wünscht in der Regel eine kräftige Färbung des Dotters. Die dafür notwendigen Farbstoffe sind Carotinoide und müssen über das Futter zugeführt werden. Drei Komponenten können zur Färbung des Dotters beitragen:

- *carotinoidreiche Futterkomponenten* wie Mais, Luzerne- und Grasgrünmehl,
- *standardisierte Produkte* wie Paprika, Grünmehlextrakte und Tagetesblütenmehle
- und *stabilisierende synthetische Produkte* wie Lutein, Apocarotinester, Canthaxanthin und Citranaxanthin (siehe Abb. 3.10).

Je nach Produkt sind unterschiedliche Pigmente mit unterschiedlicher Färbung vorherrschend: Zitronengelb (Lutein), goldgelb (Apocarotinester) und rot (Canthaxanthin, Citranaxanthin).

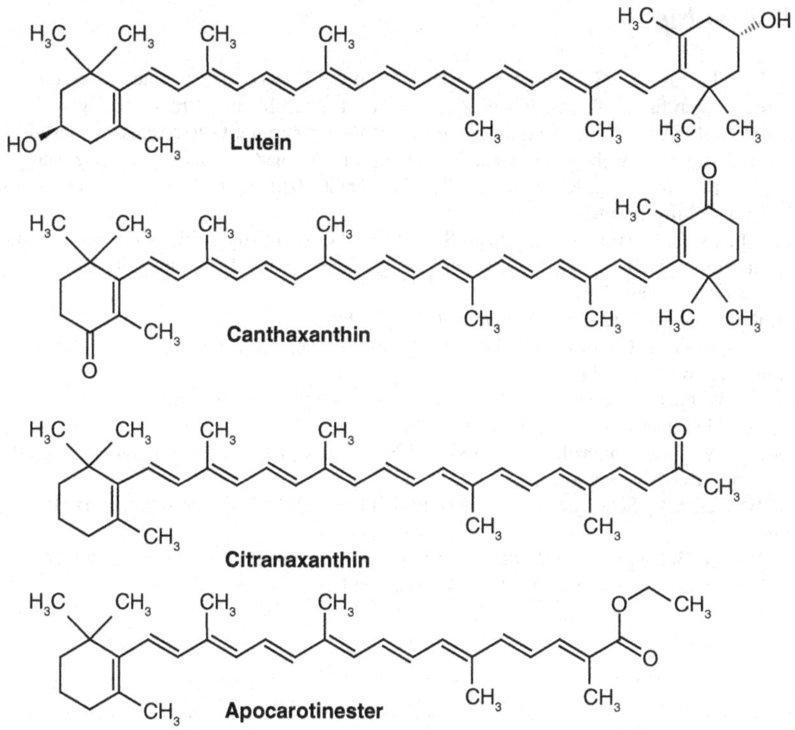

Abb. 3.10 Synthetische Futterkomponenten zur Färbung des Eidotters

3.6 Eier in der Ernährung des Menschen

Eier, in erster Linie Hühnereier, sind eine wertvolle Proteinquelle und enthalten mit Ausnahme von Vitamin C alle Vitamine und Mineralstoffe. Der überwiegende Anteil der Vitamine ist im Eidotter lokalisiert. Das Eiweiß des Hühnereies hat eine besonders hohe biologische Wertigkeit und kann durch Kombination z. B. mit Kartoffeln die Gesamteiweißqualität einer Mahlzeit wesentlich steigern.

Hühnerei enthält nennenswerte Mengen an Calcium, Natrium, Kalium, Phosphor und Eisen (Eigelb) sowie Vitamin A (oder Retinoläquivalente), Vitamin E und Vitamin D. Das Eigelb ist besonders reich an Cholesterin. Der Richtwert für die obere tägliche Zufuhr an Cholesterin liegt bei 300 mg/Tag (DGE et al. 2000). Die Ergebnisse der NVS II zeigen, dass die Cholesterinrichtwerte der DGE von Männern in allen Altersgruppen überschritten werden. In einem Ei der Gewichtsklasse M sind durchschnittlich etwa 230 mg Cholesterin enthalten, deshalb sind Eier im oberen Teil der dreidimensionalen Ernährungspyramide der DGE angeordnet und sollten in Maßen verzehrt werden, das heißt bis zu drei Stück pro Woche inklusive verarbeiteter Produkte.

Bibliographie

Brade, W., Flachowsky, G., Schrader, L. (Hrsg.) (2008): Legehuhnzucht und Eiererzeugung – Empfehlungen für die Praxis. Johann Heinrich von Thünen-Institut, Braunschweig.

DGE/ÖGE/SGE/SVE (2000) Deutsche Gesellschaft für Ernährung, Österreichische Gesellschaft für Ernährung, Schweizerische Gesellschaft für Ernährungsforschung, Schweizerische Vereinigung für Ernährung. Referenzwerte für die Nährstoffzufuhr. 1. Auflage. Umschau-Braus-Verlag, Frankfurt/Main.

Li-Chan, E. C. Y., Powrie, W. D., Nakai, S. (1995): The Chemistry of Eggs and Egg Products. In: Stadelman, W. J., Cotterill, O. J. (Hrsg.): Egg Science and Technology, 4. Auflage, Food Products Press, New York.

Lobitz, R. (2008): Eier. 12. überarbeitete Auflage, aid-Infodienst, Bonn.

Sim, J. S., Nakai, S., Guenter, W. (2000): Egg Nutrition and Biotechnology. 1. Auflage, CABI Publishing, Wallingford (u. a.).

S.W. Souci, W. Fachmann, H. Kraut: Die Zusammensetzung der Lebensmittel Nährwert-Tabellen. 7. Aufl., MedPharm Scientific Publishers, Stuttgart 2008

Stadelmann, W. J. & Cotterill, O. J. (Hrsg.) (1995): Egg Science and Technology. 4. Auflage, Haworth press, Binghamton.

Ternes, W., Acker, L., Scholtyssek, S. (1994): Ei und Eiprodukte. Paul Parey Verlag, Berlin, Hamburg.

Wells, R. G. & Belyavin, C. G. (1986): Egg Quality – Current Problems and Recent Advances. Poultry Science Symposium 20. Butterworths, London.

Fleisch und Wurstwaren

4

Inhaltsverzeichnis

© Springer-Verlag Berlin Heidelberg 2015
G. Rimbach et al., *Lebensmittel-Warenkunde für Einsteiger,* Springer-Lehrbuch,
DOI 10.1007/978-3-662-46280-5_4

4.1 Definition und Geschichtliches

Die Begriffsbestimmungen für das Lebensmittel Fleisch sind in jedem Land individuell geregelt. Gemäß den in Deutschland geltenden Leitsätzen für Fleisch und Fleischerzeugnisse fallen unter den Sammelbegriff Fleisch *„alle Teile von geschlachteten oder erlegten warmblütigen Tieren, die zum Genuss für den Menschen bestimmt sind. Hierbei handelt es sich um Fleisch und Geflügelfleisch, das zuvor nach fleisch- und geflügelfleischhygienischen Vorschriften untersucht und als tauglich zum Genuss für Menschen beurteilt wurde"*. Das Muskelgewebe umfasst das Skelettmuskelgewebe mit eingebettetem Fett- und Bindegewebe. Zu den warmblütigen Tieren, die zum Verzehr dienen, zählen in Deutschland vor allem Rinder, Kälber, Schweine, Schafe, Ziegen, Pferde, Geflügel, Kaninchen und Wild. In anderen Ländern und Kulturkreisen wird außerdem das Fleisch von Büffel, Bison, Kamel, Rentier, Strauß, Känguru, Robbe, Hund, Katze, Schlange, Alligator, Schildkröte und anderen Tieren in gewissem Umfang verwendet.

Etwa bis zur Jungsteinzeit deckten die Menschen ihren Fleischkonsum durch Jagen wildlebender Tiere. Mit der Zeit wurden die Jagdtechniken und -waffen besser, so dass die Wildtiere auch in großem Umfang gejagt werden konnten. Die Wildbestände wurden dadurch immer stärker reduziert und reichten wahrscheinlich nicht mehr aus, um den Fleischbedarf zu decken. Vor etwa 10.000 Jahren begann der Mensch schließlich die ersten Tiere zu domestizieren, um das Fleischangebot zu erhöhen. Zunächst wurden vermutlich Ziegen und Schafe gehalten, die eine zusätzliche Bedeutung als Milch- und Wolllieferanten hatten. Etwa ein Jahrtausend später wurde auch das Schwein domestiziert und noch später schließlich auch das Rind.

4.2 Produktion und Verbrauch

Die Welt-Fleischproduktion belief sich im Jahre 2005 auf etwa 265 Mio. t. Besonders die Geflügelfleischproduktion hat in den letzten Jahren stark zugenommen. Der größte Fleischproduzent weltweit ist die Volksrepublik China mit einem Produktionsvolumen von etwa 73 Mio. t Fleisch im Jahre 2004. Außerdem tragen die USA und Brasilien bedeutend zur weltweiten Fleischproduktion bei. Deutschland ist der viertgrößte Fleischproduzent der Welt mit einer Bruttoeigenerzeugung von ca. 7,5 Mio. t Fleisch im Jahre 2007. Der größte Teil davon wird im Inland verbraucht, ein geringer Anteil wird exportiert. Die Fleischimporte sind etwa doppelt so hoch wie die Fleischexporte. Daraus resultiert eine Nettofleischerzeugung von ca. 7,8 Mio. t.

Weltweit gibt es große Unterschiede im Fleischkonsum – besonders aufgrund religiöser und ethischer Prämissen. Beispielsweise wird im Islam und im Judentum kein Schweinefleisch verzehrt, da das Schwein als unrein gilt. Im Hinduismus wird hingegen auf Rindfleisch verzichtet, weil das Rind heilig ist. Vegetarier verzichten aus ethischen Gründen (Tierhaltung/Umweltbelastung) vollkommen auf Fleisch und Fleischprodukte. Der Fleischkonsum in Deutschland ist im Laufe des vergangenen

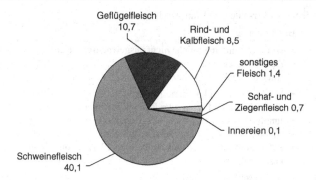

Abb. 4.1 Anteile der einzelnen Fleischsorten am Pro-Kopf-Verzehr in Kilogramm in Deutschland im Jahre 2007 (Daten: ZMP)

Jahrhunderts stark angestiegen: Während um 1900 noch etwa 47 kg Fleisch pro Kopf und Jahr verbraucht wurden, waren es im Jahre 2007 ca. 89,6 kg (darin sind Fleisch für Nahrung, Kleintierfutter, industrielle Produktionen sowie die Verluste miteinberechnet). Die Begriffe Konsum und Verzehr müssen dabei aber differenziert werden, denn beim Verzehr handelt es sich nur um den Teil des Schlachtviehs (ohne Haut, Knochen, Mageninhalt etc.), der tatsächlich verzehrt wird. Auf den menschlichen Verzehr entfallen etwa 61,6 kg Fleisch und Fleischerzeugnisse pro Einwohner. Dabei ist jedoch die Verteilung zwischen den Geschlechtern unterschiedlich. Gemäß den Ergebnissen der NVS II (2005–2006) verzehren Männer täglich im Durchschnitt mit etwa 103 g Fleisch pro Tag fast doppelt soviel wie Frauen mit ca. 53 g Fleisch am Tag. Genauer gesagt essen Männer im Mittel 42 g Fleisch und 61 g Fleischerzeugnisse und Wurstwaren am Tag, während es bei Frauen 23 g Fleisch und 30 g Fleischerzeugnisse und Wurstwaren sind. Männer konsumieren im Mittel etwa 57 g/Tag Fleisch aus Gerichten auf Basis von Fleisch und Frauen etwa 30 g. Besonders beliebt ist Schweinefleisch gefolgt von Geflügelfleisch sowie Rind- und Kalbfleisch, Schaf- und Ziegenfleisch sowie Innereien. Andere Fleischsorten (Wild, Kaninchen, Pferd etc.) machen nur einen relativ geringen Anteil aus (siehe Abb. 4.1).

Der Anteil an Wildfleisch an der Welt-Fleischproduktion beträgt etwa 0,5%. Es wird in den meisten Ländern in geringen Mengen verzehrt. In Deutschland werden pro Kopf und Jahr etwa 450 g Wildfleisch verzehrt. Als weltweit größter Wildfleisch-Importeur gilt Deutschland, wobei die Importe etwa drei Fünftel des Verbrauchs decken. Zu den klassischen Wildfleisch-Exporteuren zählen Polen, Ungarn, Argentinien, Spanien, Großbritannien, Neuseeland, Australien und die Tschechische Republik. Importiertes Fleisch unterliegt in der EU bestimmten Regelungen und darf nicht ohne eine erforderliche Prüfung eingeführt werden. Diese Prüfung erfolgt durch einen Tierarzt an der Grenzkontrollstelle und umfasst die Prüfung folgen der Dokumente: die Genusstauglichkeitsbescheinigung, die Tierschutztransportverordnung, der Vermerkes über die tierschutzgerechte Tötung und die Tiergesundheitsbescheinigung.

Tab. 4.1 Übersicht über verschiedene Rindfleischsorten

Fleischsorte	Beschreibung
Jungrindfleisch	• Weibliche und männliche nicht ausgewachsene Tiere • Zartes Fleisch • Auch als „baby beef" bezeichnet
Bullenfleisch	• Männliche, nicht kastrierte Rinder • Auch als Stiere, Farren oder Fasel bezeichnet • Jungbullen im Alter von 14–22 Monaten • Haltung überwiegend in intensiver Stallmast • Relativ fettarmes, hell- bis dunkelrotes Fleisch von mittlerer bis kräftiger Faserstruktur
Ochsenfleisch	• Kastrierte, männliche Tiere • Rotes, feinfaseriges, saftiges und aromatisches Fleisch • Auf dem Markt eher geringe Bedeutung • Extensive Haltung mit 1–2 Weidemastperioden • Schlachtung im Alter von 20–30 Monaten
Färsenfleisch	• Weibliche Tiere, die noch nie gekalbt haben • Kräftig rotes, feinfaseriges, zartes und saftiges Fleisch • Extensive Haltung mit 1–2 Weidemastperioden • Schlachtung im Alter von 20–30 Monaten
Kuhfleisch	• Weibliche Rinder, die bereits gekalbt haben • Überwiegend Milchkühe mit zu geringer Milchleistung
Kalbfleisch	• Weibliche und männliche Tiere • Schlachtung im Alter von 5–6 Monaten mit einem Gewicht von ca. 200 kg • Fettarmes, feinfaseriges, sehr zartes, hellrosa bis hellrotes Fleisch

4.3 Fleischsorten und -arten

Je nach verwendeter Tierart wird von einer bestimmten Fleisch*sorte* bzw. nach verwendetem Fleischteil von einer bestimmten Fleisch*art* gesprochen. Es gibt keine allgemein gültige Klassifizierung von Fleisch. Eine viel verwendete, grobe Einteilung ist dennoch die in *rotes* (Rind- und Kalbfleisch, Schweine-, Schaf- und Lammfleisch) und *weißes* (Geflügel und Zuchtkaninchen) Fleisch. Die Färbung des Fleisches wird durch die unterschiedlichen Myoglobin-Gehalte hervorgerufen. Dieses Hämoglobin-Derivat sorgt für den Sauerstofftransport im Muskel bzw. zu den Myofibrillen (Muskelzellen). Beim Erhitzen des Fleisches färbt sich dieses graubraun bis gräulich, da das Myoglobin zu Met-Hämoglobin denaturiert wird. Von geringerer Bedeutung in Deutschland sind Ziegen-, Pferde- und Hasenfleisch.

4.3.1 Rind- und Kalbfleisch

Unter den Oberbegriff „Rind" fallen Rinder verschiedener Rassen sowie unterschiedlichen Geschlechts und Alters. Dementsprechend verbirgt sich hinter dem Begriff „Rindfleisch" ebenfalls eine Vielfalt an Fleisch unterschiedlicher Charakteristik (siehe Tab. 4.1). **Jungrindfleisch** („baby beef") ist leicht faseriges und zartes

Fleisch von weiblichen und männlichen, nicht ausgewachsenen Tieren. **Bullen-** (ab zwei Jahren) bzw. **Jungbullenfleisch** (bei Schlachtung zwischen 14 und 22 Monaten) stammt von männlichen, nicht kastrierten Tieren. Die auch als Stier, Farren oder Fasel bezeichneten Tiere werden meist in intensiver Stallmast gehalten. Das Bullenfleisch ist relativ fettarm, von hell- bis dunkelroter Farbe und hat eine mittlere bis kräftige Faserstruktur. **Ochsenfleisch** stammt hingegen von kastrierten männlichen Rindern und hat eine geringere Bedeutung auf dem Markt, da die Ochsenaufzucht zeitintensiv und die Futterverwertung niedriger als bei der Bullenmast ist. Das rote, feinfaserige Ochsenfleisch ist saftig und sehr aromatisch. **Färsenfleisch** ist das Fleisch weiblicher Tiere, die noch nie gekalbt haben. Das kräftig rote Fleisch ist feinfaserig, zart und saftig. Ochsen und Färsen werden im Alter von 20–30 Monaten, nach extensiver Haltung mit ein bis zwei Weidemastperioden geschlachtet. **Kuhfleisch** stammt von weiblichen Rindern nach dem Kalben. Es handelt sich überwiegend um Milchkühe mit zu geringer Milchleistung.

Die Fleischqualität ist vor allem vom Alter der Tiere, der Rasse, der Haltungsform und der Fütterung abhängig. Es gibt sowohl reine Milch- (Jersey-Rind) und reine Fleischrassen (Angus, Galloway) als auch Zweinutzungsrassen (Rot- und Schwarzbunte, Fleck- und Braunvieh). Je nach Rasse kann bei letzterem entweder die Milchleistung oder die Eignung als Fleischlieferant stärker betont sein. In Deutschland werden überwiegend Zweinutzungsrassen gezüchtet. Für den direkten Verzehr eignet sich vorwiegend das Fleisch von bis zu zweijährigen Rindern. Das Fleisch älterer Tiere wird meist zur Wurst- oder Hamburgerherstellung oder zum Kochen von Brühen verwendet.

Bei den Haltungsformen werden hauptsächlich drei verschiedene Mastmethoden unterschieden: die Intensivmast im Stall, die reine Weidehaltung sowie die Weidehaltung in Kombination mit Zufütterung. Um die Herkunft von Rindfleisch für den Konsumenten transparent zu machen, existieren in der EU seit dem Jahre 2002 zusätzliche Vorschriften für die Herkunftsangaben bei der Etikettierung. Zu diesen Angaben gehören:

- Referenznummer des Tieres,
- „geboren in …", „gemästet in …", „geschlachtet in …", „zerlegt in …",
- europäische Schlachthofsnummer (ES-Nr.),
- europäische Zerlegebetriebsnummer (EZ-Nr.).

Darüber hinaus können weitere freiwillige Angaben gemacht werden, die jedoch überprüfbar sein und kontrolliert werden müssen. Solche Angaben können sich beispielsweise auf die Tierkategorie oder -rasse, die regionale Herkunft oder die Haltung und Fütterung beziehen.

Kalbfleisch: Kälber bzw. Mastkälber werden im Alter von fünf bis sechs Monaten bei einem Gewicht von etwa 200 kg geschlachtet. Das fettarme Kalbfleisch ist feinfaserig und hat eine hellrosa bis hellrote Farbe. Die Farbe ist vor allem von der Fütterung abhängig: je höher der Eisengehalt des Futters, desto dunkler ist das Fleisch. Das heißt, dass Kälber, die viel frisches Grünfutter (eisenreich) bekom-

men, dunkleres Fleisch haben als solche, die in der Intensivhaltung in Ställen mit
so genannten Milchaustauschern aufgezogen werden. Da die Muskeln der Jungtiere
noch nicht vollständig entwickelt sind, ist der Bindegewebsanteil relativ gering und
das Fleisch noch sehr zart.

4.3.2 Schweinefleisch

Zu dem Oberbegriff „Schweinefleisch" zählen sämtliche zum Verzehr geeignete
Fleischteile von Hausschweinen unterschiedlichen Geschlechts und Alters. **Ferkel**
sind Jungtiere, die noch gesäugt werden, und das **Spanferkel** ist ein im Alter von
maximal sechs Wochen geschlachtetes Ferkel. Als **Läufer** werden die nicht mehr
saugenden Jungtiere bezeichnet. Das weibliche Tier heißt **Sau**, sobald dieses einmal
Nachwuchs hatte. Bei den männlichen Hausschweinen werden drei Arten unterschieden. Zum einen die schon früh im Alter von drei bis vier Wochen kastrierten
Schweine (**Borg**). Zum anderen die **Eber**, die nicht kastriert, sondern zur Zucht
verwendet werden. Da Eberfleisch einen strengen Geruch hat, werden Eber mindestens acht Wochen vor dem Schlachttermin kastriert. Solche Schweine tragen die Bezeichnung „**Altschneider**". Der typische Ebergeschmack wird durch das im Fettgewebe abgelagerte Steroid 5α-*Androst-16-en-3-on* (Metabolit des Testosterons und
verwandt mit Komponenten des Moschus-, Trüffel- und Selleriearomas) verursacht.

   In Deutschland steht wegen der hohen Nachfrage an Schweinefleisch die intensive Massenhaltung im Vordergrund. Die heutigen gezüchteten Hausschweine haben
im Vergleich zu früheren einen geringeren Fettanteil. Bei den Rassen wird zwischen
so genannten Mutterrassen (fruchtbar, widerstandsfähig, hohe Aufzuchtleistung,
sehr gute Mastleistung und Fleischbeschaffenheit) und Vaterrassen (gute Mastleistung, hervorragende Fleischleistung, ausgeprägte Muskelpartien) unterschieden.
Die Qualität von Schweinefleisch wird nicht nur von der Rasse, der Haltung und
Fütterung beeinflusst, sondern auch von der Stressresistenz der Tiere (siehe Abschn. 4.4.4). Für den direkten Verzehr werden überwiegend junge Schweine im Alter von sieben bis acht Monaten und einem Schlachtgewicht von etwa 90–120 kg
verwendet. Schweinefleisch ist rosafarben, zart und hat eine feinfaserige Struktur.
Vom Schwein wird etwa je die Hälfte für Frischfleischprodukte sowie für Wurst-
und Fleischwaren verwendet.

4.3.3 Schaf- und Lammfleisch

Unter den Begriff *Schaffleisch* werden Lamm-, Hammel- und Schaffleisch subsum-
miert. **Lammfleisch** stammt gleichermaßen von männlichen und weiblichen Scha-
fen, die nicht älter sind als ein Jahr. **Milchlämmer** sind Lämmer, die sechs Monate
mit Milch aufgezogen wurden und sehr helles Fleisch haben. Das Fleisch von weiblichen und kastrierten männlichen Tieren im Alter von ein bis zwei Jahren wird als
Hammelfleisch bezeichnet. **Schaffleisch** hingegen ist das Fleisch von weiblichen

Tab. 4.2 Aufzuchtzeiten und Schlachtgewicht unterschiedlicher Geflügelarten

Geflügelart	Aufzuchtzeit	Schlachtgewicht (kg)
Stubenküken	Max. 28 Tage	0,65–0,75
Taube	4 Wochen	0,3–0,4
Hähnchen	5–6 Wochen	0,8–1,2
Wachtel	6 Wochen	0,15–0,19
Junge Pute	8 Wochen	2,0–4,0
Frühmastente	8–11 Wochen	1,5–2,0
Pute/Truthahn	9–22 Wochen	12,0–20,0
Poularde	10–12 Wochen	2,0–2,5
Frühmastgans	10–12 Wochen	2,0–4,0
Perlhuhn	12 Wochen	1,0–1,3
Junghahn	Min. 90 Tage	1,8–2,5
Ente	6 Monate	1,8–2,5
Gans	Min. 9 Monate	4,0–7,0
Suppenhuhn	12–15 Monate	1,0–2,0

und kastrierten männlichen Tieren ab einem Alter von zwei Jahren. Lammfleisch hat im Vergleich zu Schaffleisch noch einen hohen Fleisch- und einen geringen Fettanteil. Im Handel ist überwiegend Lammfleisch erhältlich. Das rosa bis hellrote Fleisch ist sehr zart, feinfaserig und von würzigem Geschmack. Da Schafe früher vor allem wegen der Wolle gehalten wurden, erfolgt die Einteilung der Rassen meist nach Deckhaareigenschaften. Zu den Fleischschafrassen gehören z. B. schwarz-, weiß- und blauköpfige Fleischschafe.

4.3.4 Geflügel

Zum Geflügel zählen alle gezüchteten Vögel, die als Nutztiere gehalten werden und zum menschlichen Verzehr geeignet sind. Die wichtigsten Hausgeflügelarten sind Huhn, Truthahn/Pute, Gans, Ente und Taube. In Abhängigkeit vom Fettgehalt wird zwischen Fett- (Gans, Ente) und Magergeflügel (Huhn, Pute) unterschieden. Während Hühner früher vor allem wegen der Eier gehalten wurden und das Fleisch ein nützliches Nebenprodukt war, werden heute die Zuchtziele Eier- und Fleischleistung getrennt verfolgt. Als vorrangige Haltungsform stehen die industriellen Mast- und Legebatterien im Vordergrund. Geflügel wird überwiegend als Jungmastgeflügel angeboten, das noch vor der Geschlechtsreife geschlachtet wird. In der Tab. 4.2 sind die Aufzuchtzeiten und Schlachtgewichte verschiedener Geflügelarten dargestellt. Die Fleischreifung ist beim Geflügel bereits nach ca. 24 h abgeschlossen. Geflügelfleisch ist je nach Gattung von heller (Huhn, Pute) oder dunklerer (Ente, Gans) Farbe. Auch die einzelnen Körperteile unterscheiden sich in der Farbe: Das Brustfleisch ist hell und die hinteren Extremitäten (Keule) sind dunkler. Zu-

Tab. 4.3 Jagdzeit, Gewicht und Fleischeigenschaften von Haar- und Federwild

	Jagdzeiten	Gewicht in kg (ausgeweidet/ küchenfertig)	Fleischeigenschaften
Haarwild			
Damwild	Juli–Februar	15–25 (junges Tier) 35–40 (einjähriges Tier) 50–70 (älteres Tier)	Vergleichbar mit Rehwild
Wildschwein	Ganzjährig	10–30 (Frischlinge) 35–60 (Überläufer) bis 150 (ältere Tiere)	Dunkelrot, sehr saftig, hocharomatisch
Gamswild	August–Dezember	Etwas leichter als Muffelwild	Dunkel- bis schwarzbraun, hocharomatisch, leicht talgig
Hasen	Oktober–Dezember	3,5–4,0	Braunrot, besonders hochwertig von Jungtieren
Muffelwild	August–Januar	10–15 (junges Tier) 15–40 (ältere Tiere)	Sehr hell, saftig
Rehwild	Mai–Februar	8–13 (junges Tier) 12–16 (einjähriges Tier) 14–21 (älteres Tier)	Rotbraun, saftig
Rotwild	Juni–Februar	25–35 (Hirschkalb) 40–65 (einjähriges Tier) >65 (älteres Tier)	Dunkelbraun, kernige Struktur
Wildkaninchen	Ganzjährig	1,0–1,3	Weiß bis blassrosa, zarte Struktur
Federwild			
Fasanen	Oktober–Januar	0,75–1,0	Hell, relativ langfaserig, sehr aromatisch
Rebhühner	September–November	0,25–0,3	Hocharomatisch
Wildenten	September–Januar	0,65–0,9	Dunkelrot, mager, kernige Fleischstruktur
Wildgänse	August, November–Januar	2,5–5,0	Fettarm, kernige Fleischstruktur, aromatisch
Wildtauben	November–Februar	0,25–0,35	Zart

sätzlich hat das Alter und das Geschlecht der Tiere Einfluss auf die Farbe und den Geschmack des Fleisches. Das Fleisch weiblicher Tiere ist zart und das Fleisch männlicher Tiere relativ kräftig im Geschmack. Beim Jungmastgeflügel verwischen sich jedoch die Unterschiede.

4.3.5   Wildbret

Der Sammelbegriff Wildbret steht sowohl für Haar- als auch für Feder- oder Flugwild. In der Tab. 4.3 sind die bedeutendsten Haar- und Federwildarten zusammengefasst. **Haarwild** sind jagdbare, Fell tragende Säugetiere, welche wiederum in Untergruppen eingeteilt werden: Hochwild (Reh, Hirsch, Gemse, Elch), Schwarzwild (Wildschwein) und Niederwild (Feldhase, Wildkaninchen). Wildfleisch stammt überwiegend von frei lebenden Tieren, deren Jagd den Jagdgesetzen unterliegt. Für jede Wildtierart gibt es individuelle Jagdzeiten, die in Deutschland, einem der wildreichsten Länder Europas, vom Bund bzw. den Ländern festgelegt sind. Davon weicht das so genannte „Gatterwild" ab, das aus wirtschaftlichen Gründen in naturnahen Gehegen gehalten und kontrolliert gefüttert wird. Das Fleisch von Gatterwild ist fettreicher und unterscheidet sich geschmacklich von dem wildlebender Tiere. Allgemein ist Wildfleisch fettarm, feinfaserig, von roter bis rotbrauner Farbe und fester Konsistenz. Der Geschmack von Wild ist von der jeweiligen Wildart abhängig und meist sehr spezifisch. Das Fleisch von in der Paarungszeit erlegtem männlichen Schalenwild (Huftiere) kann durch den Pheromoneinfluss (Sexuallockstoffe bzw. allgemein Botenstoffe, die der biochemischen Kommunikation zwischen Lebewesen einer Spezies dienen.) einen starken urinösen Geruch und Geschmack aufweisen, der sich jedoch teilweise durch lange Tiefkühllagerung verlieren kann.

Als **Federwild** oder Wildgeflügel werden alle frei lebenden Vögel bezeichnet, die für den menschlichen Verzehr erlegt werden. Auch Wildgeflügel unterliegt den Jagdgesetzen, das heißt diese Vögel dürfen nur zu bestimmten Zeiten und unter bestimmten Bedingungen gejagt werden. Zu den wichtigsten Wildgeflügelarten zählen Wildente, Wildgans, Wildtaube, Fasan, Rebhuhn sowie Perlhuhn und Wachtel. Die Schnepfe zählt zum Hochwild. Wildgeflügel wird teilweise auch in Volieren aufgezogen. Je nach Alter, Lebensweise und Nahrungsangebot der Tiere unterscheidet sich das Fleisch in der Farbe und Beschaffenheit: Fleisch von wildlebendem Federwild ist fester und aromatischer als solches von Federwild aus Volierenhaltung. Grundsätzlich ist die Verteilung der Fleischfärbung der des Hausgeflügels ähnlich.

Bei der Zubereitung von Wildfleisch wird der intensive und spezifische Geschmack meist durch Beizen in Buttermilch oder Rotwein gemildert. Die Fleischreifung von Wild dauert durchschnittlich 1½–4 Tage. In der Regel ist das Fleisch von auf der Pirsch erlegten Tieren mürber und zarter im Vergleich mit dem bei der Treibjagd erlegter Tiere. Durch den Stress der Jagd fehlt den Tieren teilweise ausreichend Glykogen zur Fleischreifung (siehe Abschn. 4.4.3).

Durch moderne Küchen- und Lagerungstechniken sowie den Import steht Wildfleisch heutzutage dem Verbraucher nahezu das ganze Jahr zur Verfügung.

4.3.6 Exotische Fleischarten

In anderen Ländern ist der Verzehr von Rentieren, Bisons, Hunden, Robben, Kamelen, Kängurus, Alligatoren und anderen Tieren zwar üblich, aber in Deutschland gilt das Fleisch dieser Tierarten eher als exotisch. Exotische Fleischarten spielen in Deutschland mengenmäßig zwar eine untergeordnete Rolle, dennoch ist das Angebot an exotischem Fleisch in den vergangenen Jahren immer umfangreicher ge-

worden. Mittlerweile sind im Handel u. a. Straußen-, Bison-, Kamel- und Kängurufleisch erhältlich. **Bison**herden werden vorwiegend in den USA und Kanada, aber
auch in einigen europäischen Ländern (Frankreich, Belgien, Deutschland) gehalten.
Das Bisonfleisch ähnelt dem Rindfleisch in seinen Eigenschaften. Es handelt sich
um dunkelrotes, sehr zartes Fleisch mit einem vergleichsweise geringen Fettgehalt
und würzigem Geschmack. Die Angebotsform des Fleisches ist ähnlich vielfältig
wie bei Rindfleisch. **Känguru**fleisch stammt fast ausschließlich aus Australien. Die
dort wild lebenden Tiere dürfen von staatlich zugelassenen Jägern erlegt werden.
Anschließend werden die Schlachtkörper in (z. T. auch von der EU) zugelassenen
Verarbeitungsbetrieben zerteilt, verpackt und weltweit exportiert. Kängurufleisch
ist dunkelrot, feinfaserig und fettarm. Im Handel wird überwiegend das Hüftfleisch
am Stück, als Steak oder Gulasch angeboten. **Strauße** kommen wild lebend überwiegend in Afrika vor. Mittlerweile werden Strauße auch auf Farmen in Israel, den
USA, Australien und Teilen Europas gezüchtet. Etwa 200 Straußenhalter produzieren in Deutschland jährlich jeweils ca. 1.000 Schlachttiere. Zusätzlich werden etwa
3.000 t Straußenfleisch pro Jahr nach Deutschland importiert. Es dürfen jedoch nur
auf Farmen gehaltene Tiere im Alter von neun bis 14 Monaten geschlachtet werden.
Pro Schlachtkörper fallen ca. 35 kg dunkelrotes, zartes Fleisch an. Straußenfleisch
ist in seinen Eigenschaften dem Rindfleisch relativ ähnlich. Das Fleisch aus der
Keule, am Stück, als Steak oder Gulasch ist die vorwiegend angebotene Form von
Straußenfleisch. Herz, Leber und Magen vom Strauß gelten als Delikatessen. Das
im Handel unter dem Begriff **Kamel**fleisch angebotene Fleisch stammt überwiegend von Dromedaren und kommt vor allem aus der arabischen Welt (Zucht) und
Australien (wildlebend). Der überwiegende Teil des in Deutschland importierten
Kamelfleisches stammt aus Australien. Das Schlachtalter beträgt etwa drei bis zehn
Jahre. Ein Kamel wiegt etwa 400–600 kg und hat eine Fleischausbeute von 50–
70%. Besonders geschätzt wird das Kamelfilet, das von roter Farbe, grober Struktur
und süßlichem Geschmack ist.

4.3.7 Haltungsformen

Schweine-, Kälber- und Hühnerfleisch stammt heutzutage überwiegend aus Mas-
sentierhaltung. Diese technisierte, industrialisierte Tierproduktion wurde angesichts
der großen Nachfrage nach Fleisch etabliert. In solchen Betrieben werden in erster
Linie Schweine, Rinder und Geflügel aufgezogen und gemästet. Aber der Markt für
Fleisch aus ökologischer Tierproduktion hat in den letzten Jahren zugenommen.
Hier wurde das Angebot an Fleisch und Fleischprodukten aus Rind-, Schweinefleisch und Geflügel stark erweitert. Als Grundlage für die ökologische Tierhaltung
gilt die EG-Öko-Verordnung. Durch diese rechtliche Grundlage werden die Fütte-
rung, der Transport, die Kennzeichnung und Vermarktung von Bio-Fleisch geregelt.
Die Tab. 4.4 gibt eine vergleichende Übersicht über konventionelle und ökologische
Tierproduktion.

Tab. 4.4 Grundlagen konventioneller und ökologischer Tierproduktion (EG-Öko-VO, Tierschutztransport-VO, Tierschutzgesetz)

Konventionelle Tierproduktion	Ökologische Tierproduktion
• Fortpflanzung erfolgt in der Milchviehzucht zu ca. 98% und bei Schweinen zu ca. 50% durch künstliche Besamung	• Nutzung primär im Ökobetrieb aufgezogener Tiere
• Leistungsfähige Spezialrassen und -kreuzungen werden gezüchtet	• Rassenvielfalt
• Haltung erfolgt intensiv (im Rahmen des Tierschutzgesetzes)	• Besondere Haltungsvorschriften, Verbot von Anbindehaltung etc.
• Fütterung erlaubt Zukaufsfuttermittel, Futterzusatzstoffe, synthetische Aminosäuren und Enzyme (evtl. gentechnisch erzeugt)	• Fütterung basiert möglichst auf betriebseigenen Futtermitteln
• Durchführung der Tiertransporte ist in der Tierschutztransportverordnung festgelegt	• Mindestanteile von Raufutter in den Wiederkäuerrationen vorgeschrieben
• Tiergesundheitsmanagement nach tierärztlicher Indikation, ggf. antibiotische Einstallprophylaxe	• Verbot synthetischer Aminosäuren und gentechnisch veränderter Organismen (GVO)
	• Tiergesundheitsmanagement basiert auf komplementärer Therapie (Phytotherapie, Homöopathie); allopathische Behandlung als letzte Option

4.4 Fleischverarbeitung und -reifung

Die Fleischverarbeitung erfolgt überwiegend in großen Schlacht- und Fleischverarbeitungsbetrieben mit hohem Automatisierungsgrad. Bei allen Verarbeitungsschritten wird durch spezielle Techniken besonders darauf geachtet, dass es nicht zu Verunreinigungen (Kontaminationen) kommt. Die Abb. 4.2 zeigt eine beispielhafte Übersicht der Schlachttechnik beim Schwein.

4.4.1 Schlachtung

Die Schlachtung erfolgt größtenteils auf Schlachthöfen oder in privaten Schlachtbetrieben. Deren Automatisierungsgrad ist sehr hoch, aber der Schlachtprozess unterscheidet sich bei den einzelnen Tierarten. Wichtig ist, dass die Tiere vor der Schlachtung zunächst betäubt werden. Rinder werden durch einen Kopfschuss mit einem Bolzenapparat betäubt. Anschließend wird mit einem gezielten Schnitt das Rückenmark zerstört, damit die Reflexe unterbunden werden, die zu ATP-Verlusten im Fleisch führen würden. Innerhalb einer Minute nach der Betäubung muss durch einen Kehlschnitt das Ausbluten eingeleitet werden. Schweine werden entweder elektrisch mit einem Starkstromschlag am Kopf oder mit CO_2 betäubt. Vor dem Schlachten und Ausbluten werden die Schweine an einen Haken gehängt. Geflügel wird an den Beinen aufgehängt und danach zur Betäubung an einer Art Förderband

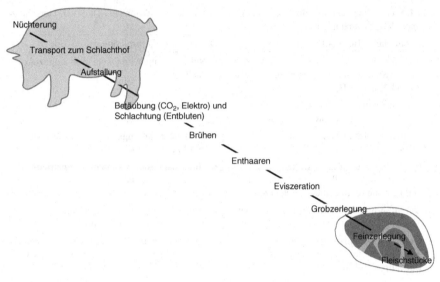

Nüchterung

Transport zum Schlachthof

Aufstallung

Betäubung (CO_2, Elektro) und
Schlachtung (Entbluten)

Brühen

Enthaaren

Eviszeration

Grobzerlegung

Feinzerlegung

Fleischstücke

Abb. 4.2 Schlachttechnik beim Schwein

in ein Wasserbad mit elektrischem Strom getaucht. Danach wird das Geflügel an
dem Förderband zum Köpfungsapparat befördert. Abschließend erfolgt das Ausbluten.

4.4.2 Zerlegung und Haltbarmachung

Nach der Schlachtung werden die Schlachtkörper für die weitere Verarbeitung zunächst in grobe und feine Industriesortimente und danach in Verbraucherfleischsor-
timente unterteilt. Schweine werden vor der Zerlegung für eine bestimmte Zeit in
ca. 60 °C warmes Wasser getaucht (Brühbottich), um die Enthaarung zu erleichtern.
Darauf folgt die Enthaarung und ggf. werden die Schwarten von den Fleischtei-
len abgeschält. Geflügel wird vor dem Zerkleinern vollautomatisch gerupft, aufgeschnitten und ausgenommen. Beim Ausnehmen der Schlachtkörper werden der
Magen-Darm-Trakt und die anderen roten Organe aus hygienischen Gründen getrennt behandelt und weiterverwertet. In Abhängigkeit vom Verwendungszweck
und von der natürlichen Beschaffenheit des Schlachtkörpers erfolgt eine weitere
Zerkleinerung in die erwünschten Fleischstücke. Eine Zerlegung der Tierhälften
wird an Fließbändern durchgeführt. Das Zerlegungsmuster und die Benennung der
einzelnen Fleischteile ist von der Fleischart abhängig (siehe Abb. 4.3 und 4.4).

Die anfallenden Reste wie Fett, Knochen, Haut und Fleischreste werden der Fett-
schmelze zugeführt bzw. zu Fleisch- oder Knochenmehl weiterverarbeitet. Fleisch
kann entweder als Frischfleisch angeboten oder durch unterschiedliche Verfahren
länger haltbar gemacht werden. Zu den Frischfleischwaren zählt sowohl gekühl-
tes als auch tiefgekühltes Fleisch. Um die Haltbarkeit zu verlängern, kann Fleisch

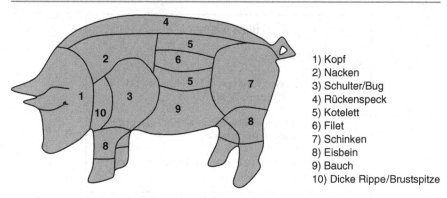

1) Kopf
2) Nacken
3) Schulter/Bug
4) Rückenspeck
5) Kotelett
6) Filet
7) Schinken
8) Eisbein
9) Bauch
10) Dicke Rippe/Brustspitze

Abb. 4.3 Benennung der Teilstücke vom Schwein

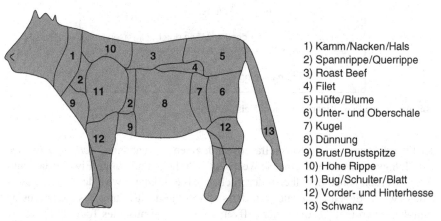

1) Kamm/Nacken/Hals
2) Spannrippe/Querrippe
3) Roast Beef
4) Filet
5) Hüfte/Blume
6) Unter- und Oberschale
7) Kugel
8) Dünnung
9) Brust/Brustspitze
10) Hohe Rippe
11) Bug/Schulter/Blatt
12) Vorder- und Hinterhesse
13) Schwanz

Abb. 4.4 Benennung der Teilstücke vom Rind

beispielsweise gesalzen, gepökelt, geräuchert, getrocknet, erhitzt, fermentiert oder anderweitig zu Fleischerzeugnissen und Wurstwaren verarbeitet werden. Auch spezielle Verpackungsmethoden wie Vakuumverpacken können die Haltbarkeit des Fleisches erhöhen.

4.4.3 Rigor mortis und Fleischreifung

Bevor das Fleisch verzehrfertig in den Handel gelangt, durchläuft es nach der Schlachtung zunächst die Prozesse der Totenstarre (*Rigor mortis*) und der Fleischreifung (siehe Abb. 4.5).

Direkt nach Eintritt des Todes ist das Fleisch zwar noch weich und dehnbar, aber bereits einige Stunden nach der Tötung setzt die Totenstarre ein. Während dieses Vorgangs laufen im Muskelgewebe verschiedene biochemische und mikrobielle Reaktionen ab. Das Fleisch eignet sich zu dieser Zeit nicht zur Zubereitung. Bei der Totenstarre bilden Actin (Proteine) und Myosin (Eiweißkörper), die Bestandteile

Rigor mortis

- ATP-Abbau

- Glykolyse (Glykogen zu Milchsäure), pH-Absenkung von 7 auf 5,5

- andauernde Muskelkontraktion, Actin und Myosin zu Actomyosin

- Abnahme des Wasserbindungsvermögens des Muskeleiweiß

Fleischreifung/Abhängen

- Lockerung der Totenstarre

- Zartwerden des Fleisches durch teilweisen enzymatischen Abbau der Zellstruktur

- Aromabildung

Abb. 4.5 Verlauf von Rigor mortis und Fleischreifung

der Eiweißfilamente von Muskelfasern sind, einen so genannten *Actinmyosinkomplex*. Längs der Muskelfaserachse wechseln sich dicke und dünne Eiweißfilamente ab und werden von Z-Scheiben unterbrochen. Als Sakomerer wird der Abstand zwischen zwei Z-Scheiben bezeichnet, der sich infolge der Bildung des Actomyosinkomplexes verkürzt. Da die Sauerstoffversorgung mit Eintritt des Todes beendet ist, kann ATP („Weichmacher") aus dem Abbau von Kreatinphosphat im Muskel nicht mehr nachgeliefert werden. Außerdem verbleibt die bei der anaeroben Glykolyse gebildete Milchsäure im Muskel und führt zur Absenkung des pH-Wertes von 7 auf ca. 5,5. Das Wasserbindungsvermögen des Gewebes ist stark pH-abhängig (siehe Abschn. 4.4.4) und hat einen entscheidenden Einfluss auf die Fleischqualität. Im Sarkoplasma (Fleischsaft) ist der Calciumspiegel infolge leerer Energiereserven irreversibel erhöht, wodurch der Actomyosinkomplex nicht mehr gelöst werden kann und die Muskelkontraktion aufrechterhalten wird. In diesem Zustand ist der Muskel nicht dehnbar und feucht. Der Zustand des Rigor mortis dauert bei den verschiedenen Tierarten unterschiedlich lange. Bei Rindern nimmt die Totenstarre etwa 10–24 h, bei Schweinen etwa 4–18 h und bei Geflügel etwa 2–4 h ein. Nach diesem Prozess ist der Muskel durch Auflösungsvorgänge (Proteolyse) insbesondere an der Z-Membran wieder weich und dehnbar, aber eine erneute Kontraktion kann nicht mehr erfolgen.

An die Phase des Rigor mortis schließt sich ca. zwei bis drei Tage (beim Rind) post mortem die Phase der Fleischreifung an. Dieser temperaturabhängige Prozess kann je nach Tierart und Alter mehrere Stunden bis Tage dauern. Der Vorgang der Fleischreifung wird auch als *Abhängen* bezeichnet. Während der Reifung werden unter anderem die Z-Scheiben aufgebrochen, die Sarkomere wieder verlängert

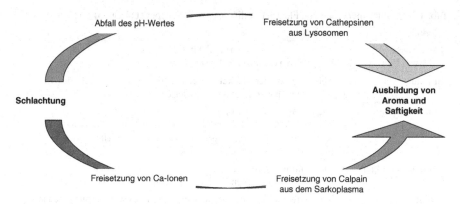

Abb. 4.6 Enzymatischer Einfluss bei der Fleischreifung

und einige fibrilläre Proteine mit Ausnahme von Actin und Myosin abgebaut. Eine künstliche Fleischreifung kann bei nicht abgehangenem Fleisch mittels proteolytischer Enzympräparate, die aus Pflanzen (z. B. Ficin aus der Feige oder Papain aus der Papaya) oder Mikroorganismen (Schimmelpilzproteasen) gewonnen werden, herbeigeführt werden. Erst bei Temperaturen >25 °C werden die Proteine der Myofibrillen durch Enzyme abgebaut (siehe Abb. 4.6).

Von besonderer Bedeutung sind hierbei zwei Gruppen von Endopeptidasen, die Calpaine und Cathepsine. Calpaine sind Cystein-Endopeptidasen, die durch Calciumionen aktiviert werden. Vermutlich arbeiten die Calpaine während der Fleischreifung mit den Cathepsinen zusammen, die ebenfalls überwiegend Cystein-Endopeptidasen sind. Diese werden durch Absenkung des pH-Wertes aktiviert. Zusätzlich kommt es infolge der enzymatischen Prozesse zur Ausbildung des charakteristischen Aromas. Da das gereifte Fleisch leicht verderblich ist, darf die Kühlkette während der Verarbeitung nicht untergebrochen werden.

4.4.4 Fleischqualität und Fleischfehler

Zur Ermittlung der Genusstauglichkeit von Fleisch ist die Fleischbeschau (Untersuchungen von Schlachttieren und Fleisch) gesetzlich festgelegt. In Deutschland gelten für diesen Bereich das Fleischhygienegesetz, die Fleischhygiene-VO sowie die Fleisch-VO, die unterschiedliche Bereiche der Fleischproduktion regeln (siehe Abb. 4.7).

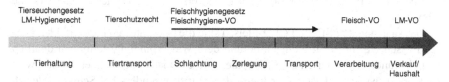

Abb. 4.7 Gesetzliche Vorschriften während der Fleischproduktion

Tab. 4.5 Qualitätsmerkmale von Fleisch (modifiziert nach: Scheper et al. 2006)

Merkmal	Bemerkung
Fleischfarbe	• Abhängig von Fleischart und Alter der Tiere • Bei älteren Tieren ist das Fleisch dunkler
Struktur	• Abhängig von der Muskelfaserdicke, Alter und Geschlecht des Tieres • Junge Tiere haben feinfaseriges Fleisch
Marmorierung	• Beeinflusst die Zartheit und Genussqualität des Fleisches • Bei guter Marmorierung ist Fleisch saftig, zart und aromatisch • Abhängig von Ausmästungsgrad, Geschlecht und Alter • Junge Tiere haben wenig Marmorierung
Safthaltevermögen	• Anschnitt muss trocken sein • Fleisch, das im eigenen Saft liegt, ist von schlechterer Qualität
Zartheit	• Abhängig von Alter und Geschlecht des Tieres sowie Abhängedauer und Kühlung des Fleisches • Zusätzlich durch Fett- und Bindegewebeanteil beeinflusst
Fettgehalt	• Abhängig von Alter, Fütterung und Haltungsform der Tiere

Die gesetzlichen Vorschriften legen die Merkmale, die Kennzeichnungsformen, Verarbeitungsformen und Verwertungsbereiche von Fleisch fest. Durch die Fleisch-beschau sollen vor allem der gesundheitliche Verbraucherschutz sowie die Qualität des gewonnenen Fleisches gesichert werden. Noch im lebenden Zustand findet eine frühe Beschau der Tiere statt, wobei Gang, Stand und Blick des Tieres beurteilt wer-den. Die eigentliche Fleischbeschau findet aber erst nach der Schlachtung auf dem Schlachthof statt. Dort werden der Tierköper, der Kopf sowie die Eingeweide genau-er untersucht. Wird das Fleisch nach der Untersuchung als „tauglich" eingestuft, er-hält es einen ovalen Stempel. Die Untauglichkeit der Ware wird hingegen mit einem dreieckigen Stempel gekennzeichnet. Untaugliches Schlachtvieh darf den Schlacht-hof nicht verlassen, sondern muss dort vernichtet werden (Konfiskat). Die Qualität von Fleisch kann anhand verschiedener Kriterien wie Fleischfarbe, Struktur, Marmo-rierung, Safthaltevermögen, Zartheit und Fettgehalt beurteilt werden (siehe Tab. 4.5).

Die Vermarktung von Geflügelfleisch ist separat durch die EG-Vermarktungs-normen für Geflügelfleisch (i. d. F. vom 23.12.94 zul. geänd. d. V. v. 23.06.05) innerhalb der EU einheitlich geregelt. Entsprechend den Kriterien erfolgt eine Qua-litätseinteilung in die Handelsklassen A und B. Nur Ware der Klasse A ist im Handel erhältlich. Geflügel, welches nicht der Handelsklasse A entspricht, wird zerlegt und für den Handel nur die Teile verwendet, die der Klasse A entsprechen. Zu den Quali-tätskriterien gehören z. B. vollfleischige Brust und Schenkel, keine Verletzungen, kein Gefrierbrand an Brust und Schenkeln sowie nur minimaler Besatz mit kleinen Federkielen bzw. Federn.

Eine Minderung der Fleischqualität kann verschiedene Ursachen haben (siehe Abb. 4.8).

Das so genannte PSE- und DFD-Fleisch sind die bekanntesten Fleischfehler. Die-ses Fleisch weicht in Struktur, Farbe und dem Wasserbindungsvermögen deutlich von einwandfreiem Fleisch ab. **PSE** (pale, soft, exsudativ) bezeichnet blasses, wei-ches und wässriges Fleisch. Der Fleischfehler tritt besonders bei Schweinefleisch

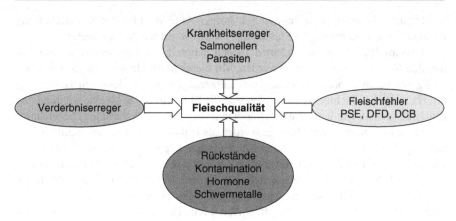

Abb. 4.8 Einflussfaktoren auf die Fleischqualität

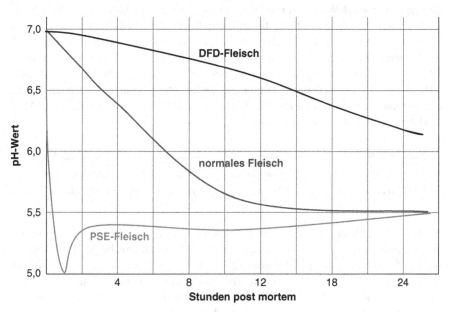

Abb. 4.9 Abfall des pH-Wertes post mortem bei PSE-, DFD- und normalem Fleisch (Moss 1992)

auf und führt zu einer geringen Festigkeit des Fleisches, hohen Gewichtsverlusten beim Abhängen sowie Abtropfverlusten beim Auftauen nach dem Gefrieren. Genetisch bedingte Stressanfälligkeit der Tiere spielt beim PSE-Fleisch eine Rolle: Durch Ausschüttung von Adrenalin und Noradrenalin kommt es zum raschen Stoffwechselablauf und zum Abbau von ATP und Milchsäure. Innerhalb der ersten zwei Stunden nach dem Schlachten fällt der pH-Wert dadurch sehr schnell ab (siehe Abb. 4.9), wodurch die Proteine denaturiert werden und das Fleisch erweicht. Infolge dessen werden die Zellmembranen wasserdurchlässiger. Außerdem führen die ausfallenden Proteine zur Lichtstreuung und lassen das Fleisch somit weißer erscheinen.

Stressanfällige Schweine können jedoch schon frühzeitig mittels des so genannten *Halothantests* selektiert werden. Mit dieser Methode wird die Reaktion bei 20 kg schweren Ferkeln während einer kurzzeitigen, genau dosierten Betäubung mit Halothan beobachtet. Verkrampfen sich die Muskeln der Schweine während der Einwirkungszeit, werden diese als Halothan positiv (hh = stressanfällig) bezeichnet. Schweine mit entspannten Muskeln werden als Halothan negativ eingestuft. Halothan negativ kann entweder phänotypisch Halothan negativ und genetisch heterozygot (Hh) bedeuten oder genetisch homozygot und phänotypisch stresstolerant (HH).

DFD (dark, firm, dry)-Fleisch steht für dunkles, festes und trockenes Schweinefleisch. Dieser Fleischfehler tritt vorwiegend bei einem hohen pH-Wert (>6,2) (siehe Abb. 4.9) bei stark erschöpften Tieren auf. Durch die Erschöpfung werden die Glykogen-Reserven der Tiere teilweise oder vollständig entleert, so dass durch Glykogenolyse keine oder nur wenig Milchsäure gebildet werden kann. In Folge dessen fällt der pH-Wert post mortem kaum ab. Wegen des höheren pH-Wertes ist DFD-Fleisch besonders anfällig für mikrobielle Verderblichkeit. Die dunkle Färbung des Fleisches ist das Ergebnis der stärker gequollenen Fibrillenstruktur und der besseren Sauerstoffbindung an Myoglobin. Ein Spezialfall des DFD-Fleisches ist das DCB (dark cutting beef)-Fleisch, das für im Anschnitt dunkles Rindfleisch steht. Dieses tritt vor allem bei Jungbullen nach Rangkämpfen mit fremden Tieren auf. Normales, PSE- und DFD-Fleisch weisen deutliche Unterschiede in den ATP-, Glykogen- und Laktat-Gehalten auf:

• **Normalfleisch:**	ATP hoch	Glykogen hoch	Laktat mittel
• **PSE-Fleisch:**	ATP sehr niedrig	Glykogen niedrig	Laktat sehr hoch
• **DFD-Fleisch:**	ATP niedrig	Glykogen niedrig	Laktat niedrig

Weitere Fleischfehler können beim Kühlen bzw. Gefrieren von Fleisch auftreten. Wird Rindfleisch noch vor dem Eintritt der Totenstarre schnell abgekühlt, so kommt es zum **Cold-Shortening-Phänomen**, das sich in einer erhöhten Fleischzähigkeit äußert. Dieser Fehler ist nicht umkehrbar und kann auch nicht mittels einer anschließenden Reifung behoben werden. Beim Gefrieren kann durch dicht anliegende oder beschädigte Verpackungen **Gefrierbrand** entstehen. Der Fleischfehler tritt besonders bei Geflügelfleisch auf und zeigt sich durch verfärbte, runde Stellen an der Fleischoberfläche. Die Ursache des Gefrierbrandes ist ein größerer Wasserentzug des Gewebes mit anschließender, verstärkt einsetzender Oxidation.

4.5 Zusammensetzung von Fleisch

Je nach Tierart (siehe Tab. 4.6), Alter, Rasse und Lebensbedingungen variiert die Fleischzusammensetzung. Diese hat einen maßgeblichen Einfluss auf die Fleischqualität und den Verwendungszweck der einzelnen Fleischstücke. Bei Ochsen,

Tab. 4.6 Durchschnittliche Wasser-, Eiweiß-, Fett-, Cholesterin- und Puringehalte verschiedener Fleischarten (Souci et al. 2008)

	Wasser (g/100 g)	Eiweiß (g/100 g)	Fett (g/100 g)	Cholesterin (mg/100 g)	Purine (mg Harnsäure/100 g)
Schweinefleisch (Filet)	74,8	22,0	2,0	55	150
Schweinefleisch (Kotelett)	72,1	21,6	5,2	55	145
Rindfleisch (Filet)	73,4	21,2	4,0	49	120
Rindfleisch (Rostbraten)	69,8	20,6	8,1	47	120
Kalbfleisch (Filet)	75,5	21,2	1,8	58	140
Kalbfleisch (Brust)	66,2	18,4	14,2	68	k. A.
Lammfleisch (Rücken ohne Fettauflage)	75,0	21,8	2,2	63	k. A.
Lammfleisch (Hüfte)	69,7	19,9	9,3	70	k. A.
Pferdefleisch (im Durchschnitt)	75,2	20,6	2,7	k. A.	200
Ziegenfleisch (im Durchschnitt)	70,0	19,5	7,9	75	k. A.
Huhn (Brust ohne Haut)	74,3	23,9	0,7	62	175
Pute (Brust ohne Haut)	73,7	24,1	1,0	44	k. A.
Ente (im Durchschnitt)	63,7	18,1	17,2	76	138
Gans (im Durchschnitt)	52,4	15,7	31,0	86	165
Wildschwein (im Durchschnitt)	70,2	19,5	9,3	63	k. A.
Reh (Rücken)	72,2	22,4	3,6	k. A.	105
Hirsch (im Durchschnitt)	74,7	20,6	3,3	65	k. A.
Hase (im Durchschnitt)	73,3	21,6	3,0	65	105

k. A. keine Angaben

Jungbullen, Kälbern Kühen und Färsen beispielsweise handelt es sich zwar durchweg um Rinder, aber die gleichen Fleischteile dieser Tiere unterscheiden sich in der Zusammensetzung voneinander. Jedes Schlachttier verfügt über muskelfleischreiche sowie fettreiche und bindegewebs- und sehnenreiche Teile.

4.5.1 Wasser

Im Mittel besteht mageres Muskelfleisch zu etwa drei Vierteln aus Wasser (siehe Tab. 4.6). Der Hauptanteil des Wassers ist zwischen den myofibrillären Proteinen immobilisiert und etwa 5% des Muskelwassers ist an Proteine gebundenes Hydratwasser. Das Wasserbindungsvermögen des Fleisches ist ein wichtiges Qualitätskriterium und beeinflusst besonders die Farbe, Saftigkeit und Zartheit des Fleisches.

4.5.2 Kohlenhydrate

Der Kohlenhydratgehalt von Fleisch ist sehr gering. Als wichtigster Vertreter der Kohlenhydrate kommt Glykogen in Abhängigkeit vom Schlachtalter und Tierzustand in Gehalten von 0,02–1% des Frischgewebes vor. Post mortem wird Glykogen durch die anaerobe Glykolyse allmählich zu Milchsäure abgebaut, so dass der Glykogengehalt im Muskel sinkt. Außerdem kommen im Muskel geringe Mengen Zucker (Glukose, Fruktose, Ribose) sowie Glukose-6-phosphat und andere Zuckerphosphate vor.

4.5.3 Proteine

Fleisch ist sowohl quantitativ als auch qualitativ eine hochwertige Eiweißquelle. Im Mittel beträgt der Eiweißgehalt von Fleisch etwa ein Fünftel, kann aber je nach Fleischart und Fettgehalt erheblich schwanken. Die Proteine können drei großen Fraktionen zugeteilt werden:

1. **myofibrilläre Proteine** (ca. 11%): Myosin, Actin, Titin, Tropomyosine, Troponine, Actinine, Myomesin u. a.
2. **Sarkoplasmaproteine** (ca. 6%): Myoglobin, Hämoglobin, glykolytische Enzyme (z. B. Glycerinaldehydphosphat-Dehydrogenase, Aldolase)
3. **Bindegewebsproteine und Organellenproteine** (ca. 3%): Kollagen, Elastin, Mitochondrienproteine

Da Fleisch reich an essentiellen Aminosäuren ist, hat es eine hohe biologische Wertigkeit (BW; Schweinefleisch 86, Rindfleisch 83). Einige der Aminosäuren sind jedoch hitzeempfindlich (besonders Lysin, Arginin und Cystin) und werden beim Erhitzen teilweise zerstört. Zudem enthalten einige Fleischsorten und Innereien relativ hohe Gehalte an **Purinen** (siehe Tab. 4.6) und **Pyrimidinen** (siehe Abb. 4.10). Purin ist der Stammkörper der Purine, der im Fleisch nicht in freier Form vorkommt. Meist kommen Purinderivate – z. B. als Purinbasen (Adenin, Guanin, Xanthin, Hypoxanthin) – als Bestandteil von Nukleinsäuren oder Coenzymen (z. B. ATP) vor. Auch Pyrimidine kommen im Fleisch fast ausschließlich in gebundener Form vor, wie z. B. als Pyrimidinbasen (Uracil, Thymin, Cytosin) in Nukleinsäuren. Post mortem wird das ATP im Muskel über mehrere Reaktionsstufen zunächst zu Inosin-5′-monophosphat (IMP) abgebaut, das schließlich von Inosin in Hypoxanthin übergeht. Im Zuge des Abbaus von ATP zu IMP treten die Pyrimidinnukleotide im Vergleich zu den Purinderivaten stark zurück.

Ein wichtiger Qualitätsparameter zur Beurteilung von Fleischerzeugnissen ist der Anteil an bindegewebseiweißfreiem Fleischeiweiß (**BEFFE**). BEFFE ist die Differenz zwischen dem Gesamteiweiß, fremden Nichteiweiß-Stickstoffverbindungen und dem Bindegewebseiweiß.

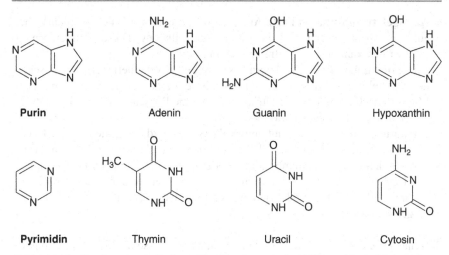

| Purin | Adenin | Guanin | Hypoxanthin |

| Pyrimidin | Thymin | Uracil | Cytosin |

Abb. 4.10 Strukturformeln von Purin und Purinbasen sowie Pyrimidin und Pyrimidinbasen

% Fleischeiweiß = Gesamteiweiß – Nichteiweiß-Stickstoffverbindungen

% BEFFE = % Fleischeiweiß – % Bindegewebseiweiß

% Bindegewebseiweiß = $8 \times$ % Hydroxyprolin[*]

[*]Kollagen enthält durchschnittlich 13% Hydroxyprolin

Das bindegewebseiweißfreie Fleischeiweiß ist vor allem im Muskelfleisch enthalten und gilt im Vergleich zum Bindegewebseiweiß (besonders in Sehnen und Schwarten enthalten) als hochwertig. Ein hoher BEFFE-Gehalt bedeutet, dass das Produkt einen hohen Magerfleisch (bzw. Muskelfleischanteil) besitzt und qualitativ hochwertig ist. Durch die Leitsätze für Fleisch und Fleischerzeugnisse ist ein Mindestanteil an Magerfleisch in der Verarbeitung verschiedener Wurstwaren gewährleistet, da für die einzelnen Produkte ein BEFFE-Minimalgehalt festgelegt ist.

Die Texturveränderungen des Fleisches beim Garen sind im Wesentlichen Resultate der Veränderung der Eiweiße. Beim Garen wird das Fleisch zunächst zäh, da die kurzkettigen Eiweiße aus den Muskelfasern gerinnen und sich lösen. Nach längerer Garzeit wird das Fleisch schließlich mürbe, wenn sich das langkettige Eiweiß aus dem Bindegewebe und den Sehnen löst.

4.5.4 Lipide

Fett ist ein wichtiger Faktor für den Geschmack, die Textur und die Saftigkeit des Fleisches. In Abhängigkeit von der Tier- und Gewebeart können der Fettgehalt sowie das Lipidmuster von Fleischstücken stark variieren. Grundsätzlich werden im Tierkörper drei Fettarten entsprechend der Lokalisation differenziert:

- **Auflagefett (subkutanes Fett):** Auflagefett liegt unter der Haut (subkutan), aber auf dem Muskelfleisch z. B. bei einem Kotelettstrang. Dieses Fettgewebe ist sichtbar und kann leicht abgetrennt werden.
- **Intermuskuläres Fett:** Das intermuskuläre Fettgewebe befindet sich zwischen den Muskelfasern und lässt sich nur teilweise gut erkennen. Zusammen mit dem Muskelfleisch ergibt das intermuskuläre Fett eine Fleischmaserung, die auch als *Marmorierung* bezeichnet wird.
- **Intramuskuläres Fett:** Als intramuskuläres Fett wird das in den Muskelfasern eingelagerte Fett bezeichnet, welches aber optisch nicht deutlich sichtbar ist. Es handelt sich dabei um Membranlipide oder kleine Fetttröpfchen im Sarkoplasma. Deshalb wird auch vom „unsichtbaren" oder „versteckten" Fett gesprochen. Intramuskuläres Fett befindet sich in allen Fleischstücken, selbst in optisch ganz mageren Stücken.

Einzelne Teile des Schlachtkörpers können auch fast ausschließlich aus Fettbindegewebe bestehen, wie z. B. Schweinespeck oder Flomen (Depotfett). Das Fettsäuremuster der Triglyceride setzt sich zu etwa 30–35% (Hühner) bis 60% (Wiederkäuer) aus gesättigten, zu 30–50% aus einfach ungesättigten und zu 3–20% aus mehrfach ungesättigten Fettsäuren zusammen (siehe Tab. 4.7). Wildbret enthält einen

Tab. 4.7 Durchschnittliche Fettsäurezusammensetzung (mg/100 g) von Rind-, Schweine-, Hühner- und Wildschweinfleisch (Souci et al. 2008)

Fettsäure (mg/100 g)	Rind (Muskelfleisch)	Schwein (Muskelfleisch)	Huhn (Brust mit Haut)	Wildschwein (Durchschnitt)
Caprinsäure (10:0)	1,7	k. A.	k. A.	k. A.
Laurinsäure (12:0)	1,7	6,8	8,8	k. A.
Myristinsäure (14:0)	52	30	40	138
Palmitinsäure (16:0)	466	395	1.257	2.174
Margarinsäure (17:0)	18	k. A.	k. A.	k. A.
Stearinsäure (18:0)	251	199	520	936
Arachinsäure (20:0)	1,4		15	k. A.
Behensäure (22:0)	k. A.	k. A.	65	k. A.
Lignocerinsäure (24:0)	k. A.	17	k. A.	k. A.
Palmitoleinsäure (16:1)	80	58	193	195
Ölsäure (18:1)	740	732	1.694	4.320
Eicosensäure (20:1)	9,9	13	67	k. A.
Linolsäure (18:2)	64	162	1.092	715
Linolensäure (18:3)	20	14	59	Spuren
Arachidonsäure (20:4)	16	36	161	k. A.
Eicosapentaensäure (20:5)	k. A.	25	5,6	k. A.
Docosahexaensäure (22:6)	k. A.	22	114	k. A.

k. A. keine Angaben

Abb. 4.11 Strukturformel
von Cholesterin

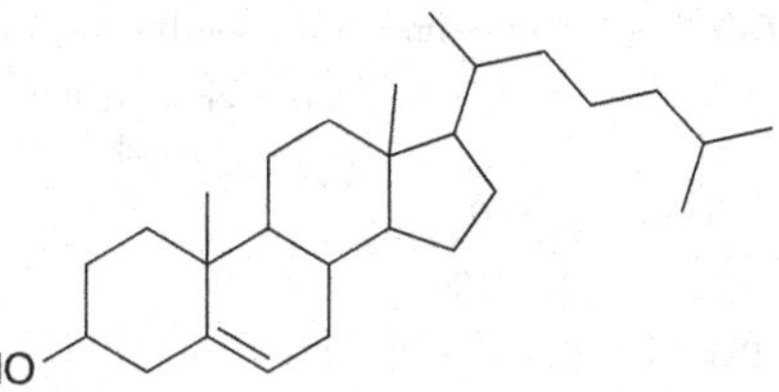

HO

Cholesterin

höheren Anteil ungesättigter Fettsäuren (bei Nicht-Wiederkäuern bis ca. 65%, beim Hirsch als Wiederkäuer sind es etwa 6,5%) mit einem Gehalt an langkettigen Omega-3-Fettsäuren (v. a. EPA und DHA) von ca. 20–70 mg/100 g Wildfleisch (je nach Fleischsorte) und einem relativ geringen Anteil gesättigter Fettsäuren (ca. 3% bei Nicht-Wiederkäuern, Hirsch als Wiederkäuer hat ca. 50% SFA). Phospholipide, die vorwiegend in der Zellmembran vorkommen, verfügen über einen vergleichsweise höheren Anteil mehrfach ungesättigter Fettsäuren (ca. 30–50%). Dies ist besonders für die Membranfluidität von Bedeutung.

Durch die im Pansen vorkommenden Mikroorganismen kann der Anteil an trans-Fettsäuren im Wiederkäuerfett etwa 3–6% der Gesamtfettsäuren betragen. Außerdem ist ein erhöhter Cholesteringehalt (siehe Abb. 4.11) charakteristisch für Fleisch von Landtieren (siehe Tab. 4.4) sowie für die Innereien Leber und Niere.

Durch primäre und sekundäre Oxidationsprodukte aus Lipiden entstehen während der Lagerung und Zubereitung von Fleisch zusammen mit Aminosäuren wichtige Aromastoffe. Zu den Abbauprodukten zählen vor allem flüchtige Verbindungen wie Aldehyde, Alkohole, Dialdehyde, Ester, Furane, Ketone, Kohlenwasserstoffe und Laktone. Um Fehlaromen bei der Erhitzung von Fleischerzeugnissen zu vermeiden, werden Nutztiere mit Vitamin-E-angereichertem Futter gefüttert. Dadurch kommt es zu einem erhöhten Einbau von α-Tocopherol in die Membranen und ins Fettgewebe, womit das Fleisch während der Verarbeitung besser vor Oxidation geschützt ist und die Lagerfähigkeit, das Safthaltevermögen und die Farbe verbessert werden.

4.5.5 Vitamine und Mineralstoffe

Fleisch ist eine relativ hochwertige Quelle für einige Mineralstoffe und Vitamine. Vor allem die Vitamine des Vitamin-B-Komplexes wie Thiamin (B_1), v. a. beim Schweinefleisch, Riboflavin (B_2), Pyridoxin (B_6) und Cobalamin (B_{12}) sind in bedeutenden Mengen enthalten (siehe Tab. 4.8). Diese Vitamine sind jedoch hitzelabil, wodurch es bei der Verarbeitung und Zubereitung von Fleisch zu Verlusten kommt. Vitamin B_1 ist eine wichtige Vorstufe für das Fleischaroma. Aus dem schwefelhaltigen Vitamin entstehen beim Erhitzen mehrere Zerfallsprodukte (Furan- und Thiophenderivate sowie Thiazolone), die zum Fleischaroma beitragen, wie z. B. MF-SH (2-Methyl-3-furanthiol) und FF-SH (2-Furfurylthiol).

Tab. 4.8 Vitamin- und Mineralstoffgehalte verschiedener Fleischarten (Souci et al. 2008)

	Rindfleisch (reines Muskelfleisch)	Schweinefleisch (reines Muskelfleisch)	Huhn (Brust ohne Haut)	Hase (Durchschnitt)
Thiamin (µg/100 g)	57	900	70	90
Riboflavin (µg/100 g)	260	230	90	60
Pyridoxin (µg/100 g)	241	565	532	300
Cobalamin (µg/100 g)	5,0	2,0	400	1,0
Mineralstoffe gesamt (g/100 g)	1,23	1,05	1,25	0,97
Kalium (mg/100 g)	358	393	264	264
Phosphor (mg/100 g)	189	189	212	208
Eisen (mg/100 g)	2,1	1,0	1,1	2,9
Zink (mg/100 g)	4,3	2,4	k. A.	2,2

k. A. keine Angaben

Muskelfleisch ist eine besonders gute Quelle für Eisen und Zink (siehe Tab. 4.8), da diese in gut resorbierbaren Verbindungen vorliegen. Das im Fleisch enthaltene Eisen kommt überwiegend als Hämoglobin-, Myoglobin- und Ferritin-Eisen vor.

4.6 Fleischerzeugnisse und Wurstwaren

Je Privathaushalt wurden im Jahr 2007 in Deutschland durchschnittlich etwa 35 kg Fleischprodukte sowie 33 kg Fleisch- und Wurstwaren konsumiert. Die Abb. 4.12 und 4.13 geben eine Übersicht über die zehn meistgekauften Fleischprodukte bzw. die zehn meistgekauften Fleisch- und Wurstwaren in Deutschland.

4.6.1 Fleischerzeugnisse

In den Leitsätzen für Fleisch und Fleischerzeugnisse werden Fleischerzeugnisse beschrieben als *„Erzeugnisse, die ausschließlich oder überwiegend aus Fleisch bestehen. Bei Erzeugnissen mit einem Zusatz von Fleisch oder Fleischerzeugnissen beziehen sich die Leitsätze auf den Anteil an Fleisch oder Fleischerzeugnissen. ... Fleischerzeugnisse. und Erzeugnisse mit einem Zusatz von Fleisch oder Fleischerzeugnissen, in deren Bezeichnung nicht auf eine besondere Tierart hingewiesen wird, werden aus Teilen von Rindern und/oder Schweinen hergestellt“.* Grundsätzlich können zwei große Produktgruppen unterschieden werden: Stückware und Gemenge.

Unter den Begriff Stückware fallen bestimmte Teilstücke des Schlachtkörpers, die durch unterschiedliche Verfahren haltbargemacht oder geschmacklich verfeinert wurden. Zum einen gibt es die Gruppe der **Pökelfleischerzeugnisse**, zu der insbesondere Schinken gehört. Pökelfleischerzeugnisse werden weiter unterteilt in rohe (*Rohpökelware*, z. B. Rohschinken, Lachsfleisch, Bauchspeck) und gekoch-

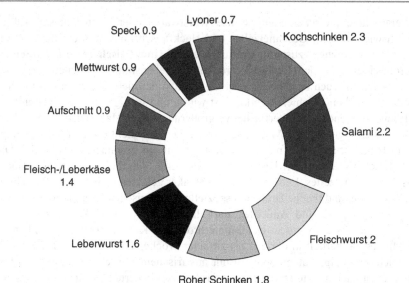

Abb. 4.12 Die zehn beliebtesten Fleisch- und Wurstwaren (Kilogramm je Privathaushalt) in Deutschland im Jahre 2007 (Daten: ZMP)

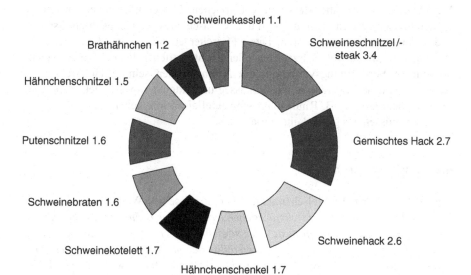

Abb. 4.13 Die zehn beliebtesten Fleischprodukte (Kilogramm je Privathaushalt) in Deutschland im Jahre 2007 (Daten: ZMP)

te (*Kochpökelware*, z. B. Kassler, Eisbein, Kaiserfleisch) Erzeugnisse. Zum anderen gibt es die Gruppe der **Bratenerzeugnisse** wozu spezielle Fleischstücke und Fleischgerichte gehören u. a. Roastbeef, Kotelett, Filet, Steak, große Lende und Hüfte.

Verarbeitete Fleischerzeugnisse wie Wurstwaren oder gestückeltes/gewolftes Fleisch wie Gulasch, Geschnetzeltes und Hackfleisch können alle unter der Bezeichnung „Gemenge" zusammengefasst werden. **Hackfleisch** ist stark zerkleinertes, rohes Fleisch. In der Hygieneverordnung für Lebensmittel tierischen Ursprungs ist Hackfleisch (auch Faschiertes oder Gehacktes) definiert als entbeintes Fleisch, das durch Hacken/Faschieren zerkleinert wurde und weniger als 1% Salz enthält. Aufgrund der enormen Oberflächenvergrößerung bietet Hackfleisch ideale Vermehrungsbedingungen für Mikroorganismen. Deshalb stellt dieses Fleischerzeugnis im Hinblick auf einen möglichen Rohverzehr ein besonderes Risiko dar. Die Hackfleisch-VO unterwirft bestimmte zerkleinerte Fleischerzeugnisse wie Hackfleisch, Geschnetzeltes, Leberhack, durch Steaker gelassene oder geklopfte Schnitzel, Schaschlik und frische Bratwurst speziellen hygienischen Maßnahmen, solange die Erzeugnisse roh sind. Außerdem darf Hackfleisch nicht aus Wild- oder Geflügelfleisch hergestellt werden. Bei ununterbrochener Kühlung (Max. 2 °C) beträgt die Mindesthaltbarkeit in der EU bis zu einer Woche. Tiefgefrorenes Hackfleisch darf nicht aus aufgetautem, sondern nur aus frischem Fleisch produziert werden. Unmittelbar nach der Herstellung muss das fein zerkleinerte Fleisch auf mindestens -18 °C gefroren werden. Bei diesen Temperaturen darf Hackfleisch nicht länger als sechs Monate lagern. **Gestückelte und ähnlich zerkleinerte Fleischerzeugnisse** sind von Hackfleisch zu differenzieren, denn bei diesen Produkten muss die innere Muskelfleischstruktur die Merkmale von frischem Fleisch noch erkennen lassen. Zu den Fleischzubereitungen gehören u. a. Gulasch, Geschnetzeltes, Fleischspieße und andere frische Fleischwaren. Diese Fleischerzeugnisse können bei der Herstellung zerkleinert, mit Würzstoffen oder Zusatzstoffen behandelt sowie einem bestimmten Verarbeitungsverfahren unterzogen worden sein. Auch tafelfertige, zubereitete Fleischerzeugnisse wie Frikassee und Ragout sowie hitzekonservierte Fleischzubereitung, z. B. Rind- oder Schweinefleisch in eigenem Saft, zählen zu den Erzeugnissen aus gestückeltem Fleisch.

4.6.2 Wurstwaren

Gemäß der Leitsätze für Fleisch und Fleischerzeugnisse sind Wurstwaren „*bestimmte, unter Verwendung von geschmackgebenden und/oder technologisch begründeten Zutaten zubereitete schnittfeste oder streichfähige Gemenge aus zerkleinertem Fleisch, Fettgewebe sowie sortenbezogen teilweise auch Innereien sowie bei besonderen Erzeugnissen sonstige Tierkörperteile*". In Deutschland werden etwa 1.500 verschiedene Wurstsorten angeboten. Wurstwaren gibt es im Handel mit oder ohne Verpackung in Form von Hüllen (Därme, Mägen, Kunstdärme) oder Behältnissen (Gläser, Konservendosen). Außerdem können Würste und wurstartige Erzeugnisse geräuchert oder ungeräuchert angeboten werden. Die Wurstwaren können weiter unterteilt werden in: Roh-, Brüh-, Koch- und Bratwürste. Weisen Pasteten, Rouladen oder Gelatinen ebenfalls die Merkmale von Brüh- oder Kochwürsten im Sinne der Leitsätze auf, zählen diese ebenfalls zu den Wurstwaren.

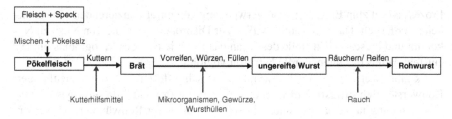

Abb. 4.14 Herstellung von Rohwurst

Rohwurst: Die Wurstmasse von Rohwürsten beinhaltet rohes, grob oder fein zerkleinertes Fleisch (meist Rind- und Schweinefleisch), Fettgewebe (Speck), Salze und Gewürze. Der Herstellungsprozess von Rohwurst ist in Abb. 4.14 dargestellt.

Rohwürste können entweder frisch verzehrt oder durch Pökeln, Räuchern oder Trocknen haltbar gemacht werden. Vor dem Räuchern erfolgt ein Reifungsprozess. Dabei kommt es durch zugesetzte Mikroorganismen (Milchsäurebakterien, Hefen, Schimmelpilze) zur Stabilisierung der Pökelfarbe, Verbesserung von Aroma und Geschmack, Konservierung und Strukturverfestigung. Bei den eingesetzten Mikroorganismen handelt es sich größtenteils um salztolerante Milchsäurebakterien (*Lactobacillus sake, Lactobacillus curvatus, Lactobacillus plantarum*) oder Katalasepositive Bakterien (*Staphylococcus ssp., Micrococcus ssp.*). Hefen (*Debaryomyces ssp.*) und Schimmelpilze (*Penicilium ssp.*) werden überwiegend auf nicht oder nur schwach geräucherte Produkte von außen aufgetragen. Zur Pökelfarbbildung und Farbstabilisierung wird der Wurstmasse fast immer Nitritpökelsalz bzw. Nitratpökelsalz zugesetzt. Dieser kombinierte mikrobiologische und biochemisch-enzymatische Prozess wird als „Umrötung" bezeichnet (siehe Abb. 4.15). Kommt bei dem

Abb. 4.15 Prozess der Umrötung

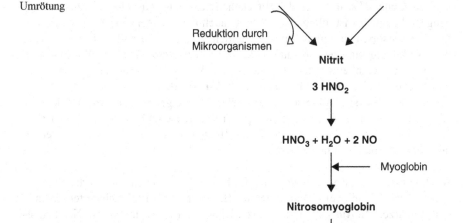

Prozess Nitrat zum Einsatz, ist die Verwendung von nitratreduzierenden Mikrokokken erforderlich. Da es im sauren Milieu zur Disproportionierung von Nitrit zu NO kommt und dieses sich anstelle des O_2 an das zentrale Fe^{2+} des Myoglobins bindet, entsteht daraus das intensiv rote Nitrosomyoglobin.

Es gibt zwei Sorten von Rohwürsten: die schnittfesten und die streichfähigen Rohwürste. **Schnittfeste Rohwürste** sind gereifte Produkte, die unangeschnitten ohne Kühlung lange haltbar sind. Die Wurstmasse dieser Rohwürste ist in wasserdampfdurchlässige Kunststoffhüllen oder Därme abgefüllt, so dass in Folge von Wasserverdunstung und Ausbildung eines Proteingels die Masse fest und schneidbar wird. Im Laufe der Reifung tritt Muskeleiweiß an die Oberfläche der Fleischstücke und sorgt so für eine feste Verbindung zwischen Fleisch- und Fettgewebe. Je nach Körnungsgrad kann das Fettgewebe besonders bei grober Körnung noch sichtbar sein. Einige schwach geräucherte oder luftgetrocknete Rohwürste können an der Oberfläche des Hülldarms einen weißlichen Belag von Mikroorganismen aufweisen. Zu den schnittfesten Rohwürsten zählen u. a. Cervelat-, Mett-, Plockwurst und Salami. **Streichfähige Rohwurst** ist geringer getrocknet und kürzer lagerfähig als schnittfeste Rohwurst. Die Streichfähigkeit entsteht dadurch, dass aus dem Fettgewebe freigesetztes Fett die Fleischteilchen umhüllt. Je feiner die Zerkleinerung der Wurstmasse, desto besser ist die Streichfähigkeit. Die Ausprägung der Reifung und Umrötung ist jeweils sortenabhängig. Zu den streichfähigen Rohwurstsorten gehören u. a. Teewurst und Streichmettwurst.

Brühwurst: Brühwürste sind aus Rind- und Schweinefleisch, Speck, Trinkwasser, Kochsalz, Phosphaten, aufgeschlossenem Milcheiweiß, Citrat und Ascorbinsäure durch Brühen, Backen, Braten oder auf andere Weise hitzebehandelte Wurstwaren. Mit Ausnahme von Spezialitäten (Weißwurst – mit NaCl zubereitet) werden Brühwürste wegen des Fehlens reduzierender Mikroorganismen mit Nitrit umgerötet. Die Wurstmasse wird nach dem Abfüllen gebrüht und gegebenenfalls vorher heiß geräuchert. Da in Folge der Hitzebehandlung das Muskeleiweiß zusammenhängend koaguliert ist, bleiben die Würste auch bei erneutem Erhitzen schnittfest. Diese Wurstsorten sind meist für den warmen Verzehr bestimmt und müssen nach der Herstellung kühl gelagert und bald verbraucht werden. Als **Brühwürstchen** gelten z. B. Schinkenwürstchen, Knackwurst, Weißwurst, Bratwurst, Frankfurter und Wiener. Außerdem gibt es **Brühwurst fein zerkleinert**, wie z. B. Schinken-, Fleisch-, Gelbwurst und Fleischsalatgrundlage sowie **grobe Brühwurst**, wie z. B. Bier-, Jagd-, Schweinskopfwurst und grober Leberkäse und **Brühwürste mit Einlagen** z. B. Bierschinken, Presskopf und Zungenwurst. Rote Brühwürste werden unter Zusatz von Nitrit hergestellt.

Kochwurst: Als Ausgangsmaterialien für Kochwürste dienen vorgegartes Schweinefleisch, Speck, teilweise Blut, Innereien (Leber, Niere, Milz), Schwarten, Sehnen und Gewürze. Mit Ausnahme von Pfälzer Blut- und Leberwürsten (mit NaCl zubereitet) werden Kochwürste umgerötet. Die Wurstmasse wird in Därme abgefüllt und bei 85 °C erhitzt oder bei Naturdarm auch geräuchert. Kochwürste werden unterteilt in Kochstreichwürste, Blutwürste und Sülzwürste. **Kochstreichwürste** sind Leberwürste und -pasteten mit einem Leberanteil zwischen 10–30%, je nach

Ausgangsmaterial und Herstellungsverfahren. Die Konsistenz dieser Produkte wird im erkalteten Zustand von erstarrtem Fett oder zusammenhängendem koagulierten Lebereiweiß bestimmt. Pasteten wie Leber-, Geflügelleber-, Wild- oder Filetpastete werden aus hochwertigen Zutaten hergestellt. Diese Produkte sind meist speziell hergerichtet oder verfügen über eine typische äußere Aufmachung (Form, Teigrand, goldfarbene Folie). Außerdem gehören zu den Kochstreichwürsten die Kochmettwürste, wie z. B. Schinkencreme, Pinkel und Schmalzwurst. **Blutwürste** sind schnittfähige Kochwürste. Die Konsistenz entsteht im erkalteten Zustand durch Gallertmasse, die mit Blut versetzt ist, oder durch die zusammenhängende Koagulation von Bluteiweiß. Oftmals weisen diese Würste mindestens 35% von groben Fett- und Bindegewebsanteilen befreite Muskelfleischeinlagen auf. Beispiele für Blutwürste sind Zungenrotwurst, Schwarzwurst und Mengwurst. **Sülzwürste** sind ebenfalls schnittfähig im erkalteten Zustand. Die feste Konsistenz beruht auf erstarrter Gallertmasse wie Aspik. Es gibt drei Gruppen von Sülzwürsten: Sülzen (z. B. Schinken-, Geflügel-, Zungensülze), Corned meat (Corned beef und Rindfleischsülze) und Presswurst.

Bratwurst: Für Bratwürste gibt es keine einheitliche, sondern verschiedene regional geprägte Verkehrsauffassungen. Somit können Erzeugnisse, die unter der Bezeichnung „Bratwurst" gehandelt werden, zur Produktgruppe der Fleischerzeugnisse, Roh-, Brüh- oder Kochwürste gehören.

Fettgehaltsstufen und Qualitätsgattungen: Wurstwaren können auch nach Fettgehaltsstufen oder Qualitätsgattungen unterschieden werden. Je nach Wursttyp und regionaler Herkunft sind die Fettgehalte der verschiedenen Wurstsorten großen Schwankungen unterworfen. Für den Fettgehalt von Wurstwaren besteht keine Kennzeichnungspflicht, so dass die Angabe freiwillig ist. Die Tab. 4.9 gibt eine Übersicht über die Fettgehaltsstufen verschiedener Wurstwaren.

Tab. 4.9 Fettgehalte deutscher Fleischerzeugnisse (Gruppen von über 100 Einzelwerten) Stand 2003 (modifiziert nach: Honikel 2005)

	Fettgehaltsbereich (%)	Beispiel
Aspikprodukte	0,6–20	Corned beef, Geflügel-, Schinken- und Zungensülze
Brühwurst mit Stückeinlage	6–27	Bierschinken, Jagdwurst, grobe Schinkenwurst
Brühwurst (fein zerkleinert)	8–33	Mortadella, Gelbwurst, Bockwurst, Frankfurter Würstchen
Leberwurst	15–44	Kalbsleberwurst, Leberwurst (grob), Leberwurst (Hausmacher Art)
Schnittfeste Rohwurst	1–45	Salami, Cervelatwurst, Plockwurst, Schinkenmettwurst
Blutwurst	14–44	Corned beef, Geflügel-, Schinken- und Zungensülze

Der absolute Anteil an binde- und fettgewebefreiem Fleisch sowie dessen relativer Anteil am Gesamtfleisch entscheiden maßgeblich über die Qualität von Wurstwaren. Fleischeiweiß setzt sich aus Bindegewebseiweiß (minderwertig; Sehnen, Schwarten) und BEFFE (hochwertig) zusammen. In den Leitsätzen für Fleisch und Fleischerzeugnisse ist für die Wurstwaren ein jeweiliger Mindestgehalt an BEFFE vorgeschrieben, um einen Mindestanteil an Magerfleisch zu gewährleisten. Allgemein gilt: Je höher der Anteil an BEFFE ist, desto höher ist auch der Anteil an Magerfleisch und desto hochwertiger ist die Qualität der Wurst. Anhand der Eiweißqualität kann zunächst der Magerfleischanteil bestimmt werden. Es gibt drei Qualitätsgattungen für Wurst: eine einfache, eine mittlere und eine Spitzenqualität:

- **Spitzenqualität:** wird aus fettgewebs- und sehnenarmem Fleisch hergestellt; einige Wurstsorten (Schinkenwurst, Teewurst, Kalbsleberwurst und Pasteten) werden ausschließlich in Spitzenqualität erzeugt.
- **Mittlere Qualität:** Herstellung unter Verwendung von grob entsehntem und grob entfettetem Fleisch (Fleisch wie gewachsen); mittlere Qualität haben alle Wurstsorten, die ohne besondere Qualitätshinweise angeboten werden.
- **Einfache Qualität:** Verwendung von sehnen- und fettreichem Fleisch sowie Schwarten und bei Kochwürsten Innereien; bei Produkten dieser Qualität erfolgt die Kennzeichnung „einfach". Übliche Wurstsorten einfacher Qualität sind Plock-, Mett-, Knoblauch- und Blutwurst sowie Knacker und gebrühte Krakauer.

Wurstwaren von besonders hoher Qualität können durch hervorhebende Hinweise, wie z. B. „Delikatess-", „Feinkost-", „Gold-", „prima", „extra", „spezial", gekennzeichnet sein.

Zusätzlich kann zur Beurteilung von Fleischwaren – insbesondere Brühwürsten, Hack- und Schabefleisch – die *Federzahl* (nach dem Chemiker Feder benannt) ermittelt werden. Die Federzahl gibt das Verhältnis von Wasser zu Fleischeiweiß an und dient zur Berechnung des Fremdwassergehaltes. Als Formel zur Berechnung gilt:

$$\text{Wasser (\%)} - \text{Eiweiß (\%)} \times \text{Federzahl} = \text{Mindestfremdwassergehalt (\%)}$$

Die Federzahl von Schlachttierkörpern ist relativ konstant und liegt durchschnittlich bei 3,8.

4.6.3 Innereien und Schlachtreste

Nach Abtrennung des Muskelfleisches ver bleiben verschiedene Schlachtabschnitte, die ebenfalls für den menschlichen Verzehr geeignet sind und zur Herstellung von Fleisch- und Wurstwaren sowie anderen Produkten verwendet werden können. Unter den Begriff **Innereien** fallen alle essbaren inneren Organe von Schlachttieren (inkl. Wild und Geflügel). Zu den meist verwendeten Innereien gehören Herz, Leber, Nieren, Hirn, Bries, Milz, Lunge, Magen, Zunge und Euter. Zusätzlich gibt es lokale

Spezialitäten wie z. B. das Kronfleisch (Zwerchfell) in Bayern. Blut und Rückenmark sind im weiteren Sinne ebenfalls Innereien. Im Gegensatz zu früheren Zeiten
als Innereien als Delikatessen galten, haben diese heutzutage eine etwas eher geringe
Bedeutung und Wertschätzung. Der Verzehr von Innereien kann entweder direkt oder
in Form von verarbeiteten Fleisch- und Wurstwaren, wie z. B. Leber-, Zungen-, Milz-
, Blutwurst und Saumagen erfolgen. Därme werden nach Entfernung der Schleim-
haut gewendet und als Wursthüllen verwendet. Innereien verfügen über hochwertiges
Eiweiß sowie relativ hohe Gehalte einiger Mineralstoffe (Eisen, Zink) und Vitamine
(Vitamin A und B-Vitamine). Innereinen enthalten teilweise hohe Gehalte an Purinen.

Das an den Knochen anhaftende Restfleisch wird maschinell abgetrennt. Dieses
so genannte Separatorenfleisch wird zur Herstellung verschiedener Produkte (Wurstwaren, Brühen, Pasteten, Futtermittelzusatz für Tiernahrung) verwendet. Das Separatorenfleisch von Rindern darf wegen des BSE-Risikos in einigen europäischen
Ländern nicht mehr verwendet werden. Die anfallenden Knochen, Knorpel und
Häute werden aufgrund der relativ hohen Kollagen- und Elastingehalte zur Gelatine-
gewinnung genutzt. Speisegelatine findet in vielen Lebensmitteln Einsatz, wie z. B.
Sülzwaren, Süßspeisen und Frucht- und Schaumgummiwaren. Ein weiteres Nebenprodukt bei der Fleischgewinnung ist das Fettgewebe (Speicherfett) der Schlachttiere. In der Ernährung des Menschen werden vorwiegend Schweineschmalz und Rindertalg genutzt, sowie in geringerem Umfang auch Gänseschmalz und Hammeltalg.
Je nach Fütterungsbedingungen schwankt die Fettsäurezusammensetzung der Fette,
die Hauptfettsäuren sind Öl-, Palmitin-, Stearin- und Arachidonsäure. Im Gegensatz
zu Pflanzenfetten verfügen die tierischen Fette häufig über höhere Gehalte an gesättigten und geringere Gehalte an mehrfach ungesättigten Fettsäuren. Tierische Fette
enthalten Cholesterin. Schweineschmalz und Rindertalg werden vor allem in der
Lebensmittelindustrie als Brat- und Backfett sowie zur Margarineherstellung verwendet. Einige Teile des Schlachtkörpers dürfen jedoch nicht in den Verzehr gelangen. Zu diesen **Schlachtabgängen** zählen z. B. Knochenöl und innersekretorische
Drüsen. Knochenöle werden für Feinmechanik oder in der Uhrenindustrie verwendet, während innersekretorische Drüsen in der Pharmaindustrie Verwendung finden.

4.7   Fleisch und Wurstwaren in der Ernährung des Menschen

Fleisch und Fleischerzeugnisse haben eine feste Rolle im Rahmen einer ausgewogenen Ernährung als ernährungsphysiologisch wertvolle Quelle für Proteine, B-Vitamine (besonders B_1, B_2, B_6, B_{12} und Niacin) sowie Spurenelemente (Eisen, Zink
Selen). Die Bioverfügbarkeit dieser Spurenelemente ist in der Regel höher als bei
Lebensmitteln pflanzlicher Herkunft.

Fleisch ist ein sehr eisenhaltiges Lebensmittel, wobei besonders die Bioverfügbarkeit des Hämeisens aus Fleisch im Vergleich zu Nicht-Hämeisen aus pflanzlichen Lebensmitteln hervorzuheben ist. Laut Ergebnissen der NVS II unterschreiten
ca. 75% der Frauen im gebärfähigen Alter die Zufuhrempfehlungen der DGE für
Eisen von 15 mg/Tag. Zusätzlich liefert Fleisch hochwertiges Protein.

Da aber ein Großteil der vom Menschen aufgenommenen gesättigten Fettsäuren sowie des Cholesterins und der Purine aus Fleisch und Wurstwaren stammen, empfiehlt die DGE einen maßvollen Fleisch- und Wurstwarenverzehr mit 300–600 g/ Woche, vorzugsweise fettarme Produkte. Fettarmes Fleisch, insbesondere Hühner- und Putenfleisch, und fettarme Fleischprodukte sind im grünen Bereich (Basis) auf Seite der Lebensmittel tierischer Herkunft in der dreidimensionalen Ernährungspyramide der DGE angeordnet. Fettreiche Produkte befinden sich hingegen im roten (oberen Teil) der Pyramide.

Bibliographie

Flaskamp, L. (1998): Geflügelfleisch. 9. überarbeitete Auflage, aid-Infodienst, Bonn.

Honikel, K. O. (2005): Die Zusammensetzung deutscher Fleischerzeugnisse. *Rundschau für Fleischhygiene und Lebensmittelüberwachung: RFL* **57(6)**, 123.

Kujawski, O. (2008): Wild und Wilderzeugnisse/AID. 13. überarbeitete Auflage, AID Infodienst Verbraucherschutz, Ernährung, Landwirtschaft e. V., Bonn.

Moss, B. W. (1992): The Chemistry of Muscle Based Foods. In: Johnston, D. E., Knight, M. K., Ledward, D. A. (Hrsg.): Royal Society of Chemistry, S. 69, Cambridge.

Scheper, J., Stiebing, A., Roesicke, E., Lobitz, R. (2006): Fleisch und Fleischerzeugnisse/AID. 14. überarbeitete Auflage, AID Infodienst Verbraucherschutz, Ernährung, Landwirtschaft e. V., Bonn.

Sielaff, H. (1996): Fleischtechnologie. Behr's Verlag, Hamburg.

Fisch und Fischerzeugnisse

5

Inhaltsverzeichnis

5.1 Produktion und Verbrauch

Fisch spielt seit langer Zeit eine bedeutende Rolle in der Ernährung des Menschen. Die ältesten Fundstücke, die eindeutig auf Fischfang hindeuten, sind Angelhaken von etwa 8.000 v. Chr. Wahrscheinlich wurde Fisch aber schon wesentlich früher von Menschen, die in der Nähe von Flüssen, Seen oder Meeren lebten, als Lebensmittel genutzt. Im Laufe der Zeit wurden vielfältige Fanggeräte entwickelt, die auch heute noch Einsatz finden.

Fisch ist in vielen Bereichen der Erde ein Grundnahrungsmittel. Innerhalb der letzten 30 Jahre hat sich die weltweite Fischereiproduktion etwa verdoppelt und lag nach Angaben der FAO im Jahre 2005 bei ca. 142 Mio. t. Die Gesamtproduktion an

© Springer-Verlag Berlin Heidelberg 2015

G. Rimbach et al., *Lebensmittel-Warenkunde für Einsteiger,* Springer-Lehrbuch,
DOI 10.1007/978-3-662-46280-5_5

Fischereierzeugnissen umfasst sowohl die gesamten Fänge als auch die Erzeugung in Aquakulturen. Erzeugnisse aus Aquakulturen haben derzeit einen Anteil von mehr als einem Drittel mit stark steigender Tendenz. Etwa 107 Mio. t der Weltfischerzeugung werden als Nahrung verwendet. Die EU ist der drittgrößte Erzeuger von Fischerzeugnissen. Als weltgrößter Fischerzeuger gilt China, das seine Fischereiproduktion in den letzten Jahrzehnten um ein Vielfaches steigern konnte. Das ist besonders auf die Steigerung der Produktion in Aquakulturen zurückzuführen. Im Jahre 2007 betrug das Gesamtaufkommen an Fisch und Fischerzeugnissen in Deutschland mehr als 2,2 Mio. t. Mit einem Anteil von 85% des Gesamtaufkommens haben die Importe von Fisch und Meeresfrüchten eine große Bedeutung. Bezogen auf den Wert der Waren gehören Polen, China, Dänemark, die Niederlande und Norwegen zu den Haupt-Lieferländern von Fisch und Fischerzeugnissen. Etwa 15% trägt die deutsche Fischerei selbst zum Gesamtaufkommen bei. Diese Eigenproduktion setzt sich aus den Eigenanlandungen deutscher Fischer sowie aus den Produktionen der deutschen Binnenfischerei und der Aquakultur zusammen. Als wichtige Fanggebiete gelten vor allem die Nord- und Ostsee, westbritische Gewässer, der Pazifik, die norwegische Küste, Mauretanien und Grönland. Dabei wird zwischen Hochseekuttern, die in der Fernfischerei Fangreisen von bis zu drei Wochen durchführen, und Kuttern der Küstenfischerei, die Tagesfischerei betreiben, unterschieden. Mittlerweile wurden von der EU aufgrund des Rückgangs der Fischbestände Reglementierungen der Fischerei festgelegt. Dazu gehören Fangquoten sowie zeitliche und räumliche Vorschriften, die auf wissenschaftlichen Empfehlungen basieren. Mehr als die Hälfte des Gesamtaufkommens an Fisch und Meeresfrüchten wird als Lebensmittel und ein kleiner Anteil wird in sonstiger Weise (z. B. in Form von Fischmehl als Futter- oder Düngemittel) verwendet. Nach Berechnungen des Fischinformationszentrums (FIZ) hat der Verbrauch an Fisch- und Meeresfrüchten in Deutschland in den letzten Jahren einen starken Aufwärtstrend vollzogen. Nach einem Pro-Kopf-Verbrauch von 14,8 kg (Fanggewicht) im Jahre 2005 und 15,5 kg (Fanggewicht) im Jahre 2006 wurde 2007 mit 16,4 kg (Fanggewicht) das dritte Jahr in Folge eine neue Höchstmarke erreicht. Damit entsprach der Fisch- und Meeresfrüchtekonsum im Jahre 2007 dem Weltdurchschnitt von ebenfalls 16,4 kg (Fanggewicht). Die Erhebungen der NVS II (2005–2006) zeigen, dass etwa 15% der Stichprobe während des gesamten Untersuchungszeitraumes gar keinen Fisch verzehrten. Dieser Anteil nimmt jedoch mit steigendem Alter der Befragten ab. Zwischen den Geschlechtern zeigen sich nur geringe Unterschiede im Fischkonsum. Frauen verzehren täglich im Durchschnitt 13 g Fisch, Fischerzeugnisse und Krustentiere sowie 10 g in Form von Gerichten auf Basis von Fisch und Krustentiere. Männer konsumieren im Mittel etwa 15 g/Tag Fisch, Fischerzeugnisse und Krustentiere sowie zusätzlich ca. 14 g/ Tag in Form von Gerichten auf Basis von Fisch und Krustentieren. Einen besonders hohen Fischverbrauch ist in Island, Japan sowie Spanien, Norwegen und Portugal mit einem Pro-Kopf-Fischverbrauch von bis zu 80 kg (Fanggewicht) evident. Ein Grund für den steigenden Fischkonsum in Deutschland ist vermutlich die steigende Angebotsvielfalt an Fisch- und Meeresfrüchten. Immer mehr „Exoten" etablieren sich auf dem Markt und es kommen neue hinzu. In den letzten Jahren hat z. B. der Pangasius aus Vietnam immer mehr an Bedeutung gewonnen und gehört inzwischen

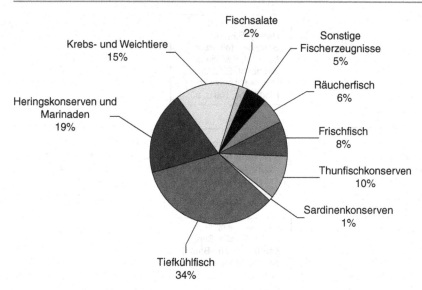

Abb. 5.1 Durchschnittliche Verteilung des Verbrauchs an Fischprodukten in Deutschland 2007 (Daten: Fischinformationszentrum (FIZ))

zu den zehn beliebtesten Speisefischen. Die größte Beliebtheit erfahren dabei die Seefische mit einem Anteil von über zwei Drittel. Ein Fünftel machen Süßwasserfische aus und der restliche Anteil entfällt auf Krebs- und Weichtiere. Zu den „Top fünf" der bedeutendsten Speisefische in Deutschland zählen der Alaska-Seelachs gefolgt von Hering, Lachs, Thunfisch und Kabeljau. Der bedeutendste Süßwasserfisch ist die Forelle auf Platz sechs der Rangliste. Bezogen auf den Produktbereich von Fischprodukten dominieren die Tiefkühlwaren mit knapp einem Drittel gefolgt von den Heringskonserven und Marinaden (siehe Abb. 5.1).

5.2 Einteilung von Fisch und Fischerzeugnissen

Grundsätzlich sind Fische gemäß der Systematik als die nicht zu den Landwirbeltieren gehörenden Kiefermäuler definiert. Es sind zwar etwa 25.000 verschiedene Fischarten bekannt, wovon ca. 5% in kommerziell verwertbaren Mengen vorkommen, als Speisefisch eignen sich aufgrund der geschmacklichen Eigenschaften und einer ausreichenden Fleischausbeute aber nur wenige. Außerdem kommen etwa 110 verschiedene Krebstier- und Weichtierarten hinzu, die ebenfalls als Lebensmittel verwendet werden. Eine grobe Einteilung der Fischereiprodukte zeigt die Abb. 5.2.

5.2.1 Einteilung von Fischen

Fisch kann anhand verschiedener Merkmale klassifiziert werden. Gängige Einteilungen von Fisch erfolgen z. B. nach dem *Lebensraum bzw. Laichplatz* (Süß- und

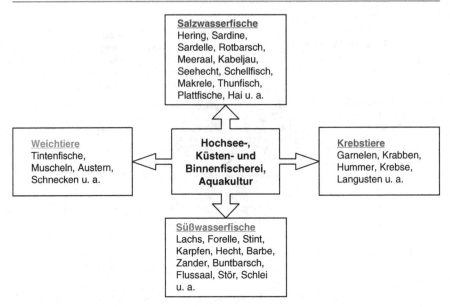

Abb. 5.2 Einteilung von Fischen und Meeresfrüchten

Salzwasserfische), nach der *Körperform* (Rund- und Plattfische) oder nach dem *Fettgehalt* (Mager-, mittelfette und Fettfische). Zoologen treffen hingegen eine andere Art der Einteilung: Die Fische werden zunächst in Knorpel- und Knochenfische unterteilt und dann aufgrund körperlicher Merkmale systematisch bestimmten Ordnungen, Familien und Gattungen zugeteilt.

Lebensraum: Der weitaus größte Teil der bekannten und als Speisefisch genutzten Fischarten stammt aus dem Meer. Innerhalb des Lebensraumes Meer gibt es jedoch unterschiedliche Bereiche, in denen verschiedene Arten von **Salzwasserfischen** leben. Grundsätzlich sind Fische in den Weltmeeren mindestens bis in Regionen von 5.000 m Tiefe vorzufinden. In den flachen, nährstoffreichen, küstennahen Gebieten oder Schelfmeeren von bis zu 200 m Tiefe lebt der überwiegende Anteil der Speisefische. Lohnenswerte Fangbestände sind in den Hochseegebieten auch noch bis zu einer Tiefe von etwa 800 m vorhanden. Salzwasserfische von großer Bedeutung sind u. a. Hering, Kabeljau und Seelachs. Zu den **Süßwasserfischen** gehören etwa 5.000 Fischarten, deren Lebensraum etwa 2% der Erdoberfläche ausmachen. Süßwasserfische, die als Speisefische eine große Bedeutung haben, sind u. a. Forelle, Karpfen und Hecht. Die verschiedenen stehenden und fließenden Gewässertypen bieten unterschiedliche Lebensbedingungen. Aufgrund der jeweiligen Zusammensetzung und der Umwelteinflüsse der Gewässer werden diese nach der am häufigsten vorkommenden Fischart, den so genannten Leitfischen, benannt. Es gibt z. B. Saiblings-, Brachsen-, Zander-, Plötzen- und Hecht-Schlei-Seen sowie untere und obere Forellenregionen von Fließgewässern. Am Mündungsgebiet von Flüssen, wo das Süßwasser der Flüsse sich mit dem salzigen Meerwasser vermischt,

Tab. 5.1 Einteilung von Fischen nach dem Fettgehalt

Magerfische	Mittelfette Fische	Fettfische
<2% Fett	2–10% Fett	>10% Fett
Flunder, Flussbarsch, Hecht, Kabeljau/Dorsch, Schellfisch, Scholle, Seezunge, Zander	Heilbutt, Karpfen, Rotbarsch, Sardine, Steinbutt, Bachforelle, Schwertfisch	Aal, Hering, Lachs, Makrele, Thunfisch, Schwarzer Heilbutt, Sprotte

liegt meist eine Kaulbarsch-Flunder-Region. Dort leben dann Fische wie die Flunder, die sich an einen geringen Salzgehalt des Wassers angepasst haben. Es gibt jedoch auch Fischarten wie Lachs und Aal, bei denen die Einteilung nach Lebensraum nicht so eindeutig ist. Der zu den Süßwasserfischen zählende Lachs verbringt die meiste Zeit seines Lebens im Salzwasser und schwimmt zum Ablaichen flussaufwärts. Aale hingegen leben eigentlich in Seen oder Flüssen und schwimmen nur zum Ablaichen ins Meer. Aale zählen deshalb zu den Salzwasserfischen, denn die Zuordnung einer Fischart zu den Salz- oder Süßwasserfischen wird nicht durch den Lebensraum, sondern durch den Laichplatz bestimmt. Seit einigen Jahren haben die in Aquakultur gezüchteten Fische einen festen Stellenwert auf dem Markt. Deshalb kann bei einigen Fischarten wie z. B. Lachsen zusätzlich zwischen **Wild-** und **Zucht**lachs unterschieden werden. Seit dem Jahre 2002 müssen beim Verkauf von Fisch und Fischereierzeugnissen im Einzelhandel die Produktionsmethode und das Fanggebiet angeben werden. Das heißt, es muss die Angabe erfolgen, ob die Fisch-, Krebs- oder Weichtierart aus Seefischerei, Binnenfischerei oder aus Aquakultur (Zucht) stammt. Bei Seefischerei muss zusätzlich das Fanggebiet angegeben werden. Diese Etikettierungspflicht besteht für alle frischen, tiefgekühlten, geräucherten und bearbeiteten Fischwaren und Fischerzeugnisse mit Ausnahme von verarbeiteten Fischerzeugnissen.

Körperform: Anhand der Körperform der Fische werden drei Gruppen unterschieden: **Rundfische** (z. B. Kabeljau, Seelachs, Seehecht), **Plattfische** (z. B. Scholle, Steinbutt, Seezunge) und **Schlangenfische** (z. B. Aal, Muräne, Neunauge).

Fettgehalt: Der Fettgehalt von Fischen ist sehr variabel und kann von <1% bis über 30% betragen. Hinsichtlich der ernährungsphysiologischen Bedeutung können Fische deshalb aufgrund ihres Fettgehaltes in drei Gruppen eingeteilt werden (siehe Tab. 5.1).

5.2.2 Handelsformen und Fischerzeugnisse

Fische können in Abhängigkeit von dem angewendeten Konservierungsverfahren (Räuchern, Salzen, Trocknen, Tiefkühlen etc.) in unterschiedlicher Form auf dem Markt angeboten werden. Außerdem kann auch eine direkte Weiterverarbeitung zu Fischerzeugnissen erfolgen. Die Fischverarbeitung kann je nach Endprodukt entweder direkt an Bord des Schiffes (Fabrikschiffe) oder später an Land in Fischver-

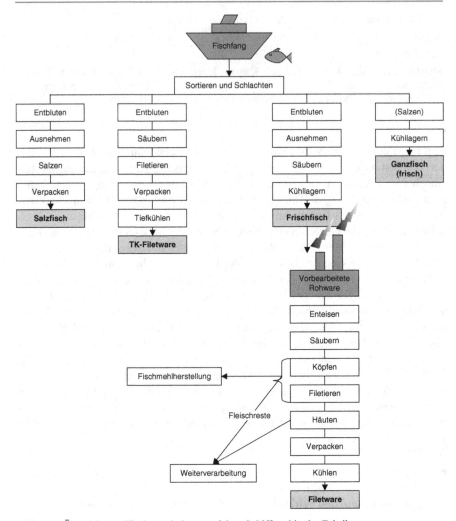

Abb. 5.3 Übersicht zur Fischverarbeitung auf dem Schiff und in der Fabrik

arbeitungsbetrieben erfolgen (siehe Abb. 5.3). Als Fischerzeugnisse werden diejenigen Lebensmittel bezeichnet, die aus Fischen oder Fischteilen unter Anwendung geeigneter Verfahren verzehrfertig oder haltbar gemacht werden. Zu den Fischteilen zählen u. a. Filets, Koteletts, Happen, Bissen, Röllchen, Seiten und zerkleinertes Fischfleisch. Nach den „Leitsätzen für Fische, Krebs- und Weichtiere und Erzeugnisse daraus" des Deutschen Lebensmittelbuches werden die Fischerzeugnisse nach dem Herstellungsverfahren und den Produkteigenschaften in zwölf Gruppen eingeteilt:

- frische Fische
- getrocknete Fische
- Räucherfische

Abb. 5.4 Auswahl an beliebten Fischprodukten in Abhängigkeit von der Konservierungsart

- gesalzene Fische
- Erzeugnisse aus gesalzenen Fischen
- Anchosen
- Marinaden
- Bratfischwaren
- Kochfischwaren, Erzeugnisse in Gelee
- pasteurisierte Fischerzeugnisse
- Fischdauerkonserven
- Erzeugnisse aus Surimi.

Zusätzlich werden im Handel auch lebende Fische angeboten, wie z. B. Karpfen und Forellen, um eine größtmögliche Frische zu erreichen.

Die wichtigsten Gruppen haltbarer Fischprodukte sind in Abb. 5.4 zusammengefasst.

Frischfisch: Nach dem deutschen Lebensmittelrecht ist der Begriff „frisch" nicht zeitlich definiert, sondern bezeichnet unbehandelten Fisch, der bei 0–2 °C oder in schmelzendem Eis sachgerecht gelagert und zum Kauf angeboten wird. Die Ware darf aber nur soweit gekühlt werden, dass das Fischgewebe nicht gefriert. Heutzutage ist es aufgrund der verbesserten Transportlogistik möglich, Fisch aus weit entfernten Regionen (z. B. Dänemark und Norwegen bis Indien) als Frischfisch anzubieten. Die Lagerung von Frischfisch erfolgt in Polystyrolboxen auf langsam schmelzendem Eis, das im Idealfall über den Fisch rinnt und die Mikroorganismen dadurch zumindest teilweise entfernt. Frischer Fisch wird entweder in ganzer, ausgenommener oder in zerteilter Form als Filets (mit Stehgräten oder praktisch grätenfrei), Doppelfilet (Hering, Makrele), Koteletts, Karbonaden, Stücke, Scheiben sowie als Fischhack angeboten.

Tiefkühlfisch: Tiefkühlen gehört zu den besonders schonenden Konservierungsmethoden von Fischwaren, da die Nährstoff- und Vitamingehalte der Produkte auch nach längerer Zeit noch relativ hoch sind. Moderne Fang- und Verarbeitungsschiffe ermöglichen ein direktes Tiefgefrieren bereits an Bord. Die Fische werden nach einer entsprechenden Vorbehandlung durch Kehlen, Waschen und gegebenenfalls Filetieren verpackt und tiefgekühlt. Durch Schnellgefriertechniken wie Kaltluft-

strom- und Kontaktgefrierverfahren sowie Kyrogen-Froster (z. B. bei empfindlichen und hochwertigen Schalentieren) wird die Ware schnellstmöglich auf −30
bis −40 °C gekühlt. Beim Kontaktgefrierverfahren werden die Fische zwischen
zwei mit Kühlmittel durchströmten Kontaktplatten gepresst und gefroren. Diese
gefrorenen Blöcke von Fischfilets können an Land in Fischverarbeitungsbetrieben
ohne Auftauen durch Sägen in Stäbchen oder Filetportionen zerkleinert werden.
Anschließend können die Fischportionen so oder in vorgebratener und panier-
ter Form angeboten werden. Um eine Qualitätsminderung zu vermeiden, werden
einige Arten wie z. B. Hummer und Edelfische vor dem Tiefgefrieren mit Wasser überzogen (glasiert). Dadurch werden das Austrocknen (Gefrierbrand) und der
Sauerstoffzutritt vermieden.

Salzfisch: Zu den Salzfischen zählen u. a. *Matjeshering* und *Salzhering*. Das
Salzen ist die älteste Konservierungsmethode für Fisch. Es stehen verschiedene
Verfahren zur Salzung zur Verfügung: Trocken-, Nass- und kombiniertes Salzen.
Trockensalzen bedeutet, dass der Fisch im Wechsel mit Salz geschichtet wird, so
dass die entstehende Flüssigkeit abfließen kann. Eine Salzlösung mit entsprechen-
der Salzkonzentration dient bei der Nasssalzung als Konservierungsmittel für den
Fisch. Je nach Höhe des Salzgehaltes im Gewebewasser der Fische wird zwischen
Vorsalzen (<6 g NaCl/100 g Fischgewebewasser), Mildsalzen (6–20 g NaCl/100 g
Fischgewebewasser) und Hartsalzen (>20 g NaCl/100 g Fischgewebewasser) unterschieden. Durch die Salzzugabe wird dem Muskel in Folge der Osmose Wasser
entzogen und die Ware wird zeitlich begrenzt haltbar gemacht. Außerdem kommt
es zur Gerinnung des Eiweiß und zur enzymatischen Reifung, während der sich die
charakteristischen Aroma-, Geschmacks- und Konsistenzeigenschaften ausbilden.
Nach etwa fünf bis sechs Wochen ist die Reifung abgeschlossen. In diesem Zustand
wird der Fisch als „salzgar" bezeichnet. Die Haltbarkeit der Produkte ist von der
Salzkonzentration bzw. der Proteaseaktivität abhängig. Schwach gesalzene Erzeugnisse wie Matjeshering (8–10% NaCl) reifen schnell, haben eine zarte Konsistenz,
ein kräftiges Aroma und sind nur relativ kurz haltbar. Als Matjes werden grundsätzlich Heringe vor der ersten Laichabgabe bezeichnet. Diese Fische gelten als
besonders hochwertig und sind fettreich. Nach der Schlachtung wird der Matjes
nicht vollständig ausgenommen, sondern Teile des Darms und die enzymhaltige
Bauchspeicheldrüse verbleiben zur Reifung im Fisch. Andere hartgesalzene Produkte, wie z. B. Salzhering (13–14% NaCl), sind sehr lange (1–2 Jahre) haltbar.
Teilweise werden Fische schon an Bord der Fangschiffe vorgesalzen und später
durch Einlegen in Lake z. B. zu Bismarckhering oder Rollmops weiterverarbeitet.

Ein **Salzfischerzeugnis** ist beispielsweise der aus dem Rogen verschiedener
Fischarten gewonnene *Kaviar*. Je nach Fischart variiert Kaviar in Größe, Farbe,
Struktur, Geschmack und Geruch. Es wird zwischen echtem Kaviar (Rogen von
Störarten) und anderem Kaviar (aus Lachs, Forelle oder Seehase) differenziert. Ka-
viar ist mild gesalzen (6% NaCl).

Räucherfisch: Räuchern gilt als eine sehr alte Konservierungsmethode. Zum Räuchern werden Salz- und Süßwasserfische gleichermaßen verwendet. Es gibt zwei
verschiedene Verfahren: das Heiß- und das Kalträuchern. Beim Heißräuchern wird

der Fisch (Forelle, Sprotte, Aal, Makrele, Stör, Heilbutt u. a.) für einige Stunden bei 70–150 °C in den Räucherofen bzw. die Räucherkammer gehängt und gegart. Das Kalträuchern (Lachs, Lachshering, Thunfisch, Schellfisch u. a.) findet hingegen bei niedrigeren Temperaturen von etwa 25–30 °C für eine längere Zeit von ein bis drei Tagen statt. Einige Fische, wie z. B. Sprotten (heringsartiger Fisch), werden teilweise als nicht ausgenommene Rohware geräuchert. Außerdem findet meist ein Vorsalzen statt, um den Wassergehalt vorab zu senken, damit die Fische nicht zerfallen. Kalt geräucherte Fische haben festeres Fleisch wie der Vergleich von Bückling und Lachshering zeigt. Es handelt sich dabei um den gleichen Fisch, aber der heißgeräucherte Bückling hat im Gegensatz zum kaltgeräucherten Lachshering weicheres Fleisch. Durch das Räuchern erhalten die Produkte die typisch gelblich-braune Räucherfarbe und das je nach Verfahren mehr oder weniger starke Raucharoma.

Trockenfisch: Es werden hauptsächlich zwei Sorten an Trockenfisch unterschieden: *Stockfisch* und *Klippfisch*. Stockfisch sind geköpfte, ungesalzene, paarweise an den Schwänzen zusammengebundene und auf Holzgestellen zum Trocknen aufgehängte Magerfische (z. B. Kabeljau und Seelachs). Klippfische werden ebenfalls geköpft, ausgenommen und zusätzlich vor dem Trocknen zum Entwässern gesalzen und von der Bauchseite her aufgeschnitten, so dass die zwei Hälften noch an der Rückenseite verbunden sind. Anschließend werden die Fische (Kabeljau, Seelachs, Schellfisch, Leng, Lumb) getrocknet. Trockenfisch wird überwiegend in nördlichen Ländern wie Norwegen und Island hergestellt. Früher wurde der Fisch draußen bei kalten Temperaturen und geringer Luftfeuchtigkeit und in warmen Ländern in der Sonne für längere Zeit getrocknet. Heute wird die Trocknung innerhalb weniger Stunden in Trockenanlagen durchgeführt. Durch starke Reduktion des a_w-Wertes ist mikrobielles Wachstum nahezu unmöglich, so dass Trockenfisch sehr lange haltbar ist. Trockenfische ohne Salzzusatz können in trockener Form verzehrt werden, während die gesalzenen Produkte meist vor dem Verzehr durch Wässern entsalzen werden.

Fischhalbkonserven: Halbkonserven (Präserven) sind Lebensmittel, die aufgrund ihrer weichen Konsistenz bei Anwendung üblicher Sterilisationsverfahren zerfallen würden. Allgemein sind Fischhalbkonserven pasteurisierte, in Kunststoffverpackungen oder Gläsern luftdicht verpackte Fischerzeugnisse mit Zusatz von Salz, organischen Genusssäuren und Gewürzen. Diese Produkte sind mindestens sechs Monate ohne Kühlung haltbar. In die Gruppe der Halbkonserven gehören u. a. Marinaden, Bismarckhering, Brathering, Anchosen und Gabelbissen. **Marinaden** sind Fische bzw. Fischteile, die durch Zusatz von Essig, Genusssäuren, Salz und anderen würzenden Zutaten ohne Wärmebehandlung haltbar gemacht wurden. Durch die Säure wird der pH-Wert gesenkt und es kommt zur Denaturierung des Eiweiß. Marinaden sind jedoch nur begrenzt haltbar. Bismarckhering und Rollmops sind typische Marinaden. **Bismarckheringe** sind in einer sauren Marinade aus Essig, Speiseöl, Zwiebeln, Senfkörnern und Lorbeerblättern eingelegte Heringsfilets. Diese auch als „Sauerlappen" bezeichneten Fischwaren werden auch für Roll-

möpse verwendet. **Bratheringe** sind sauer eingelegte Heringe (ggf. mit Gewürzen),
die zuvor angebraten und mariniert wurden. **Anchosen** sind durch milde Salzung
und unter Zugabe anderer Zutaten wie Zucker, Gewürzen und Salpeter biologisch
gereifte Produkte. Unter den Begriff Anchosen fallen z. B. Erzeugnisse wie Ancho-
vis, Appetitsild und Kräuterhering.

Fischdauerkonserven: Durch Sterilisation werden Fischdauerwaren in gasdichten
Verpackungen (Dosen) für mindestens ein Jahr ohne Kühlung haltbar gemacht. Als
Fischdauererzeugnisse gelten Fischpasteten, -frikadellen und -klopse sowie Fischerzeugnisse in eigenem Saft (Salzlake), in Öl, in Soßen oder mit Zugabe anderer
Lebensmittel, wie z. B. Gemüse oder Früchte. Meist werden für die Herstellung
von Fischdauerkonserven Fettfische wie Thunfisch, Hering, Makrele, Lachs und
Sardine verwendet. Nach WHO/FAO-Standards werden drei Typen von Fischkon-
serven unterschieden: Konserven aus kleinmäßigen Fischen (Typ Ölsardinen), Konserven aus mittelgroßen Fischen (Typ Hering in Tomatensoße) und Konserven aus
großen Fischen (Typ Thunfisch).

Surimi: Surimi stammt ursprünglich aus Japan und bedeutet auf Japanisch „zer-
mahlenes Fleisch". Das Fischerzeugnis wird u. a. als Krebs-, Hummer-, Gar-
nelen- oder Muschelimitat oder für andere Lebensmittel wie Fischwürste oder
Fertiggerichte (Pizzabelag) verwendet. Eine in Japan traditionelle Form des Surimi
trägt den Name *Kamaboko* und wird etwa seit dem 14. Jahrhundert hergestellt. Weißer Kamaboko und Kamaboko mit roter Haut werden oft zu Festmahlen serviert, da
die Farben rot und weiß Glück symbolisieren. Zur Herstellung von Kamaboko sowie
für Surimi allgemein werden vorwiegend Magerfische (z. B. Alaska-Seelachs) eingesetzt, die zunächst gewaschen, von den Gräten befreit und zerkleinert werden.
Anschließend wird das zerkleinerte Fischfleisch erneut mit Salzwasser mehrfach
gewaschen und der so entstandene Fischbrei wird ausgepresst und gesiebt. Dadurch
bleibt eine gelartige Masse zurück, die im Wesentlichen aus Myosin, Actomyosin,
Actin und Kollagen besteht. Um die Struktur zu verfestigen sowie den Geruch und
Geschmack zu verbessern, werden u. a. Stärke, Eiklar, Zucker, Salz, Aromastoffe,
Gewürze und Farbstoffe hinzugefügt. Je nachdem, welches Produkt imitiert oder
für welche Zwecke das Surimi eingesetzt werden soll, erfolgt eine entsprechende
Ausformung und Färbung. Das typische Krebsimitat ist beispielsweise rotorange
bis pink gefärbt und hat eine fingerdicke, gerade Form. Dient Surimi als Garneleni-
mitat wird es dementsprechend geformt und ebenfalls gefärbt.

Innereien: Zu den verwendeten Fischinnereien gehören besonders Rogen und
Leber. Rogen wird entweder als Kaviar oder in geräucherter Form angeboten. Leber
stammt vorwiegend von Kabeljau und Haifischen und aus ihr werden der vitamin-
reiche Lebertran und Konservenprodukte produziert.

5.2.3 Meeresfrüchte

Unter den Begriff „Meeresfrüchte" fallen alle essbaren Meerestiere mit Ausnahme
der Wirbeltiere (Fische und Meeressäuger). Demnach gehören zu den Meeresfrüch-

ten die Krebs- und die Weichtiere. Meeresfrüchte werden in Ergänzung zum Wildfang teilweise in Aquakulturen gezüchtet.

Krebstiere: Die auch als Krustentiere (Ordnung der Zehnfüßer) bezeichneten Krebstiere kommen im Salz- und Süßwasser vor. Es existiert eine große Artenvielfalt mit weltweit etwa 40.000 verschiedenen Arten, die alle ein chitinhaltiges Außenskelett besitzen. Als Lebensmittel werden vor allem die größeren Arten wie Hummer, Hummerartige (Kaisergranat), Langusten, Garnelen, Fluss- und Taschenkrebse und Krabben in nennenswerten Mengen genutzt. Der Wildfang erfolgt mit so genannten Krebskörben (spezielle Reusen). Die kommerzielle Züchtung einiger Arten in Aquakultur („Shrimps-Farmen") spielt heutzutage eine bedeutende Rolle. Krebstiere sind leicht verderblich und werden deshalb teilweise lebend angeboten (Hummer) oder direkt auf den Fangschiffen abgekocht und tiefgekühlt oder konserviert. Im Handel werden Krustentiere in tiefgekühlter, gekochter, pasteurisierter, gesalzener und getrockneter Form oder als Dauerkonserven angeboten. Außerdem werden Krebstiere für Feinkostsalate, Suppen und andere Fertiggerichte verwendet.
Hummer sind langschwänzige Bodenkrebse, die eine Länge von etwa 90 cm und ein Gewicht von ca. 10 kg erreichen können. Der Rückenpanzer ist jeweils ihrer Umgebung angepasst, wobei die Hummer im Sommer vorwiegend in relativ flachen, kühlen, küstennahen Regionen und im Winter eher in tieferen Gebieten leben. Die Hummerfangzeit beschränkt sich größtenteils auf den Sommer. Um Hummer ganzjährig anbieten zu können, wird ein Teil der im Sommer gefangenen Hummer in großen Meerwasser-Bassins mit einem Fassungsvermögen von bis zu 4.000 Hummern in Küstengewässern gelagert. Während dieser so genannten Hälterung werden den Hummern die Scheren verbunden, damit sie sich nicht gegenseitig verletzen. Mit zunehmender Hälterungsdauer nimmt jedoch die Qualität der Hummer ab, da die Tiere während dieser Zeit nichts fressen und von ihren Reserven zehren. Der Bestand des europäischen Hummers ist zu gering, um die Nachfrage auf dem europäischen Markt zu decken. Deshalb werden zunehmend Hummer aus Nordamerika nach Europa importiert. Im Vergleich zu anderen Ländern, wo Hummer durch einen gezielten Stich in den Kopf getötet werden, müssen Hummer in Deutschland zur fachgerechten Tötung kopfüber in heiße Flüssigkeit getaucht werden.
   Kaisergranat ist eine mit dem Hummer verwandte Art und besser unter dem italienischen Namen „Scampi" bekannt. Die zu den langschwänzigen Bodenkrebsen gehörenden Krustentiere sind kleiner (20–24 cm) und schlanker als Hummer. Im Handel werden überwiegend Kaisergranat mit einer Größe von 12–14 cm angeboten.
   Langusten zählen zu den scherenlosen Panzerkrebsen. Weltweit gibt es eine große Artenvielfalt an Langusten, die sich besonders in Größe und Farbe unterscheiden. Langusten werden durchschnittlich 30–40 cm lang und bis zu 6 kg schwer. Zu den Verbreitungsgebieten zählen vor allem Meeresregionen in tropischen und subtropischen Klimaten. Meist halten die Langusten sich in 30–100 m tiefen Küstengebieten mit gemäßigten Wassertemperaturen auf.
   Es sind mehr als 20.000 Arten von **Garnelen** und **garnelenartigen Langschwanzkrebsen** bekannt. Zu den Verbreitungsgebieten zählen zwar sowohl Salz-

als auch Süßwassergewässer, aber die meisten Arten leben im Salzwasser. Im Handel werden die Garnelen vorwiegend unter der Bezeichnung „Shrimps" oder „Prawns" angeboten, wobei die Unterteilung von der Größe abhängig ist. Werden mehr als 200 Tiere benötigt, um ein Kilo aufzuwiegen, handelt es sich um „Shrimps" (z. B. Tiefseegarnelen). Große Arten leben eher in flacheren Küstengebieten und werden auch als „Riesengarnelen", „Tiger-" oder „King-Prawns" bezeichnet. Eine weitere Differenzierung ist die in Kaltwasser- und Warmwassergarnelen, dabei gelten die Kaltwassergarnelen (z. B. Tiefseegarnelen und chilenische Kantengarnelen) als qualitativ hochwertiger. Im Handel werden Garnelen aber lediglich nach der Größe unterschieden.

Die zu den langschwänzigen Bodenkrebsen zählenden **Flusskrebse** sind Süßwasserkrebse. Weltweit existieren etwa 250 verschiedene Arten, von denen der überwiegende Anteil aus Nordamerika stammt. Zu den Lebensräumen von Flusskrebsen gehören die Grundregionen langsam fließender Flüsse, Seen und Teiche.

Weichtiere: Weichtiere sind ein arten- und formreicher Stamm, zu dem u. a. Muscheln, Schnecken und Tintenfische zählen. Meist sind die weichen Körper der Tiere durch ein Kalkskelett geschützt. Weichtiere kommen nicht nur im Meer, sondern teilweise auch an Land und im Süßwasser vor. Unter den **Muscheln** haben besonders Austernarten, Miesmuscheln, Jakobsmuscheln (Kammmuscheln) und in geringerem Umfang auch Venusmuscheln eine wirtschaftliche Bedeutung. Muscheln sind leicht verderblich und werden oft in lebender Form angeboten. Abgesehen von Austern werden Muscheln in gekochter oder anderweitig gegarter Form verzehrt. Außerdem werden Muscheln als Konserven oder Marinaden-Produkte angeboten. Aufgrund der leichten Verderblichkeit sollten Muscheln nicht in den warmen Monaten genossen werden. Als Regel gilt: Muschelzeit sind alle Monate mit „r" am Ende.

Eine weitere Gruppe der Weichtiere sind die **Kopffüßer (Tintenfische)**, zu denen außer dem gemeinen Tintenfisch (Sepia) auch Kalamare und Kraken zählen. Tintenfische werden überwiegend in den Mittelmeerländern gefangen und konsumiert. Die häufigsten Zubereitungsformen von Tintenfisch sind Frittieren, Backen, Kochen in Wein, als Ragout oder in Konserven.

Von den **Schnecken** werden bevorzugt die zu den Landschnecken gehörenden Weinbergschnecken verzehrt. Aber auch Seeschnecken wie Wellhornschnecken und Seeohren haben eine nennenswerte Bedeutung als Lebensmittel. Schnecken werden überwiegend in Frankreich, Spanien, Italien und Deutschland in gebratener, gedämpfter oder gebackener Form oder als Dauerkonservenprodukt gegessen.

5.3 Postmortale Veränderungen

Fisch ist ein leicht verderbliches Lebensmittel mit einem hohen a_w-Wert. Durch den Fangprozess sowie die Behandlung während und nach dem Fang kann es in Folge mechanischer Belastungen zu Schädigungen des Fisches kommen. Außerdem hat Fisch einen hohen Gehalt an niedermolekularen Substanzen (z. B. Nicht-Protein-

Stickstoffsubstanzen), deswegen ist dieses Lebensmittel ein ideales Substrat für Mikroorganismen. Nach Eintritt des Todes kommt es zu biochemischen Reaktionen, wodurch die Qualität des Fisches während der Lagerung beeinflusst wird. Diese Veränderungen machen sich sensorisch bemerkbar.

5.3.1 Rigor mortis

Der Ammoniumgehalt der Muskulatur steigt bereits beim Fischfang und die Glykogenreserven sinken. Infolge der anaeroben Glykolyse steigt der Milchsäuregehalt in der Muskulatur und der pH-Wert sinkt auf ca. 6,2 ab. Schließlich tritt in Folge der abnehmenden Kreatinphosphat- und ATP-Konzentrationen die Totenstarre („Rigor mortis", siehe Abschn. 4.4.3) ein. Bei direktem Tiefkühlen des Fisches kommen die Prozesse zum Erliegen und werden beim Auftauen der Ware fortgesetzt. Durch den so genannten „Taurigor" tritt Wasser aus und die Konsistenz verschlechtert sich. Nach einiger Zeit ist die Proteolyse der Muskel-Proteinstrukturen schließlich soweit vorangeschritten, dass das Fleisch wieder weich wird. Die Dauer und das Ausmaß der Totenstarre und der Proteolyse können je nach Fischart, Fangbedingungen und Lagertemperaturen stark variieren. Grundsätzlich eignen sich stark gejagte Fische und solche, bei denen die Totenstarre schon abgebaut ist, besser zum Einfrieren. Fische, die frisch auf Eis gelagert werden, sollten wenig Fangstress gehabt haben.

5.3.2 Biochemische Veränderungen

Zu den postmortalen Veränderungen gehören biochemische Reaktionen wie Oxidation, Autolyse und bakterielle Zersetzung. Kurz nach dem Fang ist die mikrobielle Belastung des Fischfleisches noch relativ gering und es stehen autolytische Prozesse im Vordergrund. Zu Beginn der Eislagerung wird ATP in mehreren Schritten abgebaut. Als Endprodukte entstehen Ribose/Ribosephosphat und **Hypoxanthin**, welches als Frischeindikator gilt (siehe Abb. 5.5).

Besonders in den ersten Lagerungstagen wird viel Hypoxanthin gebildet, aber die Konzentration sinkt im Laufe der Lagerung auch wieder relativ schnell ab. Außerdem wird in der frühen Phase der Eislagerung das Trimethylaminoxid (TMAO) durch das Enzym Trimethylaminoxid-Demethylase (TMAOase) zu **Methanal** (Formaldehyd) und **Dimethylamin (DMA)** umgewandelt. Die Methanal-Konzentration ist dabei stark temperaturabhängig: je höher die Lagertemperatur, desto höher der Methanal-Gehalt. Bei einer Lagerzeit von etwa 40 Tagen bei 5 °C werden Methanal-Konzentrationen von bis zu ca. 100 µg/g erreicht. Nach einigen

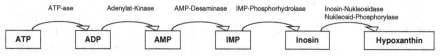

Abb. 5.5 Abbau von ATP zu Hypoxanthin

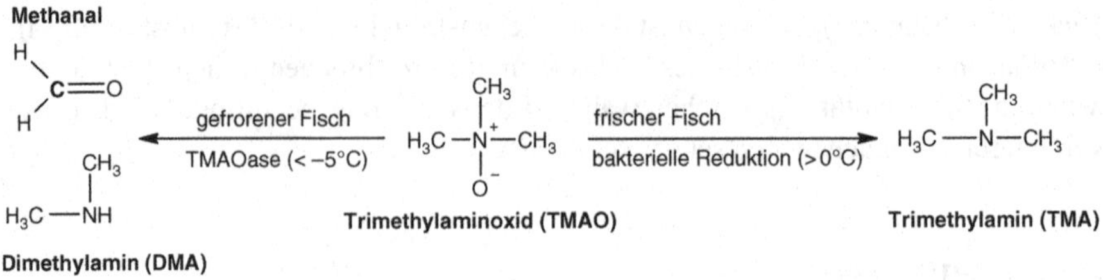

Methanal

Dimethylamin (DMA)

Abb. 5.6 Abbau von Trimethylaminoxid (TMAO) – postmortale Veränderung

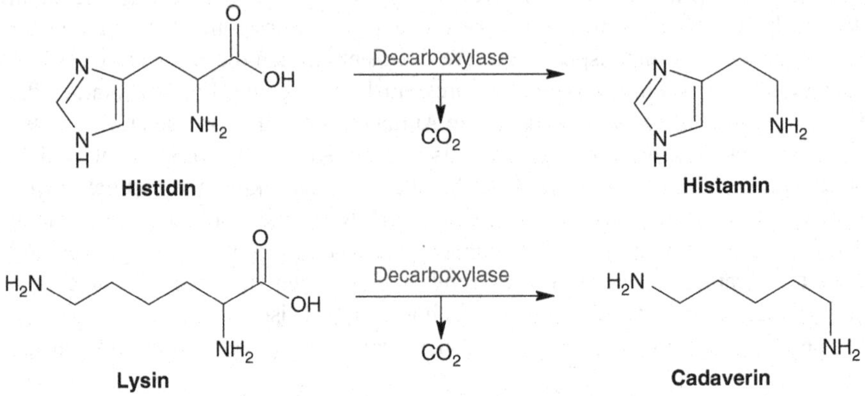

Abb. 5.7 Entstehung der biogenen Amine Histamin und Cadaverin

Tab. 5.2 Vorstufe und Vorkommen wichtiger biogener Amine

Aminosäure	Biogenes Amin	Vorkommen
Histidin	Histamin	Fisch, Spinat, Wein, Käse
Lysin	Cadaverin	Verdorbenes Fleisch, Fisch
Ornithin	Putrescin	Verdorbenes Fleisch
Arginin	Agmatin	Käse
Tyrosin	Tyramin	Käse, Cheddarkäse, Heringskonserven Bier (obergärig)
Phenylalanin	Phenylethylamin	Bittermandelöl

Tagen nimmt die Aktivität des Enzyms jedoch stark ab und der TMAO-Abbau wird durch die in die Muskulatur eindringenden Bakterien übernommen. Beim bakteriellen Abbau des TMAO entsteht das für den typischen Fischgeruch verantwortliche **Trimethylamin (TMA)** (siehe Abb. 5.6).

Bei den Bakterien handelt es sich überwiegend um gramnegative, psychrotrophe Stäbchen (*Shewanella*- und *Pseudomonas*-Arten). Eine weitere Folge der bakteriellen Zersetzungsprozesse ist die Entstehung von **biogenen Aminen** aus Aminosäuren (siehe Abb. 5.7, Tab. 5.2).

Tab. 5.3 Frischekriterien zur Beurteilung von Fisch (modifiziert nach: Neudecker et al. 2007)

	Frischer Fisch	Alter Fisch
Augen	Klar und prall Pupillen schwarz	Milchig und eingefallen Pupillen, grau
Eingeweide	Deutliche Konturen Neutraler Geruch	Schwimmende, auflösende Konturen Säuerlich, fauliger Geruch
Fleisch	Bläulich durchscheinend Fest und elastisch Glatte Schnittfläche	Trübe bis undurchsichtig Weich und schlaff Raue, feinkörnige Schnittfläche
Flossen	Frei liegend, unverklebt	Verklebt
Haut	Natürliche Farbe und Glanz Durchsichtiger Schleim	Matte Farbe Milchiger Schleim
Geruch	Unaufdringlich bis neutral Nach Meer	Fischig, durch Ammoniak Säuerlich bis faulig
Kiemen	Leuchtend rot Kiemenblättchen sichtbar Schleimlos	Gelblich bis grau Kiemenblättchen verklebt Milchiger Schleim

Weitere autolytische und oxidative Prozesse während der Fischlagerung sind die Lipolyse und die Lipidperoxidation, welche besonders in der roten Muskulatur stattfinden. Die entstehenden Produkte führen einerseits zu Geruchs- und Geschmacksbeeinträchtigungen (Peroxide, Carbonylverbindungen, kurzkettige Carbonsäuren) und andererseits zur Verschlechterung der Konsistenz (Reaktionen von freien Fettsäuren mit Proteinen).

5.3.3 Qualitäts- und Frischekriterien

Frischer Fisch kann im Ganzen relativ einfach anhand von Aussehen und Geruch von altem Fisch differenziert werden (siehe Tab. 5.3).

Eine professionelle Untersuchung zur Frischequalität von Fisch kann mittels Überprüfung sensorischer und chemischer Parameter durchgeführt werden. Zunächst können die sensorischen Eigenschaften anhand eines **15-Punkte-Schemas** bewertet werden. Dabei können je maximal fünf Punkte für das Aussehen und zehn Punkte für Geruch, Geschmack und Konsistenz vergeben werden. Zusätzlich werden verschiedene chemische und physikalische Parameter gemessen, wie: (1) der TMAO/TMA-Gehalt, (2) der Gehalt an flüchtigen reduzierenden Substanzen (VRS), (3) der Gesamtgehalt an flüchtigen Basen (TVB-N), (4) der spezifische elektrische Widerstand (Q-Wert) sowie (5) der pH-Wert. TVB-N sind flüchtige basische Bestandteile, die durch Wasserdampfdestillation abgetrennt werden. Neben den Hauptvertretern TMA und Ammoniak zählen auch Monomethylamin (MMA) und Dimethylamin (DMA) zu dieser Fraktion. Der spezifische elektrische Widerstand (Q-Wert) wird in Ohm gemessen und nimmt im Laufe der Lagerung ab. Abbildung 5.8 gibt beispielhaft die Qualitätsveränderungen von Kabeljau während der Eislagerung wieder.

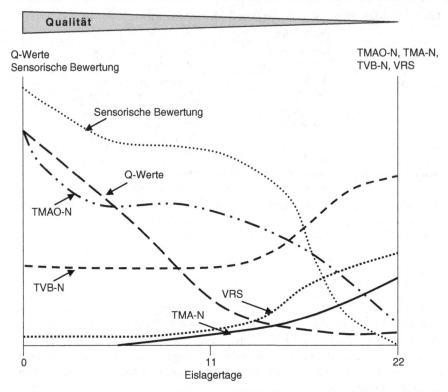

Abb. 5.8 Qualitätsänderungen von Fisch am Beispiel Kabeljau während der Eislagerung (Ludorff 1973)

Der pH-Wert beträgt bei frischem Fisch etwa 6,0–6,5 und kann bei verdorbenem Fisch 7 und mehr betragen. Zur Beurteilung der Frischequalität eignen sich besonders die Verfahren, die hochsensibel auf Veränderungen innerhalb der ersten zehn bis zwölf Lagertage reagieren, wie z. B. der Q-Wert und der TMAO-Gehalt.

5.4 Zusammensetzung von Fisch

In Abhängigkeit von der Fischart, der Körperform und dem Alter schwankt der Fleisch- oder Filetanteil der Fische. Dieser essbare Anteil, der sich vom Kopfansatz bis zum Beginn der Schwanzflosse erstreckt, beträgt etwa 40–65% der Gesamtmasse. Plattfische (Scholle, Steinbutt) und großköpfige Fische (Seeteufel) haben beispielsweise einen relativ geringen Fischfleischanteil im Vergleich zu elliptischen Fischen (Hering, Lachs, Thunfisch). Die Körpermuskulatur besteht aus heller (weißer) und dunkler (roter) Muskulatur, die sich in der physiologischen Bedeutung und der Zusammensetzung (Myoglobingehalt) unterscheiden. Dunkle Muskulatur ist die Ausdauermuskulatur und befindet sich direkt unter der Haut auf Höhe der

Seitenlinie. Die Energiegewinnung der dunklen Muskulatur, die reich an Myoglobin, Lipiden und Nukleinsäuren ist, erfolgt aerob. Plötzliche Kraftanstrengungen werden hingegen durch die helle Muskulatur ermöglicht, bei der die Energie durch die anaerobe Glykolyse gewonnen wird. Die Anteile der Muskelarten variieren zwischen den Fischarten. Pelagische Fische wie Hering und Thunfisch haben hohe Anteile dunkler Muskulatur im Vergleich zu anderen Fischen. Fischfleisch besteht zum größten Teil aus Proteinen und variablen Anteilen an Lipiden. Kohlenhydrate fehlen fast vollständig. Durchschnittlich beträgt der Glykogengehalt der Fischmuskulatur <0,3%.

5.4.1 Proteine

Fisch verfügt über einen Proteingehalt von etwa 20%. Das Fischeiweiß ähnelt dem von Säugetieren, denn es ist biologisch hochwertig und reich an essentiellen Aminosäuren. Die Proteine des kontraktilen Apparates machen rund drei Viertel aus, während der Anteil an Bindegewebsproteinen zwischen 3% bei Knochenfischen und 10% bei Knorpelfischen betragen kann. Bei einigen in Polargebieten lebenden Fischarten liegt die Gefriertemperatur des Blutserums mit −2 °C niedriger als die anderer Fischarten. Dieses Phänomen wird durch bestimmte Glykoproteine, so genannte „antifreeze" Glykoproteine, hervorgerufen, die eine streng periodische Sequenz haben. Wahrscheinlich beruht die Gefrierpunkt-erniedrigende Wirkung auf den Disaccharidresten und den Methylgruppen der Aminosäureseitenketten.

Fisch verfügt zusätzlich über einen relativ hohen NPN (Non-Protein-Nitrogen)-Anteil. Zu den Hauptvertretern der NPN-Fraktion gehören freie Aminosäuren und Dipeptide, Kreatin, TMAO, Adenosin-Nukleotide und bei Knorpelfischen auch nennenswerte Mengen an Harnstoff. Fische mit dunklem Fleisch haben einen hohen Anteil an der Aminosäure Histidin, die bei bakteriellem Verderb nach dem Tode zum biogenen Amin Histamin abgebaut wird. Auch das TMAO, das für die Regulation des osmotischen Drucks zuständig ist, wird bei bakteriellem Verderb zu TMA abgebaut. Süßwasserfische enthalten grundsätzlich weniger TMAO als Salzwasserfische.

5.4.2 Lipide

Der Fettgehalt von Fischen sowie die Zusammensetzung des Fischfettes sind sehr variabel. Grundsätzlich wird zwischen Mager-, mittelfetten und Fettfischen unterschieden (siehe Abschn. 5.2.1). Als Einflusskriterien auf den Fettgehalt gelten vor allem das Alter, der Reifezustand, das Fanggebiet und das Futterangebot der Fische. Bei Magerfischen befindet sich der überwiegende Fettanteil in der Leber (Dorsch, Schellfisch, Seelachs), während das Fett bei Fettfischen im Muskel (dunkel) und

Tab. 5.4 Gehalte ausgewählter Fettsäuren von kommerziell genutzten Fischen (Souci et al. 2008)

	Magerfische (<2% Fett)		Mittelfette Fische (2–10% Fett)		Fettfische (>10% Fett)		
	Kabeljau	Schellfisch	Rotbarsch	Weißer Heilbutt	Hering	Lachs	Makrele
Fettgehalt (g/100 g)	0,7	0,6	2,3–4,8	1,6	9,9–19,4	12,5–16,5	5,2–20,2
Fettsäuren (mg/100 g)							
C 16:0	99	88	391	196	1.867	1.783	1.890
C 18:0	24	26	131	75	155	353	620
C 18:1 ω-9	72	57	605	207	1.733	2.719	1.570
C 18:2 ω-6	15	9	101	18	153	430	170
C 18:3 ω-3	4	4	52	25	62	356	250
C 20:1 ω-9	10	14	500	64	2.341	1.199	983
C 20:4 ω-6	17	17	240	42	37	190	170
C 20:5 ω-3	71	66	258	141	2.038	749	640
C 22:1 ω-9	4	8	452	31	3.631	1.354	1.388
C 22:5 ω-3	9	13	24	27	108	384	127
C 22:6 ω-3	194	153	156	371	677	1.860	1.138
Cholesterin (mg)	34	35	30	24	77	44	82

unter der Haut lokalisiert ist (Hering, Karpfen). Der relative Anteil an polaren Lipiden wie Phosphatidylcholin und Phosphatidylethanolamin ist bei Magerfischen höher als bei Fettfischen, deren Fett überwiegend aus neutralen Lipiden (Triglyceriden) besteht. Im Vergleich zu den Landnutztieren haben Fische einen niedrigen Cholesteringehalt (ca. 0,05%), aber dafür einen hohen Gehalt langkettiger, einfach und mehrfach ungesättigter Fettsäuren (siehe Tab. 5.4).

Von besonderer Bedeutung sind die **Omega-3-Fettsäuren** Eicosapentaensäure (EPA; C 20:5) und Docosahexaensäure (DHA; C 22:6) (siehe Abb. 5.9). Diese Fettsäuren haben ernährungsphysiologisch positive Wirkungen (siehe Abschn. 5.5).

Grundsätzlich können EPA und DHA endogen aus Linolsäure bzw. α-Linolensäure synthetisiert werden (siehe Abb. 5.10). Pfad (a) ist typisch für Primärproduzenten (Algen etc.) der aquatischen Nahrungskette. Der Pfad (b) zeigt den für Säugetiere typischen *Sprecher-Weg*. Hierbei besteht die DHA-Synthese aus zwei Elongationszyklen, einer Δ6-Desaturierung und einer β-Oxidations-Kettenverkürzung.

Aufgrund der niedrigen Aktivität des Enzyms Δ-6-Desaturase kommt diesem Syntheseweg beim Menschen jedoch nur eine geringe Bedeutung zu. Deshalb spielt die Zufuhr von langkettigen Omega-3-Fettsäuren mit der Nahrung eine wichtige

Abb. 5.9 Strukturformeln der mehrfach ungesättigten Fettsäuren DHA und EPA

Eicosapentaensäure (EPA; 20:5 w-3)

Docosahexaensäure (DHA; 22:6 w-3)

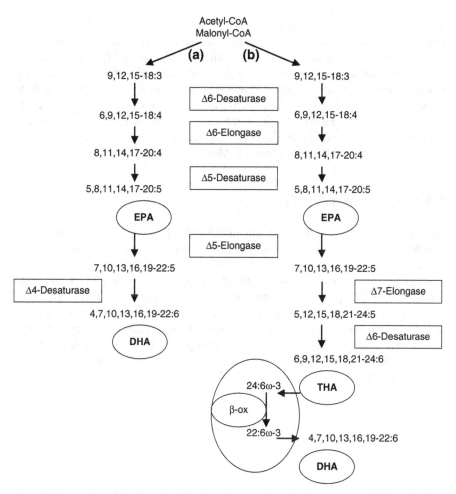

Abb. 5.10 Synthesepfad für EPA und DHA in unterschiedlichen Organismen. **a** Primärproduzenten (z. B. Algen), **b** Säugetiere (Berge u. Barnathan 2005)

Rolle. Hohe Gehalte an EPA und DHA weisen vor allem Kaltwasserfische mit einem hohen Fettgehalt auf, wie z. B. Hering, Makrele, Lachs und Thunfisch. Magerfische sind keine adäquate Versorgungsquelle für diese Fettsäuren. Zusätzlich bieten Fischöl- und Algenölpräparate eine gute Quelle für Omega-3-Fettsäuren. Da die ungesättigten Fettsäuren mit zunehmender Anzahl der Doppelbindung empfindlicher gegenüber oxidativem Abbau und Autoxidation sind, kommt es bei Fettfischen leicht zu einem ranzigen und tranigen Geschmack und Geruch. Fischölkapseln werden in der Regel mit Vitamin E vor Lipidperoxidation geschützt.

5.4.3 Vitamine und Mineralstoffe

Fettfische und Fischleber sind reich an den fettlöslichen Vitaminen A und D. Unter den wasserlöslichen Vitaminen kommen besonders die B-Vitamine Thiamin, Riboflavin und Niacin in höheren Konzentrationen vor. Die dunkle Muskulatur hat relativ hohe Gehalte der B-Vitamine. Fisch enthält zahlreiche Mineralstoffe und ist besonders reich an den essentiellen Spurenelementen Jod und Selen. Der Jodgehalt kann besonders bei Meeresfischen hoch sein (0,5–2 mg/kg) und der Selengehalt beträgt etwa 0,3–0,6 mg/kg. Bereits durch eine Mahlzeit von etwa 200 g Meeresfisch je Woche kann ein wesentlicher Beitrag zur Jodversorgung geleistet werden. Weiterhin liefert Fischfleisch bedeutende Mengen an Kalium und Fluor.

5.4.4 Astaxanthin (AXT)

Astaxanthin (siehe Abb. 5.11) ist ein rotfärbender Farbstoff aus der Klasse der Xanthophylle. Die färbende Wirkung von Astaxanthin ist zehnfach höher als die von β-Carotin.

Über Komplexe mit Proteinen (Astaxanthin-Protein-Komplex) bildet Astaxanthin drei blaue (α-, β- und γ-Crustacyanin) und einen gelben Farbstoff. Das rote Astaxanthin wird durch Erhitzen von Krebsen aus den grün-aussehenden Carotinoid-Proteinen freigesetzt, so dass es zur Rotfärbung der Krebse kommt. Die natürliche Fleischfarbe geht auf den Astaxanthingehalt der verzehrten Kleinkrebse zurück. Allgemein bewirkt Astaxanthin bei Fischen nicht nur eine starke Intensivierung der roten, sondern auch der gelben, grünen und blauen Pigmente und eine

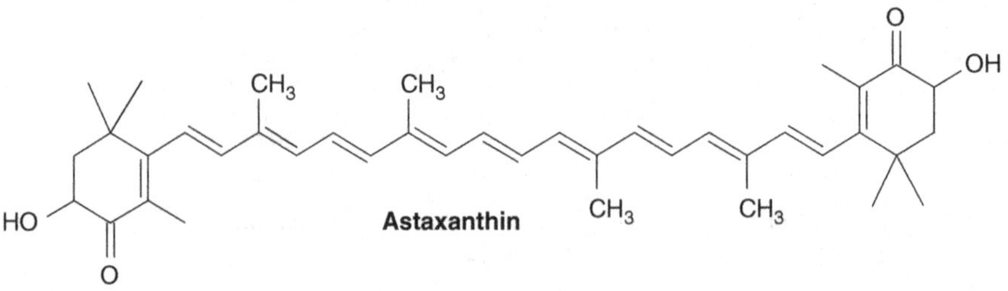

Abb. 5.11 Strukturformel des Farbstoffs Astaxanthin

lachsrote Einfärbung des Fleisches. Außerdem hat der Farbstoff eine vitaminartige Wirkung und beeinflusst dadurch positiv die Fruchtbarkeit und die Immunabwehr der Fische in Zuchtanlagen. Astaxanthin kann auch aus der Alge *Haematococcus pluvialis* oder synthetisch gewonnen werden. Als Lebensmittelzusatzstoff (E 161) ist der Farbstoff bei der Erzeugung von Speisefisch im Fischfutter zugelassen. Dies erfolgt z. B. bei weißfleischigen Lachsforellen. Durch den Zusatz von Astaxanthin färbt sich das Fleisch der Regenbogenforelle lachsrot, so dass diese anschließend als Lachsforelle vermarktet wird. Zuchtlachse erhalten ihre Farbe ebenfalls aus dem Fischfutter, während Wildlachse Astaxanthin-haltige Krebse fressen. Die Krebse wiederum ernähren sich von den Astaxanthin-haltigen Algen.

5.5 Physiologische Wirkungen von Omega-3-Fettsäuren

Die Omega-3-Fettsäuren α-Linolensäure (ALA), EPA und DHA sind Bestandteile von Phospholipiden in Zellmembranen und -organellen. Diese Fettsäuren haben durch ihre strukturellen Eigenschaften Einfluss auf die Fluidität der Membranen und damit auch auf wichtige membranäre Transportprozesse. Infolge enzymatischer Oxidation und partieller Zyklisierung werden aus den C-20-Membranfettsäuren Arachidonsäure (AA) und EPA Gewebshormone, die so genannten Eicosanoide, gebildet. Zu den Eicosanoiden gehören die Gruppen der Prostaglandine (PG), der Thromboxane (TX) und Leukotriene (LT) (Abb. 5.12).

Da Omega-3- und Omega-6-Fettsäuren um das gleiche Enzymsystem konkurrieren, bestimmt das Verhältnis der Fettsäuren in der Nahrung bzw. den Membranlipiden, in welcher Relation die Eicosanoide der Omega-3- und Omega-6-Fettsäuren gebildet werden. Im Vergleich zu Omega-3-Fettsäuren haben Omega-6-Fettsäuren zwar eine geringe Affinität zu den Enzymen, sind aber meist in höheren Gehalten in der Nahrung enthalten. Die Synthese spezifischer Eicosanoide ist also von der

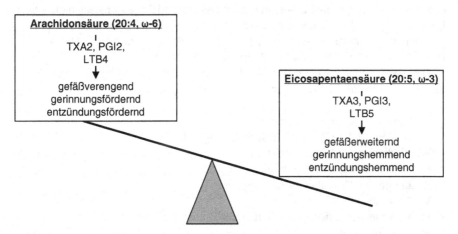

Abb. 5.12 Antagonistische Wirkprofile von Eicosanoiden aus der Omega-6- und Omega-3-Reihe

Tab. 5.5 Ergebnisse von Ernährungsstudien zu den Effekten von Omega-3-Fettsäuren (Hahn et al. 2002; Albert et al. 2002)

Autoren	n (Probandenanzahl)	Endpunkt	Ergebnis
Curb et al. 1985	7.615	KHK/Mortalität	−
Kromhout et al. 1985	852	Tödlicher MI	+
Vollset et al. 1985	11.000	KHK/Mortalität	−
Norell et al. 1986	10.966	Tödlicher MI	+
Wood et al. 1987	650	Angina pectoris; MI	+
Gramanzi et al. 1990	287	Tödlicher MI	−
Ascherio et al. 1995	44.895	KHK/Mortalität	+
Kromhout et al. 1995	272	Tödlicher MI	−
Daviglus et al. 1997	1.822	Tödlicher MI	+
Siscovick et al. 1995	827	Primärer Herzstillstand	+
Albert et al. 1998	20.551	Tödlicher MI	+
Albert et al. 1998	278	Plötzlicher Herztod	+

+ signifikante Reduktion
− kein signifikanter Effekt
MI Myokardinfarkt

Ernährung abhängig: Je mehr EPA und DHA in der Nahrung enthalten sind, desto weniger AA wird in die Membran eingebaut und desto weniger Eicosanoide aus AA werden gebildet. EPA und DHA haben wichtige Funktionen im Organismus: EPA ist der Precursor der Eicosanoide Prostaglandin I3, Thromboxan A3 und Leukotrien B5 (Abb. 5.12). Diese Gewebshormone wirken gefäßerweiternd, gerinnungshemmend und antiinflammatorisch und verbessern damit möglicherweise die Gefäßgesundheit. DHA kommt als Bestandteil von Phospholipiden in Zellmembranen vor und kann Einfluss auf die Verbesserung von Gehirn- und Augenfunktion haben. Seit längerer Zeit werden viele Ernährungsstudien bezüglich der Effekte von langkettigen Omega-3-Fettsäuren (EPA und DHA) in der Prävention koronarer Herz-Kreislauf-Erkrankungen (KHK) durchgeführt (siehe Tab. 5.5).

Die meisten Studien zeigen eine Reihe positiver Effekte von langkettigen Omega-3-Fettsäuren auf die Prävention von KHK. Dazu gehören:

• Senkung von Serumtriglyceriden
• Verminderung des Gesamtcholesterins (langfristig)
• Verminderung des LDL Cholesterins
• Abfall von (erhöhtem) Blutdruck
• Reduktion der Thrombozytenaggregation
• Verlängerung der Blutungszeit
• Verbesserung der Fließeigenschaften des Blutes
• Gefäßerweiterung
• Entzündungshemmung
• Reduktion von Herzrhythmusstörungen.

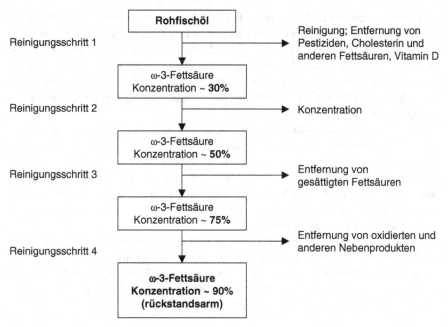

Abb. 5.13 Prozess der Gewinnung von Fischöl (Bays 2006)

Zu den natürlichen Quellen für die langkettigen Omega-3-Fettsäuren EPA und DHA zählen besonders marine Organismen, dazu gehören sowohl die fetten Meeresfische als auch Meeresalgen und Phytoplankton. Fischöle werden seit einigen Jahren in der Lebensmittel- und Pharmaindustrie in größeren Mengen eingesetzt. Eine Übersicht über den Herstellungsprozess von Fischölen zeigt Abb. 5.13. Seit einigen Jahren finden auch Omega-3-Fettsäure-reiche Algen- bzw. Single-Cell-Öle Anwendung.

Den Empfehlungen verschiedener internationaler Organisationen folgend wäre eine Mahlzeit mit Fettfisch pro Woche notwendig, um die Bedarfslücke an Omega-3-Fettsäuren zu schließen. Insgesamt werden zwei Portionen Fisch je Woche empfohlen.

5.6   Fisch und Fischerzeugnisse in der Ernährung des Menschen

Fisch ist aus ernährungsphysiologischer Sicht eine gute Quelle für biologisch hochwertiges und gut verdauliches Eiweiß sowie wertvolle mehrfach ungesättigte Fettsäuren, besonders der Omega-3-Fettsäuren EPA und DHA. Fettfische liefern zusätzlich bedeutende Mengen der fettlöslichen Vitamine A und D und Seefische bedeutende Gehalte an Jod. Die Ergebnisse der NVS II (2005–2006) weisen darauf hin, dass rund 80% der Männer und 90% der Frauen die Vitamin-D-Zufuhrempfehlungen der DGE (5 µg/Tag = 200 I.E. bzw. 10 µg/Tag = 400 I.E. bei >65 Jahre) unterschreiten. Gemäß der NVS II ist Fisch die wichtigste Quelle für Vitamin D in der Ernährung des Menschen. Die DGE-Empfehlungen zur Vitamin-D-Versorgung pro Tag können bereits durch eine Portion fetten Fisches mehrfach erreicht werden.

Besonders Kaltwasserfische wie Lachs, Hering und Makrele sind reich an Omega-3-Fettsäuren. Wie unter Abschn. 5.5 beschrieben, zeigen verschiedene Studien positive Effekte von EPA und DHA im Bereich der Prävention von KHK. Die DGE empfiehlt 0,3 g EPA + DHA pro Tag für die Primär- und 1 g für die Sekundärprävention von KHK.

Jod ist ein kritischer Mikronährstoff in weiten Teilen der Bevölkerung. Rund 96% der Männer und 97% (ohne Einbezug der Jodsalz-Aufnahme) der Frauen erreichen nach den Ergebnissen der NVS II nicht die Empfehlungen für die Jodzufuhr der DGE von 200 µg/Tag bei Erwachsenen. Unter Einbezug des Jodsalzverzehrs unterschreiten noch 28% der Männer und 53% der Frauen die Jod-Zufuhrempfehlungen. Eine Portion Schellfisch von 200 g deckt beispielsweise die Empfehlungen zur Jodaufnahme für nahezu zwei Tage.

Aufgrund des hohen Gehaltes an Omega-3-Fettsäuren nimmt Fisch eine Sonderstellung ein: Fisch hat auf der dreidimensionalen Ernährungspyramide der DGE eine hervorgehobene Position in der Basis (im grünen Bereich) der Lebensmittel tierischer Herkunft. Die DGE empfiehlt wöchentlich 1–2 Portionen Fisch bzw. 80–150 g fettarmen Seefisch sowie 70 g fettreichen Seefisch pro Woche.

Bibliographie

FAO (2007): The State of World Fisheries and Aquaculture 2006. Food and Agriculture Organization, Rome.

Fisch-Informationszentrum e. V. (2008): Fischwirtschaft – Daten und Fakten. Ausgabe 2008, Hamburg.

Kris-Erherton, P. M., Harris, W. S., Appel, L. J., American Heart Association. Nutrition Committee. (2002): Fish Consumption, Fish Oil, Omega-3 Fatty Acids, and Cardiovascular Disease. *Circulation* **106(21)**, 2747–2757.

Martin, J. W. & Davis, G. E. (2001): An Updated Classification of the Recent Crustacea. In: *Science Series.* Natural History Museum of Los Angeles County, Los Angeles 39.

Neudecker, T., Bahr, K., Karl, H., Lobitz, R. (2007): Fisch und Fischerzeugnisse/AID., 14. überarbeitete Auflage, aid-Infodienst Verbraucherschutz, Ernährung, Landwirtschaft e. V., Bonn.

Schmitt, B., Ströhle, A., Watkonson, B. M., Hahan, A. (2002): Wirkstoffe funktioneller Lebensmittel in der Prävention der Arteriosklerose, Teil 2: ω-3-Fettsäuren – Versorgungssituation und Zufuhrempfehlung. *Ernährungs-Umschau* **49(6)**, 223–229.

Getreide

6

Inhaltsverzeichnis

© Springer-Verlag Berlin Heidelberg 2015
G. Rimbach et al., *Lebensmittel-Warenkunde für Einsteiger*, Springer-Lehrbuch,
DOI 10.1007/978-3-662-46280-5_6

6.1 Produktion und Verbrauch

Laut FAO wurden im Jahre 2005 weltweit 2,2 Mrd. t Getreide geerntet. Zu den zehn größten Erzeugerländern zählen: China, die USA, Indien, Russland, Indonesien, Frankreich, Brasilien, Kanada, Deutschland und Bangladesch. Die weltweit dominierende Getreideart ist Mais gefolgt von Weizen und Reis. In den Jahren von 2004–2006 ist die Getreideproduktion ständig gesunken, während das Verbrauchsniveau stetig gestiegen ist. Eine Studie der FAO ergab (Basis 1999/97), dass von der Weltgetreideproduktion etwa 54% auf den Food-Bereich entfallen, weitere 35% werden in der Tierernährung eingesetzt und der restliche Anteil wird den Bereichen industrielle Verwendung, Saatgut und Verlusten zugeschrieben. Jedoch stellt sich diese Verteilung in den Industrienationen anders dar. Dort werden im Food-Bereich etwa 27% des Getreides verwendet, weitere zwei Drittel als Futtergetreide und knapp 10% entfallen auf Saatgut, die industrielle Verarbeitung und Verluste. Der größte Exporteur von Weizen sowie auch von Grobgetreide (Mais, Gerste, Hafer, Hirse, Roggen, Triticale, Menggetreide) sind die USA mit einem Anteil von ca. 40% des Welthandels. Als größter Getreideimporteur gilt Japan (20% Weizen, 80% Grobgetreide). Die Getreideernte in Deutschland betrug im Jahre 2005 etwa 46 Mio. t bzw. 64,6 dt/ha. Davon entfielen die größten Anteile auf Winterweizen und Gerste und ein kleinerer Anteil auf Körnermais. In Deutschland angebaute Getreidesorten müssen zuvor vom Bundessortenamt genehmigt werden. Im Jahre 2006 wurden laut statistischem Bundesamt und BMELV ca. 25 Mio. t Brotgetreide geerntet. Davon entfiel der Hauptanteil auf Weizen und ein wesentlich geringerer Anteil auf Roggen. Die Ergebnisse der NVS II (2005–2006) zeigen, dass die Lebensmittelgruppe Brot, Backwaren, Getreide und Getreideerzeugnisse sowie daraus hergestellte Gerichte, bezogen auf den mengenmäßigen Verzehr, mit durchschnittlich 312 g/Tag bei Männern und bei Frauen mit ca. 240 g/Tag zusammen mit den Lebensmittelgruppen Gemüse, Obst sowie Milch und Käse die größte Bedeutung in der täglichen Ernährung des Menschen haben. Tabelle 6.1 zeigt den durchschnittlichen Verzehr von Brot und Backwaren, Getreide und Getreideerzeugnissen sowie daraus hergestellten Gerichten bei Frauen und Männern. Mit Ausnahme von Brot nimmt der Verzehr der auf Getreide basierenden Lebensmittelgruppe mit zunehmendem Alter ab.

Tab. 6.1 Durchschnittlicher Verzehr von Brot und Backwaren, Getreide und Getreideerzeugnissen sowie daraus hergestellten Gerichten (g/Tag) (NVS II 2005–2006)

	Männer	Frauen
Gesamt	312	240
Brot	178	133
Gerichte auf Basis von Brot (z. B. Sandwich, belegte Brote, Serviettenkloß)	2	1
Backwaren	46	33
Getreide und Getreideerzeugnisse	36	33
Gerichte auf Basis von Getreide und Getreideerzeugnissen	50	40

6.2 Warenkunde und Botanik

Der Begriff „Getreide" bedeutet wörtlich *„das, was getragen wird"* und meint damit die Körnerfrüchte von Gräsern. Heute ist Getreide eine Sammelbezeichnung für die aus verschiedenen Arten von Gräsern gezüchteten, landwirtschaftlichen Kulturpflanzen. Zu den sieben Grundgetreidearten zählen: Weizen, Gerste, Roggen, Hafer, Reis, Mais und verschiedene Hirsen (siehe Abb. 6.1). In der Botanik sind Getreide die einsamigen Schließfrüchte (Karyopsen) von einjährigen Kulturpflanzen, die zur Familie der Süßgräser (Poaceae = Gramineae) gehören.

Seit einiger Zeit gibt es eine Hybridform aus Weizen (*Triticum*) und Roggen (*Secale*), die so genannte *„Triticale"*, welche die Vorteile beider Arten vereint. Diese ertragreiche Hybrid-Gattung zeichnet sich durch Bodenanspruchslosigkeit, Winterfestigkeit, höhere Lysingehalte und kurzes Stroh aus.

6.2.1 Weizen (Triticum)

Die weltweit wichtigste Getreideart ist Weizen, der zur Gattung *Triticum L.* gehört. Schon im 9. Jahrtausend v. Chr. wurde Weizen gemeinsam mit Gerste in Vorderasien im Bereich des „fruchtbaren Halbmonds" (Syrien, Mesopotamien) kultiviert. Als älteste heute noch genutzte Weizenart gilt der Karmut, der vermutlich schon zur Zeit der Ägypter angebaut wurde. Grundsätzlich werden heute drei kultivierte Weizenarten nach ihrer Chromosomenanzahl unterschieden: die Einkorn- (diploid), die Emmer- (tetraploid) sowie die Dinkel- oder Spelzreihe (hexaploid). Zur hexaploiden Form zählt unter anderem der Saat- oder Weichweizen (*Triticum aestivum*), welcher die größte wirtschaftliche Bedeutung hat. Hartweizen (*Triticum durum*),

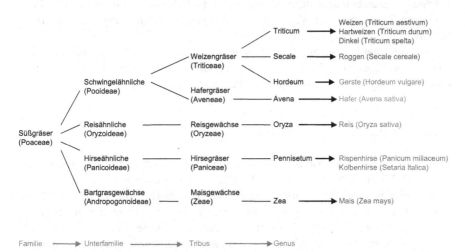

Abb. 6.1 Phylogenese der Getreidearten und botanische Bezeichnung (modifiziert nach: Belitz et al. 2008)

Tab. 6.2 Verwendung von Weizen und entsprechende Qualitätsanforderungen

Verwendung	Anforderungen
Backweizen	• Gute Mahlfähigkeit (z. B. Korngröße und -härte) • Gute Backfähigkeit (z. B. Klebergüte und -menge, Teigeigenschaften, Volumenausbeute, Aufmischwert) • Hoher Rohproteingehalt
Futterweizen	• Hoher Energie- und Proteingehalt • Möglichst hoher Lysin-Gehalt
Stärkeerzeugung	• Möglichst stärkereiche Sorten mit gleichzeitig niedrigem Proteingehalt
Brauweizen	• Volle Kornausbildung • Hohe Extraktausbeute • Geringer Proteingehalt • Hoher Endvergärungsgrad • Hoher Eiweißlösungsgrad
Brennereiweizen	• Hoher Stärkegehalt • Hoher Reinheitsgrad • Volle Kornausbildung

der zur Produktion von Grieß und Dunst in der Teigwarenherstellung dient, ge-hört zur tetraploiden Form. Weizenpflanzen sind dunkelgrün und werden zwischen einem halben und einem Meter hoch. Weizenanbau findet auf allen Kontinenten statt. Zu den Hauptanbauländern zählen: China, Indien, die USA, Kanada, Russland, Frankreich und Deutschland. Die Aussaat von Weizen findet zum einen im Frühjahr (Sommerweizen) und zum anderen im Herbst (Winterweizen) statt. Beide Sorten werden jedoch im Sommer geerntet. Weizen besitzt gute Backeigenschaften und findet deshalb besonders als Backweizen Anwendung. Außerdem gibt es weitere vielfältige Verwertungsmöglichkeiten von Weizen, wie z. B. als Brauerei-, Brennerei-, Stärke- und Futterweizen sowie in der Teigwarenindustrie. Je nach Produktionsrichtung muss der Weizen bestimmte Qualitätsanforderungen erfüllen (siehe Tab. 6.2).

Weizenkörner können auch direkt entweder als Ganzes, zerkleinert (Grieß) oder auch in vorgekochter und anschließend getrockneter, zerkleinerter Form als Bulgur (Weizengrütze) oder Couscous (grober Weizengrieß) verzehrt werden.

6.2.2 Dinkel (Triticum spelta)

Dinkel (*Triticum spelta*) ist eine sehr alte Getreideart, die mit dem Weizen eng verwandt ist. Vermutlich ist Dinkel durch Mutation aus älteren Weizenarten entstanden, denn es ist keine Wildform des Dinkels bekannt. Bereits vor etwa 5.000 Jahren war Dinkel in Südwest-Asien bedeutend. Archäologische Funde deuten auf einen Dinkelanbau zur Zeit des Neolithikums in Mittel- und Nordeuropa hin. Später wurde Dinkel dann vor allem in der heutigen Deutschschweiz angebaut und war im 18. Jahrhundert ein wichtiges Handelsgetreide. Der Anbau von Dinkel wird heutzutage insbesondere in Belgien, Frankreich, Deutschland (Schwaben und Franken) sowie in der Schweiz betrieben. Die Pflanze wird einjährig angebaut und erreicht eine Höhe von ca. 0,5–1 m. Dinkelähren sind rundlich und das Dinkelkorn ist fest mit Spelzen bewachsen. Im Vergleich zu anderen Getreidearten besitzt Dinkel eine hohe Resistenz gegen Krankheiten und verträgt raueres Klima verhältnismäßig gut. Dinkel hat einen aromatischen, nussigen Geschmack und verfügt über gute Back-eigenschaften. Nachteilig ist jedoch, dass Brote und andere Backwaren aus Dinkel relativ schnell trocken werden. Aufgrund seiner guten Verträglichkeit kann Dinkel sogar teilweise von Weizenallergikern verzehrt werden, wegen des Glutengehaltes aber nicht von Personen mit Zöliakie. Neben Brot und Backwaren wird Dinkel ver-einzelt noch zu Dinkelbier verarbeitet. Im unreifen Stadium (grün) geernteter und anschließend gedarrter Dinkel wird als Grünkern bezeichnet. Grünkern an sich ist nicht backfähig und wird überwiegend für Suppen oder Bratlinge verwendet.

6.2.3 Gerste (Hordeum vulgare)

Gerste gehört zur Gattung *Hordeum*, der bedeutendste Vertreter ist *Hordeum vulga-re*. Die vermutlich aus Südasien stammende Gerste ist eine der ältesten kultivierten Getreidearten. Etwa im 9. Jahrtausend v. Chr. wurde Gerste bereits in Vorderasien angebaut und als Nahrung genutzt. Aufgrund der guten Anpassungsfähigkeit der Pflanze ist ein weltweiter Anbau möglich. Zu den heutigen Hauptanbaugebieten zählen: Russland, Kanada, Deutschland, die Ukraine und Frankreich. Gerstenpflan-zen werden zwischen 0,7–1,2 m hoch und tragen mit Grannen besetzte Ähren, die im reifen Zustand hängen. Je nach Anzahl der Kornreihen der Ähre findet eine Unterteilung in zwei- und mehrzeilige Gerstenformen statt. Zweizeilige Gersten-formen sind meist Sommergersten, die aufgrund ihres niedrigen Proteingehaltes als Braugerste bei der Bierproduktion zum Einsatz kommen. Gekennzeichnet sind die zweizeiligen Formen durch ein voll und kräftig ausgereiftes Korn pro Ansatzstelle. Mehrzeilige Formen haben hingegen drei weniger entwickelte Körner pro Ansatz-stelle, bei dieser vier- und sechszeiligen Gerste handelt es sich meist um Winter-gerste, die als Tierfutter verwendet wird. Weiterhin wird Gerste in der Brennerei (Whisky), zur Herstellung von Kaffee-Ersatz (Malzkaffee), zur Brotherstellung (Aufmischen mit anderen Mehlen) oder zum direkten Verzehr in Form von Grau-pen (von Frucht- und Samenschale befreite Körner) z. B. als Brei, in Suppen oder Süßspeisen verwendet.

6.2.4 Roggen (Secale cereale)

Roggen gehört zur Gattung *Secale* und stammt vermutlich von einer Wildroggenart aus Anatolien ab. Alle Kulturformen des Roggens gehören zur einzigen, diploiden Art *Secale cereale*. Der Roggenanbau wird vorwiegend in gemäßigten Klimazo-nen Europas betrieben. Zu den Hauptanbauländern zählen Deutschland, Polen und Russland. Roggen ist ein relativ robustes und winterhartes Getreide. Im Gegen-satz zu anderen Getreidearten wie Weizen oder Gerste handelt es sich bei Roggen

nicht um einen Selbst-, sondern einen Fremdbefruchter. Die Roggengräser werden
zwischen 0,65–2 m hoch und tragen meist aus zweiblütigen Ährchen bestehende,
vierkantige, lang-begrannte Ähren mit bläulich schimmernden Körnern. Vor allem
in Mittel- und Osteuropa wird Roggen als Brotgetreide genutzt. Ein weiterer großer
Anteil wird als Futterroggen angebaut.

6.2.5 Hafer (Avena sativa)

Zu Hafer zählen Rispengräser der Gattung *Avena,* die in der Systematik etwas weiter von anderen Getreidearten entfernt ist. Die hexaploide Art *Avena sativa* (Saat-
hafer) ist eine von ca. 30 Arten. Im Gegensatz zur ertragreichen, bespelzten Form
ist Nackthafer besser zu Nährmitteln zu verarbeiten. Diese krautigen, 0,6–1,5 m
hohen Pflanzen mit hohlem, rundlichem Halm unterscheiden sich vor allem durch
ihren als Rispe (zwei- oder mehrblütig) ausgebildeten Fruchtstand von anderen Getreidearten (Ähren). Die ersten Nutzungshinweise lassen eine landwirtschaftliche
Nutzung von Hafer etwa ab dem 5. Jahrtausend v. Chr. auf dem Gebiet des heutigen Polens und in Schwarzmeerregionen vermuten. Heute wird Hafer vorwiegend
in Europa und Nordamerika angebaut. Die Haupterzeugerländer von Hafer sind
Russland, Kanada, die USA, Polen und Deutschland. Aufgrund des geringen Kle-
beranteils wird Hafer nur wenig als Brotgetreide genutzt, sondern vorwiegend zu
Flocken, Grieß und Mehl weiterverarbeitet, sowie in einigen Regionen auch in der
Brennerei (Whisky) verwendet. In Industrieländern wird Hafer größtenteils als Fut-
terhafer angebaut.

6.2.6 Reis (Oryza sativa)

Reis ist ein Rispengras, dessen kultivierte Form zur Art *Oryza sativa* zählt. Reis hat
seinen Ursprung vermutlich in China, wo der Anbau vor ca. 14.000–15.000 Jahren
im Mündungsdelta des Jangtse-Flusses begann. Heutzutage wird Reis in vielen Gebieten der Erde angebaut, jedoch kommen ca. 90% der Welternte immer noch aus
dem asiatischen Raum. Zu den Haupterzeugerländern von Reis zählen China, Indien und Indonesien. Für den Reisanbau werden überwiegend heiße Temperaturen
und reichlich Wasser benötigt. Von der Oryza-sativa-Art gibt es mehr als 10.000
Varietäten, die drei Unterarten zugeordnet werden: (1) *indica* (Langkornreis) wie
z. B. Basmati-Reis, Duftreis und Patnareis, (2) *japonica* (Rundkornreis) wie z. B.
Mochireis, Milchreis und Nishki-Reis, (3) *javanica* (Mittelkornreis) wie z. B. Ribe
Reis, Roter Reis, Klebereis und Schwarzer Reis.

In einem Schäl- und Polierprozess werden Spelzen, Frucht- und Samenschale
entfernt. So wird der gereinigte Rohreis bzw. der so genannte „Paddy" über Braun-
reis (Naturreis) schließlich zu Weißreis weiterverarbeitet. Da weißer Reis nähr-
stoffarm ist, wurde in Asien das „Parboiling-Verfahren" entwickelt, um Vitamine
und Mineralstoffe zu erhalten. Dafür wird entspelzter unpolierter Reis zunächst mit
Wasserdampf behandelt, so dass die Vitamine und Mineralstoffe ins Reiskorninnere
wandern. Erst danach wird das Korn poliert.

Weitere Unterteilungen für Reis werden u. a. nach der Mehlkörperstruktur (glasiger, harter Reis und weicher, mehliger Reis) oder nach den Kulturbedingungen (Tieflandreis bzw. Sumpf- oder Wasserreis sowie Bergreis bzw. Trockenreis) vorgenommen. Reis ist für einen Großteil der Menschheit ein Grundnahrungsmittel, das gekocht verzehrt wird oder zu Mehl oder Flocken weiterverarbeitet werden kann. Aufgrund der Abwesenheit von Gluten ist Reis für Menschen verträglich, die unter Gluten-Unverträglichkeit leiden. Aus dem gleichen Grund ist Reis allein nicht backfähig und muss deshalb zur Brotherstellung mit anderen Getreiden vermischt werden.

Wildreis gehört aus botanischer Sicht nicht zur selben Gattung wie Reis. Es handelt sich um eine Wassergrasart, die eher mit Hafer verwandt ist. Die bis zu 1,8 m hohen Halme des Wilden Reis wachsen an Seeufern in Nordamerika und werden in aufwändiger Weise von Kanus aus geerntet. Wildreis hat lange, dünne, schwarze Körner, die glutenfrei sind und überwiegend gekocht verzehrt werden.

6.2.7 Mais (Zea mays)

Mais ist ein Getreide der Gattung *Zea Mays* und gehört neben Weizen und Reis zu den weltweit wichtigsten Getreidearten. Der erste Anbau von Mais wurde vermutlich in Mexiko betrieben und geht etwa auf die Zeit um 3.000 v. Chr. zurück. Heutzutage wird Mais hauptsächlich in den USA, China und Brasilien angebaut. Maispflanzen sind einhäusig und können bis zu 2,5 m hoch werden. Pro Pflanze bilden sich etwa zwei Kolben mit je acht bis 16 Körner-Längsreihen voll aus. Es existieren ca. 50.000 verschiedene Maissorten, die sich in Farbe, Gestalt und Größe der Körner sowie der Beschaffenheit des Endosperms unterscheiden. Zu diesen Sortengruppen zählen u. a. Hart-, Weich- (bzw. Stärke-), Zahn-, Spitz-, Wachs- und Zuckermais, welche unterschiedliche klimatische Bedingungen erfordern. Seit einiger Zeit gibt es eine Hybridform auf dem Markt namens „Opaque-2", die sich durch einen erhöhten Lysin- und Tryptophangehalt auszeichnet. Zuckermais, wovon es etwa 300 verschiedene Sorten gibt, wird als Gemüse verzehrt. Die Körner können entweder vom Kolben abgetrennt werden oder direkt vom Kolben in roher, gekochter oder gegrillter Form gegessen werden. Mais wird außerdem zu Maisgrieß (Polenta), Cornflakes, Popcorn, Maisstärke und andern Produkten weiterverarbeitet. Da Mais frei von Gluten ist, ist er zwar besonders bei Gluten-Unverträglichkeit geeignet, jedoch ist er deshalb allein nicht backfähig. Zahnmais macht den größten Teil der Maisanbaufläche in den USA aus und wird ausschließlich als Futtermittel verwendet.

6.2.8 Hirse (Pennisetum)

Hirse ist eine Sammelbezeichnung für Getreidearten mit kleinen, runden, bespelzten Körnern, die an Rispen wachsen. Im Gegensatz zu anderen Getreidekörnern besitzen Hirsekörner keine Längsfurche. Die Farbe der Körner variiert je nach Sorte zwischen weißgrau, gelb und rotbraun. Hirsen werden grob in die zwei Gruppen Echte Hirsen und Sorghum-Hirsen unterteilt. Echte Hirsen (Klein- oder Millet-Hirse) haben eine Tausendkornmasse von ca. 5 g. Dazu zählen u. a. Panicum-Arten (Rispenhirse = *Panicum millaceum*) und Setária-Arten (Kolbenhirse = *Setaria italica*). Zur Sorghum-Hirse gehören verschiedene Arten mit wesentlich größeren Körnern und einer Tausendkornmasse von ca. 17–22 g. Ursprünglich stammt Hirse vermutlich aus Ost- und Mittelasien sowie aus Ostafrika, wo Hirse ab ca. 2.500 v. Chr. eine der ersten kultivierten Getreidearten war. Als Hirse gelten heute dürrefeste Kultur- und Wildgetreidearten, die vor allem in den tropischen und subtropischen Gebieten Asiens, Amerikas und Afrikas angebaut werden. Als Haupterzeuger gelten die USA, Nigeria, Indien, China und Mexiko. Die Hirsepflanzen werden bis zu 1,5 m hoch und gedeihen auch in extrem heißen und trockenen Gebieten. In vielen afrikanischen Völkern ist Hirse ein Grundnahrungsmittel. In den USA und Europa wird Hirse vorwiegend als Viehfutter oder zur Stärkegewinnung verwendet. Hirse ist glutenfrei und deshalb alleine nicht backfähig. Das Korn als Ganzes kann gekocht verzehrt oder zu Mehl, Grieß, Grütze oder Flocken weiterverarbeitet werden.

6.2.9 Pseudogetreide

Pseudogetreide sind Pflanzensamen, die zwar oft wie Getreide verwendet werden, aber keine echten Getreidesorten darstellen und botanisch gesehen nicht zu den Gräsern zählen. Zu solchen getreideähnlichen, stärkereichen Samen zählen u. a. Buchweizen (Knöterichgewächs), Amaranth und Quinoa (Fuchsschwanzgewächse). Buchweizen wird hauptsächlich in China, Russland, Polen und Kanada angebaut, Quinoa und Amaranth kommen vorwiegend aus Mittel- und Südamerika. Da das Pseudogetreide glutenfrei ist, stellt es eine gute Alternative für Gluten-Allergiker dar. Der Proteingehalt und die Proteinqualität dieser Pflanzen sind z. T. höher als beim eigentlichen Getreide, weshalb diese seit Alters her zur Ergänzung von Getreide dienten.

6.2.10 Andere stärkeliefernde Pflanzen

Fast alle Samenpflanzen (ausgenommen Soja) sowie viele Algen produzieren Stärke, die sie in bestimmten Pflanzenteilen speichern. Für eine landwirtschaftliche Nutzung sind eine hinreichende Größe und eine gute Zugänglichkeit der Speichergewebe wichtige Voraussetzungen. Nach der Ernte kann eine Weiterverarbeitung zu Mehlen oder Stärke erfolgen. Neben den üblichen Getreidearten gibt es weltweit eine große Vielfalt an stärkeliefernden Pflanzen, dazu gehören u. a: Kartoffeln, Pfeilwurz, Gelbwurzarten, Taro, Yamsgewächse, Maniok, Süßkartoffel (Batate), Sago, Banane, Esskastanien und essbare Canna.

6.3 Getreideerzeugnisse

Getreide gehört seit Jahrtausenden zu den Grundnahrungsmitteln des Menschen. Die Verwendungszwecke von Getreide sind sehr vielfältig. Getreidekörner werden vorwiegend in gemahlener, geschroteter oder unzerkleinerter, gekochter oder gebackener Form als Nahrung verwendet. Zusätzlich werden die Körner verschiedener Getreide zur Herstellung von Branntwein, Malz, Stärke und auch als Futtermittel genutzt. Die nach Abtrennung der Körner zurückbleibenden Halme der Getreidepflanze finden ebenfalls Verwendung und zwar als Futter und Einstreu für Tiere sowie zur Cellulosegewinnung und als Verpackungsmaterial. Während Getreide früher in Form von Suppe, Brei oder eingeweichten Körnern verzehrt wurde, wird Getreide heute meist zu einer Vielfalt an Getreideprodukten weiterverarbeitet. Diese unterscheiden sich teilweise erheblich in ihrer Lagerfähigkeit sowie in den Koch- und Verarbeitungseigenschaften. Die genutzte Getreideart sowie deren Verzehrform variiert zwischen unterschiedlichen Esskulturen (siehe Abb. 6.2).

Getreide wird im Zustand der „Totreife" geerntet. Zu diesem Zeitpunkt beträgt der Wassergehalt des Korns ca. 20–24%. Die Lagerfähigkeit ist in diesem Zustand relativ kurz, so dass der Wassergehalt zur Verlängerung der Haltbarkeit (auf zwei bis drei Jahre) durch Trocknung auf einen Wassergehalt von ca. 14–16% gesenkt werden muss.

6.3.1 Getreidereinigung

Nach der Ernte wird das Getreide zunächst gereinigt, da bei der Ernte nicht nur voll ausgereifte Körner erfasst werden, sondern auch unterschiedlich hohe Anteile an Stroh, Unkrautsamen, Steinen, Sand, Bruchkorn und anderen Verunreinigungen. Dieser so genannte Besatz kann gesundheitsschädlich sein und sich nachteilig auf die Mahl- und Backfähigkeit auswirken. Deshalb muss der Besatz vor der Vermahlung des Getreides entfernt werden. Die Getreidereinigung gliedert sich in drei mehrstufige Abschnitte: die Schwarzreinigung, die Vorbereitung und die Weißreinigung. Bei der **Schwarzreinigung** wird zunächst mithilfe von Magneten, einem Aspirateur, einem Steinausleser sowie Sieben und Trieuren (siebähnliche Walzen

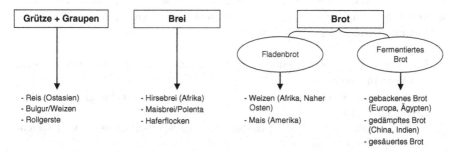

Abb. 6.2 Getreideverzehr in Abhängigkeit von Esskulturen

zur Größen- und Formselektion) der grobe Besatz entfernt. Die anschließende **Vorbereitung** führt zu einer Erhöhung des Wassergehaltes der Körner (von ca. 14 auf 18%), wodurch sich die Schale leichter vom Mehlkörper abtrennen lässt. Bei der abschließenden **Weißreinigung** wird durch eine Scheuermaschine und einen Tarar die Kornoberfläche gereinigt, so dass Schmutz, Schimmelpilze und Schadstoffe entfernt werden.

6.3.2 Schäl- und Mahlmüllerei

Die müllereitechnische Aufarbeitung ist von der Art des Getreides und dem vorgesehenen Verwendungszweck abhängig. Bei einigen Getreidearten ist die Fruchtschale von losen oder festen Spelzen umschlossen. Zusätzlich tragen die Deckspelzen einiger Getreidesorten Grannen. Nach dem Ernten bzw. Dreschen der reifen Körnerfrüchte können unbespelzte Körner (Roggen, der übliche Weizen und einige „Nacktformen") sofort weiterverarbeitet werden. Während bespelzte Getreidekörner wie Hafer, Gerste, Dinkel, Emmer, Bartweizen, Reis und Hirse in der **Schälmüllerei** mit einer Schälmaschine von den Spelzen befreit werden müssen. Dazu wird das Korn mit heißem Wasser befeuchtet, anschließend getrocknet und danach durch leichtes Quetschen/Abreiben entspelzt. Besonderheiten treten vor allem bei Reis und Hafer auf. Reiskörner sind nach dem Entspelzen noch von einem Silberhäutchen (Frucht- und Samenschale) umgeben. Im Anschluss an das Schälen wird der Reis deshalb geschliffen und mit Talkum (Magnesiumsilikat) oder Glukosesirup poliert. Das Endprodukt ist glasierter Weißreis. Hafer hat einen hohen Fettgehalt, deshalb kann es durch Oxidationsvorgänge zur Bildung von Bitterstoffen kommen. Durch hydrothermische Verfahrensschritte (Darre bei 80–90 °C) vor dem Schälen können die verantwortlichen Enzyme jedoch inaktiviert werden.

Nach dem Reinigen und Schälen kann das Getreide in der **Mahlmüllerei** gemahlen werden. Zur Zerkleinerung des Getreides werden Walzstühle verwendet. Diese Maschinen enthalten zwei oder mehr Walzenpaare (Riffel- oder Glattwalzen), die sich mit unterschiedlicher Geschwindigkeit drehen. Das bei der Vermahlung anfallende „Haufwerk" enthält Partikel unterschiedlicher Größe, welche durch Siebung mit einem Plansichter je nach Granulation unterschiedlich weitergeleitet werden. Die kleinen Partikel werden als Mehl abgezogen, während die gröberen Schrotpartikel einem weiteren Walzstuhl zugeleitet werden. Solche so genannten Passagen können sich ca. acht bis zehn Mal wiederholen. In Abhängigkeit vom Walzenabstand wird zwischen drei Arten differenziert:

1. *Flachmüllerei:* enger Walzenabstand; vorwiegend zum Vermahlen von Roggen; 4–5 Vermahlungen
2. *Hochmüllerei:* weit auseinanderstehende Walzen; Kornbrechung; es entstehen Grieß und Dunst
3. *Halbhochmüllerei:* mittlerer Walzenabstand; in 8–9 Schrotungen wird Weichweizen zu Mehl vermahlen.

Vorerst werden so genannte einfache Getreideerzeugnisse hergestellt, wie z. B. Mehl oder Kleie, die gegebenenfalls veredelt und anschließend direkt verwendet oder weiterverarbeitet werden können, z. B. zu Back- oder Teigwaren.

6.3.3 Mahlprodukte

Durch den inhomogenen Kornaufbau entstehen bei der Vermahlung Mahlerzeugnisse von unterschiedlicher Größe, Farbe und Zusammensetzung. Grundsätzlich werden bei den Mahlerzeugnissen die aus dem ganzen Korn hergestellten Vollkorn- und die aus dem Mehlkörper gewonnenen Mehlkörpererzeugnisse unterschieden. Je nach Partikeldurchmesser werden sechs Gruppen von Mahlerzeugnissen unterschieden:

Mehl (14–120 µm): Mehl wird durch Zerkleinern und Vermahlen von Getreidekörnern mittels Walzen gewonnen. Als Ausgangsmaterial können Getreide aller Art verwendet werden. Wird das ganze Getreidekorn verwendet, entsteht ein **Vollkornmehl** von verhältnismäßig dunkler Farbe. **Weißmehl** entsteht durch vorheriges Abtrennen der gröberen Randschichten und des Keimlings. Allein der Mehlkörper (Endosperm), der etwa drei Viertel des Korns ausmacht, wird vermahlen. Weizenmehl wird durch Kombination von Hoch- und Halbhochmüllerei hergestellt. Nach jedem Mahlgang werden die Mahlprodukte mittels Sieben und Windsichtern separiert. Dabei werden v. a. die faserförmigen und leichteren Schalenanteile abgetrennt. Je nach gewünschtem Ausmahlungsgrad wird jeweils erneut vermahlen. Der **Ausmahlungsgrad** gibt die in der Mühle anfallende Mehlmasse bezogen auf 100 Masseteile Getreide an. Der Ausmahlungsgrad korreliert mit dem Aschegehalt des Mehls und bestimmt die Farbe (hell oder dunkel). Je höher der Ausmahlungsgrad, desto höher sind die Ausbeute sowie der Mineral- und Ballaststoffgehalt, desto dunkler ist die Farbe und desto mehr Anteile des Keimlings und der Schale wurden mitvermahlen. Beim niedrigen Ausmahlungsgrad verhält es sich umgekehrt. Roggenmehle erreichen höhere Ausmahlungsgrade als Weizenmehle. Nach dem Ausmahlungsgrad werden verschiedene Mehltypen klassifiziert, die sich in ihrer Zusammensetzung und ihrem Verwendungszweck unterscheiden (siehe Tab. 6.3).

Der **Mehltyp** gibt den Mineralstoffgehalt gemessen als mg Asche in 100 g Mehltrockenmasse an (siehe Tab. 6.4). Ein bestimmter Mehltyp wird durch die Anfangsbuchstaben und die Mehltypenzahl gekennzeichnet. WM 405 beispielsweise steht für Weizenmehl mit einem mittleren Aschegehalt von 405 mg/100 g Mehltrockenmasse. Die Anzahl der Mehlsorten und deren Ausmahlungsgrad sind länderspezifisch festgelegt. Verschiedene Passagenmehle können mit einer Mischmaschine zu einem bestimmten Typenmehl (DIN-Norm) vermischt werden und dadurch zu einer ausgeglichenen Backqualität führen.

Weiterhin gibt es **Spezialmehle**, die sich durch besondere Eigenschaften (z. B. Quellmehl, backfertiges Mehl), Zusammensetzungen (enthalten z. B. zusätzlich Nicht-Brot-Getreide oder Leguminosen, Knollenfrüchte etc.) oder Zusätze (Mine-

Tab. 6.3 Eignung von Weizen- und Roggenmehltypen

Mehltyp	Eignung
Weizenmehl Typ	
405	Auszugsmehl für feine Backwaren („Haushalts- und Kuchenmehl")
550	Vordermehl für Weißgebäck („Brötchenmehl")
812	Voll- oder Hintermehl für helles Mischbrot; auch zum Beimischen für Weißgebäck
1.050	Hintermehl für Mischbrot
1.600	Hintermehl für dunkles Mischbrot; allein nur gering backfähig
1.700	Backschrot für Schrotbrot
Roggenmehl Typ	
997	Mischbrot und Roggenbrötchen
1.150	Roggenbrot
1.800	Backschrot für Schrotbrot

Tab. 6.4 Zusammenhang zwischen Mehltyp, Mineralstoffgehalt und Ausmahlungsgrad (Auszug DIN-Norm 10355)

Mehlart	Mehltyp	Mineralstoffgehalt (% TM)	Ausmahlungsgrad (%)
Weizen WM	405	<0,51	40–64
	550	0,51–0,63	65–72
	812	0,64–0,90	73–80
	1.050	0,91–1,20	81–87
	1.800	1,21–1,80	88–95
Dinkel DM	630	<0,71	50–75
	812	0,71–0,90	76–80
	1.050	0,91–1,20	81–87
Roggen RM	815	<0,91	69–73
	997	0,91–1,10	74–79
	1.150	1,11–1,30	80–84
	1.370	1,31–1,60	85–88
	1.740	1,61–1,80	89–93
Backschrot			
Weizen WBS	1.700	<2,11	100
Roggen RBS	1.800	<2,21	100

ralstoffe, Vitamine, Ballaststoffe) von gewöhnlichen Getreidemehlen unterscheiden.

Dunst (120–200 μm): Das auch als Feingrieß oder Dunstmehl bezeichnete Getreideprodukt wird durch Getreidevermahlung gewonnen. Die Partikelgröße von Dunst liegt zwischen der von Mehl und der von Grieß. Dunst wird hauptsächlich für

Teig- und Backwaren genutzt. Da Dunst im Vergleich zu Mehl grobkörniger ist und oftmals einen höheren Schalenanteil enthält, nimmt es bei der Verarbeitung mehr Wasser auf und die Produkte besitzen eine körnigere Konsistenz. Sowohl Dunst als auch Grieß und Schrot gibt es als Weißmehl- und als Vollkornprodukte.

Grieß (200–500 µm): Grieß entsteht durch feines Zerkleinern oder Zerschlagen von Getreidekörnern und wird je nach Zerkleinerungsgrad in feinen, mittleren oder groben Grieß unterteilt. Meist dienen Weich- und Hartweizen sowie Mais als Ausgangsprodukte. Grieß wird z. B. für Brei, Suppen, Pudding (Weichweizen) oder Teigwaren (Hartweizen) verwendet.

Schrot (>500 µm): Schrot sind grob zerkleinerte bzw. geschrotete Getreidekörner, die je nach Größe in Grob-, Mittel- oder Feinschrot unterteilt werden. Schrot kann zum Backen (Backschrot meist aus Weizen und Roggen) oder für Müsli, Bratlinge (z. B. Vollkornschrot) und zur Branntweinherstellung genutzt werden.

Kleie: Als Kleie werden die bei der Herstellung von hellem Mehl anfallenden Randschichten bezeichnet. Genauer gesagt setzt sich Kleie aus der Frucht- und Samenschale, dem Keimling und der Aleuronschicht der Körner zusammen. Deshalb verfügt Kleie über einen hohen Ballaststoffgehalt. Der Kleieanteil der Körner macht etwa 17% aus. Kleie wird u. a. im Müsli, in Suppen oder zur Knäckebrotherstellung verwendet.

Flocken: Getreideflocken werden durch Dämpfen und nachfolgendes Quetschen (Walzen) der Getreidekörner hergestellt. Für Kleinblatt-Getreide erfolgt zuvor eine grobe Schrotung. Zur Herstellung von Flocken können alle Getreidearten entweder ganz oder entspelzt verwendet werden. Für den Handel bestimmte Getreideflocken werden durch eine anschließende Hitzebehandlung haltbar gemacht. Flocken – insbesondere Vollkornflocken – werden u. a. für Müsli und zum Backen verwendet.

6.3.4 Backwaren

Backwaren sind Produkte von unterschiedlicher Zusammensetzung und Struktur, die u. a. aus Getreidemahlerzeugnissen (meist aus Weizen und Roggen) unter Zusatz von Wasser, Kochsalz, Lockerungsmitteln und weiteren Stoffen (Fett, Milch, Zucker, Eier) hergestellt werden. Diese Erzeugnisse bestehen ganz oder teilweise aus gebackenen Teigen oder Massen und sind zum direkten Verzehr geeignet. Es werden zwei Hauptgruppen von Backwaren unterschieden: Zum einen *Brot und Kleingebäck* und zum anderen die *feinen Backwaren*.

Brot und Kleingebäck: Laut Begriffsbestimmung kommen bei Brot und Kleingebäck weniger als zehn Teile Fettstoffe und/oder Zuckerarten auf 90 Teile Getreidemahlerzeugnisse und/oder Stärke. Außerdem gelten für Brote Gewichtsvorschriften, die vorschreiben, dass das Mindestgewicht eines Brotes 500 g betragen muss.

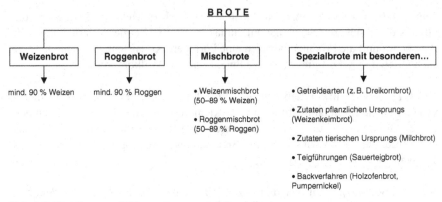

Abb. 6.3 Einteilung von Weizen-, Roggen- und Spezialbroten

Höhere Brotgewichte zwischen 500 und 2.000 g müssen durch 250 und Brotge-wichte zwischen 2.000 und 10.000 g müssen durch 500 teilbar sein. Kleingebäck (Brötchen, Brezeln etc.) ist wie Brot definiert und unterscheidet sich allein durch Größe, Form und Gewicht (<250 g) von Brot (Leitsätze für Brot und Kleingebäck). Nicht überall in der Welt wird so viel Brot verzehrt und existieren so viele Brot-Va-rianten wie in Deutschland. Einerseits gibt es die klassischen Weizen-, Roggen- und Mischbrote und andererseits ein umfangreiches Sortiment an Spezialbroten (siehe Abb. 6.3).

Feine Backwaren (inklusive Dauerbackwaren): Bei feinen Backwaren kommen laut Vorschrift mindestens zehn Teile Fettstoffe und/oder Zuckerarten auf 90 Teile Getreidemahlerzeugnisse und/oder Stärke. Im Gegensatz zu Brot und Kleingebäck existieren für feine Backwaren keine Gewichtsvorschriften.

Eine systematische Einteilung der feinen Backwaren erfolgt aufgrund verfah-renstechnischer Prinzipien (siehe Abb. 6.4). Die Herstellung kann entweder aus Teigen (ergänzt durch die Lockerungsart = mit oder ohne Hefe) oder aus Massen (ergänzt durch die Art des Aufschlagens = mit oder ohne Aufschlagen) erfolgen.

Dauerbackwaren haben einen vergleichsweise niedrigen Wassergehalt und sind bei sachgerechter Lagerung länger haltbar.

Diätbackwaren: Eine weitere Gruppe der Backwaren bilden die Diätbackwaren, die besondere Anforderungen erfüllen müssen. Diätbackwaren müssen beispiels-weise einen reduzierten Kalorien-, Fett-, Kohlenhydrat- oder Natriumgehalt, erhöh-ten Ballaststoffgehalt oder Glutenfreiheit aufweisen. Die normalen Rezepturen können auch durch Zusatzstoffe oder Substitute (Fett- oder Kohlenhydratsubstitute) verändert werden. Diätbackwaren werden beispielsweise für Diabetiker oder Men-schen mit einer Glutenunverträglichkeit produziert.

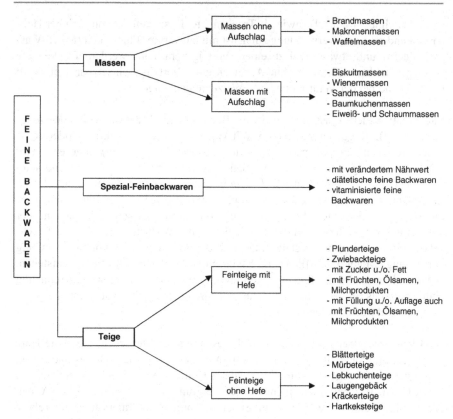

Abb. 6.4 Einteilung der feinen Backwaren

6.3.5 Teiglockerungsmittel

Teiglockerungsmittel sind auch unter der Bezeichnung „Backtriebmittel" bekannt und dienen der Lockerung von Teigen. Grundsätzlich wird zwischen biologischen Lockerungsmitteln (Hefe, Sauerteig), chemischen Lockerungsmitteln (Natrium-hydrogencarbonat und Sulfattriebmittel in Backpulver) sowie physikalischen Methoden mit Wasserdampf (Brandteig, Blätterteig) unterschieden. Durch den Lockerungsprozess wird die Krumenstruktur positiv beeinflusst.

Backhefe: Backhefe ist ein natürliches Backtriebmittel. Es handelt sich dabei um Hefen der Gattung *Saccharomyces cerevisiae*, die zur Vermehrung Wärme (ca. 28 °C), Feuchtigkeit und Zucker benötigen. Im Teig spalten die Hefen die im Mehl enthaltene Kohlenhydrate auf und es entstehen CO_2 und Alkohol (Ethanol). Während der Alkohol sich beim Backen verflüchtigt, bilden sich durch CO_2 im Teig kleine Bläschen, die das Teigvolumen erhöhen und den Teig auflockern. Hefe gibt

es als Frischhefe (Würfel) sowie als Trockenhefe. Frischhefe ist von geringer Haltbarkeit und muss bei Verwendung zunächst mit lauwarmer Flüssigkeit (Milch/Was-
ser), Zucker und etwas Mehl zu einem Vorteig verarbeitet werden. Trockenhefe
ist länger haltbar und sofort ohne Ansetzen eines Vorteiges einsetzbar. Hefe wird
überwiegend bei der Verarbeitung von Weizenteigen eingesetzt.

Sauerteig: Sauerteig ist ein natürliches Backtriebmittel, das aus Getreideerzeugnissen (z. B. Roggenmehl), Flüssigkeit (meist Wasser) und aktiven oder reak-
tivierbaren Mikroorganismen (Milchsäurebakterien und Hefen) angesetzt wird
(auch als Anstellgut bezeichnet). Als Sauerteigkulturen werden überwiegend heterofermentative Lactobacillen wie *L. plantarum, -brevis* und säuretolerante Hefen
(*Saccharomyces cerevisiae, Saccharomyces minor*) eingesetzt. In einem ein- oder
mehrstufigen oder einem kontinuierlichen Teigführungsprozess wird anhand der
Temperatur, der Stehzeit und der Teigfestigkeit das Wachstum und der Stoffwechsel der Mikroorganismen gesteuert. Durch die Mikroorganismen kommt es im Teig
zur Gärung, wobei u. a. Milch- und Essigsäure sowie CO_2 und Ethanol entstehen.
In Folge dessen wird der Teig gelockert und gesäuert sowie Geschmack, Aroma und
Haltbarkeit des Brotes verbessert. Sauerteig wird hauptsächlich zur Herstellung von
Roggen- und Mischbroten verwendet.

Backferment: Backferment eignet sich besonders für Menschen, die keine Hefe
vertragen, und kann für alle Getreidesorten eingesetzt werden. Dieses natürliche,
meist granulatförmige Backmittel besteht aus Honig, Getreide und Hülsenfrüchten.
Das CO_2 entsteht bei einem mehrstufigen Teigführungsprozess durch den Abbau
von Kohlenhydraten. Verglichen mit Sauerteig sorgt Backferment für einen relativ
milden Geschmack.

Backpulver: Backpulver zählt zu den chemischen Backtriebmitteln und besteht
meist aus einer Mischung von Natriumhydrogencarbonat (Natron) sowie einem
Säuerungsmittel bzw. sauren Salz (wie Dinatriumdihydrogendiphosphat (E 450a)
oder Monocalciumorthophosphat (E 341a)). Als Säuerungsmittel können auch
Weinstein, Zitronen- oder Weinsäure eingesetzt werden, dann handelt es sich um
ein so genanntes natürliches Backpulver. Die Lockerung im Teig kommt dadurch
zustande, dass Natron unter Einwirkung von Hitze und Feuchtigkeit mit der Säure
reagiert. Dabei wird CO_2 in Form kleiner Bläschen freigesetzt.

$$2NaHCO_3 + Na_2H_2P_2O_7 \rightarrow Na_4P_2O_7 + 2CO_2 + 2H_2O$$

Backpulver wird überwiegend bei Rührteigen eingesetzt. Die Zubereitungszeit von
Teigen mit Backpulver ist kürzer als mit Hefe oder Sauerteig, da keine Ruhephase
notwendig ist.

Natron: Natron (Natriumhydrogencarbonat, $NaHCO_3$) ist auch unter der Bezeichnung Back- oder Speisesoda sowie Kaisernatron bekannt. Es handelt sich um das

Natriumsalz der Kohlensäure, das besonders in den USA oft als Lockerungsmittel für Muffins verwendet wird. Darüber hinaus eignet es sich zur Lockerung von schweren Teigen (z. B. Honigkuchenteige) gegebenenfalls mit Zutaten wie Rosinen, Nüssen etc. Das weiße Pulver zersetzt sich bei Temperaturen >65 °C zu Natriumcarbonat unter Abspaltung von Wasser und CO_2. Natron kann durch seine Säure z. B. bei Obstkuchen neutralisierende Wirkungen haben, hinterlässt jedoch in zu hoher Konzentration einen leicht salzigen Geschmack.

Hirschhornsalz: Dieses Backtriebmittel setzt sich größtenteils aus Ammoniumhydrogencarbonat (NH_4HCO_3) und geringeren Anteilen Ammoniumcarbonat (($NH_4)_2CO_3$) und Ammoniumcarbamat ($NH_4CO_2NH_2$) zusammen. Bei Temperaturen >60 °C zerfällt das Hirschhornsalz in CO_2, Ammoniak und Wasser, wodurch der Teig in die Breite geht und gelockert wird.

$$NH_4HCO_3 \rightarrow H_2O + CO_2 + NH_3$$

Hirschhornsalz (Lebensmittelzusatzstoff E 503) wird fast ausschließlich zur Herstellung von Flachgebäck wie Plätzchen und Lebkuchen verwendet. Bei hohen Teigen könnte der Ammoniakgeruch nicht entweichen.

Pottasche: Pottasche (Kaliumcarbonat, K_2CO_3) wird grundsätzlich zur Lockerung von Lebkuchen verwendet. Da CO_2 erst freigesetzt wird, wenn der Teig angesäuert ist, sollte der Teig vor dem Backen etwas ruhen.

Blätterteig: Blätterteig wird auch als „Ziehteig" bezeichnet, da in den aus Mehl, Salz und Wasser bestehenden Teig Fettschichten eingezogen werden. Der Teig wird mehrfach ausgerollt, mit einer Fettschicht (Ziehfett, z. B. Butter) zusammengeschlagen und erneut ausgerollt. Damit das Fett nicht weich wird, muss der Teig zwischendurch gekühlt werden. Der Herstellungsprozess erfolgt heute weitgehend industriell, wobei der Teig am Ende meist aus 288 Teigschichten und 144 Fettschichten besteht. Beim Backen lockert der Teig in Folge des unter Hitzeeinwirkung entstehenden Wasserdampfes auf und wird „blättrig". Der Wasserdampf kann zunächst nicht entweichen, da die Fettschichten dies verhindern, bis sich ein stabiles Teiggerüst gebildet hat. Blätterteiggebäck wie Strudel, Pasteten, Croissants, Schweineohren, Apfeltaschen, Nusshörnchen u. a. gehört zu den feinen Backwaren.

Brandteig: Die Lockerung des Brandteigs wird durch eine spezielle Teigverarbeitung erreicht. Dafür wird zunächst Milch oder Wasser zusammen mit Fett (Butter, Margarine, Öl) zum Kochen gebracht und glutenhaltiges Mehl eingerührt, bis sich ein Teig bildet, der sich vom Boden des Topfes löst („Abbrennen"). Dann können gegebenenfalls weitere Zutaten (Eier, Zucker, Gewürze etc.) hinzugefügt werden. Beim zweiten Schritt wird der Teig entweder durch Backen, Frittieren oder Garen in kochendem Wasser ein zweites Mal erhitzt. Die Lockerung des Teiges erfolgt ohne Zusatz von Backtriebmitteln. Dadurch, dass der Wasserdampf nicht entweichen kann (verkleisterte Stärke des Mehls und geronnenes Eiweiß bilden eine wasserun-durchlässige Kruste), bilden sich Blasen und der Teig wird locker. Typische Erzeug-nisse aus Brandteig sind Windbeutel, Èclairs, Spritzkuchen, Krapfen und Klöße.

6.3.6 Teigwaren

Eine weitere Gruppe unter den Getreideerzeugnissen bilden die Teigwaren. Zu den Teigwaren zählen u. a. Pasta (Hartweizengrieß), Eiernudeln, Sojanudeln, Vollkorn-nudeln und Spätzle. Teigwaren variieren in Abhängigkeit von der Verarbeitungs-weise und den Zutaten in Form (Spaghetti, Spiralen etc.), Farbe (mit färbenden Lebensmitteln wie Rote Beete, Spinat etc.) und Geschmack. Die Herstellung erfolgt größtenteils aus Weizengrießen und -dunsten (v. a. aus Durumweizen), welche zu stärkereichen, festen Teigen ohne Lockerung verarbeitet werden. Es können jedoch auch andere stärkereiche Getreideprodukte verwendet werden, wie z. B. Reismehl, Maisstärke, Dinkel oder Buchweizen sowie sämtliche Vollkornprodukte. Die Teig-waren können frisch oder getrocknet angeboten werden.

6.3.7 Stärkegewinnung

Als Rohstoffe für ca. 99% der weltweit erzeugten Stärken dienen Mais, Maniok, Weizen und Kartoffeln. Bei einigen Pflanzen ist der Gewinnungsprozess relativ ein-fach, da die Stärkekörner frei in den Zellen liegen (z. B. Kartoffeln). Dabei wird das pflanzliche Material zerkleinert und die Stärke mit Wasser ausgeschwemmt. Nach-dem sich die Stärke aus der Stärkemilch abgesetzt hat, wird die Stärke getrocknet. Der Extraktionsprozess von Stärke ist bei Getreide aufwändiger, da die Stärke im Endosperm in eine Proteinmatrix eingelagert ist. In der Lebensmittelverarbeitung ist Stärke ein wichtiges Verdickungs- und Bindemittel z. B. für Pudding, Suppen, Saucen und Backwaren. Durch chemische Modifikation, wie Veresterungen mit Phosphat, lassen sich „maßgeschneiderte" Eigenschaften bei Stärken erzeugen. Diese so genannten „modifizierten Stärken" können u. a. hohe Belastungen der in-dustriellen Lebensmittelverarbeitung gut überstehen, wie z. B. niedrige pH-Werte, hohe oder tiefe Temperaturen sowie starke mechanische Belastungen.

6.4 Zusammensetzung

In der heutigen Ernährung tragen Getreide und Getreideprodukte bzw. deren In-haltsstoffe weltweit wesentlich zur täglichen Ernährung und Nährstoffversorgung bei. Der Brotkonsum deckt in Industriestaaten etwa die Hälfte des täglichen Kalo-rienbedarfs ab. In den meisten mitteleuropäischen Ländern werden ca. ein Drittel des Proteinbedarfs sowie die Hälfte des Vitamin-B- und drei Viertel des Vitamin-E-Bedarfs allein durch Brot gedeckt. Außerdem leisten Getreide und Getreideproduk-te einen wichtigen Beitrag zur Mineralstoff- und Spurenelementversorgung.

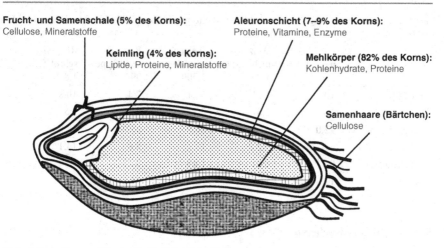

Frucht- und Samenschale (5% des Korns):
Cellulose, Mineralstoffe

Aleuronschicht (7–9% des Korns):
Proteine, Vitamine, Enzyme

Keimling (4% des Korns):
Lipide, Proteine, Mineralstoffe

Mehlkörper (82% des Korns):
Kohlenhydrate, Proteine

Samenhaare (Bärtchen):
Cellulose

Abb. 6.5 Aufbau und Bestandteile eines Getreidekorns

Anhand des Tausendkorngewichtes (Gewicht von 1.000 Körnern) können Getreidearten unterschieden werden, jedoch ist dieses Gewicht nicht nur von der Getreidesorte sondern auch von den Anbaubedingungen abhängig. Das höchste Tausendkorngewicht hat Mais (200–450 g) gefolgt von Weizen, Gerste, Hafer, Roggen, Reis (25–55 g) und Hirse mit dem niedrigsten Gewicht (ca. 4–8 g). Rein äußerlich können zusätzlich bespelzte von unbespelzten Getreidearten und -sorten unterschieden werden. Der Aufbau von Getreidekörnern ist inhomogen, ähnelt sich aber prinzipiell bei einsamigen Getreidekörnern. Die einzelnen Kompartimente des Getreidekorns sind unterschiedlich zusammengesetzt (siehe Abb. 6.5), was besonders in der Müllerei und bei der Herstellung von Backwaren von Bedeutung ist.

Die Größe der Kompartimente unterscheidet sich bei den Getreidearten und somit auch die gesamte Zusammensetzung der Getreidekörner (siehe Tab. 6.5).

Durch die anschließende Kombination verschiedener Einzelschichten des Getreidekorns zur Herstellung unterschiedlicher Mahlprodukte variieren die Nährstoffgehalte entsprechend (siehe Tab. 6.6).

Tab. 6.5 Zusammensetzung wichtiger Getreidearten bezogen auf 100 g ganzes Korn (Souci et al. 2008)

	Weizen	Roggen	Mais	Gerste (entspelzt)	Hafer (entspelzt)	Reis (unpoliert)	Hirse (geschält)
Wasser (g)	12,7	13,7	11,2	12,2	13,0	13,1	12,1
Proteine (g)	11,4	9,5	8,7	11,2	10,7	7,8	10,6
Lipide (g)	1,8	1,7	3,8	2,1	7,1	2,2	3,9
Kohlenhydrate (g)	59,6	60,7	64,2	63,3	55,7	74,1	68,8
Ballaststoffe (g)	13,3	13,2	9,7	9,8	9,7	2,2	3,8
Mineralstoffe (g)	1,7	1,9	1,3	2,3	2,9	1,2	1,6

Tab. 6.6 Zusammensetzung (%) verschiedener Mehltypen bezogen auf 100 g Mehl (Souci et al. 2008)

	Weizen-mehl Type 550	Weizen-mehl Type 1.050	Weizen-mehl Type 1.700	Roggen-mehl Type 997	Roggen-schrot Type 1.800
Protein (g)	10,6	12,1	12,1	7,4	10,8
Lipide (g)	1,1	1,8	2,1	1,1	1,5
Kohlenhydrate (g)	72,0	67,2	60,9	67,9	58,8
Ballaststoffe (g)	4,3	5,2	11,7	8,6	14,1
Mineralstoffe	0,47	0,91	1,49	0,85	1,54
Wasser	12,3	13,7	12,0	14,6	14,3

6.4.1 Kohlenhydrate

Werden die Getreidekörner im vollreifen Zustand geerntet, liegt der größte Anteil der Kohlenhydrate in hochpolymerer Form – insbesondere als Stärke – vor. Einen weitaus kleineren Anteil machen die Nicht-Stärke-Polysaccharide Cellulose und -begleitstoffe sowie Dextrine und andere Glykane aus.

Stärke ist ein im Pflanzenreich weit verbreitetes Reservekohlenhydrat. Viele Lebensmittel enthalten Stärke und stellen damit eine wichtige Kohlenhydratquelle dar. Aus Sonnenlicht, Wasser und Kohlendioxid synthetisieren Pflanzen im Rahmen der Photosynthese Glukosebausteine. Diese werden miteinander zur Stärke verbunden und in dieser Form gespeichert. Die vorwiegend im Mehlkörper befindliche Stärke besteht aus den zwei Fraktionen Amylose und Amylopektin, die sich in ihren Eigenschaften deutlich unterscheiden (siehe Tab. 6.7).

Je nach Herkunft setzt sich Stärke aus unterschiedlichen Anteilen an Amylose und Amylopektin zusammen. Meist bestehen Stärken zum größten Teil aus Amylopektin (60–80%) und zu einem kleineren Anteil aus Amylose (20–40%). Es gibt jedoch Ausnahmen wie z. B. einige Maissorten, die zu fast 100% aus Amylopektin bestehen, oder andere, die einen Amyloseanteil von 50–80% besitzen. Der Stärkeanteil von Mehlen und anderen Getreidemahlerzeugnissen sinkt mit zunehmendem Ausmahlungsgrad. Cellulose und -begleitstoffe wie Hemicellulosen und Pentosane sind **Nicht-Stärke-Polysaccharide** bzw. Ballaststoffe und als solche für den Menschen weitgehend unverdaulich (siehe Abb. 6.6). Diese Strukturen kommen in größeren Mengen in den Zellwänden bzw. den äußeren Randschichten der Getreidekörner vor.

Das Endosperm enthält nur geringe Anteile an Hemicellulosen und Pentosanen. **Hemicellulosen** sind wasserunlöslich und liegen in der Schale. **Pentosane** sind meist wasserlösliche Schleimstoffe, die überwiegend in der Schale und Aleuronschicht vorkommen. Diese Strukturen bestehen überwiegend aus Arabinoxylanen, die esterartig mit der phenolischen Verbindung Ferulasäure verbunden sind. Weitere Bausteine sind u. a. Galaktose, Glukose, L-Rhamnose und Hexuronsäuren. Hemicellulosen und Pentosane haben Einfluss auf Teig- und Backverhalten sowie auf

Tab. 6.7 Vergleich von Amylose und Amylopektin

Amylose	Amylopektin
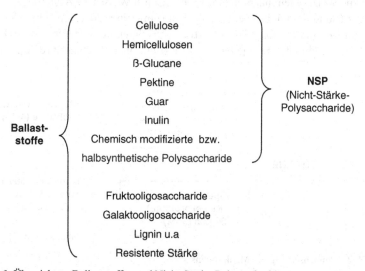	

500–4.500 Glukoseeinheiten	60.000–1.000.000 Glukoseeinheiten
unverzweigt α(1-4)-glykosidische Bindung	verzweigt α(1-4)- und α(1-6)-glykosidische Bindung
Helixbildung	kaum Helixbildung
harte Filme	weiche, viskose und formbare Filme
Fähigkeit zur Kristallisation	keine Kristallisation
Neigung zur Retrogradation[1] mit Synärese	praktisch keine Retrogradation
Ausbildung eines Gels (Pudding)	Ausbildung von klaren, hochviskosen Lösungen, keine Gelbildung
in Wasser erst oberhalb 124°C löslich, in kaltem Wasser schlecht dispergierbar	löslich in Wasser unter 100°C

[1] Retrogradation: Weitestgehend irreversibler Übergang vom gelösten bzw. dispergierten in einen unlöslichen, entquollenen quasikristallinen Zustand. Durch Temperaturen im Bereich von 0°C kann diese Tendenz gefördert werden. Durch den Übergang wird Wasser frei und bildet einen Wasserhof um das Gel (Synärese). Diese Veränderung wird bei Brot und Gebäck als „altbacken" bezeichnet.

Ballaststoffe
- Cellulose
- Hemicellulosen
- ß-Glucane
- Pektine
- Guar
- Inulin
- Chemisch modifizierte bzw. halbsynthetische Polysaccharide

NSP
(Nicht-Stärke-Polysaccharide)

- Fruktooligosaccharide
- Galaktooligosaccharide
- Lignin u.a
- Resistente Stärke

Abb. 6.6 Übersicht zu Ballaststoffen und Nicht-Stärke-Polysacchariden

die Struktur der fertigen Produkte, indem sie z. B. die Saftigkeit der Brotkrume erhalten. **β-Glucane** sind unverzweigte Polysaccharide aus Glukosebausteinen in der unverdaulichen β-Verknüpfung. Ihr Gehalt schwankt in den einzelnen Getreidearten und ist am höchsten in Hafer und Gerste. Diese auch als *Lichenine* bezeichneten Polysaccharide sind viskositätserhöhende Schleimstoffe. Ihnen werden gesundheitsfördernde (cholesterinsenkende) Eigenschaften zugeschrieben. Getreidekörner verfügen über einen relativ geringen Anteil an **Monosacchariden wie Glukose, Fruktose und Galaktose sowie Disacchariden** wie Maltose, Saccharose, Raffinose und Glukodifruktose. Kommt es jedoch infolge einer Amylaseaktivierung zum Stärkeabbau (z. B. Auswuchsgetreide), werden größere Mengen Maltose gebildet.

6.4.2 Proteine

Proteine kommen im Getreidekorn vorwiegend im Mehlkörper, im Keimling und der Aleuronschicht vor. Grundsätzlich unterscheiden sich die Getreidearten hinsichtlich der Proteingehalte und der **Aminosäurezusammensetzung** des Gesamtproteins. Gemein ist allen Getreidearten jedoch ein von Natur aus niedriger Lysingehalt – speziell Weizen, Roggen und Gerste haben zusätzlich einen niedrigen Threonin- und Mais einen niedrigen Tryptophangehalt. Diese limitierenden Aminosäuren beschränken die biologische Wertigkeit von Getreide, die aber durch Kombination mit anderen Lebensmitteln (Komplementarität vorausgesetzt) wie z. B. Milch, Fleisch, Eiern und Hülsenfrüchten verbessert werden kann (siehe Abschn. 7.4.1).

Mehlproteine lassen sich anhand ihrer unterschiedlichen Löslichkeit fraktionieren und somit voneinander abgrenzen (siehe Abb. 6.7). Nach *T. B. Osborne* (amerikanischer Biochemiker, 1859–1929) werden die Weizenproteine entsprechend ihrer Löslichkeit in vier Protein-Gruppen – so genannte **Osborne-Fraktionen** – unterteilt, nämlich *Albumine, Globuline, Gliadine (Prolamine)* sowie *Glutenine*. Dabei werden aus Weizenmehl nacheinander zunächst mit Wasser die Albumine, dann mit einer Salzlösung die Globuline, und als drittes mit einer 70%igen Ethanol-Lösung die Gliadine extrahiert. Die vierte Fraktion, die Glutenine, verbleibt im Rückstand. Durch eine anschließende Niederschlags-Extraktion mit Essigsäure (0,5 N) und

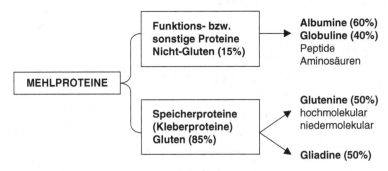

Abb. 6.7 Zusammensetzung des Mehlproteins

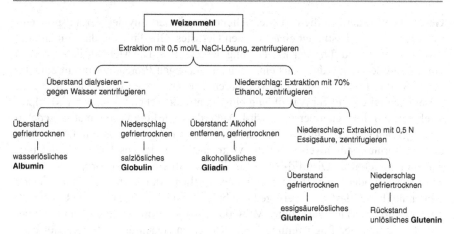

Abb. 6.8 Osborne-Schema zur Fraktionierung von Getreideproteinen (Osborne 1906)

Zentrifugation können die Glutenine noch einmal in niedermolekulare und hochmolekulare Untereinheiten getrennt werden (siehe Abb. 6.8).

Je nach Getreideart werden diese Fraktionen unterschiedlich bezeichnet (siehe Abb. 6.9). Eine besondere Rolle spielen die so genannten Kleberproteine. Als **Kleber** wird das vorwiegend aus Gliadin und Glutenin (wasserunlösliche Reserveeiweißstoffe) bestehende Endosperm-Eiweiß von Weizen bezeichnet, dessen Quellvermögen und Zähigkeit die Backfähigkeit eines Mehls maßgeblich beeinflussen.

Glutenin, das weitgehend über Disulfidbrücken polymerisiert ist und aus mehreren Untereinheiten besteht, bildet im nativen Kleber ein unlösliches, quellbares

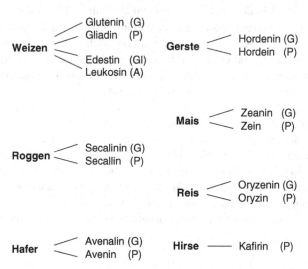

Abb. 6.9 Bezeichnung der Osborne-Fraktionen in verschiedenen Getreidearten (*G* Glutelin, *P* Prolamin, *GL* Globulin, *A* Albumin)

Gerüst. Die Art der beteiligten Untereinheiten sowie der Polymerisierungsgrad entscheiden über die Festigkeit eines solchen Gerüstes. Gliadin ist in das Gluteningerüst eingelagert und führt zur Erweichung des Systems. Die Mehlpartikel bestehen am Anfang der Teigbildung aus einer schwammartigen Proteinmatrix mit eingelagerter Stärke. Das Matrixprotein wird durch Wasserzugabe klebrig und führt zum Zusammenhaften und zur Ausbildung einer kontinuierlichen Struktur der Mehlpartikel, was durch Kneten verstärkt wird. Außerdem wird die Proteinmatrix gedehnt und es bilden sich Proteinfilme, die das Gashaltevermögen verbessern. Die Kleberbildung verläuft stufenweise. Für die viskoelastischen Eigenschaften des Klebers sind intermolekulare Disulfid-Brücken, Wasserstoff-Brücken, hydrophobe Wechselwirkungen oder Ionen-Bindungen verantwortlich. An diesen Assoziationen sind Glutenine (hohe Elastizität, geringe Dehnbarkeit) und Gliadine (geringe Elastizität, hohe Dehnbarkeit) teilweise unter Mitwirkung von Albuminen und Globulinen beteiligt. Während der Teigbereitung lagert Kleber im Gegensatz zu Stärke viel Wasser ein. Dieser Zustand ändert sich jedoch beim Backvorgang, da der Kleber hierbei das Wasser abstößt und dieses von der Stärke aufgenommen wird. Zwei wichtige Kriterien zur Beurteilung der Backqualität eines Mehls sind die Klebergüte sowie der Klebergehalt. Die Klebergüte (Quell- und Dehnungsfähigkeit) ist vorwiegend eine erblich bestimmte, sortentypische Eigenschaft, während der Klebergehalt weitgehend von Umwelteinflüssen (u. a. N-Düngung) abhängig ist. Ein zu niedriger Klebergehalt kann die maschinelle Verarbeitung von Teigen beeinträchtigen und zu Gebäckfehlern führen. Aber auch das Verhältnis von Glutenin zu Gliadin (1:1 im Weizen) ist für die Backeigenschaften eines Mehls von Bedeutung.

Die Gluten-Fraktion von Weizen, Roggen und Gerste (evtl. auch Hafer) kann jedoch bei genetisch disponierten Menschen zu Unverträglichkeiten führen. Diese chronische, immunologische Erkrankung tritt vorwiegend im Kindesalter (**Zöliakie**), seltener im Erwachsenenalter (einheimische Sprue) auf. Die Manifestation findet überwiegend in der Dünndarmschleimhaut statt und führt durch Unverträglichkeit des Glutens dazu, dass bei der Verdauung Spaltprodukte entstehen, die den Dünndarm schädigen. Als Symptome treten chronische Durchfälle und Fettstühle auf. Die Folgen der Erkrankung äußern sich in Schleimhautatrophie, Maldigestion und Malabsorption sowie Wasser- und Elektrolytverlusten – bei Kindern treten Gedeihstörungen bei nicht glutenfreier Ernährung auf.

Weitere zur Gruppe der Proteine zählende Strukturen in Getreide sind **Enzyme** sowie andere **N-haltige Verbindungen** wie Glutathion und Cystein, die beide rheologisch relevant sind. Glutathion und Cystein können entweder in freier (GSH, CSH), in oxidierter (GSSG, CSSC) oder in proteingebundener Form (GSSP, CSSP) vorkommen. In Getreide kommt eine Vielzahl von Enzymen vor (siehe Tab. 6.8), deren Zusammensetzung und Aktivität von der jeweiligen Entwicklungsphase (Reifung, Keimruhe, Keimung) des Korns abhängig sind. Auch die Getreideart und -sorte sowie verschiedene Umweltfaktoren beeinflussen die Enzymzusammensetzung.

Tab. 6.8 Getreide-Enzyme mit Einfluss auf die Verarbeitung von Getreide

Enzyme	Bemerkung
Amylasen	• Stärkeabbauend; beeinflussen Teiglockerung • Hauptvertreter: α- und β-Amylasen • **α-Amylasen** (1,4-α-D-Glucan-Glucanohydrolase): steigt mit Keimbeginn stark an (Auswuchsgetreide); spalten als Endo-Gluconhydrolasen im Molekülinneren befindliche Bindungen zunächst zu niedermolekularen Dextrinen und anschließend langsam und unvollständig zu α-Maltose; Verkleisterungsvermögen von Mehl • **β-Amylasen** (1,4-α-D-Glucan-Maltohydrolase): spalten als Exo-Glucanhydrolasen von nichtreduzierenden Glucanenden bis zu 1,6-Kettenverzweigungsstellen suksessive β-Maltose ab; höhere Aktivität als α-Amylase; Maltosebildung im Teig
Proteinasen	• Endo- und Exopeptidasen; • Glutenabbau, Teigerweichung und –dehnung
Lipasen	• In Keim und Kleieschicht enthalten, Gehalt nimmt durch Keimung zu • Lipidspaltung bei der Lagerung, dadurch Erhöhung des Säuregrades, führt zur Qualitätsminderung
Phytasen	• Vorkommen besonders in der Aleuronschicht • Gehalte (durchschnittlich ca. 1%) im Mehl abhängig vom Ausmahlungsgrad
Lipoxygenasen	• Lipid- und Pigmentoxidation (Carotinoidoxidation) im Teig, Bildung bitter schmeckender Hydroxyfettsäuren und Verlust gelber Farbe
Peroxidasen, Katalase	• Beschleunigen die Oxidation von Ascorbinsäure zu Dehydroascorbinsäure • Hitzeschäden bei Getreidetrocknung (Katalase)
Polyphenoloxidase	• Kommen in den Stippen (Schalenbestandteile) im Mehl vor • Teigverfärbung durch enzymatische Bräunung besonders bei Vollkornmehlen
Ascorbinsäureoxidase	• Katalysiert vermutlich eine nichtenzymatische Oxidation der Ascorbinsäure

6.4.3 Lipide

Der Fettgehalt von Getreidekörnern ist i. d. R. relativ gering (siehe Tab. 6.5); Mais und Hafer bilden jedoch hier die Ausnahme Ausnahmen. Die Kompartimente mit den höchsten Fettgehalten sind der Keimling und die Aleuronschicht. Der Mehlkörper ist – ausgenommen bei Hafer – fettarm. In der Speiseölproduktion gewinnen die aus den jeweiligen Keimlingen gewonnenen Maiskeim- und Weizenkeimöle sowie das aus Reiskleie extrahierte Reiskleieöl an Bedeutung. Hafer- und Vollkornprodukte haben von Natur aus eine geringe Haltbarkeit, da ein Großteil der Fettsäuren aus den ungesättigten C_{18}-Fettsäuren Linol- und Ölsäure (siehe Abb. 3.9) besteht. Neben Triglyceriden setzt sich die Lipidfraktion der Getreidekörner aus Phospholipiden, Glykolipiden, Sterolen, Carotinoiden und Tocopherolen zusammen. Die im

Mehlkörper vorhandenen Lipide sind vorwiegend an Kohlenhydrate und Proteine gebundene Glykolipide und Lipoproteine.

6.4.4 Vitamine und Mineralstoffe

Die Vitamin- und Mineralstoffgehalte sind von der Getreideart, -sorte und den Anbaubedingungen abhängig. Weiterhin sind die Vitamin- und Mineralstoffgehalte innerhalb der Getreidekornschichten quantitativ und qualitativ ungleich verteilt. Im Keimling kommen besonders Vitamin B_1, B_2 und B_6 in höheren Konzentrationen vor, aber der Mineralstoffgehalt ist mittelmäßig hoch. Die Aleuronschicht enthält den größten Anteil des Vitamin- und Mineralstoffgehaltes vom Getreidekorn. Vitamin B_1, B_2 und B_6, Pantothensäure sowie der Gehalt an Mineralstoffen sind in dieser Schicht relativ hoch. Auch der Mehlkörper ist relativ reich an Mineralstoffen, Vitamin B_2 und Pantothensäure. Die Frucht- und Samenschale verfügen über vergleichsweise geringe bis mittlere Gehalte an Mineralstoffen und Vitaminen. Bei der Herstellung von Getreidemahlprodukten kommt es verarbeitungsbedingt besonders bei Weizen oft zu hohen Verlusten von B-Vitaminen und Mineralstoffen. Außerdem werden beim Vermahlen die Einzelschichten der Getreidekörner zu speziellen Fraktionen vereinigt, so dass die Mahlerzeugnisse sich ebenfalls in ihren Vitamin- und Mineralstoffgehalten unterscheiden. Mahlerzeugnisse werden in einigen Ländern zusätzlich mit Vitaminen (Vitamin B_1, B_2, Nicotinamid) und/oder Mineralstoffen (Calcium und Eisen) angereichert. Von den im Getreide vorkommenden Vitaminen sind bezüglich ihrer Gehalte vor allem Thiamin, Niacin, Riboflavin, Vitamin B_6 und E in der Humanernährung von Bedeutung. Für Mahlprodukte gilt: je niedriger der Ausmahlungsgrad, desto niedriger auch der Vitamingehalt. Vier Fünftel des Mineralstoffgehaltes machen Kalium, Phosphor (in Phytin gebunden), Magnesium und Schwefel (Bestandteil der Mehlproteine) aus. Getreide ist ein wichtiger Magnesiumlieferant. Die äußeren Kornschichten (Kleie) haben verglichen mit dem Mehlkörper einen höheren Mineralstoffgehalt. Dieser Gehalt korreliert mit dem Ausmahlungsgrad von Mahlprodukten, anhand dessen der Mehltyp bestimmt wird (siehe Tab. 6.9).

Tab. 6.9 Mineralstoffgehalte verschiedener Mehltypen bezogen auf 100 g Mehl (Souci et al. 2008)

	Weizen-mehl Type 405	Weizen-mehl Type 550	Weizen-mehl Type 1.050	Weizen-mehl Type 1.700	Roggen-mehl Type 997	Roggen-schrot Type 1.800
Mineralstoffe (g)	0,35	0,47	0,91	1,49	0,85	1,54
Kalium (mg)	108	150	203	390	290	500
Calcium (mg)	15	17	24	26	25	33
Phosphor (mg)	74	107	212	350	189	356
Magnesium (mg)	–	23	54	130	46	93
Eisen (mg)	1,4	1,0	2,2	5,0	1,9	3,7

Es gibt jedoch deutliche Unterschiede zwischen den Getreidearten, besonders zwischen bespelztem und unbespelztem Getreide. Roggenmehle enthalten bei gleichem Ausmahlungsgrad einen höheren Anteil der im Korn vorkommenden Mineralstoffe und Vitamine als Weizenmehle, obwohl besonders B-Vitamine im Weizen von Natur aus in höheren Mengen vorkommen.

Obwohl Getreide ein guter Mineralstofflieferant ist, ist die Bioverfügbarkeit besonders bei Calcium, Magnesium, Eisen und Zink durch die Anwesenheit von **Phytat** (siehe Abschn. 7.4.4) reduziert. Phytat besitzt komplexbildende Eigenschaften und bildet mit essentiellen di- und trivalenten Kationen unlösliche Komplexe. Diese Komplexe können im Verdauungstrakt des Menschen kaum aufgeschlossen werden. Dennoch kann ein Teil des Phytats in Folge der Aktivierung phytogener Phytasen abgebaut werden. Geeignete Verfahren zur Vorbehandlung sind z. B. Einweichen und Vorquellen. Phytat befindet sich überwiegend in den Schalen sowie der Aleuronschicht des Getreides.

6.5 Getreide in der Ernährung des Menschen

Getreide, Getreideerzeugnisse und Backwaren sind nach den Ergebnissen der NVS II die mengenmäßig bedeutendste Lebensmittelgruppe der Deutschen. Erzeugnisse aus Getreide, insbesondere Brot und Backwaren, liefern eine Vielzahl an Vitaminen und Mineralstoffen, teilweise beachtliche Mengen an pflanzlichem Eiweiß sowie komplexe verwertbare Kohlenhydrate vom Stärketyp. Die löslichen und unlöslichen Ballaststoffe des Getreides erhöhen den Sättigungseffekt, wirken regulierend auf die Darmtätigkeit und können zur Senkung von Blutfett- und Blutzuckerwerten beitragen. Vollkornprodukte sind reich an Kalium und Magnesium sowie an Vitamin E und Vitaminen der B-Gruppe (B_1, B_2, B_6, Folsäure und Niacin). Brot ist in Deutschland nach Fleisch der zweitwichtigste Eiweißlieferant, aber die biologische Wertigkeit des pflanzlichen Eiweiß ist geringer als die des tierischen Eiweiß. Getreideeiweiß aus Weizen, Dinkel, Gerste, Roggen und (abgeschwächt) Hafer ist für Menschen mit einer Glutenunverträglichkeit (Zöliakie) nicht empfehlenswert. Das Eiweiß der Getreidearten Mais und Reis sowie der Pseudogetreidearten wie z. B. Amaranth und Quinoa ist jedoch für diesen Personenkreis verträglich. Der Fettgehalt im Getreide ist zwar relativ gering, aber Getreidefett ist reich an ungesättigten, teils essentiellen Fettsäuren wie beispielsweise Linolsäure.

Auf der dreidimensionalen Lebensmittelpyramide der DGE sind Getreide, Getreideerzeugnisse und Brot im grünen Bereich angeordnet. Weißmehlprodukte, geschälter Reis sowie fett- und/oder zuckerreiche Getreideerzeugnisse und Backwaren sind im oberen Teil der Pyramide als eher ungünstig eingestuft. Die DGE empfiehlt täglich 200–300 g (4–6 Scheiben) Brot oder 150–250 g (3–5 Scheiben) Brot und 50–60 g Getreideflocken und 250–250 g gegarte Teigwaren oder 150–180 g gegarten Reis. Dabei sollten stets Vollkornprodukte bevorzugt werden.

Bibliographie

Kirsch, B. & Odenthal, A. (2003): Fachkunde Müllereitechnologie. Werkstoffkunde. Ein Lehrbuch über die Zusammensetzung, Untersuchung, Bewertung und Verwendung von Getreide und Getreideprodukten. 5. Auflage, Bayerischer Müllerbund, München.

Klinger, R. W. (1995): Grundlagen der Getreidetechnologie. 1. Auflage, Behr's Verlag, Hamburg.

Lobitz, R. (1999): Feine Backwaren. 1. Auflage, aid-Infodienst, Bonn.

Lobitz, R. (2001): Cerealien & Co. 1. Auflage, aid-Infodienst, Bonn.

Lobitz, R. (2008): Brot und Kleingebäck. 14. überarbeitete Auflage, aid-Infodienst, Bonn.

Osborne, T. B. & Clapp, S. H. (1906): The Chemistry of the Protein Bodies of the Wheat Kernel. Part III. Hydrolysis of the Wheat Proteins. *American Journal of Physiology*, **17**, 231–265.

Schünemann, C. & Treu, G. (1999): „Technologie der Backwarenherstellung", fachkundliches Lehrbuch für Bäcker. 7. Auflage, Gildebuchverlag, Alfeld.

Seibel, W. (2005): Warenkunde Getreide. Inhaltsstoffe, Analytik, Reinigung, Trocknung, Lagerung, Vermarktung, Verarbeitung. 1. Auflage, Agrimedia, Clenze.

S.W. Souci, W. Fachmann, H. Kraut: Die Zusammensetzung der Lebensmittel Nährwert-Tabellen. 7. Aufl., MedPharm Scientific Publishers, Stuttgart 2008

Hülsenfrüchte

7

Inhaltsverzeichnis

© Springer-Verlag Berlin Heidelberg 2015
G. Rimbach et al., *Lebensmittel-Warenkunde für Einsteiger,* Springer-Lehrbuch,
DOI 10.1007/978-3-662-46280-5_7

7.1 Produktion und Verbrauch

Laut Statistik der FAO lag die weltweite Hülsenfrucht-Produktion im Jahre 2005 bei ca. 61 Mio. t (exklusive Soja). Rund ein Drittel der Erzeugung von Hülsenfrüchten entfiel auf Ackerbohnen und gut ein Sechstel auf Futtererbsen. Hinsichtlich der Produktionsmenge ist die Ackerbohne (abgesehen von Soja) die bedeutendste Leguminose. Etwa ein Zehntel der Welternte von Ackerbohnen wird gehandelt, dabei zählen China und Myanmar zu den wichtigsten Exporteuren und Indien und die USA zu den größten Importeuren. Im Jahre 2005 wurden ca. 20 Mio. t Erbsen (grüne Erbsen und Trockenerbsen) sowie ca. 214 Mio. t Sojabohnen produziert. Als Haupterzeugerländer von Sojabohnen sind die USA, Brasilien und Argentinien auch gleichzeitig die größten Exporteure. Sojabohnen werden zum Großteil von Japan, den Niederlanden und Deutschland importiert. In Europa hat der Anbau von Sojabohnen weniger Bedeutung, dafür aber der Import von Sojaschrot für die Tierernährung umso mehr. Dadurch ist die EU-Fleischproduktion von den Überseeimporten an Sojaschrot abhängig. Futtererbsen werden vorwiegend in Kanada produziert. Von den etwa 3 Mio. t erzeugten Futtererbsen gehen etwa zwei Drittel in den Export und werden besonders von Spanien und Indien importiert. Die Produktion von Leguminosen hat weltweit in den letzten Jahrzehnten besonders in den Industrieländern kontinuierlich zugenommen, während sie – besonders die Produktion von Futterleguminosen – in der EU immer mehr zurückgeht. Im Jahre 2005 wurden in der EU etwa 4,4 Mio. t Leguminosen erzeugt. Das waren etwa ein Zehntel weniger als fünf Jahre zuvor. In Deutschland wurden 2007 etwa 100.000 ha mit Körnerleguminosen (Futtererbsen, Ackerbohnen, Lupinen und andere) bestellt. Das ist ein Viertel weniger als im Vorjahr.

7.2 Warenkunde und Botanik

Hülsenfrüchte sind reife, getrocknete Samen von Schmetterlingsblütlern, die in so genannten Fruchthülsen heranreifen. In der Botanik werden Hülsenfrüchte als *Leguminosae* bezeichnet. Die Familie der Leguminosae (Fabaceae) bildet mit ca. 650 Gattungen und über 18.000 Spezies die drittumfangreichste Familie unter den Blütenpflanzen. Alle Mitglieder dieser Familie besitzen fünfblättrige Blüten, deren oberster Fruchtknoten zu einer Hülse heranreift. Die Hülse umschließt die Samen und bildet eine Art „Ei" (siehe Abb. 7.1). Dies wird später als Leguminose bezeichnet. Im Verlauf der Reifung spaltet sich die Hülse, um die Samen frei zu setzten.

Besonders einige Vertreter der Unterfamilie der *Faboideae* wie Sojabohnen, Linsen, Erbsen, Erdnüsse, Kichererbsen, Gartenbohnen und Saubohnen werden weltweit als Lebensmittel in der Lebensmittelindustrie (Ölgewinnung, Nährmittel, hochwertiges Protein) und als Futterleguminosen genutzt. In der Landwirtschaft spielen Hülsenfrüchte als Zwischenfrüchte z. B. beim Getreideanbau eine bedeutende Rolle. Einerseits dringen die Wurzeln der Pflanzen tief in die Erde ein und lockern den Boden für nachfolgende Pflanzen. Andererseits sorgen Leguminosen durch Wurzelknöllchensymbiose mit Bakterien (gen. *Rhizobium*) für eine Stickstofffixierung im Boden. Stickstoff ist essentiell für das Pflanzenwachstum, aber

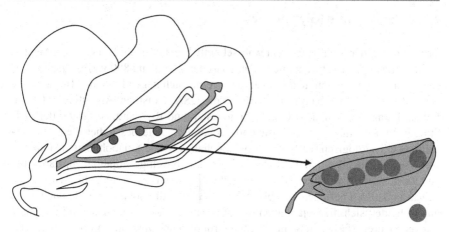

Abb. 7.1 Blüte eines Schmetterlingsblütlers und daraus entstehende Leguminose

aus dem Boden nicht leicht verfügbar. Das Bakterium, welches in der Lage ist, elementaren Stickstoff zu binden, löst in den Rindenzellen der Leguminosenwurzel eine Knöllchenbildung aus und gibt den Stickstoff in reduzierter Form (NH_4^+) an die Wirtspflanze bzw. die Leguminose ab (siehe Abb. 7.2). Dies kann eine chemische Stickstoffdüngung teilweise oder sogar ganz (ökologischer Anbau) ersetzen.

Generell werden Hülsenfrüchte im überreifen Zustand bzw. zum Zeitpunkt der so genannten „Totreife" (Kraut stirbt ab) gemäht, gedroschen, getrocknet, in Schälmühlen gereinigt und gegebenenfalls geschält (z. B. bei Erbsen: Entfernen der harten Celluloseschichten). Bohnen und Erbsen werden teilweise auch schon im unreifen Zustand geerntet und als Gemüse verwendet. Erdnusshülsen reifen im Boden aus, da sich die Pflanze nach dem Verblühen in Richtung Boden biegt und für einige Zentimeter in den Boden eingräbt.

Abb. 7.2 Stickstofffixierung durch Wurzelknöllchensymbiose

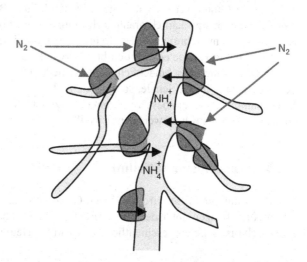

7.2.1 Sojabohne (Glycine max)

Der Ursprung der Sojabohne liegt wahrscheinlich in Ostasien. Die Daten zur ersten Kultivierung sind umstritten und liegen zwischen 2.700 und 800 v. Chr. Nach Europa und in die USA gelangte die Sojabohne vermutlich gegen Ende des 18. Jahrhunderts. Zu den Hauptanbaugebieten zählen die USA, Brasilien, Argentinien, China, Indien, Paraguay, Kanada, Bolivien, Indonesien und Russland. Aufgrund der vielfältigen Verarbeitungs- und Einsatzmöglichkeiten sowie des hohen Fett- und ernährungsphysiologisch wertvollen Eiweißgehaltes ist die Sojabohne heute eine der weltweit bedeutendsten Wirtschaftspflanzen. Die buschige Sojabohnenpflanze hat eine Höhe von bis zu einem Meter. In gelben, grauen oder braunen bis schwarzen, behaarten Hülsen befinden sich bis zu fünf Samen – die Sojabohnen. Je nach Sorte unterscheiden sich die Sojabohnen in Form, Farbe und Größe. Während die meist trockenen, cremefarbenen Samen (seltener rot oder schwarz) in Europa vorwiegend als Trockenbohnen bekannt sind, werden Sojabohnen in Amerika und Asien meist frisch (grün) angeboten. Die Verarbeitung der aus den Hülsen gepellten Samen im Haushalt ähnelt der von Erbsen.

7.2.2 Linse (Lens culinaris)

Linsen stammen vermutlich aus Ägypten und Kleinasien. Der erste Anbau dieser Pflanzen wird auf etwa 8.000–6.000 v. Chr. datiert. Damit ist die Linse eine der ältesten Kulturpflanzen. Die krautige Pflanze von 20–50 cm Höhe benötigt warmes und trockenes Klima. Die Hauptanbaugebiete für Linsen liegen heute in Indien, Kanada, der Türkei, den USA, Nepal und China. In einer Hülse der Linsenpflanze wachsen jeweils zwei Samen – die Linsen. Je nach Sorte unterscheiden sich die getrockneten, flachen, runden Samen in der Größe und Farbe. Bei der Größensortierung werden die Linsen vier Gruppen zugeordnet: Riesen-, Teller-, Mittel- und Zuckerlinsen. Die häufigste Sorte sind Tellerlinsen mit einem Durchmesser von 5–7 mm. In Italien werden vorwiegend kleine, braune Berglinsen angebaut, während in Indien hauptsächlich orangefarbene und rote Linsen vorkommen, die beim Kochen sehr schnell breiig werden. In Frankreich dominieren eine grünlich schwarze Sorte (De Puy) sowie eine rötlich-braune (Champagne). Zwischen den einzelnen Sorten gibt es auch geschmackliche Unterschiede. Die Aromastoffe der Linsen liegen größtenteils in der Schale, so dass kleine Linsen aufgrund des relativ höheren Schalenanteils meist ein besseres Aroma besitzen. Getrocknete Linsen bestehen bis zu einem Viertel aus hochwertigem Eiweiß.

7.2.3 Erbse (Pisum sativum)

Der Ursprung der Erbse wird im Nahen Osten vermutet. Erbsen gelten als die ältesten Nutzpflanzen unter den Hülsenfrüchten. Der Anbau in Europa reicht wahrscheinlich bis in die vorgeschichtliche Zeit zurück. Heute wird die einjährige, krautige Erbsenpflanze hauptsächlich in gemäßigten Klimaten in Kanada, Frankreich, Russland, China, Indien und den USA kultiviert. Es gibt weltweit etwa 250 Sorten, die sich in der Erntezeit, Größe, Form und Farbe unterscheiden. Eine Hülse enthält zwischen vier und zehn Samen. In Abhängigkeit von der Bodenbeschaffenheit und der Sonneneinstrahlung variiert die Farbe der Erbsen von gelb über grün bis hin zu marmorierten Erbsen. Qualität und Kocheigenschaften werden besonders durch den Stärkeanteil beeinflusst – je höher der Stärkeanteil, desto mehliger werden die Erbsen beim Kochen. Die grünen, eiweißreichen Hülsenfrüchte werden sowohl getrocknet, tiefgekühlt oder in Konserven als auch in frischer Form angeboten. Frische, junge Erbsen werden u. a. in Deutschland von Juni bis August angebaut und als Schotengemüse gehandelt. Der Eiweiß- und Kohlenhydratanteil des frischen Gemüses ist jedoch deutlich geringer als bei den getrockneten Samen.

7.2.4 Erdnuss (Arachis hypogaea)

Bei der Frucht der Erdnuss handelt es sich botanisch gesehen nicht, wie der Name vorgibt, um eine Nuss, sondern um eine Hülsenfrucht. Der Ursprung der Erdnüsse wird in Peru vermutet, wo der Anbau vor ca. 7.000–8.000 Jahren erstmals betrieben wurde. Mittlerweile erstreckt sich der Anbau von Erdnüssen aufgrund der Bedeutung als Ölfrucht über die gesamten Tropen und Subtropen. Zu den Hauptanbauregionen zählen besonders warme Gebiete in China, Indien, Westafrika sowie Nord- und Südamerika. Die buschige Erdnusspflanze wird ca. 60 cm hoch. Anders als bei anderen Hülsenfrüchten wachsen die Hülsen der Erdnuss unter der Erde und öffnen sich nicht. Eine Hülse enthält meist zwei ovale Samen. Der Verzehr von Erdnüssen kann in roher, gekochter oder gerösteter Form erfolgen, wobei Erdnüsse meist geröstet konsumiert werden. Außerdem werden Erdnüsse z. B. zu Erdnussöl, Erdnussbutter oder Knabberartikeln weiterverarbeitet

7.2.5 Kichererbse (Cicer arietinum)

Kichererbsen zählen zu den ältesten Kulturpflanzen und stammen vermutlich aus Vorder- oder Südwestasien, wo die Nutzung der Kichererbse ca. 8.000 v. Chr. begann. Heutzutage befinden sich die Hauptanbaugebiete vorwiegend in subtropischen Gebieten in Indien, der Türkei, Pakistan, Nordafrika, Mexiko und Spanien. Kichererbsen zählen vor allem in Indien und Mexiko zu den wichtigsten Grundnahrungsmitteln. Die einjährigen, krautigen Pflanzen werden bis zu einem Meter hoch. In den relativ kurzen Hülsen befinden sich je zwei unförmige gelbe, rote, braune oder schwarze Samen, die entweder gekeimt oder getrocknet gehandelt werden. Es werden hauptsächlich zwei Sorten von Kichererbsen unterschieden: zum einen die aus Indien stammenden kleinen, runzligen Samen und die aus den Mittelmeergebieten kommenden großen, runden Samen. Neben den eiweißreichen Samen können aber zusätzlich auch die Blätter der Pflanze verzehrt werden.

7.2.6   Gartenbohne (Phasoleus vulgaris)

Bohnen sind einjährige Hülsenfrüchte. Es gibt mehr als 100 Sorten, eine davon ist die Gartenbohne, auch als grüne oder Prinzessbohne bekannt. In Abhängigkeit von der Wuchsform wird die Gartenbohne auch als Busch- oder Stangenbohne bezeichnet. Der Ursprung der Kultivierung von Gartenbohnen wird vor ca. 8.000 Jahren in Südamerika angenommen. Nach Europa gelangte die Gartenbohne wahrscheinlich im 16. Jahrhundert und ist heute in vielfältigen Zuchtformen in fast allen Gebieten der Erde verbreitet. Die Hautpanbaugebiete liegen in Brasilien, Indien, China, Myanmar, Mexiko und den USA. Gartenbohnen gibt es sowohl in Buschform von ca. 50 cm Höhe als auch als rankende, bis zu 3 m lange Pflanze. Je nach Sorte variieren die Hülsen in der Größe zwischen 4–30 cm sowie in der Farbe von grün, gelb, violett bis gescheckt. Die Querschnitte der Hülsen können rund, oval oder flach sein. Auch die Samen unterscheiden sich in ihrer Größe und Farbe. Beliebte Verzehrarten sind der Verzehr der noch nicht ausgereiften Hülsen als Gemüse (grüne Bohnen, Wachsbohnen) sowie der reifen, getrockneten Samen. Eine weitere Möglichkeit ist der Verzehr so genannter Flageoletbohnen, deren Reifegrad zwischen den grünen und den Trockenbohnen liegt. Dafür werden die als Delikatesse geltenden, milchreifen Samen geerntet. Je nach Farbe und Form können diese Flageoletbohnen unterschiedliche Namen tragen wie z. B. Kidneybohnen oder Perlbohnen.

7.2.7   Saubohne (Vicia faba)

Die Saubohne ist unter vielen verschiedenen Namen bekannt, wie z. B. Ackerbohne, Favabohne, Dicke Bohne, Große Bohne, Pferdebohne oder Puffbohne. Anders als die Gartenbohne gehört die Saubohne zur Gattung der Wicken (Vicia). Der genaue Ursprung ist nicht bekannt. Um ca. 300 v. Chr. wurde die Saubohne im Mittelmeerraum kultiviert. Zunächst hatte die Saubohne eine große Bedeutung, wurde aber später durch die Gartenbohne immer mehr verdrängt und wird heute zum großen Teil in der Tierernährung eingesetzt. Als Hauptanbaugebiete gelten heute China, Äthiopien, Ägypten, Frankreich und Australien. Die einjährigen, aufrechten Pflanzen der Saubohne können bis zu eineinhalb Meter hoch werden. Je nach Sorte variieren die drei bis sieben in den Hülsen enthaltenen, rundlich-ovalen, abgeplatteten Samen in ihrer Größe. Die getrockneten Samen werden in gekochter Form oder die halbreifen Samen als Gemüse verzehrt.

7.3   Verarbeitung von Sojabohnen

Im Gegensatz zu anderen Leguminosen werden Sojabohnen weniger direkt verzehrt, sondern in vielfältiger Weise weiterverarbeitet, wie z. B. zu Sojamehl, Sojaöl, Sojamilch, Sojasauce, Tofu etc. (siehe Abb. 7.3). Besonders in Asien haben Soja bzw. Sojaprodukte eine große Bedeutung. Hier werden Sojabohnen teilweise zusammen mit Getreide zu unterschiedlichen fermentierten Produkten verarbeitet. Bei der Verarbeitung von Sojabohnen fallen u. a. Sojakleie und Lecithin an. Die

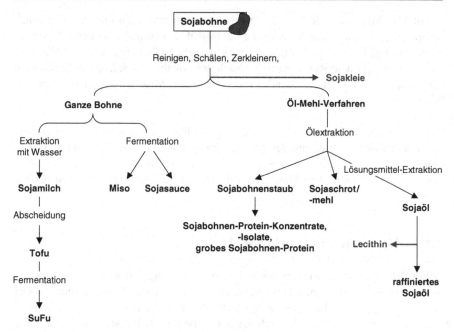

Abb. 7.3 Übersicht zur Verarbeitung von Sojabohnen

Sojakleie wird z. B. zur Ballaststoffanreicherung von Backwaren und anderen Produkten oder als Tierfutter verwendet. Lecithin wird ebenfalls in der Lebensmittelindustrie (Emulgator) oder in der Tierfutterproduktion eingesetzt.

7.3.1   Fermentierte Produkte

Durch Einwirken von Mikroorganismen entstehen vielfältige, fermentierte Sojaprodukte:

Sojasauce (Shoyu): Diese Würzsauce wird aus entfettetem, erhitztem Sojamehl, gerösteten, geschroteten Weizenkörnern, Wasser und Meersalz hergestellt. Das Mischungsverhältnis von Soja und Weizen variiert in unterschiedlichen Ländern (Japan 1:1, China 4:1). Dieses Gemisch wird mit Schimmelpilzkulturen (*Aspergillus oryzae* oder *Aspergillus soyae*) beimpft und anschließend für bis zu drei Jahre fermentiert. Nach Abschluss der Fermentation wird die rohe Sojasauce abgepresst und bei 70–80 °C pasteurisiert. Heutzutage wird Sojasauce überwiegend im industriellen Schnellverfahren hergestellt. Dabei wird Sojaprotein mit Salzsäure hydrolisiert und anschließend mit Milchsäurebakterien und Hefen versetzt. Zur Geschmacksverbesserung werden die so erzeugten Sojasaucen mit hochwertigen Produkten verschnitten oder mit weiteren Zutaten wie Aromen, Zucker, Konservierungsstoffen sowie Karamell angereichert. Während die traditionelle Herstellung Monate bis Jahre dauert, ist die industriell erzeugte Sojasauce schon nach wenigen Tagen konsumfertig.

Miso: Bei Miso handelt es sich um eine fermentierte, cremige bis feste Soja-Reispaste. Zur Herstellung wird Reis eingeweicht, erhitzt und mit einem Pilz inkubiert (*Aspergillus oryzae*). Sojabohnen werden ebenfalls eingeweicht, erhitzt und anschließend mit dem Reis vermischt. Nach der Zugabe von Salz erfolgt ein langer Gärungsprozess mit anschließender Pasteurisierung. Miso wird zum Würzen von Speisen verwendet.

Sufu: SuFu ist Sojakäse, der aus Tofu hergestellt wird. Der Käse hat eine cremeartige Konsistenz und ein mildes Aroma. Zur Herstellung von SuFu wird Tofu in kleine Würfel geschnitten, mit Salzlösung behandelt, erhitzt und mit *Actinomucor elegans* inkubiert. Abschließend wird der Sojakäse zur Reifung in Salzlösung eingelegt.

7.3.2   Nicht fermentierte Produkte

Sojamilch: Sojamilch wird aus gequollenen, gemahlenen Sojabohnen unter Zugabe von Wasser gewonnen. Die Suspension wird anschließend pasteurisiert, wobei eine Inaktivierung der Lipoxigenasen und Proteinase-Inhibitoren erfolgt. Sojamilch ist cholesterin- und laktosefrei und eignet sich besonders für Menschen, die keine Kuhmilch vertragen. Das in Sojamilch überwiegend enthaltene Eiweiß ist ernährungsphysiologisch wertvoll, Hingegen ist das in der pflanzlichen „Milch" enthaltene Calcium aufgrund der schlechten Bioverfügbarkeit relativ gering. Sojamilch dient als Ausgangsprodukt zur Herstellung von anderen Produkten wie z. B. Tofu, Sojajoghurt, Sojaeis, Süßwaren, Getränke etc.

Tofu: Tofu wird auch als Sojaquark bezeichnet. Zur Herstellung von Tofu wird Sojamilch mit Calciumsulfat versetzt, so dass ein Gel ausfällt. Dieses wird abgepresst und gewaschen. Tofu hat eine gallertartige, feste Konsistenz und wird in Stücken angeboten. Geschmacklich ist Tofu relativ neutral und wird deshalb auch gewürzt oder geräuchert angeboten. Die Zubereitungsarten für Tofu sind sehr vielfältig, von Vegetariern wird Tofu vor allem als Fleischersatz verwendet. Tofu ist reich an Eiweiß und in Folge des Calciumzusatzes auch reich an Calcium.

Sojaschrot/-mehl: Dieses Trockenprodukt wird aus geschälten Sojabohnen gewonnen. Sojaschrot gibt es in unterschiedlichen Vermahlungsgraden sowie vollfett und entfettet. Die Backeigenschaften von Sojaschrot sind schlecht, deshalb muss es zur Herstellung von Backwaren mit anderen Getreidemehlen (Weizenmehl) vermischt werden. Sojaschrot hat einen relativ hohen Eiweißgehalt und eignet sich deshalb gut als Eier-Ersatz.

Sojaeiweiß: Für die Produktion von Sojabohnen-Protein-Konzentraten (ca. 60% Eiweiß) und -Isolaten (>90% Eiweiß) wird der Rückstand der Sojaöl-Gewinnung genutzt. Das flockierte und entfettete Sojamehl wird mit einer Alkohol-Wasser-Mischung extrahiert. Dabei werden die unverträglichen Oligosaccharide entfernt und es entsteht Sojakonzentrat. Sojaisolat entsteht durch wässrige Extraktion des Proteins (aus den noch unerhitzten Sojaflocken) und durch anschließende Ausfällung mit verdünnter Salzsäure. Die Proteinkonzentrate und -isolate aus Soja werden vorwiegend in der Produktion von Kindernahrungsmitteln, Backwaren und Fleischwaren eingesetzt. Außerdem kann Sojakonzentrat weiterverarbeitet werden zu so genanntem „**Sojafleisch**", welches z. B. als Soja-Schnitzel, Sojaragout etc. im Handel erhältlich ist.

Sojaöl: Sojaöl wird durch Extraktion der Sojabohnen mit Lösungsmitteln (Hexan) gewonnen und kann zu Brat-, Back- und Streichfetten verarbeitet werden (siehe Abschn. 8.3.2).

7.4 Zusammensetzung

Die Zusammensetzung der Hülsenfrüchte zeichnet sich besonders durch hohe Anteile an Eiweiß und Ballaststoffen aus. Einige Vertreter wie z. B. Erdnüsse und Sojabohnen haben zusätzlich eine große Bedeutung als Ölsaaten (siehe Tab. 7.1). Weiterhin wurden in Hülsenfrüchten sowohl bioaktive als auch antinutritive Substanzen identifiziert.

7.4.1 Proteine

Leguminosen stellen eine wichtige pflanzliche Proteinquelle dar. Der Proteingehalt von Leguminosen ist relativ hoch und beträgt meist zwischen 20–40%, während Getreide nur einen Proteingehalt zwischen 10–15% aufweist. Jedoch erreicht die Proteinqualität von Leguminosen nicht die gleiche Wertigkeit wie die von tierischem Protein, da

- die Aminosäurezusammensetzung unausgeglichen ist,
- die Verdaulichkeit zum Teil gering ist und
- antinutritive Faktoren enthalten sind.

Tab. 7.1 Zusammensetzung einiger Hülsenfrüchte pro 100 g Trockenmasse (Souci et al. 2008)

Hülsenfrucht	Protein (g)	Fett (g)	Verdauliche KH (g)	Ballaststoffe (g)	Mineralstoffe (g)	Wasser (g)
Sojabohne	38,2	18,3	6,29	22,0	4,6	8,4
Erdnuss	29,8	48,1	7,48	11,7	2,22	5,21
Erbse	22,9	1,44	41,2	16,6	2,68	11,0
Kichererbse	18,6	5,92	44,3	15,5	2,94	8,77
Augenbohne	23,5	1,4	33,1	20,6	3,5	11,2
Gartenbohne	20,9	1,6	34,7	23,2	3,8	10,3
Linse	23,4	1,6	40,6	17,0	2,51	11,4

Leguminosen	Getreide
↑ Lysin	↓ Lysin
↓ S-haltige AS	↑ S-haltige AS

Abb. 7.4 Proteinaufwertung von Leguminosen und Getreide durch komplementäre Ergänzung

Für den Menschen sowie teilweise auch für Nutztiere sind die schwefelhaltigen Aminosäuren (Methioningehalt 0,5–2% des Gesamteiweißes) die limitierenden Faktoren der Proteinqualität in Hülsenfrüchten mit Ausnahme von Soja. Durch Mischen mit anderen Lebensmitteln wie z. B. Getreide kann die Proteinqualität verbessert werden (siehe Abb. 7.4).

Der größte Teil der Leguminosen-Proteine besteht aus **Globulinen** (ca. 70%). Globuline sind Speicherproteine, die vorwiegend während der Samenreife synthetisiert, in Proteinkörpern gespeichert und während der Keimung hydrolysiert werden, um Stickstoff- und Kohlenstoff-Gerüste für die Entwicklung des Keimlings zur Verfügung zu stellen. Diese Proteine haben normalerweise keine enzymatische Aktivität und sind arm an schwefelhaltigen Aminosäuren. Durch Ultrazentrifugation oder Chromatographie können Globuline in ihre Hauptkomponenten aufgetrennt werden. Die Hauptkomponenten der Globuline sind Vicilin (Sedimentationskoeffizient 7/8 S) und Legumin (Sedimentationskoeffizient 11/12 S) (Tab. 7.2), die je nach Herkunft eine gesonderte Bezeichnung tragen, wie z. B. Glycinin und Conglycinin (Soja), Arachin und Conarachin (Erdnuss) sowie Legumin und Vicilin (Erbse, Ackerbohne, Linse). Die höchste biologische Wertigkeit besitzt das Sojaprotein.

Der restliche Anteil setzt sich aus **Glutelinen** (10–20%) und **Albuminen** (10–20%) zusammen. Zu den Albuminen, welche vergleichsweise reicher an schwefelhaltigen Aminosäuren sind, zählen Lectine, Enzyminhibitoren und Lipoxygenasen.

7.4.2 Kohlenhydrate

Die Kohlenhydrate können in zwei Fraktionen aufgeteilt werden, in Stärke und in Nicht-Stärke-Kohlenhydrate bzw. Ballaststoffe. Die jeweiligen Gehalte variieren zwischen den einzelnen Hülsenfrüchten. Bei fettarmen Hülsenfrüchten bestehen etwa drei Viertel der Kohlenhydrate aus **Stärke**. Die fettreichen Erdnüsse und Sojabohnen haben hingegen nur einen geringen Stärke anteil (ca. 7%). Erdnüsse und Sojabohnen enthalten jedoch mehr als doppelt so viel Saccharose (ca. 6%) wie Erbsen, Bohnen und Linsen. Durch einen höheren Amylose- und Phytinsäuregehalt sowie

Tab. 7.2 Eigenschaften der Hauptfraktionen der Globuline aus Leguminosen

7/8 S	11/12 S
• Viciline	• Legumine
• Trimer	• Hexamer
• MW: 150.000–200.000 Da	• MW: 300.000–400.000 Da
• Glykoproteine	• Polypeptide

Tab. 7.3 Ballaststoffgehalte verschiedener Lebensmittel in g/100 g (Souci et al. 2008)

Lebensmittel	Ballaststoffe (g/100 g)
Blumenkohl (roh)	2,92
Kopfsalat	1,44
Brokkoli (roh)	3,00
Apfel	2,02
Linse (getrocknet)	**17,0**
Gartenbohne (Samen getrocknet)	**23,2**
Sojabohne (getrocknet)	**22,0**
Haferflocken (ganzes Korn)	10,0
Weizen (ganzes Korn)	13,3

die Körnchenstruktur wird die in Leguminosen enthaltene Stärke langsamer verdaut als Stärke aus Getreide. Dadurch besitzen Leguminosen auch einen geringeren glykämischen Index, der nicht einmal halb so hoch ist wie der von Weißbrot. Der **Ballaststoffgehalt** von Leguminosen ist – verglichen mit anderen Lebensmitteln – relativ hoch (siehe Tab. 7.3).

Im Gegensatz zu Getreide verfügen Leguminosen über einen hohen Gehalt an Oligosacchariden, besonders Raffinose und Stachyose (siehe Abb. 7.5).

Aufgrund der Raffinose-Familie von Oligosacchariden (ROF) kann es nach dem Verzehr von Hülsenfrüchten zu Flatulenz kommen. Dabei entstehen im Darm in Folge des Abbaus von Oligosacchariden durch anaerobe Bakterien Monosaccharide, die unter Bildung von CO_2, CH_4 und H_2 weiter verstoffwechselt werden. Durch Extraktion mit Alkohol-Wassergemischen können die Oligosaccharide entfernt werden. Durch Einweichen der Hülsenfrüchte vor dem Verzehr oder durch Fermentation kann es zur Freisetzung von α-Galaktosidasen (spalten α-1→6 Bindungen) kommen, was die Verdaulichkeit verbessert.

7.4.3 Lipide

Die meisten Hülsenfrüchte besitzen einen geringen Fettgehalt (1–3%). Erdnüsse weichen in ihrer Zusammensetzung durch einen vergleichsweise höheren Fett- und

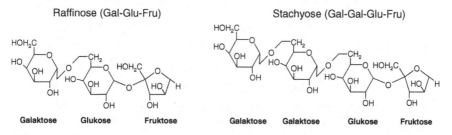

Abb. 7.5 Strukturformeln von Raffinose und Stachyose

Tab. 7.4 Fettsäurezusammensetzung von je 100 g Sojabohne und Erdnuss (Souci et al. 2008)

Fettsäuregehalte in g	Soja (Samen getrocknet)	Erdnuss
Samenfettgehalt	18,3	48,1
Palmitinsäure 16:0	1,73	5,10
Stearinsäure 18:0	0,58	1,30
Ölsäure 18:1 (9)	3,61	22,1
Linolsäure 18:2 (9, 12)	9,80	13,9
Linolensäure 18:3 (9, 12, 15)	0,93	0,53

niedrigeren Stärkegehalt deutlich von den anderen Leguminosen ab. Auch Sojabohnen verfügen über mehr Fett als andere Hülsenfrüchte (siehe Tab. 7.2). Erdnüsse
und Sojabohnen tragen mehr als 35% zur weltweiten Ölproduktion bei. Sojaöl wird
vorwiegend als raffiniertes Öl in Margarine, zum Kochen und für die kalte Küche
(Salate) genutzt. Erdnussöl wird gemeinsam mit Erdnussbutter aus gerösteten und
gemahlenen Erdnüssen gewonnen. Das Sojaöl ist reich an mehrfach ungesättigten
Fettsäuren (Linolsäure) und arm an Palmitinsäure (siehe Tab. 7.4). Dadurch ist Sojaöl hoch oxidierbar und muss bei technischem Einsatz (als Frittieröl) weiteren Pro-
zessen wie z. B. einer Hydrierung unterzogen werden. Erdnussöl hat einen mittleren
Gehalt an Linolsäure und einen relativ hohen Gehalt an Ölsäure (siehe Abb. 3.9).
Dieses Öl gilt als relativ stabil (Biskinöl, teilgehärtet = Biskin).

7.4.4 Vitamine und Mineralstoffe

Die Mineralstoffgehalte sind relativ hoch (siehe Tab. 7.5), jedoch wird dies durch
eine geringe Bioverfügbarkeit relativiert.

Ein Teil des in Leguminosen vorkommenden Phosphates liegt in Form von Phytinsäure (Myo-Inosithexaphosphat) bzw. ihrer Salze (Phytate) vor (siehe Abb. 7.6).
Die Phytinsäure-Gehalte einiger Leguminosen sind in Tab. 7.6 dargestellt.

Tab. 7.5 Mineralstoffgehalte einiger Leguminosen pro 100 g Trockenmasse (Souci et al. 2008)

Hülsenfrucht	Ca (mg)	Fe (mg)	Mg (mg)	K (mg)	P (mg)	Zn (mg)
Sojabohne	200	6,6	220	1.800	550	4,2
Erdnuss	41	1,8	160	660	340	2,8
Erbse	22	1,3	k. A.	213	91	k. A.
Kichererbse	124	6,1	126	800	332	2,4
Augenbohne	96	6,7	250	1.546	427	2,5
Gartenbohne	113	6,5	140	1.337	414	2,5
Linse	65	8,0	129	837	408	3,4

k. A. keine Angaben

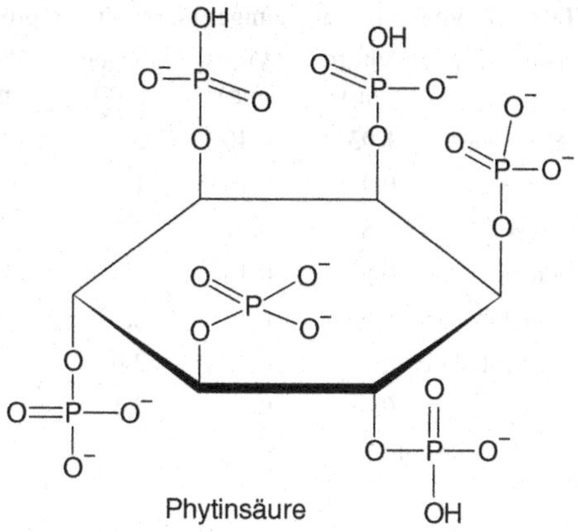

Abb. 7.6 Strukturformel der
Phytinsäure

Phytinsäure

Tab. 7.6 Phytinsäure-Gehalte einiger Leguminosen (Reddy 2002)

Leguminose/Leguminosenprodukt	Phytinsäure (g/100 g)
Bohnen	0,37–2,70
Linsen, Erbsen	0,22–1,22
Sojabohnen	1,00–2,22
Erdnüsse	1,05–1,76
Sojamilch	0,05–0,11
Tofu	1,46–2,90
Sojamehl	1,24–2,25
Sojaproteinisolat	1,40–2,11

Den Pflanzen dient Phytinsäure als Phosphatspeicher, aus dem während der Keimung durch pflanzeneigene Enzyme (Phytasen) Phosphat freigesetzt wird. Phytinsäure kann jedoch im Dünndarm mit essentiellen divalenten Kationen unlösliche Komplexe bilden. Folglich werden besonders die Eisen- und Zink-Absorption sowie die Calcium- und Magnesium-Absorption gehemmt. Deshalb kann es besonders in Regionen, in denen Leguminosen die primäre Eiweißquelle darstellen, möglicherweise zu einer marginalen Zink- und Eisen-Versorgung kommen.

Leguminosen enthalten vorwiegend wasserlösliche Vitamine, besonders B-Vitamine (siehe Tab. 7.7).

Aufgrund des geringen Fettgehaltes sind Hülsenfrüchte, mit Ausnahme von Sojabohnen und Erdnüssen, arm an fettlöslichen Vitaminen. Erdnüsse und Sojabohnen sind reich an Tocopherolen.

Auch wenn die Mineralstoffgehalte einiger Hülsenfrüchte relativ hoch sind, muss bei der Bewertung dieser Gehalte jeweils die teilweise niedrige Bioverfügbarkeit berücksichtigt werden.

Tab. 7.7 Vitamingehalte einiger Leguminosen pro 100 g (Souci et al. 2008)

Hülsenfrucht	Vit. B_1 (mg)	Vit. B_2 (mg)	Niacin (mg)	Vit. B_6 (mg)	Folat (mg)	Vit. C (mg)	Vitamin-E-Aktivität (mg)
Sojabohne	**1,03**	0,46	2,7	**1,00**	**0,25**	k. A.	1,5
Erdnuss	0,9	0,16	15	0,44	0,17	–	11
Erbse	0,8	0,27	2,7	0,12	0,15	1,6	k. A.
Kichererbse	0,52	0,13	1,7	0,56	0,34	5,1	k. A.
Augenbohne	0,83	0,17	2,7	0,44	0,54	1,5	k. A.
Gartenbohne	0,5	0,18	2,0	0,44	0,21	2,5	0,21
Linse	0,48	0,27	2,5	0,55	0,17	7,0	k. A.

k. A. keine Angaben

7.5   Antinutritiva und bioaktive Substanzen

In einigen Leguminosen kommen natürlicher Weise hemmende oder toxische Substanzen vor, wie z. B. Proteinase-Inhibitoren, Lectine, α-Amylase-Inhibitoren, cyanogene Glykoside und Saponine. Außerdem kann es durch den Verzehr von Hülsenfrüchten zu Favismus oder Allergien kommen. Andererseits enthalten Leguminosen neben dem hohen Ballaststoff- und Eiweißgehalt auch sekundäre Pflanzenstoffe, wie z. B. Isoflavone in Sojabohnen. Da es sich bei Enzym-Inhibitoren und Lectinen um Proteine handelt, können diese durch Erhitzen irreversibel denaturiert werden. Die normalen Zubereitungsmethoden von Hülsenfrüchten (Kochen, Druckgaren) führen dazu, dass die toxischen oder hemmenden Substanzen weitgehend inaktiviert werden (10 min. bei 100 °C). Eine solche Hitzebehandlung erhöht folglich den ernährungsphysiologischen Wert der Leguminosen.

7.5.1   Proteinase-Inhibitoren

Proteinase-Inhibitoren sind „Enzymantagonisten", die erstmals aus Soja isoliert und anschließend auch in einigen anderen pflanzlichen Lebensmitteln wie z. B. Bohnen, Erdnüssen, Reis und Kartoffeln entdeckt wurden (siehe Tab. 7.8). Diese Inhibitoren sind selbst Proteine und bilden zusammen mit dem Enzym einen stöchiometrisch,

Tab. 7.8 Beispiele für pflanzliche Lebensmittel mit Proteinase-Inhibitoren

Lebensmittel	Gehemmtes Enzym
Sojabohne	Trypsin, Chymotrypsin, Plasmin, Elastase, Thromboplastin
Mungbohne	Trypsin, Chymotrypsin
Nieren-, Wachs- und weiße Bohne	Trypsin, Elastase, Chymotrypsin
Erdnuss	Trypsin, Plasmin
Kartoffel	Papain, Trypsin, Chymotrypsin
Reis	Trypsin

inaktiven Komplex, so dass die Wirkung der Enzyme herabgesetzt ist. In Folge der gehemmten Enzymwirkung kommt es zunächst zu einer verminderten Proteinverdaulichkeit und -verwertung und anschließend zum Anstieg der Pankreassekretion bis hin zur Pankreashypertrophie. Für die spezifische Hemmwirkung von Proteinase-Inhibitoren gegenüber bestimmten Enzymen ist die Struktur des jeweiligen reaktiven Zentrums der Inhibitoren verantwortlich.

Die Spezifität der Proteinase-Inhibitoren variiert, wobei diese auch zwei oder mehrere unterschiedliche Enzyme hemmen können. In Lebensmitteln kommen meist Inhibitoren vor, die Trypsin und Chymotrypsin hemmen. Weitere Inhibitoren wurden für Elastase, Papain, Thromboplastin, Plasmin und Subtilisin nachgewiesen. In zahlreichen Lebensmitteln kommen besonders zwei Familien von Proteinase-Inhibitoren in hohen Konzentrationen vor: die Kunitz- und die Bowman-Birk-Inhibitoren. Der Gehalt dieser Inhibitoren hängt stark von Sorte, Reifegrad und Lagerzeit eines Lebensmittels ab. Besonders in Leguminosen kommen Proteinase-Inhibitoren in höheren Konzentrationen vor, z. B. in Soja (ca. 20 g/kg), weißen Bohnen (ca. 4 g/kg) oder Kichererbsen (ca. 2 g/kg). *Kunitz-Proteinase-Inhibitoren* (ca. 21,5 kDa; 181 Aminosäuren; 2 Disulfidbrücken) besitzen ein inhibitorisches Zentrum für Trypsin (siehe Abb. 7.7).

Da diese Familie von Proteinase-Inhibitoren relativ empfindlich gegenüber Hitze und Säure ist, können durch Erhitzen (Kochen, Dämpfen oder Toasten) die proteinase-

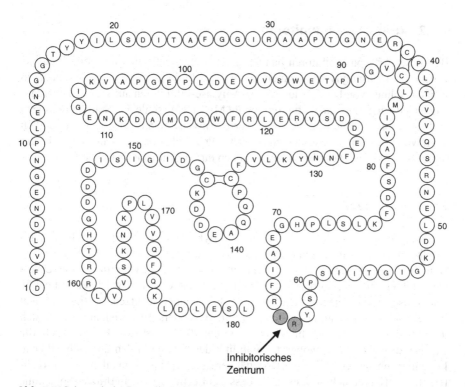

Abb. 7.7 Schematische Darstellung des Kunitz-Inhibitors

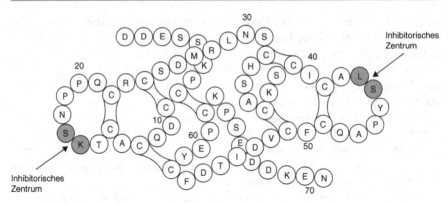

Abb. 7.8 Schematische Darstellung des Bowman-Birk-Inhibitors

inhibitorischen Eigenschaften vermindert oder sogar völlig aufgehoben werden. Proteinase-Inhibitoren vom ***Bowman-Birk-Typ*** (ca. 8 kDa; 71 Aminosäuren, 7 Disulfidbrücken) verfügen über relativ hohe Gehalte an Cystein (siehe Abb. 7.8). Dieser Inhibitor
wird als „doppelköpfiger-Inhibitor" bezeichnet, da zwei reaktive Zentren für die zwei
Enzyme Trypsin und Chymotrypsin vorhanden sind. Verglichen mit den Kunitz-Inhi-
bitoren sind die Bowman-Birk-Inhibitoren relativ stabil gegenüber Hitze und Säuren.

7.5.2   α-Amylase-Inhibitoren

Bei dieser Art von Inhibitoren handelt es sich um relativ thermostabile Proteine,
welche Pankreasamylasen hemmen. α-Amylase-Inhibitoren kommen besonders in
weißen Bohnen vor. Der Einfluss von α-Amylase-Inhibitoren auf die Stärkeverdau-
ung ist jedoch gering, da die Inhibitoren im Magen eine schlechte Stabilität besitzen
und ihre Konzentration im Vergleich zur α-Amylase relativ niedrig ist. Lediglich
in Abwesenheit von Stärke und zusätzlicher Präinkubation mit dem Enzym ist der
Inhibitor wirksam. Diese Inhibitoren können durch Erhitzung inaktiviert werden.

7.5.3   Lectine

Lectine (Phytohämagglutinine) sind meist Glykoproteine, die spezifisch, aber re-
versibel an Zucker und Glykokonjugate binden. Dadurch können Lectine an rote
Blutkörperchen binden und diese agglutinieren oder an Glykoproteine des Dünndarmepithels binden, so dass die Nährstoffaufnahme gestört wird. Viele Lectine
sind toxisch und können so die Pflanze vor Fraßfeinden schützen. Lectine kommen
in mehr als 600 Leguminosen-Spezies vor. Besonders hohe Gehalte finden sich
in Gartenbohnen. Durch Erhitzen (10 min. bei 100 °C) ist es jedoch möglich, die
Lectine zu inaktivieren, wobei die Stabilität der Lectine in den unterschiedlichen
Leguminosen variiert. Auch die Toxizität der Lectine ist nicht in allen Hülsenfrüchten gleich. Tierversuche zeigen z. B., dass das Lectin aus nicht erhitzter Sojabohne
und Gartenbohne toxisch wirkt, nicht aber das aus Erbse und Linse.

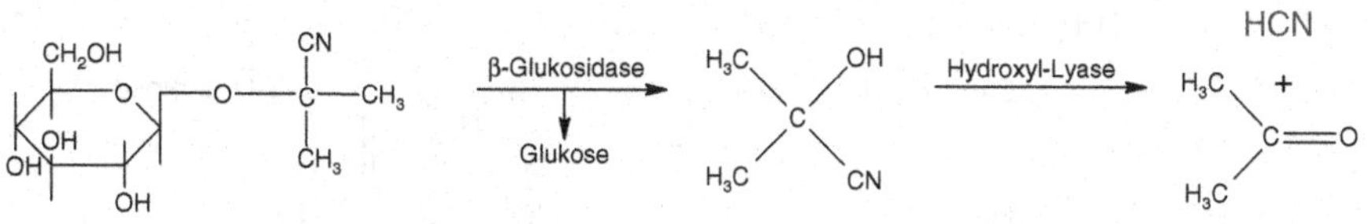

Abb. 7.9 Abbau von Linamarin (Limabohne)

7.5.4 Cyanogene Glykoside

Cyanogene Glykoside kommen in einigen Pflanzensamen vor und können Blausäure (HCN) freisetzen. Unter den Hülsenfrüchten ist besonders die Limabohne (*Phaseolus lunatus*) betroffen. Limabohnen können bis zu 3 g HCN/kg enthalten, die im Glykosid Linamarin gebunden sind. Es ist jedoch möglich, die Samen durch Einweichen und mehrmaliges Waschen (Verwerfen des Kochwassers) zu entgiften. Auch Zerkleinern und Befeuchten setzt Enzyme (β-Glucosidasen) frei. Diese spalten zunächst Glukose aus dem Glykosid ab und ein instabiles Hydroxyl-Nitril entsteht, das langsam in die entsprechende Carbonylverbindung und HCN zerfällt. Der Prozess wird – wenn anwesend – durch eine Hydroxyl-Lyase beschleunigt. Beim anschließenden Erhitzen verdampft die Blausäure (siehe Abb. 7.9).

7.5.5 Saponine

Leguminosen sind die Hauptquelle für Saponine. Diese grenzflächenaktiven Substanzen tragen mit zum charakteristischen Geschmack von Soja und anderen Vertretern der Hülsenfrüchte bei. Saponine sind Glykoside von Steroiden, Steroidalkaloiden und Terpenen und sind vorwiegend in der Samenschale lokalisiert. So können Saponine durch einen Schälprozess, durch Extraktion, Dämpfen, Auslaugen teilweise entfernt werden. Zwar sind Saponine hämolytisch aktiv, werden jedoch in so geringem Umfang absorbiert, dass die toxischen Effekte weitgehend zu vernachlässigen sind.

7.5.6 Favismus

Als *Favismus* werden hämolytische Erscheinungen beim Menschen bezeichnet, die in Folge eines Gendefektes (X-chromosomal-rezessiv vererbt) durch den Verzehr von Ackerbohnen (*Vicia faba*) hervorgerufen werden. Von Favismus sind weltweit mehr als 100 Mio. Menschen betroffen. Besonders in Afrika, Südost-Asien, im Mittelmeerraum sowie im Nahen Osten kommt es häufig zu dieser Erkrankung, da *Vicia faba* dort eine wichtige Proteinquelle darstellt. Die Verursacher in den Ackerbohnen sind die Glukoside *Vicin* und *Convicin* (siehe Abb. 7.10).

OH
N
H₂N   N   NH₂
O-glykosyl

Vicine

OH
N
HO   N   NH₂
O-β-D-glukose

Convicine

Abb. 7.10 Strukturformeln von Vicinen und Convicinen

Durch β-Glukosidasen des Verdauungstraktes können aus den Glukosiden die Aglykone Divicin und Isouramil freigesetzt werden, die in der oxidierten Form eine rasche Glutathionoxidation in den Erythrozyten bewirken (siehe Abb. 7.11). Fehlt durch einen Gendefekt die Glukose-6-phosphat-Dehydrogenase, kommt es zu einem NADPH-Mangel, so dass die Erythrocyten nicht in der Lage sind, durch die Glutathion-Reduktase wieder reduziertes Glutathion – als Antioxidationsmittel – zur Verfügung zu stellen. Da somit im Erythrozyten zu wenig reduziertes Glutathion vorhanden ist, kommt es möglicherweise zur hämolytischen Anämie mit Hämoglobinurie.

7.5.7 Allergene

Erdnüsse sind zwar im Gegensatz zu den meisten anderen Hülsenfrüchten in rohem Zustand genießbar, haben jedoch den Nachteil eines relativ hohen Allergenpotenzials. Es handelt sich bei der **Erdnussallergie** um eine echte Nahrungsmittelallergie mit einer Überreaktion des Immunsystems und IgE-Antikörper-Reaktion. Die Prävalenz beträgt 1:200 (0,5%). Erdnüsse sind das Lebensmittel, welches die größte Wahrscheinlichkeit besitzt eine anaphylaktische Reaktion hervorzurufen. Die Symptomatik (Atemnot, Schwellungen, Urticaria, Übelkeit etc.) kann sogar zu einem

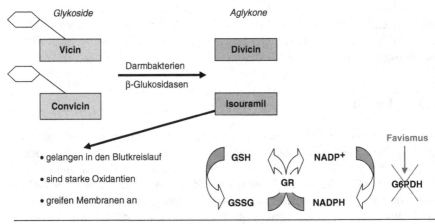

GR = Glutathion-Reduktase; GSH = reduziertes Glutathion; GSSG = oxidiertes Glutathion; G6PDH = Glukose-6-phosphat-Dehydrogenase

Abb. 7.11 Stoffwechsel der Glucoside Vicin und Convicin und Veränderung bei Favismus

Tab. 7.9 Proteine in Erdnüssen und Sojabohnen mit Allergenpotenzial (Moneret-Vautrin et al., 1999; Burks et al. 2001; Riblett et al. 2001)

Leguminose	Allergen	Molekulargewicht (kDa)	Hitzestabilität
Erdnuss	Ara h1	60–65	hoch
	Ara h2	17	mittel
Sojabohne	Glycinin	320–360	mittel
	β-Conglycin	140–180	unbekannt
	2S-Globulin	18	mittel
	Kunitz-Trypsin-Inhibitor	20,5	mittel

anaphylaktischen Schock führen und lebensbedrohlich sein. Verantwortlich für die allergische Reaktion sind bestimmte allergene Proteine. Auch andere Hülsenfrüchte wie z. B. Sojabohnen können ebenfalls Proteine mit Allergenpotenzial enthalten (siehe Tab. 7.9). Seit Ende 2005 besteht in der EU eine Kennzeichnungspflicht für Lebensmittel, die Erdnüsse, Erdnusserzeugnisse, Soja oder Sojaerzeugnisse enthalten.

7.5.8 Isoflavone

Isoflavone wie Genistein, Daidzein, dessen Darmmetabolit Equol und andere (siehe Abb. 7.12) haben eine große strukturelle Ähnlichkeit mit Östrogenen (siehe Abb. 7.13) und gehören zur Gruppe der so genannten Phytoöstrogene.

Die hormonähnlichen sekundären Pflanzenstoffe können sowohl östrogene als auch antiöstrogene Wirkungen vermitteln, deshalb werden Phytoöstrogene auch als Phyto-SERMs (selektive Östrogen-Rezeptor-Modulatoren) bezeichnet. Die Doppelwirkung (östrogen/antiöstrogen) kommt dadurch zustande, dass es zwei Östrogenrezeptoren gibt, nämlich ER-α und ER-β. Diese beiden Rezeptoren weisen unterschiedliche organspezifische Verteilungsmuster auf. Genistein bindet zwar nur schwach an ER-α, aber fast so stark an ER-β wie Östrogen. ER-β kommt u. a. auch im Gehirn, in Knochen, Blase und Gefäßepithelien vor, also Geweben, die auch

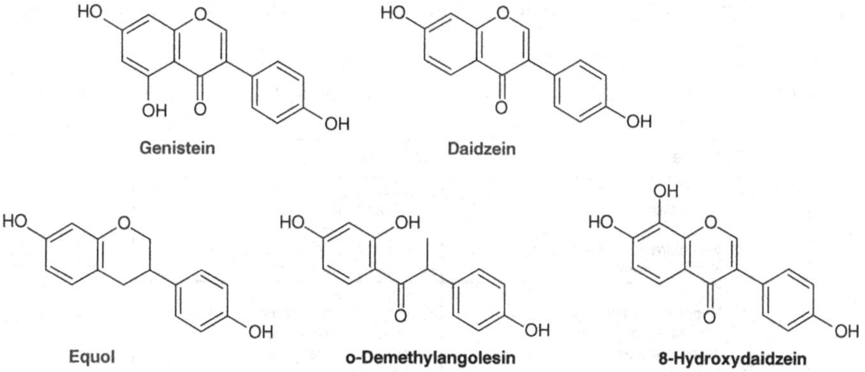

Abb. 7.12 Ausgewählte Isoflavone

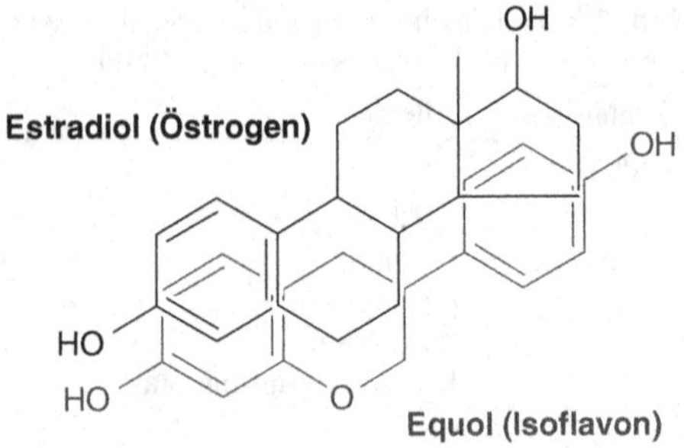

Abb. 7.13 Ähnlichkeit von
Isoflavonen und Östrogenen (Setchell & Cassidy 1999)

Estradiol (Östrogen)

Equol (Isoflavon)

auf klassische Hormon-Ersatz-Therapien ansprechen. Weiterhin werden antioxidative Effekte von Isoflavonen diskutiert z. B. durch die Induktion der Genexpression
antioxidativer Enzyme. Ein Vergleich der Wirkungen von Östrogenen und Isoflavonen zeigt, dass Isoflavone zwar ähnliche physiologische Effekte, aber weniger negative Auswirkungen haben als eine Hormonersatztherapie mit Östrogenen (siehe
Tab. 7.10).

Die Hauptquellen von Isoflavonen sind Leguminosen, besonders Sojabohnen.
Isoflavone kommen als Glykoside vor (wasserlöslich) und unterliegen einer kom-
plexen Metabolisierung in Darm und Leber. Die Halbwertszeit dieser Strukturen
ist relativ kurz und die entsprechenden Plasmaspiegel (ca. 1 µmol/L bei sojareicher
Ernährung) relativ gering. Derzeit liegt die durchschnittliche Aufnahme von Isoflavonen in europäischen Ländern bei weniger als 1 mg/Tag und in ostasiatischen
Ländern wie z. B. Japan bei ca. 20–50 mg/Tag.

7.6　Hülsenfrüchte in der Ernährung des Menschen

Leguminosen spielen aufgrund ihres relativ hohen Eiweiß-, Vitamin (B_1, B_2, Folsäure) und Ballaststoffgehaltes eine wichtige Rolle für eine ausgewogene Ernährung. Einige Leguminosenarten wie Sojabohnen und Erdnüsse verfügen zusätzlich über einen hohen Lipidgehalt. Der Verzehr von Hülsenfrüchten ist zwar in
den Industrieländern eher gering (ca. 1 kg pro Kopf und Jahr), aber wegen des
hohen Eiweiß- und Lipidgehaltes hat diese Lebensmittelgruppe besonders in Ent-

Tab. 7.10 Vergleich physiologischer Effekte von Östrogenen und Isoflavonen (Lissin & Cooke
2000)

	Östrogene	Isoflavone
+	↓ LDL	↓ LDL
	↓ Lipoprotein a	↓ Lipoprotein a
	↑ HDL	(↑) HDL
	+ vasculare Reaktionsfähigkeit	+ vasculare Reaktionsfähigkeit
	↓ Knochenmasseverlust	↓ Knochenmasseverlust
−	↑ Triglyceride	= Triglyceride
	↑ Hyperplasia endometrii	= Hyperplasia endometrii
	↑ Adhäsionsmoleküle	↓ Adhäsionsmoleküle
	↑ Tumorgenese	= Tumorgenese
	↑ Angiogenese	↓ Angiogenese
	↑ Blutgerinnung	= thrombotische Effekte

wicklungsländern einen hohen Stellenwert. Das pflanzliche Eiweiß hat zwar durch einen relativ geringen Gehalt S-haltiger Aminosäuren nur eine mittlere biologische Wertigkeit, diese liegt aber höher als bei Getreide.

Die DGE zählt Leguminosen innerhalb der dreidimensionalen Lebensmittelpyramide auf der Seite der pflanzlichen Lebensmittel zur Kategorie Obst und Gemüse. Es gibt keine konkreten Verzehrsempfehlungen für Hülsenfrüchte seitens der DGE, sondern diese Gruppe fällt unter die „5-am-Tag-Regel" für Obst und Gemüse (siehe auch Abschn. 9.7).

Bibliographie

Bingham, M., Gibson, G., Gottstein, N., De Pascual-Teresa, S., Minihane, A.-M. & Rimbach, G. (2002): Gut Metabolism and Cardioprotective Effects of Dietary Isoflavones. *Current topics in Nutraceutical Research* 1, 31–48.

Burks, W., Helm, R., Stanley, S. & Bannon, G. A. (2001): Food allergens. *Curr Opin Allergy Clin Immunol* 1:243–248.

Kaufmann, G. (2008): Hülsenfrüchte. 11. überarbeitete Auflage, aid-Infodienst, Bonn.

Lissin, L. W. & Cooke, J. P. (2000): Phytoestrogens and Cardiovascular Health. *Journal of the American College of Cardiology* 35(6), 1403–1410.

Liu, K. (1997): Soybeans: Chemistry, Technology, and Utilization. 1. Auflage, Springer Verlag, New York.

Moneret-Vautrin, D.A., Guerin, L., Kanny, G., Flabbee, J., Fremont, S., Morisset, M. (1999): Crossallergenicity of peanut and lupine: the risk of lupine allergy in patients allergic to peanuts. *J Allergy Clin Immunol.* 104:883–8.

Nwokolo, E. & Smartt, J. (Hrsg.) (1996): Food and Feed from Legumes and Oilseeds. 1. Auflage, Chapman & Hall, London [u. a.].

Reddy, N. R. (2002): Occurence, Distribution, Content and Dietary Intake of Phytate. In: Reddy, N. R., Sathe S. K. (Hrsg.): Food Phytates, CRC Press, Boca Raton.

Riblett, A. L., Herald, T. J., Schmidt, K. A. & Tilley, K. A. (2001): Characterization of beta-conglycinin and glycinin soy protein fractions from four selected soybean genotypes. *J Agric Chem* 49:4983–4989.

Setchell, K. D. R. & Cassidy, A. (1999): Dietary Isoflavones: Biological Effects and Relevance to Human Health. *Journal of Nutrition* 129, 758S–767S.

Wang, T. L., Domoney, C., Hedley, C. L., Casey, R., Grusak, M. A. (2003): Can We Improve the Nutritional Quality of Legume Seeds? *Plant Physiology* 131, 886–891.

Speiseöle

8

Inhaltsverzeichnis

8.1 Definition und Geschichte

Die Ölnutzung geht bis auf die biblische Zeit zurück. Besonders die Früchte des Ölbaums wurden zur Ölherstellung viel genutzt. Der erste gezielte Anbau von Ölbäumen wird 3.500 v. Chr. auf Kreta vermutet. Für die Gewinnung von Speiseöl eignen sich viele ölhaltige Samen, Keimlinge und Früchte der Pflanzenwelt. Mit Ausnahme des Schmalzöls handelt es sich bei Speiseölen um Öle pflanzlicher Herkunft. Im Handel erhältlich sind einerseits Öle, die ausschließlich aus einer Pflanzenart gewonnen werden, wie z. B. Sonnenblumen- oder Rapsöl, und andererseits Mischungen von Ölen verschiedener Pflanzenarten. Diese werden ganz allgemein als Speise-, Tafel- oder Backöle bezeichnet, je nach Qualität und Verwendungseigenschaften.

© Springer-Verlag Berlin Heidelberg 2015
G. Rimbach et al., *Lebensmittel-Warenkunde für Einsteiger,* Springer-Lehrbuch,
DOI 10.1007/978-3-662-46280-5_8

8.2 Produktion und Verbrauch

Die Produktion von Ölen und Fetten ist ein bedeutender Zweig der Weltwirtschaft. Jährlich werden etwa 105 Mio. t erzeugt (Stand 2003), davon dienen ca. drei Viertel der Ernährung des Menschen. In Deutschland werden pflanzliche Öle und Fette laut Deutscher Gesellschaft für Fettforschung (DGF) zum größten Teil als Haushaltsspeiseöle verwendet. Die jährliche Produktion in Deutschland beträgt ca. 2,7 Mio. t (Stand 1999), wovon 60,6% auf Rapsöl, 27% auf Sojaöl, 7% Sonnenblumenöl und auf alle anderen Öle 6% entfallen. 135.000 t Speiseöl wurden 1999 im Lebensmittelhandel verkauft. Auf Sonnenblumen- und Tafelöl entfällt der größte Anteil des konsumierten Speiseöls. Bei Tafelöl handelt es sich meist um Rapsöl. Olivenöl und Maiskeimöl machen einen weitaus kleineren Anteil aus. Weiterhin spielt der Einsatz der Pflanzenöle in der Margarineproduktion sowie in der weiterverarbeitenden Ernährungsindustrie eine wichtige Rolle.

8.3 Warenkunde/Produktgruppen

Pflanzenöle werden in Fruchtfleisch- und Samenöle unterteilt. Zu den Fruchtfleischölen zählen Oliven- und Palmöl während z. B. Soja-, Sonnenblumen-, Lein- sowie Rapsöl zu den Samenölen zählen (siehe Abb. 8.1).

8.3.1 Fruchtfleischöle

Olivenöl: Oliven sind die Steinfrüchte des Ölbaums (*Olea europaea sativa*; Familie: *Oleaceae*) und gelten als eine der ältesten Ölquellen. Der Anbau von Olivenbäumen wurde wohl schon 3.500 v. Chr. auf Kreta betrieben. Unter den Fruchtfleischölen hat Olivenöl heute die wirtschaftlich bedeutendste Rolle und ist ein wichtiger Bestandteil der mediterranen Ernährung. Diese langlebigen, immergrünen Bäume tragen schmale Blätter und kleine weiße Blüten mit nur zwei Staubgefäßen aus denen sich die typischen ovalen, einsamigen Früchte, die Oliven, entwickeln. Mit-

Abb. 8.1 Einteilung wichtiger Pflanzenöle

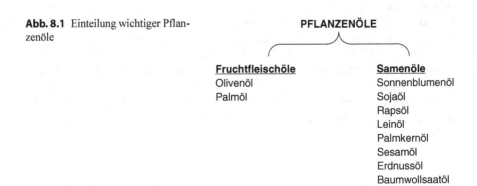

PFLANZENÖLE

Fruchtfleischöle
Olivenöl
Palmöl

Samenöle
Sonnenblumenöl
Sojaöl
Rapsöl
Leinöl
Palmkernöl
Sesamöl
Erdnussöl
Baumwollsaatöl

telmeerländer – besonders Spanien – sind die Hauptanbaugebiete für Ölbaum-Plantagen in Europa. Zur Gewinnung des Öls werden entweder die unreifen grünen oder die ausgereiften lila bis schwarzen Oliven verwendet. Die Oliven werden im Allgemeinen zunächst kaltgepresst und im Anschluss einer Warmpressung bei ca. 40 °C unterzogen. Die Qualität des Olivenöls ist unter anderem abhängig vom Reifegrad der verwendeten Oliven, den Prozessbedingungen und der Dauer der Lagerung. Die Qualitätsstufen des Olivenöls werden in einer EU-Verordnung durch verschiedene Güteklassen beschrieben. Die Zuordnung zu den Güteklassen erfolgt je nach Herstellung, sensorischen Eigenschaften und dem Gehalt an freien Fettsäuren (fFs) des Olivenöls (Tab. 8.1).

Zum einen gibt es die nativen Olivenöle (vierge (franz.), virgin (engl.), vergine (ital.), virgen (span.)), welche ausschließlich durch mechanische Verfahren und Kaltpressung gewonnen werden. Es wird zwischen verschiedenen Qualitäten nativen Olivenöls differenziert: *extra vierge Öle* (angenehm aromatischer Geschmack; bis 0,8% fFS – höchste Güteklasse), *fine vierge Öle* (ganz leicht abfallend im Geschmack; bis 2% fFS) und *semi-fine vierge Öle* (leicht abfallend im Geschmack; bis 3% fFS). Zum anderen gibt es *Lampante-Öl*, dabei handelt es sich um gepresstes Olivenöl mit >3,3% fFS oder mit nicht mehr einwandfreiem Aroma. Das Lampante-Öl wird leicht raffiniert oder in Mischung mit kaltgepressten Ölen unter der Bezeichnung „Olivenöl" oder „reines Olivenöl" in den Handel gebracht. Ein Viertel der Olivenölproduktion entfällt auf das so genannte „sansa" Öl. Darunter versteht man Olivenöl, das mit Hilfe von Lösungsmitteln aus dem Presskuchen extrahiert und anschließend raffiniert wird.

Olivenöl enthält überwiegend die einfach ungesättigte Ölsäure (siehe Abb. 3.9). Das Aroma eines Olivenöls bzw. seine Aromastoffe unterscheiden sich je nach Reifegrad der verwendeten Oliven. Als Bezeichnungen für die jeweiligen Aromen und Aromastoffe werden folgende Bezeichnungen verwendet: „grün" ((Z)-3-Hexenal), „grün, fettig" ((Z)-2-Nonenal), „fruchtig" (Isobuttersäureethylester, 2-Methylbuttersäureethylester, Cyclohexansäureethylester) und „schwarze Johannisbeere" (4-Methoxy-2-methyl-2-butanthiol).

Phenolische Verbindungen: Olivenöl ist besonders reich an phenolischen Verbindungen u. a. Vanillin-, Gallus-, Cumar- und Kaffeesäure, Tyrosol sowie Hydroxytyrosol (siehe Abb. 8.2).

Weiterhin enthält Olivenöl die phenolischen Verbindungen der Secoiridoide (siehe Abb. 7.10) wie Oleuropein und Ligstrosid sowie Lignane. Native Olivenöle haben einen höheren Gehalt an phenolischen Verbindungen als raffinierte Öle. Zusätzlich ist der Gehalt phenolischer Verbindungen vom Anbau und dem Reifegrad der verarbeiteten Früchte abhängig, denn mit zunehmender Fruchtreife steigt der Gehalt an Tyrosol, Hydroxytyrosol und Luteolin (siehe Abb. 8.3). Mit steigender Gesamtmenge an phenolischen Verbindungen sinkt jedoch der Gehalt an α-Tocopherol.

Tocopherole: Unter dem Begriff Vitamin E werden die Tocopherole und Tocotrienole zusammengefasst (siehe Abb. 8.4). Tocopherole und Tocotrienole zählen

Tab. 8.1 Einteilung von Olivenöl in acht Güteklassen nach [VO (EG) 1234/2007]: Anhang XVI Bezeichnungen und Begriffsbestimmungen für Olivenöl und Oliventresteröl gemäß Artikel 118

Kategorie	Bezeichnung	Herstellungsverfahren	Ausschließende Merkmale	Gehalt ffS pro 100 g (berechnet als Ölsäure)	Weitere Eigenschaften
1	Native Olivenöle	Nur mechanische und physikalische Verfahren (Waschen, Dekantieren, Zentrifugieren, Filtrieren)	Einsatz von Lösungsmitteln, chemischen und biochemischen Hilfsmitteln, Wiederveresterung sowie Mischung mit anderen Ölen		
1a	Natives Olivenöl extra	Kaltgepresst (1. Pressung); schonende Herstellung		≤0,8 g	– Sehr gut zum Verzehr geeignet – Sehr gute Geschmackseigenschaften
1b	Natives Olivenöl	Kaltgepresst; schonende Herstellung		≤2 g	– Leichte Fehler – Für den Verzehr geeignet
1c	Lampantöl			>2 g	– Sehr fehlerhaft – Zum Verzehr ungeeignet
2	Raffiniertes Olivenöl	Raffination nativer Olivenöle		≤0,3 g	– Zum Verzehr geeignet – Charakteristische Geruchs- und Geschmackseigenschaften des Olivenöls fehlen
3	Olivenöl	Mischung von nativen und raffinierten Olivenölen	Einsatz von Lampantöl	≤1 g	– Zum Verzehr geeignet – Geschmack abhängig vom Mischungsverhältnis
4	Rohes Oliventresteröl	Gewinnung aus Oliventrester mittels Lösungsmitteln (Hexan) oder physikalischer Verfahren	Wiederveresterung, Mischung mit Ölen anderer Art		– Zum Verzehr ungeeignet
5	Raffiniertes Oliventresteröl	Raffination roher Oliventresteröle		≤0,3 g	– Zum Verzehr geeignet – Geschmacksneutral
6	Oliventresteröl	Mischung von nativen Olivenölen und raffinierten Oliventresterölen	Einsatz von Lampantöl	≤1 g	– Zum Verzehr geeignet

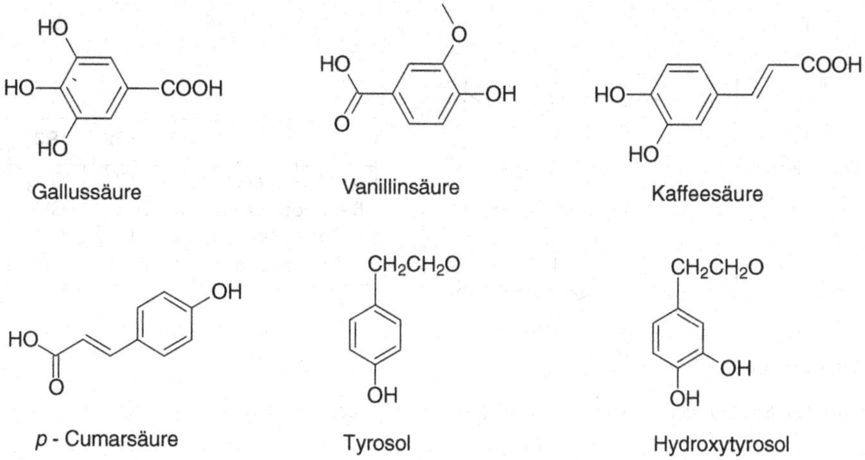

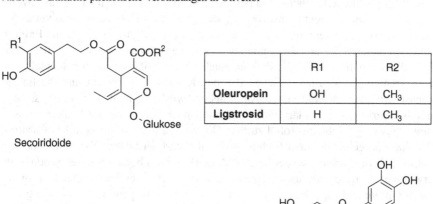

Gallussäure Vanillinsäure Kaffeesäure

p - Cumarsäure Tyrosol Hydroxytyrosol

Abb. 8.2 Einfache phenolische Verbindungen in Olivenöl

Secoiridoide

	R1	R2
Oleuropein	OH	CH$_3$
Ligstrosid	H	CH$_3$

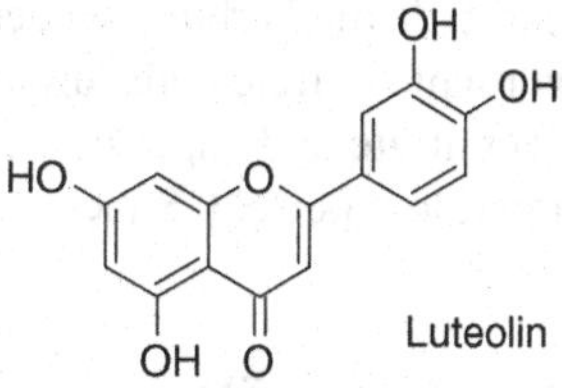

Luteolin

Abb. 8.3 Secoiridoide und Luteolin

zu den wichtigsten lipophilen Antioxidantien im Pflanzenreich. Hohe Gehalte an Vitamin E weisen besonders Pflanzenöle mit hohen Polyalkensäuren auf. Der α-Tocopherol-Gehalt von Olivenöl ist verglichen mit anderen Ölen im mittleren Bereich einzustufen. Er schwankt zwischen 1,2–43 mg/100 g Öl je nach Anbau, Reifegrad, Herstellungsprozess sowie Lagerbedingungen und -dauer. Für eine empfehlenswerte Zufuhr an Vitamin E gibt es nur Schätzwerte, da der genaue Bedarf bisher unbekannt ist.

Palmöl: Ölpalmen wachsen vorwiegend in West-Malaysia, Indonesien und Nigeria. Die einstämmigen Ölpalmen (*Elaeis guineensis*; Familie: *Arecaceae* (Palmae))

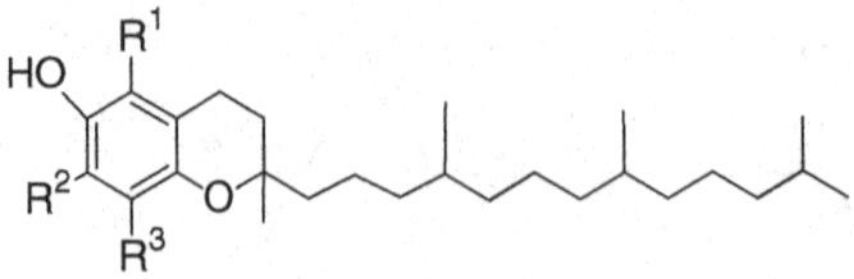

Tocopherol

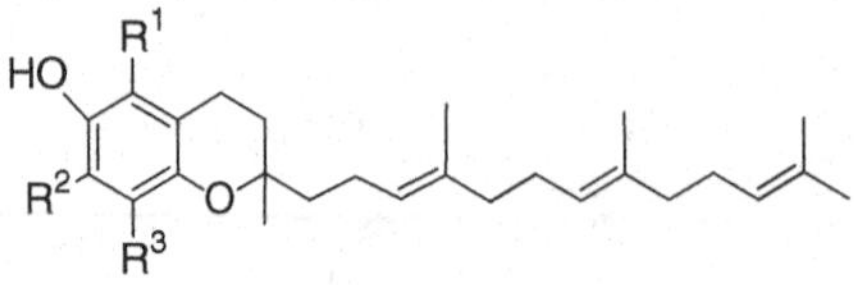

	R1	R2	R3
α -Tocopherol	CH$_3$	CH$_3$	CH$_3$
β -Tocopherol	CH$_3$	H	CH$_3$
γ -Tocopherol	H	CH$_3$	CH$_3$
δ -Tocopherol	H	H	CH$_3$

Tocotrienol

Abb. 8.4 Struktur der verschiedenen Tocopherol- und Tocotrienolderivate

haben lange gefiederte Blätter und besitzen zwei bis sechs Fruchtstände aus jeweils mehreren hundert Früchten pro Baum. Aus den Palmen lassen sich zwei verschiedene Ölarten gewinnen: zum einen das aus dem Fruchtfleisch gewonnene **Palmöl** und zum anderen das aus den Samen gepresste **Palmkernöl** (Verhältnis 10:1). Zur Palmölgewinnung werden die Früchte zunächst mit heißem Dampf behandelt, um eine Trennung des Fruchtfleisches von den Kernen zu erreichen und die hohen Lipaseaktivitäten zu inaktivieren. Anschließend wird das Fruchtfleisch gepresst und durch Zentrifugation geklärt. Nach anschließender Waschung mit heißem Wasser und Trocknung bleibt ein Rohöl zurück. Dieses ist aufgrund seines hohen Carotingehaltes von gelber bis roter Färbung. Abschließend wird das Öl durch Raffination entfärbt, da die Färbung weder bei der Margarine- noch bei der Speiseölproduktion erwünscht ist; freie Fettsäuren werden abgetrennt. Palmöl enthält zu gleichen Anteilen gesättigte und ungesättigte Fettsäuren. Es wird vorwiegend zur Herstellung von Margarine, Speiseöl, Snacks, Seifen und Kerzen verwendet.

8.3.2 Samenöle

Palmkernöl: Wie bereits erwähnt, kann aus der Ölpalme durch Pressung der Samen auch Palmkernöl gewonnen werden. Dieses enthält im Gegensatz zum Palmöl gesättigte Fettsäuren von mittlerer Kettenlänge und wird in der Herstellung von Süßigkeiten, Speiseeis und Margarine sowie als Kakaobutterersatz verwendet.

Sojaöl: Sojaöl ist mengenmäßig die bedeutendste Ölquelle und wird aus Sojabohnen (*Glycine max*; Familie: *Fabaceae*) gewonnen. Es sind einjährige, behaarte Pflanzen mit dreizähligen Blättern, aus deren Blattachseln kleine, ungestielte Blüten entspringen. Aus diesen gehen breite, flache und behaarte Hülsenfrüchte hervor, welche bis zu vier Samen enthalten. Die Samen haben je nach Sorte eine schwarzbraune, gelbe oder weiße Färbung. Ursprünglich stammt die Pflanze aus China und ist heute über die ganze Welt verbreitet. Die Hauptanbaugebiete sind:

die USA, China, Indien, Indonesien, Afrika, Philippinen, Russland sowie Süd- und Mittelamerika. Sojaöl wird durch Extraktion und Raffination gewonnen, da eine Kaltpressung aufgrund der festen Einbindung der Öltröpfchen in die Matrix eine zu geringe Ausbeute liefert. Sojaöl wird als Speise- und Tafelöl sowie zur Margarineherstellung genutzt. Das hellgelbe Öl besitzt einen milden Geschmack und ist häufig Bestandteil von Mischölen.

Sonnenblumenöl: Sonnenblumen (*Helianthus annuus*; Familie: *Asteraceae*) werden vorwiegend in Ost-Europa angebaut, sie sind bis zu 4 m hohe, einjährige Pflanzen mit kräftigem Stängel und derben, behaarten Blättern. Ein einzelner großer Blütenkopf (Ø bis 50 cm) befindet sich am oberen Stängelende mit vielen dunkelbraunen, fertilen Scheibenblüten in der Mitte und ist umgeben von vielen sterilen gelben Zungenblüten am Rand. Als „Kerne" werden die schwarzen, braunen, grauen oder gestreiften, einsamigen Schließfrüchte (Achänen) bezeichnet. Für die Herstellung des Sonnenblumenöls werden die reifen Schließfrüchte (Sonnenblumenkerne) verwendet. Das Öl wird durch Kaltpressen oder Extrahieren veredelt. Sonnenblumenöl enthält mit ca. 65% einen der höchsten Linolsäuregehalte unter den Speiseölen. Das hellgelbe und milde Sonnenblumenöl erster Pressung (kaltgepresst) ist nach mechanischer Klärung zum direkten Verzehr geeignet. Raffiniertes Sonnenblumenöl eignet sich hingegen als Salat- und Bratöl sowie zur Margarineherstellung.

Leinöl: Lein (*Linum usitatissimum*; Familie: *Linaceae*) ist eine aufrechte, einjährige Pflanze mit kleinen, unbehaarten Blättern und blauen Blüten. Die rötlichbraunen, glatten, ovalen und zusammengedrückten Samen befinden sich in runden Kapseln. Die Pflanzen werden zwar auch in Europa angebaut, die Hauptanbaugebiete liegen jedoch in Kanada, den USA, China und Indien. Leinöl wird vorwiegend durch Kaltpressung gewonnen. Es besitzt einen charakteristisch würzigen Geschmack und hohen Gehalt an essentiellen Fettsäuren, besonders Linolensäure. Dies führt jedoch schnell zur Autoxidation, wodurch u. a. auch Bitterstoffe entstehen. Leinöl zählt zu den „schnell trocknenden Ölen", da es durch die Autoxidation relativ schnell zur Bildung von polymeren Verbindungen und infolge dessen zu einer Verfestigung kommt. Deshalb wird Leinöl auch als Grundlage für Anstrichfarben, Lacke, Linoleum etc. verwendet. Als trocknende Öle bezeichnet man Öle, die unter Einfluss von Luftsauerstoff zu festen, zäh-elastischen Filmen austrocknen. Dieser Vorgang wird als oxidative Härtung bezeichnet. Die trocknenden Eigenschaften sind die Folge eines höheren Gehaltes an mehrfach ungesättigten Fettsäuren wie Linol- und Linolensäure.

Rapsöl/Rüböl: Raps (*Brassica napus*; Familie: *Brassicaceae*) ist eine ein- oder zweijährig kultivierte Pflanze mit gefiederten Blättern, die im Sommer lockere, gelbe Blütentrauben trägt. Der angebaute Raps (*Var. Napus*) oder Rübsen (*B. rapa var. olifera*) ist bekannt für seine ölhaltigen Samen. Das Vorkommen von Raps erstreckt sich über Nord-, Mitteleuropa und Asien. Aus der Rapssaat kann entweder ein kaltgepresstes oder ein raffiniertes Rapsöl gewonnen werden. Für die Gewinnung von Rapskernöl wird die Rapssaat zunächst getrocknet und geschält.

Abb. 8.5 Erucasäure (ω9-C22:1)

Durch echte Kaltpressung (siehe Abschn. 8.4.1) wird anschließend das ernährungsphysiologisch und sensorisch hochwertige Rapskernöl gewonnen. Im Handel sind drei Güteklassen von Rapsöl erhältlich. Die höchste Güteklasse ist „kaltgepresstes Rapsöl", das von kräftiger, goldgelber Farbe ist, es besitzt einen nussigen Geschmack und wird vorwiegend zur kalten Speisenzubereitung genutzt (Marinaden, Dips, Mayonnaisen). Die nächste Güteklasse wird als „Rapsöl 1. Pressung" bezeichnet. Dieses Öl wird ebenfalls zunächst durch Kaltpressung gewonnen, im Anschluss aber zusätzlich mit Wasserdampf behandelt, um die Haltbarkeit zu verlängern. Der Geschmack wird durch diesen Prozess zwar milder, bleibt jedoch nussig. Diese Öle eignen sich sowohl für Salate als auch zum Kochen und Dünsten. Die dritte Güteklasse ist im Handel unter der Bezeichnung „Feines Rapsöl" erhältlich. Dieses – sofern nicht anders auf der Verpackung vermerkt – raffinierte Rapsöl ist sehr viel heller als Rapsöle der Güteklasse eins und zwei und geschmacklich nahezu neutral. Rapsöl dieser Güteklasse eignet sich besonders für eine heiße Speisenzubereitung wie Backen, Braten und Frittieren. Allgemein wird Rapsöl vorwiegend als Speiseöl oder zur Margarineherstellung genutzt. Es enthält sowohl mehrfach als auch einfach ungesättigte Fettsäuren. Ursprünglich war Rapsöl aufgrund seines hohen Gehaltes an Erucasäure (cis-13-Docosensäure, ω9-C22:1; 20–55% der Fettsäuren) nicht für den menschlichen Verzehr geeignet (siehe Abb. 8.5). Ergebnisse tierexperimenteller Studien (Ratten) wiesen auf pathologische Veränderungen des Herzmuskels, Herzverfettung sowie Wachstumsverzögerungen hin.

Mittlerweile ist es gelungen, die hohen Gehalte an Erucasäure herauszuzüchten, so dass der Erucasäure-Anteil heute weniger als 1% des Fettsäuregehaltes beträgt (Null-Sorten). Ein weiterer Inhaltsstoff der Rapspflanze mit möglicherweise gesundheitsschädlicher Wirkung ist das Gluconapin, ein Senfölglykosid aus der Gruppe der Glucosinolate. Dabei handelt es sich um schwefel- und stickstoffhaltige Verbindungen. Es gibt ca. 120 verschiedene Glucosinolate, die sich jeweils im Aglykonrest unterscheiden. Eine Spaltung durch das Enzym Myrosinase kann Rhodanid liefern, welches die Jodaufnahme hemmt und bei gleichzeitig geringer Jodzufuhr zur Kropfbildung führt (goitrogene Wirkung). Heutzutage ist Rhodanid kein Problem mehr, da bereits glucosinolatarme Rapssorten angebaut werden. Der so genannte Doppelnullraps hat einen reduzierten Gehalt an Erucasäure (seit 1974) sowie einen gesenkten Gehalt an Glucosinolaten (seit 1985).

8.4 Herstellungsprozess

Für Speiseöle gelten strenge Qualitätskriterien. Auf dem Markt werden Öle mit hoher Oxidationsstabilität sowie ausgezeichneten Geschmacks- und Farbeigenschaften gefordert. Bei den Konsumenten setzt sich darüber hinaus zunehmend der

Wunsch nach möglichst schonend verarbeiteten und natürlichen Produkten durch. Diese Forderungen bedeuten ständig neue Herausforderungen für die Speiseölindustrie. Die auf dem Markt erhältlichen Speiseöle unterscheiden sich grundsätzlich in ihrer Herstellungsweise, im Wesentlichen wird dabei zwischen *raffinierten* und *kaltgepressten* Ölen unterschieden. Kaltgepresste Speiseöle werden nur aus erlesenen und sorgfältig verarbeiteten Samen und Früchten hergestellt. Kaltpressung bedeutet, dass die Öle ohne Wärmezufuhr ausschließlich durch mechanische oder andere physikalische Verfahren gewonnen werden. Diese Öle sind dem Naturprodukt sehr ähnlich, denn kaltgepresste Öle haben noch den natürlichen Gehalt an freien Fettsäuren und der Vitamingehalt ist ebenfalls unverändert. Geschmacklich sind kaltgepresste Öle stark von der jeweiligen Pflanzenart geprägt. Solche Öle haben jedoch auch Nachteile: Sie sind teuer, sollten nicht erhitzt werden und sind wenig haltbar. Deshalb werden extrahierte und raffinierte Öle von einigen Verbrauchern bevorzugt. Diese werden einer Reihe von chemischen und/oder physikalischen Verfahrensschritten unterzogen, wodurch Nebenprodukte wie fFS, Carotinoide, Wachse, Lecithine etc. entfernt werden. Die meisten Öle werden zusätzlich raffiniert, um qualitätsmindernde natürliche und unerwünschte Begleitstoffe zu entfernen und so eine Beeinflussung von Geschmack, Geruch und Aussehen oder gesundheitsschädliche Eigenschaften zu vermindern. Manche Öle lassen sich nicht anders gewinnen (Sojaöl) oder verwenden (Kokos- bzw. Erdnussöl wegen des Geruchs).

8.4.1 Kaltpressung (1. Pressung)

Laut EU-Verordnung 01/1513 darf die Angabe „Kaltpressung" seit dem 1. November 2003 nur noch dann verwendet werden, wenn bei dem Herstellungsprozess des Olivenöls eine Temperatur von 27 °C nicht überschritten wird.

Ein Beispiel für kaltgepresstes Fruchtfleischöl ist Olivenöl. Der Prozess der Olivenölherstellung (siehe Abb. 8.6) beginnt mit dem Waschen und Entfernen vorhandener organischer Verunreinigungen wie Steinen und Blättern, die im Zuge der Ernte mit aufgenommen wurden. Der Begriff „kaltgepresst" oder „erste Pressung" stammt aus der traditionellen Herstellung von Olivenöl. Bei diesem Verfahren werden die gewaschenen Oliven im Kollergang durch rollende Steinwalzen zerkleinert. Es entsteht eine Art Brei, der auf runde Matten aufgetragen, zu einem Turm gestapelt und hydraulisch gepresst wird. Die herausgepresste Flüssigkeit wird in einer Zentrifuge schließlich in Öl und Fruchtwasser getrennt. Bei den modernen Verfahren findet eine „Pressung" im eigentlichen Sinne nicht mehr statt. Hier wird das Öl durch eine Kaltpressung gewonnen. Dazu werden die Oliven ähnlich der traditionellen Methode zerkleinert und die dabei entstehende Maische wird in einen Malaxeur geleitet. Dies ist ein Schneckensystem, das den Brei mit einer hohen Rotationsgeschwindigkeit durchrührt. Bei diesem Vorgang kommt es zu einer Erweichung des Materials, der Zellaufschluss der Maische wird gefördert, wodurch der Anteil an freiem Öl erhöht und die Öltröpfchen zu größeren Tropfen zusammenfließen können. Beim Malaxieren tritt jedoch auch Olivenwasser aus. Durch anschließende Zugabe von Wasser wird der Dichteunterschied zwischen den bei-

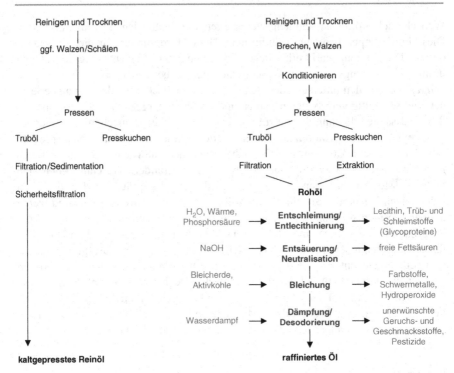

Abb. 8.6 Verfahrensschritte der Kaltpressung (*links*) und Raffination (*rechts*) von Ölen im Vergleich

den nichtmischbaren Flüssigkeiten erhöht. Die „Pressung", also die Trennung des Öls von Wasser und Feststoff, findet im Dekanter statt. Hierbei wird das Öl durch Zentrifugation aus der Maische extrahiert. Das so gewonnene Öl kann gegebenenfalls noch filtriert werden, um letzte Schwebstoffe zu entfernen. Kalt gepresstes Olivenöl besitzt eine günstige Fettsäurezusammensetzung und einen hohen Anteil an phenolischen Verbindungen, die eine gute Lagerstabilität des Öls gewährleisten. Olivenöl kann zusätzlich durch Extraktion des aus dem Dekanter abgeschiedenen Presskuchens bzw. des Tresters gewonnen werden. Dieses Öl weist allerdings einen erhöhten Gehalt an freien Fettsäuren auf und ist von niederer sensorischer Qualität. Das so genannte Tresteröl muss daher zusätzlich raffiniert werden.

Die Ölgewinnung aus Saaten läuft in vier wesentlichen Schritten ab: Transport und Lagerung, Reinigung und Schälen, Saataufbereitung und letztendlich Pressung und Lösungsmittelextraktion. Rapsöl ist ein Beispiel für kaltgepresstes Samenöl. Für die Ölherstellung werden die Rohstoffe bis zur Verarbeitung in Siloanlagen gelagert.

Die Verarbeitung beginnt mit der Reinigung der Saat mit Sieben und Magneten, um Fremdbestandteile sorgfältig zu entfernen. Vielfach werden die Ölsamen vor der Pressung mit Hilfe von Walzen geschält und die Schalenbruchstücke werden von der Saat getrennt. Bei kleinen Samen mit einem hohen Ölanteil, wie im Falle von Rapsölsamen, ist der Schälvorgang erschwert. Deshalb werden diese oftmals im Ganzen verarbeitet. Das Schälen hat u. a. den Vorteil, dass sich das Saatgut beim Pressen wegen der geringeren Reibungshitze weniger erwärmt. Es folgt die Saataufbereitung, welche die Zerkleinerung und die Konditionierung des Öl-führenden Gewebes umfasst. Durch die Zerstörung der Zellstruktur und die Reduzierung der Partikelgröße wird der Ölaustritt gefördert. Zu kleine Partikelgrößen müssen jedoch vermieden werden, da diese sich beim späteren Filtrieren schwer entfernen lassen und das Öl kontaminieren. Eine anschließende Konditionierung wird lediglich angewandt, wenn das Öl später raffiniert werden soll. Hierbei wird das Saatmaterial erwärmt und ein bestimmter Feuchtigkeitsgehalt eingestellt. Auf diese Weise wird die Viskosität des Öls erniedrigt, ein Zusammenfließen der Öltropfen gefördert und die Denaturierung hydrolytischer Enzyme ermöglicht. Die konditionierte Saat wird entweder direkt extrahiert oder einem kombinierten Verfahren zur Ölgewinnung unterworfen: dem mechanischen Vorpressen und der anschließenden Lösungsmittelextraktion des Presskuchens.

Zur Gewinnung kaltgepressten Öls wird die Saat ohne vorangegangene Wärmebehandlung (also ohne Konditionierung) einer Schneckenpresse (kontinuierlich) zugeführt. In dieser Presse dreht sich eine Schnecke mit Schneckengewinde unterschiedlicher Steigung und unterschiedlichen Durchmessers in einem zylindrischen Mantel (Seiher). Das eingegebene Material wird bedingt durch die Geometrie von Seiher und Schnecke einem zunehmenden Druck ausgesetzt. Dadurch kommt es zum Ölaustritt zwischen den Seiherstäben. Durch die bei der Pressung auftretenden hohen Pressdrücke und die mechanische Beanspruchung erwärmt sich das „kaltgepresste" Öl auch leicht. Daher müssen bei der Kaltpressung von Ölsaaten die Presswellen und die Wände der Presszylinder gekühlt werden. Um das Öl von mitgerissenen, gröberen Saatteilen, Proteinen und Schleimstoffen zu befreien, wird das Öl in einem letzten Arbeitsschritt gefiltert oder dekantiert, bevor es abgefüllt wird, um in den Handel zu gelangen.

8.4.2 Heißpressung, Extraktion und Raffination

Werden Öle durch Kaltpressung gewonnen, beträgt die Ausbeute in der Regel lediglich 20–50%. Dieses kaltgepresste Öl enthält noch alle Vitamine und Lecithin, aber auch noch alle Verunreinigungen wozu z. B. auch die Pestizide gehören. Die Haltbarkeit des Öls beträgt ca. drei Monate, danach kommt es verstärkt zur Oxidation freier Fettsäuren und folglich wird das Öl ranzig. Nur Olivenöl wird in nennenswerten Mengen als so genanntes Virgin- oder „Jungfernöl" unraffiniert zum Verkauf angeboten. Virginöl ist aufgrund des geringen Gehaltes an mehrfach ungesättigten Fettsäuren weniger anfällig. Eine höhere Ausbeute des aus Samen oder Früchten gewonnenen Öls kann durch Heißpressung erreicht werden. Der hauptsächliche Herstellungsweg für die „Massenöle" ist die Extraktion mit Leichtbenzinen (Hexan). Dies führt zu einer Ölausbeute von 99%. Auch die Presskuchen aus der Kalt- und Warmpressung werden häufig noch einer Extraktion zugeführt. Da aber auch durch eine anschließende Erhitzung die Lösungsmittelreste nicht gänzlich eliminiert werden können, ist zumeist eine anschließende Raffination unabwendbar. Bei einer Raffination werden Prooxidantien wie freie Fettsäuren, Phospholipide (Lecithin), arteigene Geruchs- und Geschmacksstoffe, Wachse, Farbstoffe, schwefelhaltige Verbindungen (z. B. Thioglucoside im Raps, phenolische Verbindungen, Metallspuren, Kontaminanten (Pestizide, polycyclische Kohlenwasserstoffe, Pilztoxine)) und Autoxidationsprodukte entfernt und die Qualität des Öls auf diese Weise verbessert. Raffinierte Öle zeichnen sich wegen geringer Gehalte an Hydroperoxiden und freien Fettsäuren durch eine erhöhte Lagerstabilität aus. Allerdings hat das Verfahren auch negative Aspekte, da es teilweise zur Entfernung von wertvollen Antioxidantien und Vitaminen kommt. Außerdem sollten während der Raffination zur Vermeidung von Autoxidation und Polymerisation folgende Kriterien beachtet werden: (1) Abwesenheit von Sauerstoff, (2) Verhinderung von Kontamination mit Schwermetallen, (3) Arbeitstemperatur so niedrig wie möglich und (4) Dauer der thermischen Belastung so kurz wie möglich halten. Der gesamte Prozess der Raffination umfasst vier Hauptverfahrensschritte, wie Abb. 8.6 zeigt: das Entschleimen (Entlecithinieren) des Rohöls, das Entsäuern oder Neutralisieren, das Bleichen sowie den Schritt des Dämpfens, auch Desodorieren genannt.

Die einzelnen Verfahrensschritte der Raffination von Ölen werden nachfolgend näher beschrieben: Zunächst werden im Öl vorhandene Trubstoffe durch Zentrifugation oder Filtration entfernt. Bei phosphatidreichen Rohölen wie Sojaöl und Rapsöl wird der Entschleimung eine Entlecithinierung vorgeschaltet. Mit Wasser und/oder verdünnten Säuren werden Phospholipide in einem Erhitzungsprozess zum Ausquellen gebracht. Dadurch reichern sich Phospholipide in der Grenzschicht Öl/Wasser an. Im Separator wird die gebildete Emulsion anschließend getrennt und das Rohlecithin fließt in der wässrigen Phase mit ab. Lecithin (Phosphatidylcholin; Phosphorsäurediester zwischen Diacylglycerin und Cholin) und die übrigen Phosphatide werden gereinigt und finden u. a. in der Margarine-, Backwaren-, Tütensuppen- oder Speiseeisherstellung Verwendung. Die Aufgabe des Lecithins im Samen ist die Stabilisierung des als Energiereserve gespeicherten Öls. Bei den durch Entschleimung zu entfernenden Trubstoffen handelt es sich meist um Eiweiß-Kohlenhydratverbindungen aus Pflanzenresten (Glykoproteinen). Die Trubstoffe würden anderenfalls einen Bodensatz bilden und die Fließeigenschaften des Öls behindern bzw. Rohre verstopfen. Zur Entschleimung wird dem Rohöl stark verdünnte Phosphorsäure (0,1%) zugefügt, so dass nach einer weiteren Erhitzung die im Öl enthaltenen Proteine und Kohlenhydrate ausfallen. Es erfolgt eine Vakuumfiltration über Cellulosefilter sowie das Abfiltern der Flocken und Phospholipidreste. Der Gehalt freier Fettsäuren kann durch die bisher erwähnten Prozesse je nach Rohöl stark ansteigen. Da freie Fettsäuren einen relativ hohen Schmelzpunkt haben, darüber hinaus schnell oxidieren und somit zu einer Geschmacksbeeinträchtigung des Öls führen können, müssen die freien Fettsäuren durch den Prozess des Entsäuerns eliminiert werden. Für die Entfernung freier Fettsäuren gibt es einerseits physikalische Methoden wie Destillation, Wasserdampfdestillation, selektive Adsorption oder Extraktion sowie chemische Methoden, zu denen die Rückveresterung mit Glycerin und die Neutralisation mit Alkalilauge (<0,1%) oder Ammoniak gehören. Die am häufigsten verwendete Methode ist die Neutralisation mit Alkalilaugen unter Bildung von Seifen und Wasser. Je nach Durchsatzleistung wird ein kontinuierliches oder diskontinuierliches Verfahren angewandt. Das kontinuierliche Verfahren besteht aus einer oder zwei Laugenstufen und einer oder zwei Waschungen. Restphosphatide können gegebenenfalls durch eine vorgeschaltete Säurebehandlung entfernt werden. Nach Erwärmung des Öls erfolgt die Zugabe von Natronlauge und eine anschließende Zentrifugation zur Abtrennung des ausgefallenen Seifenstocks. Das aus dieser ersten Raffinationsstufe hervorgegangene Öl wird nochmals mit schwacher Natronlauge versetzt, der „dünne Seifenstock" entfernt und die restlichen Seifen mit Warmwasser ausgewaschen. Über eine Zentrifuge wird das Waschwasser abgetrennt und vor der Bleichung wird das entstandene Öl durch eine Vakuumtrocknung von der Feuchtigkeit befreit. Entschleimen und Entsäuern durch Zusatz von Alkali werden mitunter kombiniert. Dabei werden die freien Fettsäuren neutralisiert, fallen als Seifenstock aus und reißen die Trubstoffe mit. Es folgt das Bleichen, ein physikalischer Prozess, um Farbstoffe adsorptiv mit Bleicherden aus dem Öl zu entfernen. Es gibt fünf Gruppen von Bleicherden: natürliche, aktivierte und synthetische Bleicherden, Aktivkohle und Silikate. Am häufigsten werden natürliche oder aktivierte Bleicherden wie Kieselerde oder Aktivkohle verwendet. Bleicherden dienen bei diesem Verfahren als Hilfsstoff, indem sie durch die Van-der-Waals-Oberflächenbindungskräfte nahezu alle im Öl vorhandenen Farbstoffe wie Chlorophylle und Carotinoide binden. Weitere Komponenten werden durch kovalente oder Ionenbindungen an die Oberfläche der Bleicherde gebunden und abtransportiert. In Abhängigkeit von der Ölsorte wird dem getrockneten Öl eine dem vorhergesehenen Entfärbungsgrad entsprechende Menge Bleicherde zugefügt, diese wird dann zur Aktivierung erhitzt und über einen kurzen Zeitraum mit dem Öl in Verbindung gehalten. Nach Beendigung wird das Öl filtriert und abgelassen und der Filterkuchen mit Dampf ausgeblasen. Dadurch wird der Ölgehalt des Filterkuchens herabgesetzt. Der Filterkuchen kann mit Heißwasser oder Hexanen extrahiert werden, so dass ein Teil des adsorbierten Öls zurückgewonnen wird. Als Zusatzeffekt werden restliche Alkaliseifen, Schleimstoffe sowie Schwermetalle abgetrennt.

Abschließend wird das Lösungsmittel wieder vollständig aus dem Öl abfiltriert und es folgt die Dämpfung bzw. Desodorierung. Dieser Schritt prägt die Qualität des Endproduktes wesentlich. Wichtig dabei ist eine gute Vorbehandlung der Öle, d. h. sie sollten seifen- und schleimfrei sowie frei von Spurenelementen sein. Die Prinzipien der Desodorierung sind folgende: (1) Lösungsmittelreste und unerwünschte Geruchs- und Geschmackskomponenten entfernen, um somit ein geschmacklich und geruchlich einwandfreies Öl zu produzieren, (2) den Gehalt an freien Fettsäuren auf ein Minimum reduzieren, (3) Peroxide zerstören, um dadurch die Oxidationsstabilität zu verbessern und (4) eine Farbverbesserung durch Zerstörung der Carotinoide mittels Hitzebleichung. Dieses auch als Wasserdampfschleppdestillation bezeichnete Verfahren kann im diskontinuierlichen Chargenbetrieb, semikontinuierlich oder kontinuierlich durchgeführt werden. Das Öl wird hierbei unter Vakuum überhitztem Wasserdampf bei Temperaturen von 180–270 °C für 3–6 h ausgesetzt und anschließend im Apparat selbst oder im nachgeschalteten Vakuumkühler abgekühlt. Bei der Dämpfung isomerisieren in geringem Umfang die Doppelbindungen von Linol- und Linolensäure, so dass Transfettsäuren entstehen.

Dieser Effekt kann genutzt werden, um mittels HPLC-Bestimmung isomerer Linol-
säuren raffinierte von naturbelassenen Pflanzenölen zu unterscheiden. Die Effektivität der Entfernung unerwünschter Stoffe ist von unterschiedlichen Parametern abhängig. Dazu gehören: (1) Dampfdruck der unterschiedlichen Nebenkomponenten,
(2) die Desodorierungsparameter wie Temperatur, Druck und Verweilzeit, (3) die
Menge des austretenden ausziehenden Wasserdampfes sowie (4) die Beschaffenheit
der Behälter bzw. Anlagen. Bevor das Raffinat in Lagertanks oder Verpackungen
abgefüllt werden kann, wird es durch Filtration in Beutel- oder Kerzenfilter nochmals „blank" gefiltert. Dem Öl werden bei diesem Prozess unerwünschte Geruchs-
und Geschmacksstoffe wie Aldehyde, Ketone, Alkohole, Ester, Peroxide, restliche
freie Fettsäuren sowie Kohlenwasserstoffe entzogen, jedoch auch Tocopherole.
Zusätzlich wird die Lagerstabilität verbessert. Besonders wichtig ist, dass hierbei
abschließend nochmals flüchtige Schadstoffe restlos abgeschieden werden. Aus
den überdestillierten so genannten Brüden können die Tocopherole wieder extrahiert werden, so dass die Raffination die Hauptquelle von „natürlichem" Vitamin
E ist. Dabei wird allerdings eine Methylierung vorgenommen, damit aus dem γ-
Tocopherol mehr α-Tocopherol entsteht, welches eine höhere physiologische Aktivität besitzt.

Der zuvor beschriebene Prozess steht für die chemische Raffination, es gibt
jedoch auch ein physikalisches Raffinationsverfahren. Dieses Verfahren hat sich
heutzutage besonders aus wirtschaftlichen und ökologischen Gründen größtenteils
durchgesetzt. Das Blockfließschema der Abb. 8.7 zeigt die grundsätzlichen Verfahrensschritte der chemischen und physikalischen Raffination im Vergleich. Im
Falle der physikalischen Methode erfolgt nach der Entschleimung des Rohöls mit
Citronensäure bereits das Bleichen. Als letzte Schritte erfolgen das Desodorieren
und ein destillatives Entsäuern. Das chemische Verfahren hingegen beginnt mit der
Entlecithinierung und Entschleimung durch Phosphorsäure mit anschließender Ent-

Abb. 8.7 Vergleich physikalischer und chemischer
Raffination

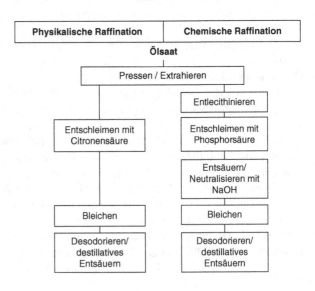

säuerung bzw. Neutralisation des Öls durch NaOH (Natriumhydroxid)-Zugabe. Danach wird das Öl ebenfalls gebleicht und abschließend durch Vakuum-Destillation desodoriert.

Im Gegensatz zum physikalischen Verfahren ohne Entsäuerung/Neutralisation ist das chemische Raffinieren wesentlich aggressiver. Ein geringer Überschuss an NaOH erzeugt üblicherweise ein perfekt neutralisiertes. Auch die freien Fettsäuren werden mit einer ausreichenden Menge NaOH verseift, damit sie ausfallen und entfernt werden können. Diese erhöhten Mengen sichern die Effektivität des jeweiligen Prozesses, aber es gibt auch Nachteile. Wird eine zu hohe Menge NaOH verwandt, birgt dieses den Nachteil einer zusätzlichen Verseifung durch Reaktion mit Triglyceriden und führt zu einem Ölverlust. Folglich steigen die Prozesskosten und die Umweltbelastung erheblich. Aus diesem Grunde wird die Entsäuerung mit Natronlauge nur bei geringen bis mittleren Gehalten an freien Fettsäuren angewandt. Bei hohen Gehalten, wie in Palmöl, wird immer destilliert. Diese Fettsäuren werden anschließend wieder freigesetzt und in der Tierernährung eingesetzt, während die „Destillations-Fettsäuren" aufgrund der thermischen Reaktionen als ungeeignet für jedwede Ernährung gelten.

8.4.3 Einfluss verschiedener Parameter auf die Qualität von Speiseölen (am Beispiel nativen Rapsöls)

Um in den Handel zu gelangen, müssen Speiseöle Mindestqualitätsstandards erfüllen. Die chemischen Beschaffenheitsmerkmale für Speiseöle sind in den Leitsätzen für Speisefette- und -öle festgelegt, wie in Tab. 8.2 ersichtlich.

Die Qualität von Speiseölen ist nicht nur vom Rohstoff und der Art des Herstellungsverfahrens abhängig, sondern auch von vielerlei anderen Faktoren vor, nach und während der Ölgewinnung. Als wichtige Faktoren gelten vor allem die Behandlung des Pressgutes, z. B. das „Saatmanagement", die Saat-Trocknung und -Lagerung vor dem eigentlichen Ölgewinnungsprozess sowie die Pressenparameter während und die Ölreinigung nach der Gewinnung. Schon das Saatmanagement während der Ernte kann einen nachhaltigen Einfluss auf die Ölqualität haben. Negative Auswirkungen auf die sensorische Beschaffenheit der Öle werden u. a. durch

Tab. 8.2 Chemische Beschaffenheitsmerkmale für Speiseöle gemäß den Leitsätzen für Speisefette und -öle[a] des Deutschen Lebensmittelbuches – Leitsätze (2002)

	Säurezahl	Peroxidzahl	Bei 105 °C flüchtige Bestandteile	Unlösliche Verunreinigungen	Erucasäure-Gehalt[b]
Raffiniert	≤0,6	≤5,0	≤0,2%	≤0,05%	<5%
Nativ/nicht raffiniert	≤4,0	≤10,0	≤0,2%	≤0,05%	<5%

[a] Gilt nicht für Olivenöl
[b] Für Rapsöl

„Besatz" – Schotenteile, fremde Saaten (Klettenabkraut, Kamille), Stängelteile – durch mineralische Verunreinigungen sowie einen erhöhten Bruchkornanteil als Folge einer unsachgemäßen maschinellen Ernte verursacht. Ein zu hoher Bruchkornanteil und Auswuchskörner führen zu einem moderigen und stichigen Aroma, während Besatz, besonders Stängelteile, ein strohiges und holziges Aroma fördern. Ein weiteres Problem besteht darin, dass Samen von Wildpflanzen, zu hohe Bruchkornanteile und Auswuchs in der Saat den Gehalt an Chlorophyll und freien Fettsäuren erhöhen und dadurch die Oxidation des Öls beschleunigen können. Bei der Saat-Trocknung hat die Trocknungstemperatur den entscheidenden Einfluss auf die Qualität der nativen Öle. Saaten, die bei 40 °C getrocknet wurden, führen zu Ölen mit einem saatigen und nussigen Aroma. Wird die Saat hingegen bei höheren Temperaturen getrocknet, hat dieses eine deutliche Verschlechterung der sensorischen Eigenschaften (moderig, stichig, adstringierend) zur Folge. Zusätzlich kommt es zu einer deutlichen Verschlechterung von chemischen Parametern, gekennzeichnet durch einen erniedrigten Tocopherol-Gehalt sowie erhöhte Werte der freien Fettsäuren und einer hohen Peroxidzahl. Bei der anschließenden Lagerung der Saat spielt neben dem Lagertyp die Temperatur und Belüftung der Saat bzw. die Lagerfeuchte die entscheidende Rolle. Beträgt die Lagerfeuchte >7%, kommt es zu einer schnellen Bildung moderig-stichiger Aromakomponenten im nativen Öl. Außerdem führen bereits kurze Lagerzeiten bei hohen Feuchtigkeitsgehalten (z. B. auf dem Anhänger) zu einer Verschlechterung der Ölqualität mit erhöhter Peroxidzahl und gesteigerten Gehalten an freien Fettsäuren. Der Prozess der Rücktrocknung zu feuchter Saat kann die Qualität nativer Öle hingegen nur noch geringfügig verbessern. Auch die Pressparameter bei der Saatenpressung wie Pressentyp, Schneckendrehzahl, Presskopftemperatur oder Durchmesser der Pressdüse können die Ölqualität beeinflussen. Zwar bleibt der sensorische Eindruck weitgehend unbeeinflusst (bestes Ergebnis mit 8 mm Pressdrüse, unabhängig von der Schneckendrehzahl), aber die chemischen Parameter verändern sich in Abhängigkeit der Pressenparametern. Besonders die Chlorophyll- und Phosphorgehalte variieren stark, der Einfluss auf die Parameter Peroxidzahl, Rauchpunkt, Gehalt freier Fettsäuren, Oxidationsstabilität und Tocopherol-Gehalt sind jedoch gering. Die Fettsäurezusammensetzung und der Anteil flüchtiger Bestandteile bleiben weitgehend unbeeinflusst durch die Pressparameter bei der Ölgewinnung. Nach dem eigentlichen Gewinnungsprozess erfolgt die Ölreinigung mit dem Ziel, das zweiphasige Stoffgemisch aus Öl (flüssige Phase) und Reste von Samenpartikeln (feste Phase) zu trennen. Dafür eignen sich zwei Verfahren, nämlich die Sedimentation und die Filtration. Schließlich wird die Ölreinigung hinsichtlich der Art des Reinigungsverfahrens und der Verweildauer des Öls auf dem „Trub" (trübe Phase mit hohen Anteilen an festen Partikeln) unterschieden. Die besten sensorischen Eigenschaften bei Ölen ergeben sich durch kontinuierliche Sedimentation über vier Tage (saatiger und nussiger), während eine Batch-Sedimentation und Kammerfiltration weniger gute Ergebnisse liefern. Auch die chemischen Parameter werden mit beeinflusst. Zwar bleibt die Peroxidzahl durch Lagerung der Öle auf dem Trub unbeeinflusst, aber es kommt zu einem deutlichen Anstieg des Gehaltes an freien Fettsäuren (besonders bei der Batch-Sedimentation über 21 Tage) und in Folge dessen zu einer verminderten Lagerstabilität. Im Falle von nativen Ölen führt wegen noch vorhandener Enzymaktivitäten ein zu langer Kontakt von Öl mit dem Trub zu einer Verschlechterung der Ölqualität.

8.4.4 Modifikation von Speiseölen

Die Modifikation von Ölen umfasst alle technologischen Verfahren, die dazu verwendet werden, Eigenschaften von Fetten überwiegend im physikalischen Verhalten künstlich zu verändern und den gewünschten Eigenschaften anzupassen. Ziel einer solchen Modifikation ist zum einen eine Erhöhung des Handels- und Gebrauchswertes von Fetten und zum anderen die Herstellung von Spezialprodukten. Eine Modifikation kann durch folgende vier Verfahren durchgeführt werden: (1) Fraktionierung (physikalisch), (2) Winterisierung (physikalisch), (3) Umesterung (physikalisch-chemisch) und (4) Härtung/Hydrierung (chemisch). Bei der **Fraktionierung** bleiben die Fettmoleküle selbst unangetastet. Häufig wird die Fraktionierung in Fetten direkt durchgeführt, seltener in einer Mischung (Miscella) der Öle mit Lösungsmitteln (Aceton, Hexan) oder unter Zusatz von Detergentien. Einzelne Fettfraktionen bzw. unerwünschte Beiprodukte werden aufgrund ihrer unterschiedlichen Schmelzpunkte (Trockenfraktionierung) oder unterschiedlicher Löslichkeiten (Nassfraktionierung) voneinander getrennt. Dabei werden die Fette industriell abgekühlt, bis ein Teil der Triglyceride (insbesondere die mit vielen gesättigten Fettsäuren) anfängt auszukristallisieren. Anschließend werden die Öle blank gefiltert. Ein in diesem Verfahren häufig eingesetztes Fett ist Palmöl. Das Öl wird durch eine einfache Trennung in eine Palmolein- und eine Palmstearin-Fraktion getrennt mit jeweils erhöhten Anteilen an ungesättigten bzw. gesättigten Fettsäuren. Der Einsatz fester Palmölfraktionen kann u. a. in der Produktion von Überzugsfetten oder in der Herstellung von Kakaobutterersatzfetten erfolgen.

Eine einfachere Form der Fraktionierung stellt die **Winterisierung** von Speiseölen dar. Dabei werden kälteunbeständige Fette industriell abgekühlt und anschließend blank gefiltert. Dieser Prozess verhindert das Abscheiden fester Bestandteile bei längerer Aufbewahrung unter 4 °C (früher im Winter auftretend) und stellt lediglich ein „kosmetisches" Verfahren dar, damit Öle auch bei Kühlschranktemperaturen noch ein klares Erscheinungsbild haben. Aus dem ursprünglich in den USA so behandelten Baumwollsaatöl wurden dabei gleichzeitig noch diverse Wachse entfernt.

Ein weiteres Verfahren zur Modifikation von Fetten bietet die **Umesterung** (siehe Abb. 8.8).

Die Fettbausteine selbst bleiben bei diesem Verfahren unverändert, vielmehr werden die Fette aus denselben Bausteinen neu zusammengesetzt. Auf diese Weise können Konsistenz und Schmelzverhalten der Fette gezielt verändert und ein „maßgeschneidertes" Fett hergestellt werden. Durch eine Katalysator-beschleunigte (Natriummethylat-)Reaktion können im Zuge einer Einphasenumesterung Acylreste statistisch über alle Glyceride verteilt werden. Im Zuge einer gelenkten Umesterung wird durch Auskristallisation knapp unterhalb der Schmelztemperatur und me-

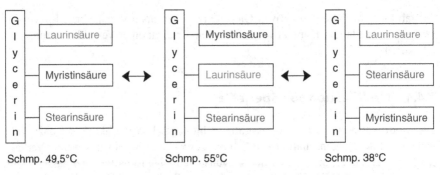

Schmp. 49,5°C   Schmp. 55°C   Schmp. 38°C

Abb. 8.8 Die Umesterung am Beispiel eines Triglycerids (Wisker et al. 2006)

chanische Abscheidung der höher schmelzenden (mehr gesättigten) Fraktion eine gewisse selektive Steuerung der Fettsäureklassifizierung erreicht. Es können sowohl einzelne Fette als auch Fettmischungen bei diesem Prozess eingesetzt werden. Eine wichtige Bedeutung hat dieses Verfahren in der Margarineproduktion. Eine relativ neue Methode ist die positionsspezifische, lipasekatalysierte Umesterung. Sie garantiert Positions- und Substratspezifität einschließlich der Stereoselektivität (sn-1,2,3-Unterscheidung). Allerdings besitzen die meisten bis heute gefundenen Lipasen nur sn-1- und sn-3-Spezifität und es gibt nur wenige mit sn-2-Spezifität. Aus diesem Grunde wird die Technik eher eingesetzt, um gewünschte Fettsäuren in bestimmte Positionen zu bringen und damit ihre Absorption zu forcieren oder zu unterdrücken. Ein Beispiel ist die Umesterung von Fischölen, die häufig eine langkettige ω-3-PUFA an der sn-2-Position besitzen. Fettsäuren an der sn-2-Position werden besonders gut absorbiert. Dazu können die sn-1 und sn-3 Positionen nach Wunsch selektiv besetzt werden.

Ende des 19. Jahrhunderts gewann die **Fetthärtung** immer mehr an Bedeutung. Grund hierfür war ein weit über der Nachfrage liegendes Angebot an Nahrungsölen. Da die Nachfrage an festen Fetten steigend war, konnte dies im Zuge der Fetthärtung ausgeglichen werden. Dem Prinzip der Fetthärtung liegt die Anlagerung von Wasserstoff an die Doppelbindungen ungesättigter Fettsäuren zugrunde. Infolgedessen kommt es zur Reduktion der Doppelbindungen zu gesättigten Einfachbindungen. Eine partielle oder vollständige Hydrierung kann durch die Wahl geeigneter Katalysatoren (Nickel, Kupfer, Nickelsulfid) erreicht werden. Partielle Hydrierung führt zu Monoenfettsäure-reichen Ölen mit einer hohen Oxidationsstabilität. Bei dem Prozess können jedoch auch Transfettsäuren als unerwünschte Nebenprodukte entstehen. Gehärtete Fette sind vor allem in Brat-, Koch- und Backfetten enthalten. Ziel einer solchen Fetthärtung sind die Schmelzpunkterhöhung und Stabilisierung hoch ungesättigter Öle, z. B. für den Einsatz als Frittieröl. Ein Beispiel dafür ist ein Sojaöl mit einer erhöhten Oxidationsstabilität. Durch partielle Hydrierung wird Linolensäure hydriert bei weitgehender Erhaltung der Linolsäure. Gehärtete Öle werden zumeist zwei Mal zumindest teilraffiniert. Vor der Hydrierung müssen Spurenelemente und Oxidationsprodukte entfernt werden, da sie als „Katalysatorgifte" die Härtung beeinflussen. Nach der Härtung müssen Reste der Katalysatoren sowie entstandene Bruchstücke der Fettsäuren durch eine erneute Raffination wieder entfernt werden.

8.5 Zusammensetzung: Fettsäuren, fettlösliche Vitamine und sekundäre Pflanzenstoffe

Insgesamt machen die geschmacksgebenden und stabilisierenden Fettbegleitstoffe zumeist weniger als 3% des Öls aus. Der Tab. 8.3 sind die Fettsäurezusammensetzungen, die Gehalte an den fettlöslichen Vitaminen E und K, an Carotinen sowie die Sterinzusammensetzungen ausgewählter Pflanzen- und Samenöle zu entnehmen.

Phytosterine: Phytosterine sind dem Cholesterin verwandte Pflanzensteroide und kommen hauptsächlich in fettreichen Pflanzenteilen vor. Pflanzenöle verfügen über unterschiedlich hohe Phytosteringehalte, wobei kaltgepresste, native Öle höhere Werte aufzeigen als die raffinierten Vergleichsprodukte. Soja-, Sonnenblumen- und Maiskeimöle (952 mg/100 g Öl) sind reich an Phytosterinen, den Hauptanteil machen die Steroide β-Sitosterin, Campesterin und Stigmasterin (siehe Abb. 8.9) aus. Die tägliche Zufuhr beträgt ca. 150–400 mg pro Person, jedoch ist die Absorptionsrate relativ gering (<5%).

Es wird eine cholesterinsenkende Wirkung von Phytosterinen postuliert: Phytosterine hemmen kompetitiv die Cholesterinabsorption und senken Gesamt- und LDL-Cholesterin. Die Lebensmittelindustrie hat phytosterinangereicherte Lebensmittel, als so genannte *funktionelle Lebensmittel*, in Form von Margarine, Milch und Milchprodukten in den Markt gebracht.

8.6 Speiseöle in der Ernährung des Menschen

Speiseöle sind in der Ernährung des Menschen nicht nur als wichtige Energielieferanten, sondern auch als Geschmacks- und Aromaträger von besonderer Bedeutung. Darüber hinaus dienen Speiseöle als Quelle für essentielle Fettsäuren, fettlösliche Vitamine E (Tocopherole) und K sowie Carotine und sekundäre Pflanzenstoffe. Mit Ausnahme von Kokos- und Palmfett verfügen pflanzliche Fette bzw. Öle meist über einen hohen Anteil einfach und mehrfach ungesättigter Fettsäuren. Die Vitamine des Öls sind nicht nur wichtige Mikronährstoffe, sondern spielen auch für die Lagerungsstabilität der Öle eine entscheidende Rolle, da diese die Oxidationsstabilität erhöhen können (z. B. Tocopherole). Nicht nur der Rohstoff, also die öliefernden Samen oder das öliefernde Fruchtfleisch per se, sondern auch das Herstellungsverfahren haben einen maßgeblichen Einfluss auf die Qualität des Öls.

Laut DGE-Ernährungsbericht hat der Speiseölkonsum im Vergleich zu 1999 abgenommen. Im Jahr 2006 wurden pro Kopf ca. 16 kg Speiseöle und -fette verbraucht und damit drei Kilogramm weniger als 1999, davon entfielen allein ca. zwei Drittel auf Speiseöle. Der tägliche Verzehr pflanzlicher Fette und Öle beträgt ca. 20 g/Kopf, wobei es altersbedingte und regionale Schwankungen gibt.

Tab. 8.3 Übersicht der Fettsäurezusammensetzung und Gehalte an fettlöslichen Vitaminen und sekundären Pflanzenstoffen in ausgewählten Fruchtfleisch- und Samenfetten (Souci et al. 2008)

	Fruchtfleischfette		Samenfette			
	Olivenöl	Palmöl	Leinöl	Rapsöl[a]	Sojaöl[a]	Sonnen-blumenöl[a]
Mittlere Fettsäure-zusammensetzung (g/100 g Öl)						
Myristinsäure 14:0	k. A.	1	k. A.	k. A.	k. A.	k. A.
Palmitinsäure 16:0	10,8	42,1	5,7	4,6	10,6	6,1
Palmitoleinsäure 16:1 (9)	1,2	0,5	k. A.	0,6	0,5	0,5
Stearinsäure 18:0	2,8	4,8	3,8	1,5	3,7	4,4
Ölsäure 18:1 (9)	69,4	36,3	19,1	52,2	18,6	19,9
Linolsäure 18:2 (9, 12)	8,3	9,6	14,3	22,4	52,9	63,1
Linolensäure 18:3 (9, 12, 15)	0,9	0,5	52,8	9,6	7,7	0,5
Arachinsäure 20:0	0,4	0,5	k. A.	0,5	0,5	0,4
Gadoleinsäure 20:1 (9)	k. A.	k. A.	k. A.	4,5	k. A.	k. A.
Erucasäure 22:1 (9)	k. A.	k. A.	k. A.	0,6	k. A.	k. A.
Lignocerinsäure 24:0	k. A.	k. A.	k. A.	0,6	k. A.	k. A.
Tococromanolgehalt (mg/100 g Öl)						
Vitamin-E-Aktivität	12	9,5	5,8	23	17	63
Gesamttocopherolgehalt	13	27	59	65	108	67
α-Tocopherol	12	7,4	0,5	19	9,5	62
β-Tocopherol	0,1	k. A.	k. A.	k. A.	1,3	2,3
γ-Tocopherol	1,3	k. A.	57	49	70	2,7
δ-Tocopherol	k. A.	k. A.	0,8	1,2	29	k. A.
α-Tocotrienol	k. A.	6,3	k. A.	k. A.	k. A.	k. A.
β-Tocotrienol	k. A.	0,8	k. A.	k. A.	k. A.	k. A.
γ-Tocotrienol	k. A.	11	k. A.	k. A.	k. A.	k. A.
δ-Tocotrienol	k. A.	3,3	k. A.	k. A.	k. A.	k. A.
Weitere fettlösliche Vitamine und Carotine (µg/100 g Öl)						
Retinoläquivalente	37	4.300	k. A.	550	583	4,3
Gesamtcarotinoide	220	31.000	k. A.	3.300	3.500	26
α-Carotin	k. A.	9.400	k. A.	k. A.	k. A.	k. A.
β-Carotin	220	21.000	k. A.	3.300	3.500	26
Vitamin K	33	8	k. A.	150	138	9,4
Mittlere Sterolzusammensetzung (mg/100 g Öl)						
Gesamtsterolgehalt	141	40	414	253	340	350
Freie Sterole	60	30	k. A.	k. A.	320	160
Brassicasterol	k. A.	k. A.	3,2	23	k. A.	Spuren
Campesterol	3,3	6,8	115	95	65	32
Cholesterin	1,2	1,3	4,3	2,1	1,6	0,5

Tab. 8.3 (Fortsetzung)

	Fruchtfleischfette		Samenfette			
	Olivenöl	Palmöl	Leinöl	Rapsöl[a]	Sojaöl[a]	Sonnen-blumenöl[a]
β-Sitosterol	127	28	202	129	194	210
Stigmasterol	1,3	4,0	30	3,9	71	35
Stigmasterol-D7	k. A.	k. A.	k. A.	k. A.	k. A.	36
D5-Avenasterol	16	k. A.	58	k. A.	k. A.	17
D7-Avenasterol	k. A.	k. A.	2,5	k. A.	k. A.	k. A.

k. A. keine Angaben
[a] raffiniertes Öl

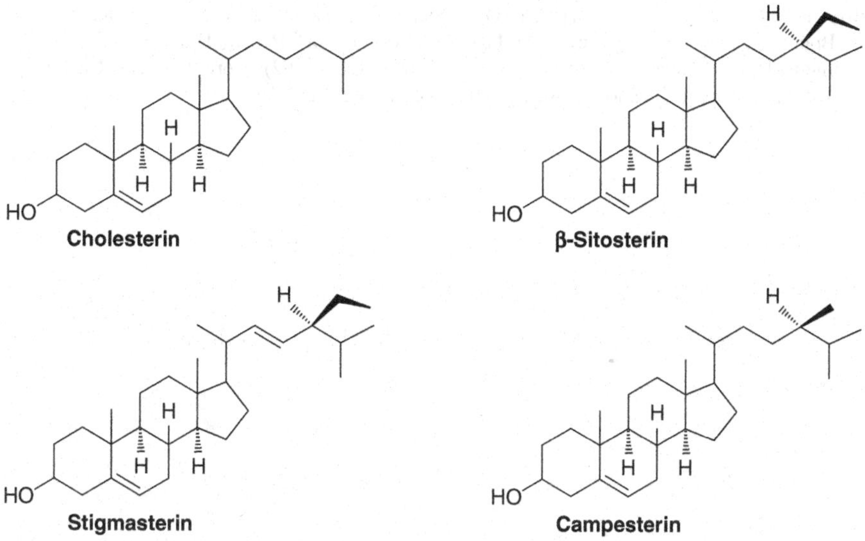

Abb. 8.9 Cholesterin und die Phytosterine: *β-Sitosterin, Campesterin* und *Stigmasterin*

Im Modell der dreidimensionalen Lebensmittelpyramide erhalten Öle und Fette wegen ihrer besonderen Bedeutung in der Ernährung des Menschen eine eigene Seite. Die DGE empfiehlt neben 15–30 g Streichfetten (Butter und/oder Margarine) 10–15 g hochwertige Speiseöle wie z. B. Raps- und Walnussöl gefolgt von Soja-, Weizenkeim- und Olivenöl. Eine besondere Bedeutung für die Bewertungskriterien von Ölen haben das Fettsäuremuster, speziell die Anteile gesättigter, einfach ungesättigter und mehrfach ungesättigter, essentieller Fettsäuren, sowie der Vitamin-E-Gehalt. Junge Erwachsene sollten mindestens 3% der aufgenommenen Energiemenge als Omega-6-Fettsäuren (in Form von Linolsäure) und mindestens 0,5% als Omega-3-Fettsäuren (in Form von α-Linolensäure) zu sich nehmen, bzw. sollte das Verhältnis von Omega-6-Fettsäuren zu Omega-3-Fettsäuren 5:1 betragen.

Bibliographie

American Oil Chemists' Society (1999): Physical Properties of Fats, Oils and Emulsifiers. Widlak, N. (Hrsg.). 1. Auflage, AOCS Press, Champaign.

Bockisch, M. (1993): Handbuch der Lebensmitteltechnologie – Nahrungsfette und Öle. Ulmer Verlag, Stuttgart.

Carr, R. A. (1997): Oilseeds Processing. In: Wan, P. J., Wakelyn, P. J. (Hrsg.): Technology and Solvents for Extracting Oilseeds and Nonpetroleum Oils. AOCS Press, Champaign.

Krist, S., Buchbauer, G., Klausberger, C. (2008): Lexikon der pflanzlichen Öle und Fette. 1. Auflage, Springer Verlag, Wien.

Lawson, H. (1995): Food Oils and Fats: Technology, Utilization and Nutrition. 1. Auflage, Springer Verlag, New York.

Leitsätze für Speisefette und -öle vom 17. 4. 1997 (BAnz. Nr. 239a vom 20. 12. 1997, GMBl. Nr. 45 S. 864 vom 19. 12. 1997), geändert am 2. 10. 2001 (BAnz. Nr. 199 vom 24. 10. 2001, GMBl Nr. 38; 754 ff vom 30. 10.2001).

Lobitz, R. (2006): Speisefette. 14. überarbeitete Auflage, aid-Infodienst, Bonn.

Roth, L. & Kormann, K. (2005): Atlas of Oil Plants and Vegetable Oils: Fats, Waxes, Fatty Acids, Botany, Ingredients, Analytics. 1. Auflage, Agrimedia GmbH, Bergen, Dumme.

Salunkhe, D. K., Chavan, J. K., Adsule, R. N., Kadam, S. S. (1992): World Oilseeds: Chemistry, Technology and Utilization. 1. Auflage, Springer Verlag, New York.

Obst und Gemüse

9

Inhaltsverzeichnis

© Springer-Verlag Berlin Heidelberg 2015
G. Rimbach et al., *Lebensmittel-Warenkunde für Einsteiger*, Springer-Lehrbuch,
DOI 10.1007/978-3-662-46280-5_9

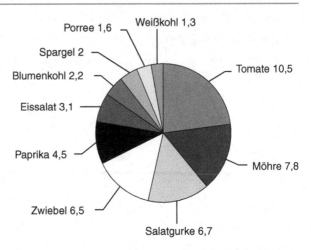

Abb. 9.1 Die zehn meist gekauften Gemüsearten in Deutschland im Jahr 2007 in Kilogramm pro Kopf und pro Jahr (Daten: ZMP)

9.1 Produktion und Verbrauch

Der Gemüseanbau hat in Deutschland im Jahre 2008 mit einer Anbaufläche von etwa 112.000 ha ein Rekordniveau erreicht. Nach Berechnungen des Statistischen Bundesamtes ist auch die Erntemenge mit ca. 3,23 Mio. t Gemüse (davon über 3 Mio. t aus Freilandanbau) so hoch wie nie. Der Gewächshausanbau, der vor allem bei Tomaten, Gurken und Feldsalat angewandt wird, und der Freilandanbau haben sich flächenmäßig ausgedehnt. Zu den bedeutendsten Kulturen im Freilandgemüseanbau zählen Spargel, Möhren und Zwiebeln. Die Schwerpunkte des Freilandgemüseanbaus in Deutschland liegen in Nordrhein-Westfalen, Niedersachsen, Rheinland-Pfalz und Bayern. Im Jahre 2008 wurden in Deutschland etwa 11,3 Mio. t Kartoffeln geerntet. Zusammen mit den Einfuhren lag das Kartoffelangebot bei 12,7 Mio. t. Die Kartoffelexporte beliefen sich auf etwa 1,5 Mio. t, wobei die Niederlande der mit Abstand größte Abnehmer sind. Der Champignonanbau im Jahre 2007 betrug etwa 55.000 t, wovon der größte Teil für den Frischmarkt und ein geringerer Anteil für die Weiterverarbeitung bestimmt waren. Mit Ausnahme von Pfifferlingen und braunen Champignons war der Verbrauch von Pilzen im Jahr 2007 rückläufig. Die Einkäufe der Privathaushalte beliefen sich auf etwa 41.500 t Pilze im Jahr.

Die Absatzmenge des gesamten Gemüseverkaufs der deutschen Erzeugermärkte betrug 2007 etwa 810.000 t. Gut die Hälfte davon, vor allem Rot- und Weißkohl sowie Zwiebeln, wurde exportiert. Zu den wichtigsten Abnehmerländern für deutsches Gemüse gehören die Niederlande, Österreich, Italien, Schweden, Frankreich, Dänemark und die Tschechische Republik. Obwohl sich der Gemüseexport in Deutschland innerhalb der vergangenen zehn Jahre nahezu verdreifacht hat, ist Deutschland mit ca. 3 Mio. t der wichtigste Nettoimporteur von Frischgemüse in Europa. Laut Gfk ist der Gemüseeinkauf der Privathaushalte im Jahre 2007 leicht angestiegen auf durchschnittlich ca. 63,4 kg Gemüse pro Haushalt. Die Verbraucherpräferenzen sind dabei schon seit Jahren konstant geblieben. Zu den meist gekauften Gemüsearten gehören Tomate, Möhre und Salatgurke (siehe Abb. 9.1).

Abb. 9.2 Die zehn meist gekauften Obstarten in Deutschland im Jahr 2007 in Kilogramm pro Kopf und pro Jahr (Daten: ZMP)

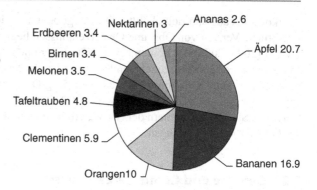

Den Ergebnissen der NVS II (2005–2006) zu Folge erreichen nur knapp mehr als 10% der Studienteilnehmer die Verzehrempfehlungen der DGE von 400 g Gemüse pro Tag. Frauen verzehren durchschnittlich 243 g Gemüse, Gemüseerzeugnisse und Gerichte auf Basis von Gemüse (inkl. Pilze und Hülsenfrüchte) am Tag, während Männer auf etwa 222 g/Tag kommen. Der Verzehr von Kartoffeln, Kartoffelerzeugnissen und Gerichten auf Basis von Kartoffeln beträgt im Mittel 91 g/Tag bei Männern und 71 g/Tag bei Frauen. Vor allem bei älteren Männern und Frauen sind Kartoffeln relativ beliebt. Knapp ein Drittel des in Deutschland konsumierten Gemüses wird als Frischware gekauft. Konserven machen etwa ein Fünftel des Gemüsekonsums aus und der Rest entfällt auf Tiefkühlware. In den letzten Jahren ist der Absatz an Tiefkühlgemüse stetig angestiegen.

Nach Angaben des Statistischen Bundesamtes betrug die Obsternte in Deutschland im Jahre 2007 ca. 1,42 Mio. t. Etwa drei Viertel der Gesamtobsternte entfiel auf Äpfel. Mit einem Anteil von gut einem Zehntel machen Erdbeeren den zweitgrößten Anteil des Obstanbaus aus. Weitere knappe 5% entfallen jeweils auf Birnen, Süß- und Sauerkirschen sowie Pflaumen/Zwetschgen. Die Obsternte im Jahre 2007 war die höchste seit fast zehn Jahren, obwohl die Gesamtanbaufläche von Baumobst und Erdbeeren im selben Jahr etwas zurückgegangen ist auf 60.800 ha. Besonders große Anbaugebiete liegen in Baden-Württemberg (Bodenseeregion) und in Niedersachsen (Niederelbe).

Der ökologische Landbau hat in den vergangenen Jahren auch beim Gemüse- und Obstanbau immer mehr an Bedeutung gewonnen. Derzeit werden etwa 10% der Gemüseanbaufläche und 8% der Obstanbaufläche in Deutschland nach ökologischen Richtlinien bewirtschaftet.

Die Erzeugermärkte konnten im Jahre 2007 einen Absatz von knapp 8 Mio. t Obst verzeichnen. Der Frischobsteinkauf der Verbraucher lag 2007 mit etwa 86 kg je Privathaushalt etwas niedriger als im Vorjahr. Die Verbraucherpräferenzen haben sich dabei in den vergangenen fünf Jahren kaum geändert: Äpfel, Bananen und Orangen sind die in Deutschland meist gekauften Obstsorten (siehe Abb. 9.2).

Bei den Äpfeln sind besonders die Sorten Elstar, Braeburn, Gala/Royal Gala, Jonagold und Jonagored/Red Prince beliebt. Allgemein bevorzugen die Verbraucher zu über 90% frisches Obst. Konserven machen knapp ein Zehntel des gesamten

Obstkonsums aus und tiefgekühltes Obst liegt bei unter einem Prozent. Der durchschnittliche Verzehr von Obst und Obsterzeugnissen liegt nach den Ergebnissen der NVS II (2005–2006) bei Frauen bei ca. 270 g/Tag und bei Männern mit ca. 222 g/ Tag etwas niedriger. Mit zunehmendem Alter ist ein Anstieg des Obstkonsums zu verzeichnen. Die DGE-Empfehlungen von 250 g Obst (inkl. Obsterzeugnisse) am Tag werden immer noch von dem größten Teil der Bevölkerung unterschritten. Unter den Studienteilnehmern der NVS II erreichen nur 40% der Männern und 60% der Frauen die Empfehlungen.

9.2   Gemüse und Gemüseerzeugnisse

9.2.1   Definition und Einteilung

Gemüse wurde vermutlich schon in frühesten Kulturen angebaut. Im alten Ägypten fand wahrscheinlich schon der Anbau von Bohnen, Knoblauch, Kürbis, Melonen und Zwiebeln statt. Erst ab ca. 400 n. Chr. wurden Lauch, Knoblauch und Zwiebeln auch auf dem Gebiet des heutigen Deutschlands angebaut. Zur Zeit des Mittelalters etwa wurden dann auch Kohl, Mangold, Wirsing und Radieschen aus den romanischen Ländern eingeführt. Das Wort Gemüse stammt von dem mittelhochdeutschen Begriff „G'müs" (Brei aus gekochten Nutzpflanzen) ab und weist auf die Eigenschaft hin, dass Gemüse vor dem Verzehr überwiegend gekocht oder anderweitig zubereitet wird. Der Oberbegriff Gemüse steht für alle essbaren Pflanzenteile (Blätter, Früchte, Knollen, Stängel, Wurzel u. a.) krautiger, wild wachsender oder kultivierter, überwiegend einjähriger Pflanzen. Ausnahmen bilden mehrjährige Stängelgemüse wie Spargel und Rhabarber. Gemäß der Definition fallen Kartoffeln auch unter den Begriff Gemüse, diese gelten jedoch als eigenständiges Handelsgut. Pilze sind im engeren Sinn kein Gemüse, da sie keine Pflanzen sind, sondern sie bilden in der Biologie ein eigenes Reich der „Fungi". In Abhängigkeit vom Cellulosegehalt bzw. von der Cellwandstruktur kann zwischen cellulosearmem *Feingemüse* (z. B. Blumenkohl, Lauch, Salat, Spargel) und cellulosereichem *Grobgemüse* (z. B. Bohnen, Kohl, Möhren, Rettich) unterschieden werden. Genauer ist jedoch die Einteilung nach Art der genutzten Pflanzenteile (siehe Abb. 9.3). Ein weiteres Unterscheidungskriterium bietet die Art des Anbaus. Zum einen kann zwischen Wild- und Kulturgemüse und zum anderen zwischen Freiland- und Treibhausgemüse differenziert werden (siehe Abschn. 9.4.1).

9.2.2   Kartoffeln

Kartoffeln (*Solanum tuberosum*) werden in vielen Ländern als Knollengemüse eingeordnet. In Deutschland zählt die Kartoffel aber genau genommen zu den landwirtschaftlichen und nicht zu den gärtnerischen Kulturen. Kartoffelpflanzen sind Nachtschattengewächse, die ursprünglich aus den Anden stammen. Mitte des 16. Jahrhunderts wurden Kartoffeln von den Seefahrern erstmals in Spanien ein-

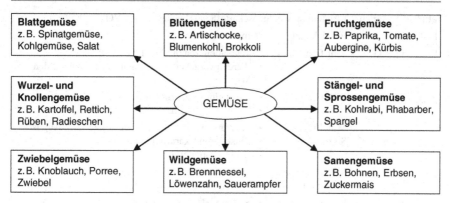

Abb. 9.3 Einteilung von Gemüse nach verwendetem Pflanzenteil

geführt, von wo aus sich die Knollen in Europa verbreiteten. Wirtschaftliche Bedeutung erlangten Kartoffeln dennoch erst gegen Ende des 18. Jahrhunderts (in Deutschland nicht zuletzt durch ein Edikt Friedrichs des Großen in Preußen von 1756, dem sog. Kartoffelbefehl, der besagte, dass auf allen freien Flächen Kartoffeln anzubauen seien). Die Produktivität pro Flächeneinheit ist bei Kartoffeln relativ hoch. In den verdickten, unterirdischen Sprossknollen (ca. 10–25 pro Pflanze) ist viel Stärke gespeichert, da diese der vegetativen Fortpflanzung dienen. Die Pflanzen gedeihen am besten im kühl-gemäßigten mitteleuropäischen Klima. Zu den Haupterzeugerländern gehören Deutschland, China, Russland, Polen, Frankreich, England, Italien, Spanien und die Niederlande.

Von April bis Mai werden die Saatkartoffeln gesät und die Ernte bzw. die Rodung findet im Herbst nach etwa fünf Monaten statt, wenn der Stärkegehalt maximal ist. In Abhängigkeit vom Erntedatum wird zwischen Speise- und Speisefrühkartoffeln differenziert. Erfolgt die Rodung der auch unter die Hackfrüchte eingereihten Knollen vor dem 1. August, dürfen die Kartoffeln unter der Vermarktungsbezeichnung „Speisefrühkartoffeln" verkauft werden. Gemäß der UN/ECE (Genf) lautet die internationale Definition: „Speisefrühkartoffeln sind vor der vollständigen Reife geerntete Kartoffeln, die sofort nach der Rodung vermarktet werden und deren Schale sich durch Reiben oder Schaben leicht entfernen lässt". Im Gegensatz zu den nach dem 1. August geernteten „normalen" Speisekartoffeln sind die Frühkartoffeln nicht für die Lagerung geeignet. Speisefrühkartoffeln sollten maximal zwei Wochen an einem dunklen, kühlen Ort gelagert werden. Mittelfrühe bis späte Kartoffelsorten können in Kisten an trockenen, dunklen und geruchsneutralen Orten mit ausreichender Luftzirkulation bei 4–6 °C für längere Zeit eingelagert werden.

Jährlich wird vom Bundessortenamt eine beschreibende Sortenliste mit etwa 120 Kartoffelsorten veröffentlicht. Der Sortenkatalog der Europäischen Gemeinschaft umfasst sogar 450 Kartoffelsorten. Die Einteilung der Kartoffelsorten wird gemäß der Handelsklassen-VO vom Bundessortenamt anhand mehrerer Kriterien getroffen (siehe Tab. 9.1). Bei der Zuordnung der Kartoffeln nach Kocheigenschaften spielen Kriterien wie Geschmack und Konsistenz eine Rolle. In der Handelsklassen-VO sind unter anderem die Güteeigenschaften festgelegt, die Speisekartoffeln besit-

Tab. 9.1 Kriterien zur Einteilung von Speisekartoffeln (Handelsklassen-VO)

Kriterium	Bezeichnung	Bemerkung
Erntezeitpunkt	Sehr frühe Sorte	• Vegetationszeit 90–110 Tage • Werden vorgekeimt und kommen im Juni auf den Markt
	Frühe Sorte	• Vegetationszeit 110–120 Tage • Bedingt lagerfähig
	Mittelfrühe Sorte	• Vegetationszeit 120–140 Tage (Ernte Ende August) • Einkellerungskartoffeln • Größte Sortengruppe
	Mittelspäte bis späte Sorte	• Vegetationszeit 140–160 Tage • Einkellerungskartoffeln
Kocheigenschaften	Festkochend (f)	• Schale platzt beim Kochen nicht auf • Verwendung: Kartoffelsalat, -chips, Bratkartoffeln
	Vorwiegend festkochend (vf)	• Schale platzt beim Kochen leicht auf • Verwendung: Salz-, Pell-, Bratkartoffeln
	Mehlig kochend (m)	• Schale platzt beim Kochen stark auf • Verwendung: Eintöpfe, Kartoffelpüree, -knödel, -kroketten, -puffer, Folienkartoffeln
Handelsklasse	„Extra"	• Spitzenqualität (besonders sauber, feste Schale, helle bis mittlere Färbung)
	„1"	• Gehobene Qualität

zen müssen, um in die beiden besten Handelsklassen „1" (gehobene Qualität) oder „Extra" (Spitzenqualität) eingestuft zu werden. Durch die Handelsklassen ist geregelt, welche Mängel und Toleranzen in Qualität und Größensortierung eingehalten werden müssen. Zu den gültigen Güteeigenschaften zählen: gesund, ganz, sauber (frei von erkennbaren inneren und äußeren Mängeln), fest, Keime <2 mm sowie frei von fremdem Geruch und Geschmack. Für die Größe der Knollen sind je nach Form Mindestwerte vorgeschrieben. Dabei wird zwischen langovalen bis langen Sorten (>30 mm), runden bis ovalen Sorten (>35 mm) und Drillingen (<25 mm) unterschieden. Der Begriff „Drillinge" steht für eine Kleinsortierung aus beiden Handelsklassen.

Zu den vorwiegend in Deutschland angebauten Kartoffelsorten gehören u. a.:

- **Sehr frühe Sorten:** Christa vf, Gloria vf, Hela vf, Saskia vf
- **Frühe Sorten:** Cilena f, Ilona m, Sieglinde f, Belana f
- **Mittelfrühe Sorten:** Gesa vf, Granole vf, Hansa f, Irmgard m
- **Mittel- bis sehr späte Sorten:** Aula m, Isola vf, Saturna m

Je nach Kartoffelsorte unterscheiden sich die Knollen in der Größe, Form (rund, oval, nierenförmig), Schalenfarbe (weißlich, hellgelb, ockergelb, bräunlich, hellrot, violett) und Fleischfarbe (weißlich, gelb, dunkel violett). Von der gesamten Kartoffelernte werden je ein Fünftel für den direkten Verzehr als so genannte *Speisekartoffeln* sowie als Industriekartoffeln zur industriellen Weiterverarbeitung verwendet

Tab. 9.2 Einteilung der Kartoffelerzeugnisse (Leitsätze für Kartoffelerzeugnisse)

Gruppe	Beispiele
Ungeschälte und geschälte Kartoffelerzeugnisse	Pellkartoffeln, Folienkartoffeln, geschälte Kartoffeln roh, blanchiert oder gekocht
Pommes-frites-Erzeugnisse	Vorfrittierte Pommes frites, Backofen-Frites
Trockenspeisekartoffel-Erzeugnisse	Getrocknete, geschälte Speisekartoffeln in Scheiben, Plättchen oder Streifen
Kartoffelpüree-Erzeugnisse	Püree, Stampfkartoffeln, Kartoffelschnee
Erzeugnisse aus vorgeformten Kartoffelteigen	Kroketten, Herzoginkartoffeln, Kartoffelwaffeln, Schupfnudeln, Gnocchi
Gebratene Kartoffelerzeugnisse	Kartoffelpuffer, Reibekuchen, Bratkartoffeln, Rösti
Kartoffelknödel-Erzeugnisse	Klöße, Knödel
Kartoffel-Knabbererzeugnisse	Kartoffelchips, Stapelchips, Kartoffelsticks

und drei Fünftel sind Futterkartoffeln. Industriekartoffeln werden einerseits zur Erzeugung vielfältiger Kartoffelerzeugnisse eingesetzt und andererseits zur Produktion von Kartoffelstärke, Stärkesirup, Verdickungsmittel, Puddingpulver, Alkohol, Klebstoff und Papiererzeugnissen. Für die Verarbeitung der Industriekartoffeln spielen sowohl die Inhaltsstoffe als auch die Form der Kartoffel eine Rolle. Durchschnittlich verfügen Industriekartoffeln über einen höheren Stärkegehalt. Die Auswahl der Kartoffeln ist vom Verwendungszweck abhängig: Zur Herstellung von Pommes frites sollten die Knollen beispielsweise möglichst lang sein. Außerdem müssen die Kartoffeln zum industriellen Schälen eine glatte Oberfläche haben. Entsprechend den Leitsätzen für Kartoffelerzeugnisse werden acht Gruppen unterschieden (siehe Tab. 9.2). Die Abb. 9.4 gibt eine Übersicht zur Herstellung einiger Kartoffelerzeugnisse. Die Leitsätze enthalten genaue Vorschriften zur Herstellung (Rohware, Verarbeitung, Zutaten), Bezeichnung und Aufmachung der einzelnen Erzeugnisse.

Kartoffeln sind ein kohlenhydrat- bzw. stärkereiches, aber fett- und eiweißarmes Lebensmittel (siehe Tab. 9.9). Außerdem sind Kartoffelknollen reich an Kalium und Vitamin C (100–300 mg/kg), wobei es aber bei der Zubereitung (Kochen) zu erheblichen Verlusten kommen kann. Etwa drei Viertel der Kartoffel bestehen aus Wasser. Der Stärkeanteil von Kartoffeln beträgt etwa ein Fünftel und setzt sich zu ca. 80% aus Amylopektin und ca. 20% aus Amylose zusammen. Weiterhin sind u. a. geringe Mengen an Pektinen, Saccharose, Glukose und Fruktose enthalten. Der Eiweißgehalt von Kartoffeln ist zwar relativ gering, dennoch spielt das Verhältnis zwischen Eiweiß und Stärke eine wichtige Rolle für die Kochfestigkeit der Kartoffel: Mehlige Kartoffeln haben beispielsweise einen hohen Stärke- und einen niedrigen Proteingehalt. Eiweiß macht etwa die Hälfte der N-haltigen Substanzen in Kartoffeln aus. Das lösliche Globulin Tuberin ist die Hauptkomponente der Eiweiße. Daneben finden sich das Albumin Tuberinin, schwerlösliches Globulin, Glutelin, Prolamin und Aminosäuren (Glutamin- und Asparaginsäure). Insbesondere unreife Kartoffeln können giftige Glykoalkaloide enthalten, die sich aus einer Alkaloid (Solanidin)- und mehreren Zuckereinheiten zusammensetzen. Zu den bekanntesten Vertretern in der Kartoffel gehören α-Chaconin und α-Solanin (siehe Abb. 9.5).

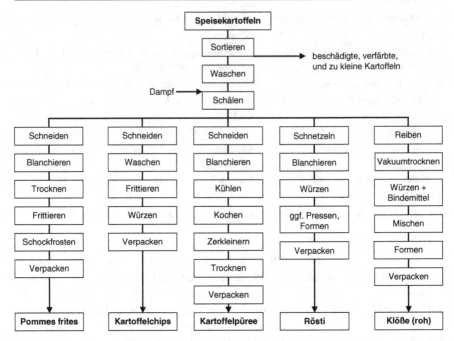

Abb. 9.4 Herstellungsprozess einiger Kartoffelerzeugnisse

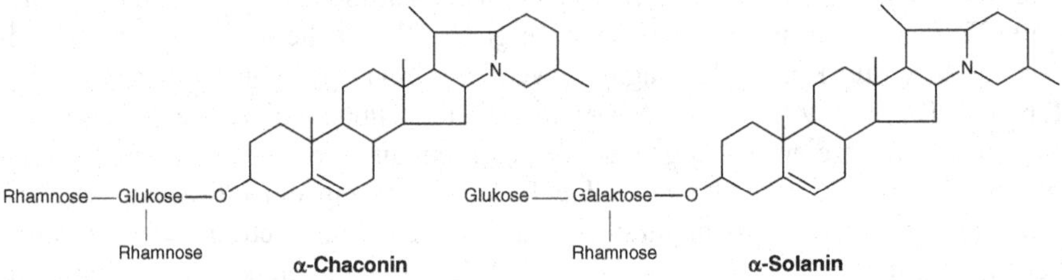

Abb. 9.5 Strukturformeln der Glykoalkaloide α-Chaconin und α-Solanin

Normalerweise sind die Gehalte der Glykoalkaloide in Kartoffeln unbedenklich (bis 200 mg/kg), wobei die für den Menschen toxische Dosis von 25 mg/kg KG durch den normalen Verzehr nicht erreicht wird. Höhere Gehalte können bei unreifen, belichteten (grünen) Kartoffeln auftreten.

9.2.3 Speisepilze

Pilze zählen in der Biologie zu den Pflanzen. Es gibt ein- und mehrzellige Pilze. Derzeit sind etwa 70.000–100.000 verschiedene Pilze bekannt, wovon aber nur die Speisepilze zum Verzehr geeignet sind. In den Leitsätzen für Pilze und Pilzerzeugnisse sind die essbaren Pilzarten namentlich aufgeführt. Die Tab. 9.3 zeigt einen

Tab. 9.3 Ausschnitt aus den Leitsätzen für Pilze und Pilzerzeugnisse

Verkehrsbezeichnung	Wissenschaftliche Bezeichnung	Gruppe	Herkunft
Austernseitling, Austernpilz	Pleurotus osreatus	B	Z/W
Butterpilz	Suillus luteus	R	W
Champignons (Egerlinge)			
Kulturchampignon	Agaricus bisporus	B	Z
Schafchampignon, Anisegerling	Agaricus arvensis	B	W
(Stadt-) Egerling, Stadtchampignon	Agaricus bitorquis	B	Z/W
Waldchampignon	Agaricus silvaticus	B	W
Wiesenchampignon	Agaricus campestris	B	W
Morcheln			
Hohe Morcheln	Morchella elata	S	W
Speisemorcheln	Morchella esculenta	S	W
Spitzmorcheln	Morchella conica	S	W
Mu-Err-Pilze/Chinesische Morcheln	Auricularia polytricha	S	W
Pfifferling	Cantharellus cibarius	S	W
Steinpilz	Boletus edulis	R	W
Shii-Take	Lentinus edodes	B	Z
Riesenträuschling/Kulturträuschling	Stropharia rugosoannulata Farlow	B	W/Z
Trüffel			
Burgundertrüffel	Tuber unciatum Chatin	T	W
Schwarze Trüffel	Tuber indicum		
Weiße Trüffel	Choiromyces venosum	T	W

B Blätterpilz, *R* Röhrenpilz, *T* Trüffelpilz, *S* Sonstige Pilze, *W* Wildpilz, *Z* Zuchtpilz

Ausschnitt bedeutender Speisepilze aus den Leitsätzen für Pilze und Pilzerzeugnisse. Als Edelpilze gelten vor allem wild wachsende und kultivierte Champignonarten, Pfifferlinge, Steinpilze, Trüffeln und Morcheln aufgrund ihres besonderen Aromas und Geschmacks sowie der guten küchentechnischen Eigenschaften.

Der überwiegende Anteil der Pilze – das Geflecht (Myzel) und die Pilzfäden – verlaufen unterirdisch. Bei Speisepilzen handelt es sich um die essbaren Fruchtkörper hochentwickelter Pilzarten (überwiegend Ständerpilze = *Basidiomyceten* und wenige Schlauchpilze = *Ascomyceten*). Die meist oberirdischen Fruchtkörper (Ausnahme u. a. Trüffel) dienen eigentlich der Fortpflanzung, wobei ihre Entstehung von äußeren Faktoren wie Feuchtigkeit und Temperatur abhängig ist. Demzufolge gibt es zwischen Mai und September viele Pilze, manche aber auch erst ab Oktober/ November oder nach dem ersten Frost.

Speisepilze können eine knollen-, scheiben- oder becherförmige, stern- oder hutartige Form haben. In der Natur kommen Pilze oftmals in der Nähe bestimmter Baumarten vor, da einige Pilze in Symbiose mit den Wurzeln der Bäume leben. Einige Arten wurden in Kultur genommen, wie z. B. Champignons, Austernpilze und Shii-Take-Pilze (letztere überwiegend in China und Japan). Der Anbau der

Kulturpilze findet auf Pferdemist oder speziellen organischen Substraten in Kästen in dunklen Kellerräumen statt. Pilze werden u. a. in gekochter, gedünsteter, gebratener und teilweise in roher Form direkt verzehrt oder zu Pilzerzeugnissen weiterverarbeitet. Die für den Frischmarkt bestimmten Pilze müssen unverzüglich nach der Ernte vermarktet werden, denn die Frische ist ein wichtiges Qualitätskriterium. Durch den hohen Wassergehalt sowie die empfindliche Textur der Pilze handelt es sich um ein leicht verderbliches Produkt. Um eine gleich bleibende Qualität zu gewährleisten, existieren in der EU entsprechende EG-Vermarktungsnormen, welche die Aufbereitung und Kennzeichnung von Champignons und Pilzmischungen mit Kulturchampignons regeln. Die Einteilung der Pilze in Handelsklassen ist der von Obst und Gemüse sehr ähnlich (siehe Abschn. 9.4.3).

Pilzerzeugnisse sind u. a. Pilzkonserven, getrocknete, gesalzene, tiefgekühlte oder milchsäurevergorene Pilze, Essigpilze, Pilzextrakte, -konzentrate sowie -trockenkonzentrate. Auch die zur Weiterverarbeitung bestimmten Pilze müssen sofort verwendet werden und sollten sauber, geputzt sowie frei von Maden und Madenfraß sein.

Pilze bestehen zum größten Teil aus Wasser und einem geringeren Anteil an Kohlenhydraten und Stickstoffsubstanzen. Zu den wertgebenden Inhaltsstoffen von Pilzen zählen vor allem die Geschmacks- und Aromastoffe sowie die Gehalte einiger Mineralstoffe und Vitamine. Grundsätzlich haben Pilze eine ähnliche Zusammensetzung wie Gemüse (siehe Tab. 9.9). Es gibt jedoch einige wesentliche Unterschiede: Pilze haben keine Plastiden und sind daher im Gegensatz zu Gemüse chlorophyllfrei. Außerdem verfügen Pilze teilweise über einen relativ hohen Chitingehalt. Neben Cellulose und Hemicellulose ist das stickstoffhaltige Chitin (Polymer des N-Acetylglucosamins) eines der Strukturpolysaccharide. Pilze sind stärkefrei und enthalten überwiegend Monosaccharide wie Glukose, Mannose, Galaktose, Ribose, Xylose und Threhalose. Mehr als die Hälfte der N-haltigen Substanzen sind Eiweiße. Der Rest setzt sich aus Aminosäuren, Aminen, Amiden, Chitin und weiteren N-haltigen Verbindungen zusammen. Der Fettgehalt von Pilzen ist insgesamt gering, aber es kommen viele freie Fettsäuren (besonders Linolsäure) vor. Die Vitamingehalte schwanken zwischen den einzelnen Pilzarten. Auffallend hoch sind vor allem der Gehalt an Vitamin D_2 sowie die Gehalte einiger B-Vitamine (B_1, B_2). Pilze sind meist sehr aromatisch, wobei vor allem junge Waldpilze (Steinpilze, Pfifferlinge) ein intensiveres Aroma haben als Zuchtpilze. Als wichtige Aroma- und Geschmacksstoffe von Pilzen wurden u. a. (R)-1-Octen-3-ol (Champignon), (S)-Morelid, L-Glutaminsäure, L-Asparaginsäure, γ-Aminobuttersäure, Apfelsäure, Citronensäure und Essigsäure (Morcheln), 1,2,3,5,6-Pentathieapan (Shii-Take-Pilz) identifiziert.

9.2.4 Gemüseerzeugnisse

Als Gemüseerzeugnisse werden verarbeitete und haltbar gemachte Produkte aus Gemüse oder Teilen von Gemüse bezeichnet. Gemäß den Leitsätzen für Gemüseerzeugnisse sind zum Haltbarmachen (ggf. in Kombination) die folgenden Verfahren möglich:

- Tiefgefrieren,
- Wärmebehandlung durch Sterilisieren (>100 °C),
- saure Vergärung mit oder ohne anschließendes Pasteurisieren (<100 °C),
- Zusatz von Säuren mit anschließendem Pasteurisieren,
- Konzentrieren durch Wasserentzug,
- Trocknen (einschließlich Gefriertrocknen),
- Zusatz von Konservierungsstoffen,
- Salzen,
- Einlegen in Öl oder Essig, ggf. anschließendes Pasteurisieren.

Die haltbargemachten Gemüseerzeugnisse werden auch als Gemüsedauerwaren bezeichnet. In Anlehnung an die Verfahren zur Haltbarmachung der Gemüseerzeugnisse lassen sich fünf Produktgruppen unterscheiden: *Gemüsekonserven, Tiefkühlgemüse, Trockengemüse, Sauerkonserven (Gärungs- und Essiggemüse)* und *Salzgemüse.*

Grundsätzlich erfolgt die Ernte je nach Gemüseart entweder vollautomatisch oder bei empfindlichen Feingemüsearten wie Spargel, Blumenkohl oder Gurken von Hand. Anschließend wird das frische Gemüse im Herstellerbetrieb maschinell nach Qualität und Größe sortiert, gewaschen, geschält, geputzt und je nach Sorte zerkleinert. Meist wird es vor der eigentlichen Haltbarmachung durch eine kurzzeitige (1–8 min) Behandlung mit heißem Wasser oder Wasserdampf (80–100 °C) blanchiert, womit mehrere Ziele verfolgt werden: die Enzyminhibierung (insbesondere von Lipid- und Phenoloxidasen an Schnitt- oder Bruchflächen), die Keimabtötung und das Entfernen von O_2 aus den Zellzwischenräumen. Außerdem wird das Gemüse durch Lockerung der Gewebestrukturen und Volumenverringerung in einen abfüllfähigen Zustand gebracht.

Gemüsekonserven (Vollkonserven) umfassen alle durch Wärmebehandlung haltbargemachten Gemüsedauerwaren. Als typisches Konservengemüse gelten u. a. Bohnen, Erbsen, Gemüsemais, Tomaten, Möhren, verschiedene Kohlsorten und Spargel. Nach dem Blanchieren wird das abgekühlte Gemüse mit einer Aufgussflüssigkeit in Verpackungen (meist Dosen und Gläser) abgefüllt. Die Aufgussflüssigkeiten setzen sich überwiegend aus Wasser oder wässrigen Kochsalzlösungen, Zuckerarten, Genusssäuren, Kräutern und Gewürzen zusammen. Danach werden die verschlossenen Konserven durch Sterilisation (110–118 °C) im Autoklaven oder durch Hoch-Kurzzeit-Sterilisation (wenige Sekunden auf 130 °C) erhitzt. Durch die Sterilisation kommt es zur Abtötung von Mikroorganismen, zur Gewebeerweichung, zum Abbau und zur Veränderung von Farb- und Aromastoffen sowie zur Reduktion des Vitamingehaltes. Eine zusätzliche Kennzeichnung auf der Verpackung muss bei besonderen Verarbeitungsformen erfolgen, wie z. B. „gewürfelt", „passiert" oder „geschält".

Sauerkonserven umfassen das durch natürliche Milchsäuregärung gesäuerte Gärungs- sowie das durch direkten Zusatz einer organischen Säure hergestellte Essiggemüse. Diese Art der Haltbarmachung ist eine sehr alte Methode und erfolgt ohne Zugabe von weiteren Konservierungsstoffen. Zum Gärungsgemüse zählen beispielsweise Sauerkraut und saure Gurken. An dieser Stelle ist beispielhaft die Herstellung von Sauerkraut dargestellt.

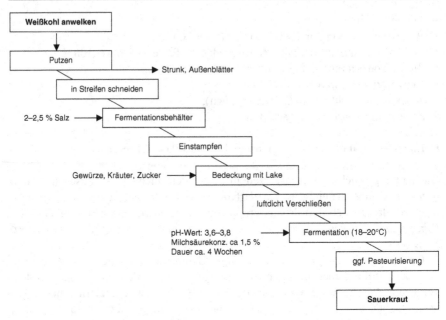

Abb. 9.6 Herstellung von Sauerkraut

Sauerkraut ist per Definition ein Produkt aus Weißkohl mit charakteristisch saurem Geschmack, das durch natürliche Milchsäuregärung (Spontangärung) unter Zusatz von Spezialsalz haltbar gemacht ist. Außer Salz dürfen bei der Herstellung von Sauerkraut natürliche Gewürze, Kräuter und Zucker zugefügt werden, nicht aber Essig und Milchsäure, chemische Konservierungsmittel, Bleichmittel, Süßstoffe oder andere Fremdstoffe. Als Rohware werden vor allem Kohlsorten mit festen Köpfen und dünnen Blattrippen verwendet. Die Abb. 9.6 zeigt ein Übersichtsschema zur Herstellung von Sauerkraut.

Essiggemüse wird einzeln oder gemischt (Mixed Pickles) unter Zugabe von Essig und Speisesalz in Gläser abgefüllt und pasteurisiert. Typische Essiggemüsesorten sind z. B. Tomaten, Kürbis, grüne Bohnen, Spargel und Perlzwiebeln.

Bei der Produktion von **Tiefkühlgemüse** wird die Rohware innerhalb von fünf Stunden nach der Ernte sowie entsprechender Vorbehandlung kurz blanchiert (Inaktivierung der Enzyme) und bei −30 bis −60 °C schockgefrostet. Als Verpackungen dienen luft- und wasserdampfundurchlässige Verpackungen. Anschließend wird das Tiefkühlgemüse bei Temperaturen von höchstens −18 °C gelagert. Die Kühlkette darf auch beim Transport nicht unterbrochen werden, dann beträgt die Lagerdauer des gefrorenen Gemüses etwa zehn Monate. Tiefgefrieren ist eine besonders schonende Art der Haltbarmachung, da sowohl die Konsistenz und natürliche Farbe des Gemüses als auch die Nährstoff- und Vitamingehalte weitgehend erhalten bleiben.

Als Tiefkühlgemüse eignet sich vor allem Gemüse, das gekocht oder anderweitig gegart verzehrt wird. Die im Handel erhältlichen Tiefkühlgemüseprodukte können in drei Gruppen unterteilt werden: Rohgemüse einzeln verpackt (z. B. Spinat,

Erbsen Spargel, Porree, Möhren), Rohgemüse-Mischungen (z. B. Erbsen und Karotten, Ratatouille, Leipziger Allerlei, Suppengemüse, Wok-Mischungen) und Zubereitungen mit Gemüse (z. B. Pfannengemüse, Gemüsemedaillons, Kohlrouladen, Rahmgemüse, Gemüsepuffer). Diese Produkte werden alle gegart verzehrt.

Zur Herstellung von **Trockengemüse** wird die zumeist zerkleinerte und blanchierte Rohware durch Verdunstungs-, Verdampfungs-, Gefrier- oder Vakuumgefriertrocknung so stark getrocknet, dass der Wassergehalt etwa ein Zehntel der Ausgangsware beträgt. Gefriergetrocknetes Gemüse muss feuchtigkeitsdicht verpackt werden und darf nur 4% Restfeuchte enthalten. Dieser Wassergehalt ist der kritische Wert für das Wachstum von Mikroorganismen. Zur Herstellung von Trockengemüse eignen sich vor allem Bohnen, Erbsen, Blumen-, Grün-, Rot-, Weiß- und Wirsingkohl, Möhren, Sellerie, Zwiebeln und Porree. Diese Trockenprodukte werden vorwiegend in der industriellen Weiterverarbeitung für die Produktion von Instantsuppen und Fertiggerichten verwendet. Für den direkten Verkauf sind hauptsächlich getrocknete Zwiebeln, Würzkräuter, Suppengemüse und Knoblauch bestimmt. Mit Ausnahme der Gefriertrocknung kommt es beim Trockenprozess meist zu Verlusten von Aroma- und Geschmacksstoffen sowie Vitaminen und Farbstoffen. Außerdem kann es zu oxidativen Lipidveränderungen und zur Maillard-Reaktion kommen. Diese Prozesse können durch Auswahl der Rohware, eine schonende Herstellung, den Zusatz von SO_2, Antioxidantien und Komplexbildnern sowie sachgemäße Verpackung und Lagerung teilweise verringert werden. Zur Vermeidung weiterer Verluste ist eine kühle und trockene Lagerung wichtig.

Zur Herstellung von **Salzgemüse** wird das meist vorblanchierte Gemüse mit hohen Salzkonzentrationen (ca. 20%) behandelt. Das Gemüse kann dadurch nicht so schnell verderben oder gären. Trotzdem sollte das Salzgemüse kühl und trocken gelagert werden, da salztolerante Mikroorganismen die hohen Salzkonzentrationen überleben. Salzgemüse wie z. B. Salzbohnen und Salzspargel sind Halbfabrikate, die überwiegend für die industrielle Weiterverarbeitung z. B. zu Misch- und Essiggemüse genutzt werden. Vor der Weiterverarbeitung erfolgt noch eine Wässerung zur Senkung der Salzkonzentration.

9.2.5 Gemüsesäfte und Gemüsenektare

Gemüsesäfte und -nektare sind flüssige, trinkbare Produkte aus Gemüse. Die Leitsätze für Gemüsesaft und Gemüsenektar legen die Eigenschaften, Ausgangsstoffe, Herstellungsverfahren, die Arten der Haltbarmachung sowie die Zutaten dieser Erzeugnisse fest. Ein grundsätzlicher Unterschied zwischen Gemüsesäften und -nektaren besteht darin, dass Säfte unverdünnt sind und somit einen Gemüseanteil von 100% haben. Die Herstellung kann allerdings auch aus konzentriertem Gemüsesaft oder Gemüsemark erfolgen. Gemüsenektare sind hingegen verdünnte Gemüsesaftzubereitungen mit einem Mindestanteil an Gemüsesaft von 40% (25% bei Rhabarber). Als Ausgangsstoffe für die Produktion von Gemüsesaft und -nektar dürfen Gemüse, Gemüsemark, konzentrierter Gemüsesaft und konzentriertes Gemüsemark ggf. unter Zusatz bestimmter Zutaten verwendet werden (siehe Tab. 9.4).

Tab. 9.4 Zutaten von Gemüsesäften und -nektaren (Leitsätze für Gemüsesaft und Gemüsenektar)

Zutaten	Erläuterung
Gemüse	Wurzel-, Zwiebel- und Knollengemüse, Stängel- und Sprossgemüse, Blatt- und Blütengemüse, Fruchtgemüse, Samengemüse sowie Kürbisse und Rhabarber
Gemüsemark	Gärfähiges, unvergorenes oder milchsauer vergorenes Erzeugnis, das aus dem passierten, genießbaren Teil der ganzen oder geschälten Gemüse ohne Abtrennen des Saftes gewonnen wird
Konzentrierter Gemüsesaft	Erzeugnis, das aus Gemüsesaft durch schonendes, physikalisches Abtrennen eines bestimmten Teils des natürlichen Wassergehaltes hergestellt wird; ist mindestens auf die Hälfte des ursprünglichen Volumens des Gemüsesaftes eingeengt
Konzentriertes Gemüsemark	Erzeugnis, das aus Gemüsemark durch schonendes, physikalisches Abtrennen eines bestimmten Teils des natürlichen Wassergehaltes hergestellt wird; ist mindestens auf die Hälfte des ursprünglichen Volumens des Gemüsemarks eingeengt
Weitere Zutaten	• Speisesalz, jodiertes Speisesalz, Meersalz • Essig, ausgenommen für milchsauer vergorene Erzeugnisse • Zuckerarten, Fruktose, Honig • Gewürze, Kräuter und daraus hergestellte natürliche Aromen • Früchte und Fruchterzeugnisse und daraus hergestellte natürliche Aromen • Milch-, Wein-, Citronen- und Apfelsäure (außer milchsauer vergorene Erzeugnisse) • Glutaminsäure und deren Natrium- und Kaliumsalze (Geschmacksverstärker) • Trinkwasser zur Herstellung von Gemüsenektar

Die Herstellung der flüssigen Gemüseerzeugnisse muss aus frischem oder durch Kälte haltbar gemachtem, gesundem, sauber geputztem und/oder gewaschenem Gemüse bzw. Teilen daraus erfolgen. Gegebenenfalls erfolgt eine Zugabe von Wasser bei der Herstellung aus konzentriertem Gemüsesaft oder -mark entsprechend der zuvor entzogenen Menge. Bei der Konzentrierung von Gemüsesaft oder -mark können flüchtige Aromastoffe aufgefangen und wieder zugefügt werden, um das Aroma des Erzeugnisses wieder herzustellen. Anschließend können die Gemüsesäfte und -nektare durch physikalische Verfahren (z. B. Wärme- und Kältebehandlung, Konzentrierung und Filtration auch in Kombination) haltbar gemacht werden.

9.3   Obst und Obsterzeugnisse

9.3.1   Definition und Einteilung

Wildwachsende Früchte gehörten vermutlich schon vor mehreren Millionen Jahren zur Nahrung der Vorfahren des Menschen. In der Steinzeit vor etwa 50.000 Jahren trugen wahrscheinlich Himbeeren, Heidelbeeren, Schlehen und andere Früchte zur Ernährung bei. Die erste Kultivierung dieser Früchte fand aber erst viel später um ca. 8.000 v. Chr. statt. Außerdem weisen Funde im Nahen Osten darauf hin, dass be-

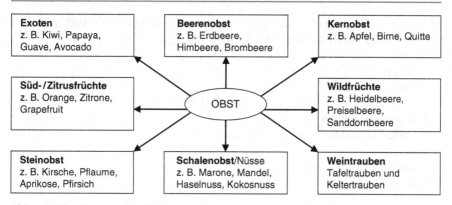

Abb. 9.7 Einteilung von Frischobst

reits etwa im 4. Jahrtausend v. Chr. dort der erste Obstbau betrieben wurde. Zu den schon früh bekannten Baumfrüchten gehört beispielsweise der Apfel. Im heutigen Anatolien wurden Funde von wilden Äpfeln gemacht, die etwa von 6.500 v. Chr. stammen. Nach und nach breitete sich der Obstanbau in unterschiedlichen Gebieten der Erde aus und dabei wurden immer mehr Obstsorten in Kultur genommen.

Die Bezeichnung „Obst" stammt von dem althochdeutschen Wort „obez" ab und bedeutet *das, was über das eigentliche Essen (Brot und Fleisch) hinaus geht,* wie auch Gemüse und Hülsenfrüchte. Der Oberbegriff Obst umfasst heute für den Menschen essbare und meist in rohem Zustand verzehrte Früchte und Samen von überwiegend mehrjährigen Sträuchern und Bäumen. Obst wird im Gegensatz zum Gemüse häufiger roh verzehrt. Eine besondere Eigenschaft gegenüber Gemüse ist, dass Obst im rohen Zustand angenehm säuerlich bis süßlich schmeckt und einen durchschnittlich höheren Zuckergehalt aufweist. Eine klare Abgrenzung zum Gemüse ist in Einzelfällen schwer zu treffen. Bei Kürbis, Paprika, Tomate, Zucchini und Gurke handelt es sich zwar aus botanischer Sicht um Früchte (entstehen aus einer befruchteten Blüte), dennoch werden diese wegen fehlender Süße und Säure zum Fruchtgemüse gezählt, auch weil sie aus einjährigen Pflanzen stammen. Rhabarber gehört eigentlich zum Gemüse, da es sich um einen Pflanzenstängel handelt, wird aber oft wie Obst verwendet.

Eine Einteilung von Obst kann anhand mehrerer Merkmale erfolgen, wie z. B. Größe, Farbe und Aussehen der Schalenoberfläche. Die im Gartenbau und Handel übliche Einteilung erfolgt in acht Gruppen (siehe Abb. 9.7).

Früchte, die besondere innere und äußere Qualitätsmerkmale aufweisen, werden als **Tafelobst** bezeichnet und sind besonders für den unmittelbaren Verzehr geeignet.

9.3.2   Obsterzeugnisse

Als Obsterzeugnisse werden verarbeitete und mit bestimmten Methoden haltbar gemachte Produkte aus Früchten (einschließlich Rhabarber) oder Teilen von Früchten bezeichnet. Gemäß den Leitsätzen für Obsterzeugnisse sind zum Haltbarmachen (ggf. in Kombination) die folgenden Verfahren möglich:

- Tiefgefrieren,
- Kühlen,
- Wärmebehandlung durch Pasteurisieren (<100 °C),
- Konzentrieren durch Wasserentzug,
- Trocknen (einschließlich Gefriertrocknen),
- Kandieren,
- Zusatz von Konservierungsstoffen,
- Einlegen in Alkohol.

Die haltbargemachten Obsterzeugnisse werden auch als Obstdauerwaren bezeichnet. In Anlehnung an die Verfahren zur Haltbarmachung der Obsterzeugnisse lassen sich fünf Produktgruppen unterscheiden: *tiefgefrorene Obsterzeugnisse, Obstkonserven, Fruchtsirup* und *bestimmte streichfähige Erzeugnisse* sowie *Trockenfrüchte* und *kandierte Früchte*. Weitere Erzeugnisse aus Obst sind: *Fruchtsäfte, Fruchtnektare, Fruchtmark, Konfitüren, Marmeladen, Gelees* u. a. Diese Erzeugnisse unterliegen jedoch eigenen Rechtsvorschriften, der Fruchtsaft-VO bzw. der Marmeladen-VO.

Nach der Ernte wird das frische, gesunde Obst im Herstellerbetrieb in Abhängigkeit von der Obstart maschinell nach Qualität und Größe sortiert, gewaschen, gereinigt, geputzt und soweit möglich von nicht zum Verzehr geeigneten Teilen (Schale, Kerne, Steine, Stiele etc.) befreit und gegebenenfalls zerkleinert. Um vor allem bei weichen, hellfleischigen Früchten eine enzymatische Verfärbung zu vermeiden, werden solche Früchte vor der eigentlichen Verarbeitung kurz blanchiert (siehe Abschn. 9.2.4). Eine Alternative zum Blanchieren bietet das Einlegen in Citronensäure- (E 330) oder Kochsalzlösung sowie die Zugabe von Zucker oder Ascorbinsäure (E 300). Die Haltbarmachung erfolgt in der Regel nach Herstellung der fertigen Erzeugnisse entweder vor oder nach dem Verpacken.

Zur Herstellung von **Obstkonserven** eignen sich Kern-, Stein-, Beeren-, exotisches Obst und Fruchtmischungen. Nach einer Vorbehandlung mit verdünnter Citronensäure- und/oder Ascorbinsäurelösung werden die ganzen, halben oder gestückelten Früchte (Viertel, Schnitten, Würfel, Scheiben, Bällchen etc.) in Dosen oder Gläser gefüllt. Die Früchte befinden sich in einem Aufguss von Zuckerlösung, deren Konzentration in Verbindung mit der Verkehrsbezeichnung gekennzeichnet werden muss: „sehr leicht gezuckert" (9–14%), „leicht gezuckert" (14–17%), „gezuckert" (17–20%) und „stark gezuckert" (>20%). Als Dunstobst wird zuckerarmes Konservenobst z. B. für Diabetiker bezeichnet. Die Luft in den Dosen wird durch Dampfinjektion oder andere Methoden entfernt (exhaustiert). Nach dem Verschließen der Behältnisse erfolgt eine Wärmebehandlung (Sterilisieren oder Pasteurisieren).

Zu den Obstarten, die für die industrielle Verarbeitung zu **Tiefkühlobst** verwendet werden, gehören besonders: Ananas, Aprikose, Brombeere, Erdbeere, Heidelbeere, Himbeere, Johannisbeere, Kiwi, Pfirsich, Weintraube u. a. Diese Art der Haltbarmachung ist sehr schonend, da die Nährstoffe und Vitamine weitgehend erhalten bleiben und das erntefrische Aroma bewahrt wird. Das Obst wird unmittelbar nach der Ernte zunächst einer Vorbehandlung unterzogen und möglichst zeitnah bei Temperaturen von −35 bis −40 °C schockgefrostet. Der Gefrierprozess kann mittels unterschiedlicher Verfahren durchgeführt werden. Häufig wird das Obst auf Bandfrostern durch kalte, bewegte Luft eingefroren oder bei verpackten Produkten im Plattengefrierapparat (Kontaktverfahren) eingefroren. Eine seltener angewandte Methode ist das Besprühen mit Kühlflüssigkeit bzw. flüssigem Stickstoff oder das Eintauchen des Obstes darin.

Die Früchte können vor dem Gefrieren mit Zucker oder Zuckerarten (Dextrose, Stärkesirup, Zuckerlösung) behandelt werden, um die Früchte vor Austrocknung, Braunfärbung sowie Aromaverlusten zu schützen. Dabei muss der jeweilige Zusatz mengenmäßig angegeben werden. Bis die Ware zum Konsumenten gelangt, erfolgt die Lagerung des Tiefkühlobstes bei Temperaturen unter −23 °C und die Kühlkette darf auch beim Transport nicht unterbrochen werden. Bei sachgemäßer Lagerung (Temperaturen zwischen −18 und −20 °C) beträgt die Haltbarkeit des tiefgefrorenen Obstes etwa ein Jahr. Die Leitsätze legen genaue Anforderungen an das Tiefkühlobst fest, wie z. B., dass dieses nach dem Auftauen in Struktur, Geschmack und Geruch den Erzeugnissen aus frischen Rohstoffen entsprechen muss.

Trockenobst ist auch unter den Bezeichnungen Trockenfrüchte, Dörrobst oder Backobst bekannt. Um die Haltbarkeit zu gewährleisten, wird der Wassergehalt dieser Produkte stark gesenkt auf etwa 15–25%. Dadurch ist das Obst gegenüber mikrobiellem Verderb relativ gut geschützt. Gleichzeitig werden die Inhaltsstoffe (besonders der Frucht- und Traubenzucker) und das Fruchtaroma aufkonzentriert, so dass die Trockenfrüchte sehr süß schmecken. Außerdem verringert sich je nach Obstart das Volumen deutlich z. B. bei Äpfeln auf ein Zehntel und bei Pflaumen auf ein Drittel. Die Trocknung kann entweder auf natürliche Weise (Luft und Sonne) oder industriell in so genannten Dörrapparaten durchgeführt werden. Abhängig von der Obstart erfolgt eine entsprechende Vorbehandlung durch Waschen, Putzen und gegebenenfalls Schälen, Entsteinen und Zerkleinern. Außerdem kann der Zusatz von Schwefeldioxid (E 220) oder dem Konservierungsstoff Sorbinsäure (E 200) erfolgen, um einem Schädlingsbefall oder Farbveränderungen vorzubeugen. Zu den typischen Trockenfrüchten zählen vor allem Rosinen (Korinthen, Sultaninen, Traubenrosinen), Feigen, Datteln, Pflaumen, Birnen, Äpfel, Aprikosen, Ananas und Mirabellen. Teilweise wird Trockenobst auch in Stücken oder Scheiben/Ringen angeboten. Den Trockenfrüchten ähnlich sind die so genannten **Dickzuckerfrüchte** oder **kandierten Früchte**. Das vorbehandelte Obst wird zunächst in einer Zuckerlösung gekocht oder eingelegt und danach meist getrocknet und eventuell mit Zucker glasiert. Bei einigen Produkten (ausgenommen Zitronat und Orangeat) kann der Zusatz von Farbstoffen oder Schwefeldioxid erfolgen. Dieses muss jedoch kenntlich gemacht werden. Kandierte Früchte sind u. a. Zitronat/Sukkade, Orangeat, glasierte, kristallisierte oder gezuckerte Delikatess-Süßwaren sowie in Sirup eingelegte Cocktailkirschen oder Ingwer. Solche Produkte dienen nicht nur zum direkten Verzehr, sondern werden vielfältig in der Back- und Süßwarenindustrie verarbeitet.

9.3.3   Fruchtsäfte, Fruchtsaftgetränke und Fruchtnektare

Als Fruchtsäfte, Fruchtsaftgetränke und Fruchtnektare werden gärfähige, aber nicht gegorene Erzeugnisse bezeichnet, die aus einer oder mehreren Fruchtarten hergestellt werden. Der Unterschied zwischen den trinkbaren Obsterzeugnissen besteht in den jeweiligen Frucht- bzw. Fruchtsaftgehalten. **Fruchtsaft** hat einen Fruchtanteil von 100% und darf keine Konservierungsstoffe enthalten, während **Fruchtnektar** je nach Obstart einen Fruchtsaftgehalt von 25–50% hat. Daneben ist Fruchtnektar mit Wasser verdünnt und darf bis zu 20% Zucker sowie andere Zusätze (z. B. Citronen-, Milch- oder Ascorbinsäure) enthalten. Teilweise wird Fruchtnektar auch aus mit Wasser verdünntem Fruchtmark hergestellt, wenn aus den Früchten (z. B. Banane) kein Saft gewonnen werden kann. **Fruchtsaftgetränke** sind durch Zuckerlösungen verdünnte Fruchtsäfte mit einem Fruchtanteil von 6% (Zitrusfrüchte) bis 30% (Kernobst und Trauben). **Fruchtsirup** ist im Vergleich zu Fruchtsäften und -nektaren dickflüssiger und der Zuckerzusatz darf bis zu 68% betragen. Die Sirupherstellung erfolgt aus Früchten, Fruchtsäften oder -konzentraten mittels Wärmebehandlung, Zentrifugation und Filtration. Weitere Produkte aus aufkonzentriertem Fruchtsaft sind Fruchtsaftkonzentrat und Fruchtpulver. Fruchtsaft wird überwiegend aus **Fruchtsaftkonzentrat** hergestellt (siehe Abb. 9.8), um Lager- und Transportkosten zu reduzieren. Direktsaft spielt eine geringere Rolle. Direktsaft und Fruchtsaft aus Konzentrat dürfen zur Geschmackskorrektur bis zu 15 g Zucker oder 3 g Zitronensaft pro Liter zugesetzt werden. Bei Säften mit der Kennzeichnung „gezuckert" darf der Zuckerzusatz sogar bis zu 150 g/L betragen.

   Fruchtpulver ist ein trockenes Fruchtsafterzeugnis mit 3–4% Wasser, das überwiegend für industrielle Zwecke genutzt wird.

9.3.4   Streichfähige Obsterzeugnisse

Zu den streichfähigen Obsterzeugnissen gehören u. a. Konfitüre (extra), Marmelade, Obstgelee (extra), Pflaumenmus, Obst- und Rübenkraut. Die Beschaffenheit, Herstellung und Kennzeichnung von Konfitüre, Marmelade, Gelee und Maronenkrem sind in der Konfitüren-VO geregelt. Andere Fruchtzubereitungen unterliegen separaten Rechtsvorschriften. Als Rohstoffe für die streichfähigen Obsterzeugnisse Konfitüre, Gelee, Marmelade und Maronenkrem werden Früchte, Fruchterzeugnissen wie Pulpe, Mark und Saft sowie Zucker eingesetzt. Tabelle 9.5 gibt eine Übersicht über erlaubte Rohstoffe und Zusatzstoffe bei der Herstellung von streichfähigen Obsterzeugnissen. Außerdem können alle Erzeugnisse flüssiges Pektin, Speisefette und -öle (Verhütung der Schaumbildung), Spirituosen, Wein, Likörwein, Nüsse, Kräuter, Gewürze, Vanille und Vanilleauszüge und Vanillin enthalten.

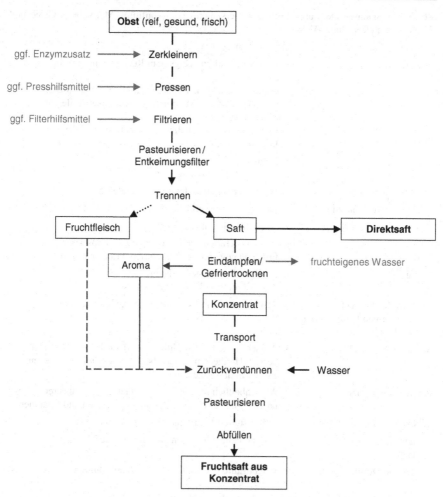

Abb. 9.8 Herstellung von Direktsaft und Fruchtsaft aus Konzentrat

Konfitüre wird aus frischen oder tiefgefrorenen Früchten (meist einer Obstart) hergestellt. Aprikosenkonfitüre darf auch unter Verwendung von Trockenaprikosen erzeugt werden. Die unzerteilten oder grob zerteilten Früchte oder frischen Obsthalberzeugnisse wie Pulpe und Mark werden unter Zuckerzusatz im offenen Kessel oder im geschlossenen Vakuumkessel unter ständigem Rühren eingekocht. Weitere Bestandteile (Geliermittel, Stärkesirup, Farbstoffe, Säure) werden kurz vor Ende des Einkochens zugefügt und die Masse anschließend heiß in Gläser oder andere Behältnisse abgefüllt. Das Verhältnis von Früchten zu Zucker ist für die einzelnen Erzeugnisse rechtlich festgelegt und beträgt meist 1:1. In den vergangenen Jahren hat sich auch die Produktion von „ungekochter Konfitüre" durchgesetzt. Diese Produkte werden durch Pasteurisierung haltbargemacht (bei max. 85 °C). Diese Verfahren sind schonender gegenüber Vitaminen, Farb-, Aroma- und Geschmacksstoffen.

Tab. 9.5 Ausgangs- und Zusatzstoffe zur Herstellung von Konfitüre, Marmelade, Gelee und Maronenkrem (Konfitüren-VO)

Ausgangsstoff/Zutat	Beschreibung/Verwendung
Früchte	• Frisch, gesund, in geeignetem Reifezustand, gereinigt und geputzt • Gleichgestellt sind: Tomaten, Karotten, Süßkartoffeln, Gurken, Kürbisse, Melonen und genießbare Teile von Rhabarberstängeln • Ingwer (frisch oder haltbar gemachte Wurzel der Ingwerpflanze)
Fruchtpulpe	• Essbarer Teil der ganzen Frucht • Auch gestückelt oder zerdrückt
Fruchtmark	• Passierte oder ähnlich verarbeitete Pulpe
Wässriger Fruchtauszug	• Enthält alle wasserlöslichen Teile der Früchte
Fruchtsaft	• Ausschließlich in Konfitüre
Zucker	• Alle Zuckerarten nach Zucker-VO, Fruktosesirup, aus Früchten gewonnene Zuckerarten, brauner Zucker
Honig	• In allen Erzeugnissen erlaubt • Als Teil- oder Vollersatz von Zucker
Saft von Zitrusfrüchten zur Herstellung von Erzeugnissen anderer Fruchtarten	• Ausschließlich in Konfitüre (extra), Gelee (extra)
Saft aus roten Früchten	• Ausschließlich in Konfitüre (extra) aus Hagebutten, Erdbeeren, Himbeeren, Stachelbeeren, roten Johannisbeeren, Pflaumen und Rhabarber
Saft aus roten Rüben	• Ausschließlich in Konfitüre und Gelee aus Erdbeeren, Himbeeren, Stachelbeeren, roten Johannisbeeren und Pflaumen
Schalen von Zitrusfrüchten	• In Konfitüre (extra) und Gelee (extra)
Ätherische Öle aus Zitrusfrüchten	• Ausschließlich in Marmelade und Gelee-Marmeladen
Blätter von Duftpelargonien	• In Konfitüre (extra), Gelee (extra) aus Quitten

Grundsätzlich wird bei Konfitüren zwischen zwei Qualitätsstufen unterschieden: Konfitüre *einfach* und Konfitüre *extra*. Der Unterschied besteht dabei in den Mindestgehalten an Pulpe, Mark, Saft oder wässrigen Auszügen sowie einem niedrigeren Zuckergehalt bei Konfitüre extra.

Der Begriff **Marmelade** ist – mit lokalen Ausnahmen (z. B. Kleinerzeuger) – allein Fruchtaufstrichen aus Zitrusfrüchten vorbehalten. Ein typisches Produkt ist die britische (Bitter-)Orangenmarmelade. Die Herstellung von Marmelade erfolgt ähnlich der Konfitürenproduktion. Als Ausgangserzeugnisse dienen Pulpe, Mark, Saft, wässrige Auszüge oder Schalen von Zitrusfrüchten zusammen mit Zuckerarten.

Werden zur Herstellung eines streichfähigen Obsterzeugnisses nur geklärte Obstsäfte oder wässrige Fruchtauszüge und Pulpe unter Mitverwendung von Zucker eingesetzt, wird das Enderzeugnis als **Fruchtgelee** bezeichnet. Beim Einkochen werden üblicherweise Obstpektin und Wein- oder Milchsäure zugefügt. Um Aromaverluste und eine Beeinträchtigung der Gelierfähigkeit zu vermeiden, darf

die Einkochzeit nicht zu lange sein. Gelee gibt es wie Konfitüre in zwei Qualitätsstufen: Gelee *einfach* und Gelee *extra*.

Es gibt auch Konfitüre und ggf. Gelee 2:1, das bedeutet, die Produkte sind zu-
ckerärmer und enthalten als Konservierungsstoff Sorbinsäure.

Mus wird überwiegend als Pflaumenmus angeboten. Dazu wird entweder die
Pulpe oder das Mark von Pflaumen mit oder ohne Zucker gegebenenfalls unter
Mitverwendung von Trockenpflaumen eingekocht. Außerdem werden zur Ge-
schmacksabrundung Gewürze wie Nelken oder Zimt hinzugefügt. Bei der Herstellung von **Obstkraut** werden Äpfel und/oder Birnen stark eingedampft und der Saft
abgepresst. Dieser wird anschließend meist ohne Zuckerzusatz auf einen Wassergehalt von ca. 35% zu einem zähflüssigen, dunkelbraunen Erzeugnis eingedickt.
Rübenkraut wird aus Zuckerrüben auf die gleiche Art und Weise wie Obstkraut
hergestellt.

9.4   Vom Anbau zur Vermarktung

Die so genannte *Nacherntekette* bezeichnet den Weg von Obst und Gemüse ab dem
Zeitpunkt der Ernte bis in den Einzelhandel (siehe Abb. 9.9).

Auf diesem Weg ist die Ware unterschiedlichen Einflüssen ausgesetzt, die zur
Qualitätsminderung führen können. Um dem Verbraucher qualitativ hochwertiges
Obst und Gemüse im Handel anbieten zu können, sind beim Anbau, der Ernte, dem
Transport, der Lagerung und den weiteren Verarbeitungsschritten einige Faktoren
zu beachten.

9.4.1   Anbau

Nahezu alle Obst- und Gemüsesorten sind das gesamte Jahr über verfügbar, denn
neben dem saisonalen Freilandgemüseanbau kann außerhalb der Saison Gemüse
aus anderen Ländern importiert oder in Treibhausplantagen angebaut werden. Als
Freilandobst bzw. **-gemüse** wird Obst bzw. Gemüse bezeichnet, das im Freien angebaut wird. Für diese Art des Anbaus eignen sich besonders frostfeste Sorten oder
solche, die vor der Ernte Frost benötigen. Der überwiegende Anteil des Freiland-
gemüses wird industriell zu Tiefkühl- oder Konservengemüse verarbeitet. Im Freilandanbau gibt es eine spezielle Methode – den Folienanbau – die angewendet wird,
um die Ernte einige Wochen vorziehen zu können. Beim Folienanbau werden die
Pflanzen mit licht- und luftdurchlässigen Folien bedeckt, um die Pflanzen vor Kälte
und schlechten Witterungsbedingungen zu schützen. Dadurch wird das Wachstum

Abb. 9.9 Nacherntekette von Obst und Gemüse

der Pflanzen begünstigt. Typische Freilandgemüse sind beispielsweise Grünkohl, Möhren, Lauch, Wirsing, Spinat, Spargel sowie Zwiebeln und zum typischen Freilandobst gehören u. a. Äpfel, Birnen, Pflaumen/Zwetschgen sowie Kirschen.

Die zweite Art des Anbaus ist die in **Treibhausplantagen**. Das so genannte Treibhausobst bzw. -gemüse wird in großen Gewächshäusern angebaut und kann durch die Temperatur- und Luftfeuchtigkeitsregulation nahezu ganzjährig geerntet werden. Charakteristisch für Treibhausobst und -gemüse ist ein fast makelloses Erscheinungsbild. Diese Art des Anbaus hat jedoch auch Nachteile, wie z. B. eine geringere Nährstoffdichte und ein weniger ausgeprägtes Aroma. Der Treibhausanbau ist besonders bei solchen Sorten vorteilhaft, die empfindlich auf Temperaturschwankungen oder schlechte Witterungsbedingungen reagieren. Treibhausobst bzw. -gemüse ist dadurch auch außerhalb der natürlichen Erntezeiten auf dem Markt erhältlich.

Eine wichtige Rolle beim Gemüseanbau spielt der **integrierte Pflanzenschutz**. Dabei sollen trotz vermindertem Pflanzenschutzmitteleinsatz gesunde und möglichst widerstandsfähige Pflanzen gezüchtet werden. Geeignete, vorzeitige Maßnahmen sind vor allem die Fruchtfolge, Saatgutbehandlung, Verwendung resistenter Sorten und der Nützlingseinsatz. In den letzten Jahren hat auch der ökologische Landbau immer mehr an Bedeutung gewonnen. Als Grundlage für den **ökologischen Landbau** gilt die EG-Öko-Verordnung. Im Vordergrund stehen möglichst naturschonende Produktionsmethoden unter Berücksichtigung von Erkenntnissen der Ökologie und des Umweltschutzes. Die Tab. 9.6 gibt eine vergleichende Übersicht über konventionellen und ökologischen Landbau.

Tab. 9.6 Grundlagen konventionellen und ökologischen Landbaus (EG-Öko-VO, Dünge-VO, Pflanzenschutzmittelgesetz)

Konventioneller Landbau	Ökologischer Landbau
• Produktion ist chemisch und technisch geprägt	• Produktion ist biologisch-ökologisch geprägt
• Geringe Biodiversität	• Hohe Biodiversität
• Anstreben überbetrieblicher Kreisläufe	• Anstreben innerbetrieblicher Kreisläufe
• Fruchtfolge ist vom Getreideanbau dominiert	• Vielseitige Fruchtfolge mit hohem Leguminosenanteil
• Sehr intensive Bodenbearbeitung	• Schonende Bodenbearbeitung, Nutzung von Bodenruhe
• Pflanzenernährung erfolgt entsprechend der Dünge-VO (Einsatz von Mineraldünger)	• Optimierung der symbiotischen N-Fixierung, geringe Düngeintensität
• Nutzung aller Maßnahmen zur Schadabwehr nach Pflanzenschutzmittelgesetz	• Verzicht auf Pflanzenschutzmittel
• Gentechnische Methoden (voraussichtlich) angewandt	• Schonung nicht erneuerbarer Ressourcen
	• Einsatz gentechnischer Methoden verboten

9.4.2   Ernte und Lagerung

Die Obst- und Gemüseernte findet bei robusten Sorten vollautomatisch statt, während empfindliche Obst- und Gemüsesorten per Hand geerntet werden. Der Erntezeitpunkt ist davon abhängig, ob es sich um eine nachreifende (*klimakterische*) oder nicht nachreifende (*nicht-klimakterische*) Obst- bzw. Gemüsesorte handelt. Klimakterische Sorten können noch vor Erreichen der Vollreife, zum Zeitpunkt der so genannten *Pflückreife*, geerntet werden. Die *Genussreife* entwickelt sich während der anschließenden Lagerung, wobei die CO_2-Abgabe stark ansteigt. Als Genussreife wird ein sortentypischer, sensorischer Eindruck bezeichnet, der sich durch den Grad der Ausfärbung und Saftigkeit sowie den Aromagehalt und das Säure-Zuckerverhältnis auszeichnet. Nicht-klimakterische Sorten werden erst zur Voll- bzw. Genussreife geerntet. Die Lagerungsfähigkeit und -dauer von Obst und Gemüse hängt in erster Linie von der Gemüse- bzw. Obstsorte, vom Erntezeitpunkt und den Lagerbedingungen ab. Obst und Gemüse sollte nicht zusammen gelagert werden, da einige Obst- und Gemüsesorten (z. B. Äpfel, reife Bananen, Avocado, reife Tomaten) das gasförmige Pflanzenhormon Ethylen produzieren (siehe Abb. 9.10). Der Reifungsprozess kann durch Ethylen beschleunigt werden, so dass die Haltbarkeit anderer Obst- und Gemüsearten (beispielsweise Blumenkohl, Gurke, Orange) beeinträchtigt wird.

Deshalb ist bei der gemeinsamen Lagerung verschiedener Obst- und Gemüsesorten zu beachten, ob es sich um klimakterisches oder nicht-klimakterisches Obst bzw. Gemüse handelt.

- **klimakterisches (nachreifendes) Obst/Gemüse:** Äpfel, Bananen, Heidelbeeren, Kiwis, Pfirsiche, Tomaten, Melonen, Pflaumen, Feigen, Guaven, Avocados u. a.
- **nicht-klimakterisches (nicht nachreifendes) Obst/Gemüse:** Ananas, Brombeeren, Erdbeeren, Kirschen, Orangen, Trauben, Zitronen, Gemüsepaprika, Gurken, Aubergine u. a.

Die Rohware muss zunächst möglichst frisch und unbeschädigt sein. Grundsätzlich sollte Obst und Gemüse kühl und dunkel gelagert werden. Ausnahme sind kälteempfindliche Obst- und Gemüsearten wie Aubergine, Gurke, Paprika, Tomate, Ananas, Banane, Mango und Melone.

Gemüse: Blattgemüsearten sind in der Regel nur kurz lagerfähig wie z. B. Kopfsalat (einige Tage) oder Ceylon-Spinat (einige Stunden). Eine längere Lagerung von bis zu mehreren Monaten ist nur bei wenigen Gemüsearten, wie z. B. Kohlkopfar-

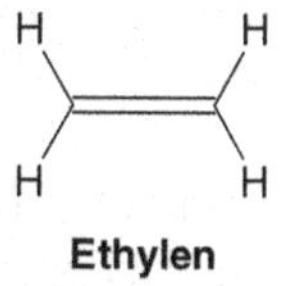

Abb. 9.10 Strukturformel
von Ethylen

ten, Möhren, Kohlrüben und Zwiebeln, möglich. Die optimalen Lagertemperaturen schwanken zwischen den einzelnen Gemüsesorten meist zwischen −1 und +4 °C und sind mitentscheidend für die mögliche Lagerdauer. Auch die relative Luftfeuchtigkeit spielt eine wichtige Rolle und sollte 80–95% betragen. Während der Lagerung kommt es durch Respiration und Transpiration zu Gewichtsverlusten und damit zum Welken/Schrumpfen des Gemüses. Als Substrate für die Atmung werden Kohlenhydrate zu CO_2 und H_2O abgebaut. Die damit verbundenen Gewichtsverluste betragen durchschnittlich 2–10%. Eine Möglichkeit, die Stoffwechselprozesse zu verlangsamen sowie eine Sporenkeimung und das Wachstum von Mikroorganismen zu hemmen, bietet die modifizierte Atmosphäre. Dabei wird z. B. ein Teil des Luftsauerstoffs durch CO_2 ersetzt.

Obst: Die optimalen Lagertemperaturen von Obst liegen je nach Sorte zwischen −2 und +4 °C bzw. 10–15 °C bei tropischen Früchten und die optimale relative Luftfeuchtigkeit zwischen 80–90%. Bei optimalen Lagerbedingungen kann die Lagerdauer einige Tage (z. B. 4–5 Tage bei Kirschen) bis mehrere Monate (z. B. 4–8 Monate bei Äpfeln) betragen. Auch bei Obst kommt es durch Wasserverdampfung zu Gewichtsverlusten von durchschnittlich 3–10%. Zusätzlich spielt der CO_2-Gehalt der Lagerumgebung eine bedeutende Rolle. Im Laufe der Lagerung kann sich in einem geschlossenen Raum durch die im Obst ablaufenden Stoffwechselprozesse (Respiration und Transpiration) das Verhältnis in der Luft von O_2 zu CO_2 ändern. Eine erhöhte O_2-Konzentration beschleunigt die Reifung und eine erniedrigte O_2-Konzentration steigert die CO_2-Produktion. Hohe CO_2-Werte stimulieren durch die Glykolyse die Bildung von Fehlaromen (Acetaldehyd und Ethanol) sowie die Verfärbung des Obstes. Eine Möglichkeit, die Alterungs- und Abbauprozesse von Obst zu verzögern, bietet die so genannte C A(Controlled Atmosphere)-Lagerung. Diese Bezeichnung steht für eine Atmosphäre, in der durchschnittlich 5–10% des O_2-Gehaltes durch CO_2 ersetzt werden. Eine weitere Methode, die Lagerfähigkeit zu erhöhen, ist z. B., Zitrusfrüchte mit einer Wachsemulsion (Carnaubawachs, Zuckerrohrwachs, Paraffin u. a.) zu überziehen. Infolgedessenwerden die Stoffwechselprozesse verlangsamt und die Verdunstung reduziert. Um den Befall mit Mikroorganismen während der Lagerung zu vermeiden oder das Wachstum von Schimmelpilzen zu verzögern, werden oftmals chemische Mittel (Begasung mit Methylbromid, Ammoniak, Chlorethan oder Trichlorethan) eingesetzt. Auch Ozon sowie – bei Zitrusfrüchten – Biphenyl (E 230) und o-Phenylphenol (E 231/E 232) werden eingesetzt.

9.4.3 Qualität

Die Qualität von Obst und Gemüse kann anhand mehrerer Merkmale beurteilt werden:

- **äußere Merkmale:** Frische, Gewicht, Fruchtgröße, Farbe, Vorkommen von Beschädigungen, Krankheitserregern und Insektenfraßspuren

Tab. 9.7 Liste der in den EG-Vermarktungsnormen festgelegten Obst- und Gemüsearten (EG-Vermarktungsnorm)

Obstart	Gemüseart
Äpfel, Aprikosen, Avocados, Birnen, Erdbeeren, Süß- und Sauerkirschen, Kiwis, Melonen, Pfirsiche, Nektarinen, Pflaumen, Tafeltrauben, Wassermelonen, Zitrusfrüchte (Orangen, Zitronen, Mandarinen-Gruppe), sowie alle Obstarten, die in Mischungen mit einer der genannten, normalpflichtigen Arten angeboten werden	Artischocken, Auberginen, Bleichsellerie, Blumenkohl, Bohnen, Chicorèe, Erbsen, Gemüsepaprika, Gurken, Haselnüsse in Schale, Möhren, Knoblauch, Kopfkohl, Kulturchampignons, Lauch, Porree, Rosenkohl, Salate, krause Endivie und Eskariol, Spargel, Spinat, Tomaten, Walnüsse in Schale, Zucchini, Zwiebeln, sowie alle Gemüsearten, die in Mischungen mit einer der genannten, normalpflichtigen Arten angeboten werden

- **innere Merkmale:** Geschmack, Geruch, Haltbarkeit, wertgebende Inhaltsstoffe, Schadstofffreiheit
- **Gebrauchswert:** kennzeichnet die Eignung von Obst/Gemüse für den Frischmarkt, die Lagerung und die industrielle Verarbeitung

Für die wichtigsten Obst- und Gemüsearten in der EU gibt es so genannte EG-Vermarktungsnormen, die bestimmte Mindesteigenschaften festlegen. Ziel der auf allen Handelsstufen (auch Import und Export) geltenden Vermarktungsnormen ist es, eine gleichbleibende Qualität mit der Garantie zu gewährleisten, dass die Erzeugnisse voll verzehrbar sind und der Abfall auf ein Minimum reduziert wird. Bei Gemüse wird außerdem die Frische und bei Obst eine Mindestreife garantiert. Die in Tab. 9.7 aufgelisteten Obst- und Gemüsearten dürfen nur entsprechend den EG-Vermarktungsnormen im Handel angeboten werden.

Zu den festgelegten Mindesteigenschaften für Obst und Gemüse gehören:

- ganz (keine mechanische Beschädigung etc.),
- gesund (keine Fäulnis oder Krankheiten),
- sauber, praktisch frei von sichtbaren Fremdstoffen – kein Schmutz oder Rückstände von Vorbehandlungen,
- frisches Aussehen – keine Anzeichen von Welke,
- praktisch frei von Schädlingen (Maden, Milben, Blattläusen; lediglich bei Äpfeln, Birnen, Kirschen und Pflaumen sind im Rahmen Toleranzmengen von madigen Früchten zulässig),
- praktisch frei von Schäden durch Schädlinge (Fraß- oder Einstichstellen),
- frei von anormaler, äußerer Feuchtigkeit (Ausnahme: Spinat) – Kondenswasserniederschlag ist zulässig,
- frei von fremdem Geruch und/oder Geschmack – Verpackungsmaterial und Transportmittel müssen sauber und geruchsneutral sein.

Für Obst gilt zusätzlich:

Tab. 9.8 Handelsklassen für Obst und Gemüse gemäß EG-Vermarktungsnorm

Handelsklasse	Beschaffenheit
„Extra"	Von höchster Qualität, sortentypisch in Form, Entwicklung und Farbe, praktisch fehlerfrei
„I"	Von guter Qualität, sortentypisch in Form, Entwicklung und Farbe; zulässig sind leichte Fehler hinsichtlich Form, Entwicklung und Farbe sowie leichte Schalenfehler
„II"	Von marktfähiger Qualität, eine sortentypische Ausprägung der Merkmale wird nicht verlangt, die Mindesteigenschaften müssen jedoch eingehalten werden. Zulässig sind Fehler hinsichtlich Form, Entwicklung und Farbe sowie Schalenfehler.

- genügend entwickelt – die Früchte dürfen erst bei Erreichen der vollständigen Entwicklung geerntet werden, wodurch befriedigende Reife, Geschmack und Haltbarkeit gewährleistet werden,
- genügend reif – die Früchte müssen genügend reif sein, das heißt, nachreifende Obstarten müssen bei der Ernte so weit gereift sein, dass sie ihren Reifeprozess fortsetzen können; nicht nachreifende Obstarten müssen bei der Ernte vollreif oder nahezu vollreif sein, da diese den Reifeprozess nach der Ernte nicht fortsetzen können.

Gemäß den EG-Vermarktungsnormen ergibt sich aus den Güteeigenschaften und dem Ausmaß der zugelassenen Mängel eine Einstufung von Obst und Gemüse in drei Handelsklassen (siehe Tab. 9.8).

Für Melonen, Wassermelonen, Auberginen, Bleichsellerie, Gemüsepaprika, Kopfkohl, Kopfsalat, Pflückerbsen, Porree, Rosenkohl, Spinat, Zucchini und Zwiebeln gelten nur die Klassen I und II.

9.5   Zusammensetzung von Gemüse

Der Sammelbegriff Gemüse fasst eine heterogene Gruppe an Gemüsearten zusammen, die sich in der Zusammensetzung teilweise stark unterscheiden (siehe Tab. 9.9). Grundsätzlich besteht Gemüse zum größten Teil (80–95%) aus Wasser. Die verbleibenden 5–20% Trockensubstanz setzen sich überwiegend aus Kohlenhydraten und variierenden Mengen an Proteinen bzw. Stickstoffverbindungen zusammen. Lipide sind im Gemüse i. d. R. nur in geringen Mengen (<1%) enthalten. Von besonderer Bedeutung sind die im Gemüse vorkommenden Vitamine, Mineralstoffe, Ballaststoffe sowie Aroma-, Geschmacks- und Farbstoffe, wobei es abhängig von der Gemüseart, dem Anbau und der Zubereitung Unterschiede gibt. Außerdem kommen in einigen Gemüsearten erhöhte Mengen unerwünschter Stoffe vor, wie z. B. Nitrat oder Oxalsäure.

Tab. 9.9 Zusammensetzung verschiedener Gemüsearten (Souci et al. 2008)

Gemüseart/-erzeugnis	Wasser (g/100 g)	Protein (g/100 g)	Lipide (g/100 g)	Verfügbare Kohlenhydrate (g/100 g)	Ballaststoffe (g/100 g)
Blattgemüse					
Chicorèe	94,1	1,2	0,2	2,4	1,3
Grünkohl	85,9	4,3	0,9	2,5	4,2
Kopfsalat	94,3	1,2	0,2	1,1	1,4
Rosenkohl	85,0	4,5	0,3	3,3	4,4
Rotkohl	90,0	1,5	0,2	3,5	2,5
Spinat	91,2	2,8	0,3	0,6	2,6
Blütengemüse					
Artischocke	82,5	2,4	0,1	2,6	10,8
Blumenkohl	91,0	2,5	0,3	2,3	2,9
Brokkoli	88,5	3,8	0,2	2,7	3,0
Fruchtgemüse					
Aubergine	92,6	1,2	0,2	2,5	2,8
Gemüsepaprika	94,1	1,1	0,2	2,9	3,6
Gurke	96,0	0,6	0,2	1,8	0,5
Kürbis	91,0	1,1	0,1	4,6	2,2
Tomate	94,2	1,0	0,2	2,6	1,0
Samengemüse					
Grüne Bohne	89,5	2,4	0,2	5,1	1,9
Grüne Erbse	75,2	6,6	0,5	12,3	4,3
Stängel- und Sprossgemüse					
Bambussprosse	91,0	2,5	0,3	1,0	0,2
Rhabarber	92,7	0,6	0,1	1,4	3,2
Spargel	93,1	2,0	0,2	2,0	1,3
Wildgemüse					
Brennnessel	83,3	7,4	0,6	1,3	3,1
Sauerampfer	89,2	3,2	0,4	1,2	2,0
Wurzel- und Knollengemüse					
Batate	69,2	1,6	0,6	24,1	3,1
Kartoffel	77,8	2,0	0,1	14,8	2,1
Kohlrabi	91,6	1,9	0,2	3,7	1,4
Möhre	88,2	1,0	0,2	4,8	3,6
Rettich	92,6	1,0	0,2	2,4	2,5
Rote Rübe	86,2	1,5	0,1	8,4	2,5
Zwiebelgemüse					
Knoblauch	64,0	6,1	0,1	28,4	k. A.
Porree	86,1	2,1	0,3	3,3	2,3
Zwiebel	91,3	1,2	0,3	4,9	1,8

Tab. 9.9 (Fortsetzung)

Gemüseart/-erzeugnis	Wasser (g/100 g)	Protein (g/100 g)	Lipide (g/100 g)	Verfügbare Kohlen-hydrate (g/100 g)	Ballaststoffe (g/100 g)
Pilze					
Austernpilz	90,1	3,5	0,2	k. A.	5,9
Champignon	93,0	4,1	0,3	0,6	2,0
Pfifferling	91,5	2,4	0,5	0,2	3,3
Gemüsedauerwaren					
Erbsen (Dose, grün)	84,3	3,6	0,4	4,8	4,3
Möhren (Dose)	94,0	0,6	0,3	2,0	1,7

k. A. keine Angaben

9.5.1 Kohlenhydrate

Kohlenhydrate machen den größten Teil der Trockensubstanz im Gemüse aus. Grundsätzlich werden die zwei Fraktionen der Ballaststoffe und der verdaulichen Kohlenhydrate unterschieden. Der Ballaststoffgehalt von Frischgemüse liegt durchschnittlich bei 0,3–3% und der Anteil verdaulicher Kohlenhydrate bei durchschnittlich 2–7% (siehe Tab. 9.9). Die Fraktion der Ballaststoffe setzt sich überwiegend aus den Polysacchariden **Pektin** sowie **Cellulose** und **Hemicellulose** (siehe Abb. 9.11) zusammen.

Pektin hat eine besondere Bedeutung für die Festigkeit des Gemüsegewebes. Bei der Reifung des Gemüses werden die wasserunlöslichen Protopektine nach und nach durch die Protopektinase überwiegend zu wasserlöslichen Pektinen abgebaut. Dabei kommt es zur Gewebeerweichung. Ein weiteres Polysaccharid im Gemüse ist das Reservekohlenhydrat **Stärke**. Besonders Wurzel- und Knollengemüse enthalten größere Mengen an Stärke, z. B. Kartoffeln (ca. 20%). Korbblütler (*Compositae*) wie Artischocke und Schwarzwurzel besitzen an Stelle von Stärke höhere Mengen des aus Fruktose aufgebauten Polysacchrids **Inulin** (siehe Tab. 9.9). Zu den vorherrschenden Mono- und Disacchariden im Gemüse gehören **Glukose, Fruktose** und **Saccharose**. Außerdem enthält Gemüse geringe Mengen Oligosaccharide und

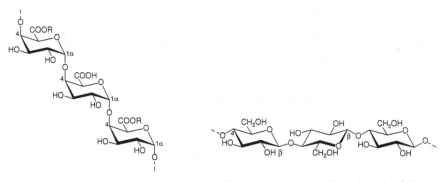

Abb. 9.11 Ausschnitt aus einem Pektinmolekül (*links*) und aus einer Cellulosekette (*rechts*)

Zuckeralkohole. Während der Reifung verändert sich das Verhältnis der Kohlenhydrate zueinander und gebildete Reservestoffe wie Stärke, Inulin oder Saccharose
werden in bestimmten Speicherorganen (z. B. Kartoffelknollen) eingelagert. Beim
Samengemüse nimmt infolgedessen der Stärkegehalt zu und der Zuckergehalt ab.
Beim Fruchtgemüse verhält es sich umgekehrt.

9.5.2 Stickstoffhaltige Substanzen

Die stickstoffhaltigen Substanzen (1–5%) im Gemüse bestehen je nach Gemüseart
zu 40–80% aus **Proteinen**. Zu den Proteinen in Gemüse gehören auch Enzyme und
Enzyminhibitoren, deren Muster oftmals arten- und sortentypisch ist. Es sind Enzyme aller Hauptgruppen anwesend wie Oxidoreduktasen (Lipoxygenasen, Polyphenoloxidasen, Peroxidasen), Hydrolasen (Glykosidasen, Esterasen, Proteinasen),
Transferasen (Transaminasen), Lyasen (Glutaminsäuredecarboxylase, Allinase) und
Ligasen (Glutaminsynthetase). Die Enzyme können sowohl positiv (Aromabildung)
als auch negativ (Verfärbungen, Gewebeerweichung) die Qualität des Gemüses beeinflussen. Der Rest der N-haltigen Substanzen setzt sich zum Teil aus freien Aminosäuren (Protein- und Nicht-Protein-Aminosäuren) sowie aus Aminen (Histamin,
Tryptamin, Tyramin (siehe Abb. 9.12) und Serotonin (siehe Abb. 9.16)) zusammen.

9.5.3 Lipide

Der Lipidgehalt im Gemüse ist i. d. R. gering und liegt meist bei <1% (siehe
Tab. 9.9). Die Lipide setzen sich überwiegend aus Triglyceriden sowie Glyko- und
Phospholipiden zusammen. Teilweise können ungesättigte Fettsäuren wie Linol-
und Linolensäure als Vorstufen von Carbonylverbindungen und Alkoholen dienen
und somit zum Aroma des Gemüses beitragen.

9.5.4 Vitamine und Mineralstoffe

Gemüse ist von Natur aus eine gute Quelle für Vitamine und Mineralstoffe. Es gibt
jedoch große Schwankungen in Abhängigkeit von der Gemüseart und -sorte, dem

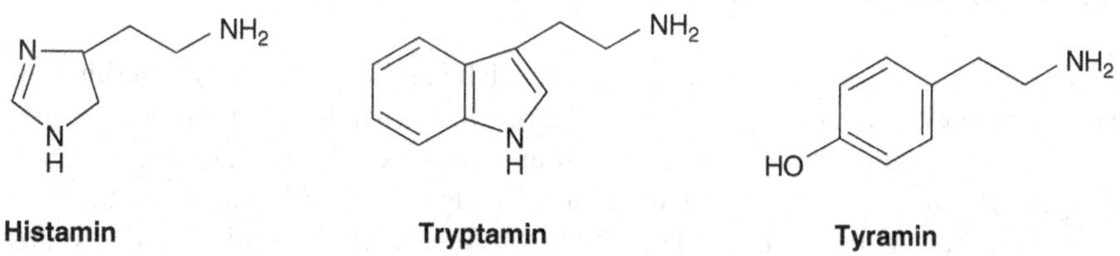

Histamin   Tryptamin   Tyramin

Abb. 9.12 Strukturformeln der im Gemüse vorkommenden Amine Histamin, Tryptamin und
Tyramin

Tab. 9.10 Vitamin- und Mineralstoffgehalte einiger Gemüsearten (Souci et al. 2008)

Gemüseart	Vitamine (mg/100 g)						Mineralstoffe (mg/100 g)					
	B_1	B_2	C	Nicotinsäure	Folsäure	β-Carotin	K	Na	Ca	Mg	Fe	P
Artischocke	0,14	0,01	7,6	0,9	k. A.	0,1	353	47	53	26	1,5	130
Aubergine	0,04	0,05	5,0	0,6	0,03	0,04	203	4,1	12	14	0,37	21
Brokkoli	0,1	0,18	94	1,0	0,11	0,85	256	23	58	18	0,82	63
Champignon	0,09	0,42	4,9	5,2	0,03	0,01	390	7,5	11	14	1,2	129
Kartoffel	0,11	0,05	17	1,2	0,02	0,005	417	2,7	6,2	21	0,42	50
Kopfsalat	0,06	0,08	13	0,32	0,06	1,1	177	7,4	21	8,8	0,31	177
Gurke	0,02	0,03	8,0	0,2	0,02	0,37	164	3,0	16	8,3	0,22	164
Möhre	0,07	0,05	7,0	0,6	0,03	7,6	328	62	35	13	0,39	36
Spargel	0,11	0,1	20	1,0	0,11	0,52	203	4,3	26	17	0,68	44
Tomate	0,66	0,04	19	0,53	0,02	0,6	235	3,3	8,9	11	0,32	22
Zwiebel	0,04	0,02	7,4	0,2	0,01	0,07	162	2,7	22	9,6	0,22	33

k. A. keine Angaben

Anbauklima, dem Erntezeitpunkt sowie der Lagerung, Verarbeitung und der Zubereitungsart. Einige Vitamine sind besonders empfindlich gegenüber Hitze, Licht und Sauerstoff oder haben eine hohe Wasserlöslichkeit, so dass es je nach Behandlung zu signifikanten Verlusten kommen kann. Gemüse ist ein besonders wichtiger Lieferant von β- und α-Carotin (Vitamin-A-Vorstufen), Vitaminen der B-Gruppe, Vitamin C und Folsäure (siehe Tab. 9.10).

Zu den mengenmäßig bedeutendsten Mineralstoffen im Gemüse gehören Kalium, Calcium (Grünkohl, Fenchel), Natrium und Magnesium. Auch Phosphor und Eisen kommen teilweise in höheren Gehalten vor.

Der absolute Gehalt an Mengen- und Spurenelementen ist jedoch nicht identisch mit der Bioverfügbarkeit von Mineralstoffen, die teilweise gering ist. Bei der Zubereitung (z. B. Kochen) können große Mengen an Mineralstoffen verloren gehen (Auslaugen). Die Mineralstoffe im Gemüse sind teilweise fest in die Zellstrukturen des Gemüses eingebettet, was deren Bioverfügbarkeit reduziert. Mit steigendem Zerkleinerungsgrad steigt aber die Bioverfügbarkeit der Mineralstoffe.

9.5.5 Aroma- und Geschmacksstoffe

Das Aroma der einzelnen Gemüsearten setzt sich aus einer Vielzahl an Verbindungen zusammen, wobei einige Aromastoffe bereits vorhanden sind und andere erst bei der Zubereitung durch Gewebezerstörung entstehen. Schwefelhaltige Verbindungen tragen besonders in bestimmten Wurzelgemüsen, Alliumarten und Kohl zum typischen Aroma bei. Zu den S-haltigen Verbindungen zählen u. a. die aus Thioglykosiden und S-Alkyl- bzw. S-Alkenyl-cystein-sulfoxiden gebildeten Isothiocyanate, Alkylsulfide, Schwefelwasserstoff, Carbonylsulfid und Schwefelkoh-

Tab. 9.11 Beispiele für Aromastoffe einiger Gemüsesorten

Gemüse	Typische Aromastoffe
Tomate	(Z)-3-Hexenal, β-Ionon, Hexanal, β-Damascenon, 1-Penten-3-on, 3-Methylbutanal
Gurke	(E,Z)-2,6-Nonadienal, (E)-2-Nonenal, (Z)-3-Hexenal, (E)-2-Hexenal, (E)-2-Nonenal
Artischocke (gegart)	1-Octen-3-on, 1-Hexen-3-on, Phenylacetaldehyd
Rote Rübe	Geosmin
Spinat (gegart)	Dimethylsulfid, Methanthiol, Methional, 2-Acetyl-1-pyrrolin
Erbse	3-Isopropyl-, 3-sec-Butyl-, 3-Isobuthyl-2-methoxypyrazin
Rot- und Weißkohl (gegart)	Senföle, besonders Allylisothiocyanat; Dimethylsulfid, 3-Alkyl-2-methoxypyrazine

lenstoff. Zusätzlich tragen bei einigen süß schmeckenden Gemüsearten wie Möhren oder Schwarzwurzeln einfache Zucker und bei sauer schmeckenden Gemüsearten wie Rhabarber und Tomaten organische Säuren wesentlich zum Geschmack bei. Tabelle 9.11 orientiert über aromabestimmende Verbindungen in einigen Gemüsearten.

9.5.6 Farbstoffe

Für die farbliche Vielfalt von Gemüsen sind überwiegend Carotinoide, Chlorophylle, Phenole, Anthocyane und Betalaine verantwortlich. Diese Farbstoffgruppen zählen zu den Sekundärmetabolite der Pflanzen und haben neben der Farbgebung weitere wesentliche Funktionen im Sekundärstoffwechsel der Pflanze, als Lichtschutzfaktoren, Signalstoffe oder Antioxidantien. Eine ausführlichere Darstellung der Farbstoffe und sekundären Pflanzenstoffe in Obst und Gemüse erfolgt unter Abschn. 9.6.7.

9.5.7 Unerwünschte Stoffe

In einigen Gemüsearten kommen unerwünschte Stoffe vor, die unter Umständen eine leicht giftige Wirkung haben können. In geringen Mengen werden diese Stoffe meist vom Organismus weitestgehend toleriert oder können durch bestimmte Zubereitungsformen entgiftet werden. Zu diesen Stoffen zählen vor allem goitrogene Verbindungen, **Phasein**, Oxalsäure und Nitrat.

Goitrogene Verbindungen kommen überwiegend in Kohl- und Rübenarten vor und sind bei normaler, ausgewogener Ernährung eher unbedenklich. Bei höherer Dosierung, z. B. in Folge einer einseitigen (kohlreichen) Ernährung, können die Verbindungen eine hemmende Wirkung auf die Schilddrüse ausüben und zur Kropfbildung führen. Goitrogene Verbindungen können auf verschiedene Art und Weise entstehen. So kann z. B. Goitrin in größeren Mengen im Rosenkohl (70–110 mg/

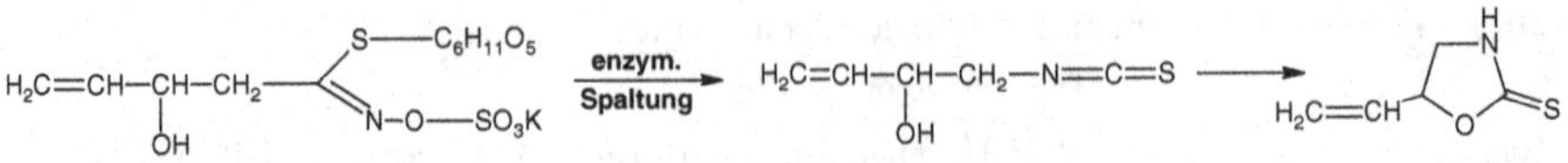

Progoitrin   **Goitrin**

Abb. 9.13 Enzymatischer Abbau von Progoitrin zu Goitrin

Abb. 9.14 Strukturformel
der Oxalsäure

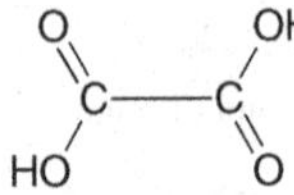

Oxalsäure

kg) durch enzymatischen Abbau von Progoitrin während des Kochens entstehen (siehe Abb. 9.13). Außerdem können Glucosinolate enzymatisch zu Rhodanid (z. B. 30 mg/100 g Frischgewebe im Blumenkohl) abgebaut werden. Glucosinolate und Rhodanide hemmen die Jodaufnahme in der Schilddrüse.

Im Vergleich zu Obst kommen organische Säuren im Gemüse in relativ geringen Mengen vor. **Oxalsäure** (siehe Abb. 9.14) kann in einigen sauer schmeckenden Gemüsen (wasserlösliches Kaliumoxalat und wasserunlösliches Calciumoxalat) in höheren Mengen auftreten (Rhabarber ca. 250–500 mg/100 g, Spinat ca. 440 mg/100 g). Oxalsäuregehalte im Gemüse werden vorwiegend durch Düngung, Pflanzenentwicklung und Erntezeit beeinflusst.

Oxalsäure liegt etwa zur Hälfte frei und etwa zur Hälfte als Calciumoxalat (auch geringe Mengen Magnesiumoxalat) vor. Freie Oxalsäure sowie deren lösliche Salze binden Mineralstoffe wie Calcium und Kalium und können möglicherweise zu Nierensteinen (sogenannte Calciumoxalat-Steine) führen.

Nitrat ist ein lebensnotwendiger Stoff in der Pflanzenernährung (Stickstofflieferant) und hat per se keine schädliche Wirkung. Die Gehalte im Gemüse werden vorwiegend durch die Düngung und die Sonneneinstrahlung beeinflusst. Tabelle 9.12 gibt eine Übersicht über Gemüsearten mit niedrigen, mittleren und hohen Nitratgehalten.

Tab. 9.12 Nitratgehalt einiger Gemüsearten (Souci et al. 2008)

Niedrige Nitratgehalte (<500 mg/kg)	Mittlere Nitratgehalte (500–1.000 mg/kg)	Hohe Nitratgehalte (>1.000 mg/kg)
Bohnen	Blumenkohl	Feldsalat
Brokkoli	Fenchel	Kohlrabi
Gurken	Grünkohl	Kopfsalat
Porree	Weißkohl	Radischen
Spargel	Kartoffel	Rettich
Tomaten		Rote Rüben
Zwiebeln		Spinat

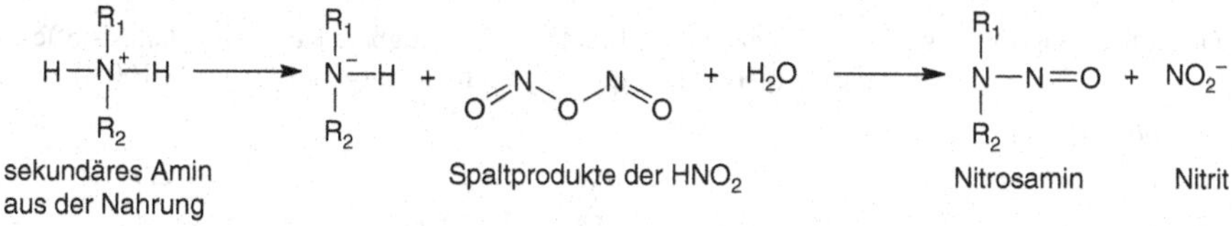

Abb. 9.15 Schema der Nitrosaminbildung

Der größte Anteil des mit der Nahrung aufgenommenen Nitrats wird vom Körper wieder ausgeschieden, kann aber auch teilweise durch bakterielle Umwandlung zu Nitrit umgewandelt werden. Nitrit kann die Sauerstoffversorgung aller Gewebe beeinträchtigen, indem es die Umwandlung von Oxyhämoglobin in Methämoglobin bewirkt. Dies kann besonders bei Säuglingen und Kleinkindern zur so genannten Blausucht führen. Ferner kann Nitrit mit sekundären Aminen in Magen-Darm-Trakt zur Bildung von kanzerogen wirkenden Nitrosaminen führen (siehe Abb. 9.15). Mittlerweile existieren Richtwerte für Nitratgehalte in Gemüse, die besonders Kopfsalat, Spinat und Rote Rüben betreffen.

9.6   Zusammensetzung von Obst

Zum Obst zählen Früchte unterschiedlicher Strauch- und Baumarten, die sich in der Zusammensetzung je nach Sorte, Klima, Reifezustand, Lagerung und Verarbeitung stark voneinander unterscheiden können (siehe Tab. 9.13).

Mit Ausnahme von Schalenfrüchten besteht Obst zum größten Teil (ca. 75–95%) aus Wasser. Die Trockensubstanz setzt sich überwiegend aus Kohlenhydraten und organischen Säuren zusammen, während Lipide und stickstoffhaltige Verbindungen mengenmäßig eher in den Hintergrund treten. Für den Genusswert spielen weiterhin die Farb- und Aromastoffe eine bedeutende Rolle. Außerdem haben die im Obst enthaltenen Vitamine und Mineralstoffe eine wichtige Bedeutung in der Ernährung des Menschen.

Tab. 9.13 Zusammensetzung verschiedener Obstarten (Souci et al. 2008)

Obstart/-erzeugnis	Wasser (g/100 g)	Protein (g/100 g)	Lipide (g/100 g)	Verfügbare Kohlenhydrate (g/100 g)	Ballaststoffe (g/100 g)
Beerenobst					
Brombeere	84,7	1,2	1,0	6,2	3,2
Erdbeere	89,5	0,8	0,4	5,5	1,6
Himbeere	84,5	1,3	0,3	4,8	4,7
Johannisbeere (rot)	84,7	1,1	0,2	4,8	3,5
Exoten					
Avocado	66,5	1,9	23,5	0,4	6,3
Banane	73,9	1,2	0,2	20,0	1,8
Guave	83,5	0,9	0,5	5,8	5,2
Kiwi	83,0	1,0	0,6	9,1	2,1
Papaya	87,9	0,5	0,1	7,1	1,9

Tab. 9.13 (Fortsetzung)

Obstart/-erzeugnis	Wasser (g/100 g)	Protein (g/100 g)	Lipide (g/100 g)	Verfügbare Kohlen-hydrate (g/100 g)	Ballaststoffe (g/100 g)
Kernobst					
Apfel	84,9	0,3	0,6	11,4	2,0
Birne	82,9	0,5	0,3	12,4	3,3
Quitte	83,1	0,4	0,5	7,3	5,9
Schalenobst/Nüsse					
Erdnuss	5,2	29,9	48,1	7,5	11,7
Haselnuss	5,2	14,1	61,6	10,5	8,2
Kokosnuss	44,6	4,6	36,5	4,8	9,0
Mandel	5,7	22,1	54,1	5,4	13,5
Marone	44,9	2,9	1,9	41,2	8,4
Walnuss	4,4	17,0	62,5	10,6	6,1
Steinobst					
Aprikose	85,3	0,9	0,1	8,5	1,5
Kirsche (süß)	82,8	0,9	0,3	13,3	1,3
Pfirsich	87,3	0,8	0,1	8,9	1,9
Pflaume	83,7	0,6	0,2	10,2	1,6
Weintrauben					
Tafelweintraube	81,1	0,7	0,3	15,2	1,5
Wildfrüchte					
Heidelbeere	84,6	0,6	0,6	6,1	4,9
Preiselbeere	87,4	0,3	0,5	6,2	2,9
Sanddornbeere	82,6	1,4	7,1	3,3	k. A.
Zitrusfrüchte					
Grapefruit	88,4	0,6	0,2	7,4	1,6
Orange	85,7	1,0	0,2	8,3	1,6
Zitrone	90,2	0,7	0,7	3,2	k. A.
Obstdauerwaren					
Apfel (getrocknet)	26,7	1,4	1,6	55,4	11,2
Aprikose (Dose)	82,2	0,5	0,1	15,1	k. A.
Pflaume (getrocknet)	24,0	2,3	0,6	47,4	17,8
Rosine	15,7	2,5	0,6	68,0	5,2

k. A. keine Angaben

9.6.1 Kohlenhydrate

Kohlenhydrate machen den größten Anteil der Trockensubstanz des Obstes (außer Schalenobst) aus. Im Vordergrund stehen dabei die Monosaccharide **Fruktose** und **Glukose,** deren Gehalte vor allem von der Obstart und dem Reifezustand abhängig sind. Das Verhältnis von Glukose zu Fruktose variiert zwischen den einzelnen Obstarten (Beerenobst meist 1:1, Kernobst meist <1:1 und Steinobst >1:1). Andere, im Obst in wesentlich geringeren Konzentrationen vorhandene Monosaccharide, sind u. a. Arabinose, Xylose und Heptulosen. Unter den Oligosacchariden dominiert die **Saccharose.** Weitere nachgewiesene Oligosaccharide wie Maltose, Melibiose, Raffinose, Stachyose und 6-Ketose haben eine quantitativ geringe Bedeutung. Saccharose kommt in einigen Obstarten (z. B. Banane, Ananas und Dattel (8–15%)) in relativ hohen Gehalten vor und fehlt in anderen Obstarten (z. B. Kirschen und Weintrauben) hingegen völlig. Der Zuckeralkohol **Sorbit** (siehe Abb. 14.10) (in einigen Obstsorten Transportform für Zucker) kommt vermehrt in Kern- und Steinobst vor, fehlt aber z. B. in Beerenobst, Zitrusfrüchten und Banane ganz. Deshalb ist Sorbit zur Bewertung der Streckung von Wein durch Obsterzeugnisse gut geeignet.

Die Fraktion der Polysaccharide besteht im Wesentlichen aus **Stärke, Cellulose, Hemicellulosen, Pentosanen** und **Pektinen.** Besonders Stärke und Pektine sind während der Reifung starken Veränderungen unterworfen. In unreifen Früchten ist der Stärkegehalt recht hoch und wird im Laufe der Reifung sukzessiv zu Zucker abgebaut. Beispielsweise enthalten unreife Bananen etwa 20% Stärke und nur wenig Zucker, während es sich bei reifen Bananen eher umgekehrt verhält. Außerdem enthält Schalenobst relativ hohe Stärkegehalte, Pektine kommen besonders in Beerenobst, Kernobst und Zitrusfrüchten vor. Während des Reifungsprozesses werden die unlöslichen Pektine durch Pektinasen überwiegend zu löslichen Pektinen umgewandelt. Cellulose, Hemicellulose und Pentosane dienen überwiegend als Gerüstsubstanzen der Zellwände von Schalen, Steinen, Kernen und Fruchtmark und sind im Fruchtfleisch nur in relativ geringen Mengen vorhanden.

9.6.2 Stickstoffhaltige Substanzen

Der Anteil stickstoffhaltiger Verbindungen (Anteil an N im Produkt × 6,25) im Obst liegt im Durchschnitt bei 0,1–1,5%. Proteine und freie Aminosäuren machen den größten Teil davon aus, während andere Stickstoffverbindungen eher in den Hintergrund treten. Eine Ausnahme bilden die Schalenfrüchte, deren Gehalt an N-haltigen Verbindungen (Anteil an N im Produkt × 6,25) etwa 20% beträgt. Die Fraktion der **Proteine** besteht überwiegend aus **Enzymen,** ist aber stark von der Obstart und dem Reifezustand abhängig. Zu den Enzymen gehören:

- **Enzyme des Kohlenhydratstoffwechsels:** pektiniolytische Enzyme, Cellulasen, Amylasen, Phosphorylasen, Saccharasen, Aldolasen u. a.
- **Enzyme des Lipidstoffwechsels:** Lipasen, Lipoxygenasen, Enzyme der Fettsäuresynthese u. a.

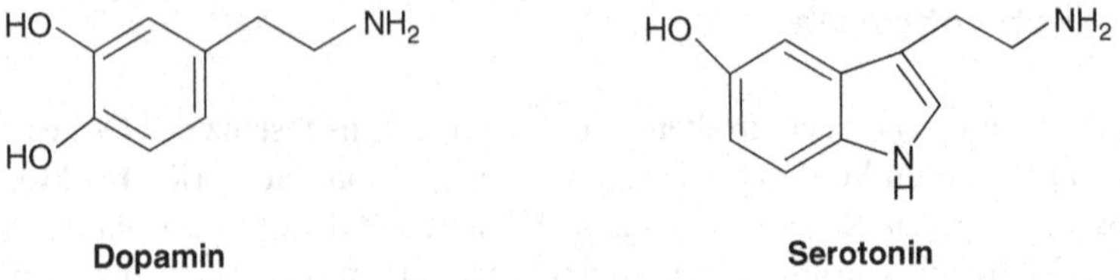

Abb. 9.16 Strukturformel der im Obst vorkommenden Amine Dopamin und Serotonin

- **Enzyme des Proteinstoffwechsels:** Proteinasen, Transaminasen u. a.
- **Weitere:** Katalasen, Peroxidasen, Phenoloxidasen, saure Phosphatasen, Ribonukleasen u. a.

Im Obst kommen sowohl Protein- als auch Nicht-Protein-Aminosäuren vor. Das Aminosäuremuster ist dabei für jede Obstart charakteristisch und kann für analytische Zwecke genutzt werden.

Außerdem wurden im Obst viele aliphatische und aromatische **Amine** nachgewiesen, die auf unterschiedliche Art entstehen können, z. B. als Folgeprodukte von Thyramin (z. B. Dopamin) oder Tryptophan (z. B. Serotonin). Bekannte Vertreter sind u. a. das Serotonin in Banane, Walnuss und Ananas sowie das Dopamin in Orange, Pflaume und Avocado (siehe Abb. 9.16).

9.6.3 Lipide

Mit Ausnahme von Samen und dem Fruchtfleisch einiger Früchte (Avocado, Olive) sowie der Schalenfrüchte liegt der Fettgehalt von Obst durchschnittlich zwischen 0,1 und 0,6% (siehe Tab. 9.13). Schalenfrüchte und Avocados enthalten größere Fettanteile von bis zu 65%. Zu den im Obst vorkommenden Lipidfraktionen gehören vor allem Triacylglyceride, Glykolipide, Phospholipide, Carotenoide, Triterpenoide sowie die auf der Schalenoberfläche befindlichen Fruchtwachse. Die Fruchtfleischlipide bestehen etwa zur Hälfte aus Phospholipiden und geringeren Mengen an Glykolipiden, Triacylglycerolen, Sterinen u. a. Bei der Fettsäurezusammensetzung überwiegen Öl-, Palmitin- und Linolsäure. Oftmals ist die Fruchtschale von einer Wachsschicht überzogen, die sich vorwiegend aus Wachsestern, höheren Alkoholen, Fettsäuren und Kohlenwasserstoffen zusammensetzt. Abgesehen vom Kokosfett, das sich im Wesentlichen aus kurz- und mittelkettigen Fettsäuren zusammensetzt, enthalten Schalenfrüchte große Mengen der ungesättigten Öl-, Linol- und Linolensäure.

9.6.4 Vitamine und Mineralstoffe

Obst ist ein relativ guter Lieferant einiger Vitamine (siehe Tab. 9.14).

Bei den Vitaminen steht in diversen Obstsorten besonders das Vitamin C, aber auch wasserlösliche Vitamine der B-Gruppe sowie β-Carotin mengenmäßig im

Tab. 9.14 Vitamin- und Mineralstoffgehalte einiger Obstarten (Souci et al. 2008)

Obstart	Vitamine (mg/100 g)						Mineralstoffe (mg/100 g)					
	B_1	B_2	C	Nico-tinsäure	Fol-säure	β-Carotin	K	Na	Ca	Mg	Fe	P
Apfel	0,04	0,03	12	0,3	0,007	0,03	119	1,2	5,3	5,4	0,25	119
Aprikose	0,04	0,05	9,4	0,77	0,004	1,6	280	2,0	16	9,2	0,65	21
Banane	0,04	0,06	11	0,65	0,01	0,03	367	1,0	6,5	30	0,35	22
Birne	0,03	0,04	4,6	0,22	0,01	0,02	114	2,1	10	7,0	0,16	11
Erdbeere	0,03	0,05	57	0,5	0,04	0,02	164	1,4	19	13	0,64	25
Kiwi	0,02	0,05	44	0,41	k. A.	0,04	320	2,8	38	24	0,8	31
Kokosnuss	0,06	0,008	2,0	0,38	0,03	k. A.	379	35	20	39	2,3	94
Mandel	0,22	0,62	k. A.	4,2	0,05	0,12	835	2,0	252	170	4,1	454
Orange	0,08	0,04	45	0,3	0,03	0,05	164	1,4	40	12	0,19	20
Pflaume	0,07	0,04	5,4	0,44	0,002	0,37	161	1,7	8,3	7,4	0,26	16
Sanddorn-beere	0,03	0,21	450	0,26	0,01	1,5	133	3,5	42	30	0,44	8,6
Weintraube	0,05	0,03	4,2	0,23	0,04	0,03	198	2,0	12	7,3	0,38	19

k. A. keine Angaben

Vordergrund. Der Gehalt an Vitamin C ist vor allem in Zitrusfrüchten, Erdbeeren, schwarzen Johannisbeeren, Kiwis und Papayas hoch. Früchte mit tiefgelben bis orangefarbenem Fruchtfleisch haben relativ hohe β-Carotin- und Folsäuregehalte, wie z. B. Aprikosen, Sanddornbeeren und Pfirsiche. Schalenfrüchte enthalten höhere Mengen des fettlöslichen Vitamin E, z. T. auch Folsäure. Obst ist teilweise ein guter Kaliumlieferant, andere Mineralstoffe kommen in eher niedrigen Gehalten vor.

9.6.5 Organische Säuren/Fruchtsäuren

Der Gesamtgehalt an organischen Säuren im Obst liegt bei etwa 1–3%. Fruchtsäuren haben zusammen mit Zuckern einen maßgeblichen Einfluss auf den Geschmack des Obstes. Zu den wichtigsten Vertretern der Fruchtsäuren zählen Apfel-, Citronen-, Isocitronen- und Weinsäure (siehe Abb. 9.17).

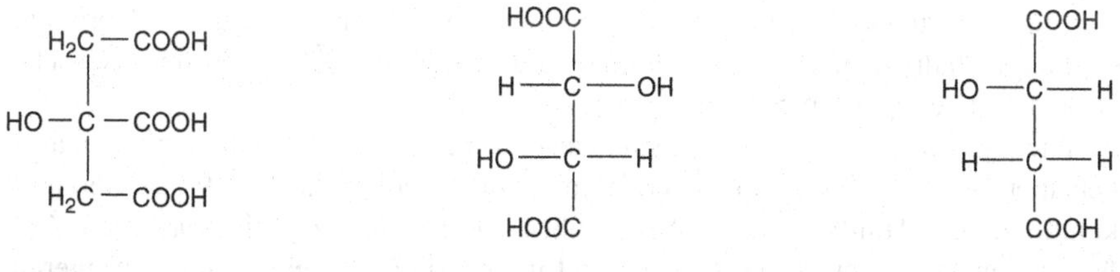

Citronensäure   L (+)-Weinsäure   L-Apfelsäure

Abb. 9.17 Strukturformeln der im Obst vorkommenden Fruchtsäuren Citronensäure, L(+)-Weinsäure und L-Apfelsäure

Tab. 9.15 Beispiele für Aromastoffe einiger Obstsorten

Obst	Typische Aromastoffe
Banane	Isopentylacetat, Ester von Pentanol mit Essigsäure, Propionsäure und Buttersäure, Eugenol, O-Methyleugenol, Elemicin
Kirsche	Benzaldehyd, Linalool, Hexanal, (E)-2-Hexenal, Phenylacetaldehyd, (E,Z)-2,6-Nonadienal, Eugenol
Himbeere	„Himbeer-Keton" (1-(p-Hydroxyphenyl)-3-butanon), (Z)-3-Hexenol, Ester der 5-Hydroxyoctansäure und der 5-Hydroxydecansäure
Pflaume	Linalool, Benzaldehyd, Zimtsäuremethylester, γ-Decalacton
Pfirsich	γ- und δ-Lactone (R)-1,4-Decanolid, Benzaldehyd, Benzylalkohol, Zimtsäureethylester, Isopentylacetat, Linalool, α-Terpineol, α- und β-Ionon, 6-Pentyl-α-pyron, Hexanal, (Z)-3-Hexenal, (E)-2-Hexenal
Orange	(R)-Limonen, Acetaldehyd, Buttersäureethylester, 3-Hydroxyhexansäureethylester, 3-Methylbutanol, 2-Methylbutanol, Myrcen, (R)-α-Pinen, Hexanal, (Z)-3-Hexenal, (S)-Linalool, Vanillin

In Kern- und Steinobstarten wie sauren Äpfeln, Kirschen, Pfirsichen und Pflaumen dominiert die Apfelsäure. Citronensäure findet sich überwiegend in Zitrusfrüchten und Beerenfrüchten (bzw. in Brombeeren die Isocitronensäure). Weinsäure findet sich nur in Weintrauben zusammen mit Apfelsäure. Daneben gibt es noch viele andere Säuren, die in geringeren Mengen vertreten sind, wie die überwiegend an Vacciniin gebundene Benzoesäure (z. B. reife Preiselbeeren, Heidelbeeren), Ameisen- und Essigsäure (z. B. Äpfel, Birnen, Kirschen), Propion-, Butter-, Valerian-, Salicyl-, Galakturon-, Glucuron-, Bernstein-, Brenztrauben-, Milch-, Oxalessig- und Oxalsäure. Zusätzlich spielen die phenolischen Säuren China-, Kaffee-, Chlorogen- und Shikimisäure (siehe Abb. 8.2 u. 14.7) eine Rolle.

9.6.6 Aroma- und Geschmacksstoffe

Eine Vielzahl verschiedener Verbindungen (besonders ätherische Öle) bewirkt das artspezifische Aroma von Obst. Überwiegend gibt es nicht nur einen Aromastoff, der für das entsprechende Aroma verantwortlich ist, meist sind mehrere „Schlüsselaromen" vorhanden. Die Aromastoffe sind überwiegend Ester, höhere Aldehyde, Alkohole, Ketone, Kohlenwasserstoffe, Schwefelverbindungen sowie bestimmte organische Säuren. Hohe Estergehalte im Obst sind ein Frischeindikator, während sich eine lagerungs- oder verarbeitungsbedingte Qualitätsminderung durch erhöhte Carbonylgehalte bemerkbar macht. Tabelle 9.15 gibt eine Übersicht über typische Aromastoffe einiger Obstsorten.

Wichtige Aromastoffe im Obst sind beispielsweise die aus Isopreneinheiten aufgebauten Monoterpene Limonen, Geraniol und Linalool (siehe Abb. 9.18). Geraniol kommt z. B. in Himbeeren und Weintrauben vor, Linalool z. B. in Aprikosen, Äpfeln, Weintrauben sowie in Orangen und Limonen in Orangen sowie in geringeren Konzentrationen in Grapefruits.

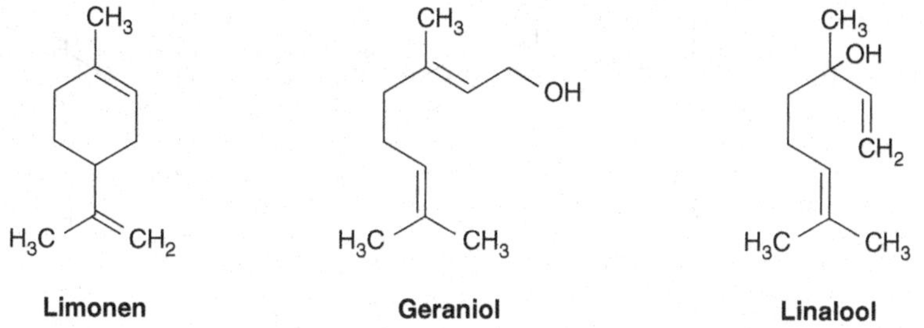

Abb. 9.18 Strukturformeln der Aromastoffe Limonen, Geraniol und Linalool

9.6.7 Farbstoffe und sekundäre Pflanzenstoffe von Obst und Gemüse

Die jeweilige Färbung der einzelnen Obst- und Gemüsesorten wird hauptsächlich durch Carotinoide, Chlorophylle, bestimmte phenolische Verbindungen und Betalaine hervorgerufen. **Carotinoide** sind Polyenfarbstoffe von gelbroter Färbung, von denen es mehr als 600 verschiedene Verbindungen gibt. Nach ihrer chemischen Struktur lassen sich die Carotinoide in zwei Untergruppen einteilen: die sauerstoffhaltigen Xanthophylle (Zeaxanthin, Lutein, Cryptoxanthin) und die sauerstofffreien Carotinoide (α-Carotin, β-Carotin, Lycopin). β-Carotin (siehe Abb. 9.19) ist beispielsweise maßgeblich an der Färbung von grünem Blattgemüse, Möhre, Erbse und Mango beteiligt, Lycopin z. B. an der Färbung von Tomate, Papaya und roter Grapefruit sowie Zeaxanthin z. B. an der Färbung von gelber Paprika und gelbem Mais. Zwischen den einzelnen Obst- und Gemüsearten gibt es zusätzlich Unterschiede in der Verteilung und Menge der Carotinoide.

Chlorophylle gehören zu den Porphyrinen und sind für die Grünfärbung von Blättern oder unreifen Früchten verantwortlich. Die Farbausprägung ist vom Verhältnis des Chlorophyll a (blaugrün) zu Chlorophyll b (gelbgrün) abhängig (siehe Abb. 12.11). Beim Erhitzen gehen Chlorophylle in Phäophytine über und es kommt zu einer Farbänderung.

Betalaine sind ungiftige Alkaloide und bedingen u. a. die Färbung in nelkenartigen Pflanzen, roter Beete und einigen Pilzarten. Es sind etwa 50 dieser wasserlöslichen Verbindungen bekannt, wie die rotvioletten Betacyane und die gelben Betaxanthine (siehe Abb. 9.20).

Zur großen Gruppe der **sekundären Pflanzenstoffe** gehören u. a. Carotinoide und Polyphenole. Diese Gruppe sekundärer Pflanzenstoffe setzt sich aus chemisch sehr unterschiedlichen Verbindungen zusammen, die von Pflanzen in erster Linie synthetisiert werden, um Schädlinge, und UV-Strahlen abzuwehren. Bisher wurden mehrere Tausend solcher Verbindungen im Pflanzenreich nachgewiesen, wobei in den einzelnen Lebensmitteln nur eine begrenzte Anzahl sekundärer Pflanzenstoffe vorkommt (z. B. Zwiebel 70–100, Apfel 200–300, Tomate 300–350). Aus ernährungsphysiologischer Sicht sind einige Gruppen wie die Carotinoide, Phytosterole, Phenole, Glucosinolate, Sulfoxide und Sulfide von besonderem Interesse. Die tägliche Aufnahme an sekundären Pflanzenstoffen ist relativ gering, da diese im Vergleich zu anderen Inhaltsstoffen nur in geringen Mengen in Pflanzen vorkommen.

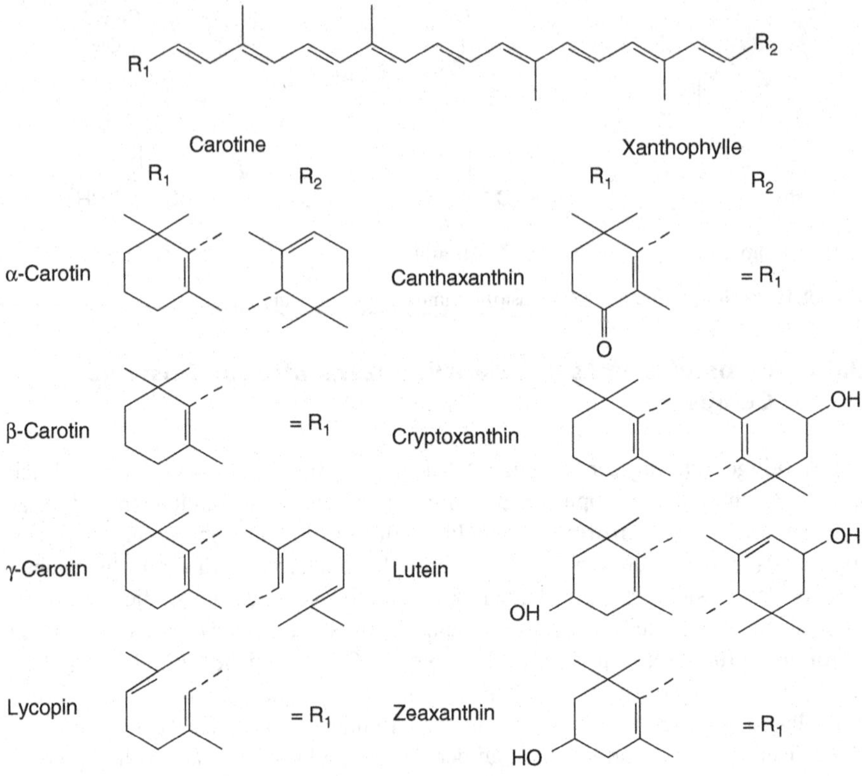

Abb. 9.19 Strukturformeln häufig vorkommender Carotinoide

Abb. 9.20 Gemeinsame
Strukturformel der Betalaine

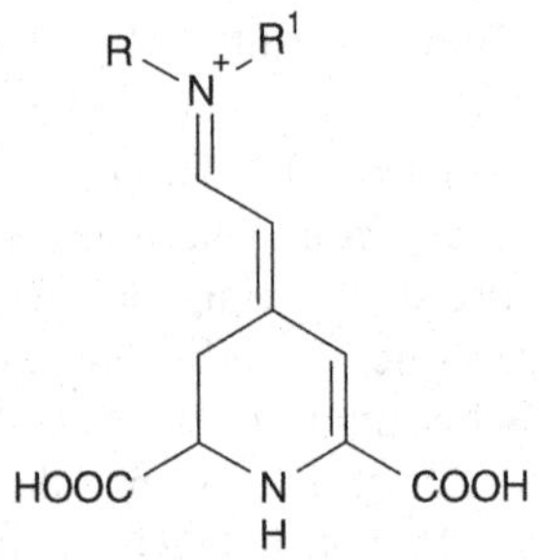

In den letzten Jahren wurden vermehrt gesundheitsfördernde Effekte sekundärer
Pflanzenstoffe beschrieben. Die Tab. 9.16 orientiert über einige sekundäre Pflan-
zenstoffe, deren Vorkommen, Eigenschaften und positive biofunktionelle Effekte.
Zu den **Polyphenolen** gehören viele verschiedene Verbindungen, die in den Pflan-

Tab. 9.16 Vorkommen, Eigenschaften und funktionelle Wirkungen einiger sekundärer Pflanzenstoffe im Obst und Gemüse (modifiziert nach: Watzelu. Leitzmann 2005)

SPS-Gruppe	Eigenschaften	Beispiel	Vorkommen z. B.	mögliche Wirkungen
Carotinoide	gelbe bis rote Farbstoffe von Pflanzen	α- und β-Carotin, Lycopin, Zeaxanthin, Lutein, Cryptoxanthin	Möhre, Aprikose, Tomate, Paprika, Kürbis, dunkelgrünes Gemüse	antioxidativ (UV-Schutz), antikanzerogen, immunmodulierend
Glucosinolate	schwefelhaltig, intensiver Geruch und Geschmack (scharf)	Glucoraphanin, Glucobrassicine, Glucoiberin, Sinigrin, Gluconapin	Kohlgemüse, Sauerkraut, Rettich, Radieschen, Kresse	antimikrobiell, Cyt-P450-Hemmung, antikanzerogen, entzündungshemmend, cholesterinsenkend
Phytosterine	pflanzliche Fette, cholesterinähnliche Struktur	Sitosterol	Avocado, Nüsse, kaltgepresste, unraffinierte Pflanzenöle	Cholesterol-Antagonismus,
Polyphenole - Flavonoide	gelbe, rote, violette und blaue Farbstoffe von Pflanzen	Antocyane (z. B. Malvidin, Cyanidin) Flavanole (z. B. Epicatechingallate) Flavanone (z. B. Hesperidin) Flavone (z. B. Apigenin) Flavonole (z. B. Quercitin) Isoflavonoide (z. B. Genistein, Daidzein)	Rotkohl, Radieschen, rote Zwiebel, Aubergine, Kirsche, Apfel, Pflaume	antikanzerogen, antioxidativ, entzündungshemmend, antimikrobiell, immunmodulierend, antiatherogen, Blutdruck beeinflussend, Blutglukose beeinflussend
- Phenolsäuren	aromatische Gerb-, Bitter- und Scharfstoffe	Hydroxybenzoesäuren (z. B. Gallussäure, Vanillinsäure) Hydroxyzimtsäuren (z. B. Kaffeesäure, Ellagsäure, p-Cumarsäure)	Erdbeere, Weintraube, Walnuss	
Saponine	bitterer Geschmack, Emulgator- und Schaumwirkung	Glycyrrhizin	Spargel, Spinat, rote Beete, Erbsen	antimikrobiell, entzündungshemmend, Antiukus-Effekt, Expektorans
Sulfide und Sulfoxide	schwefelhaltig, intensiver Geruch und Geschmack	Allicin Allaycysteinsulfoxide	Porree, Zwiebel, Schnittlauch, Knoblauch	antimikrobiell, antithrombotisch, antiatherogen, antikanzerogen, antioxidativ, entzündungshemmend, immunmodulierend, Blutdruck beeinflussend, cholesterinsenkend
Monoterpene	ätherische Öle, aromatisch		Zitrusfrüchte, Basilikum, Gewürze	antikanzerogen, antimikrobiell

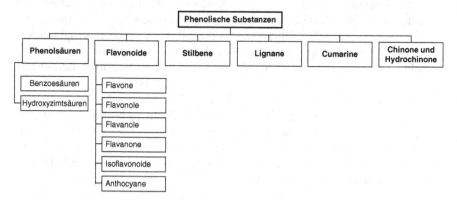

Abb. 9.21 Einteilung der phenolischen Substanzen anhand gemeinsamer Strukturmerkmale

zen unterschiedliche Wirkungen haben, wie z. B. als Farb-, Geschmacks- oder Geruchsstoffe. Grundsätzlich gibt es zwei Hauptgruppen der Polyphenole: die Phenolsäuren und die Flavonoide (siehe Abb. 9.21).

Bei der Obstverarbeitung können diese Verbindungen jedoch durch Bildung von Metallkomplexen zu Verfärbungen führen. Der Polyphenolgehalt kann abhängig von Sorte, Klima und Reifegrad stark schwanken. Flavonoide befinden sich in der Schale von gelben, roten und violetten Obst- und Gemüsearten. Anthocyane sind eine Untergruppe der Flavonoide. Es wurden etwa 70 Vertreter dieser Gruppe identifiziert, wie z. B. Cyanidin, Delphinidin und Malvidin (siehe Abb. 14.9). In Abhängigkeit vom pH-Wert oder von der Ausbildung von Chelatbindungen mit Metallkomplexen tragen Anthocyane zur roten, blauen oder violetten Färbung von Obst bei. Anthocyane sind beispielsweise verantwortlich für die Färbung von Rotkohl, blauen Weintrauben, Heidelbeeren, Kirschen und Zwetschgen.

9.7   Obst und Gemüse in der Ernährung des Menschen

Obst und Gemüse sind auf der dreidimensionalen Lebensmittelpyramide auf der Seite der pflanzlichen Lebensmittel an der Basis angeordnet. Das heißt, diese Gruppe von Lebensmitteln sollte häufig und in größeren Mengen verzehrt werden. Im Rahmen der „5 am Tag"-Kampagne empfiehlt die DGE täglich fünf Portionen Obst und Gemüse. Genauer gesagt sollte der tägliche Gemüseverzehr mindestens 400 g (300 g gegartes Gemüse + 100 g Rohkost/Salat oder 200 g gegartes Gemüse + 200 g Rohkost/Salat) betragen und der tägliche Obstverzehr mindestens 2–3 Portionen (250 g). Ein Glas Obst- oder Gemüsesaft kann bezüglich der „5 am Tag"-Empfehlungen eine Portion Obst oder Gemüse ersetzen. Kartoffeln sind in der Ernährungspyramide oberhalb von Obst und Gemüse angeordnet. Verzehrempfehlungen für Kartoffeln sind dem Bereich „Getreide, Getreideerzeugnisse und Kartoffeln" zugeordnet. Als energiearmes, nahezu fettfreies Lebensmittel mit einem hohen Gehalt an Vitaminen (besonders Vitamin C) und hochwertigem Eiweiß sind Kartoffeln ein wichtiger Bestandteil einer ausgewogenen Ernährung. Wahlweise sollte täglich eine Portion gegarte Kartoffeln (200–250 g) oder Teigwaren oder Reis (150–180 g) verzehrt werden. Bei Kartoffeln sollte eine fettarme Zubereitungsart bevorzugt werden.

Als Bewertungskriterien für pflanzliche Lebensmittel werden eine geringe Energiedichte, eine hohe Nährstoffdichte, der Gehalt an Mikronährstoffen, Ballaststoffen, sekundären Pflanzenstoffen sowie gesundheitliche Aspekte in der Prävention ernährungsabhängiger Erkrankungen zu Grunde gelegt. In dieser Hinsicht sind Obst und Gemüse im Rahmen einer ausgewogenen Ernährung als hochwertig einzustufen, da diese Lebensmittelgruppe zum einen über ein hohes Volumen bei gleichzeitig geringer Energiedichte verfügt und somit einen positiven Sättigungseffekt hat. Zum anderen ist Obst und Gemüse reich an Ballaststoffen, Vitaminen und Mineralstoffen sowie sekundären Pflanzenstoffen.

Bibliographie

Flaskamp, L. (2000): Exoten und Zitrusfrüchte. 3. überarbeitete Auflage, aid-Infodienst, Bonn.

Herrmann, K. (2001): Inhaltsstoffe von Obst und Gemüse. 1. Auflage, Verlag Eugen Ulmer, Stuttgart.

Kaufmann, G. (2006): Obst und Gemüse nach der Ernte. 1. Auflage, aid-Infodienst, Bonn.

Kaufmann, G. (2006): Obst. 13. überarbeitete Auflage, aid-Infodienst, Bonn.

Kaufmann, G. (2007): Gemüse. 19. überarbeitete Auflage, aid-Infodienst, Bonn.

Kaufmann, G. (2008): Kartoffeln und Kartoffelerzeugnisse. 17. überarbeitete Auflage, aid-Infodienst, Bonn.

Kautny, F., Lobitz, R., Levin, H.-G., Lelley, J., Franke, W. (2007): Gemüse/AID. 19. überarbeitete Auflage, AID Infodienst Verbraucherschutz, Ernährung, Landwirtschaft e. V., Bonn.

Klein, B. (2009): Lebensmittel aus ökologischem Landbau. 13. überarbeitete Auflage, aid-Infodienst, Bonn.

Liebster, G. (2002): Warenkunde Gemüse. Vollst. überarbeitete und erweiterte Neuausgabe, Walter Hädecke Verlag, Weil der Stadt.

Liebster, G. & Levin, H.-G. (1999): Warenkunde Obst und Gemüse. Band I: Obst. Vollst. überarb. und erw. Neuausgabe, Walter Hädecke Verlag, Weil der Stadt.

Lobitz, R. (1999): Speise- und Giftpilze. 1. Auflage, aid-Infodienst, Bonn.

Salunkhe, D. K., Kadam, S. S., Jadhav, S. J. (1991): Potato: Production, Processing, and Products. 1. Auflage, CRC Press, Boca Raton, Florida (u. a.).

Schobinger, U. (Hrsg.) (2001): Frucht- und Gemüsesäfte. 3. völlig überarbeitete und erweiterte Auflage, Verlag Eugen Ulmer, Stuttgart.

Watzl, B. & Leitzmann, C. (2005): Bioaktive Substanzen in Lebensmitteln. Hippokrates Verlag, Stuttgart.

Zucker, Honig und Sirup

10

Inhaltsverzeichnis

10.1 Zucker

10.1.1 Definition und Geschichte

Der Begriff Zucker stammt vermutlich von dem Sanskrit-Wort *śarkarā*, das für „süß" steht. Später wurde daraus das arabische Wort *sukkar*, das sich im europäischen Sprachraum verbreitete. Zucker gilt heute sowohl als Lebens- als auch als Genussmittel. Mit dem Wort Zucker wird in erster Linie meist der weiße körnige oder würfelförmige Haushaltszucker (Saccharose) assoziiert. Auf dem Markt existieren mittlerweile verschiedene Zuckerarten, die teilweise aus unterschiedlichen Rohstoffen erzeugt werden. Die ältesten Zuckerrohr-Funde stammen vermutlich aus Melanesien und Polynesien etwa aus der Zeit um 8.000 v. Chr. Von dort aus gelangte Zuckerrohr ca. 2.000 Jahre später nach Indien und Persien, wo aus heißem

© Springer-Verlag Berlin Heidelberg 2015
G. Rimbach et al., *Lebensmittel-Warenkunde für Einsteiger*, Springer-Lehrbuch,
DOI 10.1007/978-3-662-46280-5_10

Zuckerrohrsaft Zuckerhut hergestellt wurde. Sehr reiche Patrizier importierten den Rohzucker in der Spätantike als Luxusgut nach Rom. Die Herstellung kristallinen Zuckers geht zurück bis etwa 700 n. Chr. Zu dieser Zeit wurde Zuckerrohr wahrscheinlich von Arabern erstmals auf Plantagen angebaut. Wie viele andere Waren gelangte auch der Zucker mit den Kreuzzügen nach Europa. Zunächst wurde Zucker nur in der Medizin eingesetzt, da der Preis des „weißen Goldes" sehr hoch war. Als zu Beginn des 19. Jahrhunderts Zucker auch aus Zuckerrüben gewonnen werden konnte (Entdeckung des Chemikers Sigismund Marggraf und seines Schülers Franz Carl Achard), war Zucker für den Großteil der Mitteleuropäer erschwinglich. Von da an wurde Zucker schließlich zum Süßen von Speisen verwendet. Die Produktion von Würfelzucker wurde 1840 von Jacob Christoph Rad eingeführt, der die Würfelzuckerpresse erfand. Etwa zehn Jahre später begann die industrielle Herstellung von Zucker, wodurch der Preis stark sank und Zucker zum täglichen Konsum zur Verfügung stand.

10.1.2 Produktion und Verbrauch

Zucker ist ein bedeutendes Produkt auf dem Weltmarkt. Die Weltzuckererzeugung ist seit Ende der achtziger Jahre nahezu stetig angestiegen. Zuwächse sind vor allem in der Rohrzuckererzeugung zu verzeichnen. Im Vergleich dazu hat sich das Niveau der Rübenzuckererzeugung über die Jahre kaum verändert. Grundsätzlich gibt es regionale Unterschiede der Zuckerquelle bei der Zuckererzeugung. Zuckerrohr (*Saccharum officinalis*) wird in den Tropen, wie z. B. in Brasilien, Thailand, Indien, China, den USA und Kuba, angebaut und der Anbau der Zuckerrübe (*Beta vulgaris* ssp. *vulgaris* var. *altissima*) geschieht in den gemäßigten Breiten, wie z. B. in Mittel-, West- und Osteuropa. Im Jahre 2007/08 wurden etwa 169 Mio. t Rohwert (Wert vor der Verarbeitung und Veredlung) an Zucker erzeugt, davon ca. 133,5 Mio. t Rohzucker und 35,5 Mio. t Rübenzucker. Zu den größten Zuckerproduzenten der Welt zählen Brasilien, Indien und China. In der Europäischen Union wurden in diesem Zeitraum etwa 17,5 Mio. t Rohwert Zucker erzeugt bzw. 26,5 Mio. t Rohwert in ganz Europa. Die bedeutendsten europäischen Herstellerländer sind Frankreich und Deutschland. Der weltweite Zuckerverbrauch belief sich im gleichen Zeitraum auf etwa 154,5 Mio. t. Mit 25 Mio. t ist Indien der weltweit größte Verbraucher von Zucker. Pro Kopf gesehen liegen jedoch Israel mit ca. 59 kg Zucker und Kuba mit ca. 57 kg Zucker pro Jahr vorn. In Europa wurden 2007/08 etwa 31,5 Mio. t bzw. in der Europäischen Union ca. 18,7 Mio. t verbraucht. Der Importbedarf Europas betrug dadurch etwa 5 Mio. t für diesen Zeitraum. Von dem insgesamt zur Verfügung stehenden Zucker werden in Deutschland etwa 18% als Haushaltszucker direkt in der Ernährung des Menschen eingesetzt und die restlichen 82% entfallen auf verschiedene Weiterverarbeitungsindustrien (siehe Abb. 10.1). Der Pro-Kopf-Zuckerverbrauch beträgt ca. 34,3 kg Zucker pro Jahr, davon 6,3 kg Haushaltszucker und der Rest wird in Form von Verarbeitungserzeugnissen wie Backwaren, Erfrischungsgetränke, Süßwaren etc. konsumiert.

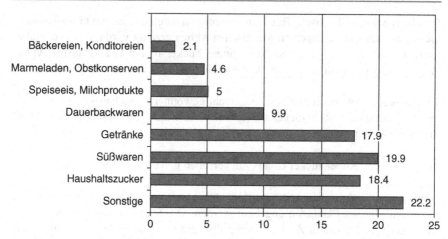

Abb. 10.1 Prozentuale Anteile der einzelnen Verarbeitungsgruppen von Zucker in Deutschland 2007/08 (Daten: Südzucker)

10.1.3   Warenkunde/Zuckersorten

Es gibt verschiedene Sorten von Zucker, die aus unterschiedlichen Quellen stammen. Der normale Haushaltszucker ist Saccharose, welche aus Zuckerrüben oder Zuckerrohr stammt. Dieser Zucker hat eine kristalline Struktur und ist farblos, erscheint durch die Lichtbrechung jedoch weiß. Andere Formen von Zucker sind u. a. der überwiegend aus Früchten stammende Fruchtzucker (Fruktose) sowie der aus der Milch stammende Milchzucker (Laktose). Auch aus Getreidestärken wie Mais- und Weizenstärke kann Zucker gewonnen werden.

Haushaltszucker (Saccharose): Saccharose ist der aus Zuckerrohr und Zuckerrüben gewonnene Zucker. Chemisch gesehen handelt es sich um ein Disaccharid aus je einem Molekül Glukose und Fruktose.

Fruchtzucker (Fruktose): Fruchtzucker kommt in Früchten und Honig vor. Der auch als Lävulose bezeichnete Einfachzucker hat unter allen Monosacchariden die größte Süßkraft. Die industrielle Gewinnung von Fruchtzucker erfolgt aus Rohr- und Rübenzucker. Fruktose ist auch für Diabetiker geeignet, da diese den Insulinspiegel nicht beeinflusst.

Milchzucker (Laktose): Milchzucker kommt vorwiegend in Milch und Milchprodukten vor. Dieses Disaccharid besteht aus je einer Einheit Glukose und Galaktose. Für die Erzeugung von Sauermilchprodukten ist Milchzucker eine unentbehrliche Komponente (siehe Abschn. 2.2.1). Grundsätzlich ist Milchzucker leicht verdaulich, aber bei Personen mit einer Laktoseintoleranz besteht eine Milchzuckerunverträglichkeit (siehe Abschn. 1.5.5).

Traubenzucker (Glukose): Bei Traubenzucker handelt es sich um einen Einfachzucker, der aus Stärke durch enzymatischen Abbau erzeugt wird (Stärkeverzuckerung). Dieser auch als Dextrose bezeichnete Zucker ist der Grundbaustein vieler Mehrfachzucker. Natürlicherweise kommt Glukose auch in Früchten im Honig vor.

Rohrzucker: Rohrzucker ist aus Zuckerrohr gewonnene Saccharose. Je nach Aufarbeitungsgrad kann Rohrzucker als Rohrohr-, Vollrohr- oder normaler Haushaltszucker gehandelt werden.

Rübenzucker: Rübenzucker ist aus Zuckerrüben gewonnene Saccharose.

Palmzucker: Palmzucker wird aus dem süßen Saft von Atta- und Zuckerpalmen gewonnen, die auf Plantagen angebaut werden. Die Süßkraft von Palmzucker ist relativ gering, aber dieser Zucker verfügt über ein besonderes Aroma. Palmzucker wird in der Küche vor allem für Gebäck und Nachspeisen verwendet.

Malzzucker (Maltose): Malzzucker ist ein natürliches Abbauprodukt von Stärke und wird industriell aus Gerste gewonnen. Dieses Disaccharid besteht aus zwei Glukoseeinheiten und hat eine geringere Süßkraft als Saccharose. Malzzucker spielt eine wichtige Rolle bei der Alkoholproduktion (z. B. Bierherstellung).

Invertzucker: Invertzucker ist ein Sirup, der je zur Hälfte aus Glukose und Fruktose besteht. Invertzucker wird durch Hydrolyse aus Saccharose oder Stärke gewonnen und vor allem in der Lebensmittelindustrie, beispielsweise als Kunsthonig, verwendet.

Je nach Art der Verwendung und Verarbeitung des Zuckers kann eine weitere Einteilung in verschiedene Zuckersorten und Zuckergemische erfolgen, wie in Tab. 10.1 dargestellt ist.

10.1.4 Herstellungsprozess

Die Hauptquellen für die Saccharosegewinnung sind Zuckerrohr und Zuckerrüben, deren Verwendung von der Region abhängig ist: Zuckerrohranbau wird in den Tropen betrieben, während Zuckerrüben überwiegend in gemäßigten Zonen angebaut werden. Zuckerrohr wird auf großen Plantagen angebaut und stellt etwa 55% der Weltzuckerproduktion. In Europa erfolgt der Anbau von Zuckerrüben, der primär auf den Bedarf des jeweiligen Binnenmarktes ausgerichtet ist. Es existieren europaweit etwa 150 Zuckerfabriken. Der Zucker bzw. die Saccharose ist im Zuckerrohr und in Zuckerrüben direkt enthalten und wird durch Herauslösen (Kochen oder Pressen) in wässriger Form extrahiert. Nach weiterem Einkochen kommt es zur Kristallisation und in Abhängigkeit vom Endprodukt zur Weiterverarbeitung.

10.1.4.1 Gewinnung von Saccharose aus der Zuckerrübe

Zuckerrübenwurzeln haben je nach Sorte, Witterung und Anbautechnik einen Saccharosegehalt von ca. 18–26% und bestehen zu weiteren ca. 75% aus Wasser. Der restliche Teil der Zuckerrübe besteht aus Proteinen und anderen N-haltigen Verbin-

Tab. 10.1 Übersicht zu verschiedenen Zuckersorten und deren Verwendung

Zuckersorte/-gemisch	Beschreibung	Verwendung
Basterdzucker	Fein kristallin, krümelig, inverthaltig	Backwarenherstellung
Brauner Zucker	Sammelbegriff für alle braunen Zuckersorten; braune Färbung, klebrig, unterschiedliche Körnung möglich	Vielseitig
Dekorierzucker	Feinster Puderzucker, mit Fett umhüllt	Dekoration von Gebäck (auch warm, da nicht schmelzend)
Demerarazucker	Weißer, mit Melasse aus Zuckerrohr versetzter Rohrzucker; großes, leicht klebriges Kristall	Gebäck- und Süßigkeitenherstellung, zum Kaffee
Einmachzucker	Grobkörnige Raffinade, besonders rein, grobe Struktur	Zum Einmachen von Obst und Gemüse; Kompott und Konfitüren
Farin	Feiner, brauner Zucker; Färbung durch Zugabe von Sirup	Kaffeegetränke, Abrundung von Speisen
Gelierzucker	Aus Raffinade mit Zusatz von gehärtetem Palmöl, Geliermittel (Pektin), Säuerungsmittel (Citronen- oder Weinsäure); es gibt verschiedene Sorten, die das Frucht : Zucker-Verhältnis beschreiben (1:1, 2:1, 3:1)	Herstellung von Konfitüren, Gelees, Marmeladen
Grießzucker	Grobkörniger Kristallzucker	Vielseitig
Hagel-/Perlzucker	Grobkörniger, granulierter Zucker; wird durch Agglomeration von Raffinade hergestellt	Verzierung von Gebäck, Brotbelag
Instantzucker	Schnelllösliche Raffinade	
Kandisfarin	Brauner Kandis von kleiner Kristallgröße	Zum Backen und Süßen von Getränken
Kandiszucker	Sammelbegriff für Kristallzucker unterschiedlicher Größe und Farbe; wird durch langsames Auskristallisieren von reinen Zuckerlösungen gewonnen, brauner Kandis unter Zusatz von karamellisiertem Zuckersirup	Zum Süßen von Tee und anderen Heißgetränken, Herstellung von selbstgemachten Likören
Karamell	Braune Masse, die durch Erhitzen von Zuckerarten entsteht; je nach Erhitzungsdauer hell bis dunkel und leicht bis stark aromatisch	Süßspeisen, Süßigkeiten, Gebäck
Kastorzucker	Besonders feinkörniger Zucker (Korngröße 0,35 mm), wird durch Aussieben gewonnen	Vorwiegend in England und den USA
Läuterzucker	Klarer, dickflüssiger Sirup aus Zucker und Wasser, auch kalt schnell löslich	Herstellung von Mixgetränken
Melasse	Dunkelbrauner Sirup verbleibender Produktionsreste der Zuckerherstellung	Zur Herstellung von Alkohol z. B. Rumherstellung; Viehfutter, Nahrungsergänzungsmittel

Tab. 10.1 (Fortsetzung)

Zuckersorte/-gemisch	Beschreibung	Verwendung
Muscovado	Ungereinigter, unraffinierter brauner Rohrzucker aus Mauritius; natürliche Feuchtigkeit, nussartiges Aroma	
Pilézucker	Weißzucker aus in Stücke geschlagenen Zuckerplatten	
Puder-/Staubzucker	Fein gemahlene Raffinade, löst sich gut auf	Herstellung von Zuckerglasuren, Gebäck und Dekoration
Raffinade/Kristallzucker	Durch Raffination gereinigt, besteht zu 99,7% aus Saccharose, besonders weißer, reiner Zucker; höchste Qualität; verschiedene Körnungsgrößen möglich; aus Zuckerrohr und Zuckerrüben gewonnen	Vielseitig
Rohrohrzucker	Zwischenprodukt der Zuckerfabrikation aus Zuckerrohr; nach Abpressen und Reinigen bilden sich Kristalle, an denen teilweise noch Melasse haftet; dadurch braune Farbe und karamellartiger Geschmack; enthält noch Anteile von Vitaminen und Mineralstoffen	Gebäck, Süßspeisen, Heißgetränke, Cocktails; besonders in der Vollwertküche
Seidenzucker	Sehr fein verarbeiteter Zucker	Für Verzierungen
Teezucker	Eine Art des Kandis, grobkörnig (etwa 5 mm), löst sich schnell	Tee und andere Heißgetränke
Vanillezucker	Mischung von weißem Zucker mit echtem Vanillemark	Gebäck und andere Süßspeisen
Vanillinzucker	Weißer Zucker mit mind. 0,1% Vanillearoma (naturidentischer Aromastoff)	Gebäck und andere Süßspeisen
Vollrohrzucker	Reiner, getrockneter Saft des Zuckerrohrs, die gebildeten Kristalle werden gemahlen; besteht zu 93% aus Saccharose	Kuchen, Süßspeisen, Heißgetränke, Cocktails; besonders in der Vollwertküche
Weißzucker	Vorform der Raffinade, Standardqualität; in verschiedenen Körnungsgrößen angeboten	Vielseitig
Würfelzucker	Raffinade, die angefeuchtet, geformt (Würfel oder Quadrate) und erneut getrocknet wird	Heißgetränke, Gastronomie
Zuckerhut	Kegelförmig gepresste Raffinade	Feuerzangenbowle, Punsch
Zuckerkulör	Lösung von dunklem Karamell, nicht mehr so süß	Färben von Speisen
Zuckerlompen	Aus Zuckerrohr ungleichmäßig gepresste Stücke	Heißgetränke

dungen, Zellwandpolysacchariden (Pektine, Cellulose, Hemicellulose), Mineralstoffen und anderen Verbindungen. Die Gewinnung der Saccharose erfolgt in einem mehrstufigen Prozess, wie in Abb. 10.2 zusammenfassend dargestellt ist.

Die Ernte der Zuckerrübe findet meist im Oktober statt, da die Rüben zu diesem Zeitpunkt den höchsten Zuckergehalt aufweisen. In der so genannten „Kampagne"

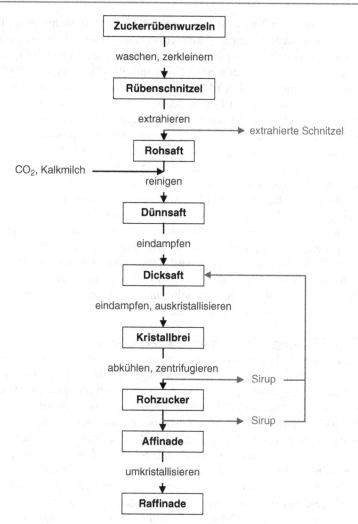

Abb. 10.2 Schematische Darstellung zur Gewinnung von Saccharose aus Zuckerrüben

(Zeit der Zuckerrübenernte und -verarbeitung), die bis Januar andauern kann, müssen die Rüben möglichst schnell verarbeitet werden, da der Zucker in den Rüben durch Veratmung relativ schnell wieder abgebaut wird. Bis zum Abtransport der Zuckerrüben vom Feld zur Zuckerfabrik werden diese in „Rübenmieten" gelagert. Die Rüben werden in der Zuckerfabrik zunächst gewaschen und zu Schnitzeln zerkleinert, es folgt die Extraktion in speziellen Extraktionstürmen. Dabei wird den zerkleinerten Zuckerrüben durch Behandlung mit heißem Wasser (ca. 70 °C) im Gegenstromverfahren bis zu 99,8% des Zuckers entzogen. Die entzuckerten Schnitzel werden abgepresst, getrocknet und als Viehfutter verwendet. Der gewonnene saccharosereiche Rohsaft wird anschließend gereinigt, indem die Nichtzuckerstoffe (Proteine, Polysaccharide, organische und anorganische Anionen) mit Hilfe von CO_2 und Kalkmilch ausgefällt und abgefiltert werden. Es bleibt der klare, hellgelbe

Dünnsaft zurück mit einer Trockenmasse von etwa 15–18%. In mehreren hintereinander geschalteten Verdampfungsapparaturen wird der Dünnsaft zu sirupartigem Dicksaft eingeengt. Um dabei eine Inversion der Saccharose zu vermeiden, erfolgt dieser Vorgang im schwach alkalischen Milieu (pH 9). Der Dicksaft enthält ca. 65–70% Saccharose und weist durch Maillard-Produkte und Karamellisierung eine goldbraune Färbung auf. Es schließt sich der Schritt der Kristallisation an. Dazu wird der Dicksaft in einer Kochstation unter vermindertem Druck bei 65–80 °C weiter eingedampft. So kann eine stärkere Karamellisierung vermieden werden. Die Kristallisierung wird bei einem bestimmten Wasser:Zucker-Verhältnis durch Animpfen mit Saccharosekristallen initiiert. Der Dicksaft wird so lange weiter gekocht, bis die Kristalle die gewünschte Größe erreicht haben und wird danach zum Abkühlen in Maischen abgelassen. Der Brei wird mit Hilfe von Rührwerken ständig in Bewegung gehalten. Die Zuckerkristalle wachsen dabei weiter und werden im Anschluss durch Zentrifugation vom zähflüssigen Sirup, der Melasse, abgetrennt. An den zurückbleibenden Kristallen, dem so genannten „Rohzucker", haftet noch Sirup, der durch Wasserdampf entfernt wird. Das Endprodukt ist weißer Zucker bzw. Affinade. Die übrige Melasse dient u. a. als Tierfutter oder als Substrat zur Hefeherstellung. Wird der weiße Zucker ausgelöst und erneut auskristallisiert, entsteht Raffinade, ein besonders hochwertiger Zucker.

10.1.4.2   Gewinnung von Saccharose aus Zuckerrohr

Die heute genutzten Zuckerrohrsorten zeichnen sich besonders durch hohe Saccharoseerträge sowie Resistenz gegenüber Schädlingen, Krankheiten und schlechter Witterung aus. Der Saccharosegehalt von Zuckerrohr beträgt etwa 14–26% und wird im Inneren des Zuckerrohrs (dem Mark) gespeichert. Nach der Ernte muss das Zuckerrohr möglichst schnell zur Fabrik transportiert und weiterverarbeitet werden, da die Saccharose relativ schnell abgebaut wird. Zur Gewinnung des Zuckerrohrsaftes wird das Zuckerrohr nach mehrfacher Trocken- und Nassreinigung sowie einer Vorzerkleinerung mit mehrfach hintereinander geschalteten schweren Walzstühlen, so genannten Rohrmühlen, ausgepresst. Das entzuckerte Zuckerrohr wird als Bagasse bezeichnet und als Brennstoff verwendet. Der abgepresste Dünnsaft wird gereinigt (Behandlung mit Calciumhydroxid und Schwefeldioxid). Dieser Saft enthält einen höheren Anteil an Invertzucker, der zur Vermeidung hoher Alkalitäten erhalten bleiben muss. Die Nichtzuckerstoffe werden nach der Fällung abfiltriert und das Calcium mit CO_2 gefällt. Anschließend erfolgen ein mehrstufiger Eindampfungsprozess und die Kristallisation, ähnlich wie bei der Zuckerrübenverarbeitung. Zunächst wird jedoch Rohrohrzucker erzeugt, der teilweise als Rohzucker auf den Markt gebracht wird. Zur Weiterverarbeitung zu weißem Zucker wird der Rohrohrzucker in Raffinerien weiteren Verarbeitungs- und Reinigungsschritten unterzogen, bis handelsfähiger Verbrauchs- bzw. Weißzucker entsteht.

10.1.5   Zusammensetzung

Allen Zuckerarten gemein ist, dass sie aus Kohlenstoff, Wasserstoff und Sauerstoff bestehen und zur Gruppe der Kohlenhydrate zählen. Die Unterscheidung der Zuckerarten wird anhand des chemischen Aufbaus getroffen. Dementsprechend wird

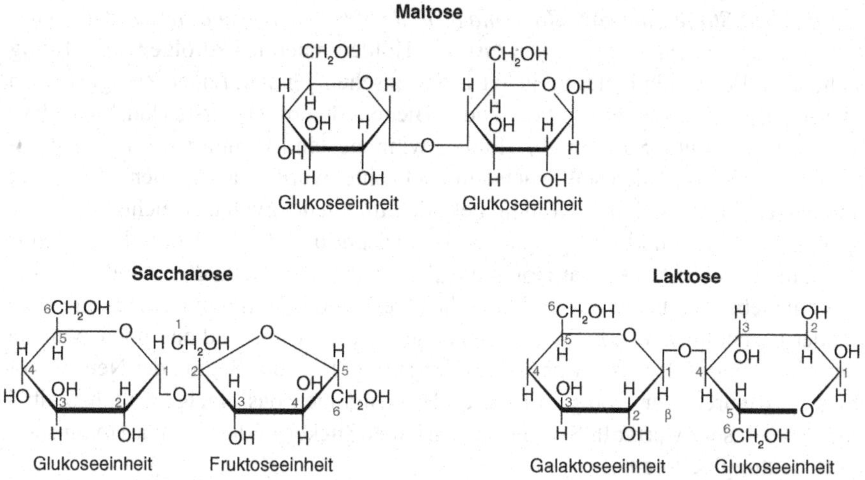

Maltose

Saccharose

Laktose

Abb. 10.3 Strukturformeln der Disaccharide Maltose, Saccharose und Laktose

nach Anzahl der Zuckermoleküle zwischen Einfachzuckern (Monosacchariden), Zweifachzuckern (Disacchariden), Mehrfachzuckern (Oligo- bzw. Polysacchariden) unterschieden. Zur Gruppe der Monosaccharide gehören die am häufigsten in Lebensmitteln vorkommenden Zucker Glukose und Fruktose, Saccharose (Glukose und Fruktose), Laktose (Glukose und Galaktose) und Maltose (Glukose und Glukose) sind hingegen Disaccharide (siehe Abb. 10.3). Zu den Polysacchariden zählen Stärken und Ballaststoffe.

Im Wesentlichen besteht Verbrauchszucker fast ausschließlich aus Saccharose. Lediglich einige nicht vollständig gereinigte Rohzuckersorten wie Rohrohrzucker und Vollrohrzucker enthalten neben 90% Saccharose noch Reste an Melasse. **Melasse** besteht zum überwiegenden Anteil aus Saccharose, organischen Säuren und Betain. Darüber hinaus enthält Melasse Mineralstoffe (besonders Kalium), Aminosäuren und Vitamine der B-Gruppe. Bei normalen Verzehrsmengen spielen diese Gehalte eine unbedeutende Rolle. Gegenüber dem Weißzucker liegt der Vorteil des braunen Zuckers eher in seinem dekorativen Wert und im malzig-karamelligen Geschmack.

10.2 Honig

10.2.1 Definition und Geschichte

Der Begriff Honig stammt wahrscheinlich von einem alten indogermanischen Wort für „der Goldfarbene" ab. *Honag* war später die althochdeutsche Bezeichnung für Honig.

Das Naturprodukt Honig ist in der Honig-VO definiert als *„Stoff, der von Honigbienen erzeugt wird, indem die Bienen Nektar von Pflanzen oder Sekrete lebender Pflanzenteile oder sich auf den lebenden Pflanzenteilen befindliche Exkrete von an Pflanzen saugenden Insekten aufnehmen, durch Kombination mit eigenen* *spezifischen Stoffen umwandeln, einlagern, dehydratisieren und in den Waben des Bienenstocks speichern und reifen lassen".* Höhlenmalereien zufolge wurde Honig wahrscheinlich schon in der Steinzeit von Menschen genutzt. Lange Zeit gewannen Menschenkulturen den Honig von wilden Bienenvölkern. Die erste Hausbienenhaltung in Körben und Stöcken zur Honiggewinnung fand vermutlich im 7. Jahrtausend v. Chr. in Anatolien statt, nachdem beobachtet wurde, dass Bienen sich immer dort ansiedeln, wo sich ihre Königin befindet. Im alten Ägypten erreichte die Imkerei ihre Hochblüte und Honig hatte als Handelsgut und Zahlungsmittel eine große Bedeutung. In der Antike war Honig die „liebliche Speise der Götter" und es wurde ihm eine lebensverlängernde und krankheitsverhütende Wirkung nachgesagt. Auch bei der Behandlung von Fieber, Verletzungen, Geschwüren und eiternden Wunden verordnete beispielsweise Hippokrates den Honig. Bis zum Beginn der Neuzeit vor etwa 200 Jahren war Honig in unseren Breitengraden das einzige Süßungsmittel und deshalb sehr wertvoll. Seit der industriellen Zuckerproduktion hat Honig stark an Bedeutung verloren.

10.2.2   Produktion und Verbrauch

In der weiterverarbeitenden Lebensmittelindustrie spielt Honig seit der Massenproduktion von Zucker eine untergeordnete Rolle. Honig wird aber nicht nur in der Lebens- und Genussmittelindustrie, sondern auch in der Produktion von Arzneimitteln und kosmetischen Produkten eingesetzt. Wegen des speziellen Geschmacks und des hohen Zuckergehaltes wird Honig auch in der Getränkeherstellung insbesondere von alkoholischen Getränken wie z. B. für Honigbier, Honiglikör oder Met verwendet. Im Haushalt dient Honig vor allem als Brotaufstrich und alternatives Süßungsmittel zu Zucker zum Süßen von Tee, Speisen und Gebäck.

Nach Angaben des Deutschen Imkerbundes (DIB) wurden in Deutschland im Jahre 2007 etwa 20.000 t Honig und damit etwa ein Zehntel weniger als im Vorjahr geerntet. Der Bedarf an Honig lag 2007 bei etwa 90.000 t. Aus heimischer Produktion stammt etwa ein Fünftel des verbrauchten Honigs, der Rest stammt aus Importen. Insgesamt 94.000 t Honig wurden 2007 importiert und der Trend ist steigend im Gegensatz zu den Exporten, die mit ca. 6.400 t erneut auf sehr niedrigem Niveau liegen. Deutschland gehört neben Japan und den USA zu den größten Honigimporteuren weltweit. In der Europäischen Union unterliegt der Honigimport strengen Qualitäts- und Importvorschriften. An erster Stelle steht das „Reinheitsgebot", das den Zusatz oder Entzug von Stoffen zu bzw. aus dem Honig verbietet. Dadurch ist in der EU derzeit der Import von Honig aus ca. 35 Drittländern erlaubt. Gut drei Viertel aller Honigimporte in Deutschland stammen aus fünf Ländern: Argentinien, Mexiko, Uruguay, Chile und Ungarn. Argentinien hat als Honigexporteur die führende Rolle auf dem Weltmarkt. Etwa 90% der argentinischen Honigproduktion werden exportiert, überwiegend nach Deutschland und in die USA.

Der Verzehr von Honig hat in den letzten Jahren immer mehr zugenommen und lag im Jahre 2007 bei etwa 1,4 kg Honig pro Kopf. Damit haben die Deutschen weltweit den höchsten Honigverbrauch.

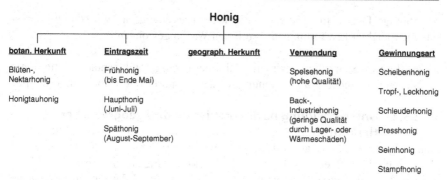

Abb. 10.4 Unterscheidungskriterien von Honig

10.2.3 Warenkunde/Honigsorten

Mehr als 100 verschiedene Honigsorten sind im Handel erhältlich. Diese Honige unterscheiden sich in Farbe, Geschmack sowie Konsistenz. Generell gilt dabei, je heller der Honig desto milder und süßer und je dunkler der Honig desto kräftiger und weniger süß ist der Geschmack. Die Einteilung von Honig kann anhand verschiedener Kriterien erfolgen (siehe Abb. 10.4).

10.2.3.1 Unterscheidung nach Gewinnungsart

Scheiben- oder Wabenhonig: Scheibenhonig ist Honig, der sich in frisch erbauten, unbebrüteten und noch verdeckelten Waben (Jungfernwaben) befindet. Diese Art von Honig ist besonders in den USA, Mexiko und Kanada weit verbreitet. In Deutschland ist Scheibenhonig selten zu finden. Scheiben- und Wabenhonig unterscheiden sich darin, dass die Wabenstücke bei Scheibenhonig von den Bienen selbst errichtet sind (Naturbau) und bei Wabenhonig darf der Wabenbau vom Imker ins Volk gegebene, gepresste Wachsplatten (Mittelwände) als Bauvorlage enthalten.

Tropf- oder Leckhonig: Dieser Honig wird ohne Fremdeinwirkung durch Auslaufen oder Tropfen aus entdeckelten, brutfreien Waben gewonnen. Die Ausbeute beträgt durchschnittlich 50–70%. Zähflüssiger Honig, wie z. B. Heidehonig, kann jedoch nicht auf diese Art gewonnen werden.

Schleuderhonig: Schleuderhonig wird durch Zentrifugieren aus entdeckelten, brutfreien Waben gewonnen. Das Auslaufen wird durch Temperaturen bis 40 °C begünstigt. Schleudern ist seit Beginn des 20. Jahrhunderts die Hauptgewinnungsart für Honig. Diese Methode ist sehr schonend und die Waben können erneut verwendet werden.

Presshonig: Presshonig wird aus brutfreien Waben durch hydraulisches Abpressen gewonnen. Das Verfahren findet entweder kalt oder mit Erwärmung bis zu 45 °C statt.

Seimhonig: Dieser Honig ist eine Variante des Presshonigs und wird durch Abpressen unter leichter Erwärmung aus brutfreien Waben gewonnen.

Stampfhonig: Stampfhonig wird nicht als Speisehonig, sondern nur als Futterhonig für Bienen verwendet. Zur Gewinnung werden nichtbrutfreie Waben eingestampft.

10.2.3.2 Unterscheidung nach botanischer und geografischer Herkunft

Abhängig von den Ausgangstoffen wird zwischen Blüten- oder Nektarhonig und Honigtauhonig differenziert. **Blüten- bzw. Nektarhonig** stammt überwiegend aus Blütennektar, der vom Drüsengewebe (Nektarien) der Pflanzen ausgeschieden wird. **Honigtauhonig** wird aus den von Insekten stammenden, zuckerhaltigen Exkreten gewonnen, die sich auf lebenden Pflanzen befinden. Honigtau entsteht, indem Insekten die Siebröhrengefäße der Pflanzen anstechen, den austretenden Saft aufnehmen, verwerten und den Rest als Honigtau ausscheiden. Wald-, Blatt- und Nadelhonige entstehen aus Honigtau. Die Tab. 10.2 gibt eine Übersicht zu verschiedenen Blüten- und Honigtauhonigen.

Im Allgemeinen unterscheiden sich Nektar- und Honigtauhonige in Geruch, Aussehen und Konsistenz voneinander. Nektarhonige sind überwiegend von süßem, hoch-aromatischem bis stark parfümartigem Geschmack, haben eine helle bis braune Farbe und cremig-feste bis kandierte Konsistenz. Honigtauhonige hingegen verfügen über ein malzig, rauchiges, herbes bis leicht harziges Aroma, eine dunkle bis schwarze Färbung und sind überwiegend flüssig.

Ob Honig fest oder flüssig ist, hängt weiterhin vom Glukose:Fruktose-Verhältnis sowie von der Art der Weiterverarbeitung und Lagerung ab. Wird der Honig beispielsweise während der Kristallisationsphase intensiv gerührt, kommt es zur mechanischen Zerkleinerung der sich bildenden Zuckerkristalle und der Honig bekommt eine feincremige Konsistenz.

Bienen sind blütenstet (die Honigbiene konzentriert sich bei einem Trachtflug auf die Blüten einer einzigen Pflanzenart), solange sie genug Nahrung finden. Um Honig einer bestimmten Pflanzenart zu erhalten, kann der Imker die Bienenstöcke in der unmittelbaren Nähe einer ausreichend großen Fläche der gewünschten Trachtpflanzen aufstellen. Ein Honig darf nach einer bestimmten Pflanze benannt werden, wenn der überwiegende Anteil des Nektars bzw. Honigtaus aus dieser Pflanzenart (Tracht) stammt. Zudem muss der Honig die entsprechenden sensorischen, physikalischen und mikroskopischen Eigenschaften aufweisen. Diese Honige werden als **Sorten- oder Trachthonige** bezeichnet. Davon unterscheidet sich der so genannte **Mischblütenhonig**. Der Nektar für diesen Honig stammt von vielen verschiedenen Trachten. Je nach Standort und Art der Trachten kann der Mischblütenhonig nicht nur im Geschmack und Aussehen, sondern auch von den Inhaltsstoffen her stark schwanken. Zu den Mischblütenhonigen zählen z. B. Sommerblüten- und Obstblütenhonig. Stammt Honig ausschließlich aus einem genau abgrenzbaren, regionalen, territorialen oder topographischen Gebiet, darf dieser mit dem entsprechenden Namen versehen werden. Solche Honige, wie z. B. der Gebirgsblütenhonig, werden als **Lagenhonige** bezeichnet.

Bezüglich der Verarbeitungsqualität können Honige mit besonderen Angaben ausgezeichnet werden. Überdurchschnittliche, äußere Eigenschaften wie Farbe,

Tab. 10.2 Übersicht zu verschiedenen Blüten- und Honigtauhonigen

	Herkunft	Beschreibung
Blütenhonige		
Akazienhonig	• Scheinakazie (*Robinia pseudoacacia L.*)	• Sehr mild, lieblich • Hell bis goldgelb • Extrem lange flüssig
Buchweizenhonig	• Echter Buchweizen	• Sehr kräftig, rübensirupartig • Relativ dunkel
Edelkastanienhonig	• Maronenwälder, besonders der Pfälzerwald • Nektar aus Blüten und teilweise aus Blattachseln	• Sehr kräftig, herb • Bitterer Nachgeschmack • Rotbraun • Monatelang flüssig
Erdbeerbaumhonig	• Erdbeerbäume (Heidekrautgewächse) • Nur in Jahren mit sonnigem Herbst, da Blütezeit relativ spät	• Bittersüß
Eukalyptushonig	• Eukalyptusbäume, ursprünglich aus Australien, heute u. a. aus Italien	• Würzig, fruchtig • Gelblich-braun • Feincremig
Heidehonig	• Besenheide (atlantische Küste bis Spanien) oder Erikapflanze (Heidemoor, lichte Wälder Nord- und Osteuropas)	• Fein-würzig • Goldbraun, roter Unterton • Gelartig
Jellybush-Honig	• Teebaumart (*Leptospermum polygalifolium*) aus Australien	• Kandiert Gelartig
Kleehonig	• Weißklee	• Mild-süß • Weiß bis elfenbeinfarben • Sehr dünne Konsistenz
Lindenblütenhonig	• Lindenblüten	• Extrem süß, fruchtig • Grünlich-weiß bis gelblich • Cremig
Lavendelblütenhonig	• Lavendel (Frankreich/Provence)	• Lavendelaroma • Hellgelb • Feincremig
Löwenzahnhonig	• Löwenzahnblüten	• Kräftig, aromatisch, recht süß • Hellgelb • Kristallin, körnig
Manukahonig	• Neuseeländischer Manukastrauch, eine Teebaumart (*Leptospermum scoparium*)	• Intensives Aroma, herbe Süße • Bernsteinfarben
Orangenblütenhonig	• Orangenblüten (z. B. Spanien)	• Lieblich-feines Orangenaroma • Gelblich mit rötlichem Unterton • Feincremig
Rapshonig	• Raps	• Mild • Weiß bis elfenbeinfarben • Cremig bis fest • Kristallisiert schnell
Sonnenblumenhonig	• Sonnenblumenblüten	• Charakteristisch, kräftig • Hellgelb bis gelb-orange

Tab. 10.2 (Fortsetzung)

	Herkunft	Beschreibung
Tamariskenhonig	• Tamariske (strauchartiger Baum), gedeiht auf salzhaltigen Böden	• Feinherb • Bernsteinfarben
Tasmanischer Lederholzhonig	• Tasmanische Lederholzbäume	• Kräftig mit exotischer Süße • Kräftig gelb • Feincremig
Thymianhonig	• Thymian (besonders Südeuropa und Asien)	• Intensiv-herb • Cremig-kristallin
Honigtauhonige		
Blatthonig	• Laubbäume wie Eiche und Ahorn	• Kräftig, karamellartig
Tannenhonig	• Weißtannen (*Abies alba*) • Besonders im Schwarzwald, Schwäbischen und Bayrischen Wald	• Kräftig, würzig • Grünlich-schwarz • Lange flüssig
Waldhonig	• Mehrere Pflanzenarten, keine überwiegt • Gemischter Trachthonig aus Honigtau von Schild- und Rindenläusen von Fichten, Douglasien, Kiefern, Tannen und Laubbäumen • Auch Anteile von Blütennektar möglich	• Kräftig, leicht herb • Hell- bis dunkelbraun

Aussehen und Konsistenz und ein überdurchschnittlicher Geschmack werden durch den Zusatz „Auslese" oder „Auswahl" hervorgehoben. Honige, die besonders sorgfältig gewonnen, gelagert oder abgefüllt wurden, werden durch die Angabe „kaltgeschleudert", „mit natürlichem Fermentgehalt", „wabenecht", „feinste" oder „beste" gekennzeichnet.

10.2.3.3 Kunsthonig und Gelée Royal

Der Deutsche Imkerbund hat für seinen Honig besondere Anforderungen, die über den vorgeschriebenen gesetzlichen Normen liegen. Diese Honige werden besonders schonend gewonnen, behandelt und in einheitlichen Gläsern mit grünen Etiketten angeboten.

Vom Honig abzugrenzen ist **Kunsthonig** (Invertzuckercreme). Dieses Erzeugnis wird aus Saccharose überwiegend durch enzymatische Säurehydrolyse (Inversion) hergestellt. Dabei ist ein Zusatz von Stärkesirup oder -zucker bis zu 20% erlaubt. Kunsthonig wird meist aromatisiert, z. B. mit stark schmeckendem Honig, und mit Lebensmittelfarbstoffen gefärbt. Während der Herstellung von Kunsthonig entsteht Hydroxymethylfurfural (siehe Abb. 10.9), das als Unterscheidungsmerkmal zu echtem Honig gilt und dem künstlichen Produkt ggf. zur Unterscheidung zugesetzt werden muss.

Inversion ist die Spaltung von Saccharose in ein äquimolares Gemisch von Glukose und Fruktose durch verdünnte Säuren oder durch das Enzym *Invertase*. Dieses Gemisch der beiden Hexosen wird als Invertzucker bezeichnet, da es links drehend ist im Gegensatz zur rechtsdrehenden Saccharose. Hervorgerufen wird diese Links-

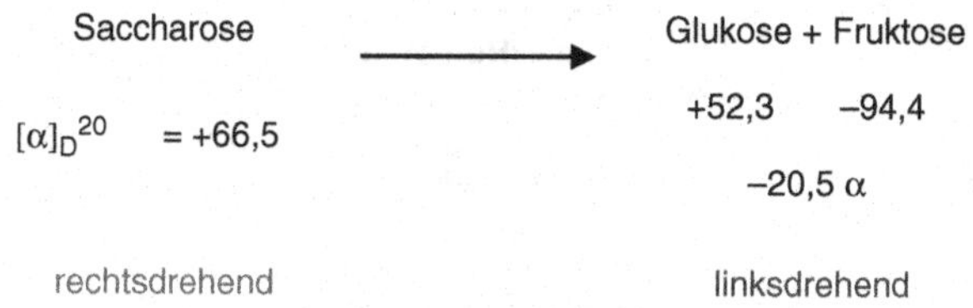

Saccharose $\longrightarrow$ Glukose + Fruktose

$[\alpha]_D^{20}$ $= +66{,}5$ $+52{,}3$ $-94{,}4$

$-20{,}5\ \alpha$

rechtsdrehend linksdrehend

Abb. 10.5 Inversion von Saccharose

drehung dadurch, dass im äquimolaren Gemisch beider Zucker die Linksdrehung der Fruktose die Rechtsdrehung der Glukose überwiegt (siehe Abb. 10.5).

Gelée Royal wird von jungen Arbeitsbienen zur Ernährung von Bienenkönigin und Bienenlarven produziert. Dieses Gemisch aus den Sekreten der Futtersaft- und Oberkieferdrüse der Arbeiterinnen wird auch als Königinnenfuttersaft oder Weiselfuttersaft bezeichnet. Gelée Royal riecht unangenehm säuerlich bis leicht stechend nach Phenolen und der Geschmack erstreckt sich von sauer über bitter bis süßlich. Nur die Königin wird lebenslänglich mit Gelée Royal gefüttert, die anderen Bienen nur etwa drei Tage. Danach wird die Ernährung der Arbeiterinnennlarven auf Pollen und Honig umgestellt. Die Lebenserwartung einer Königin beträgt mehrere Jahre, die von Arbeitsbienen (im Sommer) ca. sechs Wochen. Für die Nachkommenschaft sorgt im Bienenstock ausschließlich die Königin. Sie ist in der Lage, täglich einige tausend Eier zu legen und so für den Fortbestand der Art zu sorgen. Dadurch ist die Königin zum Symbol für Vitalität, Leistungs- und Lebenskraft geworden. Die hohe Lebenserwartung und die enorme Legeleistung werden allein auf die Wirkung von Gelée Royale zurückgeführt. Der Königinnensaft setzt sich zusammen aus: etwa 60–70% Wasser, 10–23% Zucker, 9–18% Proteinen und Aminosäuren (z. B. Alanin, Lysin, Arginin, Leucin), 4–8% Fette, Vitaminen der B-Gruppe, Vitamin D, Vitamin C und Vitamin E, Betacarotin sowie Mineralstoffen. Gelée Royal gilt nicht als Lebensmittel, da er wegen seiner vermuteten arzneilichen Wirkungen verwendet wird, die jedoch nicht ausreichend durch klinische Humanstudien dokumentiert sind. Außerdem weist das Bundesinstitut für gesundheitlichen Verbraucherschutz und Veterinärmedizin (BGVV) auf das hohe Allergenpotenzial von Gelée Royale hin.

10.2.4 Herstellungsprozess

Eine Honigbiene (*Apini*) macht täglich im Durchschnitt etwa 40 Flugeinsätze. Um einen Liter Nektar oder Honigtau zu sammeln, bedarf es etwa 20.000 Flugeinsätze einer Honigbiene. Daraus ergeben sich ca. 150 g Honig. In Abb. 10.6 ist die Entstehung von Honig durch den Einsatz der Bienen sowie die Weiterverarbeitung durch den Imker dargestellt.

Die Vorstufen des Honigs – Nektar und Honigtau – sind zuckerhaltige Pflanzensäfte, die auch als Siebröhrensäfte bezeichnet werden. Von den ca. 4.000 Blüten, die eine Biene am Tag besucht, saugt diese mit Hilfe ihres Saugrüssels den Nektar der Blüten bzw. den Honigtau von Nadeln und Blättern. Der Speichel der Bienen enthält eine Vielzahl von Enzymen, die für die Umwandlung von Nektar zu Honig

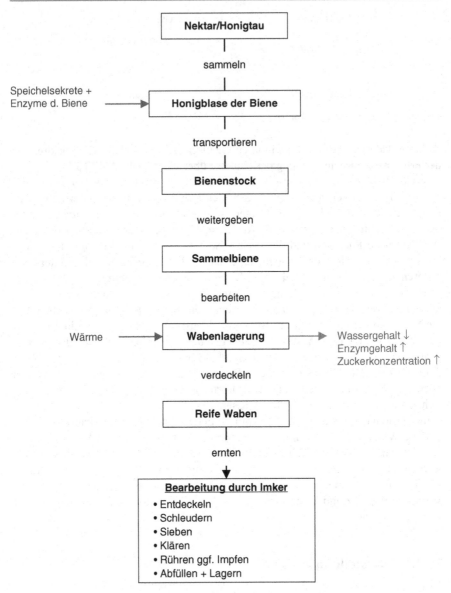

Abb. 10.6 Entstehung von Honig

verantwortlich sind. Die Biene verdünnt während ihres Flugs von Blüte zu Blüte den gesammelten Nektar mit ihrem Speichel und transportiert dieses Gemisch (bis zu 60 mg) im Magen, der so genannten Honigblase, bis zur Ablieferung im Bienenstock. Bienen benötigen nur einen geringen Anteil des gesammelten Nektars für ihre eigene Versorgung, so dass der Rest im Bienenstock zu Honig verarbeitet werden kann. Je nach Aufgabe der Biene wird zwischen den sammelnden Tracht- oder Sammelbienen sowie den im Stock an der Honigreifung beteiligten Stockbienen unterschieden. Nachdem die Sammelbiene den noch unreifen, wasserreichen Honig an die Stockbiene übergeben hat, schließt sich ein Reifungsprozess des Honigs an. Die Stockbienen spielen dabei eine wichtige Rolle, da sie den Honig immer wieder aus ihrer Honigblase heraussaugen, kleine Honigtröpfchen aus ihrem Rüssel fließen lassen und diese unmittelbar wieder aufsaugen. Dieses Verhalten wird als Rüsselschlagen bezeichnet. Durch diesen Prozess in Ergänzung mit den hohen Temperaturen im Stock (ca. 30–35 °C) und dem Fächeln der Bienen (Flügelschlagen) verdunstet ein Teil des Wassers. Zusätzlich reichert die Stockbiene den Honig erneut mit Enzymen an. Neben der Inversion von Saccharose zu Glukose und Fruktose bewirken die Enzyme die Entstehung von Inhibinen, die das Wachstum von Bakterien und Hefen hemmen. Zur weiteren Wasserentweichung wird der halbreife Honig von den Bienen in Wabenzellen in dünnen Schichten gelagert, damit eine möglichst große Verdunstungsfläche entsteht. Im Laufe der Reifung entwickelt sich der typische Geruch und Geschmack sowie die Farbe des Honigs. Gegen Ende der Reifung werden die Waben von den Bienen zunächst teilweise und schließlich vollständig mit Wachsdeckeln verschlossen. Die vollständige Reife des Honigs ist durch eingefallene Wachsdeckel zu erkennen.

Es folgt die Ernte durch den Imker, der zunächst durch Räuchern oder ein Gebläse die Bienen von den Waben verscheucht. Da die Bienen danach keinen erneuten Zugang zum Honigraum haben, wird eine große Aufregung im Bienenvolk vermieden. Die eingehängten Rahmen mit den Waben werden durch den Imker entnommen, die restlichen Bienen mit einem Feger entfernt. Im Anschluss werden die Waben mit speziellen Gabeln oder Messern entdeckelt, so dass der Honig in einer Zentrifuge abgeschleudert werden kann. Um den Honig von Pflanzenteilen zu befreien und zu reinigen, wird dieser vor der Abfüllung und Abpackung mit einem feinen Sieb gefiltert. Kristallisierter Honig wird zum Auflösen der Zuckerkristalle und Verflüssigen des Honigs leicht erwärmt. Einen Teil des Honigs erhalten die Bienen zur eigenen Versorgung zurück. „Deutscher Honig" darf gemäß der Honig-VO nicht über 40 °C erwärmt werden, um die Inhaltsstoffe nicht zu schädigen.

10.2.5 Zusammensetzung von Honig

Honig besteht aus einer Vielzahl verschiedener Inhaltsstoffe, wobei die Zusammensetzung in Abhängigkeit von der Honigart variiert. Die Hauptbestandteile sind Invertzucker (Glukose und Fruktose) und Wasser (siehe Abb. 10.7). Weitere typische Bestandteile des Honigs sind andere Zuckerarten, organische Säuren, Mineralstoffe, Aminosäuren, Enzyme, Vitamine, Farb- und Aromastoffe, Wachse und Pollenkörner. Zusammensetzung und Konzentration der einzelnen Inhaltsstoffe variieren in Abhängigkeit von der Pflanzenart, dem Standort, dem Klima und der Jahreszeit.

Kohlenhydrate machen mit durchschnittlich 75–80% die quantitativ größte Fraktion im Honig aus, wovon Fruktose (ca. 35–40%) und Glukose (ca. 30–35%) als Invertzucker den größten Anteil stellen. Blütenhonig enthält im Mittel 65–75% Invertzucker und Honigtau ca. 50–60%. Fruktose und Glukose haben Einfluss auf die Konsistenz des Honigs: fruktosereiche Honige sind flüssiger und glukosereiche Honige sind fester. Der Saccharoseanteil beträgt je nach Reifegrad etwa 5% und in

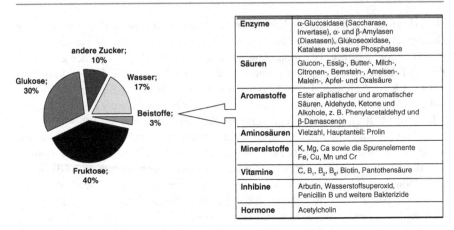

Abb. 10.7 Prozentuale Zusammensetzung und Inhaltsstoffe des Honigs

seltenen Fällen bis zu 10%. Weiterhin kommt im Honig eine Vielzahl an Oligosacchariden vor, wovon bisher etwa 20 identifiziert werden konnten. Zu den bekannten Oligosacchariden im Zucker gehören in mengenmäßig absteigender Reihenfolge u. a. die Disaccharide: Maltose, Kijibiose, Turanose, Isomaltose, Maltulose, Nigerose, α- und β-Trehalose, Gentiobiose sowie die Trisaccharide: Erolose, Theanderose, Panose, Maltotriose, 1-Kestose, Isomaltotriose und Melizitose.

Der **Protein**anteil im Honig ist mit ca. 0,4 g/100 g sehr gering. Die Proteine stammen teils vom pflanzlichen Material, teils von den Bienen. In 100 g Honigtrockenmasse sind etwa 100 mg Aminosäuren enthalten, wobei Prolin mengenmäßig dominiert je höher der Prolingehalt ist, desto reifer ist der Honig.

Honig enthält eine Vielzahl von **Enzymen**. Dazu gehören unter anderem α-Glucosidase (Saccharase, Invertase), α- und β-Amylasen (Diastasen), Glukoseoxidase, Katalase und saure Phosphatase. Die Enzyme stammen hauptsächlich aus den Kopfdrüsen der Bienen und tragen zur Reifung des Honigs bei. Enzyme verändern die Zuckerzusammensetzung, wodurch die Zuckervielfalt des Honigs entsteht. Zusätzlich bilden sich Substanzen mit antibakterieller Wirkung, welche die Haltbarkeit des Honigs verlängern. Invertase und Diastase können neben Hydroxymethylfurfural als Indikatoren für eine thermische Belastung des Honigs während der Verarbeitung dienen.

Die **Aromastoffe** des Honigs setzen sich einerseits aus den bereits im Nektar bzw. Honigtau vorhandenen und andererseits aus den während der Reifung neu entstehenden Aromastoffen zusammen. Vorläufer der neu gebildeten Aromastoffe sind überwiegend freie Aminosäuren. Bisher wurden etwa 300 flüchtige Verbindungen im Honig nachgewiesen, wovon etwa 200 identifiziert werden konnten. Es handelt sich dabei meist um Ester aliphatischer und aromatischer Säuren, Aldehyde, Ketone und Alkohole. Zu den wichtigsten Aromastoffen, die den typischen Honiggeruch und -geschmack ausmachen, zählen Phenylacetaldehyd und β-Damascenon (siehe Abb. 10.8).

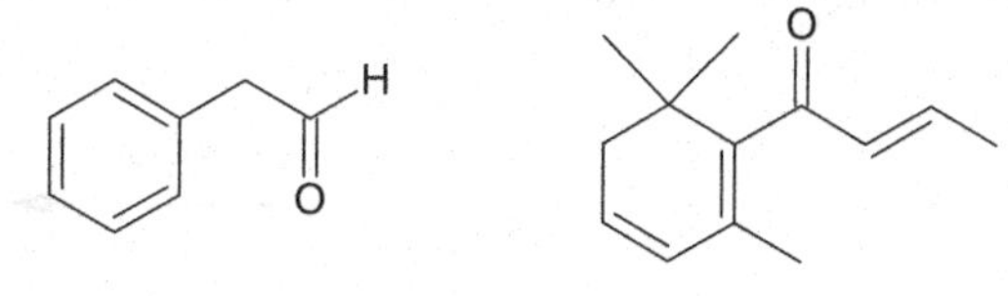

Abb. 10.8 Strukturformeln von Phenylacetaldehyd und β-Damascenon

Phenylacetaldehyd   β-Damascenon

Auch die Bienen sind durch Eintragen der in den Waben vorkommenden, aromatischen Verbindungen, wie z. B. Benzylalkohol und Phenylessigsäure, teilweise an der Aromabildung beteiligt.

Vitamine und Mineralstoffe sind zwar im Honig enthalten, spielen aber quantitativ für die Ernährung des Menschen praktisch keine Rolle.

Honig enthält geringe Mengen schwacher **Säuren**, die unter anderem den Geschmack beeinflussen. Der wichtigste Vertreter ist die durch die Glukoseoxidase gebildete Gluconsäure. Weitere im Honig vorkommende Säuren sind z. B. Essig-, Butter-, Milch-, Citronen-, Bernstein-, Ameisen-, Malein-, Apfel- und Oxalsäure.

Honig enthält eine Gruppe keimhemmender Substanzen, die bisher nur zum Teil identifiziert sind. Zu den so genannten **Inhibinen** zählen Arbutin, Penicillin B und weitere Bakterizide.

Durch die im Honig bis zu etwa 0,5% enthaltenen **Blütenpollen** kann es beim Verzehr durch den Menschen teilweise zu allergischen Reaktionen kommen.

In der Honig-VO ist die Beschaffenheit von verkehrsfähigem Honig anhand von Richtlinien genau festgelegt (siehe Tab. 10.3).

Honig ist über viele Jahre haltbar, sollte aber mäßig kühl und dunkel gelagert werden, da einige Inhaltsstoffe wie Geruchs- und Geschmacksstoffe und Enzyme

Tab. 10.3 Beschaffenheitsmerkmale für verkehrsfähigen Honig nach Honig-VO

Kriterium	Beschaffenheit
Reduzierende Zucker (berechnet als Invertzucker)	• Blütenhonig mind. 65% • Honigtau allein oder mit Blütenhonig mind. 60%
Scheinbarer Saccharosegehalt	• Allgemein max. 5% • Honigtau allein oder gemischt mit Blütenhonig, Akazien- und Lavendelhonig sowie Honig aus *Banksia menziesii* max. 10%
Wasser	• Allgemein max. 21% • Heidehonig und Kleehonig max. 23%
Wasserunlösliche Stoffe	• Allgemein max. 0,1% • Presshonig max. 5%
Mineralstoffe	• Allgemein max. 0,6% • Honigtau, allein oder gemischt mit Blütenhonig max. 1%
Freie Säuren	• Max. 40 Milliäquivalente/kg
Diastasezahl und HMF-Gehalt	• Allgemein Diastasezahl nach Schade mind. 8 und HMF max. 40 mg/kg • Honig mit einem geringen natürlichen Gehalt an Enzymen Diastasezahl nach Schade mind. 3 und HMF max. 15 mg/kg

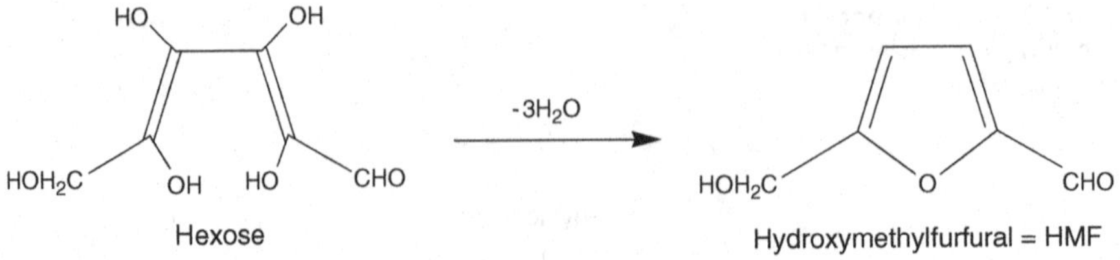

Abb. 10.9 Die Bildung von Hydroxymethylfurfural (*HMF*) aus Hexose

lichtempfindlich sind. Die optimalen Lagertemperaturen liegen bei flüssigem Honig zwischen 18–20 °C und bei cremigem Honig zwischen 10–12 °C. Frischer Honig ist meist dünn- bis zähflüssig. Bei längerer Lagerung kann es besonders bei glukose-reichen Honigen, wie z. B. Rapshonig, zur Auskristallisation kommen (kandieren), weil Glukose schneller kristallisiert als Fruktose. Da Honig hygroskopisch (stark wasserziehend) ist, sollten die Gefäße zur Lagerung trocken und verschlossen sein.

In Abhängigkeit von pH, Zeit und Temperatur steigt der Gehalt an **5-Hydro-xymethylfurfural (HMF)** im Honig während der Lagerung an. HMF entsteht unter Abspaltung von drei Wassermolekülen aus Hexosen (siehe Abb. 10.9). Die HMF-Bildung wird durch Wärmeeinwirkung beschleunigt. In frischem Honig ist der HMF-Gehalt sehr niedrig. Ein hoher HMF-Gehalt ist demnach ein Indiz für eine starke Erwärmung oder warme Lagerung über längere Zeit. Außerdem gilt der HMF-Gehalt als ein Unterscheidungsmerkmal zwischen Honig und Kunsthonig.

10.3   Sirup und Dicksaft

Sirup und Dicksäfte stellen eine Alternative zu Zucker, Honig und anderen Sü-ßungsmitteln dar. Außerdem werden diese Produkte vielfältig in der Lebensmittel-industrie eingesetzt. Der Begriff Sirup stammt ursprünglich vom arabischen *šarab* ab und wurde über das lateinische Wort *siropus* zum heutigen Sirup. Es handelt sich um eine Gruppe dickflüssiger, konzentrierter Zuckerlösungen, die durch Eindicken von zuckerreichen Flüssigkeiten wie Zuckerlösungen, Fruchtsäften, Zuckerrüben-saft oder Pflanzenextrakten in Folge eines wärmebedingten Wasserentzuges her-gestellt werden. Davon grenzen sich die Dicksäfte ab. Dicksäfte sind – ähnlich wie Sirup – stark konzentrierte, dickflüssige Fruchtsäfte, werden aber kalt hergestellt.

In Abhängigkeit von den verwendeten Ausgangssubstanzen wird bei Sirup zwi-schen Zuckerrüben-, Kandis-, Frucht-, Dattel-, Stärke-, Ahornsirup und Kaftan unter-schieden. Bei den Dicksäften sind vorwiegend Agaven- und Fruchtdicksäfte (Apfel-, Birnen und Traubendicksaft) von Bedeutung. Tabelle 10.4 gibt eine Übersicht über die Herstellung und Verwendung der meist verwendeten Sirup- und Dicksaftsorten.

Die Herstellung von Sirup wird in der Abb. 10.10 beispielhaft am Verfahren der Zukkerrübensirup-Herstellung dargestellt.

Nach der Ernte und Anlieferung der Rüben in der Fabrik werden diese gerei-nigt, geschnitzelt und gekocht. Während des Kochens kommt es zur Inversion, das

Tab. 10.4 Übersicht zur Herstellung und Verwendung der meist verwendeten Sirup- und Dicksaftsorten

	Ausgangsstoff/Herstellung	Verwendung
Sirup		
Ahornsirup	• Aus dem Saft des Ahornbaumes; vorwiegend in Kanada und den USA • Erntebeginn Mitte Februar/Anfang März für etwa sechs Wochen • Farbe und Geschmack werden von Beginn bis Ende der Ernte intensiver • Farbe von hell (bernsteinfarben) bis dunkel, dementsprechend Graduierung: AA, A, B, C, D • Geschmack von mild-süß bis intensiv und unangenehm süß • ca. 67% Zucker (überwiegend Saccharose) und 33% Wasser	Desserts, Backwaren, Salatsoßen, Lebensmittelindustrie
Dattelsirup	• Wichtiges Süßungsmittel bereits im alten Orient • Aus frisch geernteten Datteln	Süßen von Getränken, Backwaren, Soßen, Desserts, Salaten, Suppen, Marinaden
Fruchtsirup	• Dickflüssiger Fruchtsaft • Herstellung im Kaltverfahren oder durch kurzes Erhitzen • Maximal 65% Zucker	Limonadenherstellung, Süßspeisen, Gebäck
Kaftan	• Aus Johannisbrot	Einmachen von Früchten
Kandissirup	• Reiner Zuckersirup • Wird bei der Herstellung von Kandis gewonnen	Getränke, Backwaren
Zuckerrübensirup	• Weitere Bezeichnungen: Rübenkraut, Rübensaft, Zuckerkraut • ca. 66% Zucker • Relativ reich an Magnesium und Eisen	Brotaufstrich, Soßen, Gebäck (Schwarzbrot, braune Kuchen), Süßwarenindustrie (Lakritz), Pharmaindustrie (Hustensaft)
Industriesirup		
Glukosesirup	• Aus Stärke von Kartoffeln, Mais oder Batate durch enzymatische oder Säurespaltung • Hell bis durchsichtig • Geringe Süßkraft • Auch als Feuchthaltemittel eingesetzt	Zusatz für Süßwaren, Wurstherstellung, Konfitüren, Obstkonserven, Speiseeis, Limonaden, Erfrischungsgetränke, Tomatenketchup
Glukose-Fruktose-Sirup	• Durch Isomerisierung von Glukosesirup • Höhere Süßkraft als Zucker	Ähnlich wie Glukosesirup
Fruktosesirup	• Verschiedene Herstellungsvarianten aus Glukosesirup, Inulin oder Zucker	Ähnlich wie Glukosesirup
High Fructose Corn Syrup (HFCS)	• Aus Maisstärke • Glukosesirup wird enzymatisch in Fruktosesirup umgewandelt • 1,6-fache Süßkraft von Haushaltszucker	Vorwiegend in den USA für Erfrischungsgetränke

Tab. 10.4 (Fortsetzung)

	Ausgangsstoff/Herstellung	Verwendung
Dicksaft		
Agavendicksaft	• Aus dem mittelamerikanischen Kaktus • Enthält fast ausschließlich Fruchtzucker • Gute Gelierfähigkeit, wenig Eigengeschmack	Konfitüren, Gelees, Torten, Süßspeisen
Fruchtdicksaft	• Eindicken von Fruchtsaft (z. B. Apfel-, Birnen- oder Traubensaft) und Entfernen überschüssiger Säuren • Enthält überwiegend Fruchtzucker • Je nach Fruchtsorte geringe Mengen an Mineralstoffen und typischen Geschmacks- und Aromastoffen	Müsli, Kompott, Süßspeisen, Lebensmittelindustrie

Abb. 10.10 Schematische Darstellung zur Herstellung von Zuckerrübensirup

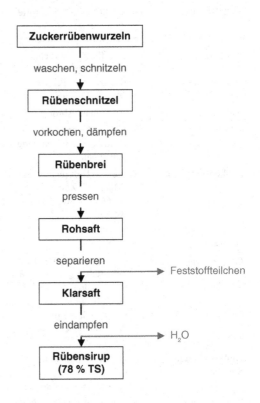

heißt, die Saccharose wird zu Glukose und Fruktose (Verhältnis 1:1) umgewandelt. Außerdem entsteht beim Kochen die typische dunkle Farbe des Sirups. Anschließend wird der entstandene Rübenbrei gepresst und der Rohsaft läuft ab. Durch einen weiteren Reinigungsschritt mittels Separator entsteht der Klarsaft, der letztlich in der Verdampfungsanlage zum Endprodukt eingedampft wird. Der entstandene Zu-ckerrübensirup hat einen Trockenmassegehalt von ca. 78%.

Zur Produktion von Dicksäften werden Fruchtsäfte, z. B. Apfel- oder Birnen-saft, in einer Vakuumanlage unter Druck eingedickt. Dabei werden für einen Li-ter Dicksaft etwa sieben Liter Fruchtsaft benötigt. Teilweise wird der Dicksaft im Anschluss noch filtriert, aromatisiert, entsäuert, pasteurisiert und sterilisiert. Ein Nachteil der Dicksaftherstellung ist, dass die im Fruchtsaft enthaltenen Vitamine sowie Geschmacks- und Aromastoffe zu einem Großteil zerstört werden.

Sirupe bzw. kalt hergestellte Saftkonzentrate (Dicksaft) spielen in der Lebens-mittelindustrie eine bedeutende Rolle. Da diese Produkte zum einen eine lange Haltbarkeit haben und zum anderen über ein geringeres Transportgewicht verfügen, wird Fruchtsaft (z. B. Orangensaft) international häufig als Saftkonzentrat gehan-delt. Erst vor dem Abfüllen werden die Konzentrate wieder mit Wasser auf die ur-sprüngliche, trinkfertige Konzentration aufgefüllt.

10.4   Zucker, Honig und Sirup in der Ernährung des Menschen

Zucker enthält außer Kohlenhydraten kaum weitere Inhaltsstoffe. Das Angebot an zuckerhaltigen Lebensmitteln und Süßwaren ist derzeit sehr groß. Besonders Kin-der neigen zu einem hohen Konsum an „Süßem", wodurch sich eine unausgewo-gene Ernährung entwickeln kann. Honig wird häufig als gesündere Alternative zu Zucker angesehen und dies mit dem Gehalt an Vitaminen und Mineralstoffen in Verbindung gebracht. Diese Gehalte sind jedoch sehr gering und leisten bei norma-len Verzehrsmengen keinen nennenswerten Beitrag zur Deckung der Vitamin- und Mineralstoffempfehlungen. Außerdem ist Honig ein relativ kalorienreiches Lebens-mittel, da Trauben- und Fruchtzucker die Hauptbestandteile sind. Für Säuglinge ist Honig völlig ungeeignet. Zum einen enthält Honig geringe Mengen an Eiweißen, die Allergien auslösen bzw. Symptome von Pollenallergien verstärken können. Zum anderen können im Honig Sporen einiger Bakterien überleben, wie z. B. des Krank-heitserregers *Chlostridium botulinum*, der das Botolinumtoxin produziert, das zu Lähmungserscheinungen (Botulismus) führen kann. Obwohl der so genannte Säug-lingsbotulismus relativ selten auftritt, wird der Honigverzehr für Säuglinge unter zwölf Monaten nicht empfohlen. Sirupe sind ein weiteres alternatives Süßungs-mittel zu Zucker, weisen aber einen mehr oder weniger starken Eigengeschmack auf. Durch den stark erhöhten Wassergehalt können Sirupe schneller schimmeln als Zucker und Honig. Zucker, Honig und Sirup wirken aufgrund der klebrigen Konsis-tenz und des hohen Zuckergehaltes kariogen. Zucker, Honig und Sirup sind in der dreidimensionalen Lebensmittelpyramide auf der Seite der pflanzlichen Lebens-mittel an der Spitze angeordnet. Das bedeutet, diese Produkte sollten nur in sehr geringem Umfang konsumiert werden.

Bibliographie

Hoffmann, H., Mauch, W., Untze, W. (2002): Zucker und Zuckerwaren. 2. Auflage, Behr's Verlag, Hamburg.

Kaufmann, G. (2007): Zucker, Sirupe, Honig, Zuckeraustauschstoffe und Süßstoffe. 10. überarbeitete Auflage, aid-Infodienst, Bonn.

Lipp, J. (1994): Der Honig. 3. völlig neubearbeitete und erweiterte Auflage, Verlag Eugen Ulmer, Stuttgart.

Rosenplenter, K. & Nöhle, U. (Hrsg.) (2007): Handbuch Süßungsmittel. 2. vollst. überarb. Auflage, Behr's Verlag, Hamburg.

Van der Poel, P. W., Schiweck, H., Schwartz, T. (2000): Zuckertechnologie: Rüben- und Rohrzuckerherstellung. 1. Auflage, Verlag Dr. Albert Bartens KG, Berlin.

Gewürze

11

Inhaltsverzeichnis

© Springer-Verlag Berlin Heidelberg 2015
G. Rimbach et al., *Lebensmittel-Warenkunde für Einsteiger*, Springer-Lehrbuch,
DOI 10.1007/978-3-662-46280-5_11

11.1   Definition und Beschreibung

Wie im deutschen Lebensmittelgesetz definiert sind Gewürze Pflanzenteile, die wegen ihres Gehaltes an natürlichen Inhaltsstoffen als geschmacks- und/oder geruchsgebende Zutaten zu Lebensmitteln bestimmt sind. Die verwendeten Pflanzenteile sind Blüten, Früchte, Knospen, Samen, Rinden, Wurzeln, Wurzelstöcke, Zwiebeln oder Teile dieser, meist in getrockneter Form. Es wird unterschieden zwischen:

- **Blattgewürzen,** z. B. Lorbeer,
- **Blütengewürzen,** z. B. Safran, Nelke,
- **Frucht- und Samengewürzen,** z. B. Paprika, Pfeffer, Senf,
- **Rindengewürzen,** z. B. Zimt,
- **und Wurzel- und Zwiebelgewürzen,** z. B. Ingwer, Knoblauch.

Als Blattgewürze gelten nur getrocknete Blätter. Frische Blätter zählen zu den Kräutern. Zucker und Salz fallen nicht unter den Begriff der Gewürze. Durch Abtrennen der Blätter und/oder Blüten von trockenen Pflanzen werden gerebelte Gewürze hergestellt. Wenn der Zerkleinerungsgrad von Bedeutung ist, wird dieser ebenfalls angegeben. Gewürze werden vorwiegend zerstoßen, gerebelt oder gemahlen sowie teilweise als Essenz oder Extrakt verwendet. Wichtig bei der Herstellung von Gewürzen ist, dass diese nicht mehr als zu ihrer Konservierung technisch notwendig bearbeitet oder mit anderen Stoffen vermischt werden. In vielen Ländern werden Gewürze zur Entkeimung bestrahlt. Diese Art der Konservierungsmethode muss in Deutschland ausreichend gekennzeichnet werden. Im Handel dürfen nach Lebensmittelbestrahlungs-VO sowie den EU-Richtlinien 1999/2/EG und 1999/3/EG nur getrocknete aromatische Kräuter und Gewürze bestrahlt angeboten werden. Die Bestrahlung darf ausschließlich in zugelassenen Bestrahlungsanlagen erfolgen. Eine chemische Behandlung, die dem gleichen Ziel dient, darf nicht zusätzlich angewandt werden. Außer den reinen Gewürzen ist im Handel ein breit gefächertes Angebot an Gewürzmischungen, -zubereitungen, -salzen, -aromazubereitungen,

Tab. 11.1 Begriffsbestimmungen und Beschaffenheitsmerkmale verschiedener würzenden Zutaten (Leitsätze für Gewürze und andere würzende Zutaten)

Bezeichnung	Beschreibung
Gewürzmischungen	• Mischungen, die ausschließlich aus Gewürzen bestehen • Bezeichnung erfolgt nach Art (Kräuter der Provence) oder dem Verwendungszweck (Suppengewürz)
Gewürzzubereitungen und -präparate	• Mischungen von einem oder mehreren Gewürzen mit anderen geschmacksgebenden Zutaten (mind. 60% Gewürze), teilweise erfolgt der Zusatz von Gewürzaromen • Bezeichnung erfolgt nach der Art (Zwiebel-Pfeffer-Gewürzzubereitung) oder dem Verwendungszweck (Brathähnchen-Gewürzzubereitung). Bei Abgabe an einen Weiterverarbeiter handelt es sich um Gewürzpräparate (z. B. für Fleischwurst)
Gewürzsalze	• Mischungen von Speisesalz mit einem oder mehreren Gewürzen und/oder Gewürzzubereitungen (mind. 15% Gewürze und 40% Salz), teilweise Zugabe von Würze • Bezeichnung erfolgt nach der Art (Selleriesalz) oder dem Verwendungszweck (Brathähnchen-Gewürzsalz)
Präparate mit würzenden Zutaten	• Mischungen von technologisch wirksamen Stoffen mit einem oder mehreren Gewürzen, anderen geschmacksgebenden und/oder geschmacksbeeinflussenden Zutaten und/oder Gewürzzubereitungen und/oder Gewürzaromen • Bezeichnung erfolgt nach dem Verwendungszweck (Rohwurstreifemittel mit Gewürzen für Salami)
Gewürzaromazubereitungen	• Gewürzzubereitungen, bei denen die Gewürze ganz oder teilweise durch Gewürzaromen ersetzt sind • Bezeichnung erfolgt nach dem Verwendungszweck (Gewürzaromazubereitung für Brathähnchen)
Gewürzaromasalze	• Gewürzsalze, bei denen die Gewürze ganz oder teilweise durch Gewürzaromen ersetzt sind • Bezeichnung erfolgt nach der Art (Kräuteraromasalz) oder dem Verwendungszweck (Gewürzaromasalz für Brathähnchen)
Würzen	• Flüssige, pastenförmige oder trockene Erzeugnisse zur Geschmacksbeeinflussung von Suppen, Fleischbrühen oder anderen Lebensmitteln • Bezeichnungen: Würzen, Speisen- oder Suppenwürze oder Sojasoße
Würzmischungen, Streuwürzen	• Feste oder flüssige Erzeugnisse, die überwiegend aus Geschmacksverstärkern, Speisesalz, verkehrsüblichen Zuckerarten oder anderen Trägerstoffen bestehen; Streuwürzen sind streufähige Würzmischungen • Bezeichnung erfolgt nach der Art (Curry-Würzer) oder dem Verwendungszweck (Grillwürzer)
Würzsoßen	• Fließfähige oder pastenförmige Zubereitungen mit ausgeprägt würzendem Geschmack aus zerkleinerten und/oder flüssigen Zutaten • Bezeichnung erfolgt nach der Art oder dem Verwendungszweck; übliche Verkehrsbezeichnungen sind z. B.: Chutney, Grillsoße, Ketchupsoße, Sambal, Relish

Würzen und anderen würzenden Produkten erhältlich (siehe Tab. 11.1). Diese Produkte sind Mischungen verschiedener Gewürze oder enthalten andere Zusätze, weshalb es sich im Sinne des Gesetzes nicht um Gewürze handelt.

Die Würzeigenschaften von Pflanzen werden durch verschiedene sekundäre Pflanzenstoffe vermittelt. Diese Produkte des Sekundärstoffwechsels der Pflanzen

können physiologische Funktionen erfüllen (z. B. Transpirationsschutz, Schäd-
lingsabwehr) oder als Duft-, Blüten- oder Farbstoffe eine ökologische Bedeutung
haben. Das Muster sekundärer Pflanzenstoffe ist zwar genetisch determiniert, die
Gehalte an sekundären Pflanzenstoffen können aber durch Umweltfaktoren stark
moduliert werden. Botanisch miteinander verwandte Pflanzen weisen meist ähnliche oder sogar dieselben Muster sekundärer Pflanzenstoffe auf. Deshalb kommen
Gewürze in einigen Pflanzenfamilien gehäuft und in anderen gar nicht vor. Zu den
Pflanzeninhaltsstoffen, die für die Sensorik der Gewürze von besonderer Relevanz
sind, zählen u. a. Terpene, Phenylpropane, Diarylheptanoide, Alkaloide, Glykoside,
Gerbstoffe und Fruchtsäuren. Gewürze haben vielfältige Funktionen, wie z. B.:

- den Geschmack wenig aromaintensiver Speisen zu ergänzen, zu verstärken und
  zu verbessern,
- die Konservierung von Lebensmitteln,
- das Lindern und Verhindern von Verdauungsbeschwerden sowie
- die Appetitanregung durch Bitterstoffe.

Es gibt eine große Vielfalt an Gewürzen, von denen derzeit etwa 40 weltweit von
Bedeutung sind. Regional werden darüber hinaus Gewürze verwendet, die außerhalb dieser Regionen nur selten in den Handel gelangen. Einige Gewürze werden
zusätzlich zu medizinischen Zwecken verwendet und sind deshalb teilweise auch
in Apotheken erhältlich. Zehn der wichtigsten Gewürze werden im Folgenden in
alphabetischer Reihenfolge näher beschrieben.

11.2   Gewürznelke (Syzygium aromaticum)

11.2.1   Botanik und Herkunft

Die Gewürznelke ist ein Blütengewürz. Gewürznelken-Bäume zählen zur Familie
der Myrtengewächse (*Myrtaceae*). Diese tropischen, immergrünen Bäume erreichen eine Höhe von ca. 10–12 m, die Äste sind mit ovalen, zugespitzten Blättern
besetzt. Zwischen dem 6. und 60. Lebensjahr bringen die Bäume an den Astspitzen
reichblütige Trugdolden hervor. Die roten Blüten enthalten viele Staubblätter und
einen vierkantigen Fruchtknoten mit rundem Köpfchen. Ursprünglich stammen die
Gewürznelken-Bäume aus Indonesien und da die Bäume besonders in Gebieten mit
tropischem Seeklima gedeihen, beschränkt sich die Verbreitung auf einige Inseln
und Küsten. Heutzutage werden Gewürznelken-Bäume vorwiegend auf den Nord-
molukken, auf Penang, Java, den Philippinen, Sri Lanka, Madagaskar, Réunion,
Mauritius, Sansibar und Pemba (Tansania), auf einigen westindischen Inseln sowie
in Guayana kultiviert.

11.2.2   Geschichte und Produktion

Gewürznelken haben eine lange Geschichte, denn ihre Nutzung geht vermutlich bis
einige Jahrhunderte vor Christi Geburt zurück. Zunächst waren Gewürznelken be-

sonders bei den Chinesen und Indern sehr begehrt und kamen erst viel später nach Europa. Besonders zur Blütezeit des römischen Reiches ca. 96–192 n. Chr. hatte der Gewürzhandel eine große Bedeutung. Zu den Hauptumschlagsplätzen gehörten Konstantinopel (heute Istanbul) und Alexandria. Zur Gewinnung der Gewürznelken werden zweimal jährlich die noch nicht geöffneten Blütenknospen geerntet, wenn diese beginnen, sich von grün zu rosa zu verfärben. Zu diesem Zeitpunkt ist der Würzegehalt am höchsten. Durch die vier kugelig gewölbten, von vier Kelchblättern umgebenen Blütenblätter und den langen Fruchtknoten sehen die Knospen einem Nagel ähnlich. Daher stammt vermutlich die Bezeichnung Nelke (altdeutsch: Nägelin = Nagel). Die Knospen werden zunächst kurz in heißes Wasser getaucht und anschließend ohne Stiel auf Matten in der Sonne getrocknet oder über dem Feuer im Rauch gedörrt. Dabei verfärben sich die Knospen von rötlich in ein dunkles Braunrot und verlieren durch das Trocknen bis zu drei Viertel des Ausgangsgewichtes. Die Nelken werden vor dem Verkauf sortiert, so dass die Knospen noch die Köpfchen aufweisen, aber keine Fruchtstiele mehr enthalten sind.

11.2.3   Eigenschaften und Verwendung

Nelken guter Qualität schwimmen aufrecht im Wasser oder gehen unter, während solche von minderer Qualität waagerecht auf dem Wasser schwimmen, da diese mehr oder weniger entölt sind. Außerdem fühlen sich gute Nelken fettig an und geben bei Druck mit dem Fingernagel bereits ätherische Öle ab. Gewürznelken haben einen intensiven, stark aromatischen und süßen Geruch sowie einen brennenden, leicht strengen Geschmack. Nelken werden vielfältig eingesetzt. Einerseits sind Nelken Bestandteil vieler Gewürzmischungen wie z. B. Glühweingewürzen oder Curry, andererseits werden die ganzen Knospen zum Würzen von Fleisch- und Fischgerichten, Fischsud, Süß- und Backwaren, Soßen, Getränken oder zum Einmachen eingesetzt. Im Haushalt werden meist die ganzen Knospen verwendet im Gegensatz zur Lebens- und Genussmittelindustrie (Likör-, Tabak- und Parfümindustrie), die meist gemahlene Produkte vorzieht. Hier wird teilweise auch Nelkenöl verwendet. Die Früchte des Gewürznelken-Baumes sind kleine rote Beeren. Diese so genannten Mutternelken werden lediglich in den Anbauländern genutzt. Zwar besitzen auch die Blätter der Gewürznelken-Bäume ätherische Öle, eine Nutzung dieser ist jedoch nicht bekannt. In der Zahnheilkunde werden Nelken aufgrund der antimikrobiellen, antiseptischen und lokalanästhetischen Wirkungen eingesetzt. Nelken wirken zudem spasmolytisch und lindern Blähungen und dyspeptische Beschwerden sowie Verdauungsstörungen.

11.2.4   Inhaltsstoffe

Der Gehalt an ätherischen Ölen in Nelken beträgt bis zu 15%. Nahezu 99% des ätherischen Öls setzten sich aus drei Verbindungen zusammen: Eugenol (siehe Abb. 11.1) (ca. 70–85%), Eugenolacetat (ca. 15%) und β-Carophyllen (ca. 5–12%). Außerdem enthalten Gewürznelken etwa 2% des Triterpens Oleanolsäure.

Abb. 11.1 Eugenol

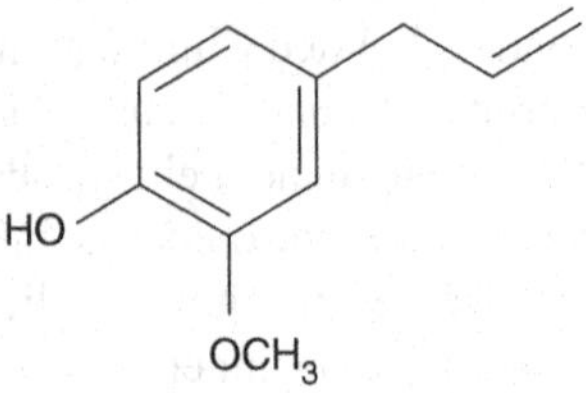

Eugenol

11.3 Ingwer (Zingiber officinale)

11.3.1 Botanik und Herkunft

Ingwer ist ein Rhizomgewürz. Rhizome sind keine Wurzeln, sondern Sprossachsensysteme, die meist unterirdisch oder bodennah wachsen. Das fleischige und stärkereiche Ingwer-Rhizom, das sich vegetativ vermehrt, ist das Überdauerungsorgan der Ingwer-Staude. Ingwer stammt aus der Familie der Ingwergewächse (*Zingiberaceae*) und ist der Namensgeber dieser Familie. Aus dem fingerig verzweigten Wurzelstock kommen ca. 1 m hohe, schilfähnliche Laubsprosse sowie die etwas kürzeren Blütenstände hervor. Die Blüten der Ingwer-Staude sind gelb mit purpurnen Lippen. Bei den Früchten handelt es sich um Kapselfrüchte. Ingwerstauden sind ausdauernde, krautige Pflanzen, die am besten in tropischen Klimaten an schattigen Standorten gedeihen. Ursprünglich stammt Ingwer aus den feuchtwarmen Tropen in Mittel- und Südostasien und wird heute in allen tropischen Klimaten kultiviert. Zu den wichtigsten Anbaugebieten für Ingwer zählen China, Taiwan, Indien, Nigeria, Sierra Leone, die westindischen Inseln sowie Australien.

11.3.2 Geschichte und Produktion

Vermutlich gelangte Ingwer schon in der Antike durch arabische Gewürzhändler aus Mittel- und Südostasien nach Rom. In den heute deutschsprachigen Gebieten wurde Ingwer etwa um 900 n. Chr. eingeführt. Ab dem Mittelalter war Ingwer in vielen Teilen Europas eine viel verwendete Gewürz- und Heilpflanze. Für den Ingweranbau werden auserwählte Wurzelknollen durch Teilen und Setzen auf Plantagen kultiviert. Etwa nach einem Dreiviertel-Jahr können neu verzweigte Wurzelknollen geerntet werden. Nach der Ernte kann Ingwer nach der Reinigung zum einen direkt als Frischware angeboten werden oder zur Verlängerung der Haltbarkeit getrocknet werden. Es wird zwischen dem geschälten, weißen Ingwer und dem ungeschälten, so genannten schwarzen Ingwer unterschieden. Beide werden nach der Ernte zunächst durch Überbrühen mit Heißwasser blanchiert und anschließend getrocknet. Schwarzer Ingwer bildet dabei auf der Rinde durch die verkleisterte Stärke eine hornartige Schicht mit braun-schwarzem, runzeligen Rindenkork aus. Um bei weißem Ingwer besonders helle Ware zu erzeugen, wird teilweise Kalkpuder oder Schwefeldioxid zum Bleichen verwendet. Ingwer wird entweder in ganzer oder gemahlener Form gehandelt.

11.3.3 Eigenschaften und Verwendung

Ingwer hat einen charakteristisch aromatischen Geruch und einen zitronenartig erfrischenden und brennend-scharfen Geschmack. Als Gewürz- und Heilpflanze findet Ingwer frisch oder getrocknet vielseitige Verwendung. Einerseits ist Ingwer Grundlage von Gewürzmischungen, wie z. B. Curry, Chutneys, Marmeladen und Soßen, andererseits wird Ingwer auch direkt zum Würzen sowohl von süßen Speisen (Gebäck, Milchreis, Obstsalat, Konfekt etc.) als auch deftigen Speisen (Geflügel, Lamm, Fisch, Meeresfrüchte, Gemüse) benutzt. Besonders in England ist dieses Gewürz eine beliebte Zutat, z. B. in Gingerbread (Pfefferkuchen) oder Ginger Ale (schwach alkoholhaltiges Getränk, das durch Gärung aus mit Ingwer versetzter Zuckerlösung hergestellt wird). Teilweise wird durch Destillation gewonnenes Ingweröl auch in der Likörindustrie eingesetzt.

Aufgrund seiner antimikrobiellen, verdauungsfördernden, antiemetischen und choleretischen Wirkungen wird Ingwer schon lange in der Heilkunde verwendet. Ingwer wird u. a. zur Behandlung von dyspeptischen Beschwerden und Verdauungsstörungen angewandt.

11.3.4 Inhaltsstoffe

Sowohl schwarzer als auch weißer Ingwer enthalten ca. 1,5–3,3% ätherische Öle, deren Hauptkomponenten Zingiberen und Zingiberol sind. Als Geruchsträger steht das Zingiberol im Vordergrund. Gingerole sowie deren Abbauprodukte Zingeron und Shogaole vermitteln den scharfen Geschmack (siehe Abb. 11.2).

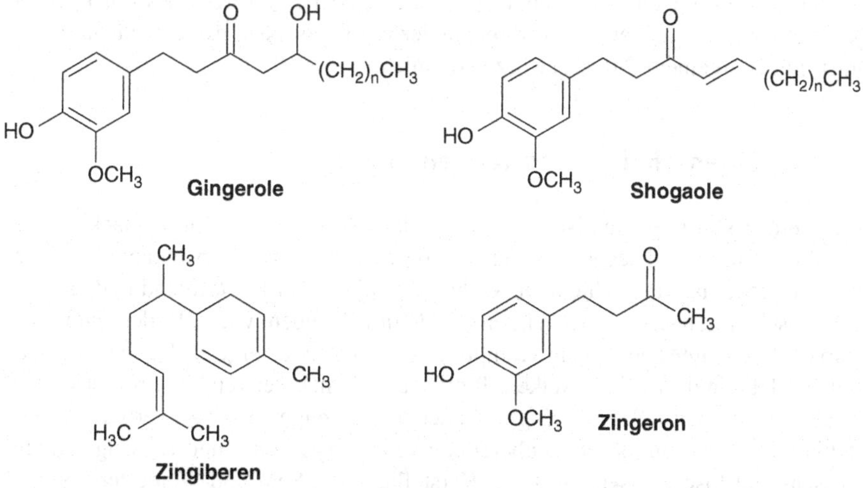

Abb. 11.2 Scharfstoffe in Ingwer

11.4   Kurkuma (Curcuma longa)

11.4.1   Botanik und Herkunft

Kurkuma gehört zu den Rhizomgewürzen und ist auch unter den Begriffen Gelb-
oder Safranwurz bekannt. Die Kurkumapflanze ist eine mehrjährige Pflanze aus
der Familie der Ingwergewächse (*Zingiberaceae*). Aus dem etwa 2–2,5 m langen,
knolligen Wurzelstock treten eine dichte Ähre von gelber Blüte und lange, kräftig
gestielte Blätter hervor. Nach und nach entwickeln sich aus der fleischigen Wurzel-
knolle walzenförmige Seitentriebe. Aus diesen bilden sich später neue Wurzelstöcke bzw. Pflanzen. Vermutlich stammt Kurkuma aus Süd- oder Südostasien. Das
Gewürz wurde wahrscheinlich schon im Altertum in Europa und zur Zeit des Mittelalters in Deutschland gehandelt. Eine ähnliche und geschmacklich gleichwertige
Art wird heute für medizinische Zwecke auf Java (Indonesien) genutzt. Seit langer
Zeit wird Kurkuma vor allem in Vietnam, Südchina und Indonesien kultiviert. Von
dort aus wurde Kurkuma zunächst in Indien und später auch in Westindien (Kari-
bische Inseln) und Südamerika verbreitet. Heute gehören Indien, Formosa und die
Philippinen ebenso zu den wichtigen Anbauregionen.

11.4.2   Geschichte und Produktion

Kurkuma wird schon lange als Gewürz sowie als Heil- und Färbemittel geschätzt.
Araber brachten das Gewürz Ende des 1. Jahrhunderts n. Chr. von Indien über die
alten Karawanenstraßen in den Mittelmeerraum. Zur Herstellung des Gewürzes
werden die stärkereichen Rhizome der Pflanze genutzt. Nach der Ernte wird das
Rhizom gebrüht und getrocknet. Durch das Kochen wird besonders die Entwicklung der gelben Farbe gefördert, die gleichzeitig als Qualitätsmerkmal gilt. Qualitativ gute Ware sollte eine tief orangegelbe Farbe an der Bruchstelle des getrockneten
Rhizoms aufweisen. Nach dem Abreiben der Rinde wird der zurückbleibende Zen-
tralzylinder zu einem Pulvergewürz vermahlen.

11.4.3   Eigenschaften und Verwendung

Der Geruch von Kurkuma ist schwach aromatisch-würzig, der Geschmack ist ing-
werähnlich brennend scharf und herb bis bitter. Die Art der Verwendung von Kurkuma ist regional unterschiedlich. Während Kurkuma in Deutschland und anderen
europäischen Ländern vorwiegend in Gewürzmischungen, wie z. B. dem indischen
Currypulver (mindestens neun Komponenten: Kurkuma, Ingwer, Kardamom, Koriander, Kümmel, Muskat, Nelken, Pfeffer und Zimt), verwendet wird, ist es beispielsweise in den USA und England auch als Einzelgewürz weit verbreitet. Weiterhin wird Kurkuma bei der Zubereitung von Currys, Reis- und Linsengerichten,
Fleisch- und Fischspeisen sowie zur Herstellung von Senf und Worcestersoße und
in der Parfümindustrie eingesetzt. Wegen seines gelben Farbstoffes wurde und wird

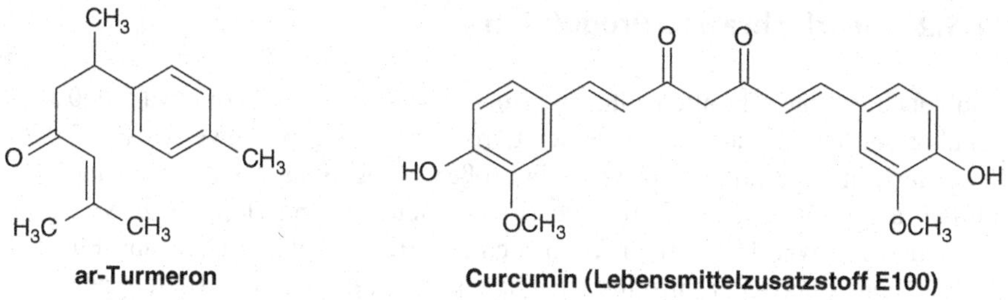

Abb. 11.3 Inhaltsstoffe von Kurkuma: ar-Turmeron, Curcumin

Kurkuma auch heute noch zum Färben von Lebensmitteln (Safran-Ersatz) sowie von Leder und Tuchen genutzt. In einigen Regionen Indonesiens werden auch die Blätter der Pflanze als Würze verwendet. In der Heilkunde wird Kurkuma aufgrund seiner antiphlogistischen und choleretischen Wirkungen bei Blähungen, dyspeptischen Beschwerden, Verdauungsstörungen und Störungen der Gallesekretion eingesetzt.

11.4.4 Inhaltsstoffe

Kurkuma verfügt etwa über 2–7% ätherischen Öls, dessen Hauptbestandteile die Sesquiterpene Turmeron (ca. 30%), ar-Turmeron (ca. 25%) und Zingiberen (ca. 25%) sind (siehe Abb. 11.2). Der gelbe Farbstoff des Gewürzes ist auf das zu den gelben, nicht wasserflüchtigen Curcuminoiden (3–5%) zählende Curcumin (siehe Abb. 11.3) zurückzuführen.

11.5 Knoblauch (Allium sativum)

11.5.1 Botanik und Herkunft

Knoblauch gehört zur Familie der Zwiebelgewächse (*Alliaceae*). Die mehrjährige, krautige Pflanze entsteht aus einer unterirdischen Knolle, die aus mehreren einzelnen Zwiebelschuppen besteht. Das Knoblauchgewächs wird etwa 50–70 cm hoch und trägt flache, breite, graugrüne Laubblätter. Am Ende des langen Stängels befinden sich mehrere weiße oder rosarote Blüten, die zu einer Scheindolde zusammengefasst sind. Aus den Blüten entwickeln sich später Brutzwiebeln. Eine Knoblauchzwiebel besteht aus einer Hauptzehe, die von 5–20 Tochterzwiebeln bzw. Zehen umgeben ist. Die einzelnen Zehen sind jeweils von einer dünnen Haut und die gesamte Knoblauchknolle von mehreren weißen bis rotbraunen Häuten umgeben. Nach dem Fruchten stirbt die Hauptzwiebel ab und aus den Zehen entstehen neue Pflanzen.

Ursprünglich stammt Knoblauch aus Zentralasien und ist heute nahezu weltweit verbreitet. Bedeutende Anbaugebiete liegen u. a. in China, Indien, Südkorea, den USA, Russland, Ägypten und Südeuropa. Das Produktionsvolumen in Jahre 2005 betrug etwa 13,9 Mio. t.

11.5.2 Geschichte und Produktion

Knoblauch ist eine sehr alte Kulturpflanze, die wahrscheinlich vor etwa 5.000 Jahren über Vorderasien und Ägypten nach Europa kam. Es gibt Hinweise darauf, dass Knoblauch in der Antike in Ägypten in großen Mengen angebaut wurde und vermutlich auch zur Zeit der Römer bereits als Gewürz- und Heilpflanze von großer Bedeutung war. Heute wird Knoblauch auf großen Feldern angebaut. Für den Besatz können entweder einzelne Knoblauchzehen oder von den Blüten gebildete Brutzwiebeln genutzt werden. Nach der Ernte im Spätsommer, bei der die Knollen einzeln aus dem Boden gezogen werden, bleiben die Knollen zum Trocknen auf dem Feld liegen. Anschließend werden die dünnen, langen Stängel und Blätter der einzelnen Knollen zu Knoblauchzöpfen verflochten. Für die industrielle Weiterverarbeitung zu Knoblauch-Granulat, -Pulver oder -Flocken werden die frischen Knollen entwässert.

11.5.3 Eigenschaften und Verwendung

Der charakteristische Geruch von Knoblauch ist vom Zustand der Knolle (frisch oder getrocknet) abhängig. Knoblauch hat einen sehr würzigen und scharfen Geschmack. Sowohl als Gewürz- als auch als Heilpflanze hat Knoblauch eine große Bedeutung. Als Gewürz dient vorwiegend die Knoblauchknolle bzw. -zwiebel, die sich aus mehreren einzelnen Zehen zusammensetzt. Das Gewürz wird u. a. zum Würzen von Fleisch- und Gemüsegerichten, Soßen, Salaten, Mayonnaisen und zur Wurstwarenherstellung eingesetzt. Teilweise werden aber auch in geringen Mengen die frischen Blätter der Pflanze zum Würzen verwendet. Knoblauch hat in der Heilkunde eine große Bedeutung und war 1989 „deutsche Heilpflanze des Jahres". Knoblauchhaltige Präparate werden u. a. zur Senkung erhöhter Blutfettwerte diskutiert.

11.5.4 Inhaltsstoffe

Die Wirkstoffe des Knoblauchs werden von der Pflanze zum Fraßschutz gebildet. Für die Würze des Knoblauchs sind größtenteils die schwefelhaltigen Verbindungen der ätherischen Öle verantwortlich wie Alliin, dessen Abbauprodukt Allicin und andere, die etwa 0,1–0,4% der Gesamtmasse ausmachen. Der Abbau von Alliin wird erst bei Verletzung des Gewebes, z. B. beim Schneiden, durch die freigesetzten Enzyme (Alliin-Lyasen) initiiert. Dabei entstehen Thiosulfinate – die eigentlichen Wirkstoffe – wie z. B. Allicin (siehe Abb. 11.4).

Nach weiterem Abbau des Allicins entstehen u. a. Diallyldisulfid und Diallyltetrasulfid, die teilweise einen sehr intensiven Geruch haben. Wenn große Mengen an Knoblauch verzehrt werden, können diese Duftstoffe sogar über die Haut ausgeschieden werden. Allicin und andere Abbauprodukte des Alliins werden zu Schwefelwasserstoff abgebaut. Die schwefelhaltigen Abbauprodukte werden über die

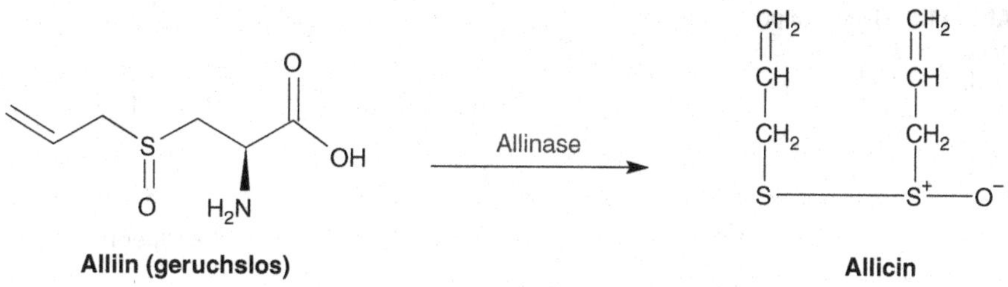

Abb. 11.4 Enzymatischer Abbau von Alliin zu Allicin

Atemluft abgegeben, wodurch es zu unangenehmem Atemgeruch kommen kann. Weitere Inhaltsstoffe der Knoblauchzehen sind Steroide, Triterpene, Flavonoide, Speicherkohlenhydrate, insbesondere Fructane und Selen.

11.6 Lorbeer (Laurus nobilis)

11.6.1 Botanik und Herkunft

Lorbeer zählt zu den Blattgewürzen, da überwiegend die Blätter zum Würzen verwendet werden. Der Echte Lorbeer, der auch als Gewürzlorbeer oder Edler Lorbeer bekannt ist, gehört zur Familie der Lorbeergewächse (*Lauraceae*). Es handelt sich um ein strauch- oder baumförmiges Hartlaubgewächs, das wildlebend etwa 10 m hoch werden kann. Die kultivierten Bäume werden zur leichteren Bearbeitung jedoch auf Buschform zurückgeschnitten. Der immergrüne Lorbeerbaum trägt ledrige, aromatisch riechende Blätter mit glänzender Oberseite. Die olivgrünen, zugespitzten Blätter werden etwa 8–10 cm lang und etwa 3–5 cm breit. Aus den Blattstielachsen an den Astenden treten weiß-gelbe Blüten hervor, aus denen sich später die glänzenden, blauschwarzen, ölhaltigen Beerenfrüchte entwickeln. Vermutlich stammt der Lorbeerbaum aus Kleinasien und wurde später aufgrund der für das Wachstum guten klimatischen Bedingungen in der Mittelmeerregion eingeführt. Zu den Hauptanbaugebieten von Lorbeer zählen Italien, Jugoslawien, Griechenland und die Türkei. Weitere Anbaugebiete liegen in Albanien, Spanien, Marokko, auf den kanarischen Inseln, in Südirland und im Süden der USA.

11.6.2 Geschichte und Produktion

Der Lorbeer hat vermutlich schon in der Antike eine große Bedeutung als Symbol für Weisheit und Ehre gehabt. Lorbeerkränze waren ein Zeichen des Ruhmes, das Staatsmänner, Olympioniken, Sänger, Dichter und andere bedeutsame Personen trugen. Geerntet werden die Lorbeerblätter von Hand, vor oder nach der Blattwachstumsphase bzw. im Herbst oder Frühjahr. Anschließend werden die Blätter im Schatten getrocknet. Das Trocknen muss besonders vorsichtig erfolgen, damit die

Abb. 11.5 Hauptkompo-
nente des ätherischen Öls von
Lorbeer: 1,8-Cineol

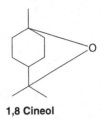

1,8 Cineol

Blätter ihre grüne Farbe erhalten, die Bitterstoffe entweichen und sich das typische
Lorbeeraroma entwickeln kann. Auf dem Markt sind ganze, geschnittene sowie gemahlene Blätter erhältlich.

11.6.3   Eigenschaften und Verwendung

Lorbeer hat einen stark würzigen Geruch und einen mild aromatischen, leicht bitteren Geschmack. Qualitativ hochwertige Blätter sollen unzerbrochen, trocken, grün
und stiellos sein und beim Brechen sofort den charakteristischen Geruch freisetzen.
Die Lorbeerblätter werden nicht nur zum Würzen, sondern auch zur Konservierung
von Fleisch- und Fischspeisen, eingelegten Essigfrüchten, Pickles und Heringen,
für Suppen, Sülzen und zur Essigaromatisierung genutzt. Gemahlener Lorbeer findet vorwiegend in der Lebensmittelindustrie, z. B. in Wurstgewürzmischungen, Anwendung. Aus den Beerenfrüchten, die Laurinsäure und ätherische Öle enthalten,
wird durch Destillation oder Pressen intensiv aromatisches Lorbeeröl gewonnen.
Dieses Öl wird u. a. für Liköre, in der Parfümindustrie und für medizinische Salben
(z. B. zur Rheumabehandlung) genutzt. Außerdem wirkt Lorbeer appetitanregend.

11.6.4   Inhaltsstoffe

Der Gehalt an ätherischen Ölen in Lorbeerblättern beträgt etwa 1–3%, wovon etwa
die Hälfte 1,8-Cineol (siehe Abb. 11.5) ausmacht, weitere Bestandteile sind u. a.
Terpene, Sesquiterpene, Methyleugenol, Geraniol, Terpineol und Linalool. Die trockenen Früchte enthalten je nach Herkunft und Lagerung etwa 1–10% ätherisches
Öl und 30% eines laurinsäurereichen Öls.

11.7   Paprika (Capsicum annuum)

11.7.1   Botanik und Herkunft

Paprika ist ein Fruchtgewürz. Bei der aus der Familie der Nachtschattengewächse
(*Solanaceae*) stammenden Pflanze handelt es sich nicht um Gemüse-, sondern um
Gewürzpaprika, der auch als *Spanischer Pfeffer* bekannt ist. Die verschiedenen Ge-
würzpaprika-Sorten unterscheiden sich in ihrer Größe, Form, Farbe und Schärfe.

Capsicum annuum ist eine einjährige, krautige Pflanze, die eine Höhe von ca. 60–100 cm erreicht und an buschigen Zweigen grüne, breite, zugespitzte Blätter trägt. Aus den Blattachseln sprießen gelblich-weiße Blüten hervor, aus denen sich später die Paprikafrüchte entwickeln. Die Früchte sind meist leuchtend rot, kegelförmig schlank und können auch als Trockenbeeren bezeichnet werden. Die Stammform der Gewürzpaprika ist in Mexiko beheimatet, mittlerweile werden aber innerhalb der Gattung 31 Arten unterschieden, davon werden fünf kultiviert, die überwiegend in warmen und gemäßigten Klimaten heimisch sind. Zu den wichtigsten Anbauländern zählen Ungarn, Rumänien, Bulgarien, Jugoslawien, Griechenland, Italien, Südfrankreich und Spanien.

11.7.2 Geschichte und Produktion

Ausgrabungen in Mexiko lassen eine Nutzung der Gewürzpaprika bereits um 7.000 v. Chr. annehmen, dies waren jedoch noch Wildformen. Die ersten Zuchtformen entstanden wahrscheinlich zwischen 5.200 und 3.400 v. Chr. Vermutlich kamen die ersten Beschreibungen der Pflanzen durch Christopher Columbus nach Europa und wenig später auch die ersten Samen. Zunächst wurden die Pflanzen als Zier- und allmählich auch als Gewürzpflanzen in königlichen Gärten angebaut. Der Paprika-Anbau breitete sich von Sardinien über den gesamten Mittelmeerraum und schließlich nach Osten aus. Besonders in Ungarn wurde die methodische Auswahl und Veredlung der Pflanze intensiv betrieben. Aus den Samen werden frühzeitig in Treibhäusern Jungpflanzen gezogen, welche anschließend zur Fruchtentwicklung ins Freiland gepflanzt werden. Die manuelle Ernte dauert mehrere Wochen. Danach werden die einzelnen Früchte für etwa einen Monat zum Trocknen in der Sonne auf Schnüre aufgezogen und schließlich gemahlen.

11.7.3 Eigenschaften und Verwendung

Geruch und Geschmack von Gewürzpaprika sind sortenabhängig. In Ungarn werden die Gewürzpaprika-Sorten anhand der Schärfe unterschieden (siehe Tab. 11.2).

Tab. 11.2 Ungarische Güteklassen für Gewürzpaprika (Fachverband der Gewürzindustrie e. V., Bonn)

Güteklasse	Eigenschaften
Delikatess	Hell- oder dunkelrot, aromatisch mild, süßlich-fruchtig
Edelsüß	Rot, mild, nur wenig scharf aromatisch, süßlich-fruchtig
Halbsüß	Stumpf rot oder mehr gelblich-rot, deutlich schärfer, sehr charakteristisch aromatisch
Rosenscharf	Noch weniger leuchtend und rein in der Farbe als die halbsüße Qualität, dunkel oder gelblich-hellrot, Sehr scharf und charakteristisch aromatisch
Scharf	Gelblich- bis rötlich-braun, sehr scharf

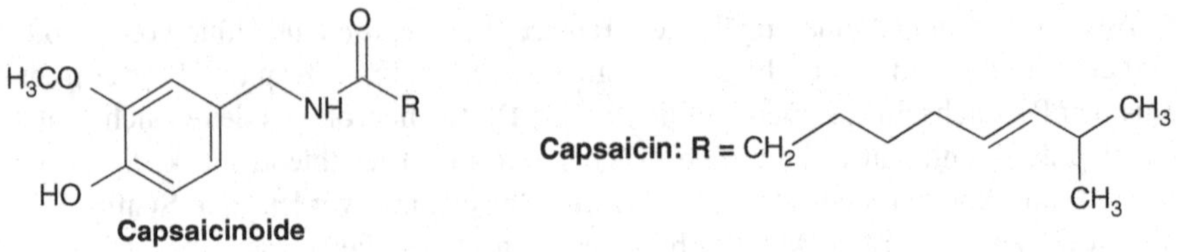

Abb. 11.6 Scharfstoffe der Gewürzpaprika: Hauptvertreter Capsaicin

Das breit gefächerte Angebot an Paprika ermöglicht vielseitige Verwendungs-
möglichkeiten, so dient Paprika beispielsweise zum Würzen von Fleisch-, Wild-,
Fisch-, Gemüse- und Reisgerichten, in Suppen sowie zur Herstellung von Kartof-
felchips und Käsegebäck. Zusätzlich wird Paprika zur Herstellung von Ketchup,
Wurstgewürzmischungen und anderen industriellen Produkten genutzt. Die Inhaltsstoffe der Gewürzpaprika haben analgetische, antiphlogistische, hyperämisierende
und juckreizlindernde Wirkungen. Aufgrund dessen werden Präparate mit Gewürz-
paprika-Inhaltsstoffen bei Muskelverspannungen, Neuralgien, Myalgien, Juckreiz
und rheumatischen Beschwerden angewandt.

11.7.4 Inhaltsstoffe

Für den scharfen Geschmack des Gewürzes sind die Capsaicinoide (Scharfstoffe)
verantwortlich. Der Hauptvertreter, das Alkaloid Capsaicin (siehe Abb. 11.6), wird
als öliges Exkret in der Epidermis der Placenten gebildet, unter die Kutikula ausgeschieden und kristallisiert dort aus. Außerdem ist dieser Scharfstoff in den Samen,
den Scheidewänden und dem Perikarp enthalten.

In Abhängigkeit von Sorte, Klima und Standort schwankt der Capsaicingehalt
zwischen 0,3–0,5 %. Weitere Inhaltsstoffe sind ätherisches Öl (<1 %, mit langkettigen Kohlenwasserstoffen, Fettsäuren und deren Methylestern), Capsicidin (antibio-
tische Effekte) und rote Carotinoide (Capsanthin, β-Carotin, Violaxanthin, Cryptoxanthin und Capsorubin). Je höher der Anteil an Samen, Scheidewänden und Pla-
centa im gemahlenen Paprikapulver ist, desto höher wird der Scharfstoff- und desto
niedriger wird der Farbstoffgehalt.

11.8 Pfeffer (*Piper nigrum*)

11.8.1 Botanik und Herkunft

Das Frucht-/Samengewürz Pfeffer gibt es in vier verschiedenen Handelsformen:
schwarzer, weißer, grüner und roter Pfeffer. Pfeffer ist eine immergrüne, tropische
Kletterpflanze (*Piper nigrum*) aus der Familie der Pfeffergewächse (*Piperaceae*).
Mit Hilfe der sprossbürtigen Haftwurzeln kann die Pflanze bis zu 10 m empor ran-
ken (in Kultur 3–4 m). Gegenüber den dunkelgrünen, ovalen Blättern wachsen Äh-

ren mit weißen Blüten. Zunächst sind die Ähren aufrecht, hängen aber später. Aus den Blüten entwickeln sich nach der Bestäubung grüne, beerenartige Steinfrüchte. Die anfangs grünen Früchte reifen zu orange-roten Beeren. Eine Ähre trägt etwa 20–30 Beerenfrüchte. Vermutlich stammt der seit Jahrtausenden kultivierte Pfeffer aus der an der Westküste Indiens gelegenen Region Malabar (heute Bundesstaat Kerala). Heute erfolgt der Anbau von Pfeffer in den Tropen, an so genannten Stützpflanzen wie z. B. Kokospalmen. Besonders gut gedeiht die Pflanze im feuchtwarmen Seeklima der Tropen. Zu den Hauptanbauländern gehören u. a. Indien, Indonesien, Sri Lanka, Thailand, Vietnam, Malaysia, die Philippinen, Brasilien, Nigeria, Ostafrika und Madagaskar.

11.8.2   Geschichte und Produktion

Bereits in den Sanskritschriften und den über 3.000 Jahre alten altindischen Schriften wird die Pfefferfrucht erwähnt. Durch arabische und phönizische Händler wurde der Pfeffer nach Europa gebracht. Pfeffer ist schon seit langer Zeit ein wirtschaftlich bedeutsames Gewürz. In der Epoche des Mittelalters wurde Pfeffer wahrscheinlich in noch größerem Umfang gebraucht als heute (zur Konservierung von Lebensmitteln z. B. auf langen Schiffsreisen) und galt lange Zeit als Luxusartikel. Die Vermehrung der Kletterpflanzen erfolgt durch Stecklinge oder seltener durch Samen. Pfefferpflanzen liefern etwa ab dem siebten Jahr für 15 Jahre volle Ernten. Pfeffer kann meist zweimal jährlich geerntet werden. Der Schwarze Pfeffer entsteht, indem die noch grünen, geernteten Früchte einige Tage gehäuft zur Fermentation liegen und danach in der Sonne oder am Feuer getrocknet werden. Die schwarzen Pfefferkörner haben eine dünne, runzlige, den Steinkern umschließende Haut. Für die Herstellung von Weißem Pfeffer werden die vollreifen, roten Früchte geerntet. Anschließend werden die Beeren für etwa acht Tage gewässert oder zum Gären für etwa drei Tage auf mit Tüchern bedeckte Horden geschüttet. Danach werden die gräulich-weißen Steinkerne von dem Fruchtfleisch befreit und die Körner in der Sonne zur cremig-gelben Handelsware getrocknet (Samengewürz). Der Grüne Pfeffer wird aus vorreifen, ungeschälten und ungetrockneten Beeren hergestellt, die in Salzlake eingelegt werden. Teilweise wird Grüner Pfeffer auch in getrockneter Form gehandelt. Roter Pfeffer sind vollreife, ungeschälte Pfefferfrüchte, die ähnlich wie Grüner Pfeffer in salzige oder saure Laken eingelegt werden. Selten wird Roter Pfeffer auch in getrockneter Form angeboten.

11.8.3   Eigenschaften und Verwendung

Das kräftig würzige Aroma von Pfeffer kommt besonders gut durch das Mahlen der Körner zur Geltung. Der Geschmack unterscheidet sich zwischen den einzelnen Handelsarten. Schwarzer Pfeffer schmeckt brennend scharf, Weißer ist etwas milder und Grüner ist noch milder und aromatischer. Roter Pfeffer wiederum ist dem Schwarzen Pfeffer sehr ähnlich, hat aber zusätzlich einen süßlichen Geschmack.

Abb. 11.7 Scharfstoff des
Pfeffers: Piperin

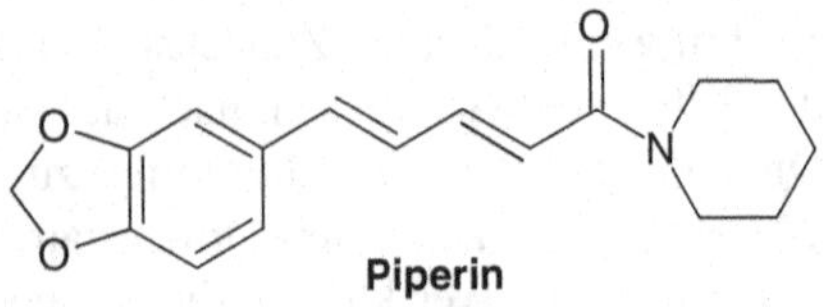

Piperin

Pfeffer wird im Handel in ganzer, gemahlener oder bei bestimmten Sorten auch in eingelegter Form angeboten. Pfefferpulver wird u. a. zum Würzen von Fleisch- und Fischgerichten, Suppen, Soßen und Salaten verwendet. Die ganzen Körner wer-den zum längeren Ausziehen des Geschmacks für Marinaden, Essigkonserven oder Dauerwurst waren verwendet. Außerdem ist Pfeffer ein wesentlicher Bestandteil vieler Gewürzmischungen.

11.8.4 Inhaltsstoffe

Der Gehalt an ätherischen Ölen ist von der jeweiligen Pfefferart, den klimatischen Bedingungen sowie dem Gewinnungsprozess abhängig. Schwarzer Pfeffer enthält ca. 1,2–3,9% und Weißer Pfeffer ca. 1,0–3,8% ätherische Öle, darin sind vorwiegend Monoterpene und Alkaloide enthalten. Für den Scharfgeschmack des Pfeffers sind besonders die Alkaloide Piperin (5–9% der ätherischen Öle) (siehe Abb. 11.7), Pipe-rettin (0,4–0,8%) und Piperylin (0,2–0,3%) verantwortlich. Die Schlüsselaromastof-fe des Schwarzen Pfeffers sind (s)-α-Phellandren, α- und β-Pinen, Myrcen, Limo-nen, Linalool, Methylpropanal, 2- und 3-Methylbutanal und 2-/3-Methylbuttersäure. Auch Weißer Pfeffer verfügt über diese Aromastoffe, jedoch in geringeren Konzen-trationen. Weiterhin besteht Schwarzer Pfeffer etwa zur Hälfte aus Stärke, zu 5–6% aus fettem Öl und enthält die Flavonoide Kaempferol, Rhamnetin und Quercetin.

11.9   Safran (Crocus sativus)

11.9.1   Botanik und Herkunft

Safran ist ein Blütengewürz. Die ausdauernde Safranpflanze gehört zur Familie der Schwertliliengewächse (*Iridaceae*) und ist eng mit dem Krokus verwandt. Im Herbst sprießen aus einer unterirdischen Sprossknolle acht bis zehn lange, dünne Blätter sowie ein bis zwei blauviolette, dreizählige Blüten. Aus dem unterständigen Fruchtknoten wächst durch eine lange Kronblattröhre ein noch längerer Griffel, der sich in drei orangerote, gerollte Narben verzweigt. Safran stammt wahrscheinlich aus Kreta (Griechenland). Heute wird Safran hauptsächlich in der europäischen Mittelmeerregion angebaut. Neben Griechenland zählen Spanien, Südfrankreich, Italien, Ungarn, die Türkei, der Iran und seit einigen Jahren auch Österreich zu den Haupterzeugerländern.

11.9.2   Geschichte und Produktion

Safran war schon in der Antike bekannt. Im Nahen Osten findet die Pflanze schon seit etwa 1.500 v. Chr. als Heilpflanze Anwendung, wie Medizinbücher aus der Zeit vermuten lassen. Die Kultivierung von Safran geht vermutlich bis 960 v. Chr. zurück, in Persien wurden damals bereits große Mengen angebaut, die unter anderem kultischen Zwekken dienen sollten. Etwa um 900 n. Chr. brachten Araber die Pflanze nach Spanien und von dort aus gelangte der Safran bald in die restlichen europäischen Gebiete.

Crocus sativus ist eine triploide Mutante und wegen des dreifachen Chromosomensatzes unfruchtbar. Deshalb erfolgt die Vermehrung vegetativ über Tochterknollen. Die Blütezeit dauert etwa zwei Wochen. In dieser Zeit werden lediglich die drei Stempelfäden der geöffneten Blüten von Hand geerntet. Anschließend werden die Fäden in der Sonne oder bei schwacher Hitze auf Sieben getrocknet. Die Trocknung entscheidet maßgeblich über die Qualität des Endproduktes und sollte möglichst schnell gehen. Der Ernteprozess ist mühsam, denn für ca. 1 kg Safrangewürz müssen etwa 4,5 Mio. Blüten (ca. 2.000 m^2 Anbaufläche) von Hand geerntet werden. Deshalb ist Safran das teuerste Gewürz der Welt (ca. 4–14 €/g).

11.9.3   Eigenschaften und Verwendung

Der Geruch von Safran ist stark aromatisch und der Geschmack würzig, leicht scharf und etwas bitter, Safran wird schon lange als Gewürz- und Färbepflanze verwendet. Der Name Safran leitet sich aus dem arabischen Wort „zafran" ab, was für „Gelbsein" steht. Als Gewürz werden lediglich die intensiv rotbraunen Stempelfäden (Croci stigma) verwendet, die sich fettig anfühlen. Safran wird vor allem für Backwaren, Reisgerichte (Paella, Risotto Milanese), Desserts, Käse und einige klassische Gerichte, wie z. B. Bouillabaisse, verwendet. In geringerem Umfang wird Safran auch für Liköre und Kosmetika benutzt. Aufgrund seiner intensiv gold-gelben Farbe wurde Safran früher zur Färbung von Gardinen, Kleidung etc. eingesetzt.

11.9.4   Inhaltsstoffe

Safran enthält etwa 0,4–1,3% ätherische Öle, die sich aus zahlreichen Terpenaldehyden und -ketonen sowie den zu den Terpenen zählenden Cineol und Pinenen zusammensetzen. Etwa die Hälfte des ätherischen Öls macht das Safranal aus, das für den typischen Safranduft verantwortlich ist. Picrocrocin ist ein Glykosid eines Safranal-ähnlichen Alkohols, der den leicht bitteren Geschmack von Safran bestimmt. Im Laufe der Lagerung wird dieses zu Safranal und Glukose abgebaut (siehe Abb. 11.8).

Die intensiv gelbe Färbung des Safrans wird durch Carotinoide hervorgerufen. Im Vordergrund stehen dabei Ester des Crocetins, einer Dicarbonsäure mit Carotin-ähnlichem C$_{18}$-Gerüst. Der bedeutendste Farbstoff im Safran ist Crocin, ein Ester

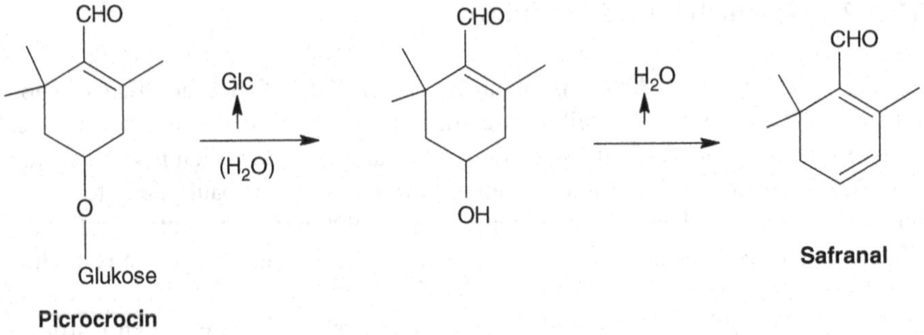

Abb. 11.8 Abbau von Picrocrocin zu Safranal

aus Crocetin und Gentobiose. Andere Carotinoide (α- und β-Carotin, Lutein und Zeaxanthin) spielen eine eher untergeordnete Rolle.

11.10 Senf

11.10.1 Botanik und Herkunft

Senfkörner zählen zu den Samengewürzen und werden aus verschiedenen Brassica- und Sinapisarten der Familie der Kreuzblütengewächse (*Brassicaceae*) gewonnen. Hautsächlich werden die drei Sorten Weißer Senf bzw. Gelbsenf (*Sinapis alba*), Brauner Senf (*Sinapis juncea*) und Schwarzer Senf (*Brassica nigra*) unterschieden. Weißer Senf sind einjährige, krautige Pflanzen, die etwa 30–60 cm hoch werden und grüne, behaarte länglich-eiförmige bis gefiederte Blätter tragen. Im Juni/Juli wachsen in lockeren Doldentrauben zahlreiche gelbe Blüten, aus denen sich später die breiten Früchte (Schoten) entwickeln, die je mindestens zwei hellgelbliche Senfsamen tragen. Der Weiße Senf ist vorwiegend in Südrussland, China und Japan beheimatet und wird hauptsächlich in Dänemark, Deutschland, den Balkanländern, den USA, Argentinien, Chile und Australien kultiviert. Schwarzer Senf ist eine einjährige, krautige Pflanze, die dem Weißen Senf sehr ähnelt. Die Blüten sind jedoch etwas kleiner und die am Stängel anliegenden Schoten enthalten vier bis zehn dunkelrotbraune Samen. Diese Senfsorte ist im südöstlichen Mittelmeergebiet heimisch und wird überwiegend in Deutschland, England, den Niederlanden, Italien, Polen und Rumänien angebaut. Brauner Senf ist eine Kreuzung aus Schwarzem Senf und Rübsen. Die 1–1,5 m hohe Pflanze ähnelt dem Schwarzen und Weißen Senf, besitzt aber abstehende Schoten, die jeweils 16–24 hellbraune bis braune Samen enthalten. Diese auch als Sareptasenf bekannte Senfart ist in Westasien heimisch und wird hauptsächlich in der Ukraine, im südlichen Russland (Sarepta), Rumänien, Indien und China angebaut.

11.10.2 Geschichte und Produktion

Senfkörner werden vermutlich schon seit Jahrtausenden als Gewürz- und Heilmittel verwendet. Schon der römische Kaiser Diokletian im 3. Jahrhundert n. Chr. und

Karl der Große im 9. Jahrhundert n. Chr. sollen den Anbau von Senf angeordnet haben. Die Römer brachten vermutlich den Senf nach Mitteleuropa, von wo aus dieser ins restliche Europa gelangte. Etwa im 14. Jahrhundert erließen die Herzöge von Burgund strenge Qualitätsrichtlinien für Senf, wodurch Dijon später zur französischen Senfmetropole wurde. Heutzutage wird der Senfanbau in großem Umfang auf Feldern betrieben. Mit Hilfe von Mähmaschinen wird der fast vollreife Senf zu Garben gemäht. Nachdem der Senf auf den Feldern getrocknet ist, erfolgt das Ausdreschen der Senfsaat und eine weitere Trocknung.

11.10.3 Eigenschaften und Verwendung

Die ganzen Senfkörner sind geruchlos und entwickeln erst nach dem Zerkleinern und der Zugabe von Wasser den charakteristisch stechenden Senföl-Geruch. Der Geschmack von Senf ist anfangs mild ölig und dann brennend scharf. Ganze Senfkörner werden u. a. zum Einmachen (z. B. Senfgurken), zum Würzen von Marinaden, Pickles, Beizen sowie für Fleisch- und Fischerzeugnisse verwendet. Die Hauptverwendung der Senfkörner ist die Weiterverarbeitung zu Speisesenf (Mostrich). Für die Speisesenfherstellung werden geschälte oder ungeschälte, ggf. entfettete Senfsamen gemahlen, meist mit Wasser, Essig und Gewürzen (Koriander, Kurkuma, Estragon, Kapern, Zimt) sowie Salz und/oder Zukker angemaischt und bei etwa 60 °C fein vermahlen. Dabei kommt es zur enzymatischen Freisetzung von Senfölen (Myrosinase). Einige Senfspezialitäten reifen noch in Senfbottichen nach. Je nach Anteil der verwendeten Senfsorten unterscheidet sich die Schärfe der Produkte. In extra scharfen Senferzeugnissen überwiegt der schwarze, geschälte Senf und in milderen Sorten der weniger scharfe, ungeschälte weiße Senf. Das bei der Speisesenfherstellung anfallende, goldgelbe Öl wird u. a. in der Kosmetik, als Speiseöl sowie für technische Zwecke verwendet.

11.10.4 Inhaltsstoffe

Senfkörner enthalten bis zu 35% fettes Öl (Triglyceride ungesättigter Fettsäuren wie Linol- und Linolensäure, aber auch Erucasäure) und etwa 30% Eiweiß. Weitere Bestandteile sind vor allem Glucosinolate (Senfölglykoside), die für den typischen Geschmack und Geruch des Senfes sorgen. Die Glucosinolate selbst besitzen zwar keinen scharfen Geschmack oder Geruch, aber durch Einwirken des Enzyms Myrosinase (bei Gewebezerstörung Freisetzung aus den Myrosinzellen) werden unter Abspaltung von Glukose die stechend riechenden Isothiocyanate (Senföle) freigesetzt (siehe Abb. 11.9). Im Vordergrund stehen dabei besonders das Sinigrin sowie das Sinalbin. Weißer Senf enthält etwa 1,5–2,5% Sinalbin, das durch die Myrosinase in p-Hydroxybenzylsenföl und Glukose gespalten wird. Im Schwarzen Senf kommt ein anderes Senfölglykosid – das Sinigrin (1–5%) – vor. Sinigrin hat zwar einen milden Geruch, schmeckt aber sehr scharf. Durch die Myrosinase wird Sinigrin in das flüchtige, stechend riechende und scharf schmeckende Allylsenföl und

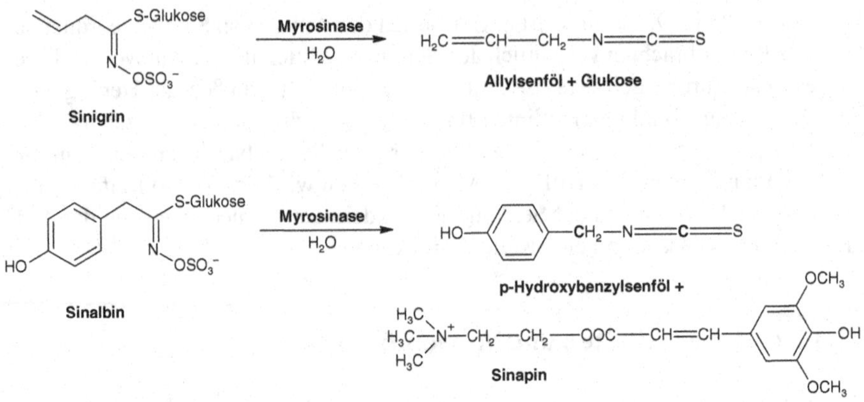

S-Glukose

Myrosinase
H_2O

H_2C⹀CH—CH_2—N⹀C⹀S

Allylsenföl + Glukose

N
OSO_3^-

Sinigrin

S-Glukose

Myrosinase
H_2O

HO—⬡—CH_2—N⹀C⹀S

HO

N
OSO_3^-

Sinalbin

p-Hydroxybenzylsenföl +

H_3C
H_3C—N^+—CH_2—CH_2—OOC—CH=CH—⬡
H_3C

Sinapin

OCH_3
OH
OCH_3

Abb. 11.9 Umwandlung der Glucosinolate Sinigrin und Sinalbin zu Senfölen durch das Enzym Myrosinase

Glukose gespalten bzw. Sinalbin in Sinapin und para-Hydroxybenzylsenföl. Auch Brauner Senf enthält als Hauptsenfölglykosid das Sinigrin (1–4%).

11.11   Zimt (Cinnamomum zeylanicum)

11.11.1   Botanik und Herkunft

Der zu den Rindengewürzen zählende Zimt wird aus der Rinde von Lorbeergewächsen (*Lauraceae*), vornehmlich aus der Gattung *Cinnamomum,* gewonnen. Es werden hauptsächlich zwei Sorten von Zimtgewächsen, die eine Höhe von bis zu 20 m erreichen können, verwendet: zum einen der auf Ceylon (heute Sri Lanka) wild vorkommende Zimtbaum (*Cinnamomum zeylanicum Blume* = Kaneel = Ceylon-Zimt) und zum anderen die in Hinterindien und China beheimatete Zimtkassie (*Cinnamomum aromaticum Nees* = Cassia lignea = China-Zimt, Cassia-Zimt). Zu den Hauptanbaugebieten des Ceylon-Zimts gehören neben Sri Lanka außerdem Indien, die Seychellen und Madagaskar. Cassia-Zimt wird zusätzlich in Vietnam, auf Sumatra und Java und in Japan kultiviert. Die immergrünen Bäume tragen ovale Blätter, die nach Zimtöl duften.

11.11.2   Geschichte und Produktion

Zimt gehört vermutlich zu den ältesten Gewürzen und wurde etwa 3.000 v. Chr. in China erstmals verwendet. Nach seiner Landung auf der südindischen Insel Ceylon im Jahre 1498 brachte der Portugiese *Vasco da Gama* das Gewürz wahrscheinlich mit nach Europa. Zur Herstellung von Zimtstangen werden von den in Zimtgärten angebauten, strauchartig gehaltenen Bäumen etwa zweijährige Schösslinge (bei Cassia-Zimt nach vier bis sieben Jahren) abgeschlagen. Diese werden durch

Längs- und Rundschnitte entrindet. Anschließend werden die etwa 1 m langen Rindenstücke über Nacht zur Fermentation in Matten eingeschlagen. Am nächsten Tag werden von den Ceylon-Rinden die äußeren, gewürzreichen Schichten bis auf die innerste abgeschabt. Beim Cassia-Zimt werden die Rinden als solche verwendet. Ein weiterer Unterschied zeigt sich im Aussehen der Zimtrinden, denn Ceylon-Zimt rollt sich von zwei Seiten und die dickere Rinde vom Cassia-Zimt nur einseitig auf. Abschließend werden die Zimtrinden erst im Schatten und dann in der Sonne getrocknet. Dafür werden sechs bis zehn dünne Rindenstücke des Ceylon-Zimts, so genannte „Quills", ineinander gesteckt. Beim Trocknen kommt es zur Ausbildung der charakteristisch braun-gelblichen Farbe. Zimt wird entweder in Stangenform oder als Pulver gehandelt.

11.11.3   Eigenschaften und Verwendung

Die am meisten geschätzte Zimtsorte ist der Ceylon-Zimt. Der Geruch von Zimt ist sehr charakteristisch und angenehm aromatisch, während der Geschmack brennend würzig und leicht süßlich ist. Cassia-Zimt ist etwas herber als Ceylon-Zimt und durch einen höheren Gerbstoffgehalt leicht adstringierend. China-Zimt wird vorwiegend als Pulver gehandelt und teilweise wegen des kräftigen Geschmacks und des günstigeren Preises mit Ceylon-Zimt vermischt. Die Qualität von Ceylon-Zimt wird in Ekelle ausgedrückt und anhand der Rindenfarbe und -feinheit bewertet. Die Ekelle (Nummer) „00.000" steht für den qualitativ hochwertigsten Zimt. Mit sinkender Qualität wird der Zimt mit „0" über „I" bis hin zur minderwertigsten Qualität mit „IV" bewertet. Cassia-Zimt wird je nach Herstellung und Provenienz in vier Klassen eingeteilt: whole selected, broken, whole scraped oder broken scraped.

Zimt wird vor allem zu Backwaren, Breien, Glühwein, Schokolade und Süßspeisen hinzugefügt. Zur Aromatisierung von Likören, Tabakwaren und Parfüm wird das aus Zimtbaumblättern oder Spänen gewonnene Zimtöl eingesetzt. Neben der Verwendung für süße Speisen wird Zimt besonders in der indischen Küche auch zum Würzen von Reis-, Fleisch- und Gemüsespeisen benutzt.

Außerdem wird Zimt in der Heilkunde bei Appetitlosigkeit, Blähungen und Verdauungsstörungen verwendet. Neuere Befunde deuten darauf hin, dass Zimt möglicherweise eine blutzuckersenkende Wirkung hat.

11.11.4   Inhaltsstoffe

Zimt enthält ca. 1–4% ätherische Öle. Die ätherischen Öle der Zimtrinde setzen sich zu etwa drei Vierteln aus Zimtaldehyd (3-Phenyl-acrolein) und zu 10% aus Eugenol (4-Allyl-2-methoxyphenol) zusammen (siehe Abb. 11.10). Beide Substanzen gehören zu den Phenylpropanen. Im Gegensatz zum Ceylon-Zimt enthält der Cassia-Zimt jedoch kein Eugenol, dafür aber Cumarin. Andere Substanzen, die in Spuren vorkommen, das Aroma aber dennoch merklich beeinflussen, sind u. a. weitere Phenylpropane (Cumarin, Safrol, Zimtsäureester) sowie Mono- und Sesquiterpene. Das

Abb. 11.10 Zimtaldehyd

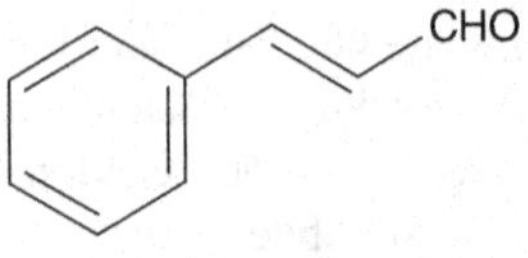

Zimtaldehyd

ätherische Öl aus Ceylon-Zimtblättern besteht zum größten Teil aus Eugenol (ca. 70–95%), in wesentlich geringeren Anteilen kommen Zimtaldehyd, Benzylbenzoat, Linalool und β-Caryophylle vor.

Bibliographie

Franke, W. (2007): Nutzpflanzenkunde: Nutzbare Gewächse der gemäßigten Breiten, Subtropen und Tropen. 7. vollständig neu überarbeitete Auflage, Thieme, Stuttgart.

Kaufmann, G. (2008): Küchenkräuter und Gewürze. 3. überarbeitete Auflage, aid-Infodienst, Bonn.

Mielke, H. & Schöber-Butin, B. (2007): Heil- und Gewürzpflanzen – Anbau und Verwendung. 1. Auflage, Biologische Bundesanstalt für Land- und Forstwirtschaft, Berlin (u. a.).

Seidemann, J. (1997): Würzmittel-Lexikon: Ein alphabetisches Nachschlagewerk von Abelmoschussamen bis Zwiebeln (Taschenbuch), Behr's Verlag, Hamburg.

Seidemann, J. (2005): World Spice Plants: Economic Usage, Botany, Taxonomy. 1. Auflage, Springer Verlag, Heidelberg.

Teuscher, E. (2002): Gewürzdrogen: Ein Handbuch der Gewürze, Gewürzkräuter, Gewürzmischungen und ihrer ätherischen Öle (gebundene Ausgabe). Wissenschaftliche Verlagsgesellschaft, Stuttgart.

Wenig, B. (2007): Arzneipflanzen: Anbau und Nutzen. 1. Auflage, Fachagentur Nachwachsende Rohstoffe e. V., Gülzow.

Wichtl, M. (2009): Teedrogen und Phytopharmaka. Ein Handbuch für die Praxis auf wissenschaftlicher Grundlage. (gebundene Ausgabe). 5. erweiterte und vollständig überarbeitete Auflage, Wissenschaftliche Verlagsgesellschaft, Stuttgart.

Kaffee, Tee, Kakao

12

Inhaltsverzeichnis

12.1 Kaffee

12.1.1 Definition und Geschichte

Der Begriff „Kaffee" stammt vermutlich von dem arabischen Wort *qahwa* ab und bedeutet übersetzt „anregendes Getränk". Es gibt zwar unterschiedliche kaffeeartige Getränke, jedoch ist das Wort *Kaffee* allgemein stellvertretend für den Bohnenkaffee. Die genauere Definition für Kaffee besagt, dass es sich um Samen von Pflanzen der Gattung *Coffea* handelt, die von der Fruchtschale und nach Möglichkeit auch

© Springer-Verlag Berlin Heidelberg 2015
G. Rimbach et al., *Lebensmittel-Warenkunde für Einsteiger*, Springer-Lehrbuch,
DOI 10.1007/978-3-662-46280-5_12

von der Samenschale (Silberhaut) befreit und anschließend roh (Rohkaffee) oder
geröstet (Röstkaffee) sowie ganz oder zerkleinert verwendet werden. Die Definition
schließt auch das aus den Bohnen zubereitete coffeinhaltige Getränk mit ein.

Es wird angenommen, dass der Kaffee seinen Ursprung in der Region Kaffa in
Äthiopien hat. Im 9. Jahrhundert wurde der Kaffee hier vermutlich erstmals erwähnt
und kam durch den Sklavenhandel ca. im 14. Jahrhundert nach Arabien. Etwa ein
Jahrhundert später begannen die Menschen dort den Kaffee zu rösten und die Hafenstadt Mocha (Mokka) wurde zu einem wichtigen Umschlagplatz für Kaffee. Von
dort aus gelangte der Kaffee schon bald in weitere Gebiete wie Persien, die Türkei,
Ägypten, Syrien und Kleinasien. Im Jahre 1554 entstand in Konstantinopel (heute
Istanbul) das erste Kaffeehaus. Erst gegen Ende des 16. Jahrhunderts gelangte der
Kaffee auch nach Europa. Für lange Zeit war Kaffee jedoch den wohlhabenden Ge-
sellschaftsschichten vorbehalten. Friedrich der Große errichtete 1766 ein Handels-
monopol für Kaffee, so dass nur der Staat damit handeln durfte. Gegen Ende des
18. Jahrhunderts wurde das Kaffee-Handelsmonopol wieder abgeschafft und der
Kaffee stand von da an der breiten Bevölkerung zur Verfügung.

12.1.2   Produktion und Verbrauch

Kaffee wird weltweit in ca. 70 Ländern angebaut. Der Kaffeestrauch benötigt ein
durchgehend warmes und gleichzeitig feuchtes Klima ohne Extreme. Deshalb wird
der Anbau in den tropischen und subtropischen Zonen zwischen dem 25. Breitengrad nördlich und südlich längs des Äquators betrieben. Zu den Haupterzeugerländern zählen Brasilien, Mexiko, Guatemala, Kolumbien, Honduras, Vietnam,
Indonesien, Indien, Äthiopien und Uganda. Kaffee hat eine große Bedeutung im
Welthandel. Die Welternte für Kaffee beträgt ca. 7,72 Mio. t pro Jahr (Stand 2005).
Brasilien ist mit knapp 30% der Weltproduktion der weltgrößte Kaffeeproduzent.
Zu den Hauptabnehmerländern für Kaffee zählen die USA, Deutschland, Frankreich, Japan und Italien. Den höchsten Kaffeekonsum pro Kopf hat jedoch Finnland, wo jeder Einwohner durchschnittlich fünf Tassen Kaffee pro Tag trinkt. Auch
die Deutschen trinken relativ viel Kaffee – durchschnittlich vier Tassen täglich: Das
entspricht 6,7 kg Kaffeebohnen pro Jahr. Damit ist Kaffee immer noch das beliebteste Getränk der Deutschen. Die USA haben mit rund 1,15 Mio. t Rohkaffee den
höchsten Gesamtverbrauch im Jahr, obwohl der Amerikaner „nur" durchschnittlich
1,8 Tassen Kaffee am Tag konsumiert. Der weltweit größte Umschlagplatz für Rohkaffee ist der Hamburger Hafen.

12.1.3   Warenkunde/Produktgruppen

Bohnenkaffee: Kaffeekirschen sind Steinfrüchte von grüner (unreif) bis roter
(vollreif) Farbe mit üblicherweise zwei Samen (Kaffeebohnen) pro Frucht. Die Kaf-
feepflanze ist ein Strauch, welcher der Familie der Rötegewächse (*Rubiaceae*) an-
gehört. Zur Gattung *Coffea* zählen ungefähr 6.000 verschiedene Arten. Davon wer-

Tab. 12.1 Rohkaffeesorten von *Coffea arabica* (links) und *Coffea canephora* (rechts)

Coffea arabica var.	Coffea canephora var.
typica	robusta
bourbon	typica
maragogips	uganda
mocca	quillon

den ca. 100 Vertreter kultiviert, aber nur zwei von ihnen sind von wirtschaftlicher Bedeutung für die Kaffeeproduktion. Etwa 75% der Kaffee-Welternte entfallen auf die Sorten der *Coffea Arabica* (Arabica-Kaffee). Der Arabica-Kaffee wird aufgrund seiner hohen Qualität dem *Coffea canephora* (Robusta-Kaffee) vorgezogen, der ca. 25% der Kaffee-Welternte ausmacht (siehe Tab. 12.1). Weiterhin werden in sehr geringem Umfang auch die Arten *Coffea liberica* sowie *Coffea excelsa* kultiviert. Kaffeesträucher werden auf Plantagen in unterschiedlichen Höhenlagen angebaut. Arabica-Kaffee in Hochlagen von 600–2.000 m, Robusta-Kaffee in tieferen Lagen von 300–800 m. Die Hektarerträge der Sträucher schwanken zwischen 200–600 kg und sind u. a. vom Alter der Pflanzen, der Kaffeesorte und dem Klima abhängig. Sowohl der Arabica-Kaffee als auch der Robusta-Kaffee stammen aus Afrika, unterscheiden sich jedoch in ihrem Aussehen und Charakter. Die Arabica-Bohnen sind groß und schlank, während die Robusta-Bohnen eher klein und gedrungen sind.

Kaffees der Arabica-Sorten haben einen milden, aromatischen Geschmack, einen niedrigeren Coffeingehalt und sind von besserer Qualität. Robusta-Sorten hingegen haben einen bitteren, adstringierenden Geschmack und einen höheren Coffeingehalt. Der Vorteil der Robusta-Sorten liegt aber in der Widerstandsfähigkeit gegenüber dem Klima und Parasiten. Eine neuere Sorte ist die *Arabusta,* eine Kreuzung aus Arabica und Robusta.

Entcoffeinierter Kaffee und Schonkaffee: Bei entcoffeiniertem Kaffee wurde der Coffeingehalt auf <0,1% gesenkt. Dieser Kaffee ist besonders für Menschen geeignet, die die anregende Wirkung des Coffeins nicht vertragen. Schonkaffee verfügt noch über den normalen Coffeingehalt, ist aber arm an Reizstoffen. Einige Menschen vertragen die Röststoffe, die phenolischen Säuren und die Kaffeewachse nicht, deshalb werden diese teilweise abgetrennt, um den Kaffee bekömmlicher zu machen.

Kaffeemischungen und kaffeeähnliche Getränke: Für Kaffeemischungen – so genannte „Blends" – werden verschiedene Kaffeesorten unterschiedlicher Anbauregionen vermischt. Ziel der Vermischung ist eine Verbesserung von Aroma und Geschmack sowie die Gewährleistung einer gleich bleibenden Qualität des Endproduktes. Zu den kaffeeähnlichen Getränken zählen Kaffeeersatz, Malz-, Getreide- und Zichorienkaffee sowie Muckefuck. Die Herstellung erfolgt nicht aus Kaffeebohnen, sondern aus Mischungen von Getreidesorten und Zichorienwurzeln.

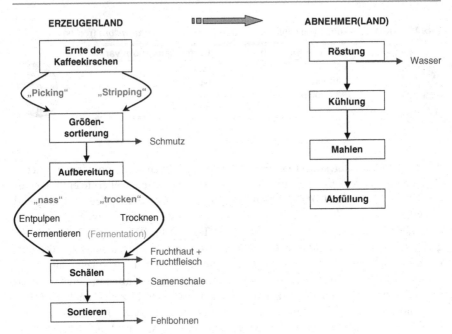

Abb. 12.1 Verfahrensschritte der Kaffeeherstellung

12.1.4 Herstellungsprozess

Von der Ernte der Kaffeekirsche bis zur fertig gerösteten Kaffeebohne, wie sie der
Verbraucher kennt, bedarf es mehrerer Verfahrensschritte (siehe Abb. 12.1). Nach
der Ernte werden die Kaffeekirschen zunächst sortiert, aufbereitet und geschält, bevor die Früchte getrocknet und letztendlich geröstet werden können. Mit Ausnahme
des für die Aromaentwicklung bedeutsamen Röstens findet die Verarbeitung der
Kaffeebohnen in den Anbauländern statt.

Ernte: Die Ernte der Kaffeekirschen erfolgt je nach Region ein- bis zweimal jährlich. Während die Erntezeit auf der nördlichen Erdhalbkugel von September bis
Dezember dauert, wird auf der Südhalbkugel von Mai bis August geerntet. Es gibt
zwei Erntetechniken: das *Picking* und das *Stripping*. Beim Picking erfolgt die Ernte
der Kaffeekirschen per Hand. Da bei dieser Methode gezielt die optimal reifen,
roten Früchte gesammelt werden können, ist der spätere Kaffee von hoher Qualität
(v. a. bei Arabica angewandt). Die Stripping-Methode beruht auf einem manuellen
oder maschinellen Ernteverfahren, bei dem die Früchte vom Zweigansatz abge-
streift werden. Hierbei ist die Selektion der reifen Kaffeekirschen jedoch schlecht
möglich, so dass der daraus resultierende Kaffee trotz späterer Nachsortierung meist
von vergleichsweise minderer Qualität ist. Zusätzlich kommt es bei der Stripping-
Methode zu hohen Verlusten von bis zu 30%.

Sortierung: Die Sortierung der Kaffeekirschen findet in großen Schwemmkanälen oder Wassertanks statt. Einerseits werden die Früchte nach Größe sortiert, da dies für das spätere Entpulpen (Abtrennung des Fruchtfleisches) von Bedeutung ist. Außerdem werden die ungeeigneten Kaffeekirschen, die auf dem Wasser schwimmen, sowie Schmutz und Verunreinigungen, die sich am Boden absetzen, abgetrennt.

Aufbereitung: Der Prozess der Aufbereitung dient der Abtrennung des Fruchtfleisches, wobei es immer zu fermentativen Vorgängen kommt. Es existieren zwei verschiedene Methoden für die Aufbereitung, ein *Nass-* und ein *Trockenverfahren*. Das **Nassverfahren** eignet sich nur für reife Früchte. Bei diesem Verfahren sollten zwischen Ernte und Trocknung nicht mehr als 36 Stunden vergehen. Dieses Verfahren benötigt relativ viel Wasser, so dass es nicht in allen Anbauländern gleichermaßen angewandt wird. Nach der Vorreinigung werden die Früchte zunächst entpulpt, das heißt, es erfolgt eine mechanische Teil-Abtrennung des Fruchtfleisches. In der so genannten Despulpermaschine werden die Kaffeekirschen durch einen Spalt gedrückt, der etwa der Größe der Kaffeebohnen entspricht. Da die Samenschale (Pergamenthaut, Silberhäutchen) dabei nicht zerstört werden darf, ist eine vorherige Größensortierung erforderlich.

Als nächstes werden die entpulpten Früchte fermentiert, um mit Hilfe pektinolytischer Enzyme die Schleimschicht bzw. die noch anhaftenden Fruchtfleischreste zu entfernen. Für diesen Prozess werden die Kaffeekirschen in einem Gärbehälter aufgeschichtet und für mehrere Stunden fermentiert. Dabei werden Zucker und Ethanol durch Essigsäure- und ethanolische Gärung abgebaut. Nach einer weiteren Waschung und der maschinellen Abtrennung der Schleimschicht werden die Kaffeekirschen schließlich maschinell oder in der Sonne getrocknet (bis <12% Wassergehalt). Dieses Verfahren liefert qualitativ hochwertige Kaffees und wird vorwiegend für Arabica-Kaffees verwendet, z. B. in Kolumbien.

Das **Trockenverfahren** hingegen wird für Arabica-Kaffees aus Brasilien und Äthiopien sowie für Robusta-Kaffees eingesetzt. Trockene Aufarbeitung bedeutet, dass die ungewaschenen, ganzen Kaffeefrüchte zumeist auf riesigen Feldern so lange getrocknet werden, bis der Wassergehalt ebenfalls <12% beträgt. Die Bohnen „rascheln" dann in der Hülle, wenn sie geschüttelt werden. Danach werden Fruchthaut und -fleisch mechanisch abgetrennt. Auch wenn die Bohnen ständig umgeschichtet werden müssen, damit kein Schimmelbefall auftritt, kommt es auch hier innerhalb der Kirschen zu Fermentationsvorgängen. Neuere Untersuchungen an „steril" geschälten und getrockneten Bohnen haben gezeigt, dass die Fermentation für die Entwicklung des typischen Geschmacks wichtig ist.

Schälen: Mit Hilfe von Schälmaschinen werden die nass und trocken aufbereiteten Kaffeekirschen von der Samenschale befreit, indem die Schale zerbrochen wird. Im Anschluss erfolgt durch Rüttelsiebe und Windsichter eine weitere Sortierung der Kaffeebohnen nach Größe und Form. Fehlbohnen werden hierbei aussortiert (siehe Tab. 12.2).

Tab. 12.2 Fehlbohnen bei Kaffee

Fehlbohnen
• Weiße Bohnen/Grasbohnen (unreife Kaffeekirschen)
• Überfermentierte Bohnen/Stinker (abgestorbene oder angefaulte Kaffeekirschen)
• Springer (überhitzte Bohnen)
• Frost- und Brechbohnen (Schäden durch Insekten und Witterung)
• Feve noir, black beans (vertrocknete Bohnen)
• Wachsbohnen/muffige Bohnen (ungenügend getrocknet)
• Erdige Bohnen (fehlerhaft getrocknet)
• Rote Bohnen (eingetrocknete Pulpe)

Röstung: Die Kaffeeröstung findet in den Abnehmerländern statt. Deshalb wird der Kaffee nach der Produktion bis zur Verschiffung zunächst gelagert. Rösten bedeutet eine trokkene Erhitzung des Rohkaffees. Es stehen unterschiedliche Verfahren für die Röstung zur Verfügung: die Kontaktröstung, die Konvektionsröstung sowie die Mikrowellen- oder Infrarotröstung. Die Temperatur und die Dauer des Vorgangs sind vom gewünschten Röstgrad des Endproduktes abhängig. Während der Röstung laufen viele thermisch induzierte Reaktionen ab, wodurch es zu Veränderungen der Kaffeebohne kommt (siehe Abb. 12.2).

Zunächst verdunstet das Wasser und die Bohne verliert an Gewicht (Einbrand). Danach beginnt die Kaffeebohne durch inneren Überdruck in Folge der entstehenden Wasserverdampfung und Röstgase bis zum Platzen aufzuquellen, wodurch sich die Kaffeefurche vertieft. Gleichzeitig ändern sich Farbe und Struktur der Bohne. Die eingangs gelbgrüne, harte und verhornte Bohne wird durch die Röstung braun und das Gewebe mürbe und porös. Weiterhin findet eine Veränderung der Inhaltsstoffe statt. Dabei gehen bisher vorhandene Inhaltsstoffe verloren und neue entstehen. Von besonderer Bedeutung ist bei diesem Prozess die Aromastoffbildung, die ab Temperaturen von 170 °C durch Karamellisierung, Maillard-Reaktion, Strecker-Abbau sowie Kondensations- und Oxidationsreaktionen (Chlorogensäureabbau) hervorgerufen wird. Nach Abschluss der Röstung werden die Kaffeebohnen sofort gekühlt und gegebenenfalls auf gekühlten Walzen gemahlen. Die Röstung erfolgt meist erst im Abnehmerland. Durch Vakuumieren oder Einfrieren kann die Haltbarkeit des gemahlenen Kaffees jedoch deutlich verlängert werden.

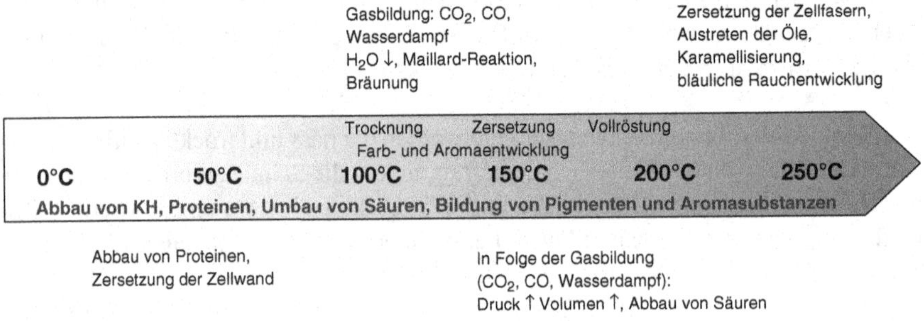

Gasbildung: CO_2, CO, Wasserdampf
H_2O ↓, Maillard-Reaktion, Bräunung

Zersetzung der Zellfasern, Austreten der Öle, Karamellisierung, bläuliche Rauchentwicklung

Trocknung   Zersetzung   Vollröstung
Farb- und Aromaentwicklung

0 °C   50 °C   100 °C   150 °C   200 °C   250 °C

Abbau von KH, Proteinen, Umbau von Säuren, Bildung von Pigmenten und Aromasubstanzen

Abbau von Proteinen, Zersetzung der Zellwand

In Folge der Gasbildung (CO_2, CO, Wasserdampf): Druck ↑ Volumen ↑, Abbau von Säuren

Abb. 12.2 Temperaturabhängige Reaktionen bei der Kaffeeröstung

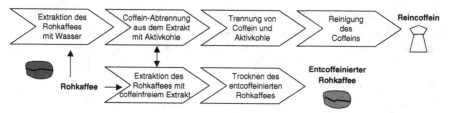

Abb. 12.3 Entcoffeinierung von Kaffee mit coffeinfreiem Extrakt

Entcoffeinierung: Ziel der Entcoffeinierung ist es, den Coffeingehalt auf unter 0,1% zu senken. Bei der Entcoffeinierung wird der grüne Rohkaffee zuerst durch Dämpfen aufgeschlossen und anschließend das Coffein zusammen mit anderen wasserlöslichen Stoffen entzogen (siehe Abb. 12.3). Mit Hilfe von Dichlormethan oder Essigestern wird das Coffein dann aus dem Extrakt entfernt, der dann wieder dem Kaffee zugefügt wird. Zum Schluss wird das Lösungsmittel durch Dämpfen entfernt und der entcoffeinierte Rohkaffee getrocknet. Da die verwendeten Lösungsmittel heute relativ kritisch gesehen werden, wird das Coffein auch über Aktivkohlefilter aus dem Extrakt entfernt. In neueren Verfahren wird überkritisches Kohlendioxid zur Extraktion verwendet. Diese Methode hat den Vorteil, dass das Endprodukt völlig lösungsmittelfrei ist. Das anfallende Coffein kann nach Reinigung und Trocknung für coffeinhaltige Erfrischungsgetränke (Cola) eingesetzt oder in der pharmazeutischen Industrie weiter verwendet werden.

12.1.5 Zusammensetzung von Kaffee: Die Wirkung des Röstens

Kaffeebohnen: Der Verbraucher verbindet das Wort „Kaffee" in erster Linie mit der anregenden Wirkung des darin enthaltenen Coffeins. Coffein (siehe Abb. 12.4) besitzt pharmakologische Wirkungen und führt u. a. zur Stimulation des zentralen Nervensystems, zu einer Steigerung der Katecholamine und des Energiestoffwechsels sowie zur Gefäßerweiterung. Weiterhin trägt Coffein zum bitteren Geschmack des Kaffees bei. Eine Tasse Kaffee enthält durchschnittlich 70 mg Coffein. Theobromin (Arabica: 36–40 mg/kg) und Theophyllin (Arabica: 7–23 µg/kg) (siehe Abb. 12.4) haben im Vergleich zum Coffein eine abgeschwächte Wirkung hinsichtlich der zentralnervösen Stimulierung. Außerdem sind diese Gehalte an Theobromin und Theophyllin im Kaffee verhältnismäßig gering. Kaffeebohnen enthalten

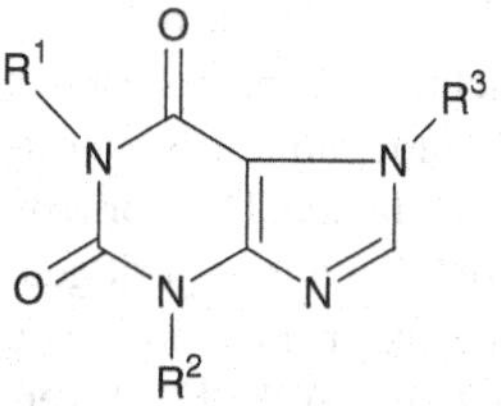

Coffein (1,3,7-Trimethylxanthin) R_1–R_3 = CH_3

Theobromin (3,7-Dimethylxanthin) R_2/R_3 = CH_3, R_1 = H

Theophyllin (1,3-Dimethylxanthin) R_1/R_2 = CH_3, R_3 = H

Abb. 12.4 Coffein und andere Purinalkaloide

Tab. 12.3 Zusammensetzung von Roh-, Röst- und Instant-Kaffee (g/100 g) (Souci et al. 2008)

Inhaltsstoff	Rohkaffee	Röstkaffee	Instant-Kaffee
Wasser	10,2	3,43	3,5
Protein	11,2	14,0	11,2
Verfügbare Kohlenhydrate	6,71	1,5	72,5
Saccharose	6,71	1,5	k. A.
Reduzierende Zucker	k. A.	k. A.	8,2
Ballaststoffe	49,5	58,2	k. A.
Lipide	13,1	13,4	1,7
Mineralstoffe	4,0	4,24	11,1
Coffein	1,3	1,28	k. A.
Chlorogensäuren	3,01	4,11	k. A.
Trigonelline	0,97	0,47	2,15

k. A. keine Angabe

außer Coffein u. a. lösliche und unlösliche Kohlenhydrate, Säuren, Öle, Wasser, Mengen- und Spurenelemente sowie Aromastoffe. Je nach Sorte, Zubereitung, Anbaugebiet und Lagerungszeit des Kaffees variieren die Mengen der Inhaltsstoffe. Eine deutliche Veränderung der Kaffeebohnenzusammensetzung wird durch das Rösten verursacht (siehe Tab. 12.3).

In Folge von Karamellisierung, Maillard-Reaktion, Strecker-Abbau (siehe Abb. 12.12) sowie Kondensations- und Oxidationsreaktionen (Chlorogensäureabbau) werden einzelne Inhaltsstoffe unterschiedlich verändert.

Rohkaffee besteht etwa zur Hälfte aus den wasserunlöslichen **Polysacchariden** Cellulose, Arabane, Galaktane, Mannane u. a. Monosaccharide sind hingegen nur in Spuren enthalten. Entscheidend für die Aromabildung ist der Saccharosegehalt von 6–7%, da sich die Saccharose bei der Röstung rasch in die Monosaccharide zersetzt, die dann mit Aminosäuren (Maillard-Reaktion) reagieren können. Hinsichtlich der **Aminosäure**-Zusammensetzung der Kaffeebohnen wird zwischen freien und proteingebundenen Aminosäuren unterschieden. Die freien Aminosäuren reagieren beim Erhitzen schnell mit den Monosacchariden, während von den proteingebundenen nicht alle Aminosäuren gleichermaßen betroffen sind. Zu den reaktionsfähigen Aminosäuren zählen: Arginin, Lysin, Histidin, Cystein, Serin, Threonin und Methionin, während Alanin, Glutamin, Leucin, Phenylalanin und Tyrosin weniger reaktionsfreudig sind. Durch das Rösten nimmt somit vom Rohkaffee zum Röstkaffee der Anteil freier Aminosäuren ab und es entstehen teilweise aromaaktive Reaktionsprodukte. Die **Lipidfraktion** der Kaffeebohnen besteht zu ca. 80% aus Triglyceriden und weiteren 15% aus Diterpenestern. Ein wichtiges Diterpen ist das 16-O-Methylcafestol (siehe Abb. 12.5). Diese Substanz kommt nur im Robusta-Kaffee vor und kann dadurch als Indikator für Kaffeeverschnitt dienen. Die vorherrschenden Fettsäuren sind Linol- und Palmitinsäure. Lipide werden nur in geringem Umfang verändert, indem ein Abbau zu niedermolekularen Säuren stattfindet. Die in Rohkaffee vorhandenen Diterpene *Cafestol* und *Kahweol* (siehe Abb. 12.5) werden durch den Röstprozess überwiegend abgebaut.

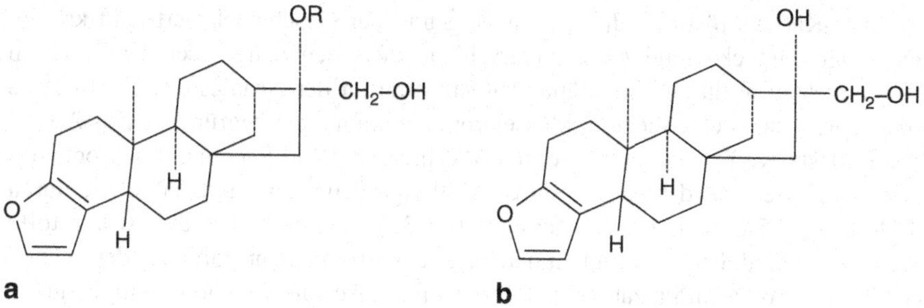

Abb. 12.5 Diterpene des Kaffees Cafestol (**a**; R = H), 16-O-Methylcafestol (**a**; R = CH₃), Kahweol (**b**)

Die in den Kaffeebohnen enthaltenen flüchtigen (Ameisen- und Essigsäure) und nichtflüchtigen **Säuren** (Milch-, Wein-, Brenztrauben- und Citronensäure) werden beim Rösten größtenteils ab- bzw. umgebaut. Die mengenmäßig wichtigsten Säuren des Kaffees sind Chlorogensäuren (Gerbsäuren). Aus chemischer Sicht handelt es sich dabei um Ester der Hydroxyzimtsäure (*p*-Cumar-, Kaffee- und Ferulasäure) und Chinasäure. Die wichtigsten Vertreter sind die 3- und 5-Caffeoylchinasäure. Der Abbau dieser Säuren ist vom Röstgrad (Zeit und Temperatur) abhängig und kann 30–70% betragen.

Kaffeebohnen erhalten erst beim Rösten das typische **Aroma**, rohe Kaffeebohnen sind nahezu geruchsneutral. Durch den Röstvorgang entstehen zahlreiche Produkte mit aromatischem Geruch. Von den bisher über 850 identifizierten flüchtigen Verbindungen tragen wahrscheinlich ca. 40 zum Kaffeearoma bei. Einige typische Aromakomponenten des Kaffees gibt Tabelle 12.4 wieder.

Durch so genannte Weglassversuche mit einzelnen Aromakomponenten konnte ermittelt werden, dass 2-Furfurylthiol die größte Bedeutung für das Kaffeearoma hat. Diese Substanz geht aus Arabinose-enthaltenden Polysacchariden wie Arabinogalaktanen oder auch aus Cystein hervor. Es gibt deutliche sensorische Unterschiede zwischen den Sorten Arabica und Robusta, die sich vor allem im Aroma bemerkbar machen. Der Arabica besitzt ein süßliches, karamelliges Aroma und ist von mildem, fein säuerlichem Geschmack. Im Gegensatz dazu ist das Aroma des

Tab. 12.4 Aromakomponenten in geröstetem Kaffee

Aromakomponenten
2-Furfurylthiol
4-Vinylguayacol
Acetaldehyd
Propanol
Alkylpyrazine
Furanone
Methylpropanol
2-Methylbutanal, 3-Methylbutanal

Robusta-Kaffees röstig, erdig und rauchig und der Geschmack herb und kräftig. Diese Geschmacks- und Aromaunterschiede zwischen den beiden Kaffeesorten lassen sich u. a. durch eine stärkere Konzentration der Aromastoffe im Robusta bzw. durch unterschiedliche Schlüsselaromakomponenten begründen. Das Aroma des Robusta-Kaffees ist geprägt durch Alkylpyrazine und Phenole, das Aroma des Arabica-Kaffees wird hingegen durch Methylpropanal und -butanal sowie durch 4-Hydroxy-2,5-dimethyl-3(2H)-furanon (HD3F) bestimmt. Da die Aromastoffe eine unterschiedliche Flüchtigkeit haben, ist das Aroma nicht stabil. Zu den schnell flüchtigen Aromastoffen zählen u. a. Methanthiol, Acetaldehyd und Methylbutanal, während Furanone beispielsweise eine geringe Flüchtigkeit aufweisen. Rohkaffee enthält etwa 1% Trigonellin (N-Methylnicotinsäure), wovon jedoch durch das Rösten etwa die Hälfte abgebaut wird. Abbauprodukte von Trigonellin sind u. a. Nicotinsäure, Pyridin, 3-Methylpyridin und Nicotinsäuremethylester.

Das Kaffeegetränk: Die Kaffeezubereitung ist von Land zu Land und von Kultur zu Kultur verschieden. Dabei variieren nicht nur die eingesetzte Kaffeepulver-Menge, sondern auch der Mahlgrad des Pulvers und die weiteren Zusätze von Zucker, Milchprodukten oder Alkohol. Ein handelsüblicher Röstkaffee liefert etwa 25% wasserlösliche Extraktstoffe, wovon ungefähr ein Prozent bei der Zubereitung in Lösung geht. Die Übergangsquote von löslichen Mineralstoffen, Coffein und Gerbstoffen in den Aufguss beträgt beim Filtern etwa 90% und beim Brühen etwa 80%.

Mokka: Diese Zubereitungsart von Kaffee steht in Deutschland meist für den arabischen Mokka bzw. türkischen Kaffee. In Österreich steht der Begriff für einen schwarzen, Espresso-ähnlichen Kaffee. Der Name stammt von der türkischen Hafenstadt Mokka (Al Mukah), wo früher Kaffee verschifft wurde. Mokka wird im Vergleich zu normalem Kaffee mit etwa der doppelten Kaffeemenge zubereitet. Arabischer Mokka wird sehr heiß serviert und ist mit Kardamon gewürzt. Türkischer Mokka wird hingegen gesüßt und mit etwas Rosenwasser serviert.

Espresso: Espresso ist ein konzentriertes Kaffeegetränk mit einer dünnen, bräunlichen Schaumschicht (Crema) auf der Oberfläche. Im Gegensatz zu Filterkaffee wird Espresso meist in einer Portionsgröße von 25 mL serviert. Die Kaffeebohnen für die Espresso-Zubereitung sind dunkler geröstet als bei normalem Kaffee. Das Besondere bei der Espresso-Zubereitung ist, dass heißes Wasser (ca. 145 °C) mit sehr hohem Druck (ca. 9 bar) durch das feine Kaffeemehl gepresst wird. Außerdem ist die Kontaktzeit zwischen Kaffeemehl und Wasser während des Brühens wesentlich kürzer. Für die Zubereitung dienen deshalb spezielle Espressomaschinen. Espresso ist besonders in südeuropäischen Ländern beliebt und es gibt es diese Kaffeezubereitung in verschiedenen Variationen (italienisch, spanisch, portugiesisch, südamerikanisch etc.).

Instant-Kaffee: Instant-Kaffee ist getrockneter Kaffeeextrakt und wird auch als löslicher Kaffee bezeichnet. Zur Herstellung des Kaffeeextraktes werden aus den gerösteten und gemahlenen Kaffeebohnen die löslichen Bestandteile mit einer

Extraktionsmaschine extrahiert. Anschließend wird das Kaffeeextrakt durch Eindampfen aufkonzentriert und mittels Sprüh- oder Gefriertrocknung getrocknet. Die Verfahrensschritte müssen möglichst schonend sein, um das Kaffeearoma zu erhalten. Der Vorteil von Instant-Kaffee liegt in der einfachen, schnellen Zubereitung sowie der langen Haltbarkeit des Instant-Pulvers.

12.2 Tee

12.2.1 Definition und Geschichte

Der Ursprung des Wortes „Tee" liegt vermutlich in dem kantonesischen Wort „tu". Per Definition meint das Wort Tee ein Aufgussgetränk, das durch verschiedene Zubereitungsarten aus Blättern, Knospen, Blüten und anderen Pflanzenteilen der Teepflanze *Camellia sinensis* hergestellt wird. Unter „Tee" ist im eigentlichen Sinne nur Schwarzer Tee zu verstehen. Kräuter- und Früchtetees werden fälschlicherweise auch oft als „Tee" bezeichnet. Bei diesen aus anderen Pflanzen erzeugten Aufgussgetränken handelt es sich jedoch um so genannte teeähnliche Getränke. Als Ursprungsland des Tees wird China vermutet, wo die Wirkung des Teeblattes schon vor ca. 5.000 Jahren beschrieben wurde. Eine Legende besagt, dass der chinesische Kaiser *Shen Nung* im Jahre 2.737 v. Chr. zufällig den Tee entdeckte. Um 550 n. Chr. gelangte der Tee dann vermutlich durch buddhistische Mönche nach Japan. Diese pflegten den Tee innerhalb einer festen Zeremonie einzunehmen. In der Zeit der T'ang-Dynastie von 618–907 n. Chr. war Tee nicht nur allen Gesellschaftsklassen zugänglich, sondern wurde auch zur Handelsware. Nach Europa kam der Tee um 1.610 n. Chr. über den Seeweg. Für knapp ein halbes Jahrhundert waren die Niederländer die wichtigsten Teeimporteure, bis schließlich auch die Engländer den Tee für sich entdeckten. Über den Landweg gelangte der Tee als Geschenk für den russischen Zaren in die Mongolei. Etwa Mitte des 17. Jahrhunderts führten englische Einwanderer den Tee in Amerika ein. Eine besondere Stellung erfuhr der Tee in den 1920er Jahren bei so genannten „Tea-Times" oder „Tanztee-Veranstaltungen".

12.2.2 Produktion und Verbrauch

Die jährliche Weltproduktion von Tee beträgt ca. 3,7 Mio. t (ITC 2008/2009). Da der Teestrauch am besten bei Temperaturen zwischen 18–30 °C und ausreichenden Niederschlagsmengen gedeiht, wird er vorwiegend in tropischen und subtropischen Gebieten von etwa 45° nördlicher Breite bis 30° südlicher Breite und in Hochlagen bis zu 2.500 m kultiviert. Die traditionelle Teeanbauweise chinesischer Bauern ist nur noch vereinzelt vorzufinden. Heute herrscht eine industrielle Plantagenwirtschaft vor. Zu den wichtigsten Tee-Anbauländern zählen China, Indien, Indonesien, die Türkei, Ceylon (Sri Lanka), Formosa (Thailand) und Afrika.

Die Ausgangswaren für Tee werden in Deutschland zu 100% importiert. Der Teekonsum ist steigend, besonders Grüner Tee wird vermehrt konsumiert. Etwa die

Hälfte der deutschen Verbraucher trinkt täglich Tee. Jährlich werden pro Kopf etwa 30 L Tee (250 g Teeblätter/Jahr) getrunken, wobei es große regionale Unterschiede gibt. Spitzenreiter im Teekonsum sind die Ostfriesen mit durchschnittlich ca. fünf Tassen pro Tag. Die Zahl der „Nicht-Teetrinker" beläuft sich auf ca. ein Viertel aller Deutschen. Zu den weltweit größten Verbraucher-Ländern von Tee gehören Indien mit ca. 640.000 t/Jahr und China mit ca. 466.000 t/Jahr gefolgt von Großbritannien und Paraguay.

12.2.3   Warenkunde/Teesorten

Die Teepflanze ist ein immergrüner Strauch der Gattung *Camellia sinensis* mit den beiden Unterarten *Camellia sinensis var. sinensis* (China-Tee) und *Camellia sinensis var. assamica* (Assam-Tee). Der Anbau der Teepflanzen erfolgt in Monokulturen. Durch Beschneidung wird die Pflanze mit den dunklen, gezahnten und lederartigen Blättern klein gehalten, da der Teestrauch per se eine Größe von bis zu 30 m erreichen kann, wodurch die Ernte erschwert würde. Handelsüblicher Tee, der auch als solcher bezeichnet ist, darf ausschließlich aus Blattknospen, jungen Blättern und jungen Trieben bestehen und nur nach dem in dem jeweiligen Herstellungsland üblichen Verfahren aufbereitet sein. Je nach Art der Verarbeitung wird zwischen Schwarzem Tee (fermentierter Tee), Oolong Tee (halbfermentierter Tee), Weißem Tee (nahezu unbehandelter Tee) sowie Grünem und Gelbem Tee (unfermentierte Tees) unterschieden.

Schwarzer Tee: Schwarzer Tee wird in unterschiedlichen Regionen angebaut. Zu den bekanntesten zählen z. B. Darjeeling (Westbengalen in Indien), Assam (Indien, südlich des Himalaya), Dooars (indische Provinz, westlich von Assam) und Ceylon (Sri Lanka). Schwarzer Tee ist jedoch kein einheitliches Aufgussgetränk, es gibt große Herkunfts- und qualitätsbedingte Unterschiede. In Ostasien wird dieser vollständig fermentierte Tee auch als roter Tee bezeichnet.

Oolong Tee: *Oolong* bedeutet soviel wie schwarzer Drache oder schwarze Schlange. Der Oolong-Tee stammt vorwiegend aus China, Taiwan, Indien, Malaysia und Vietnam. Diese traditionelle Teesorte wird halb fermentiert. Aber nicht nur der Fermentierungsgrad, sondern auch der Coffeingehalt des Oolong-Tees liegt zwischen Schwarzem und Grünem Tee. Besonders an diesem Tee ist, dass auch bei mehreren Aufgüssen die Qualität gleich bleibt.

Grüner Tee: Der besonders in China und Japan erzeugte Grüntee unterscheidet sich nicht nur durch den Herstellungsprozess, sondern auch in Aussehen, Geschmack, Zubereitung und Inhaltsstoffen vom Schwarztee. Die Variante der Grünteeaufbereitung unterscheidet sich darin, dass die Teeblätter nicht fermentiert werden. Deshalb eignen sich für die Grüntee-Produktion die kleinen und zarten Blätter des China-Tees besonders gut. Die Sortenvielfalt von Grüntee ist sehr groß. Die Sorten unterscheiden sich je nach Herstellungsland: z. B. Sencha, Bancha, Gyokuro (Japan); Gunpowder, Mao Jian, Chun Mee (China).

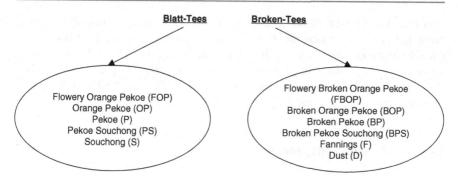

Abb. 12.6 Blatt-Tee- und Broken-Tee-Handelssorten klassifiziert nach Stellung der Teeblätter

Gelber Tee: Dieser Tee wird mit Ausnahme der Vortrocknung wie Grüner Tee hergestellt. Die Vortrocknung des Gelben Tees erfolgt im Vergleich zum Grünen Tee im Schatten.

Weißer Tee: Weißer Tee ist eine eigenständige Teesorte. Es handelt sich um einen fast unbehandelten Tee, der wenn überhaupt nur zu 2% fermentiert wird. Der Weiße Tee wird aus einer Varietät des Teestrauches *Camellia sinensis* gewonnen, dem *Big White*. China gilt als Hauptanbauland des Weißen Tees.

Klassifizierung nach Handelssorten: Zur Klassifizierung von Tees werden die Ernteperiode sowie die Stellung und der Zerkleinerungsgrad der Blätter herangezogen. Als „*First Flush*" wird die erste Ernteperiode nach dem Monsunregen im Frühjahr bezeichnet, die sehr kleine Blätter liefert. Eine weitere Ernte erfolgt von Mai bis Juli, der so genannte „*Second Flush*". Dieser Tee hat im Vergleich zum First Flush einen kräftigeren Aufguss und zählt zu den teuersten Tees. Die Stellung sowie die Größe der Blätter am Zweig entscheiden über die Qualität. *Flowery Orange Pekoe* umfasst die zwei obersten Blätter mit mehr oder weniger Knospenanteil („Two leaves and the bud") und liefert die beste Qualität. Die Bezeichnung *Orange Pekoe* wird für Schwarze Tees mit ganzen Blättern mittlerer Größe verwendet. *Pekoe* steht für den Sortierungsgrad aus kürzeren und gröberen Blättern. Die gröbste Blattsortierung wird als *Souchong* bezeichnet. Bezüglich des Zerkleinerungsgrades gibt es zwei grobe Klassen: die Blatt-Tees und die Broken-Tees, wie Abbildung 12.6 zeigt.

Fannings und *Dusts* sind besonders feine Teereste, die bei der Herstellung von Pekoe und Broken Pekoe anfallen. Diese Teeaussiebungen sind allerdings von minderer Qualität und ergeben schwache Aufgüsse.

Teemischungen und teeähnliche Getränke: Teemischungen bzw. so genannte „Blends" sind Mischungen aus Tees unterschiedlicher Plantagen, Regionen und Erntezeitpunkte. Ziel der Mischung unterschiedlicher Tees ist es, die anbau- und witterungsbedingten Schwankungen der Teequalität auszugleichen, um dem Verbraucher Tee von gleichbleibender Qualität anbieten zu können. Zu den teeähnlichen Getränken zählen u. a. Kräuter- und Früchte-Tees, Mate-Tee, Rotbusch-Tee oder auch Lapacho-Tee. Diese werden nicht aus der Teepflanze *Camellia sinensis* hergestellt. Die Herstellung dieser Tees erfolgt aus verschiedenen Kräutern, Früchten, Obstblättern, Schalen, Wurzeln und Rinden unterschiedlicher Pflanzen. Solche teeähnlichen Getränke können fermentiert sein und/oder Coffein enthalten. Der Name dieser Getränke beinhaltet ebenfalls das Wort „Tee", da die Zubereitung dieser Aufgussgetränke ähnlich erfolgt.

12.2.4 Herstellungsprozess

Die Teeernte erfolgt üblicherweise von Hand in Pflückintervallen von fünf, sieben, neun oder elf Tagen. Intervalle von sieben Tagen liefern eine gute und konstante Qualität. Es werden ausschließlich die jungen Triebe bzw. Sprosse gepflückt. Allgemein gilt für die Teeernte eine wichtige Regel: „Two leaves and the bud", das heißt, es werden die ersten beiden Blätter und die Sprossenspitze verwendet. Dieser Abschnitt der Pflanze wird auch als „Flush" bezeichnet. Im Falle von Grüntee werden mehrere Blätter gepflückt. Aufgrund der kurzen Haltbarkeit der frisch geernteten Teeblätter müssen diese möglichst zeitnah noch auf den Plantagen weiterverarbeitet werden. Dadurch kann eine erste Qualitätsminderung vermieden werden. Die herkömmliche orthodoxe Teeherstellung teilt sich in vier Einzelschritte: Welken, Rollen, Fermentieren und Trocknen. Jedoch gibt es je nach Teesorte Variationen im Herstellungsprozess, wie die Abb. 12.7 zeigt.

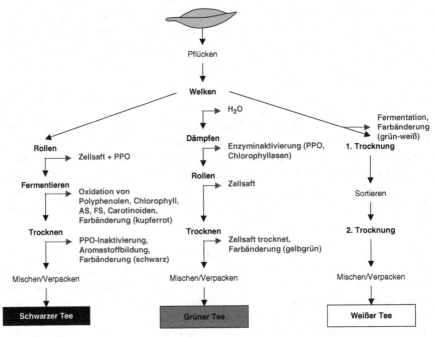

Abb. 12.7 Verfahrensschritte zur Herstellung von Schwarzem, Grünem und Weißem Tee

Welken: Der Prozess des Welkens beinhaltet ggf. eine Wärmebehandlung (z. B. im Frühjahr im Darjeeling) der gepflückten Teeblätter. Dabei kommt es zur Erweichung des Pflanzenmaterials, zum Austritt von Zellsaft, zur Erniedrigung des Wassergehaltes auf ca. 60% sowie zum Abbau von Proteinen zu Peptiden und Aminosäuren. Die Wärmebehandlung kann entweder für einen halben bis ganzen Tag im Halbschatten oder für mehrere Stunden in einer Welktrommel erfolgen.

Rollen: Der Prozess des Rollens führt zunächst zur Zerstörung der Blattstruktur durch Aufbrechen der Zellwände. Eine anschließende Druckanwendung verursacht einen Austritt und eine gleichmäßige Verteilung des Zellsaftes. Weiterhin kommt es durch Luftsauerstoffzufuhr zu diversen chemischen und enzymatischen Reaktionen. Diese Vorgänge werden auch als Fermentation bezeichnet. Das eigentliche Rollen findet heute nur noch selten per Hand statt, sondern wurde durch ein maschinelles Verfahren abgelöst. Seit einiger Zeit werden für billigere Tees zwei neue Verfahren eingesetzt, die besonders schnell und kostengünstig sind: zum einen das *CTC-Verfahren* (Crushing Tearing Curling) und zum anderen das *LTP-Verfahren* (Lawrie Tea Processor). Zusätzlich liefern die Verfahren sehr fein zerkleinerte Blätter, die eine kürzere Fermentationszeit benötigen. Aufgrund des hohen Zerkleinerungsgrades, der besonders extraktreiche *Fannings* und *Dusts* liefert, werden diese Roll-Verfahren hauptsächlich für die Teebeutelproduktion eingesetzt. Beim **CTC-Verfahren** werden die gewelkten Teeblätter in einem Arbeitsgang durch gegenläufige Metallrollen zermalmt, zerrissen und gerollt. Je nach gewünschtem Zerkleinerungsgrad wird der Prozess entsprechend oft wiederholt. Das **LTP-Verfahren** beruht hingegen auf einer Zerkleinerung der Teeblätter durch schnell rotierende Messer.

Fermentieren: Der Fermentationsprozess dauert ca. zwei bis fünf Stunden. Dabei kommt es zu einer Vielzahl chemischer und enzymatischer Reaktionen, von welchen besonders die Umsetzung der Polyphenole von Bedeutung ist. Dieser Vorgang wird durch die Polyphenoloxidase (PPO) in Anwesenheit von Sauerstoff katalysiert. Die Oxidation und Kondensation der Polyphenole hat mehrere Auswirkungen. Einerseits kommt es zur Farbänderung der Blätter von grünlich zu bräunlich bis kupferfarben und andererseits bildet sich der charakteristische Teegeschmack aus. Der herbe bzw. bittere und adstringierende Geschmack der Polyphenole geht hingegen teilweise verloren. Dem Oxidationsprozess unterliegen auch andere Inhaltsstoffe wie Aminosäuren, Carotinoide und ungesättigte Fettsäuren. Außerdem wird Chlorophyll über Chlorophyllasen abgebaut.

Trocknen: Die Fermentation des Tees wird durch die Trocknung abgebrochen, wenn der gewünschte Oxidationsgrad erreicht ist. Mit einem Etagentrockner werden die Teeblätter bei Temperaturen knapp unter 100 °C für kurze Zeit getrocknet. Dabei kommt es zu einer Reduktion des Wassergehaltes auf <5% und zur Inaktivierung der Enzyme. Außerdem trocknet der Zellsaft auf den Teeblättern, welche durch die Maillard-Reaktion zwischen den Aminosäuren und freien Zuckern ihre Farbe von kupferrot über dunkelbraun bis nach schwarz verändern. Beim späteren Teeaufguss löst sich der Zellsaft von den getrockneten Blättern und führt zu einem kupferfarbenen wässrigen Getränk. Durch anschließendes Sieben auf einem Schüttelsieb wird der Tee in entsprechende Blattgrade unterteilt. Abschließend kann der Tee dann in Teebeutel oder lose verpackt werden. Tee muss trocken und kühl gelagert werden, um Qualitätseinbußen zu vermeiden.

Grüner Tee: Der Herstellungsprozess von Grünem Tee ist im Vergleich zu dem vorweg beschriebenen Verfahren einfacher. Bei der Grünteeaufarbeitung erfolgt nach dem Welken ein Dämpf- oder Röstschritt, bei dem die Enzyme (PPO) direkt nach dem Pflücken inaktiviert werden, damit keine Fermentation stattfinden kann. Eine Fermentation ist beim Grüntee unerwünscht, dadurch bleiben die Polyphenole in nativem Zustand. Grüntee-Aufguss hat in Folge der Herstellung eine gelbgrüne Farbe und einen leicht bitteren Geschmack.

Weißer Tee: Das Verfahren zur Produktion von Weißem Tee weicht stark von dem klassischen Verfahren ab. Ausschließlich die ersten Triebe der Teepflanzen im Frühling dienen der Herstellung von Weißem Tee. Nach der Ernte werden die Teeknospen gelüftet und in der Sonne gewelkt. Anschließend werden die gewelkten Knospen getrocknet, sortiert und erneut getrocknet, bevor sie verpackt werden. Weißer Tee ist nur gering fermentiert, dieser Prozess findet während des Welkens statt.

12.2.5   Zusammensetzung von Tee

Tee ist ein Lebensmittel, das der Verbraucher nicht allein mit Genuss, sondern in jüngster Zeit auch besonders mit Gesundheit verbindet. Dies gilt vor allem für Grünen Tee. Als wertgebende Inhaltsstoffe des Tees sind in erster Linie das Coffein, verschiedene phenolische Verbindungen sowie arteigene Farb-, Aroma- und Geschmacksstoffe zu nennen. Die Zusammensetzung eines Tees ist jedoch u. a. von der Teesorte, der Qualität und der Zubereitungsart abhängig. Tabelle 12.5 gibt eine Übersicht über die Teeinhaltsstoffe in fermentiertem Schwarzem Tee.

Tab. 12.5 Zusammensetzung von Schwarzem Tee in g/100 g (Souci et al. 2008)

Inhaltsstoff	Schwarzer Tee
Wasser	7,26
Protein	24,5
Lipide	4,36
Verfügbare Kohlenhydrate	0,8
Glukose	0,1
Fruktose	0,7
Ballaststoffe	55,8
Mineralstoffe	5,61
Oxalsäure	0,91
Gerbstoffe	10,9

Abb. 12.8 Polyphenolcharakter verschiedener Teesorten

Der **Coffeingehalt** im Tee beträgt durchschnittlich 1–4% der Trockenmasse. Weiterhin kommen in geringen Mengen auch Theobromin und Theophyllin vor. Das Coffein im Tee trägt zum Geschmack bei und kann eine ähnlich anregende Wirkung wie durch Kaffee auslösen. Die anregende Wirkung des Coffeins aus Tee ist jedoch etwas schwächer und hält länger an, da das Coffein an Gerbstoffe gebunden ist und die Aufnahme sich folglich verzögert. Tee enthält eine Vielzahl unterschiedlicher **phenolischer Verbindungen**, die besonders bei der Farb-, Geschmacks- und Aromabildung des Schwarzem Tees mitwirken. Die phenolischen Verbindungen des Tees werden auch als *Teegerbstoffe* bezeichnet. Der Polyphenolcharakter verschiedener Teesorten variiert durch die unterschiedlichen Rohstoffe und Herstellungsprozesse der Sorten (siehe Abb. 12.8).

In frischen, jungen Teeblättern ist der Anteil an phenolischen Verbindungen sehr hoch. Vier Fünftel davon machen die zu den Flavanolen zählenden Catechine (Flavan-3-ole) und Gallocatechine (Flavan-3,4-diole) aus. Der Rest setzt sich aus Proanthocyanidinen, phenolischen Säuren, Flavonolen und Flavonen zusammen. Die Catechine und Gallocatechine liegen in den Pflanzen teilweise frei vor, können aber auch mit Gallussäure zu Catechin- bzw. Gallocatechin-3-gallaten verestert sein. Abbildung 12.9 zeigt die Hauptvertreter der monomeren Tee-Catechine, die besonders im Grüntee in relativ hohen Konzentrationen vorkommen.

Weiterhin sind zahlreiche oligo- und polymere Strukturen des Catechins bekannt. In Folge der Fermentation werden die Flavanole durch die Polyphenoloxidasen (PPO) oxidiert (siehe Abb. 12.10). Dabei entstehen zunächst instabile und reaktionsfähige o-Chinone, die zu nicht enzymatisch kondensierten Produkten reagieren. Durch die Fermentation entstehen dunkel gefärbte Thearubigene, orangerote Theaflavine wie Theaflavin, Theaflavingallat und -digallat sowie Bisflavanole und Theaflavinsäuren. Thearubigene und Theaflavine sind wesentlich für die rötlichgelbe **Färbung** eines Schwarztee-Aufgusses verantwortlich.

Da bei der Grüntee-Herstellung die Fermentation ausbleibt, ist dieser von grünlicher bis zitronengelber Farbe. Die Färbung des Grünen Tees wird vor allem durch Flavonole und Flavone hervorgerufen. Auch Chlorophylle und Carotinoide beeinflussen die Färbung des Tees. Chlorophyll wird während des Welkens und Trocknens der Teeblätter durch Chlorophyllasen abgebaut. Die in fermentierten Blättern enthaltenen Chlorophyllide und Phäophorbide (braun) gehen beim Erhitzen in Phäophytine über (siehe Abb. 12.11).

Epicatechine

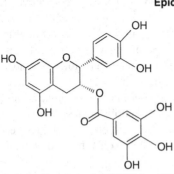

Epicatechin (EC) 1 – 3%   Epigallocatechin (EGC) 3 – 6%

Epicatechingallate

Epicatechin - 3 - gallat (ECG) 3 – 6%   Epigallocatechin - 3 - gallat (EGCG) 9 – 13%

Abb. 12.9 Hauptvertreter der Tee-Catechine

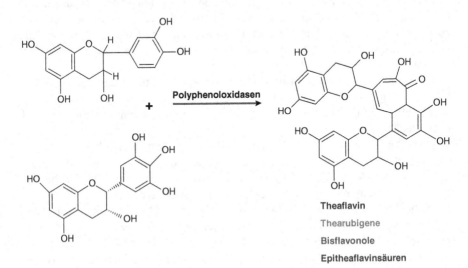

Polyphenoloxidasen

Theaflavin
Thearubigene
Bisflavonole
Epitheaflavinsäuren

Abb. 12.10 Oxidation von Flavonolen durch Polyphenoloxidasen

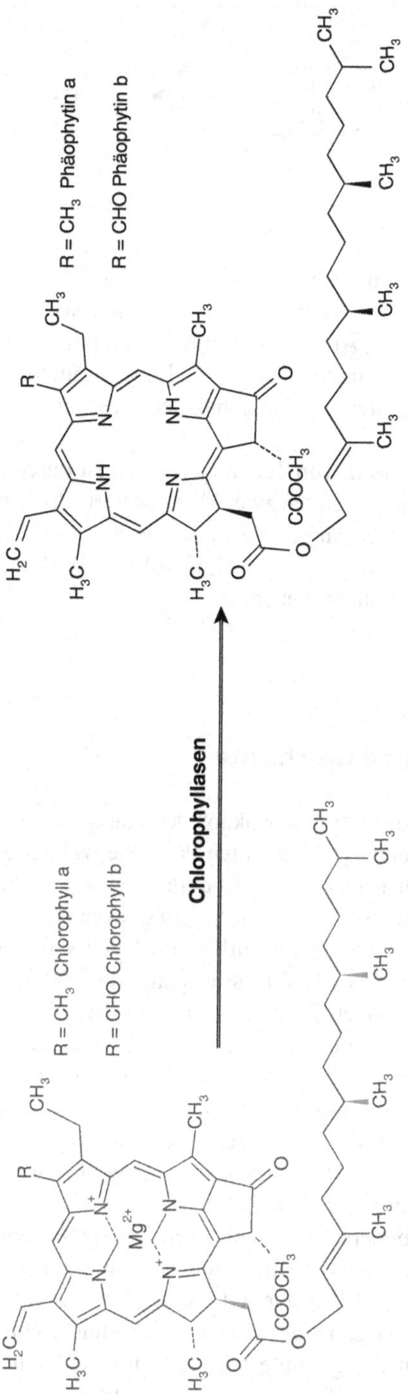

Abb. 12.11 Farbveränderung des Tees durch Chlorophyll-Abbau

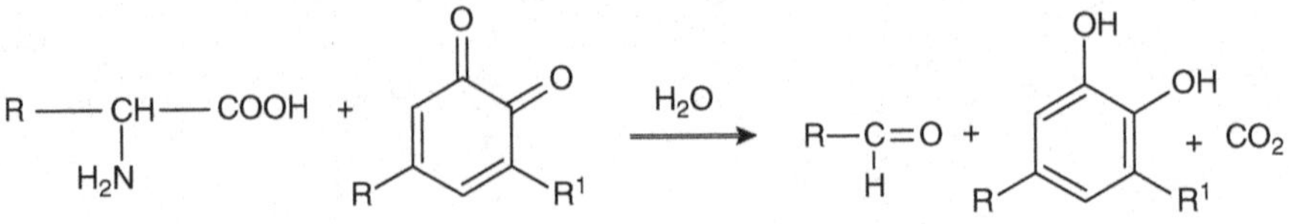

Abb. 12.12 Strecker-Abbau

Während des Fermentationsprozesses nimmt der Gehalt an Carotinoiden ab. Die Spaltprodukte, wie z. B. Neoxanthin oder β-Damascenon, sind wichtige **Aromakomponenten** des Tees. Andere Strukturen, die zum Teearoma beitragen, sind u. a. ätherische Öle, Thearubigene, Linol- und Linolensäuren sowie Abbauprodukte von Aminosäuren, die während des so genannten Strecker-Abbaus entstehen (siehe Abb. 12.12).

Die Wirkung von Tee bzw. von Teeinhaltsstoffen ist durch die Zeit des Ziehens zu beeinflussen. Während der ersten zwei Minuten wird Coffein (Thein) freigesetzt. Gerbstoffe werden erst nach längerer Zeit freigesetzt. Soll der Tee also anregend wirken, empfiehlt sich eine kurze Zieh-Zeit, soll die Wirkung des Tees hingegen beruhigend sein, muss er länger ziehen.

12.3 Kakao

12.3.1 Definition und Geschichte

Per Definition umfasst der Begriff „Kakao" den Kakaokern einschließlich der daraus durch Weiterverarbeitung hergestellten Produkte wie Kakaopulver, Kakaomasse und Kakaobutter. Der Kakaokern wird durch mehrere Verarbeitungsschritte aus den Samen des Kakaobaums *Theobroma cacao* gewonnen.

Der erste Kakaoanbau wurde vermutlich um 1.500 v. Chr. von den Olmeken in Mittelamerika betrieben. Etwa 1.800 Jahre später, um 300 n. Chr., galt die Kakaobohne bei den Mayas wahrscheinlich nicht nur als wichtiges Handelsgut, sondern auch als Kultsymbol und Zahlungsmittel. Diese Bedeutung besaß die Kakaobohne vermutlich für mehrere Jahrhunderte und noch über die Zeit der Azteken ca. 1.200 n. Chr. hinaus. Nach Entdeckung der „neuen Welt" wurde der Kakao von den spanischen Eroberern Mittelamerikas unter Führung von *Hernán Cortés* nach Europa gebracht. Zunächst gelangte die „Neuentdeckung" nach Spanien und wurde von dort aus über Italien und Frankreich in der restlichen „alten Welt" verbreitet. Dem Kakao wurde besonders in Form eines Aufgussgetränkes ein sehr hoher Wert beigemessen, so dass der Konsum allein dem Adel und dem wohlhabenden Bürgertum vorbehalten war. Im 19. Jahrhundert wurden Kakao und Kakaoprodukte dann allmählich durch vielerlei günstige wirtschaftliche und technische Umstände und neue Entwicklungen für das gesamte Volk zugänglich. Technische Fortschritte im 20. Jahrhundert erlaubten vielfältige neue Verarbeitungsmöglichkeiten, so dass die Produktpalette der Kakao- und Schokoladenprodukte stark erweitert wurde.

12.3.2 Produktion und Verbrauch

Im Jahre 2005 wurden weltweit etwa 3,7 Mio. t Kakao angebaut (2005/2006 International Cocoa Organization – ICCO). Dies ist ein Anstieg um ca. 6% zum Vorjahr und der Trend ist weiterhin steigend. Die Kakaopflanze gedeiht nur in den wärmsten und regenreichsten Tropen zwischen dem 20. Breitengrad nördlich und südlich des Äquators. Jedoch liegen die Hauptanbaugebiete für Kakao nicht in den Ursprungs-ländern der Kakaopflanze in Mittelamerika, sondern größtenteils in den ehemaligen europäischen Kolonien Afrikas. Mit rund 1,4 Mio. t pro Jahr ist die Elfenbeinküste mit Abstand der größte Kakaoproduzent, gefolgt von Ghana, Indonesien, Nigeria, Kamerun, Brasilien und Ecuador. Das Klima in Deutschland ist für einen Anbau von Kakaopflanzen zwar ungeeignet – deshalb wird Kakao in Deutschland zu 100% importiert – dennoch gehört Deutschland mitsamt den anderen Industrienationen Europas und Nordamerikas zu den Hauptherstellerländern für Kakaoprodukte und Schokolade. Jährlich werden in Deutschland etwa 300.000 t Rohkakao verarbeitet und die Produktionszahlen von Schokoladenwaren und kakaohaltigen Lebensmit-telzubereitungen sind steigend (BDSI 2005/2006). Die Verarbeitung des Rohkakaos fand lange Zeit primär in den Industrienationen statt, seit einigen Jahren ist die Herstellung von Kakaopulver und Kakaobutter aber teilweise wieder in die Ka-kaoanbauländer zurückverlagert worden. Deutschland gehört zusammen mit der Schweiz zu den Spitzenreitern des Schokoladenverbrauchs. Im Jahre 2007 belief sich der Pro-Kopf-Verbrauch von Schokoladenwaren auf ca. 9,4 kg/Kopf/Jahr und von kakaohaltigen Lebensmittelzubereitungen auf 2,1 kg/Kopf/Jahr mit steigender Tendenz.

12.3.3 Warenkunde/Kakaosorten

Theobroma Cacao L. ist der Kakaobaum, der zur Familie der Malvengewächse ge-hört. Die langen, dünnen Kakaobäume mit den großen, glatten und schwertförmigen Blättern werden auf Plantagen kultiviert. Normalerweise werden die bis zu 15 m hohen Schattengewächse unter so genannten „Schattenspendern" angebaut und zur einfacheren Nutzung gestutzt. Mittlerweile wurden verschiedene Sorten des *Theo-broma Cacao L.* gezüchtet, wovon für die Kakaoherstellung besonders drei Sorten wichtig sind – die Edelkakaos *Criollo*, *Forastero* und der Konsumkakao *Trinitario*. Diese drei Sorten sind äußerlich zwar schwer zu unterscheiden, variieren aber deut-lich in ihrem Aroma. Auf vielen Plantagen werden unterschiedliche Kakaosorten und -kreuzungen nebeneinander angebaut. Deshalb werden die gehandelten Kakao-bohnen nicht mit dem jeweiligen Sortennamen, sondern mit der Herkunft benannt.

Criollo: Diese Edelkakaosorte stammt aus Mittelamerika und wird heutzutage vor allem in West-Venezuela, Ecuador, Indonesien, Ceylon und Trinidad angebaut. Der Criollo-Baum trägt längliche Früchte mit weißen Samen. Criollo macht nur einen kleinen Teil des weltweiten Kakaoanbaus aus, da die Sorte schwer kultivierbar und wenig widerstandsfähig gegenüber Krankheiten ist. Criollo-Kakao verfügt jedoch über sehr gute Geschmacks- und Aromaeigenschaften. Deshalb wird er auch als „Würzkakao" bezeichnet. Beispiele für Criollo-Sorten sind u. a. Porcelana, Guasare, Chuao und Ocumare.

Trinitario: Bei dem Trinitario-Kakao handelt es sich um eine Kreuzung von Criollo und Forastero. Diese Sorte wurde auf der Insel Trinidad gezüchtet und deshalb nach ihr benannt. Diese Hybridform vereint die Eigenschaften der beiden Ausgangssorten. Zum einen besitzt diese Kakao-Sorte die Robustheit des Forasteros und zum anderen das gute Aroma des Criollos. Die relativ junge Trinitario-Sorte besitzt zwar einen eher kleinen Anteil am Welthandel, hat sich jedoch in den letzten Jahren immer mehr durchgesetzt. Beispielhaft für den Trinitario ist die Imperial College Selection (ICS 1), eine sehr ertragreiche Sorte von mildem Aroma und guter Fruchtigkeit. Die Fruchtfarbe variiert von tiefdunkelrot bis braunorange.

Forastero: Diese auch als Konsumkakao bezeichnete Sorte ist in Südamerika beheimatet und wird heute vorwiegend in Westafrika, Ghana, Nigeria, Brasilien und Kamerun angebaut. Die Forastero-Bäume bringen Früchte mit einer harten, runden und melonenähnlichen Schale hervor, die violette Samen tragen. Mit ca. 80 % des Weltanbaus ist der Forastero heute vorherrschend. Diese Sorte ist zwar im Vergleich zu den Edelkakaos geschmacklich durch eine herbere und bitterere Note nicht so gut, liefert aber höhere Erträge und besitzt durch die gute Widerstandsfähigkeit gegenüber Krankheiten einen entscheidenden Vorteil. Es gibt viele tausend Forastero-Sorten wie z. B. Amelonado, IMC 67 oder Arriba.

12.3.4 Herstellungsprozess

Zur Gewinnung des Kakaobruchs aus der Kakaofrucht sind sechs Verfahrensschritte notwendig (siehe Abb. 12.13). Die ersten drei Stufen der Aufarbeitung, also das

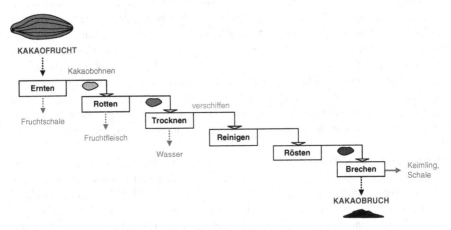

Abb. 12.13 Verfahrensschritte zur Herstellung von Kakaobruch

Ernten, Rotten und Trocknen, finden in den Kakaoanbauländern statt, während die Weiterverarbeitung durch Reinigen, Rösten und Brechen häufig auch in den Abnehmerländern erfolgt.

Ernten: Ein Kakaojahr dauert jeweils vom 1. Oktober des einen Jahres bis zum 30. September des Folgejahres. Die Ernte findet meist zweimal jährlich im Frühjahr und im Sommer statt. Um eine optimale Qualität zu erzielen, sollten nur vollreife Früchte geerntet werden, da diese über das beste Aroma verfügen. Ein Kakaobaum liefert pro Jahr etwa 20–40 gurkenförmige, gelbrote bis rotbraune Kakaofrüchte. Nachdem die Früchte mit Pflückmessern vom Baum abgetrennt sind, werden die bohnenförmigen Samen – 25–50 Samen in fünf Reihen – mit dem weißen anhaftenden Fruchtfleisch (Pulpa) mechanisch (zumeist per Hand) von der Fruchtschale befreit.

Rotten: Mit Ausnahme einiger Sorten (z. B. Arriba- und Machalasorten werden direkt an der Sonne getrocknet, wobei kaum Fermentation abläuft) werden die Kakaobohnen direkt im Anschluss an die Ernte fermentiert. Dieser Prozess wird auch als „Rotten" bezeichnet. Eine sachgemäße Fermentation mit vorausgehender Größensortierung der Samen ist entscheidend, um qualitativ hochwertigen Kakao zu gewährleisten. Die Ziele der Fermentation sind:

* ein vollständiges Abtrennen des Fruchtfleisches vom Kakaosamen,
* ein Abtöten des Samenkeimes zur besseren Lagerfähigkeit,
* eine Bildung der Vorstufen von Aromastoffen
* sowie die Braunfärbung der Kakaobohnen.

Für die Fermentation stehen unterschiedliche Verfahren zur Verfügung, wie z. B. Gruben-, Korb-, Haufen- oder Kastenfermentation. Die Samen werden zusammen mit der anhaftenden Pulpa zunächst in einer Grube, einem Fass, einem Korb oder im Gärboden aufgeschichtet. Dort werden sie unter regelmäßigem Umwälzen und ausreichender Sauerstoffzufuhr je nach Sorte, Klima und Technik für einige Zeit fermentiert. Criollo-Kakao benötigt für den Fermentationsprozess etwa zwei bis drei Tage und der Forastero mit fünf bis acht Tagen etwa doppelt so lange. Während des Rottens laufen viele chemische und biologische Reaktionen ab, die zur Bildung von Precursoren charakteristischer Aroma-, Geschmacks- und Farbstoffe sowie zur Umwandlung von adstringierend schmeckenden Gerbstoffen führen. Zeitlich werden dabei die zu Beginn ablaufenden Reaktionen in der Pulpe von den später einsetzenden Reaktionen im Kakaosamen unterschieden. Abbildung 12.14 gibt eine zeitliche Übersicht über die Reaktionsprozesse während der Kakaofermentation am Beispiel des länger fermentierten Forastero-Kakaos.

Trocknen: Nach der Fermentation beträgt die Restfeuchte etwa 60%, für eine gute Lagerstabilität müssen die Samen aber im Anschluss an die Fermentation bis zu einem Restfeuchtegehalt von ca. 6% getrocknet werden. Für diesen Trocknungsvorgang stehen einerseits eine schonende, klimaabhängige Sonnentrocknung zur

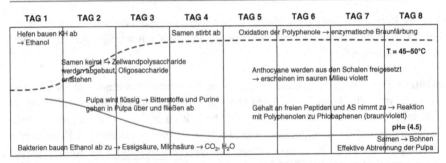

Abb. 12.14 Schema zur Fermentation von Kakaobohnen

Verfügung und andererseits eine standardisierte, aber teure künstliche Trocknung. Während der Trocknung vollzieht sich weiterhin die Ausbildung der Aroma-, Geschmacks- und Farbstoffe in Folge anhaltender Enzymaktivität. Um Fehlaromen und -färbungen durch Störung dieses Prozesses zu vermeiden, dürfen die Trocknungstemperaturen nicht zu hoch sein.

Reinigen: Die getrockneten Kakaobohnen werden zur Weiterverarbeitung meist in die Industrieländer verschifft. Durch unterschiedliche Verfahren werden die Samen dort zunächst gereinigt, um organische Bestandteile und mineralische Fremdstoffe wie Schmutz, Steine und Metalle abzutrennen. Die Reinigung verhindert eine unerwünschte Rauchentwicklung bei der Röstung, die zu Aromaeinbußen führen kann.

Rösten: Vor dem Rösten werden die Kakaobohnen der Größe nach sortiert, um eine gleichmäßige Röstung aller Bohnen zu erzielen. Anschließend werden die Samen separat bei Temperaturen <150 °C geröstet. Im Allgemeinen werden Edelkakaos weniger geröstet als Konsumkakaos. Die Ziele der Röstung sind:

- die Inaktivierung von Enzymen (fettspaltende Esterase),
- die Reduktion des Wassergehaltes auf <3%,
- die Entfernung leicht-flüchtiger Aromastoffe (z. B. Essigsäure, Essigsäureester),
- die Abtötung von Schädlingen
- und die Härtung des Kakaobohnenkerns zur leichteren Ablösung der Samenschale.

Für den Röstprozess stehen unterschiedliche Verfahren zur Verfügung, wie z. B. Kontaktröstung, Heißluftröstung oder die heutzutage meist verwendete Infrarot-Röstung. Bedingt durch die Röstung bilden sich auf der Kakaobohnenoberfläche Dampfblasen, die schließlich zur Absprengung der Samenschale führen. Während des Röstens laufen viele thermische Reaktionen ab, die zur Umsetzung der bei der

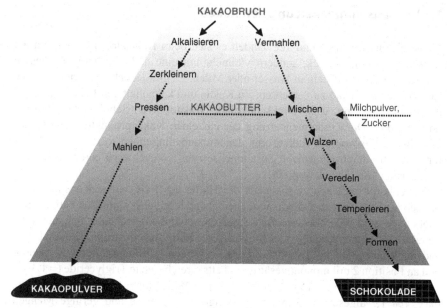

Abb. 12.15 Weiterverarbeitung von Kakaobruch zu Kakaopulver und Schokolade

Fermentation gebildeten Produkte führen. Zu den Reaktionen zählen die *Maillard-Reaktion* von Carbonyl- und Aminoverbindungen mit dem *Strecker-Abbau* der ersten Reaktionsprodukte über Pyrazine, Furane etc. zu den hochmolekularen Melanoidienen sowie die *Oxidation von Gerbstoffen*. Die Endprodukte sind die charakteristischen Farb- und Aromastoffe des Kakaos.

Brechen: Unmittelbar nach dem Röstvorgang müssen die Kakaobohnen gebrochen und gekühlt werden, um eine Überröstung zu vermeiden. Dieser Prozess wird entweder mit Walzen oder mit einem so genannten Wurfbrecher durchgeführt, der die Bohnen mit hoher Geschwindigkeit gegen eine Platte schleudert, so dass diese aufbrechen. Der so entstandene Kakaobruch kann nun beispielsweise zu Kakaopulver und Schokolade weiterverarbeitet werden. Abbildung 12.15 zeigt eine grobe Übersicht zur Herstellung von Kakaobruch und einer möglichen Weiterverarbeitung zu Kakaopulver und Schokolade.

Alkalisieren: Das Alkalisieren nach *van Houten* wird auch als „Dutching" bezeichnet. Dieses Verfahren erleichtert einerseits das Abpressen von Kakaobutter und bietet andererseits die Möglichkeit, sowohl die Farbe (dunkler) als auch den Geschmack (milder) des Kakaopulvers zu beeinflussen. Bei diesem Prozess wird der Kakaobruch, die Kakaomasse oder die Essenz mit Alkalisalzen (z. B. Natriumcarbonat oder Pottasche) behandelt. Das Alkalisierungsmittel wirkt zunächst bei 60–90 °C ein. Anschließend wird der Kakaobruch neutralisiert (Citronen- oder Weinsäure) und kann dann weiterverarbeitet werden.

12.3.5 Zusammensetzung von Kakao

Im Vergleich zu Kaffee und Tee handelt es sich beim Kakaogetränk nicht um ein wässriges Aufgussgetränk, sondern vielmehr um eine dickflüssigere Suspension von Kakaopulverpartikeln in Wasser oder Milch. Es gibt jedoch noch viele weitere Möglichkeiten Kakao zu verzehren. Zu Kakao und kakaohaltigen Lebensmittelzubereitungen gehören u. a. Trinkschokolade, Kakaopulver, Schokolade, Glasuren und Pralinen. Die Zusammensetzung der einzelnen Kakaoprodukte variiert stark in Abhängigkeit von der Kakaosorte, den Anbaubedingungen sowie der Aufbereitungsart. Die durchschnittliche Zusammensetzung von schwach entöltem Kakaopulver ist in Tab. 12.6 dargestellt.

Kakaokerne bestehen zu mehr als der Hälfte aus **Fett**, wobei Konsumkakaobohnen im Vergleich zu Edelkakaobohnen etwas fettreicher sind. Das Fett der Kakaobohnen wird auch als *Kakaobutter* bezeichnet und unterscheidet sich durch die Fettsäurezusammensetzung (viel Stearinsäure) und Glyceridstruktur deutlich von anderen Pflanzenfetten (etwa 80% an den Positionen 1,3 mit gesättigten Fettsäuren und an Position 2 mit monoungesättigten Fettsäuren besetzte Triglyceride (= 1,3-digesättigte-2-monoungesättigte), ferner etwa 15% 1,2-diungesättigte-3-gesättigte, max. 1% 1,2-digesättigte-3-monoungesättigte Triglyceride und geringe Mengen anderer). Deshalb hat Kakaobutter auch einen höheren Erstarrungspunkt und ein anderes Schmelzverhalten als andere Pflanzenfette.

Ein weiterer charakteristischer Bestandteil des Kakaosamens sind die Alkaloide mit einem relativ hohen Gehalt an **Theobromin**, einem geringen Anteil **Coffein** und Spuren von **Theophyllin**. Dadurch hat Kakao zwar auch eine anregende Wirkung, die jedoch schwächer ist als die durch Kaffee hervorgerufene, so dass ihn Kinder verzehren dürfen. Außerdem tragen Theobromin und Coffein zusammen mit Diketopiperazinen zum herb-bitteren Geschmack des Kakaos bei. Die Kohlenhydratfraktion des Kakaokerns setzt sich größtenteils aus **Cellulose, Stärke** und **Pentosanen** zusammen. Bei fermentiertem Kakao ist Saccharose durch Hydrolyse zu **Glukose** und **Fruktose** umgewandelt worden. Diese **reduzierenden Zucker** sind

Tab. 12.6 Zusammensetzung von schwach entöltem Kakaopulver in g/100 g (Souci et al. 2008)

Inhaltsstoff	g/100 g
Wasser	5,6
Protein	19,8
Verfügbare Kohlenhydrate	10,8
Reduzierende Zucker	2,1
Nicht-reduzierende Zucker	0,14
Stärke	8,6
Lipide	24,5
Ballaststoffe	30,4
Mineralstoffe	6,53
Oxalsäure	0,39
Theobromin	2,3
Purine	0,07

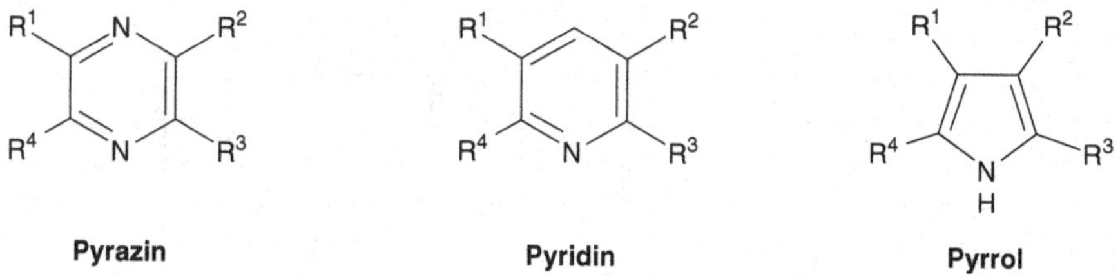

Pyrazin   **Pyridin**   **Pyrrol**

Abb. 12.16 Einige aromatische Verbindungen in Kakao (Pyrazin, Pyridin, Pyrrol)

an der Aromabildung während des Röstprozesses beteiligt. Insgesamt sind mehr als 500 Substanzen für die Ausbildung des Kakaoaromas und -geschmacks zuständig. Die Fermentations- und Röstvorgänge haben vor allem in Folge der *Maillard-Reaktion* einen starken Einfluss auf die Entwicklung dieser **Aroma- und Geschmacksstoffe**. Die **organischen Säuren** Citronen-, Essig-, Bernstein- und Apfelsäure, die während der Fermentation gebildet werden, tragen wesentlich zum Geschmack des Kakaos bei. Weitere zum Kakaoaroma beitragende Verbindungen sind Pyrazine, Pyrrole, Pyridine (siehe Abb. 12.16), Aldehyde, N-haltige Verbindungen und Phenole.

Die Gruppe der **Polyphenole** ist ein wichtiger Bestandteil des Kakaos. Der Nichtfettanteil (NFCS = Non Fat Cocoa Solid Content) und der Polyphenolgehalt verschiedener Kakaoprodukte sind miteinander korreliert. Mit Ausnahme des entölten, alkalibehandelten Kakaopulvers, das einen niedrigen Procyanidingehalt aufweist, steigt der Proanthocyanidingehalt, mit dem NFCS-Gehalt an. Tabelle 12.7 zeigt den prozentualen Anteil an Fett und NFCS verschiedener Kakaoprodukte.

Die Fraktion der Polyphenole im Kakao setzt sich zum größten Teil aus Leukoanthocyanen zusammen, gefolgt von Catechinen (Epicatechin, Catechin, Gallocatechin, Epigallocatechin) und einem kleinen Anteil Anthocyanen (Cyanidin-3-α-L-arabinosid, Cyanidin-3-β-D-galaktosid). Die Leukoanthocyane, meist Flavan-3,4-diole, zerfallen jedoch beim Erhitzen und niedrigem pH-Wert in Anthocyane und Catechine. Als wichtige Antioxidantien im Kakao gelten (−)-Epicatechin, (+)-Catechin sowie die oligomeren Procyanidine B2, C1 und Cinnamtannin A2, die über C4→C8 Bindung verknüpft sind (siehe Abb. 12.17).

Die Polyphenole haben im Kakao mehrere Funktionen, wie zum Beispiel die Bildung von Farbkomplexen. Die violette Färbung der Forastero-Samen wird durch

Tab. 12.7 Zusammensetzung verschiedener Kakaoprodukte (Gu et al. 2006)

Produkt	% Fett	% NFCS (Non fat cocoa solid contents)
Milchschokolade	32	7,1
Zartbitterschokolade	36	22,9
Kakaobruch	50	49,5
Entöltes Kakaopulver	13,6	87,4
Entöltes alkalibehandeltes Kakaopulver	15,5	80,2

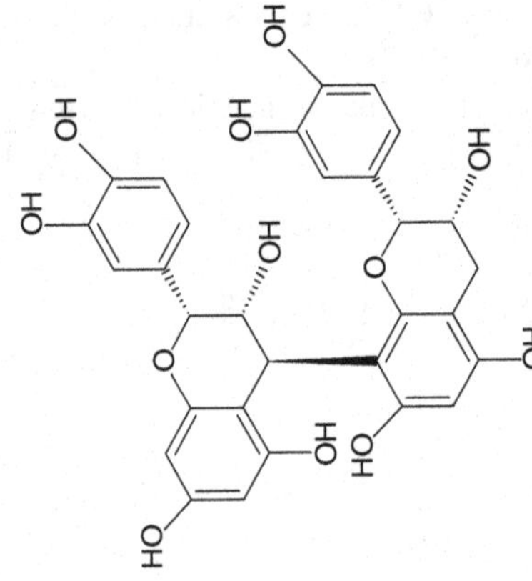

Abb. 12.17 Polyphenole in Kakao

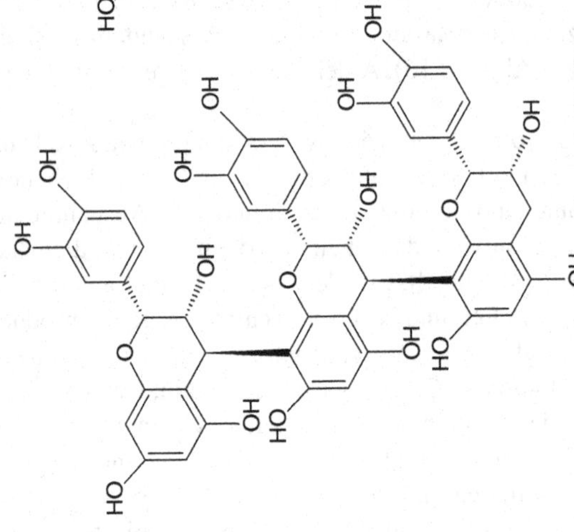

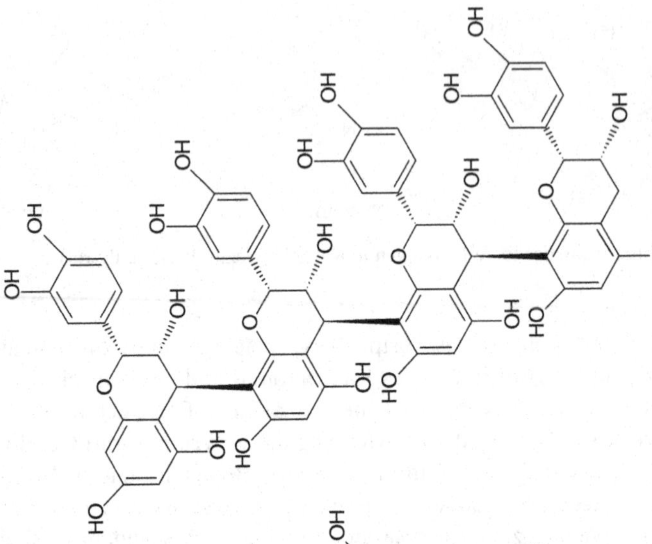

Anthocyane hervorgerufen, während die weißlichen Samen des Criollo hingegen Leucoanthocyane enthalten. Die Anthocyane des Forasteros werden auch für das herbere und adstringierendere Aroma mit verantwortlich gemacht. Aktuell wird eine Vielzahl so genannter *Health-benefit*-Effekte von Polyphenolen in Kakao diskutiert, wie z. B.:

- eine antioxidative Wirkung in vitro,
- eine verringerte Thrombozyten aggregation,
- eine vasodilatorische Wirkung und verbesserte endotheliale Funktion,
- eine blutdrucksenkende Wirkung durch ACE-Hemmung,
- eine antiinflammatorische Wirkung
- sowie eine Erhöhung der Insulinsensivität.

Einige Schokoladenhersteller haben bereits spezielle Schokoladen mit einem besonders hohen Polyphenolgehalt entwickelt.

12.4   Kaffee, Tee und Kakao in der Ernährung des Menschen

Kaffee und Tee sind beliebte Heißgetränke, die überwiegend wegen der anregenden Wirkung des enthaltenen Coffeins getrunken werden und nahezu energiefrei sind. Neben dem Coffeingehalt des Kaffees ist der relativ hohe Gehalt an Trigonellin, einer Vorstufe des B-Gruppen-Vitamins Niacin zu erwähnen. Tee ist je nach Art und Anbaugebiet relativ fluorid- und kaliumreich und enthält darüber hinaus nennenswerte Gehalte an B-Vitaminen wie B_1 und B_2, die allerdings bei der starken Verdünnung im Aufguss kaum von Bedeutung sind. Da der Gerbstoffgehalt einiger Teesorten die Resorption des Nahrungseisens durch Komplexbildung herabsetzen kann, sollten zumindest Vegetarier Tee nicht zu den Hauptmahlzeiten trinken. Kakao ist hingegen durch einen nennenswerten Kohlenhydrat-, Fett- und Eiweißgehalt als nahrhaftes Getränk einzustufen. Weiterhin sind im Kakao relativ bedeutsame Gehalte an Calcium, Magnesium, Eisen und Vitamin B_2 enthalten, wobei der hohe Oxalsäuregehalt die Mineralstoff-Bioverfügbarkeit beeinträchtigen kann.

Diese Kategorie von Getränken wird zur täglichen Flüssigkeitsaufnahme gerechnet, aber es gibt keine Verzehrsempfehlungen. Getränke bilden u. a. aufgrund des teilweise hohen Energiegehaltes von Limonaden, Fruchtsaftgetränken etc. auf der dreidimensionalen Lebensmittelpyramide eine eigene Seite. Die DGE empfiehlt täglich mindestens 1,5 L zu trinken, wobei energiearme Getränke, vor allem Wasser und Kräutertees, bevorzugt werden sollten. Der Verzehr von anregenden Getränken wie Kaffee und Tee wird als etwas weniger günstig eingestuft. Sowohl bei Frauen als auch bei Männern machen Kaffee, Grüner und Schwarzer Tee laut den Ergebnissen der NVS II (2005–2006) etwa ein Viertel des täglichen Getränkeverzehrs aus.

Bibliographie

Annual Bulletin of Statistics, ITC, London 2008/2009.

Clark, R. J. & Vitzhum, O. G. (2001): Coffee – Recent Developments. Blackwell Science Ltd., Oxford.

Clifford, M. N. & Willson, K. C. (Hrsg.) (1985): Coffee: Botany, Biochemistry and Production of Beans and Beverage. Croom Helm Verlag, London.

Feldheim, W. (1994): Tee und Teeerzeugnisse. Blackwell Wissenschafts-Verlag, Berlin.

Gu, L., House, S. E., Wu, X., Ou, B. & Prior, R. L. (2006): Procyanidin and Catechin Contents and Antioxidant Capacity of Cocoa and Chocolate Products. *Journal of Agriculture and Food Chemistry* **54(11)**, 4057–4061.

Horn, H. & Lüllmann, C. (2006): Das Große Honigbuch: Entstehung, Gesundheit, Gewinnung und Vermarktung. 3. Auflage, Franckh-Kosmos Verlag, Stuttgart.

Kleinert, J. (1997): Handbuch der Kakaoverarbeitung und Schokoladenherstellung. 1. Auflage, Behr's Verlag, Hamburg.

Lobitz, R. (2000): Kaffee, Tee, Kakao, Kräutertee. 2. überarbeitete Auflage, aid-Infodienst, Bonn.

Bier

13

Inhaltsverzeichnis

13.1 Definition und Geschichte

Das Prinzip der Bierherstellung war bereits den Sumerern 5.000 v. Chr. bekannt. Berichte der ersten Bierherstellung gehen in Japan auf das Jahr 2.600 v. Chr. und in Indien auf das Jahr 2.000 v. Chr. zurück. Zu Zeiten der „alten" Ägypter und Babylonier wurde das alkoholhaltige Getränk jedoch vorwiegend von den ärmeren Volksschichten konsumiert, die wohlhabenderen Leute zogen Wein vor. In Süd- und Mittelamerika hat die Bierherstellung auch eine lange Geschichte, denn die

© Springer-Verlag Berlin Heidelberg 2015
G. Rimbach et al., *Lebensmittel-Warenkunde für Einsteiger,* Springer-Lehrbuch,
DOI 10.1007/978-3-662-46280-5_13

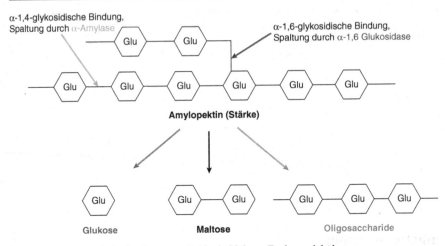

Abb. 13.1 Enzymatische Spaltung von Stärke in kleinere Zuckermoleküle

Indianer haben dort schon seit Jahrhunderten Mais zu Bier vergären lassen. Die älteste noch bestehende Braustätte der Welt ist die Klosterbrauerei Weihenstephan. 725 n. Chr. wurde dort das Benediktinerkloster gegründet, das um 1.040 n. Chr. in Weihenstephan mit der offiziellen Bierbrauerei begann. Eine der ersten bildlichen Darstellungen eines Brauers stammt möglicherweise aus dem Jahre 1403, diese ist im „Mendelschen Stiftungsbuch" zu sehen und zeigt einen Mönch am Sudkessel. Im Jahre 1643 wurde dann von König Karl I die erste Biersteuer erhoben.

Im weiteren Sinne sind unter dem Begriff „Bier" alle alkoholhaltigen Getränke zu verstehen, bei denen Stärke als Ausgangsprodukt dient. Jedoch ist Stärke nicht von selbst gärbar, sondern muss durch Einwirken von Enzymen in die erforderlichen Zucker überführt werden (siehe Abb. 13.1), die dann schließlich vergoren werden.

Bier im engeren Sinne kann definiert werden als *gegorenes, kohlendioxidhaltiges, schäumendes, alkoholisches Getränk, das auf Basis von Malz, Hefe, Hopfen und Wasser erzeugt wird.*

13.2   Produktion und Verbrauch

In Deutschland gibt es derzeit ca. 400 Bierbrauereien, die jährlich 11 Mio. t (110 Mio. HL) Bier produzieren. Den größten Anteil davon tragen Nordrhein-Westfalen und Bayern. Nicht nur in der Produktion, sondern auch im Verbrauch und Export von Bier ist Deutschland europaweit führend. Der Bierkonsum in Deutschland lag 2008 bei 111,1 L pro Person und der Trend ist weiterhin etwas sinkend. In den letzten Jahren hat sich der Verbrauch an alkoholischen Getränken allgemein vermindert. Insbesondere der Bierkonsum ist von 1995 (ca. 136 L pro Person) bis 2008 um ca. 25 L pro Person und Jahr zurückgegangen. Jüngste Ergebnisse der NVS II (2005–2006) zeigen, dass Frauen im Schnitt ca. 0,25 L Bier pro Tag und

Tab. 13.1 Beispiele für ober- und untergärige Biersorten

Obergärige Biere	Untergärige Biere
Bayerisches Weißbier	Pilsner
Berliner Weißbier	Dortmunder
Grätzer Weißbier	Export
Kölsch	Bockbier
Düsseldorfer Altbier	Salvator
Stout (Porter)	Nürnberger
Pale Ale	Kulmbacher
Faro	Märzen
Mild Ale	
Lambic	

Männer 0,4 L Bier pro Tag konsumieren. Der höchste Bierkonsum wird in den Regionen Sachsen, Thüringen und Bayern verzeichnet. Dennoch ist Bier nach Kaffee das zweit liebste Getränk in Deutschland. Pilsbier macht den höchsten Anteil am Bierkonsum aus, während andere Segmente, wie das Exportbier, dahinter liegen. Gegenwärtig führt der neue Trend vor allem zu Biermischgetränken (Radler u. a.). Alkoholfreies Bier hat einen Anteil von ca. 3% am gesamten Bierkonsum, der Verbrauch ist hier jedoch steigend.

13.3 Warenkunde/Produktgruppen

Das deutsche Biersortiment kann einerseits nach Biergattungen (Einfach-, Schank-, Voll- und Starkbiere) und andererseits nach Biertypen (ober- und untergärig) unterteilt werden (siehe Tab. 13.1). Dazu kommt noch die Einteilung nach der Farbe des Bieres, die von weißlichgelb bis schwarz reichen kann. Der Einfachheit halber wird grob zwischen hellen und dunklen Bieren unterschieden. Das vielfältige Bierangebot wird besonders von einigen regionalen Spezialitäten geprägt. Eine neuere bedeutsame Produktgruppe stellen die alkoholfreien Biere sowie die Diätbiere für Diabetiker dar.

13.3.1 Biergattungen

Die Biergattungen unterscheiden sich in ihrem prozentualen Anteil gelöster Stoffe (= Extraktstoffe v. a. Dextrine) vor der Gärung voneinander. Dieses wird allgemein als „Stammwürzegehalt" bezeichnet. Vier Biergattungen sind nach dem Biersteuergesetz zugelassen: Einfach-, Schank-, Voll- und Starkbier. Je höher der Stammwürzegehalt und der Vergärungsgrad, desto höher ist auch der Alkoholgehalt der Biere (ca. ein Drittel des Stammwürzegehaltes). Der Extraktgehalt der Biere ist ebenfalls von dem Stammwürzegehalt und dem Vergärungsgrad abhängig, denn wenn es zu

Tab. 13.2 Vergleich der Biergattungen

	Einfachbier	Schankbier	Vollbier	Starkbier/Bockbier
Stammwürze (in °)*	Max. 8	9–11	Min. 11	Min. 16
Alkoholgehalt (in vol%)	Max. 3,7	ca. 4,3	ca. 5	Min. 6,25
Extraktgehalt (in %)	1,0–4,0	2,0–4,0	4,5–6,7	6,0–10,0
Eigenschaften	Sehr hell	Hellgelb	Gelb	Goldgelb bis dunkel
	Besonders leicht	Leicht, mild	Malzig	Vollmundig
	Relativ alkoholarm	Hopfenbitter	Mild hopfig	Würzig
				Alkoholreich

* 1° Stammwürze = 1 g Extrakt in 100 g unvergorener Würze

einer starken Vergärung der Stammwürze kommt, bildet sich mehr Alkohol und es bleibt weniger Extrakt (Zucker und Oligosaccharide) übrig. Umgekehrt verhält es sich ebenso, dass heißt, eine schwache Vergärung führt zu einem geringen Alkohol-, aber hohen Extraktgehalt. Das Ergebnis ist ein süßer schmeckendes Bier. Tabelle 13.2 gibt eine Übersicht über Stammwürze-, Alkohol- und Extraktgehalt der verschiedenen Biergattungen.

Einfachbiere: Der Stammwürzegehalt von Einfachbieren ist vor der Gärung per se niedrig. Diese Biere sind aufgrund eines daraus resultierenden geringen Alkohol- und Extraktgehaltes geschmacklich eher dünn. Zusätzlich haben Einfachbiere einen vergleichsweise niedrigen Energiegehalt. Einfachbiere existieren auf dem Markt nur noch zu einem geringen Anteil.

Schankbiere: Im Vergleich zu Einfachbieren haben Schankbiere einen höheren Alkohol- und Extraktgehalt sowie einen kräftigeren Geschmack. Häufig werden Schankbiere in kleinen Brauereien hergestellt, ihr Anteil am Markt ist steigend. Schankbiere eignen sich gut als Basis zur Produktion alkoholfreier Biere.

Vollbiere: Vollbiere haben einen recht kräftigen Geschmack und machen den weitaus größten Teil der Biere aus. Auch Vollbiere können entalkoholisiert werden.

Starkbiere: Solche Biere sind durch einen relativ hohen Alkohol- und Extraktgehalt gekennzeichnet. Dadurch besitzen Starkbiere einen kräftigen und vollen Geschmack. Der Marktanteil ist relativ groß und diese Biergattung wird oftmals zu besonderen Anlässen produziert (Maibock, Weihnachtsbock).

13.3.2 Biertypen

13.3.2.1 Obergärige Biere
Viele deutsche Biere von regionaler Bedeutung sowie eine Reihe englischer Biere und fast alle belgischen Biere sind obergärig.

Weißbier: Weißbier ist ein typisches Beispiel für obergäriges Vollbier. Dabei handelt es sich im Allgemeinen um helle, schwach gehopfte und leicht säuerliche Biere unterschiedlicher regionaler Herkunft (*Bayerisches Weißbier, Berliner Weißbier, Grätzer Weißbier, Belgisches „Wit"*). Für die Herstellung wird ein Gemisch aus Gersten- und Weizenmalz verwendet und mit obergärigen Hefen vergoren. Neben der alkoholischen Gärung tritt durch die offene Gärung (mit Luftzutritt) bis zu einem gewissen Grad bakterielle Milchsäuregärung auf. Das *Bayerische Weißbier* wird aus Weizenmalz (über 50%) unter Mitverwendung von Gerstenmalz hergestellt. Die Jahresproduktion beträgt knapp 0,9 Mio. t (9 Mio. HL). Bayerisches Weißbier entspricht mit einem Stammwürzegehalt zwischen elf und 14% und einem Alkoholgehalt von 5 bis 6 vol% einem Vollbier. Es gibt aber auch Weizenstarkbiere mit einem Stammwürzegehalt von bis zu 20% und einem Alkoholgehalt von über 8 vol%. Bayerisches Weißbier enthält weniger Milchsäure, wenngleich die Milchsäuregärung toleriert bzw. nicht unterdrückt wird. Das bayerische Weißbier ist sehr beliebt, die typisch bayerische, obergärige Bierspezialität gewinnt als einzige Sorte seit Jahren innerhalb des insgesamt stagnierenden bundesdeutschen Biermarktes Marktanteile hinzu – und dies nicht nur in Bayern. *Berliner Weißbier* ist ein spritziges, leicht hefegetrübtes, dunkelgelbes Bier von leicht säuerlichem Geschmack. Es wird aus einem Gemisch von Weizen- und Gerstenmalz gebraut. Die Herstellung von Weißbier ist urkundlich seit 1642 nachgewiesen und war ursprünglich eine Verbesserung des „Halberstädter Broihans" (nach dem aus Hannover stammenden Brauer Cord Broihan). Im letzten Jahrhundert war es das meist getrunkene Bier der Berliner. Der Konsum von Berliner Weißbier ist vorwiegend in Regionen in und um Berlin herum verbreitet. Mit einem Stammwürzegehalt von 7–8% und einem geringen Alkoholgehalt von 2,8 vol% gehört das Berliner Weißbier zur Gattung der Schankbiere. Der Milchsäuregehalt ist vergleichsweise hoch. Besonders im Sommer ist dieses nur in Flaschen angebotene Bier ein beliebtes Getränk. Die Trinktemperatur sollte bei 8–10 °C liegen. Während Berliner Weiße früher mit Kümmel oder Korn getrunken wurde, gibt man heute einen Schuss Himbeer- oder Waldmeistersirup ins Glas, bevor es mit Weißbier aufgefüllt wird.

Altbier: Es handelt sich um mäßig dunkle, überwiegend stark gehopfte und endvergorene Biere. Beispiele sind das *Düsseldorfer Altbier* oder *Kölsch*.

Stout: Stout ist ein englisches Bier von tief dunkler Farbe und hohem Alkoholgehalt. Es wird stark gehopft und hat einen haltbaren Schaum. Die Herstellung erfolgt unter Zusatz von Farbmalz, Zucker und Karamellzucker.

Porter: Hierbei handelt es sich um die leichte Sorte des Stout.

Ale: Ale sind helle, stark gehopfte säuerliche Vollbiere wie das Pale Ale oder das etwas dunklere und milder gehopfte Mild Ale. Diese Biersorte wird auch häufig mit Zusätzen versetzt wie Hopfen (*Bitter Ale*), Karamellmalz (*Milch-Ale*) oder pflanzlichen Auszügen, z. B. aus der Ingwerwurzel (*Ginger Ale*).

Lambic: Hierzu zählen helle, schwach gehopfte belgische Biere mit säuerlichem Geschmack. Nach der spontanen Vergärung unter Verwendung von 40% Weizenrohfrucht wird das Bier für lange Zeit in Eichen- oder Kastanienfässern gelagert.

13.3.2.2 Untergärige Biere

Diese hellen, mittelfarbigen oder dunklen Biere zeichnen sich im Vergleich zu obergärigen Bieren durch ihre hohe Lagerfähigkeit (Lagerbiere) und Haltbarkeit aus. Es gibt Pils, Helles, Dunkles sowie Helles/Dunkles Export. Marktführer ist das Pils.

Pilsner Bier: Pilsner Bier ist ein Prototyp für untergärige Qualitätsbiere. Es wurde ursprünglich in Pilsen (tschechische Stadt, südwestlich von Böhmen) mit weichem Brauwasser gebraut. Als „Echtes Pilsner" oder gleichsinnig (z. B. „Urquell") darf jedoch nur in Pilsen hergestelltes Bier bezeichnet werden. In Österreich ist die Bezeichnung „Urquell" auch für Biere zulässig, die nicht aus Pilsen stammen. Diese stark gehopften Biere sind sehr kohlensäurehaltig und schäumend. Spezial-Pilsbiere können u. a. die Zusatzbezeichnung „Premium" tragen, wenn diese einen Mindeststammwürzegehalt (12,5%) aufweisen.

Helles: Zur Biersorte der Hellen Biere zählen untergärige, gelbe Biere mit einem Stammwürzegehalt von 11 bis 13% und einem Alkoholgehalt von 4,5 bis 6%. Die Grenze zwischen hellen und dunklen Bieren ist nicht klar definiert und liegt zwischen dunkelgelben und hellbraunen Bieren. Bayerische Helle Biere werden nach Münchner Brauart gebraut, ebenso wie bayerische Dunkle Biere.

Dunkles: Zu den Dunklen Bieren zählen untergärige, braune Biere mit einem Stammwürzegehalt zwischen 11 und 13% und einem Alkoholgehalt von 4,5 bis 6%. Dunkle Biere werden in einigen Regionen auch als Braunbiere bezeichnet. Die dunkle Färbung des Bieres ist von der Farbstärke des verwendeten Malzes abhängig und kann je nach Herstellung zwischen hellgelb bis tiefschwarz schwanken.

Export (helles/dunkles): Exportbiere sind im deutschsprachigen Raum untergärige Vollbiere mit einem Stammwürzegehalt von 12 bis 24% und einem Alkoholgehalt über 5 vol%. Diese Biere haben einen malzigen, weniger hopfen-herben Geschmack als Pilsener Biere. Es gibt sowohl helle als auch dunkle Exportbiere, die nach den traditionellen Dortmunder, Münchener und Wiener Brauarten gebraut sein können.

13.3.3 Außereuropäische Biere

Der Begriff Bier im weiteren Sinne umfasst alle aus Stärke hergestellten Getränke. Als Stärkerohstoff können neben Gerste bzw. Weizen z. B. auch Mais, Batate, Mehlbanane, Reis, Sorghum, Maniok, Hirse, Brot, Melasse etc. dienen. Weltweit wird somit aus einer Vielfalt stärkehaltiger Rohstoffe Bier gebraut:

- „Bananenbier" aus Bananen in Uganda und Tansania
- „Betsabetsa" aus Zuckerrohr in Madagaskar
- „Burukutu" aus Sorghum in Manila und Savannenregionen
- „Busa" aus Hirse und Reis in Turkestan und Afrika
- „Kanji" aus Reis und Karotten in Indien
- „Bantu-Bier" aus Mais in Südafrika

Tsingtao Bier: Ein Beispiel für ein ausländisches Bier ist „Tsingtao Bier" aus China, welches auf der Basis von Gerste und Reis gebraut wird. Das Bier stammt aus der heute größten Bierbrauerei Chinas, die zu Beginn des 20. Jahrhunderts von deutschen Siedlern gegründet wurde. Seinerzeit betrug der Seeweg für den Export von Bier aus Deutschland nach China ca. 40 Tage. Um diese Wartezeit zu umgehen, wurde die Brauerei in China errichtet und das Bier dort ursprünglich nach dem deutschen Reinheitsgebot gebraut. Im Jahr 1972 wurde es in den amerikanischen Markt eingeführt und ist seitdem das am meisten verkaufte chinesische Bier in den USA. Weltweit wird es in über 50 Staaten exportiert und macht damit die Hälfte des chinesischen Bierexportes aus.

13.3.4 Alkoholfreie Biere/Diätbiere

Auf dem deutschen Markt existieren ca. 30–40 Sorten an alkoholfreiem Bier, der Verbrauch ist steigend. Alkoholfreies Bier hat in der Regel einen Restalkoholgehalt von bis zu 0,5 vol% und in der Schweiz sogar bis zu 0,7 vol%. Diese Biere gelten im Brauereigewerbe als „alkoholfrei". Die Vorschriften der EG-Richtlinien machen eine Kennzeichnung des Alkoholgehaltes erst ab 1,2 vol% erforderlich. Als „Diätbier" werden Biere mit einem hohen Vergärungsgrad verstanden. Diese Biere haben nahezu keinen Einfluss auf den Blutzuckerspiegel und sind deshalb besonders für Diabetiker geeignet. Oftmals handelt es sich um helles Bier vom Pilsner-Typ. Diätbiere werden nach einer speziellen Gärführung mit Hefen der Spezies *Saccaromyces diastaticus* hergestellt, die auch Dextrine und Raffinose vergären können. Dadurch besitzen diese Biere normalerweise einen relativ hohen Alkoholgehalt, dieser wird jedoch nachträglich teilweise wieder entfernt und auf einen für Bier typischen Gehalt gesenkt.

13.4 Herstellungsprozess

Um einen Liter Bier herzustellen, werden ca. 180 g Gerste, ca. 1,3 L Brauwasser, ca. 1,3 g Hopfen und ca. 10 Mrd. Hefe-Zellen benötigt. Der Prozess der Bierherstellung gliedert sich in drei wesentliche Verfahrensschritte: die *Malzbereitung* (Mälzerei), die *Würzebereitung* und die *Gärung*. Jede Prozessstufe besteht jeweils aus mehreren Einzelschritten wie Abbildung 13.2 verdeutlicht.

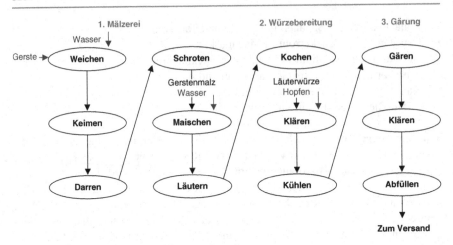

Abb. 13.2 Übersichtsschema zur Bierherstellung

13.4.1 Malzbereitung

Die Hauptziele der Malzbereitung sind die Bildung der für den späteren Maische-prozess notwendigen Enzyme sowie eine Auflösung der Kornstruktur der Brau-gerste. Das Mälzen setzt sich aus den Schritten Einweichen, Keimen und Darren zusammen. Bevor dies jedoch stattfinden kann, muss die Rohgerste zunächst gerei-nigt und sortiert werden, um Fremdbestandteile und die unerwünschte Mikroflora zu entfernen.

Einweichen: Das gereifte Getreide wird in ausreichend Wasser eingeweicht, bis das Weichgut einen deutlich erhöhten Wassergehalt hat (34–36%). Dadurch wird eine rasche und gleichmäßige Auskeimung eingeleitet. Die Erhöhung des Was-sergehaltes steigert die enzymatische Aktivität und leitet damit den Keimvorgang ein. Der Prozess des Einweichens dauert mehrere Tage (40–80 h) und ist von der Temperatur und der Trockenzeit abhängig. Während dieses Vorgangs sind einige wichtige Kriterien wie eine relativ niedrige Wassertemperatur (10–13 °C) und eine ständige Sauerstoffzufuhr durch Umwälzen einzuhalten, damit nicht die so genannte „Totweiche" und damit der Verlust der Keimfähigkeit und der Fähigkeit zur alkoholischen Gärung eintreten. Das Endprodukt wäre durch Fehlaromen (Ester und Aldehyde) ungenießbar. Heutzutage wird der Weichvorgang oftmals in einem mehrstufigen Nass-Trocken-Prozess durchgeführt, was bedeutet, dass das Weich-wasser periodisch zu- und abgeführt wird.

Keimung: Durch den Vorgang des Ankeimens und Quellens werden gersteneige-gene Amylasen aktiviert. Diese können später die im Getreide enthaltene Stärke zu Zucker umwandeln, der dann von den Hefen zu Alkohol vergoren wird. Die Hefen selbst enthalten keine Amylasen und können deshalb nur Zucker, nicht aber Stärke vergären. Der Wassergehalt des Getreides ist bei diesem Prozess immer noch hoch

(35–50%). Mit steigendem Wassergehalt schreitet die Keimung voran: Keimruhe (ca. 12% Wasser), Beginn der Keimung (30% Wasser), optimale Keimung (38% Wasser), höchste Enzymaktivität (43–48% Wasser). Während der Keimung ist das ständige Abführen von Wärme (erforderliche Temperatur 14–18 °C) und CO_2 erforderlich. Es kommt zur Aktivierung von Enzymen wie α- und β-Amylasen, Proteinasen, Peptidasen, Hemicellulasen und Glucanasen, die induziert durch Gibberelline (Wuchsstoffe) die Speicherstoffe des Mehlkörpers abbauen und zur Erweichung und Auflösung der Zellwände führen. Dadurch werden Stärke, Pentosane, Hemicellulosen, Eiweiß und Fett abgebaut und der Zuckergehalt steigt. Bei Bieren, die nicht nach dem deutschen Reinheitsgebot gebraut werden, kann dieser Prozess durch Zugabe von Gibberellinsäure (siehe Abb. 13.4) zusätzlich beschleunigt werden. Das Produkt der abgeschlossenen Keimung wird als „Grünmalz" bezeichnet. Grünmalz ist ein gleichmäßig entwickelter Keimling von nahezu doppelter Kornlänge und gleichmäßig ausgelöstem Mehlkörper. Aus 100 kg Gerste werden durch die Wasseraufnahme ca. 160 kg Grünmalz. Diese aufgequollenen Körner haben einen frischen gurkenähnlichen Geruch, eine hohe Enzymaktivität und sind leicht verderblich.

Darren: Hierbei wird das Grünmalz zum so genannten „Darrmalz" getrocknet. Es ist voluminös und hat eine poröse Struktur, da die Kompartimentierung des Mehlkörpers aufgelöst ist. Die stufenweise Trocknung ist schonend, wobei sich die Temperatur nach dem Malztyp richtet (helles bei 80 °C und dunkles bei 106 °C). Dabei sinkt der Wassergehalt sehr stark (auf 2–4%), die enzymatische Aktivität nimmt allmählich ab, der Wurzelkeimling stirbt und Abbauprodukte wie Saccharide, Aminosäuren und Peptide sammeln sich an. Entscheidend bei diesem Vorgang ist die Bildung von charakteristischen Farb- und Geschmacksstoffen durch die Maillard-Reaktion. Bevor das Darrmalz zur Würzebereitung verwendet wird, muss es noch abgekühlt und entkeimt werden. Allgemein wird zwischen Farb- und Karamellmalz unterschieden. Farbmalz wird auch als Röstmalz bezeichnet und ist von tiefbrauner bis schwarzer Farbe. Zur Herstellung wird hauptsächlich Gerste verwendet, die sehr lange und heiß gedarrt wird. Farbmalz soll nicht nur die Bierfarbe verstärken, sondern auch durch das starke Röstaroma zum Biergeschmack beitragen. Ein besonderes Malz ist das Karamellmalz, welches aus Weizen hergestellt wird. Dieses speziell gedarrte Malz soll den Biergeschmack (Vollmundigkeit und malzbetonter, süßlicher Geschmack) und die Färbung beeinflussen. Es gibt viele verschiedene Typen von Karamellmalz, die sich in ihren Farbstufen unterscheiden (von „Karamellmalz Pils" bis „Karamellmalz dunkel"). In Abhängigkeit der Farbe des Karamellmalzes ergeben sich unterschiedliche Aromaprofile bei den resultierenden Bieren. Helle Typen sind von süßlichem, malzbetonten Aroma während dunkle Typen ein weniger malzbetontes, sondern stärker nussig-schokoladiges Aroma aufweisen.

13.4.2 Würzebereitung

Bei der Würzebereitung werden mit Hilfe des Brauwassers die wasserlöslichen Bestandteile des Malzes (ca. 20%) extrahiert. Das Verfahren besteht aus den vier Schritten: Schroten, Maischen, Läutern und Würzekochen.

Schroten: Das Malz kann entweder trocken, trocken mit Konditionierung oder nass geschrotet werden. Der Grad der Zerkleinerung muss genau bemessen werden, da eine zu grobe Schrotung die Extraktausbeute verringert und eine zu feine Schrotung die Filtration der Würze erschwert. Die anfallenden Mahlprodukte können beliebig miteinander kombiniert und eingesetzt werden. Aufgrund der hohen Extraktausbeute wird die Nassschrotung (kontinuierlich) bevorzugt. Außerdem bietet diese den Vorteil, dass die für die Filtration wichtigen Spelzen größtenteils intakt bleiben.

Maischen: Beim Maischen wird das Malzschrot mit Wasser vermischt und erwärmt, bis diese Mischung die Abmaischtemperatur erreicht (74–78 °C). Bis zu diesem Endpunkt werden die Temperaturprofile durchlaufen, die für sämtliche an dem Abbau der Inhaltsstoffe beteiligten Enzyme optimal sind. Die Steigerung der Temperatur von der Einmaische (Anfang) bis zur Abmaische (Ende) kommt dadurch zustande, dass Teilmengen der Maische entnommen werden, die individuell aufgekocht (Maischpfanne) und anschließend wieder der verbliebenen Restmaische zugeführt werden. Das Verfahren wird nach der jeweiligen Anzahl der Teilmengen benannt: Einmaischeverfahren werden für alle Biere angewendet, während Zweimaischeverfahren nur für helle und Dreimaischeverfahren nur für dunkle Biere verwendet werden. Der Maischprozess erhöht den Anteil der wasserlöslichen Substanzen des Malzes von 20% auf 80%. Hierbei gehen vor allem Zucker, Eiweiße, Mineralstoffe und Polyphenole in Lösung. Die α-Amylasen spalten die α(1-4)-glykosidischen Bindungen der Amylose. Infolgedessen entstehen Dextrine und daraus Maltose, Glukose sowie verzweigte Oligosaccharide. Vom Kettenende her spalten β-Amylasen jeweils ein Maltosemolekül nach dem anderen ab. Je mehr Kettenenden durch die α-Amylasen entstehen, desto stärker können die β-Amylasen wirken. Die Dextrine werden nachfolgend nicht vergoren und bestimmen somit den Biertyp.

Läutern: Im Anschluss an den Maischeprozess wird beim so genannten „Läutern" die extrakthaltige Würze (flüssig) von unlöslichen Trebern (mit Feststoffteilchen) abgetrennt. Dies geschieht mit Hilfe eines Maischefilters oder durch Sedimentation in einem Läuterbottich. Die Treber dienen anschließend als Futtermittel.

Würzekochen: In einem großen Behälter mit Abzug (früher zumeist aus Kupferblech wegen seiner guten Bearbeitungseigenschaften), der so genannten Würzpfanne, wird die Würze unter Zugabe von Hopfen für ein bis zwei Stunden gekocht. Die Menge an eingesetztem Hopfen richtet sich nach dem gewünschten Biergeschmack (130–400 g/100 L Würze). Dieser Vorgang hat mehrere Ziele: die Inaktivierung der Malzenzyme, Entfernung unerwünschter und Bildung erwünschter Aromastoffe, die Aufkonzentrierung der Würze auf den gewünschten Extraktgehalt (Stammwürze), Eigensterilisation und Konservierung durch Hopfenzugabe, Koagulation von gelöstem Protein und vor allem die Extraktion der zugegebenen Hopfenbestandteile (Hopfendolden/Hopfenextrakt), wobei es zur Freisetzung und Isomerisierung der Bitterstoffe kommt. Bevor die Würze der Gärung zugeführt werden kann, müssen vorher Eiweißtrub und Hopfentreber durch Zentrifugation und Filtration abgetrennt werden.

13.4.3 Gärung

Zunächst wird der Würze Kulturhefe (Bierhefen sind sporogene Hefen) zugefügt. Bei diesem so genannten „Anstellen" der Würze kommt ca. 1 L dickbreiige Hefe auf 100 L Würze. Die Auswahl der Hefespezies, die Gärführung und die Gärtemperatur sind von der Biersorte abhängig. Bei untergärigen Hefen findet eine nahezu vollständige Vergärung statt, während obergärige Hefen zu einer unvollständigen Vergärung führen. In diesem Falle wird die Gärung meist nach dem Abfüllen in Fässer oder Flaschen weitergeführt.

Hauptgärung: Zu Beginn wird das Redoxpotenzial gesenkt, so dass die Hefen in einen anaeroben Stoffwechsel übergehen. Durch biologische Wärme wird die Temperatur erhöht (von 4 auf 9 °C) und anschließend durch Kühlung konstant gehalten. Die Hauptgärung dauert ca. 8–10 Tage, danach sollten etwa 90% des Extraktes (Stammwürze) durch alkoholische Gärung zu Ethanol und CO_2 vergoren sein. 12% Extrakt ergeben ca. 4% Alkohol und gut 3% Rest-Kohlenhydrate, da nicht das gesamte Extrakt in Alkohol überführt wird.

$$Glukose \rightarrow 2\,Ethanol + 2CO_2 + 2ATP$$

Während der Gärung verändert sich die Würze. Der pH-Wert sinkt von 5,5 auf 4,5 ab, wodurch sich Proteine abscheiden (Löslichkeitsverlust bei Annäherung an den IEP). Außerdem bildet sich eine Vielzahl an Gärnebenprodukten, die wesentlich zum Geschmack und Aroma des Bieres beitragen und eine spätere Nachtrübung wird durch Ausfällung von Polyphenolen und Hopfenbitterstoffen verhindert.

Nachgärung und Reifung: Das Jungbier wird zunächst in Tanks oder Fässer abgefüllt. Dort findet eine weitere Vergärung der Restwürze statt. Anschließend wird das Bier bis zu einem Endgehalt von 0,5% mit CO_2 angereichert. Durch natürliche Klärung kommt es zum Hefeabsatz und zur Trubsedimentation. Dadurch wird das Bier geschmacklich veredelt und abgerundet. Bei untergärigen Bieren wird die am Boden liegende Hefe abgeschieden und es schließt sich eine Nachgärung in Tanks für längere Zeit an (1–4 Monate bei 0–2 °C). Obergärige Biere werden im Gegensatz dazu nur sehr kurz nachgegoren (1–3 Tage bei 18–25 °C).

Endklärung und weitere Behandlung: Nach Beendigung der Reifung muss das Bier vor dem Abfüllen endbehandelt werden. Dazu gehört eine Vorklärung durch Zentrifugation, eine Filtration zur Eiweißfällung, eine Membranfiltration zur Entkeimung und bei einigen Biersorten (Exportbier) oder Dosenbier auch eine Erhitzung. Abschließend kann das Bier stabilisiert und unter Gegendruck abgefüllt werden.

13.4.4   Herstellung alkoholfreier Biere

Für die Produktion alkoholfreier Biere gibt es viele verschiedene Verfahren. Eine Methode besteht darin, den Gärprozess vorzeitig abzubrechen bzw. die Gärung durch Verwendung von Spezialhefen zu drosseln. Dadurch wird die vollständige Umsetzung des Zuckers zu Alkohol durch die Hefen vermieden, so dass in alkoholfreiem Bier maximal 0,5 vol% Alkohol enthalten sind. Jedoch fehlen hier häufig die „biertypischen" Geschmacksstoffe, die bei der Gärung entstehen. Weitere Verfahren bieten das Herabsetzen des Stammwürzegehaltes oder auch das nachträgliche physikalische Entalkoholisieren durch Vakuumdestillation, Ultrafiltration oder Dialyse. Bei dem Dialyseverfahren beispielsweise bleibt der klassische Biergeschmack erhalten. Hierbei wird das Bier nach dem Herstellungsprozess an einer Membran vorbeigeführt, hinter der sich ein Kreislauf mit einem alkoholfreien Bier befindet. Dadurch wird ein osmotischer Gradient aufgebaut. Da das System bestrebt ist, ein osmotisches Gleichgewicht herzustellen, wandern die Alkoholmoleküle aus dem Bier durch die Membran auf die andere Seite. Durch eine Destillationskolonne wird der Alkohol hier jedoch fortwährend verdampft, so dass der Gradient zwischen alkoholhaltigem und alkoholfreiem Bier erhalten bleibt.

13.4.5   Einfluss verschiedener Parameter auf die Qualität von Bier

Grundsätzlich liegt dem Prozess des Bierbrauens das *deutsche Reinheitsgebot* zugrunde. Es ist die älteste, nahezu unverändert gültige lebensmittelrechtliche Vorschrift der Welt. Das Gebot wurde am 23. April 1516 von Herzog Wilhelm IV. vor dem Landständetag zu Ingolstadt verkündet. Noch heute gilt diese Vorschrift im vorläufigen Biergesetz fort und sichert die hohe Qualität des deutschen Bieres. Auch bei vielen ausländischen Bierherstellern ist ein Verweis auf die Herstellung nach dem „Reinheitsgebot" bei der Etikettierung und Werbung ein beliebtes Marketinginstrument. Das Reinheitsgebot gilt nicht für die vielen obergärigen Biere, die z. B. auch unter Verwendung von Weizenmalz hergestellt werden. Genau genommen ist es die gesetzliche Regelung der erlaubten Zutaten für die Bierherstellung und ist wie folgt formuliert:

- *Wie das Bier im Sommer und Winter auf dem Land ausgeschenkt und gebraut werden soll:*
- „Wir verordnen, setzen und wollen mit dem Rat unserer Landschaft, dass forthin überall im Fürstentum Bayern sowohl auf dem Lande wie auch in unseren Städten und Märkten, die keine besondere Ordnung dafür haben, von Michaeli (29. September) bis Georgi (23. April) eine Maß (bayerische, entspricht 1,069 L) oder ein Kopf (halbkugelförmiges Geschirr für Flüssigkeiten – nicht ganz eine Maß) Bier für nicht mehr als einen Pfennig Münchener Währung und von Georgi bis Michaeli die Maß für nicht mehr

als zwei Pfennig derselben Währung, der Kopf für nicht mehr als drei Heller (gewöhnlich ein halber Pfennig) bei Androhung unten angeführter Strafe gegeben und ausgeschenkt werden soll.

- Wo aber einer nicht Märzen sondern anderes Bier brauen oder sonstwie haben würde, soll er es keineswegs höher als um einen Pfennig die Maß ausschenken und verkaufen. **Ganz besonders wollen wir, dass forthin allenthalben in unseren Städten, Märkten und auf dem Lande zu keinem Bier mehr Stücke als allein Gersten, Hopfen und Wasser verwendet und gebraucht werden sollen.**
- Wer diese unsere Androhung wissentlich übertritt und nicht einhält, dem soll von seiner Gerichtsobrigkeit zur Strafe dieses Fass Bier, so oft es vorkommt, unnachsichtig weggenommen werden.
- Wo jedoch ein Gastwirt von einem Bierbräu in unseren Städten, Märkten oder auf dem Lande einen, zwei oder drei Eimer (enthält etwa 60 L) Bier kauft und wieder ausschenkt an das gemeine Bauernvolk, soll ihm allein und sonst niemand erlaubt und unverboten sein, die Maß oder den Kopf Bier um einen Heller teurer als oben vorgeschrieben ist, zu geben und auszuschenken."
- Gegeben von Wilhelm IV. Herzog in Bayern am Georgitag zu Ingolstadt Anno 1516.

Ein weiteres wichtiges Kriterium für ein gutes Bier ist seine „Frische" (und nicht die „Reife" wie im Falle eines guten Rotweins). Auch der Begriff „Frische" taucht häufig in der Etikettierung und Werbung auf.

13.4.5.1 Gerste

Nach dem Reinheitsgebot darf für die Herstellung untergäriger Biere ausschließlich Gerstenmalz als Ausgangsmaterial für Alkohol verwendet werden. In Europa wird als Braugerste (*Hordeum vulgare convar, disitchon*) v. a. zweizeilige Sommergerste verwendet. Wintergerste dient aufgrund ihres hohen Proteingehaltes vorwiegend als Futtermittel. Besonderheiten dieser Braugerste sind einerseits die hohen Extraktmengen aus dem Malz und andererseits weist Braugerste einen hohen Stärke-, aber mäßigen Eiweißgehalt auf. Weiterhin zeigt Braugerste eine gute Keimfähigkeit (mind. 95% der Körner), eine große Keimenergie und gutes Quellvermögen. Um die Qualität der Gerste zu beurteilen, wird auch der Sinnesbefund (Handbonierung) herangezogen. Wichtige Qualitätskriterien der Gerste für die Eignung zur Bierherstellung sind: (1) gleichmäßig gereifte, feinspelzige und trockene Körner (Wassergehalt <14%), (2) geringer Eiweißgehalt (<11,5%), (3) hohe Keimenergie (mind. 95% der keimenden Körner) und (4) gutes Quellvermögen.

13.4.5.2 Hopfen

Hopfen (*Humulus lupus*) ist ein wichtiger und unentbehrlicher Bestandteil der Bierherstellung. Diese zweihäusige winterharte Kletterpflanze wird innerhalb Deutschlands in sechs Hauptanbaugebieten angebaut: Hallertau (Bayern), Tettnang (Baden-Württemberg), Elbe-Saale (Thüringen, Sachsen, Sachsen-Anhalt), Spalt (Bayern), Hersbruck (Bayern) und Baden-Bittburg-Rheinpfalz. In Hopfenkulturen werden nur weibliche Pflanzen angebaut und vermehrt. Zum Bierbrauen kommen die noch unbefruchteten, weiblichen Blütendolden („Zapfen") der Hopfenpflanze, die an langen Stauden wachsen, zum Einsatz. Sie werden im August und September geerntet. Diese Blüten enthalten in kleinen, gelblichgrünen „Lupulinkörnern" Bitterstoffe und Hopfenöle, die dem Bier seinen typischen, herben Geschmack verleihen. Eine wichtige Aufgabe des Hopfens liegt in seiner Funktion als Klärmittel, um die Eiweißstoffe in der Würze auszufällen. Außerdem trägt Hopfen durch seinen bitteren Geschmack wesentlich zum spezifischen Bieraroma bei. Weitere Bedeutung hat der Einsatz von Hopfen für die Haltbarkeit des Bieres durch seine antibiotisch wirksamen Substanzen und für die Standfestigkeit des Schaums durch seinen Pektingehalt. Die Inhaltsstoffe des Hopfens sind teilweise sehr oxidationsanfällig, daher ist die Lagerfähigkeit begrenzt. Als Alternativen können jedoch wesentlich stabilere Hopfenpellets oder Hopfenextrakte verwendet werden.

13.4.5.3 Bierhefe/Brauhefe

Zum Bierbrauen werden ausschließlich Reinzuchthefen der *Saccharomyces*-Art verwendet, die speziell zum Bierbrauen gezüchtet werden. Es kommen neben den Brauerei-Hefen dieser Gattung jedoch auch zahlreiche Fremdhefen (wilde Hefen) vor, die nicht der *Saccharomyces cerevisiae*-Gattung angehören. Die Hefestämme werden als Reinkultur geführt, um schädigende Effekte wie Geschmacksveränderungen oder Trübungen des Bieres zu vermeiden. Dabei wird von einer einzelnen Hefezelle ausgegangen, die als „Anstellhefe" im Betrieb verwendet wird. Nach der Hauptgärung wird ein Teil der Hefe entnommen und mit einer neuen Portion Würze versetzt. Die Hefen haben zwei wesentliche Aufgaben: Zum einen bewirken die Hefen die Umwandlung des in der Würze enthaltenen Zuckers zu Alkohol und CO_2, wobei es zur Wärmeentwicklung kommt. Zum anderen beeinflussen Geschmack und Charakter des Bieres. Ober- und untergärige Biere unterscheiden sich charakteristisch in ihrem Geschmack, da bei dem Gärvorgang jeweils unterschiedliche Nebenprodukte (Aromastoffe) produziert werden.

Je nach Biersorte werden unterschiedliche Hefespezies verwendet. Während heute vorwiegend mit untergärigem Verfahren gearbeitet wird, wurde bis zum 19. Jahrhundert wegen mangelnder Kühlmöglichkeiten obergäriges Bier gebraut, das allgemein als aromatischer gilt. Zu diesen Zeiten wurde also entsprechend der Temperatur bzw. Jahreszeit gebraut, wodurch die Begriffe Sommer- und Winterbier geprägt wurden.

Untergärige Biere: Für untergärige Biere kommen *Saccharomyces cerevisiae carlsbergensis* zum Einsatz. Diese arbeiten im niedrigeren Temperaturbereich (bis zu 0 °C) mit einer Gärtemperatur von 5–10 °C. Der Gärvorgang dauert relativ lange (7–10 Tage). Das Gärverhalten während der Hauptgärung untergäriger Hefen ist eher verhalten, sie bilden keine Sprossverbände und sinken am Ende der Gärung zu Boden. Es folgt jedoch eine lange Nachgärung von ein bis vier Monaten bei 1 °C im Fass oder Tank. Neben den meisten Zuckern können diese Hefen auch Raffinose vollständig vergären.

Obergärige Biere: Für obergärige Biere werden Hefen der Spezies *Saccharomyces cerevisiae Hansen* verwendet. Diese Hefen arbeiten im höheren Temperaturbereich (>10 °C) bei einer Gärtemperatur von 15–20 °C. Im Vergleich zur untergärigen Hefe ist sowohl die Hauptgärung (2–7 Tage) als auch die Nachgärung von kurzer Dauer. Während des stürmischen Hauptgärprozesses bilden die Hefen Sprossverbände aus und steigen gegen Ende der Gärung nach oben. Da den obergärigen Hefen das Enzym Melibiase fehlt, können sie Raffinose nur zu einem Drittel vergären.

13.4.5.4 Brauwasser

Wasser, welches zur Herstellung der Würze benutzt wird, trägt die Bezeichnung „Brauwasser". Die Zusammensetzung des Brauwassers hat einen wesentlichen Einfluss auf die Qualität und den Charakter des Bieres. Früher gab es große regionale Unterschiede in der Wasserqualität, wodurch der Charakter des Brauwassers geprägt wurde. Dies ist aber heute auf Grund der Aufbereitungsmöglichkeiten nicht mehr der Fall. Grundsätzlich werden an Brauwasser die gleichen Anforderungen gestellt wie auch an normales Trinkwasser. Ein wichtiges Kriterium ist die gleichbleibende Zusammensetzung, da die Qualität der jeweiligen Biertypen vom Mineralstoffgehalt mitbestimmt wird. Bei der Bierherstellung wird besonders der pH-Wert von Maische und Würze durch den Salzgehalt des Wassers bestimmt und verändert. *Hydrogencarbonationen* führen zu einer Erhöhung des pH-Wertes. Werden hydrogencarbonathaltige Wässer erhitzt, steigt die Alkalität, da beim Kochen der Würze CO_2 entweicht:

$$HCO_3^- + H^+ \rightarrow CO_2 + H_2O$$

Die Folge ist eine schlechte Extraktausbeute, eine dunklere Farbe sowie ein herberer Geschmack. Wässer hoher Restalkalität eignen sich deshalb besonders für dunkle Biere (Münchner). Zu einer Senkung des pH-Wertes kommt es durch *Calcium-* oder *Magnesiumionen*. Zusammen mit Ionen des sekundären Phosphates in der Würze bilden diese ein unlösliches tertiäres Phosphat und Protonen.

$$3Ca^{2+} + HPO_4^{2-} \rightarrow Ca_3(PO_4)_2 + 2H^+$$

Infolgedessen kommt es zu einer Alkalitätssenkung und das Wasser wird sauer. Solche Wässer mit niedriger Restalkalität eignen sich gut für stark gehopfte, helle Biere (Pilsner). Weiterhin kommt es durch zu hohe Magnesiumsulfat-Gehalte zu einem unangenehm bitteren Geschmack, durch Mangan- und Eisensalze zu Trübungen, Verfärbungen und Geschmacksveränderungen sowie durch zu hohe Nitrat- oder NaCl-Gehalte (>300 mg/L) zur Hefeschädigung und Störungen der Gärung. Um solche Schädigungen zu vermeiden und eine konstante Qualität des Brauwassers und des daraus resultierenden Bieres zu gewährleisten, sind zwei Maßnahmen der

Wasseraufbereitung entscheidend: Zum einen müssen Carbonate durch Entcarboni-
sierung und Enthärtung des Wassers und zum anderen große Salzmengen mit Hilfe
von Ionenaustauschern entfernt werden.

13.4.6 Vermarktung und Aufbewahrung

Die Kennzeichnung von Bieren ist sowohl durch die Bier-VO als auch durch die
Lebensmittel-Kennzeichnungs-VO geregelt. Dies betrifft nicht nur das im Handel
erhältliche Flaschen- oder Dosenbier, sondern auch lose abgegebenes Bier in Res-
taurants, Gaststätten, Imbissbuden und sonstigen Lokalitäten des Außerhaus-Ver-
zehrs. Während die erforderlichen Angaben bei abgefüllten Bieren auf dem Etikett
erfolgen, müssen diese bei loser Abgabe auf der Getränkekarte und am Zapfhahn zu
finden sein. Kennzeichnungspflichtig sind unter anderem die eingesetzten Zusatzstoffe und seit 1989 auch das Mindesthaltbarkeitsdatum sowie der Alkoholgehalt
bei über 1,2 vol% Alkohol.

Das Mindesthaltbarkeitsdatum für Bier beträgt sechs bis neun Monate. Im Falle
von Flaschenbier empfiehlt sich ein Verbrauch innerhalb von drei Monaten. Eine
lange Lagerzeit führt zu Qualitätseinbußen, denn mit steigender Lagerzeit und
-temperatur kommt es zu oxidativ bedingten Geschmacks- und Farbveränderungen.
Zusätzlich nimmt die Schaumqualität eines Bieres mit langer Lagerzeit ab. Die beste Biertemperatur für einen guten Trinkgenuss beträgt 7–10 °C.

13.5 Bier als Genussmittel

Bier ist kein notwendiger Bestandteil in der täglichen Ernährung. Aufgrund des
Alkoholgehaltes von Bier ist der Konsum für Kinder und Jugendliche nicht erlaubt.
Bier wird als Genussmittel eingestuft. Gesundheitsbezogene Aussagen bezüglich
dieses alkoholischen Getränkes sind nicht statthaft. Neben Alkohol, Wasser und
Kohlendioxid enthält Bier unvergorene Extraktstoffe, vor allem Dextrine, Eiweiß-,
Farb-, Bitter- und Mineralstoffe, B-Vitamine sowie Nebenprodukte aus dem Gär-
prozess. Die Zusammensetzung eines Bieres ist vom jeweiligen Biertyp und der
Biergattung abhängig, die Unterschiede sind jedoch relativ gering. Ein Liter Vollbier weist einen Brennwert von 1.880 kJ (450 kcal) auf. Da der Energiegehalt mit
zunehmendem Alkohol- und Extraktgehalt steigt, ist Starkbier energiereicher als
Einfach- und Schankbiere, die durch ihren geringeren Alkohol- und Extraktgehalt
deutlich weniger Kalorien haben.

13.5.1 Wirkstoffe

Die Wirkstoffe des Bieres sind vielfältig und wirken auf drei verschiedene Arten:
berauschend, aromatisch und erfrischend. Die berauschende Wirkung des Bieres basiert auf dessen Alkoholgehalt, der zwischen den einzelnen Biergattungen

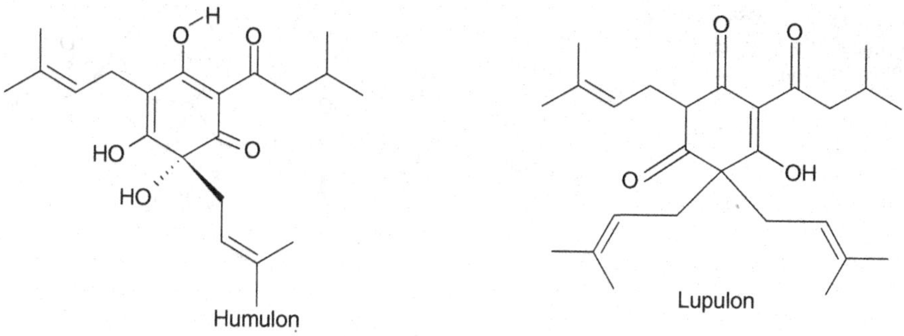

Abb. 13.3 Bitterstoffe des Hopfens: Humulon und Lupulon

schwankt (siehe Tab. 12.3). Den größten Anteil macht Ethanol aus (1–5%), es liegt aber auch ein geringer Anteil höherer Alkohole wie 3-Methylbutanol, 2-Methylbutanol, 2-Methylpropanol und 2-Methylethanol im Bier vor. Zusätzlich trägt Alkohol zum Bieraroma bei.

Je nach Biersorte wird das jeweils typische Bieraroma durch bestimmte Bieraromaten geprägt. Pilsener Biere haben einen bitteren Geschmack, der durch hohe Konzentrationen der Hopfenbitterstoffe Isohumolonen und Humolonen (einschließlich der Oxidationsprodukte) hervorgerufen wird. Dunklere Biere besitzen oft ein karamellartiges Aroma, dafür sind u. a. Maltol und Isomaltol verantwortlich. Weitere Geschmacksrichtungen, mit denen der Biergeschmack beschrieben werden kann, sind u. a. alkoholisch (Ethanol), süß (Zucker) oder esterartig/aromatisch (3-Methylbutylacetat). Die wichtigste Geschmackskomponente des Bieres ist der Hopfen, der ätherische Öle (0,5% der Trockenmasse), Polyphenole (3,5% der Trockenmasse) und Bitterstoffe (18% der Trockenmasse) enthält. Wertbestimmend sind vor allem die Bitterstoffe, auch Hopfenharze genannt. Bislang wurden ca. 900 verschiedene Substanzen im Hopfen identifiziert. α-Bittersäuren (Humulon, Cohumulon, Adhumulon) und β-Bittersäuren (Lupulon, Colupulon, Adlupulon) sind dabei die Grundbestandteile der Bitterstoffe (siehe Abb. 13.3).

Für den charakteristischen Geschmack des Bieres sind besonders die α-Bittersäuren von Bedeutung. Beim Kochen der Würze kommt es zu einer Isomerisierung der α-Säuren zu Iso-α-Säuren. Folglich steigt die Wasserlöslichkeit und die Bitterkeit nimmt zu. Ein weiterer Effekt des Humulons liegt in seiner möglichen antioxidativen Aktivität, dadurch wird die Haltbarkeit des Bieres verlängert. Alkoholfreie Biere sind meist weniger aromatisch, da während ihrer Herstellung wichtige Aromastoffe verlorengehen. Die im Bier vorhandenen Stickstoffverbindungen sind hochmolekulare Proteinabbauprodukte und stammen größtenteils aus den Eiweißstoffen der Rohstoffe und Hefen. Glutaminsäure und andere Aminosäuren aus dem Malz haben ebenfalls einen Einfluss auf den Biergeschmack. Bier enthält weiterhin kleine Mengen organischer Säuren wie Milch-, Essig-, Ameisen- und Bernsteinsäuren. Von größerer Bedeutung ist aber die Kohlensäure, die für ein erfrischendes Geschmackserlebnis sorgt und gleichzeitig die Haltbarkeit des Bieres erhöht. Für die Schaumbildung sind Proteine, Polysaccharide und Bitterstoffe verantwortlich.

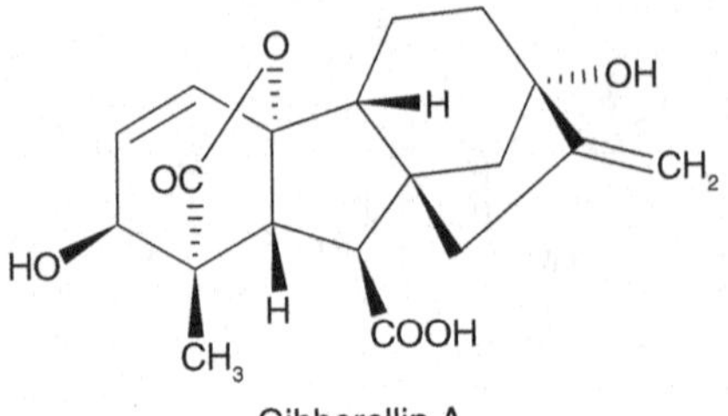

Abb. 13.4 Gibberellinsäure
(Gibberellin A3) – ein
Phytohormon

Gibberellin A$_3$

13.5.2 Zusatzstoffe

Besonders ausländische Biere werden oft mit Hilfe von Zusatzstoffen produziert, während in Deutschland noch weitgehend nach dem Reinheitsgebot gebraut wird, da der Einsatz von Zusatzstoffen nur eingeschränkt zulässig ist. Zuckercouleur und Süßstoffe sind beispielsweise nur bei der Herstellung obergäriger Biere zulässig. Die Zusatzstoffe finden sowohl bei der Malz- als auch bei der Bierherstellung Einsatz. Grundsätzlich werden als stärke- und zuckerhaltige Rohstoffe nicht nur Gersten- und Weizenmalz, sondern auch Mais, Reis, Stärke, Saccharose, Glukose, Invertzucker und Glukosesirup verwendet. Bei der Malzherstellung können Keimungsregulatoren eingesetzt werden. Dazu gehört z. B. die Gibberellinsäure, ein pflanzliches Wachstumshormon (Phytohormon). Wie die Abb. 13.4 zeigt, handelt es sich um eine kompliziert aufgebaute Diterpenoid-Carbonsäure.

Die Gibberellinsäure wird mikrobiell (*Gibberella fujikuroi*) gewonnen und kommt bereits in geringen Mengen in der Gerste vor. Weiterhin können Acetate, Indolylessigsäure, Kaliumbromat, Abcisinsäure und Peroxodisulfat als Aktivatoren für die Keimung verwendet werden. Der Einsatz von Amylasen hilft den Stärkeabbau zu beschleunigen. Um Geschmack und Aussehen des Endproduktes zu verbessern, werden z. B. Glycyrrhizin und Saccharin (Einfach- und Malzbiere) sowie Zuckercouleur (dunkle Biere) als Färbemittel verwendet. Weitere mögliche Zusatzstoffe bei ausländischen Bieren sind: Entschäumer (Dimethylpolysiloxan), Komplexbildner (Ethylendiamintetraessigsäure, kurz: EDTA), Antioxidantien (Ascorbinsäure, Zuckerreduktone, schweflige Säure), Schaumstabilisatoren (Methylcellulosederivate) und Konservierungsstoffe (Benzoesäure, PHB-Ester).

Bibliographie

Heyse, K. (1983): Handbuch der Brauereipraxis. 4. Auflage, Verlagshaus Carl, Nürnberg.
Jackson, M. (2008): Biere der Welt: Biersorten. Brauverfahren. Berühmte Marken. Erzeuger. 1. Auflage, Dorling Kindersley Verlag, Starnberg.
Lobitz, R. (1999): Bier. 1. Auflage, aid-Infodienst, Bonn.
Narziß, L. (1995): Abriss der Bierbrauerei. 6. Auflage, Enke Verlag, Stuttgart.

Wein

14

Inhaltsverzeichnis

14.1 Definition und Geschichte

Per Definition handelt es sich bei Wein um ein *alkoholisches Getränk, das durch teilweise oder vollständige alkoholische Gärung aus dem Most frischer Trauben hergestellt wird.* Die Geschichte des Weins geht mindestens bis 3.500 v. Chr. zurück, aus dieser Zeit stammen Tempelbilder der Ägypter sowie Dokumente der Assyrer, welche die Weinbereitung dokumentieren. Etwa 500 Jahre später wurde

© Springer-Verlag Berlin Heidelberg 2015
G. Rimbach et al., *Lebensmittel-Warenkunde für Einsteiger*, Springer-Lehrbuch,
DOI 10.1007/978-3-662-46280-5_14

der Wein von den Babyloniern beschrieben und der erste Weinbau in China wird ca. 2.000 v. Chr. vermutet. Etwas später weihten die Griechen dem Weingott Dionysos Altäre, entsprechende Feste wurden von Homer beschrieben. Auch die Römer (700 v. Chr. bis 500 n. Chr.) verehrten ihren Weingott *Bacchus*. Ursprünglich stammen die Waldreben *Vitis vinifera ssp.v vinifera*, aus deren Trauben der Wein gewonnen wird, aus den Flusstälern Vorderasiens. Von Phöniziern wurden diese um 1.500 v. Chr. nach Griechenland gebracht. Griechische Siedler wiederum führten die Weinreben nach Italien und Südfrankreich ein. Etwas später gelangten die Weinreben mit den Römern auch nach Nordfrankreich sowie an das linke Rheinufer, an die Mosel, ins Elsass, in die Pfalz und nach Rheinhessen. Von Europa kam der Wein schließlich auch in die „neue Welt".

14.2   Produktion und Verbrauch

Das Weltproduktionsvolumen an Wein beträgt ca. 250 Mio. HL (25 Mrd. L), die auf einer Fläche von rund 8 Mio. ha angebaut werden. Auf Europa entfallen allein ca. 200 Mio. HL – also vier Fünftel der Weltproduktion. Frankreich, Italien und Spanien sind die bedeutendsten Weinproduzenten und machen zusammen die Hälfte der europäischen Produktion aus. Tabelle 14.1 gibt eine Übersicht über bedeutsame Weinanbaugebiete in Italien, Spanien und Frankreich.

Tab. 14.1 Bedeutsame Weinanbaugebiete in Italien, Spanien und Frankreich (Johnson u. Robinson 2001)

Italien	Spanien	Frankreich
Aostatal	Valdeorras	Champagne
Piemont	Rioja	Elsass
Ligurien	Navarra	Loiretal
Lombardei	Katalonien	Bordeaux
Trient	Ribera del Duero	Burgund
Südtirol	Toro	Jura
Venetien	Rias Baixas	Rhonetal
Friaul – Julisch-Venetien	Rueda	Provence
Emilia Romagna	Yecla	Korsika
Toskana	Malaga	Languedoc-Roussillon
Marken	Jerez	
Umbrien		
Latium		
Abruzzen und Molise		
Kampanien		
Apulien		
Kalabrien		
Basilikata		
Sizilien		
Sardinien		

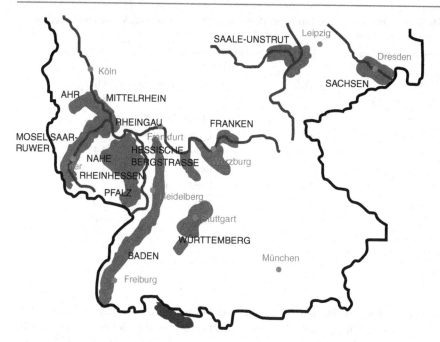

Abb. 14.1 Die 13 großen Weinanbaugebiete Deutschlands

Mit einer Produktion von knapp 10 Mio. HL Wein pro Jahr trägt Deutschland etwa 4% zur Weltproduktion bei. Deutschland hat derzeit eine Weinanbaufläche von ca. 100.000 ha und gehört zu den nördlichsten Weinanbaugebieten der Welt. Pro Hektar werden jährlich etwa 100 HL Most erwirtschaftet. Zwischen Elbe und Bodensee sind dreizehn große Anbaugebiete zu finden: *Ahr, Baden, Franken, Hessische Bergstrasse, Mittelrhein, Mosel-Saar-Ruwer, Nahe, Pfalz, Rheinhessen, Rheingau, Sachsen, Saale-Unstrut und Württemberg* (siehe Abb. 14.1).

Mit Ausnahme der Gebiete Saale-Unstrut und Sachsen liegen die Weinbaugebiete im Süden oder Süd-Westen von Deutschland. Als größte Anbaugebiete gelten Rheinhessen, Pfalz und Baden. Die Anbaugebiete weisen eine Vielfalt von nahezu 100 Rebsorten auf. Klimabedingt werden in Deutschland rund 63% weiße und 37% rote Traubensorten kultiviert (Statistisches Bundesamt Stand 2008). Die Rieslingtraube, die für die klimatischen Bedingungen Deutschlands sehr gut geeignet ist, hat die wirtschaftlich größte Bedeutung. Weitere wichtige Traubensorten in Deutschland sind Müller-Thurgau, gefolgt von den roten Reben Spätburgunder und Dornfelder (siehe Tab. 14.2).

Im internationalen Handel trägt Deutschland mit 4% zum weltweiten Export und ca. 18% zum weltweiten Import bei. Zum größten Teil werden Weine aus Italien, Frankreich und Spanien importiert, jedoch werden auch zunehmend Weine aus der neuen Welt nachgefragt (USA, Argentinien, Südafrika, Australien, Chile, Neuseeland), wie z. B. der *Shiraz* oder *Cabernet Sauvignon* (Global Trade Atlas, U.S. Department of Commerce, for U.S. statistics 2004).

Gegenüber der leicht rückläufigen Entwicklung in Europa hat der Weinkonsum in Deutschland von 1994/1995 bis 2006/2007 zugenommen. Die Deutschen trinken

Tab. 14.2 Rote und weiße Rebsorten in Deutschland (Statistisches Bundesamt und Deutscher Weinbauverband e. V., Bonn)

Rebsorte weiß	Rebfläche 2006 in %	Rebsorte rot	Rebfläche 2006 in %
Riesling	20,8	Blauer Spätburgunder	11,6
Müller-Thurgau	13,7	Dornfelder	8,1
Silvaner	5,2	Blauer Portugieser	4,6
Grauburgunder (Ruländer)	4,3	Blauer Trollinger	2,5
Kerner	3,9	Schwarzriesling	2,4
Weißburgunder	3,4	Regent	2,1
Bacchus	2,1	Lemberger	1,6
Scheurebe	1,7	Sonstige	4,0
Gutedel	1,1	Gesamt	36,9
Chardonnay	1,1		
Sonstige	5,8		
Gesamt	63,1		

im Mittel 24,3 L Wein im Jahr, davon zwei Drittel Weißwein und ein Drittel Rotwein. Den Ergebnissen der NVS II (2005/2006) zur Folge trinken Männer durchschnittlich etwa 50 mL Wein (inkl. Sekt) pro Tag und Frauen etwa 40 mL/Tag. Dabei gibt es deutliche regionale Unterschiede: Die Männer aus Rheinland-Pfalz und Baden-Württemberg erreichen den höchsten Weinkonsum in der Bundesrepublik.

In Österreich werden auf einer Fläche von etwa 50.000 ha jährlich ca. 2,5 Mio. HL Wein erzeugt. Die in vier Weinbauregionen eingeteilte Weinbaufläche Österreichs befindet sich vorwiegend im Osten und Südosten des Landes. Zu den vier Weinbauregionen zählen das *Weinland Österreich* (Niederösterreich und Burgenland), das *Steirerland* (Steiermark), *Wien* sowie das *Bergland Österreich* (alle übrigen Bundesländer). Diese Regionen umfassen die insgesamt 16 Weinbaugebiete Österreichs: *Wachau, Kremstal, Kamptal, Traisental, Wagram, Weinviertel, Carnuntum, Thermenragion, Neusiedlersee, Neusiedlersee-Hügelland, Mittelburgenland, Südburgenland, Wien, Südoststeiermark, Südsteiermark und Weststeiermark*. In Österreich dominiert der Weißweinanbau mit ca. 70% der Fläche, auf der die 22 für Qualitätsweinerzeugung zugelassenen weißen Rebsorten angebaut werden. Die anteilige Fläche für den Rotweinanbau ist in den letzten Jahren auf 30% gestiegen, dort werden 13 verschiedene Rotweinreben angepflanzt. Der größte Teil der österreichischen Weine wird im Inland konsumiert, der Export ist aber in den vergangenen Jahren gestiegen. In Österreich werden pro Jahr etwa 2,4 Mio. HL Wein verbraucht.

Die Schweiz produziert jährlich etwa 1,3 Mio. HL Wein auf einer Anbaufläche von ca. 15.000 ha. Zu den Anbaugebieten gehören in den französischsprachigen Westschweizer Kantonen *Wallis, Waadt, Neuenburg* und *Genf*, in der Deutschschweiz die *Drei-Seen-Region* und die Kantone *Zürich, Schaffhausen* und *Graubünden* sowie *Tessin* in der italienischsprachigen Schweiz. Auch in der Schweiz dominiert der Weißweinanbau. Der Exportanteil der Schweizer Weine ist sehr gering und beträgt nur 1–2%, so dass der größte Anteil in der Schweiz selbst konsumiert wird. Pro Jahr werden in der Schweiz gut 2,6 Mio. HL Wein getrunken.

14.3 Warenkunde/Produktgruppen

Die Einteilung von Wein kann anhand mehrerer Kriterien vorgenommen werden. Zum einen können die handelsüblichen Weine den allgemeinen *Weinarten* Rotwein, Weißwein, Roséwein etc. zugeordnet werden und zum anderen können sie nach *Geschmacksklassen* (Restsüße) oder *Qualität* unterschieden werden. Die Einteilung des Weins nach Qualitätsstufen wird in Abschnitt 14.5 aufgegriffen.

14.3.1 Weißwein

Weißwein wird aus weißen Trauben durch Mostvergärung hergestellt, das heißt, es wird nur der Most (ablaufender Saft) vergoren. Der feste Rückstand (Trester) wird zuvor abgetrennt. Wichtige Weißweinrebsorten werden nachfolgend in alphabetischer Reihenfolge genannt:

Chardonnay: Die Chardonnay-Rebe ist die verbreitetste Weißweintraube im Burgund und in der Champagne und ist heute v. a. auch in den USA, Australien und Südafrika zu finden.

Chasselas: Diese Rebe ist besser bekannt als **Fendant** in der Schweiz und als **Gutedel** in Baden.

Chenin blanc: Die Traube des Anjou und teilweise auch der Loire ist inzwischen auch in Südafrika und Kalifornien verbreitet.

Garganega: Hierbei handelt es sich um eine der besten Trauben aus dem italienischen Ort Soave. (Italien).

Grüner Veltliner: Dies ist die weiße Hauptraube in Österreich mit dem berühmten „Pfefferl" (leichte geschmackliche Schärfe).

Müller-Thurgau: Bei diesen Reben handelt es sich um eine in der Ostschweiz und in Deutschland angebaute Kreuzung aus Riesling- und Silvaner-Reben.

Prosecco: Die Traube wird vorwiegend in Oberitalien angebaut und bietet den Grundstoff für den gleichnamigen leichten Perlwein.

Riesling: Diese Reben sind in Deutschland heimisch und gedeihen besonders gut an Mosel und Rhein sowie in der Pfalz und im Nahe-Gebiet.

Sauvignon blanc: Die weiße Hauptraube im Bordeaux und an der Loire ist heute in aller Welt verbreitet und eine der wichtigsten Weißweinreben.

Scheurebe: Es handelt sich hierbei vermutlich um eine Kreuzung aus Riesling und Silvaner, die besonders in der Pfalz beliebt ist.

Sémillon: Dies ist eine der weißen Haupttrauben im Bordeaux.

Silvaner: Silvanerreben spielen insbesondere in der Pfalz, in Rheinhessen und Franken eine bedeutende Rolle.

Traminer (Gewürztraminer): Der Name für diese Reben stammt aus Tramin im Südtirol. Die Reben werden außerdem im Elsass, in Baden, in der Pfalz und Österreich häufig angebaut.

Trebbiano: Dies ist eine Traube, die in Mittelitalien und in Südfrankreich als **Ugni blanc** oder als **St-Emilion** (Cognac) angebaut wird.

Verdicchio: Diese Traube ist die Grundlage für gute trockene Weine im östlichen Mittelitalien.

Weißburgunder (Pinot blanc) und Grauburgunder (Pinot gris/Pino grigio, Ruländer): Diese Reben stammen vom Pinot noir ab, sind aber heute eher im Elsass, in Oberitalien und Deutschland weit verbreitet.

Welschriesling (Laski-Riesling): Diese Sorte ist dem echten Riesling unterlegen und darf nicht mehr als „Riesling" bezeichnet werden. Verbreitet sind diese Reben vor allem in Oberitalien, Österreich und Osteuropa.

14.3.2 Rotwein

Der rote Farbstoff des Rotweins stammt aus den Beerenhäuten roter Trauben. Deshalb wird bei der Rotweinherstellung im Gegensatz zum Weißwein die Maische (enthält noch die Beerenhäute) anstelle des Mostes vergoren. Der Gärprozess wird bei einer Temperatur von ca. 25 °C durchgeführt, so dass der entstehende Alkohol den roten Farbstoff aus den Beerenhäuten lösen kann. Zu den wichtigen Rotweinrebsorten gehören u. a. die nachfolgend in alphabetischer Reihenfolge beschriebenen:

Barbera: Diese Traube wird häufig in Italien und auch im Piemont angebaut.

Blauer Spätburgunder (Pinot noir): Diese Rebe wird im Burgund (Cote d'Or), in Deutschland, z. B. an der Ahr und in Baden, sowie in Österreich (Burgenland) angebaut.

Blauer Zweigelt: Diese in Österreich beliebte Ertragsrebe ist eine Kreuzung aus Blaufränkisch und St. Laurent.

Blaufränkisch: Diese in Österreich beliebte Rotweintraube, heißt in Deutschland Lemberger.

Cabernet Sauvignon: Diese Edelrebe stammt ursprünglich aus Bordelais. Inzwischen trat die Rebe einen beispiellosen Siegeszug in alle Welt an und wird heute auch in der neuen Welt, besonders in den USA, in Argentinien und in Australien, mit großem Erfolg angebaut. Die Weine sind von tiefroter Farbe.

Carignan: Dies ist die am meisten verbreitete Rotweinrebe in Frankreich, welche große Ausbeuten so genannter „Verschnittweine" liefert.

Garnacha: Die ursprünglich als **Grenache** aus Frankreich (Rhône) stammende Traube ist die wichtigste Rotweintraube im Rioja (Spanien).

Malbec: Diese Rebe stammt auch aus dem Bordelais, ist dort aber heute eher selten. Malbec ist die vorherrschende Rotweintraube in Argentinien.

Merlot: Reben dieser Sorte liefern zusammen mit dem Cabernet Sauvignon und dem **Cabernet Franc** die berühmten Rotweine des Gebietes um Bordeaux. Diese Weine sind weit verbreitet in der ganzen Welt.

Montepulciano: Es handelt sich um eine Traubensorte aus Mittelitalien, nicht zu verwechseln mit dem Ort in der Toscana (Vino Nobile di M. ist ein Sangiovese).

Nebbiolo: Dies ist die Haupttraube der großen Weine des Piemont (Barolo, Barbaresco).

Pinotage: Dies ist eine südafrikanische Kreuzung aus Pinot noir und Cinsaut, die sehr kräftige Weine ergibt.

Portugieser: Die Reben werden vor allem in der Pfalz, in Rheinhessen und Württemberg angebaut.

Primitivo: Diese Rebe stammt ursprünglich aus Italien (Apulien) und erbringt heute als **Zinfandel** ausgezeichnete Weine in den USA.

Sangiovese: Diese Sorte ist die verbreitetste Traube in der Toskana.

Schwarzriesling (Pinot meunier): Diese Weinsorte ist besonders in der Champagne, in Württemberg und in Baden von Bedeutung.

St. Laurent: Die dunkle, hocharomatische, österreichische Spezialität ist inzwischen auch in Deutschland (Pfalz) verbreitet.

Syrah/Shiraz: Diese ertragreiche Rebsorte wird zu den Edelrebsorten gezählt. Ursprünglich stammt sie aus dem Rhônetal in Frankreich und wird als Shiraz heute auch in der neuen Welt (USA, Kanada, Südafrika und Australien) kultiviert. Die Weine sind dunkelfarbig und besitzen einen relativ hohen Tanningehalt.

Tempranillo: Dies ist die Haupt-Rotweintraube in Spanien.

14.3.3 Roséwein

Bei Roséweinen handelt es sich um Weine von blassroter Färbung. Zur Herstellung eines Roséweins werden rote Trauben „weiß gekeltert", das heißt, die Trauben werden sofort oder nach kurzer Maischegärung gepresst und anschließend wird ihr Most vergoren. In seltenen Fällen wird auch bei hochwertigem Rotwein aus der Maische nach kurzer Gärung ein Teil abgezogen, um den Rest gehaltreicher zu gestalten. Solche Roséweine gelten als besonders wertvoll.

Weißherbst: Dieses ist ein Roséwein der Q. b. A. (Qualitätswein bestimmter Anbaugebiete) und darf nur aus einer einzigen Weinsorte bestehen.

14.3.4 Weitere Weinsorten

Rotling: Dieser roséfarbene Wein entsteht aus roten und weißen Trauben oder deren Maische, die gemeinsam abgepresst werden muss. Wichtig ist, dass die Trauben vor der Gärung gemischt werden, nicht aber roter und weißer Traubensaft nach der Gärung. Anschließend kann eine Most- oder Maischegärung erfolgen. Dieses Getränk wird nicht als Wein sondern als Rotling bezeichnet.

Schillerwein: Beim Schillerwein handelt es sich um einen württembergischen Rotling, der mindestens Q. b. A.-Wein sein muss.

Badisch Rotgold: Badisch Rotgold ist ein badischer Rotling, der durch Mischung von Ruländer und Spätburgunder entsteht. Dieser Wein muss mindestens ein Q. b. A.-Wein sein.

Schilcher: Dies ist ein säurereicher Roséwein aus der Traube Blauer Wildbacher, der in der Steiermark (Österreich) eine Spezialität darstellt.

Perlwein: Diese Weine müssen beim Einschenken deutlich im Glas nachperlen. Während der Mostgärung tritt normalerweise Kohlendioxid aus, dieses wird bei der Perlweinherstellung jedoch verhindert. Neben der natürlichen Kohlensäure kann auch künstlich Kohlendioxid zugesetzt werden.

Entalkoholisierter Wein: Alkoholfreier Wein muss einen Alkoholgehalt von <0,5% aufweisen. Zur Herstellung werden normale Weine verwendet, deren Alkoholgehalt durch Ausfrieren, Vakuumdestillation, Dialyse (siehe 13.4.4) oder Behandlung mit Adsorbentien reduziert wird.

Dessertwein: Dessertweine sind auch unter den Bezeichnungen Süd-, Süß- oder Likörweine bekannt. Diese Weinart zeichnet sich durch hohe Alkoholgehalte (16–22 vol%) aus, welche nicht durch die Vergärung frischen Traubensaftes zu erreichen sind. Oftmals ist auch der Zuckergehalt dieser Weine erhöht. Zur Herstellung wird hochkonzentrierter Traubenmost oder Wein mit einem natürlichen Alkoholgehalt von mindestens 12 vol% verwendet. Es kann auch der Zusatz von Alkohol oder gespritetem, eingedicktem Most zu unvollständig vergorenem Most erfolgen, dabei kommt der Gärprozess zum Stillstand. Der anschließende Ausbau von Dessertweinen erfordert mindestens zwei bis fünf Jahre. In einigen Fällen, wie z. B. beim Sherry, werden die Dessertweine unter Luftzutritt in nur teilweise gefüllten Fässern gelagert. Durch die aeroben Reifebedingungen nehmen unter Verbrauch von Alkohol und flüchtigen Säuren andere Verbindungen wie Ethanal, Acetale, Ester und Butylenglycol zu, die den typischen Geschmack der Dessertweine ausmachen. Dessertweine können anhand ihrer Herstellungsart, ihres Alkohol- bzw. Zuckergehaltes oder – wie folgt – nach ihrer Herkunft unterschieden werden: **Malaga- und Sherrywein, Tarragona** (Spanien); **Portwein und Madeirawein** (Portugal); **sizilianischer Marsala** (Italien); **Samoswein, Malvasier** (Griechenland) u. a.

14.3.5 Geschmacksklassen

Der Restzuckergehalt ist das grundlegende Kriterium für die Einteilung von Weinen in verschiedene Geschmacksklassen. Der unvergorene Zucker wird auch als „Restsüße" bezeichnet. Es gibt vier Geschmacksklassen für den Restsüßegehalt, die jeweils auf dem Etikett angegeben werden können.

- „trocken": Restzucker $\leq$9 g/L, (wobei der Säuregehalt höchstens 2 g/L niedriger sein darf); bei klassisch trocken Restzucker $\leq$4 g/L
- „halbtrocken": Restzucker 9 g/L bis 18 g/L (wobei der Zucker nicht mehr als 10 g/L über dem Säuregehalt liegen darf)
- „lieblich": Restzucker 18 g/L bis 45 g/L
- „süß": Restzucker >45 g/L

14.4 Herstellungsprozess

In Abb. 14.2 sind exemplarisch die Herstellungsprozesse von Rot- und Weißwein dargestellt.

Um das durch Hefevergärung von Traubenmost hergestellte alkoholische Getränk *Wein* zu erhalten, sind bei der Weinbereitung sechs Verarbeitungsschritte notwendig.

14.4.1 Traubenlese

Zwar legen die Winzer den Lesezeitraum der Trauben in eigener Verantwortung fest, dennoch müssen sie ein so genanntes „Herbstbuch" führen. In diesem wird während der Erntezeit die Lese unter Angabe von Erntemenge, Herkunft, Leseart

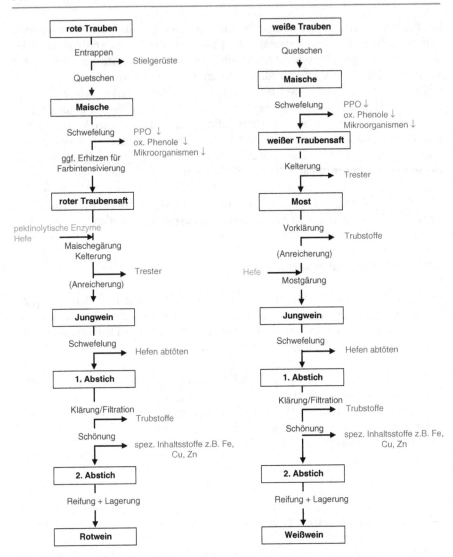

Abb. 14.2 Schema zur Herstellung von Rot- und Weißwein

und Mostgewicht festgehalten. Die traditionelle Weinlese erfolgt von Hand und in der Zeit von September bis November werden die Trauben geerntet. Im Kelterhaus werden ggf. die Kämme und Stiele von den Weintrauben abgetrennt. Es ist wichtig, die Trauben möglichst schonend zu verlesen, um mechanische Belastungen zu verhindern. Ansonsten kann es zu einer unerwünschten Erhöhung der Trub- und Phenolkonzentration (Gerbstoffe) kommen. Heutzutage werden die Trauben zum Teil auch maschinell durch Schwing-Schüttel-Technik verlesen. Die maschinelle Lese führt häufig zu einem erhöhten Einmaischegrad.

Folgende sortenabhängige Parameter beeinflussen den Reifeverlauf der Trauben und entscheiden letztendlich über den optimalen Lesezeitpunkt:

- der Anstieg des Zuckergehaltes (Glukose, Fruktose) bzw. des Extraktgehaltes (Mostgewicht in Grad Oechsle),
- die Abnahme des Säuregehaltes (Wein- und Apfelsäure), wodurch es zum Anstieg des pH-Wertes kommt,
- die Abnahme des Gehaltes an phenolischen Verbindungen (Gerbstoffe) und
- die Erweichung der Weinbeere durch fruchteigene Pektinasen.

Eine zu späte Traubenlese führt zu einem hohen Zuckergehalt bzw. zu einem niedrigen Säuregehalt und begünstigt außerdem die enzymatische Bräunung und den Schimmelbefall der Trauben. Ein solcher Schimmelpilzbefall ist mit Ausnahme der extraktreichen Beerenauslesen generell unerwünscht. Die so genannte „Edelfäule" wird durch den Schimmelpilz *Botrytis cinerea* verursacht.

14.4.2 Maischebereitung/Maischebehandlung

Das Abtrennen der Stielgerüste (Entrappen/Abbeeren) vor der Maischebehandlung ist bei der Weißweinproduktion nicht notwendig, bei der Rotweinproduktion jedoch unerlässlich. Beim Einmaischen werden die Trauben zunächst durch Mahlen zerkleinert. Dabei sollten Stielgerüst (Kämme) und Traubenkerne nicht zerstört werden, um eine Gerbstofferhöhung zu vermeiden. Die entstandene Maische ist ein Gemisch aus beachtlichen Saftmengen mit noch enthaltenen festen Traubenbestandteilen wie den Beerenhäuten, Kernen etc. Das Zerstören der Zellstrukturen und der Saftaustritt können enzymatische Reaktionen begünstigen (Polyphenoloxidase, Glykosidase etc.). Um diese Reaktionen zu vermeiden, ist eine schnelle Verfahrensführung oder eine Maischebehandlung erforderlich.

Nach einer ersten Abtrennung des ausgetretenen Saftes kann durch Zugabe pektinolytischer Enzyme ein weiterer Saftaustritt, eine höhere Saftausbeute und eine bessere Pressbarkeit der Maische erreicht werden. Eine Schwefelung durch Zugabe von SO_2 oder Kaliumdisulfat hemmt Enzyme wie die Polyphenoloxidase (PPO) und reduziert oxidierte Polyphenole. Einen zusätzlichen Oxidationsschutz gewährleistet eine CO_2-Zugabe. Durch die Sauerstoffverdrängung wird das Wachstum aerober Mikroorganismen (z. B. Essigsäurebakterien) unterdrückt. In Großbetrieben wird teilweise auch Gelatine zur Bindung der Polyphenole oder Aktivkohle zur Adsorption von Fehlaromen eingesetzt. Im Falle von Rotweinen ist eine weitere Maischebehandlung zum Herauslösen der rot färbenden Anthocyane aus den Zellverbänden notwendig. Dafür werden zunächst pektinolytische Enzyme hinzugefügt, um die Zellwände zu zerstören. Anschließend kommt es zur spontanen Maischegärung. Das entstehende Ethanol erhöht die Permeabilität der Zellwände und verbessert die Löslichkeit der Anthocyane. Je nach Prozessbedingungen können Anthocyane jedoch bis zu 50% abgebaut werden, da diese relativ instabil sind.

14.4.3 Keltern

Bei diesem Prozess erfolgt die Trennung der Maische in den Saft (Most) und den Pressrückstand (Trester). Ziel des Kelterns ist eine möglichst hohe Saftausbeute mit geringem Trub- und Gerbstoffgehalt. Zur möglichst schonenden Pressung dienen heute zumeist pneumatische Ballonpressen, in denen ein zentraler Ballon im Inneren aufgeblasen wird. Dadurch wird das Pressgut in großer Fläche gegen die Wand gedrückt und schonend ausgepresst. Die Saftausbeute beträgt ca. 70–80% und die Trester dienen anschließend als Dünger, Futtermittel oder werden zur Herstellung von Tresterschnäpsen (Grappa) weiterverwendet. Neuerdings werden die Trester aufgrund ihres hohen Flavonoidgehaltes auch zur Flavonoid-Extraktion oder als Zusatz in „Functional Food" eingesetzt.

14.4.4 Mostbehandlung

Die im Wein enthaltenen Trubstoffe sind meist Feinpartikel, die Proteine sowie oxidierte und kondensierte Polyphenole enthalten. Weiterhin können mehrwertige Metallionen zu Geschmacksveränderungen, Verfärbungen und Abscheidungen führen. In Abhängigkeit von der Mostqualität ist für die Weinbereitung eine Mostbehandlung notwendig. Es gibt verschiedene Verfahren, deren Anwendung je nach gewünschter Qualität erfolgt:

Schwefelung: Eine Schwefelung wird nur vorgenommen, wenn nicht bereits die Maische geschwefelt wurde.

Oxidation der Polyphenole: Der klassische reduktive Ausbau von Rotwein als Folge völliger Eliminierung von O_2 kann durch gezielte O_2-Zufuhr ersetzt werden. Dabei werden die im Most vorhandenen, zur Bräunung neigenden, unerwünschten Polyphenole vollständig oxidiert und es entstehen hochpolymere Verbindungen. Da die Löslichkeit dieser Verbindungen jedoch begrenzt ist, können sie durch Filtration abgetrennt werden. Ziel dieses Vorgangs sind eine Schnellreifung sowie farbstabilere und frischere Weine.

Mostvorklärung: Trubstoffe und Schmutz müssen abgetrennt werden, um eine nachhaltige Einwirkung auf die Weinqualität zu vermeiden. Durch Sedimentation oder Zentrifugation erfolgt eine obligatorische Mostvorklärung.

Enzymeinsatz: Kolloidal gelöste Pektinstoffe werden durch den Einsatz von Pektinasen abgebaut.

Mostschönung: Mit Hilfe von Gelatine, Bentonit (Mischung aus verschiedenen Tonmineralien), Kieselsol (eine wässrige, kolloidale Suspension von amorphem Siliciumdioxid – SiO_2), Hühnereiweiß, Aktivkohle etc. können unerwünschte Inhaltsstoffe des Weins abgetrennt werden.

Mostpasteurisierung: Dieser Schritt ist nur bei unsauberem Lesegut (partielle Fäulnis) notwendig. Das Ziel ist eine biologische Stabilisierung. Durch eine Kurzzeiterhitzung (2 min bei 85–87 °C) werden Mikroorganismen abgetötet, Enzyme inaktiviert und eine Spontangärung vermieden. Der Nachteil ist jedoch eine Geschmackseinbuße (Kochgeschmack) und die Notwendigkeit von Reinzuchthefen, da alle Mikroorganismen während der Pasteurisierung abgetötet wurden und ohne Zusatz neuer Hefen keine Gärung stattfinden könnte.

Mostentsäuerung: Eine Säureminderung kann sowohl bei Traubenmost als auch bei teilweise gegorenem Traubenmost oder vollständig gegorenem Wein durchgeführt werden. Je nach Traubensorte (z. B. beim Riesling existiert eine höhere Toleranzgrenze) und Weinbauzone wird der gewünschte Säuregehalt eingestellt. Für diesen Prozess stehen unterschiedliche Verfahren zur Verfügung (siehe Abschn. 14.4.6).

Mostanreicherung: Vor oder während der Gärung kann der Wein in Abhängigkeit von der Qualitätsstufe durch Zusatz von Saccharose und Traubenmostkonzentrat angereichert werden. Dadurch steht der Hefe mehr Zucker zur Verfügung und der Alkoholgehalt steigt. Für Art und Höhe des Zusatzes sowie die damit verbundene Alkohol-Volumenänderung sind im EU-Recht strenge Grenzwerte festgelegt. In einigen Ländern bestehen individuelle Regelungen, wie z. B. in Deutschland. Eine Weinanreicherung ist nach dem deutschen Weingesetz (WeinG 1994) bei allen Weinen mit Ausnahme des „Qualitätsweins mit Prädikat" zugelassen. Die erlaubte Höhe des Zusatzes schwankt teilweise innerhalb Deutschlands zwischen den einzelnen Weinbaugebieten. Der Vorgang der Mostanreicherung wird auch als „Chaptalisation" bezeichnet.

14.4.5 Gärung

Zwischen Rot- und Weißweingärung besteht ein grundsätzlicher Unterschied: Während bei der Weißweingärung der Traubenmost vergoren wird, geht bei der Rotweingärung die Maische in den Gärprozess ein. Zur Optimierung der Farbausbeute wird die Maische meist zuvor erhitzt. Es gibt zwei Arten der Gärung, zum einen die auf natürlichem Wege verlaufende Spontangärung und zum anderen die durch gezielten Zusatz von Reinzuchthefen herbeigeführte Gärung. Neben der eigentlichen Weinhefe enthält der frische Traubenmost eine Vielzahl anderer wilder Hefen, je nach Klima, Standort und Umweltbedingungen variiert diese Zusammensetzung der Mikroflora des Traubenmostes. Tabelle 14.3 gibt eine Übersicht über typische Vertreter von Wild- und Reinzuchthefen.

Spontangärung: Dieses klassische Verfahren ist aufgrund von Gärfehlern nur bedingt standardisierbar. Zu Beginn handelt es sich um eine gemischte Gärung bzw. Fehlgärung, da alle Mikroorganismen aktiv sind. Dabei werden diverse Gärnebenprodukte gebildet, die teilweise auch erwünscht sind. Im späteren Verlauf des

Tab. 14.3 Typische Hefen zur Weinherstellung (Dietrich 1987)

Wilde Hefen	Reinzuchthefen
Saccharomyces cerevisiae	*Saccharomyces cerevisiae var. ellipsoideus*
Saccharomyces uvarum	*Saccharomyces cerevisiae var. pastorianus*
Saccharomyces rosei *Kloeckera apiculata* *Torulopsis stellata* *Metschnikowia pulcherrima*	

Gärprozesses dominiert die alkoholische Gärung der Weinhefen. Der maximale Alkoholgehalt beträgt zum Ende 13–17 vol%.

Gärung durch Reinzuchthefen: Bei der Mosterhitzung und -zentrifugation ist der Zusatz von Reinzuchthefen unerlässlich. Die Hefen müssen bestimmte Anforderungen erfüllen, unter anderem sollen sie eine hohe Temperaturtoleranz und eine hohe Toleranz gegenüber Chemikalien haben, sowie ein schnelles Angären, eine geringe CO_2-Bildung und gute sensorische Eigenschaften gewährleisten. Bei diesem Verfahren ist von Beginn an eine hohe Hefekonzentration mit ausschließlicher Weinhefeaktivität vorhanden. Der Gärprozess mit Reinzuchthefen ist gut standardisierbar und bietet eine hohe Produktsicherheit, führt aber andererseits zu einer geringeren Aromenvielfalt. Bei der alkoholischen Gärung werden die im Traubenmost enthaltenen Zucker (Glukose und Fruktose) unter anaeroben Bedingungen zu Ethanol und CO_2 umgesetzt:

$$C_6H_{12}O_6 \rightarrow 2C_2H_5OH + 2CO_2$$

Die Umsatzrate der alkoholischen Gärung beträgt 51%, das heißt, aus 100 g im Traubenmost enthaltenem Zucker entstehen theoretisch bei vollständiger Vergärung 51 g Ethanol und 49 g CO_2. Da die Hefen jedoch einen Teil des Zuckers für den Aufbau ihrer Zellmasse benötigen und durch Verdunstung und Bildung von Gärnebenprodukten Ethanol verlorengeht, werden praktisch nur 47–49 g Ethanol gebildet.

In der Regel ist die alkoholische Gärung eine exotherme Reaktion und verläuft im Temperaturbereich von 20–30 °C optimal. Bedingt durch das jeweilige regionale Klima wurden früher traditionell Kalt- und Warmgärung unterschieden, heute erfolgt die Gärführung durch Kühlung oder Erwärmung. Die Warmgärung verläuft schnell, und es entstehen viele schwer flüchtige Komponenten (Rotwein). Im Gegensatz dazu läuft die Kaltgärung langsam ab. Das dabei entstehende Produktspektrum und die Ausbeute an Aroma- und Geschmacksstoffen (Buketstoffen) sind gut.

Um die Bildung von Fehlaromen und Gerbstoffen zu vermeiden, muss der Vorgang unter anaeroben Verhältnissen ablaufen. Je nach Qualität des Weins kann die Gärdauer zwischen 8–10 Tagen bei Weinen einfacher bis mittlerer Qualität betragen oder sogar einige Monate bei hochwertigen Mosten mit hohem Zuckergehalt. Im

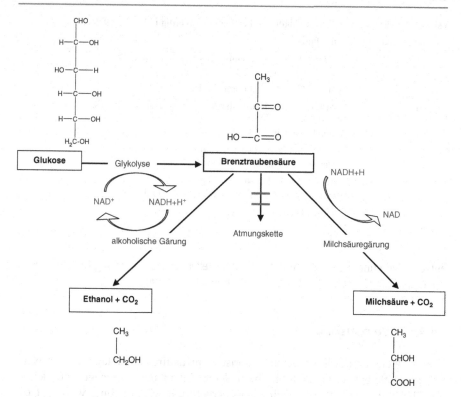

Abb. 14.3 Alkoholische Gärung und Milchsäuregärung

Falle von Rotweinen müssen nach der Gärung noch die Trester abgetrennt werden. Bei einigen Weinen wird der Zucker nicht vollständig vergoren, es bleibt ein Restzuckergehalt erhalten. Das hefetrübe, noch gärende Produkt wird im Handel als Federweißer oder Sauser angeboten. Dieser Jungwein enthält je nach Hefeart – 12–15 vol% Alkohol.

Nebenreaktionen: Je nach Prozessbedingungen laufen neben der eigentlichen alkoholischen Gärung weitere Reaktionen ab, wie in Abb. 14.3 ersichtlich. Eine der Nebenreaktionen ist der biologische Säureabbau (malolaktische Gärung), welcher bei der Rotweinherstellung und in Weinanbauzonen mit hohem Säuregehalt erwünscht ist. Beim Säureabbau werden der Restzucker oder die Apfelsäure durch spezielle Milchsäurebakterien (*Oenococcus, Leuconostoc* u. a.) unter Energiegewinn zu der milderen Milchsäure umgesetzt. Dadurch werden eine Entsäuerung und ein pH-Anstieg bewirkt.

Gärnebenprodukte: Neben Ethanol werden eine Reihe weiterer Gärnebenprodukte gebildet, deren Art und Menge für die eigentliche Qualität des Weins

Tab. 14.4 Gärnebenprodukte der alkoholischen Gärung (Würdig u. Woller 1989)

Gärnebenprodukte	Bemerkung
Glycerin	Durch Hydrierung von Dihydroxyacetonphosphat
Höhere Alkohole	Insbesondere 2,3-Butandiol und 3-Methylbutanol; Synthese über Pyruvat durch die Hefe
Säuren	Bernsteinsäure, 2-Ketoglutarsäure, Citronensäure, Oxalessigsäure, Glyoxalsäure Bildung über Citratzyklus
Essigsäure	Flüchtige Säure; durch Essigsäurebakterien; Geringer Gehalt ist wichtiges Qualitätsmerkmal
Ester	Z. T. wichtige Bukettstoffe, Essigsäureethylester unerwünscht Über Coenzym A-Aktivierung der Säuren und Reaktion mit Alkoholen
Aldehyde	Wichtige Bukettstoffe

entscheidend und die größtenteils „Bukettstoffe" sind. Tabelle 14.4 gibt einen Überblick über die Gärnebenprodukte der alkoholischen Gärung.

14.4.6   Weinausbau

Ziel des Weinausbaus ist es, einen sensorisch einwandfreien und lagerfähigen Wein von gleichbleibender Qualität und besonderem Charakter zu erzeugen. In diesem abschließenden Schritt, der auch als Kellerbehandlung bezeichnet wird, gilt es, Geschmacksfehler zu korrigieren, die Farbe von Rotweinen zu vertiefen, ein zu geringes Bukett zu verstärken sowie zu geringe oder zu hohe Säuregehalte auszugleichen. Dafür muss der aus der Hauptgärung hervorgegangene Jungwein entsprechenden Behandlungen unterzogen werden.

Abstechen: Unter einem Abstich versteht man das Umfüllen des Weins in einen anderen Behälter (Fass). In Folge des gärungsbedingten Alkoholanstiegs scheiden sich Eiweißstoffe, Pektine, Gerbstoffe, Weinstein (K-Na-Tartrat), Calciumtartrat, Hefezellen und andere Trubstoffe ab. Diese werden durch das Abstechen gleichzeitig mit abgetrennt. Der Vorgang wird häufig mit anderen Maßnahmen wie Schwefeln, Schönen, Klären oder Lüften kombiniert. Beim ersten Abstich werden die abgesetzten, verderblichen „Hefeleläger" abgetrennt, um geschmackliche oder geruchliche Veränderungen, wie z. B. Hefeböckser (Geruch nach Schwefelwasserstoff), zu vermeiden. Ein zweiter Abstich erfolgt sechs bis acht Wochen später in Verbindung mit einer Schönung, so dass der Schönungstrub mit dem Abstich entfernt wird.

Schwefeln: Die Zugabe von schwefliger Säure zum Wein hat mehrere Aufgaben: Schweflige Säure dient

- der Aldehydbindung (besonders Ethanal),
- der Bindung von O_2 unter Oxidation zu Sulfat,

Tab. 14.5 Erlaubte Höchstmengen der Weinschwefelung auf den unterschiedlichen Verarbeitungsstufen und Gesamtmengen in unterschiedlichen Weinen (Richtlinie 2003/89/EG des Europäischen Parlamentes)

Weinsorte	Gesamt-SO_2 in mg/L	Verarbeitungsstufe	SO_2 in mg/L
Rotwein (<5 g Restzucker)	160	Maische	ca. 50
Weiß- und Roséwein (<5 g Restzucker)	210	Normale Moste	40–50
Rotwein (>5 g Restzucker)	210	Moste aus angefaultem Lesegut	60–70
Weiß- und Roséwein (>5 g Restzucker)	260	Bei Vorklärung (zur Gärverzögerung)	75–100
		Bei 1. Abstich	ca. 50
		Bei 2. Abstich	20–30
		Summe	Max. 200–250

- der Inaktivierung von Enzymen (besonders Oxygenasen),
- der Erhaltung des Rotweinfarbstoffs durch Adduktbildung mit Anthocyanen,
- der Ausbildung von Bukettstoffen
- dem Schutz vor Mikroorganismen.

Zur Weinschwefelung darf fester elementarer Schwefel (Schwefelschnitte) sowie technisch reines Kaliumdisulfat (Tabletten, Blockform), verflüssigtes SO_2-Gas und wässrige schweflige Säure (H_2SO_3, mind. 5%ig) eingesetzt werden. Die Schwefelung kann auf mehreren Stufen schon vor dem Weinausbau erfolgen. Für die jeweiligen Verarbeitungsstufen sind Höchstmengen vom Gesetzgeber festgelegt, wie in Tab. 14.5 ersichtlich.

Die Grenzwerte für Bio-Weine sind strenger. Nur zwei Drittel der normalen Gesamtschwefelmenge sind erlaubt. Durch gesundes Lesegut, eine saubere Arbeitsweise und den Zusatz von Reinhefen kann die eingesetzte Menge an SO_2 um bis zu ca. 50% gesenkt werden. In Bezug auf die Weinqualität, die im Wesentlichen durch den Verlauf der Gärung sowie durch die Reifung und die Haltbarkeit beeinflusst wird, ist die richtige SO_2-Dosierung von großer Bedeutung. Ein fertig ausgebauter Wein sollte nicht mehr als 30–50 mg freies SO_2/L aufweisen. Eine Schwefelung des Weins muss laut EU-Richtlinien auf dem Etikett durch den Vermerk „enthält Sulfite" gekennzeichnet werden, da es zu allergischen Reaktionen kommen kann.

Klären und Stabilisieren: Die im Wein enthaltenen Trubstoffe sind größtenteils Proteine sowie oxidierte und kondensierte Polyphenole. Außerdem können Metallionen zu Verfärbungen und Abscheidungen führen. Die Selbstklärung des Weins erfolgt nur sehr langsam und unvollständig, deshalb sind zur Entfernung unerwünschter Farb-, Aroma- und Geschmacksstoffe zusätzliche technologische Verfahren nötig. Eine Weinklärung wird durch Fällung (Schönung), Filtration oder Zentrifugation erreicht. Metallionen (Fe, Zn, Cu) werden durch genau berechneten

Zusatz an Kaliumhexacyanoferrat(II) gefällt. Es bildet sich unlösliches Berliner-blau - deshalb wird das Verfahren auch als „Blauschönung" bezeichnet. Gleich-zeitig werden hartnäckige Eiweißtrübungen beseitigt. Bei anderen Methoden zur Weinschönung werden u. a. Gelatine, Eiereiweiß oder Bentonite zugesetzt. Eine Klärung durch Filtration erfolgt hingegen über Cellulose oder Kieselgur. Heute werden in Großbetrieben zunehmend leistungsfähige Separatoren eingesetzt.

Entsäuerung, Verschneiden, Ansäuern: Diese Verfahren sollen ungenießbare und unharmonische Moste und Weine verbessern, wobei in der Regel schon der Most entsäuert wird. Enthalten erntereife Trauben aufgrund schlechter Klimabedin-gungen zu wenig Zucker oder zu viel Säure, muss dies durch Entsäuerung ausgegli-chen werden. Die übliche Entsäuerung wird zumeist mit Calciumcarbonat ($CaCO_3$) durchgeführt, das als Calciumtartrat oder ein Gemisch aus Calciumtartrat und Cal-ciummalat ausfällt. Apfelsäure lässt sich durch dieses Verfahren jedoch nicht neut-ralisieren. Daher gibt es bei zu starker Entsäuerung ein Ungleichgewicht der Säuren, das sich geschmacklich unangenehm bemerkbar macht. Die malolaktische Gärung bietet eine Art Abhilfe, bei diesem biologischen Säureabbau wird L-Apfelsäure mit Hilfe von Milchsäurebakterien in Milchsäure überführt. Zusätzlich werden bei der Reaktion Restzucker, Aldehyde und Pyruvat abgebaut.

Um Wein gleichmäßiger Qualität in den Handel zu bringen, wird Wein teilweise verschnitten. Durch unterschiedliche Maßnahmen werden dabei Geschmacksfehler korrigiert, ein zu geringes Bukett verstärkt, der Säuregehalt ausgeglichen, die Rot-weinfarbe vertieft und alte Weine aufgefrischt. Beispielsweise wird in südlichen Ländern Wein- oder Citronensäure zum Wein zugesetzt, um den Säuregehalt zu heben.

Anreicherung durch die Süßreserve: Bis zu einem Zuckergehalt, der etwa 15–17 Gew% Alkohol ergibt, gärt der Wein durch und es entstehen „trockene" Weine, d. h. Weine ohne Süße. Lediglich wenige (ca. 0,7%) unvergärbare Saccha-ride (z. B. Pentosen) bleiben übrig. Süße im Wein kann durch ein natürliches Ende der Gärung aufgrund sehr hoher Zuckergehalte, durch ein gezieltes Abstoppen der Gärung (entweder durch Kühlung, durch Sterilfiltration oder durch Zusatz von Schwefel oder Alkohol) oder durch Zugabe von unvergorenem Traubenmost (Süß-reserve) erreicht werden. Letztere Maßnahme ist heute gängige Praxis. **Süßreserve** ist speziell behandelter, lagerfähig gemachter Traubenmost zur nachträglichen Süßung von Wein. Der Name stammt von dem Vorgehen, wobei vor der Gärung der Weine, welche später lieblich oder süß angeboten werden sollen, eine Teilmenge des Mostes (süße Reserve) abgezweigt und unvergoren gelagert wird (gekühlt und stabilisiert), um diese nach der Herstellung des Weins wieder zuzusetzen. Dies muss mit großer Sorgfalt geschehen, damit der dadurch angereicherte Wein nicht wieder anfängt zu gären (u. a. Zusatz von SO_2). Dadurch wird der Wein natürlich verdünnt, so dass heute liebliche oder süße Weine weniger Alkohol enthalten als trockene. Die Zugabe von Zucker zur Süßung ist nicht erlaubt.

Reifung und Lagerung: Während der Reifung laufen viele wichtige chemische Reaktionen zwischen den einzelnen Inhaltsstoffen des Weins ab. Grundsätzlich gibt es zwei verschieden lokalisierte Reifeverfahren: zum einen die Fassreifung und zum anderen die Flaschenreifung. Nach der Klärung und Stabilisierung des Weins werden einfache Weine in Flaschen und Spitzenweine zunächst in kleine (225 L fassende), ungebrauchte Eichenholzfässer (Barrique) abgefüllt. Erst nach genügender Reifung werden Spitzenweine in Flaschen abgefüllt und mit einem Naturkorken oder Schraubverschluss verschlossen. Durch moderne Verarbeitungstechniken erfolgt die Flaschenreife – insbesondere von Massenweinen – sehr schnell. Weißweine werden oftmals jung und frisch getrunken, so dass die Lagerzeiten hier relativ kurz sind.

14.5 Qualität von Wein

Allgemein darf Wein per Gesetz nur aus dem Saft frischer Weintrauben durch alkoholische Gärung hergestellt werden. Die Bezeichnung „Wein" ist ausschließlich dem Erzeugnis aus Trauben vorbehalten. Für Obst-, Beeren- oder Fruchtweine hingegen ist die Angabe des entsprechenden Ausgangsstoffes zwingend vorgeschrieben. Um einen genussfähigen Wein zu erhalten, müssen die zur Weinbereitung geeigneten Trauben einen ausreichenden Zucker- und Fruchtsäuregehalt aufweisen. Aufgrund der fehlenden Säuren eignen sich die zum unmittelbaren Verzehr angebotenen Tafeltrauben i. d. R nicht für die Weinproduktion.

Von entscheidender Bedeutung für den Charakter des Weins ist die Rebe, aus der dieser gewonnen wird. Die Weinrebe *Vitis vinifera* stellt nur eine Gattung innerhalb einer umfangreichen Familie dar, zu der u. a. auch der „wilde Wein" gehört. Zwar geht die Zahl der Varietäten der Weinreben in die Tausende, allerdings haben Weintrinker mit nur ca. 50 Vertretern zu tun.

Weinreben werden zumeist über Stecklinge vermehrt. Es bleibt zu berücksichtigen, dass sich Rebsorten wie der Riesling, die schon über Jahrhunderte kultiviert werden, in verschiedene Klone aufgespalten haben bzw. durch „Klonselektion" verbessert werden. Ein bekanntes Beispiel ist auch der italienische Rotwein *Brunello di Montalcino*, der den Chianti in der Qualität weit übertrifft, obwohl er aus derselben Traubensorte (Sangiovese) produziert wird.

14.5.1 Trauben

Der Ertrag und die Qualität der Trauben sind vor allem von den vier Faktoren *Klima, Bodenbeschaffenheit, Kulturmaßnahmen* und der *Pflanze* selbst abhängig (siehe Abb. 14.4). Wichtig für das Gedeihen der Reben sind u. a. eine mittlere Jahrestemperatur von mindestens 10 °C sowie eine mittlere Monatstemperatur von mindestens 15 °C von April bis Oktober. Sehr geeignet sind Gebiete zwischen 35° und 45° nördlicher Breite.

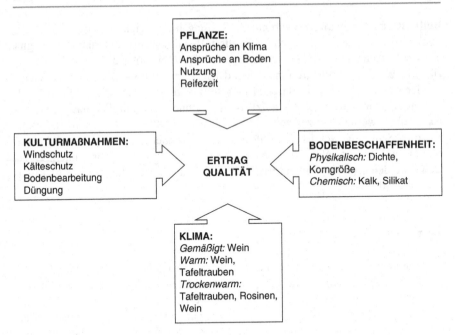

Abb. 14.4 Einflussfaktoren auf Ertrag und Qualität von Weintrauben

Tab. 14.6 Lesestufen von Weintrauben

Lesestufe	Lese von ...
Spätlese	Vollreifen Trauben
Auslese	Vollreifen Trauben, Aussortieren unreifer und kranker Beeren
Beerenauslese	Edelfaulen oder mindestens überreifen Beeren
Trockenbeerenauslese	Weitgehend eingeschrumpften, edelfaulen Beeren
Eisweinlese	Am Rebstock gefrorenen Trauben, werden im gefrorenen Zustand bei −7 °C gekeltert

Die Trauben können zu unterschiedlichen Zeitpunkten geerntet werden, dabei entsprechen die Lesestufen im Wortlaut den festgelegten Prädikaten (Ausnahme: Kabinett). Zusammen mit dem Mindestmostgewicht ist der Lesezeitpunkt Voraussetzung für die in Tab. 14.6 dargestellten Einstufungen.

14.5.2 Most

Eine bedeutende Messgröße zur Beurteilung der Güte eines Mostes ist das Mostgewicht, das Auskunft gibt über die Dichte und damit indirekt über den Zuckergehalt des Mostes, der in Grad Oechsle (°Oe) angegeben wird. Die Bestimmung des Mostgewichtes erfolgt refraktometrisch oder mit Hilfe einer Oechslewaage (Aräometer, Spindel).

Tab. 14.7 Mindestalkoholgehalte und Mostgewichte für Weine bestimmter Qualitätsstufen (WeinG 1994, WeinVO 1995)

| | Zone A (Deutschland ohne Baden) | | Zone B (Baden) | |
	Mindestalkoholgehalt (%)	Mostgewicht (°Oe)	Mindestalkoholgehalt (%)	Mostgewicht (°Oe)
Tafelwein	5,0	44	6,0	50
Landwein	5,5	47	6,5	53
Q. b. A. (Anreicherung erlaubt)	6,0		7,5	
Qualitätswein mit Prädikat (Anreicherung nicht erlaubt) Mostgewicht				
Kabinett	>67–85 °Oe			
Spätlese	>76–95 °Oe			
Auslese	>83–105 °Oe			
Beerenauslese	>110–128 °Oe (Eiswein)			
Trockenbeerenauslese	>150 °Oe (Eiswein)			

Mostgewicht = (Dichte – 1) × 1.000
z.B. 1,080 = 80 Oechsle
Umrechnung von °Oe auf Zuckergehalt:
Zucker (g/L) = °Oe × 2,5 – 25(in guten Jahren)
Zucker (g/L) = °Oe × 2,5 – 30(in schlechten Jahren)

Allgemein liegt das Mostgewicht meist zwischen 50 und 100 °Oe und in Deutschland zwischen 70 und 90 °Oe. Ein für jede Weinbauzone gesetzlich festgelegtes Mindestmostgewicht und der daraus berechnete natürliche Mindestalkoholgehalt sind für jede Qualitätsstufe festgelegt (siehe Tab. 14.7). Da die für einen genussfähigen Wein erforderlichen 70–80 °Oe in schlechten Jahren oftmals nicht erreicht werden, darf in diesen Fällen und zu einem geringen Grade auch darüber hinaus durch Anreicherung nachgeholfen werden. Dafür wird dem Wein zur Alkoholanreicherung innerhalb gesetzlich festgelegter Höchstgrenzen Zucker zugesetzt. Der Zuckerzusatz ist auf 28 g/L, entsprechend 3,4 vol% begrenzt. Eine Anreicherung ist für Tafelweine und Q. b. A. (Qualitätswein bestimmter Anbaugebiete) ohne Prädikat zulässig, jedoch nicht für Prädikatsweine.

14.5.3   Qualitätsweinprüfung und Weinetikettierung

Die weinbaubetreibenden Länder verfügen über Prüfungsbehörden zur amtlichen Qualitätsweinprüfung für Q. b. A. und Q. W. (Qualitätswein) mit Prädikat. Die Prüfung erfolgt anhand eines dreistufigen Systems (Lese- und Reifeprüfung, analytische Prüfung und Sinnesprüfung) durch Kontrollmechanismen des Weingesetzes (Herbstbuch, Kellerbuchführung) und Prüfungen des abgefüllten Erzeugnisses. Ziel dieser Prüfungen ist die Sicherung der Mindestqualität innerhalb der einzelnen Gü-

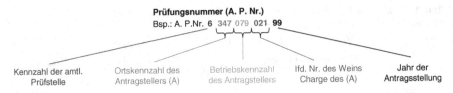

Abb. 14.5 Zusammensetzung der amtlichen Prüfungsnummer (A. P. Nr.) für Weine

teklassen und Unterteilungen. Nach bestandener Qualitätsprüfung wird dem Wein eine amtliche Prüfungsnummer (A. P. Nr.) zugeteilt (siehe Abb. 14.5).

Die wichtigsten Informationen für die Auswahl eines Weins können bzw. müssen auf dem Etikett ausgewiesen sein. Die Weinproduzenten in den EG-Ländern müssen auf den Weinetiketten einerseits Pflichtangaben machen und andererseits können sie weitere fakultative Angaben abdrucken. Zu den Pflichtangaben gehören die Qualitätsklasse, das Nennvolumen, der Abfüller/Hersteller, der Alkoholgehalt sowie die amtliche Prüfnummer und das bestimmte Anbaugebiet bei Q. b. A. Fakultative Angaben wie die Rebsorte, die Weinlage oder der Jahrgang werden vorwiegend aus werbewirksamen Gründen gemacht.

14.5.4 Weinfehler

Weinfehler können sich im Geschmack, im Aussehen oder Geruch des Weins bemerkbar machen. Solche Fehler sind Folge unerwünschter chemischer oder physikalischer Prozesse. Mitunter können auch Weinkrankheiten auftreten, die durch Mikroorganismen hervorgerufen werden. Tabelle. 14.8 gibt eine Übersicht über typische Weinfehler und deren Ursachen.

In den meisten Fällen sind Weinfehler durch entsprechende Behandlungen zu beheben, wie z. B. Belüften, Schönung, Behandeln mit Kohle etc. Weinkrankheiten können hingegen nicht behoben werden.

14.6 Zusammensetzung von Traubenmost

Traubenmost besteht im Mittel zu 70–85% aus **Wasser** und zu weiteren 10–25% aus **Kohlenhydraten**. Dabei handelt es sich hauptsächlich um die Monosaccharide Glukose und Fruktose im Verhältnis 1:1 (bei ausgereiften Beeren), während unvergärbare Pentosen wie Arabinose, Rhamnose und Xylose zusammen weniger als 1% ausmachen. Saccharose ist im Wein kaum enthalten. Pektine sind nur in Spuren vorhanden und werden bei der Gärung durch den entstehenden Alkohol größtenteils ausgefällt.

Der Säuregehalt eines Weins ist stark vom Klima abhängig, während er in „guten Weinjahren" ca. 6–12 g/L beträgt, kann er in mittleren Weinjahren auf ca. 9–15 g/L und in schlechten Weinjahren sogar auf >20 g/L ansteigen. Weinsäure und Apfelsäure sind die Hauptsäuren des Mostes. Das Verhältnis der beiden **Säuren** zuein-

Tab. 14.8 Beispiele für Weinfehler und -krankheiten sowie deren Ursachen (Vreden 2007, Dietrich 2004)

	Weinfehler	Ursache
Geruch	Böckser	Schwefelverbindungen
Geschmack	Schwefelblume	Überschwefelung
	Luftgeschmack	Zu geringe Schwefelung
	Geranienton	Abbau von Sorbinsäure
	Firngeschmack	Oxidation; zu lange Fasslagerung
	Korkgeschmack	Abbau höherer Fettsäuren des Korks durch Schimmelpilze
Aussehen	Trübungen (Eiweiß, Metallionen, Weinstein etc.)	Reaktionen von z. B. Eisenionen mit Phosphaten usw.
	Braunwerden	Sauerstoffeinwirkung; Veränderung der phenolischen Inhaltsstoffe
Krankheiten	Milchsäurestich (Diacetyl)	Milchsäurebakterien
	Mäuseln (Mäuseurin)	Bakterielle Erkrankung des Weins
	Essigstich	Essigsäurebakterien

ander schwankt ebenfalls in Abhängigkeit des Jahrgangs. In Mosten aus guten, reifen Jahren überwiegt der Weinsäureanteil und in schlechteren Jahren der Anteil an Apfelsäure. Weitere Säuren im Most sind die Citronensäure und die Gluconsäure.

Ein Liter Wein enthält durchschnittlich 0,2–1,4 g **N-haltige Verbindungen**. Dies sind zu ca. 80% freie Aminosäuren und zu ca. 20% Proteine. Die stickstoffhaltigen Verbindungen dienen den Hefen als Nährstoffe bei der Weinbereitung und haben Einfluss auf die Aroma- und Geschmacksbildung. Normalerweise enthält Traubenmost ausreichend N-haltige Verbindungen, in einigen Gebieten, wie z. B. Südeuropa, kann es jedoch gelegentlich zum N-Mangel kommen, so dass hier der Zusatz von Ammoniumphosphat oder Ammoniumsulfat erfolgt. Aus den Aminosäuren der abgestorbenen Hefen können jedoch durch Aminosäuregärung unerwünschte **Fuselalkohole** entstehen. Der Abbau der Aminosäuren verläuft unter Bildung der Zwischenprodukte Iminosäure, Ketosäure und Aldehyd zum Alkohol. Fuselöle sind i. d. R. für den menschlichen Organismus toxischer als Ethanol. Eine zu hohe Zufuhr an Fuselalkoholen führt zu Unverträglichkeit und Kopfschmerzen. Wein und andere Spirituosen dürfen deshalb laut Gesetz einen Wert von maximal 0,1% Fuselöl nicht überschreiten. Tabelle 14.9 gibt einen Überblick über typische Fuselöle und die Aminosäuren, aus denen diese entstehen.

Der Gehalt an **phenolischen Substanzen** bzw. **Gerbstoffen** variiert zwischen den Weinarten. Weißwein hat einen vergleichsweise geringen Gerbstoffgehalt von ca. 0,2–0,4 g/L. Der Tanningehalt in Rotwein kann von ca. 1,0–1,5 g/L in mildem über 2,0–2,5 g/L in dunklem, schwerem Rotwein bis hin zu 6,0 g/L in Deckweinen reichen. Diese Unterschiede begründen sich durch die verschiedenen Gärverfahren der Weine. Da die Gerbstoffe aus den Kämmen, Hülsen und Kernen der Trauben stammen, gelangen bei der Maischegärung des Rotweins deutlich mehr Tannine in den Wein als bei der Mostgärung des Weißweins. Es lassen sich zwei Arten von

Tab. 14.9 Beispiele für Fuselöle aus Aminosäuren und deren Zwischenprodukte (modifiziert nach: Baltes 2007)

Aminosäure R-CH(-NH₂)-COOH →	Ketocarbonsäure R-CO-COOH →	Carbonylverbindung R-CHO →	Alkohol R-CH₂OH
α-Aminobuttersäure	α-Ketobuttersäure	Propionaldehyd	n-Propanol
Valin	α-Ketovaleriansäure	Isobutyraldehyd	Isobutanol
Leucin	α-Ketoisocapronsäure	Isovaleraldehyd	3-Methylbutanol
Isoleucin	α-Keto-β-methyl-valeriansäure	Valeraldehyd	2-Methylbutanol
Phenylalanin	Phenylbrenztraubensäure	Phenylacetaldehyd	2-Phenylethanol

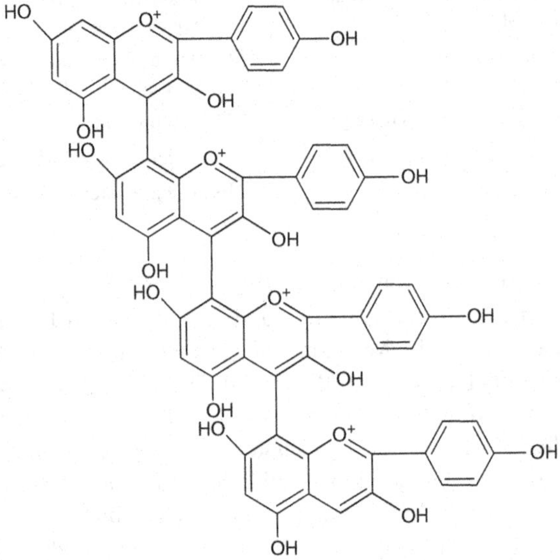

Abb. 14.6 Beispielhafter Molekülausschnitt eines Gerbstoffes

Gerbstoffen unterscheiden, die *hydrolysierbaren* und die *kondensierbaren* Gerbstoffe. Hydrolysierbare Gerbstoffe, wie z. B. Gallotannine, leiten sich meist von der Gallussäure ab. Gallotannine sind esterartig mit Zucker verknüpfte Phenolcarbonsäuren, die sich durch Hydrolyse spalten lassen. Gerbstoffe sind kondensierte phenolische Verbindungen von Catechinen, Anthocyanen und Flavonolen (siehe Abb. 14.6). Die in Weinbeeren vorhandenen Gerbstoffe werden auch als *Önotannine* bezeichnet. Zusammen mit anderen Flavonoiden sind diese Önotannine vor allem für die Farbgebung des Mostes verantwortlich.

Flavonoide werden dabei über den, Shikimisäure Weg synthetisiert. Das Enzym Phenylalanin-Ammonium-Lyase (PAL) wandelt dabei Phenylalanin in trans-Zimtsäure um. Anschließend wird aus trans-Zimtsäure durch ein anderes Enzym – die Zimtsäure-4-hydroxylase (C4H) – die *p*-Cumarsäure. Abbildung 14.7 zeigt die enzymatische Umwandlung von Phenylalanin zu *p*-Cumarsäure.

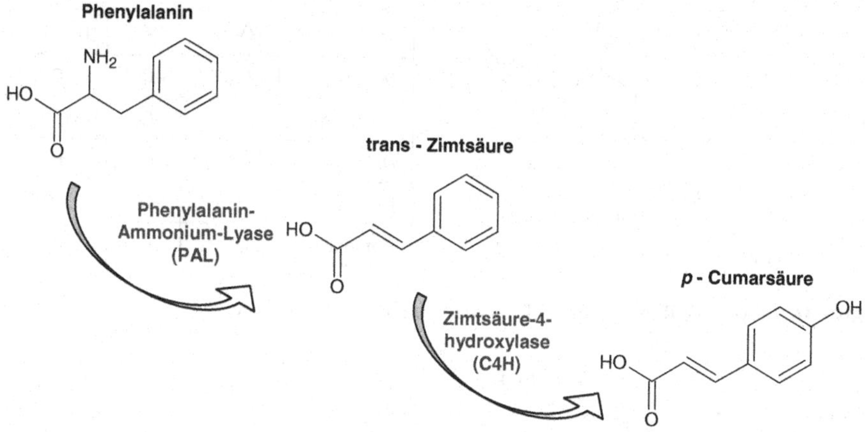

Phenylalanin

Abb. 14.7 Biosynthese von p-Cumarsäure aus Phenylalanin über den Shikimisäure-Weg

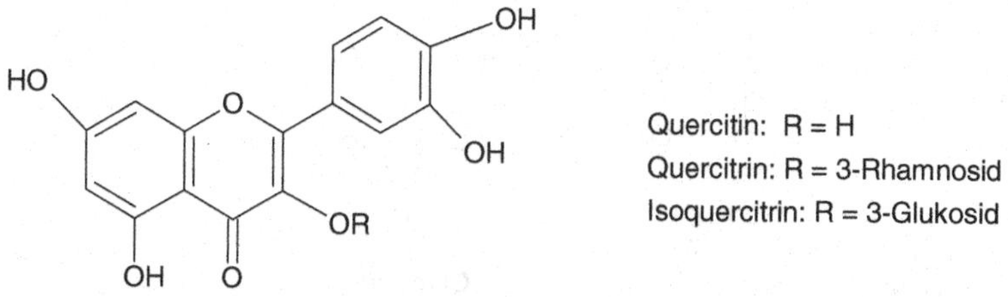

Quercitin: R = H
Quercitrin: R = 3-Rhamnosid
Isoquercitrin: R = 3-Glukosid

Abb. 14.8 Flavonole im Wein

Durch weitere enzymatische Reaktionen, die teilweise UV-abhängig sind, entstehen neben den Catechin-Gerbstoffen (kondensierte Tannine) die gelblich färbenden Flavonole und die rot bis blau färbenden Anthocyane. Flavonole wie Quercitin, Quercitrin und Isoquercitrin (siehe Abb. 14.8) sind zusammen mit anderen **Farbstoffen,** wie Carotin und Xantophyll, für die gelbliche Färbung des Weißweins verantwortlich.

Anthocyane sind die Farbstoffe des Rotweins. Während in europäischen Reben vor allem die Monoglucoside von Malvidin, Cyanidin, Delphinidin, Petunidin oder Päonidin (siehe Abb. 14.9) vorkommen, sind Diglucoside wie Malvin Hinweise auf Hybride bzw. so genannte „Amerikanerreben". Die Farbstoffgehalte sind von der Traubensorte sowie vom Reifegrad der Beeren abhängig.

Die Gesamtheit der **Aromastoffe** des Traubenmostes wird auch als so genanntes „Bukett" bezeichnet. Geschmack und Aroma eines Mostes sind dabei von dem jeweiligen Sorten-, Lager- und Gärbukett abhängig. Bisher wurden ca. 700 Aromastoffe im Wein nachgewiesen. Bukettstoffe sind größtenteils Aldehyde, Alkohole, Ester, Ketone, Laktone, Terpene, Säuren sowie einige N- und S-haltige Verbindungen.

Sorbit/Sorbitol (siehe Abb. 14.10) ist eine sechswertiger Alkohol. Natürlicherweise kommt Sorbit im Traubensaft und -wein nur in geringen Mengen von bis zu

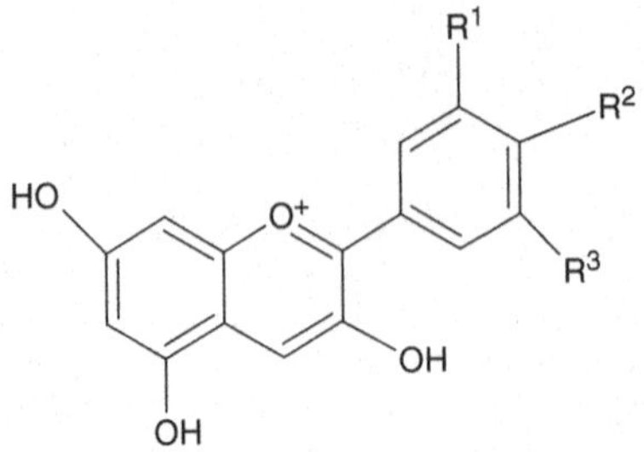

	R¹	R²	R³
Malvidin	$-OCH_3$	$-OH$	$-OCH_3$
Cyanidin	$-OH$	$-OH$	$-H$
Delphinidin	$-OH$	$-OH$	$-OH$
Päonidin	$-H$	$-OH$	$-OCH_3$
Petunidin	$-OCH_3$	$-OH$	$-OH$

Abb. 14.9 Typische Rotweinfarbstoffe aus der Gruppe der Anthocyane

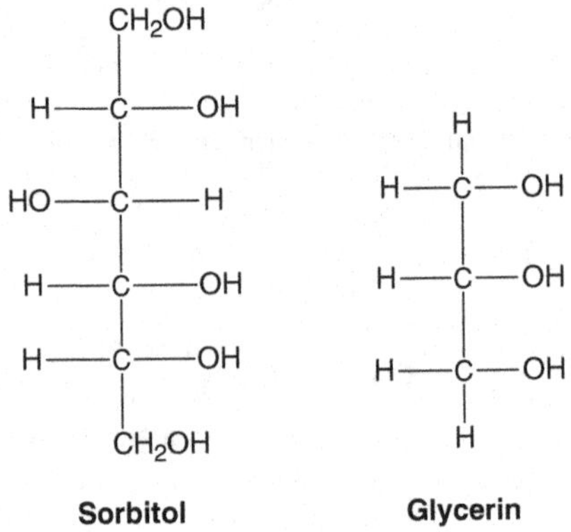

Sorbitol   Glycerin

Abb. 14.10 Geschmackskomponenten im Wein: Sorbitol und Glycerin

etwa 50 mg/L vor. Deutlich höhere Mengen sind in Kern- und Steinobst enthalten. Im Wein ist ein hoher Sorbitgehalt ein Hinweis auf eine Streckung bzw. Verfälschung des Weins.

Ein weiterer wichtiger Geschmacksfaktor im Wein ist der dreiwertige Alkohol **Glycerin** (siehe Abb. 14.10). Glycerin wird vorwiegend von der Hefe *Saccharomyces cerevisiae* als Nebenprodukt während der alkoholischen Gärung gebildet.

Der Glyceringehalt schwankt je nach Stickstoffgehalt des Mostes, der Gärtemperatur sowie dem Vergärungsgrad. Allgemein gilt: je höher der Alkoholgehalt eines Weins, desto höher auch der Glyceringehalt. Das Verhältnis von Glycerin zu Alkohol beträgt bei normaler Vergärung etwa 1:12 g/L. Neben den Hefen können auch Edelfäulepilze wie *Botrytis cinerea* bereits in der Weinbeere Glycerin bilden. Dadurch steigt der Glyceringehalt in Relation zum Ethanolgehalt, je höher der Anteil faulen Lesegutes ist, der in die Weinproduktion einfließt. Glycerin ist ein wesentlicher Bestandteil des zuckerfreien Extraktes von Wein und hat einen süßlichen Geschmack.

Bibliographie

Dietrich, H. (1987): Handbuch der Lebensmitteltechnologie – Mikrobiologie des Weins. Verlag Eugen Ulmer, Stuttgart.

Dietrich, H. (2004): Die häufigsten Weinfehler im Überblick. Der Deutsche Weinbau. Nr. 16-17, S. 2-7 (Beitrag anlässlich der 49. Internationalen Fachtagung des BDO (Bund Deutscher Oenologen e. V., Neues)).

Johnson, H. & Robinson, J. (2001): Der Weinatlas. 5. Ausgabe, Hallwag – Gräfe und Unzer Verlag, München.

Lobitz, R. (1999): Deutscher Wein. 1. Auflage, aid-Infodienst, Bonn.

Staeves, A. (2009): Das Weinrecht 2009. 19. überarbeitete Auflage, aid-Infodienst, Bonn.

Troost, G. (1995): Technologie des Weins. In: Troost, G., Bach, H., Rhein, P. (Hrsg.): Handbuch der Lebensmitteltechnologie. 2. Auflage, Verlag Eugen Ulmer, Stuttgart.

Würdig, G. & Woller, R. (Hrsg.) (1989): Chemie des Weins. In: Handbuch der Lebensmitteltechnologie, Verlag Eugen Ulmer, Stuttgart.

Spirituosen

15

Inhaltsverzeichnis

15.1 DefinitioDefinition und Geschichten und Geschichte

Die Bezeichnung „Spirituosen" stammt von dem lateinischen Begriff *Spiritus* (Geist) ab. Umgangssprachlich wird diese Gruppe alkoholischer Getränke auch „Schnaps" genannt. Schnaps kommt aus der niederdeutschen Sprache und weist darauf hin, dass Spirituosen meist aus kleinen Gläsern in einem schnellen Schluck getrunken werden. Entsprechend der Spirituosen-VO (EG Nr. 110/2008 vom 15.01.2008) sind Spirituosen europaweit einheitlich definiert als: *alkoholische Getränke, die für den menschlichen Verzehr bestimmt sind, besondere sensorische Eigenschaften aufweisen und einen Alkoholgehalt von mindestens 15 vol% besitzen* (ausgenommen Eierlikör). Des Weiteren legt die Spirituosen-VO die Art der Herstellung fest (siehe Abschn. 15.4).

© Springer-Verlag Berlin Heidelberg 2015
G. Rimbach et al., *Lebensmittel-Warenkunde für Einsteiger*, Springer-Lehrbuch,
DOI 10.1007/978-3-662-46280-5_15

Obgleich eine Art Destillationsverfahren schon bei den alten Ägyptern bekannt war, wurden die so erzeugten Extrakte damals nur zu kosmetischen Zwecken verwendet. Erst um 1.000 n. Chr. gelang vermutlich in der heutigen Türkei der Durchbruch zur Herstellung von hochprozentigen Branntweinen in größerem Maßstab. Vorher konnte eine Alkoholkonzentration von 16 vol% nicht überschritten werden, da der natürliche Weingärprozess bei dieser Alkoholkonzentration selbstständig abbricht. Durch den entstehenden Alkohol werden nach und nach die zum Gären notwendigen Hefepilze abgetötet, so dass die Gärung zum Erliegen kommt. Die Methode der Alkoholherstellung konnte im Laufe der Zeit aber durch die Alchemisten des Mittelalters so verbessert werden, dass schon bald durch wiederholtes Destillieren Alkohol höherer Konzentrationen erzeugt werden konnte. Alkohol hatte lange den Ruf des magischen Allheilmittels, wie auch z. B. zur Zeit des großen Pestausbruches. Eine gewerbsmäßige Produktion von Spirituosen begann etwa ab dem 15. Jahrhundert in vielen europäischen Ländern. Häufig waren die destillierten Getränke lokalcharakteristisch, auch in Hinsicht auf die verwendeten Rohstoffe. Im Jahre 1.411 n. Chr. wurde in Südfrankreich beispielsweise aus Wein der Armagnac gebrannt und entsprechend der dortigen Landschaft benannt. Der Calvados wurde etwa 100 Jahre später in Caen, einer Stadt in der Normandie, aus vergorenem Apfelsaft hergestellt. Kornbranntwein wird etwa um 1.507 n. Chr. in der Gegend von Nordhausen schriftlich erwähnt. In Süddeutschland haben vor allem kleine Obstbrennereien eine lange Tradition.

15.2 Produktion und Verbrauch

In Deutschland wurden im Jahre 2007 nach Angaben des Bundesverbandes der Deutschen Spirituosen-Industrie (BSI) etwa 535 Mio. Flaschen (zu 0,7 L) Spirituosen und etwa 33 Mio. Flaschen Spirituosen-Mixgetränke produziert. Davon wurden insgesamt etwa 200 Mio. Flaschen exportiert, überwiegend in die Niederlande, nach Frankreich, Großbritannien, Belgien, Österreich und Dänemark. Der Import von Spirituosen belief sich im Jahre 2007 auf ca. 387 Mio. Flaschen, überwiegend aus Großbritannien, Frankreich, Italien und Griechenland, wodurch das deutsche Gesamtangebot an Spirituosen in 2007 etwa 721 Mio. Flaschen und etwa 33 Mio. Flaschen Spirituosen-Mixgetränke betrug. In Abbildung 15.1 sind die Anteile der einzelnen Spirituosenarten am Gesamtmarktangebot (2007) dargestellt.

Obstbrennereien sind in Deutschland mit ca. 30.000 Brennereien mit Abstand die zahlenmäßig größte Gruppe im Brennereiwesen. Die meisten dieser Obstbrennereien liegen in Baden-Württemberg, Bayern, Rheinland-Pfalz und Hessen. Dazu kommen etwa 800 Kartoffel- und Kornbrennereien bundesweit.

Nach einer internationalen Studie der GfK (Nürnberg, Gesellschaft für Konsumforschung) werden Spirituosen von etwa zehn Prozent der Europäer und Amerikaner konsumiert. Speziell Liköre und Likörwein werden durchschnittlich von nur etwa fünf Prozent der europäischen und amerikanischen Bevölkerung verzehrt. Die Ergebnisse der NVS II (2005–2006) zeigen, dass Spirituosen im Mittel in relativ geringen Mengen konsumiert (Männer 4 g/Tag, Frauen 1 g/Tag) werden. Dabei fällt

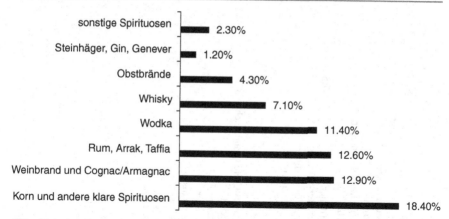

Abb. 15.1 Anteile der Spirituosenarten am Gesamtmarktangebot 2007; Bezugsgröße 721 Mio. Flaschen à 0,7 L (Quellen: Statistisches Bundesamt, Berechnungen BSI)

jedoch auf, dass sowohl bei Männern als auch bei Frauen in den unteren Altersgruppen bis 24 Jahre der höchste Spirituosenkonsum zu verzeichnen ist.

15.3 Warenkunde/Sortiment

Spirituosen werden grob in Trinkbranntweine und Liköre unterteilt. Eine Zuordnung wird dabei auf Grund der Kriterien *eingesetzte Rohstoffe, Herstellung* und *Zusammensetzung* getroffen. In der Tab. 15.1 und 15.2 ist eine Übersicht zu den bedeutendsten Trinkbranntweinen und Likören dargestellt.

15.3.1 Trinkbranntweine

Trinkbranntweine werden qualitativ in die Klassen *Trinkbranntweine einfacher Art, Edelbranntweine* und *Spezialbranntweine* eingeteilt. Zu den Trinkbranntweinen einfacher Art zählen beispielsweise Kornbrände. Bei der Herstellung dieser Erzeugnisse wird der reine Alkohol aus der Destillation landwirtschaftlicher Produkte meist rückverdünnt. Als Edelbranntweine gelten Weinbrand, Obstler, Wurzelbranntweine (Enzian), Steinhäger, Rum und Getreidebrand. Spezialbranntweine sind u. a. Wacholdergeist, Gin, Genever oder Bärwurz, die unter Verwendung besonderer Zutaten, durch ein spezielles Verfahren und/oder nur in bestimmten Regionen hergestellt werden. Trinkbranntweine können teilweise einfache Mischungen von Ethanol und Wasser sein oder durch Zusätze von Pflanzenauszügen oder -destillaten, ätherischen Ölen, Fruchtsäften, Kornbränden, organischen Säuren u. a. aromatisiert werden. Hinzu kommen bei einigen Spirituosen spezielle geografische Herkunftsangaben, deren Verwendung rechtlich in der Spirituosen-VO geregelt ist.

Tab. 15.1 Übersicht zur Klassifikation von Spirituosen, deren Mindestalkoholgehalt und Ausgangssubstanzen

Kategorie	Ausgangssubstanz	Besonderheit	Beispiel	Mindestalkoholgehalt (in vol%)
Weinbrand	Weindestillat	• Alle aus Wein gebrannten Spirituosen • Reifezeit mindestens sechs Monate in Eichenholzfässern (bzw. 12 Monate bei > 1.000 L Fassungsvermögen)	Brandy (Spanien, USA, Italien) Armagnac (Frankreich: Gers, Lot, Garonne) Cognac (Frankreich: Charente) Pisco (Chile, Peru)	37,5
Tresterbrand	Vergorener und destillierter Trauben- oder Obsttrester	• Besonders geeignet sind Pressrückstände von Süßweinen	Grappa (Italien) Treber/Trester-Schnaps (Österreich/Deutschland) Marc (Frankreich)	37,5
Hefebrand	Hefetrub oder Fruchttrub	• Aus dem nach der Gärung im Fass zurückbleibenden Hefesatz		38
Obstbrand/-wasser	Obstmaische oder -wein, wie z. B. Cidre	• Erfolgt die Herstellung aus den Maischen von mindestens zwei Obstsorten, wird der Schnaps nur als Obstler bezeichnet	Calvados aus Cidre (Frankreich: Normandie) Apfelbrand Kirschwasser Slibovic (Jugoslawien) Marillenbrand Birnenbrand Williams Birne Quittenbrand Pálinka (Ungarn)	37,5
Obstgeist	Aromatische Früchte, die wegen ihres geringen Zuckergehaltes nicht zum Vergären geeignet sind, typischerweise Beerenfrüchte	• Früchte werden mit neutral schmeckendem Agraralkohol mazeriert, wobei die Aromen und Farbstoffe sich im Alkohol lösen	Himbeergeist Brombeergeist Schlehengeist	37,5
Getreidebrand	Auf Basis von Getreide, z. T. auch Kartoffeln	• Nur aus vollem Korn von Weizen, Gerste, Hafer, Roggen oder Buchweizen	Korn Doppelkorn	32 37,5

Tab. 15.1 (Fortsetzung)

Kategorie	Ausgangssubstanz	Besonderheit	Beispiel	Mindestalkohol-gehalt (in vol%)
Whisky	Nur Getreide, meist Weizen, Gerste, Roggen oder Mais	• Reifung mindestens drei Jahre in Holzfässern	Scotch Whisky (Schottland) Irish Whisky (Irland) Bourbon, Rye, Corn (Amerika) Canadian Whisky (Canada) Mekong (Thai-Whisky aus Reis)	40
Wodka	Getreide (Roggen, Weizen), Kartoffeln oder Melasse	• Reiner Wodka ist nahezu geschmacksneutral, da mittels Aktivkohle gefiltert • Teilweise aromatisiert (Zitrone, Mandarine, Vanille, u. a.)		37,5
Brand aus Zuckerrohr	(Grünes) Zuckerrohr und Zuckerrohrsaft	• In Handarbeit hergestellte Sorten reifen drei Monate in Erdnussfässern	Cachaça (Brasilien) Caña (Paraguay)	37,5
Rum	Melasse, seltener Sirup oder Zuckerrohrsaft	• Weißer Rum lagert in Edelstahlfässern • Brauner Rum reift häufig in gebrauchten Whisky-Fässern	Cuba-Rum (leicht aromatisch) Jamaika-Rum (vollmundig aromatisch) Martinique-Rum (stark aromatisch)	37,5
Korinthenbrand	Getrocknete Beeren der Sorte „Schwarze Korinth" oder „Muscat of Alexandria"	• Die Güte ist durch 3, 5 oder 7 Sterne gekennzeichnet	Raisin Brandy Metaxa	37,5
Honigbrand	Honigmaische	• Lagerung erfolgt im Eichenfass		35
Enzian	Enzianwurzeln, ggf. Agraralkohol	• Meist Wurzel des gelben Enzians, teilweise aber auch des Purpur-, Ostalpen- oder Tüpfelenzians	Bayrischer Gebirgsenzian	37,5
Topinambur	Topinamburwurzeln	• Zur besseren Verträglichkeit werden oft andere Kräuter hinzugefügt	Topi Rossler	38

Tab. 15.1 (Fortsetzung)

Kategorie	Ausgangssubstanz	Besonderheit	Beispiel	Mindestalkoholgehalt (in vol%)
Spirituosen mit Wacholder	Wacholderbeeren, Agraralkohol oder Getreidebrände	• Wacholdergeschmack ist die Hauptkomponente, daneben können andere Aromen, wie z. B. Anis, Fenchel, Kümmel, enthalten sein	Gin (England)	37,5
			Dry/London Gin (England)	
			Genever (Belgien)	38
			Steinhäger (Steinhagen in Westfalen)	
			Wacholder	32
Spirituosen mit Anis	Agraralkohol, natürliche Pflanzenextrakte von Sternanis, Anis, Fenchel u. a.	• Charakteristisches Aroma muss von Anis, Sternanis und/oder Fenchel stammen	Anis	35
			Pastis (Frankreich)	40
			Ouzo (Griechenland und Zypern)	37,5
			Raki (Türkei)	45
Spirituosen mit Kümmel	Agraralkohol, Kümmel	• Reifung meist in Holzfässern, bei hochwertigen Produkten in Sherryfässern	Kümmel	30
			Köm (Norddeutschland)	
			Aquavit (Skandinavien)	37,5
Spirituosen mit bitterem Geschmack/Bitter	Agraralkohol mit bitter schmeckenden Aromen	• Aromatisierende Stoffe können natürlich oder naturidentisch sein und stammen oft aus Kräutern	Angostura	15
			Spanisch-Bitter	
			Magenbitter	
			Boonekamp	
			Absinth	45
Mezcal	Fleisch und/oder Saft verschiedener Agavenarten	• Lagerung in Holzfässern für zwei bis sieben Monate	Tequila (Mexiko: Tequila)	40
Arrak	Palmzuckersaft, Raismaische	• Reifung für sechs Monate in Teakholzfässern • Teilweise Mitverwendung von Dattel- oder Hirseextrakt	Batavia-Arrak (Java) Goa	38

Tab. 15.2 Übersicht zu verschiedenen Likörsorten

Kategorie	Zusatz	Mindestalkohol-gehalt (in vol%)	Mindestzukker-gehalt (in g/L)
Likör	Natürliche oder naturidentische Aromastoffe aus Früchten oder Pflanzen	15	100
Creme (Voranstellung der verwendeten Frucht oder des verwendeten Ausgangsstoffes)	Natürliche oder naturidentische Aromastoffe aus Früchten oder Pflanzen	15	250
Créme de cassis	Schwarze Johannisbeeren	15	400
Guignolet	Kirschen	15	100
Punch au rhum	Rum	15	100
Sloe Gin	Schlehen, ggf. Zusatz von Schlehensaft	25	100
Sambucca	Anis, Sternanis oder andere Gewürzpflanzen	38	350
Maraschino	Maraskakirsche	24	250
Nocino	Grüne Walnüsse	24	250
Eierlikör/Advokat	140 g Reineigelb pro Liter	14	150
Likör mit Eierzusatz	mind. 70 g Eigelb pro Liter	15	150

15.3.2 Liköre

Als Liköre gelten seit dem „Cassis-de-Dijon-Urteil" des Europäischen Gerichtshofes Spirituosen mit mindestens 100 g Zucker pro Liter (70 g/L bei Kirschlikör, 80 g/L bei Enzianlikör) und mit Ausnahme von Eierlikör einem Alkoholgehalt von mindestens 15 vol%. Als Grundlage dienen Primasprit, Kornfeindestillat oder Edelbrände, die durch Zusatz von Zucker bzw. Zucker- und Stärkesirup, Traubenweinen, Fruchtweinen, Fruchtsäften, Pflanzenauszügen oder -destillaten, ätherischen Ölen, natürlichen Essenzen, Hühnereiern, Milch oder Sahne aromatisiert werden. Je nach aromagebender Zutat werden diese süßen und sämigen Spirituosen in Fruchtsaft-, Fruchtaroma-, Bitter-, Kräuter-, Gewürz-, Kaffee-, Mocca-, Tee-, Kakao-, Sahne-, Cola-, Honig- und Emulsionsliköre, wie z. B. Eierlikör, eingeteilt. Bei einem Zuckeranteil von mindestens 250 g wird in der Bezeichnung der Zusatz „creme" verwendet. Cassiscreme enthält sogar 400 g Zucker pro Liter.

15.4 Herstellungsprozess

Zur Herstellung von Spirituosen muss so genannter Agraralkohol (Alkohol, der durch alkoholische Gärung von zucker- oder stärkereichen Erzeugnissen landwirtschaftlichen Ursprungs wie z. B. Kartoffeln, Getreide, Obst) verwendet werden. Allgemein liegt dem Verfahren als zentraler Schritt das *Brennen* (Destillation zu Genusszwecken) von natürlichen, vergorenen, pflanzlichen Erzeugnissen zu Grunde. Entsprechend der Entstehung des Alkohols wird zwischen Brand bzw. Wasser und Geist unterschieden. Bei der Produktion von Bränden oder Wässern dient Maische als Ausgangssubstanz, wobei der Alkohol aus den darin enthaltenen Kohlenhydraten entsteht. Deshalb eignen sich zur Vergärung besonders zuckerreiche Lösungen von Getreide oder Fruchtsäften bzw. Maische für diese Art der Spirituosen, wie z. B. Birnenbrand oder Kirschwasser. Bei aromatischen Früchten, die zu wenig Zucker für eine rentable Vergärung enthalten oder deren Aromen bei der Vergärung verlorengehen, z. B. Beerenfrüchte, werden die unvergorenen Früchte zunächst zerkleinert und die Aromen durch Zugabe von neutral schmeckendem Alkohol herausgelöst. Dieses Verfahren wird als *Mazeration* bezeichnet. An die Vergärung schließt sich eine ein- oder mehrfache Destillation an, die auch als Brennen bezeichnet wird. Teilweise werden dabei bestimmte Pflanzenextrakte zur Aromatisierung beigefügt. Bei dem entstandenen Destillat handelt es sich um reinen Alkohol, der durch Zugabe von Wasser auf die vorgesehene Trinkstärke des Endproduktes verdünnt wird. Dieser Vorgang nennt sich Marriage. In Abb. 15.2 ist ein Übersichtsschema zur Herstellung verschiedener Spirituosen dargestellt.

15.4.1 Destillation

Das Ziel der Destillation von vergorener Maische besteht darin, den enthaltenen Alkohol möglichst vollständig abzutrennen und zu konzentrieren. Zusätzlich sollen wertbestimmende flüchtige, natürliche Aromakomponenten mit in das Destillat überführt sowie qualitätsmindernde Nebenprodukte abgetrennt werden. Die Siedepunkte von Wasser ($100\,°C$) und Alkohol ($78{,}3\,°C$) liegen relativ dicht beieinander. Damit während des Prozesses nicht zu viel Wasser mitgerissen wird, findet die Destillation bei geringeren Temperaturen statt. Das Gleichgewicht des an der Oberfläche verdampfenden, binären Gemisches aus Alkohol und Wasser ist zur Seite des Alkohols verschoben, da dieser den höheren Dampfdruck besitzt. Grundsätzlich werden zwei Destillationsarten unterschieden. Entsprechend der Brenntechnik werden die Verfahren als kontinuierliches bzw. diskontinuierliches Brennen bezeichnet.

15.4.2 Kontinuierliches Brennen

Kontinuierliches Brennen ist besonders für die Massenproduktion geeignet. Durch den ständigen Ersatz der Maische wird der Vorgang nicht unterbrochen. Hohe Temperaturen in der Brennblase (Kupferkessel) sorgen für relativ zügiges Verdampfen des in der Maische enthaltenen Alkohols. In einer an die Brennblase anschließenden Rektifikationskolonne wird der Alkohol aufkonzentriert und das mitverdampfte Wasser kondensiert und abgeleitet. Da die Kolonne sehr lang ist und über viele Glockenböden (Austauschböden, auf denen die Flüssigkeit verdampft) verfügt, kommt es zu einer hohen Trennleistung. Nachteilig ist jedoch, dass dabei gleichzeitig viele Aromastoffe abgetrennt werden. Deshalb ist dieses Verfahren für Endprodukte geeignet, bei denen das Aroma keine große Rolle spielt oder sogar unerwünscht ist

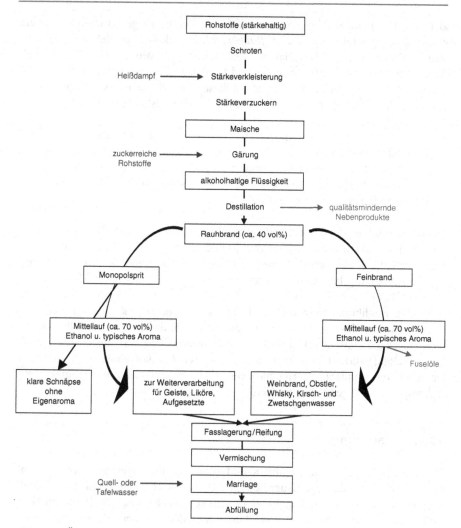

Abb. 15.2 Übersichtsschema zur Herstellung verschiedener Spirituosen

(z. B. Wodka). Ein spezielles kontinuierliches Brennverfahren, das „Patent-Still-Verfahren", wird vor allem zur schnellen Produktion von Industriewhisky angewandt.

15.4.3   Diskontinuierliches Brennen

Der entscheidende Unterschied zum kontinuierlichen Brennen liegt darin, dass beim diskontinuierlichen Brennen die Maische chargenweise in die Brennblase gefüllt und destilliert wird. Es wird zwischen *Doppelbrand* und *Einfachem Brand* differenziert. Ein **Doppelbrand** besteht aus zwei bis drei vollständigen Brenndurchläufen. Zunächst wird beim so genannten *Rauhbrand* der Alkohol aus der Maische vollständig abgetrennt. Das Destillat aus dem Rauhbrand (Wasser, 25–35% Alkohol, Aromen und Fuselöle) wird anschließend für den *Feinbrand* anstelle der Maische eingesetzt. Die Temperaturführung ist bei diesem Verfahren relativ langsam und es entstehen drei Fraktionen, die neben Alkohol weitere Bestandteile enthalten:

- im Vorlauf bei niedrigen Temperaturen: leicht flüchtiges Methanol, Aceton, Propanol oder Ethylacetat
- im Mittellauf bei mittlerer Temperatur: Ethylalkohol und Aromastoffe
- im Nachlauf bei höherer Temperatur: Fuselöle, Buthanol, Hexanol, Isoamylalkohol, Isobuthylalkohol oder Pentanol.

Die wichtigsten Bestandteile, der Trinkalkohol und die Aromastoffe, sammeln sich im Mittellauf. Da dieser besonders rein ist und aus bis zu 96 vol% Ethanol besteht, wird auch die Bezeichnung „Primasprit" genutzt. Während des Brennvorgangs sinkt der Alkoholgehalt kontinuierlich ab von etwa 70–80 vol% im Mittellauf auf 45–55 vol% bei Kernobst bzw. 50–55 vol% bei Steinobst zum Ende des Vorgangs. Aus 100 L Rauhbrand bleiben etwa 30–35 L Feinbrand zurück. Das Verfahren des **Einfachen Brandes** ist dem des Feinbrandes sehr ähnlich, wobei nicht das Destillat, sondern die Maische selbst als Ausgangssubstanz dient. Das entstehende Destillat (Mittellauf) verfügt zwar über einen geringeren Alkoholgehalt, dafür aber über einen höheren Aromagehalt. Hochprozentige Alkohole können mit Hilfe einer Rektifikationskolonne gewonnen werden.

15.4.4 Lagerung

Für einige Spirituosen wie Weinbrand und Whisky ist die Lagerung einer der wichtigsten Prozesse. Die Lagerdauer beträgt wenige bis viele Jahre und findet überwiegend in speziell behandelten Holzfässern statt, wobei über die Poren im Holz Luftaustausch stattfinden kann. Eine Ausnahme bilden Obstbrände, die meist etwa ein Jahr in Edelstahl-, Glas- oder glasierten Steingut-Behältern gelagert werden. Die Lagertemperatur ist je nach Produkt unterschiedlich und kann über die Zeit der Lagerung entweder konstant sein oder stark schwanken. Während der Reifung nimmt die Spirituose Farbe und Geschmack des Fasses an. Die Anwesenheit von Luftsauerstoff ist für den Lagerprozess von großer Bedeutung, da es zur Verstärkung und Neubildung von Aromastoffen kommt. Außerdem wird die Spirituose geschmacklich milder, runder und harmonischer. Die Reifungsvorgänge werden dabei vor allem von zwei wichtigen chemischen Umsetzungen begünstigt, den Veresterungen und Acetalisierungen. Esterbindungen entstehen bei der Verbindung von Fruchtsäuren und Alkoholen (auch Fuselalkoholen) unter Wasserabspaltung zu vielfältigen aromatischen Verbindungen. Bei der Acetalisierung verbinden sich Alkohole mit Aldehyden, wobei Wasser abgespalten wird. Die Aromaverbesserung wird bei dieser Reaktion vor allem durch die Hemmung der unangenehmen Wirkung des Acetaldehyds erreicht. Da die Reifungsprozesse sowohl in niedrig-, als auch in hochprozentigen Destillaten ablaufen, muss zuvor keine Verdünnung stattfinden.

15.4.5 Verdünnung und Filtrierung

Unverdünnte Destillate sind ungenießbar, da der Alkoholgehalt meist mindestens 60 vol% beträgt. Der Alkoholgehalt von Spirituosen ist in vielen Fällen aus historischen oder gesetzlichen Gründen festgelegt, z. B. bei gesetzlich geschützten Herkunftsbezeichnungen. Für die Genießbarkeit sollten Spirituosen einen Alkoholgehalt von maximal 37,5–40 vol% ausweisen. Die gesetzlich tolerierte Abweichung liegt bei ±0,3 vol%. Zum Verdünnen wird reines, kalkarmes Quell- oder Trinkwasser verwendet. Leitungswasser ist ungeeignet, da es zu Trübungen des Destillates führt. Mit Hilfe eines Alkoholmeters kann über die Dichte der Alkoholanteil im Produkt indirekt bestimmt werden. Da nicht nur das Verhältnis von Wasser zu Alkohol die Dichte beeinflusst, sondern auch die Temperatur, werden amtliche Tabellen verwendet. Anhand des im Ausgangsprodukt gemessenen Alkoholgehaltes und der jeweiligen Temperatur kann der Alkoholanteil bei einer Normtemperatur von 20 °C sowie die zur Verdünnung benötigte Wassermenge aus der Tabelle abgelesen werden. In Folge der Wasserzugabe kommt es oft zu einer Bildung von Öltröpfchen und zur Entstehung einer Öl-in-Wasser-Emulsion. An der Oberfläche wird dadurch das Licht gestreut und das Destillat ist besonders im gekühlten Zustand milchig-weiß getrübt. Deshalb wird mittels eines Mikrofilters bei Temperaturen um den Gefrierpunkt eine Filtration durchgeführt. So bleibt eine beim Verbraucher kühl gelagerte Spirituose stets klar.

15.5 Zusammensetzung von Spirituosen

Die zu destillierende Maische besteht zum größten Teil aus Wasser, 3–9% Alkohol sowie einer Vielzahl flüchtiger und nichtflüchtiger Substanzen. Besonders die flüchtigen Maischestoffe sind als Aromakomponenten für das Endprodukt von großer Bedeutung. Dazu gehören vor allem Aldehyde, Ester, höhere Alkohole von Fuselölcharakter und flüchtige organische Säuren. Diese Substanzen werden während des Erhitzens dampfförmig und gehen ins Destillat über. Weiterhin können sich während der Lagerung und Reifung durch Reaktionen zwischen den Inhaltsstoffen neue Verbindungen bilden.

In Abhängigkeit von der Ausgangssubstanz und dem Herstellungsverfahren variieren die Art und Menge der Aromastoffe der einzelnen Produkte. Spirituosen enthalten neben Ethanol (15–50 vol%), Wasser und den aus der Maische stammenden aromatischen Verbindungen teilweise aromatisierende Zusätze und/oder Zucker bzw. Zucker- und Stärkesirup. Besonders Liköre enthalten eine Vielzahl von aromatisierenden und geschmacksbeeinflussenden Zusätzen.

Tab. 15.3 Beispiele für unterschiedliche Gruppen flüchtiger Verbindungen in Branntweinen

Höhere Alkohole	Organische Säuren	Carbonylverbindungen, Acetale	Ester
1-Propanol	Propionsäure	Acetaldehyd	Ethylacetat
1-Butanol	Isobuttersäure	Diethylacetal	Methylacetat
2-Butanol	Buttersäure	Propanal	Propylacetat
Isobutanol	Isovaleriansäure	Isobutanal	Isoamylacetat
2-Methyl-1-butanol	Valeriansäure	Pentanal	Hexylacetat
3-Methyl-1-butanol	Capronsäure	Isopentanal	Benzylacetat
1-Pentanol	Laurinsäure	Hexanal	2-Phenylethylacetat
1-Hexanol	Caprylsäure	Diacetyl	Ethylpropinat
1-Octanol	Essigsäure	2,3-Pentandion	Ethyllactat
Benzylalkohol		Acrolein	Diethylsuccinat
2-Phenylethanol		Furfural	Ethylbutyrat
		Vanillin	Ethylcapronat
		Coniferylbenzaldehyd	Ethylpenzoat
		p-Hydroxy-benzaldehyd	Palmitinsäureethylester

15.5.1 Aromastoffe und flüchtige Verbindungen

Im Gegensatz zu den Getreidespirituosen enthalten pektinreiche Obst- und Tres-
terbranntweine relativ viel Methanol (Zwetschgenwasser 1.137 mg/100 mL; Korn
30 mg/100 mL). Höhere Alkohole entstehen entweder bei der Aminosäurebiosyn-
these oder aus Aldehyden, die aus der Decarboxylierung von Ketosäuren nach
Transaminierung oder Oxidation von Aminosäuren hervorgehen. Der Gehalt und
die Art höherer Alkohole schwanken relativ stark (Rum 0,6 g/L; Cognac 1,5 g/L). Es
wurde eine Vielzahl organischer Säuren in Spirituosen gefunden (siehe Tab. 15.3),
wobei die Essigsäure mit einem Anteil von 40–95 % vorherrschend ist. Bezüglich
des Gesamtsäuregehaltes gibt es sortenbedingt teilweise deutliche Differenzen.
Scotch-Whisky hat beispielsweise einen Gesamtsäuregehalt von etwa 100 mg/L
und vollaromatischer Rum von etwa 600 mg/L. Die Qualität von Trinkbranntweinen kann bereits durch kleine Mengen Acetaldehyd und Diethylacetal, die während
des Gärprozesses gebildet werden, maßgeblich negativ beeinflusst werden. Spirituosen weisen zahlreiche weitere Carbonylverbindungen auf, die teilweise aus dem
Holz der Lagerfässer stammen (siehe Tab. 15.3). In der Gruppe der Ester spielen
für den Geruch und Geschmack eines Branntweins in erster Linie die Ester eine
Rolle, die aus kurzkettigen Carbonsäuren mit aliphatischen Alkoholen stammen.
Diese werden auch als Fruchtester bezeichnet. Außerdem kommen Ester niedriger
und höherer Fettsäuren vor (siehe Tab. 15.3). Der Estergehalt ist z. B. bei der Quali-
tätsbeurteilung von Rum ein wichtiges Kriterium. Die Einstufung erfolgt anhand
der Esterzahl, die den Estergehalt (berechnet als Essigsäureethylester) in 100 mL
reinem Alkohol angibt.

Abb. 15.3 Strukturformel
von Ethylcarbamat

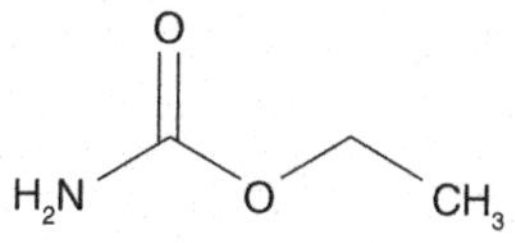

Ethylcarbamat

Je nach Spirituose können weitere Gruppen von Verbindungen vorhanden sein, wie z. B. Phenole, Terpene, Pyridine, Picoline und Pyrazine. Speziell Steinobstbrände enthalten Ethylcarbamat (siehe Abb. 15.3), das auf verschiedenen Wegen aus den Inhaltsstoffen des Destillates gebildet werden kann. Diese Substanz kann genotoxische und kanzerogene Wirkungen haben. Zwar kann kein Schwellenwert bzgl. der Wirkung festgelegt werden, dennoch sollte der Gehalt im Endprodukt möglichst niedrig gehalten werden.

Durch eine starke Kühlung von Spirituosen können sich die Aromen und der Geschmack nicht voll entfalten. Deshalb sollten pur getrunkene, aromatische Spirituosen rechtzeitig vor dem Genuss aus dem Kühlschrank genommen werden. Minderwertigere Spirituosen profitieren von diesem Effekt, da gleichsam der schlechte Geschmack von Fuselölen unterdrückt wird.

Unabhängig von der Art des alkoholischen Getränkes besteht durch den regelmäßigen Konsum solcher Getränke eine Abhängigkeitsgefahr und ein gesundheitliches Risiko. Die DGE gibt nach vorsichtiger Abwägung für Männer eine Zufuhr von 20 g Alkohol pro Tag (1/2 L Bier oder 1/4 L Wein) und für Frauen eine Zufuhr von 10 g Alkohol pro Tag (1/4 L Bier oder 1/8 L Wein) als gesundheitlich verträgliche Menge an. Generell sollte Alkohol nicht täglich konsumiert werden. Wegen des Suchtpotenzials sind alkoholische Getränke im Rahmen der dreidimensionalen Lebensmittelpyramide nicht berücksichtigt worden.

Bibliographie

Bartels, W. (2003): Von der Frucht zum Destillat: Obst – Getreide – Tompinambur. 2. Auflage, Heller Chemie, Schwäbisch Hall.

Kolb, E., Fauth, R., Frank, W., Simson I., Ströhmer, G. (2002): Spirituosen-Technologie. 6. Auflage, Behr's Verlag, Hamburg.

Kreipe, H. (1998): Getreide- und Kartoffelbrennerei. 3. neubearb. und erw. Auflage, Verlag Eugen Ulmer, Stuttgart.

Pieper, H. J., Bruchmann, E.-E., Kolb, E. (2009): Technologie der Obstbrennerei. Neuauflage, Verlag Eugen Ulmer, Stuttgart.

Pischl, J. (2008): Schnapsbrennen. 9. vollst. überarb. Auflage, Leopold Stocker Verlag, Graz.

Funktionelle Lebensmittel

16

Inhaltsverzeichnis

Juliane Schmidt und Simone Onur

16.1   Begriffsdefinition

Funktionelle Lebensmittel (engl. Functional Food) sind dadurch charakterisiert, dass diese, neben dem reinen Nähr- und Geschmackswert, durch funktionelle Inhaltsstoffe die langfristige Förderung und Erhaltung der Gesundheit zum Ziel haben. Demnach stehen bei funktionellen Lebensmitteln gesundheitliche Prävention, Verbesserung des Gesundheitsstatus und Wohlbefinden im Vordergrund. Wichtige Zielorgane funktioneller Lebensmittel sind Magen-Darm-Trakt, Herz-Kreislauf-System, Haut und Gehirn (siehe Abb. 16.1). Funktionelle Lebensmittel werden auf

© Springer-Verlag Berlin Heidelberg 2015
G. Rimbach et al., *Lebensmittel-Warenkunde für Einsteiger*, Springer-Lehrbuch,
DOI 10.1007/978-3-662-46280-5_16

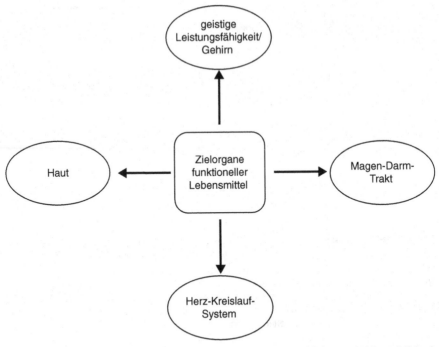

Abb. 16.1 Wirkungsbereich der funktionellen Lebensmittel (modifiziert nach Meyer-Miebach 2007)

normale Art und Weise verzehrt und liegen nicht (wie Nahrungsergänzungsmittel) als Tabletten, Kapseln oder Pulver vor.

Die biologisch aktiven Bestandteile funktioneller Lebensmittel werden als Nutraceuticals bezeichnet, womit deren gesundheitsfördernde Wirkungen vermittelt werden soll. Häufig werden funktionellen Lebensmitteln die Nutraceuticals Pro- und Präbiotika, sekundäre Pflanzenstoffe, Omega-3-Fettsäuren, Vitamine und Ballaststoffe zugesetzt. Der Ursprung des Functional-Food-Begriffs liegt in Japan, wo schon seit längerer Zeit Lebensmittel entwickelt werden, die einen spezifischen Gesundheitsnutzen besitzen sollen. Diese Lebensmittel werden in Japan als *Food for Specific Health Use* (= FOSHU) bezeichnet und unterliegen einem staatlichen Zulassungsverfahren. Gesundheits- und ernährungsbezogene Angaben müssen dabei eine wissenschaftliche Basis haben. Darüber hinaus müssen die Lebensmittel sicher sein sowie die Inhaltsstoffe und täglichen Zufuhrmengen definiert werden.

16.2   Herstellung funktioneller Lebensmittel

Die Herstellung funktioneller Lebensmittel kann auf unterschiedliche Weise erfolgen. Folgende Möglichkeiten nach Roberfroid (2000) können dafür eingesetzt werden:

1. Elimination unerwünschter Komponenten im Lebensmittel (z. B. allergene Proteine).
2. Erhöhung (=Anreicherung) eines wertgebenden Inhaltsstoffes, der natürlicherweise im Lebensmittel enthalten ist (z. B. Vitamine).
3. Einbringen eines Inhaltsstoffes (=Supplementierung), der normalerweise nicht Bestandteil des Lebensmittels ist, aber positive gesundheitliche Effekte bewirken kann (z. B. präbiotische Fructane).
4. Ersatz oder Austausch von Komponenten, die nachteilige Effekte haben.
5. Steigerung der Bioverfügbarkeit von Substanzen im Lebensmittel, von denen bekannt ist, dass diese positive Effekte vermitteln.

16.3 Produktklassen der funktionellen Lebensmittel

Das Spektrum funktioneller Lebensmittel ist vielfältig. Demnach existiert eine ganze Reihe von Nutraceuticals (Abb. 16.2), welche ihre Anwendung in funktionellen Lebensmitteln finden.

16.4 Rechtliche Bedingungen

Für funktionelle Lebensmittel gelten die allgemeinen Bestimmungen für das Inverkehrbringen von Lebensmitteln. Die europäische Health-Claims-Verordnung (EG Nr. 124/2006) regelt die Angaben zu nährwert- und gesundheitsbezogenen Aussagen. Diese Verordnung dient dem Verbraucher- und Gesundheitsschutz sowie der Schaffung einheitlicher Wettbewerbsbestimmungen innerhalb des europäischen Binnenmarktes. Zulässig sind nur solche Claims, die durch die Europäische Behörde für Lebensmittelsicherheit (EFSA =European Food Safety Authority) als wissenschaftlich gesichert und belegbar eingestuft werden. Health Claims müssen ausdrücklich zugelassen sein, um auf einer Lebensmittelverpackung zu erscheinen.

Neben dem Begriff Functional Food existieren weitere Begriffe wie Medical Food, Therapeutic Food, Fitness Food etc., die jedoch weniger stringent definiert sind.

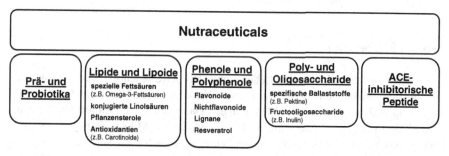

Abb. 16.2 Überblick über Nutraceuticals als Bestandteile funktioneller Lebensmittel (modifiziert nach Erbersdobler und Meyer 2013)

16.5   Marktentwicklung funktioneller Lebensmittel

Der Markt funktioneller Lebensmittel wird derzeit weltweit auf mehr als 60 Mrd. US-Dollar pro Jahr geschätzt. Da keine einheitliche, globale Definition von Functional Food existiert, ist es relativ schwierig, Umsatzzahlen exakt zu erfassen. In Europa sind die Niederlande, Deutschland, Frankreich und England wichtige „Player" im Functional-Food-Markt. Die Produktgruppe der Milchprodukte hat eine zentrale Bedeutung im Functional-Food-Segment und macht den größten Teil der Gesamtproduktion funktioneller Lebensmittel in Deutschland aus.

Wichtige Märkte funktioneller Lebensmittel sind vor allem die USA und Japan. Insbesondere Japan sticht mit seinen Innovationen und der Vielfältigkeit funktioneller Lebensmittel hervor. Dort konzentrieren sich etwa 50 % des Marktes funktioneller Lebensmittel auf Getränke. Sie werden häufig mit Calcium, Ballaststoffen, Aminosäuren (z. B. Arginin), sekundären Pflanzenstoffextrakten oder Oligosacchariden versetzt.

In Europa haben neben Milchprodukten auch Cerealien und Getränke eine relativ große Bedeutung. Eine wichtige Produktgruppe stellen mit Vitaminen und anderen funktionellen Inhaltsstoffen angereicherte Fruchtsäfte dar (z. B. ACE-Saft). Cholesterinreduzierende Produkte (z. B. mit Phytosterolen angereicherte Margarinen) werden in Europa ebenfalls relativ stark von den Verbrauchern nachgefragt.

Das Bewusstsein der Verbraucher, die eigene Gesundheit gezielt durch eine ausgewogene Ernährung, ergänzt durch funktionelle Lebensmittel, positiv zu beeinflussen, eröffnet der Lebensmittelindustrie unter Umständen neue Entwicklungsmöglichkeiten. Funktionelle Lebensmittel gewähren dem Verbraucher zusätzliche Wahlmöglichkeiten und erhöhen somit die Produktvielfalt. Das Forschungsgebiet funktioneller Lebensmittel hat zudem den Erkenntnisfortschritt bezüglich der gesundheitlichen Wirkung von Lebensmittelinhaltsstoffen in den Ernährungs- und Lebensmittelwissenschaften deutlich erhöht. Kritiker funktioneller Lebensmittel weisen darauf hin, dass die Wirkungen der Ernährung auf die Gesundheit sehr komplex sind und sich kaum durch monokausale Ansätze abbilden lassen. Isolierte Wirkstoffe haben möglicherweise auch bestimmte Risiken, die entsprechend abgeschätzt werden müssen.

Nachfolgend sollen Prä- und Probiotika sowie Phytosterole als Beispiele für Nutraceuticals funktioneller Lebensmittel dargestellt werden.

16.6   Probiotika

Probiotika (griechisch: für das Leben) sind definierte lebende Mikroorganismen, die positive Wirkungen auf die Darmgesundheit erzielen sollen, wenn diese in aktiver Form und in ausreichender Menge in den Darm gelangen. Probiotische Lebensmittel sind demnach Lebensmittel, die entsprechende Mikroorganismen in einer Menge enthalten, bei der probiotische Wirkungen nach dem Verzehr solch eines Lebensmittels erzielt werden.

Nach De Vrese und Schrezenmeir (2013) sind für den wirksamen Einsatz von Probiotika in Lebensmitteln oder Getränken folgende Voraussetzungen notwendig:

- Natürlicher Ursprung der Mikroorganismen
- Gesundheitliche Sicherheit (keine pathogene oder toxische Wirkung)
- Überleben der probiotischen Mikroorganismen in der gastrointestinalen Passage
- Vorhandensein lebender Mikroorganismen im Produkt
- Hinreichende technologische Eignung im Lebensmittel
- Wissenschaftlich belegbare gesundheitsfördernde Effekte

In probiotischen Lebensmitteln werden vor allem Bakterienstämme der Gattungen Lactobacillus und Bifidobacterium eingesetzt. Sonstige Gattungen sind Entero-, Lacto- und Streptococcus-Stämme.

16.6.1 Gesundheitliche Wirkungen

Probiotika zeichnen sich durch eine direkte Interaktion mit anderen Mikroorganismen aus. Außerdem können Probiotika die Adhärenz von Pathogenen an das Darmepithel inhibieren und möglicherweise das Auftreten toxischer Stoffwechselprodukte reduzieren. Es wird postuliert, dass Probiotika die Darmbarrierefunktion stärken und die Immunantwort regulieren. Ein weiterer Effekt der Probiotika besteht im Aufbau einer protektiven Mikrobiota, die zum Erhalt des Darmimmunsystems beiträgt.

Die gesundheitlichen Effekte von Probiotika sind zahlreich, jedoch sind nur einige wenige Wirkungen hinreichend wissenschaftlich gesichert und belegbar, wie beispielsweise die Reduzierung der Beschwerden sowohl bei Laktoseunverträglichkeit als auch bei rotavirus- und antibiotikainduzierten Diarrhöen (siehe Abb. 16.3).

Hinweise auf eine probiotikainduzierte Modulation der Immunabwehr gelten als schwierig zu interpretieren und bedürfen weiterer Studien, ebenso wie die Überprüfung der probiotischen Wirkungsweise zur Prävention von Allergien und Atopien im Kleinkindalter sowie die Linderung von Atemwegserkrankungen. Es wird weiterhin diskutiert, ob Probiotika einen langfristigen hypocholesterolämischen Effekt haben, bisher jedoch ohne hinreichend gesicherte Evidenz.

16.6.2 Probiotische Lebensmittel

Die größte Produktgruppe funktioneller Lebensmittel bilden die fermentierten Milchprodukte. Joghurts und Joghurtdrinks haben in diesem Produktsegment eine wichtige Bedeutung. Bei einem Joghurt von 125–250 g werden üblicherweise Probiotikakonzentrationen von 10^6–10^8 koloniebildender Einheiten (KbE)/g Lebensmittel eingesetzt. In Abb. 16.4 sind Beispiele probiotischer Bakterienstämme dargestellt, die für im Lebensmittelhandel erhältliche probiotische Milchprodukte eingesetzt werden.

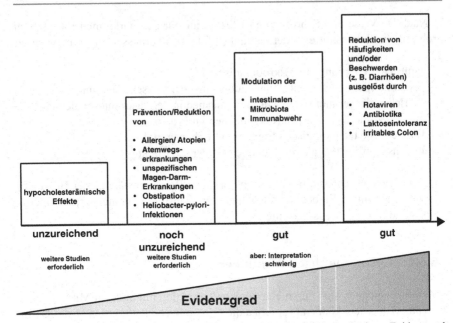

Abb. 16.3 Gesundheitliche Wirkungen probiotischer Bakterien mit dazugehörigem Evidenzgrad (modifiziert nach De Vrese und Schrezenmeir 2013)

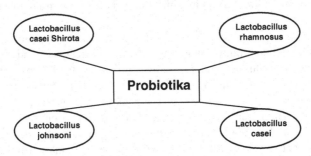

Abb. 16.4 Beispiele für die im Handel am häufigsten eingesetzten probiotischen Bakterienstämme (modifiziert nach Chadwick et al. 2003)

16.7 Präbiotika

Präbiotika sind unverdauliche Nahrungsbestandteile, die durch selektive Stimulation des Wachstums und der Aktivität erwünschter Bakterien im Darm positive Effekte auf die Gesundheit des Wirts haben sollen. Im Gegensatz zu Probiotika, die der Mikrobiota des Darms exogen zugeführt werden, haben Präbiotika das Ziel, das Wachstum eines oder einer limitierten Anzahl von potenziell gesundheitsfördernden endogenen Mikroorganismen zu fördern. Hauptvertreter der Präbiotika sind Inulin, Fructooligosaccharide, Galaktooligosaccharide, Sojaoligosaccharide und „Neosugar" (siehe Abb. 16.5).

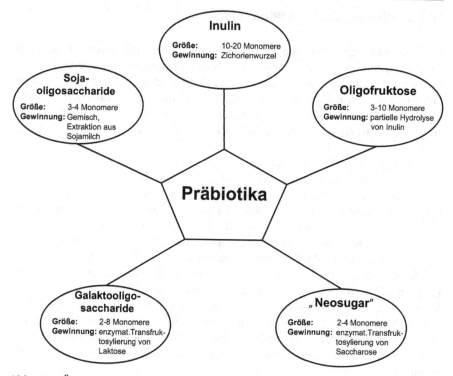

Abb. 16.5 Übersicht der Präbiotika (modifiziert nach Wisker 2002)

Um als Nahrungsbestandteil im Lebensmittel eingesetzt zu werden, müssen für Präbiotika folgende Kriterien erfüllt sein:

- Resistenz gegenüber Verdauung und Absorption im Gastrointestinaltrakt
- Hydrolyse und Fermentation durch die Mikrobiota des Darms
- Selektive Stimulation des Wachstums von Bakterien im Darm, die eine positive gesundheitliche Wirkung haben

16.7.1 Präbiotische Lebensmittel

Eine häufige Verwendung für Präbiotika ist deren Zusatz in Formulanahrung für Säuglinge im Alter von bis zu sechs Monaten. Diese Formulaprodukte enthalten in der Regel eine Mischung von Galaktooligosacchariden und Inulin. Zur industriellen Verwendung werden dabei im Allgemeinen die Extrakte der Chicoréewurzel eingesetzt, da diese einen Inulingehalt von 15–20 % aufweisen. Als funktioneller Zusatz in Lebensmitteln können Präbiotika auch in Getränken und Backwaren eingesetzt werden.

16.7.2 Gesundheitliche Wirkungen

Potenziell günstige Wirkungen auf die Gesundheit leisten die Bakteriengattungen Bifidobacterium und Lactobacillus. Diese beiden Gattungen fermentieren Kohlenhydrate und produzieren als Endprodukte der Fermentation Milch- und Essigsäure. Präbiotika werden nach ihrer Fähigkeit, das Wachstum von Bifidobakterien oder Milchsäurebakterien zu stimulieren, ausgewählt. Insbesondere für Bifidobakterien wird eine Reihe potenziell gesundheitlicher Wirkungen diskutiert, welche in Abb. 16.6 dargestellt sind.

Durch die Aufnahme von Inulin und Fructooligosacchariden wurde bei Erwachsenen eine Zunahme der Anzahl an Bifidobakterien beobachtet. Auch für Sojaoligosaccharide konnte eine bifidogene Wirkung nachgewiesen werden. Die Effekte bei Galaktooligosacchariden sind dagegen, zum Teil, widersprüchlich. Bifidobakterien besiedeln im Normalfall weniger als 10 % der Darmbiota. Nach dem Verzehr von Präbiotika wurde ein Anstieg auf 20 % der Gesamtkeimzahl im Darm beobachtet. Die Aufnahme von Präbiotika führt über die Aktivierung der Bifidobakterien zur Produktion von Acetat und Lactat und somit zu einer Absenkung des pH-Werts, wodurch das Wachstum von Pathogenen verhindert wird. Für Inulin und andere Fructooligosaccharide wurde ein immunstimulierender Effekt beschrieben, welcher eventuell auf verstärkte antiinflammatorische Eigenschaften kurzkettiger Fettsäuren zurückzuführen ist. Weiterhin gibt es Hinweise, dass Galaktooligosaccharide möglicherweise Inzidenz und Symptome der Reisediarrhö vermindern.

Eine Kombination aus Prä- und Probiotika stellen die Synbiotika dar. Hierbei handelt es sich um Lebensmittel, die sowohl prä- als auch probiotische Zusätze enthalten. Ziel der Synbiotika sind synergistische Interaktionseffekte; die Aktivität der im Darm des Wirts angesiedelten probiotischen Bakterien soll durch präbiotische Zusätze gezielt gesteigert werden.

16.8 Phytosterole

Phytosterole sind zyklische Triterpene mit einer Hydroxylgruppe am C-3-Atom. Sterole werden von Pflanzen und Tieren synthetisiert. Das bekannteste Sterol tierischer Herkunft ist das Cholesterin (=Cholesterol). Wichtige Vertreter der Phytosterole sind β-Sitosterol, Campesterol und Stigmasterol (siehe Abb. 16.7). Diese unterscheiden sich vom Cholesterin nur durch die C-17-Seitenkette. Phytosterole kommen insbesondere in Ölen, Nüssen und Hülsenfrüchten vor. Die gesättigten Analoga der Phytosterole werden als Phytostanole bezeichnet.

16.8.1 Wirkungsweise

Ein Hauptrisikofaktor für das Auftreten einer koronaren Herzkrankheit (KHK) sind erhöhte Gesamt- und LDL-Cholesterinwerte. Das Gesamtcholesterin sollte dabei

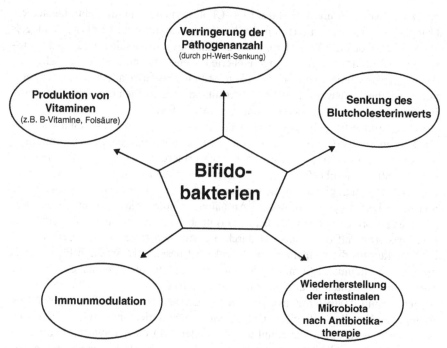

Abb. 16.6 Potenziell gesundheitliche Wirkungen der Bifidobakterien (modifiziert nach Gibson und Roberfroid 1995)

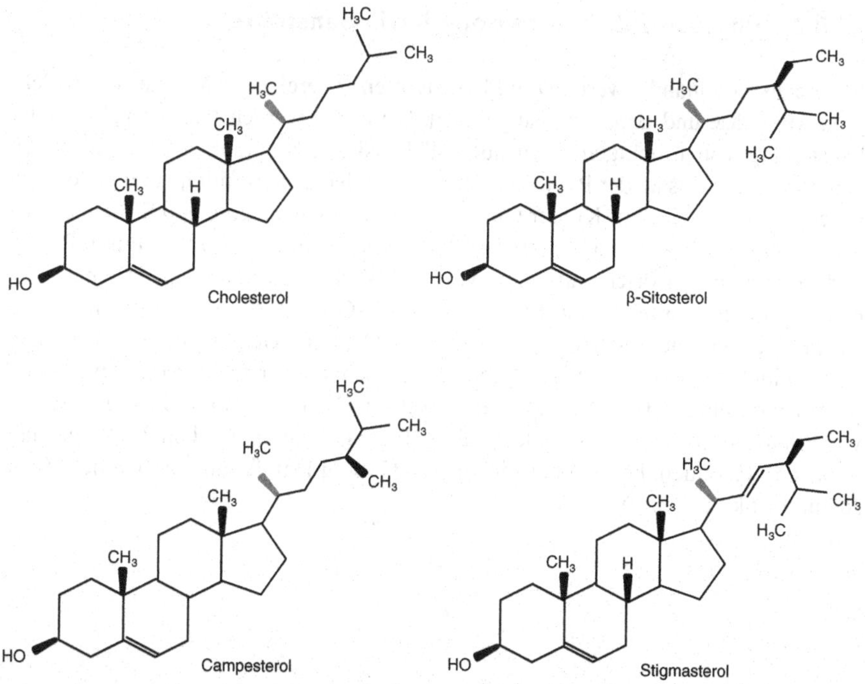

Abb. 16.7 Strukturelle Ähnlichkeit von Cholesterol und Phytosterolen

einen Wert von 200 mg/dl und das LDL-Cholesterin 130 mg/dl nicht übersteigen. Demnach wird in der Prävention der KHK die Senkung des Cholesterinspiegels angestrebt. Neben der Veränderung der Ernährungsgewohnheiten und des Lebensstils können mit Phytosterolen angereicherte Lebensmittel eine weitere Möglichkeit darstellen, den Cholesterinwert zu senken. Mit Phytosterolen angereicherte Lebensmittel, wie beispielsweise Margarine, vermitteln bei Personen mit hohen Cholesterinwerten einen leicht hypocholesterolämischen Effekt.

Der zugrunde liegende Wirkungsmechanismus der Phytosterole kann wie folgt erklärt werden: Cholesterin besitzt von allen Sterolen die höchste Absorptionsrate, es werden über 40 % des Cholesterins absorbiert. Danach folgen Campesterol (~10 %), Stigmasterol (~5 %) und ß-Sitosterol (~4 %). Phytosterole, die nicht absorbiert werden, interagieren mit dem aufgenommenen Cholesterin aus der Nahrung und beeinflussen dessen intestinale Aufnahme. Cholesterin wird im Darm durch Mizellen absorbiert und anschließend ins Blut abgegeben. Gleichermaßen sind auch Pflanzensterole auf den Transport durch die Mizellen angewiesen. Die Kapazität der Mizellen für die Aufnahme von Sterolen ist beschränkt, weshalb Phytosterole mit Cholesterin um die Aufnahme in den Mizellen konkurrieren (siehe Abb. 16.8). Somit wird der Anteil an aufgenommenem Cholesterin in den Mizellen verringert. Weiterhin sind Phytosterole hydrophober als Cholesterin, weshalb sie eine höhere Affinität zu Mizellen aufweisen. Cholesterin, welches nicht in Mizellen aufgenommen wurde, wird durch den Stuhl ausgeschieden. Mit einer Phytosterolaufnahme von 2 g/Tag kann die Cholesterinabsorption um ca. 30–40 % verringert werden, woraus sich eine Senkung des LDL-Cholesterins um ca. 10 % ergibt.

16.8.2 Phytosterole in funktionellen Lebensmitteln

Im Lebensmittelhandel werden mit Phytosterolen angereicherte Margarinen, Milchprodukte, Käse und Brotsorten angeboten. Weiterhin werden Phytosterole bei der Herstellung von Fruchtgetränken auf Milchbasis, Sojagetränken und Salatsoßen eingesetzt. Der Zusatz der Phytosterole muss auf der Lebensmittelpackung deutlich gekennzeichnet sein. Für Kinder unter fünf Jahren, Schwangere und Stillende wird der Verzehr dieser funktionellen Lebensmittel nicht empfohlen. Da es durch Phytosterole zu einer gestörten Aufnahme von fettlöslichen Carotinoiden, Provitaminen und Vitaminen kommen kann (z. B. Lycopin, β-Carotin, α-Tocopherol), muss ein entsprechender Hinweis erfolgen, ausreichend Obst und Gemüse zu verzehren. Die Verwendung phytosterolhaltiger Lebensmittel scheint nur für Personen plausibel, die einen erhöhten Cholesterinspiegel aufweisen. Die EFSA empfiehlt, den Verzehr von Pflanzensterolen und -stanolen auf 3 g/Tag zu beschränken. Um 2 g Pflanzensterole aufzunehmen, können beispielsweise 25–30 g Halbfettmargarine oder 100 g Joghurtdrink verzehrt werden.

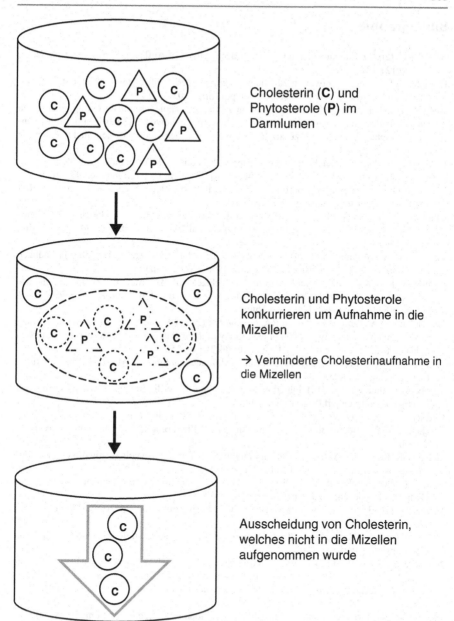

Cholesterin (**C**) und
Phytosterole (**P**) im
Darmlumen

Cholesterin und Phytosterole
konkurrieren um Aufnahme in die
Mizellen

→ Verminderte Cholesterinaufnahme in
die Mizellen

Ausscheidung von Cholesterin,
welches nicht in die Mizellen
aufgenommen wurde

Abb. 16.8 Verdrängung der Cholesterinmoleküle aus den Mizellen durch Anwesenheit von
Phytosterolen

Bibliographie

Aluko RE (2012) Functional food and nutraceuticals. (1. Auflage). Springer, New York, S 13,15,121,122

BfR (2007) Fragen und Antworten zu Pflanzensterinen. Berlin. http://www.bfr.bund.de/cm/343/fragen_und_antworten_zu_pflanzensterinen.pdf (Stand: 03.03.2014)

BfR (2013) Lebensmittel mit Pflanzensterol- und Pflanzenstanol-Zusatz: Bewertung einer neuen Studie aus den Niederlanden. Berlin. http://www.bfr.bund.de/cm/343/lebensmittel-mit-pflanzensterol-und-pflanzenstanol-zusatz-bewertung-einer-neuen-studie-aus-den-niederlanden.pdf (Stand: 03.03.2014)

BgVV (1999) Abschlussbericht der Arbeitsgruppe „Probiotische Mikroorganismenkulturen in Lebensmitteln" am BgVV. http://www.bfr.bund.de/cm/343/probiot.pdf (Stand: 03.03.2014)

BLL (2011) Functional Food. Berlin. http://www.bll.de/download/themen/anreicherung/hintergrund-functional-food.pdf (Stand: 03.03.2014)

Chadwick R, Henson S, Moseley B, Koenen G, Liakopoulus M, Midden C, Palou A, Rechkemmer G, Schröder D, von Wright A (2003) Functional foods. (1. Auflage). Springer, Berlin, S 163–166

De Vrese M, Schrezenmeir J (2013) Probiotika. In: Erbersdobler HF, Meyer AH (Hrsg.) Handbuch functional food. 59. Aktualisierungslieferung. Behr's Verlag, Hamburg, S 5,45–48,55

Demonty I, Rouyanne TR, van der Knaap HCM, Duchateau GSMJE, Meijer L, Zock PL, Geleijnse JM, Trautwein EA (2009) Continuous dose-response relationship of the LDL-cholesterol-lowering effect of phytosterol intake. J Nutr 139:271–284

Drakoularakou A, Tzortzis G, Rastall RA, Gibson GR (2010) A double-blind, placebo-controlled, randomized human study assessing the capacity of a novel galacto-oligosaccharide mixture in reducing travellers' diarrhea. Eur J Clin Nutr 64(2):146–152

Erbersdobler HF, Meyer AH (2013) Praxishandbuch functional food. 59. Aktualisierungslieferung. Behr's Verlag, Hamburg

European Commission (2010) Functional Foods. ftp://ftp.cordis.europa.eu/pub/fp7/kbbe/docs/functional-foods_en.pdf (Stand: 03.03.2014)

Gedrich K, Karg G, Oltersdorf U (2005) Functional Food-Forschung, Entwicklung und Verbraucherakzeptanz, Bd. 1. Bundesforschungsanstalt für Ernährung und Lebensmittel, Karlsruhe, S 1–90

Gibson GR, Roberfroid MB (1995) Dietary modulation of the human colonic microbiota: introducing the concept of prebiotics. J Nutr 125(6):1401–1412

Haas R (2000) Functional Food – Emotional Food: Der richtige Claim für den Konsumenten. Cash. Das Handelsmagazin 10:102–103

Hahne D (2013) Intestinale Mikrobiota: Ein „Ökosystem" mit Potenzial. Dtsch Ärztebl 110(8):320–321

Haller D, Grune T, Rimbach G (2013) Biofunktionalität der Lebensmittelinhaltsstoffe. (1. Auflage). Springer, Berlin, S 260,283

Matiaske B (2005) Die Entwicklung funktioneller Lebensmittel in Japan, Deutschland und den USA. In: Gedrich K, Karg G, Oltersdorf U (Hrsg.) Functional Food-Forschung, Entwicklung und Verbraucherakzeptanz. Bundesforschungsanstalt für Ernährung und Lebensmittel, Karlsruhe

Menrad K (2003) Market and marketing of functional food in Europe. J Food Eng 56:181–188

Meyer-Miebach (2007) Rohkost oder „Designer Essen"? Forschungsreport Ernährung Landwirtschaft Verbraucherschutz 1:1–56

Roberfroid MB (2000) Concepts and strategy of functional food science: the European perspective. Am J Clin Nutr 71:1660S–1664S

Roberfroid MB (2001) Prebiotics: preferential substrates for specific germs? Am J Clin Nutr 73:406S–409S

Schmitt B, Ströhle A, Watkinson BM, Hahn A (2002) Wirkstoffe funktioneller Lebensmittel in der Prävention der Arteriosklerose. Ernährungs-Umschau 49(12):266–272

Stanton C, Gardiner G, Meehan H, Calius K, Fitzgerald G, Brendan LP, Ross RP (2001) Market potential for probiotics. Am J Clin Nutr 73:476–483

Trautwein EA (2013) Pflanzensterole. In: Erbersdobler HF, Meyer AH (Hrsg.) Praxishandbuch functional food. 59. Aktualisierungslieferung. Behr's Verlag, Hamburg, S 1,8,11

Trautwein EA, Duchateau GS, Lin YG, Melnikow SM, Molhuizen HOF, Ntanios FY (2003) Proposed mechanisms of cholesterol-lowering action of plant sterols. Eur J Lipid Sci Technol 105:171–185

Watzl B, Rechkemmer G (2001) Phytosterine Charakteristik, Vorkommen, Aufnahme, Stoffwechsel, Wirkungen. Ernährungs-Umschau 48(4):161–164

Wildmann REC (2007) Handbook of nutraceuticals and functional foods. (2. Auflage). CRC Press Taylor & Francis Group, U S A, S 2

Wisker E (2002) Präbiotika. Überblick über die Ergebnisse von Studien am Menschen. Ernährungs-Umschau 49(12):468–474

Wisker E (2003) Präbiotika. Ernährung im Fokus 3:166–194

Biolebensmittel

Inhaltsverzeichnis

Juliane Schmidt und Simone Onur

17.1 Einleitung

Der Ursprung des ökologischen Landbaus geht bis zum Beginn des 20. Jahrhunderts zurück. Der Leitgedanke ökologischer Landwirtschaft besteht darin, eine Produktion landwirtschaftlicher Erzeugnisse im Einklang mit der Natur zu erreichen. Der landwirtschaftliche Betrieb versteht sich dabei als zusammenhängende Einheit

© Springer-Verlag Berlin Heidelberg 2015
G. Rimbach et al., *Lebensmittel-Warenkunde für Einsteiger,* Springer-Lehrbuch,
DOI 10.1007/978-3-662-46280-5_17

von Menschen, Tieren, Pflanzen und Boden. Im ökologischen Landbau stehen geschlossene betriebliche Nährstoffkreisläufe, eine artgerechte Tierhaltung und die Bewahrung der Bodenfruchtbarkeit im Vordergrund. Seit 1991 existieren EU-einheitliche gesetzliche Regelungen für den ökologischen Landbau der pflanzlichen Erzeugung. Seit 1999 wurden diese Regelungen auf den Bereich der tierischen Erzeugung ausgeweitet, sodass entsprechende Produkte im Handel als biologische oder ökologische Produkte ausgelobt werden dürfen.

In Deutschland ist die Nachfrage nach biologischen Produkten in den letzten Jahren kontinuierlich angestiegen. Eine größer werdende Zahl von Verbrauchern entscheidet sich für den Kauf ökologischer Erzeugnisse, da sie transparenten Produktionsprozessen, hohen Qualitätsmerkmalen der Erzeugnisse und einem verantwortungsvollen Umgang mit den natürlichen Ressourcen einen besonderen Stellenwert beimessen. Im Jahr 2012 betrug der Anteil der ökologischen Landbaubetriebe, gemessen an der Gesamtanzahl der deutschen Agrarbetriebe, ca. 8 %, für Österreich und die Schweiz lag dieser bei > 10 %.

Im folgenden Kapitel wird zunächst eine Begriffsdefinition ökologischer Lebensmittel vorgenommen. Nach einer Erläuterung der rechtlichen Grundlagen erfolgt eine Analyse der Merkmale des ökologischen Landbaus und der ökologischen Produktion von Lebensmitteln tierischer Herkunft. Abschließend wird die ernährungsphysiologische Qualität von Biolebensmitteln im Vergleich zu konventionell erzeugten Produkten betrachtet.

17.2   Grundsätze und rechtliche Grundlagen

In der ökologischen Landwirtschaft stehen sogenannte innerbetriebliche Nährstoffkreisläufe ebenso im Fokus wie eine artgerechte Tierhaltung und der Verzicht auf chemisch-synthetische Pflanzenschutzmittel. Weiterhin ist die Produktion von qualitativ hochwertigen Erzeugnissen ein wichtiger Grundsatz in der ökologischen Produktion sowie das grundsätzliche Verbot, gentechnisch veränderte Organismen (GVO) einzusetzen (siehe Abb. 17.1).

Um eine einheitliche Qualität der Biolebensmittel in der EU zu sichern, existieren unterschiedliche Verordnungen, in denen die Einzelheiten für die Erzeugung und Verarbeitung der Lebensmittel geregelt sind. Die Verordnungen der Europäischen Union bauen aufeinander auf und sollten daher zusammenhängend betrachtet werden. Die EG-Öko-Basisverordnung (EG) Nr. 834/2007 stellt die Grundzüge und Ziele der ökologischen Produktion dar. In Deutschland wird diese durch das Öko-Landbaugesetz bundesweit umgesetzt, welches zugleich die Zulassung der Kontrollstellen zur Prüfung der ökologischen Qualität bestimmt. In der Verordnung (EG) Nr. 889/2008 werden Details für die landwirtschaftliche Erzeugung, Verarbeitung, Kennzeichnung und Kontrolle von ökologischen Produkten geregelt. Die Einfuhr von Bioprodukten in die EU wird in der Verordnung (EG) Nr. 1235/2008 betrachtet. Die Rechtsvorschriften der EU schreiben den Erzeugern genau vor, wie sie die Erzeugnisse produzieren müssen und welche Stoffe verwendet werden dürfen. Alle Stoffe, die in einer sogenannten Positivliste nicht erwähnt sind, dürfen auch nicht zum Einsatz kommen.

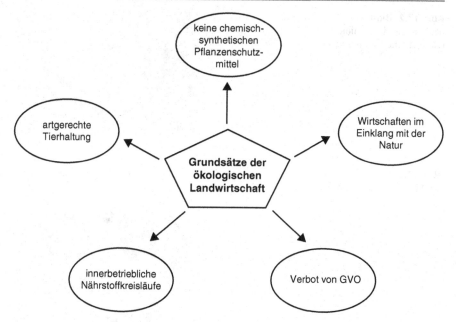

Abb. 17.1 Wichtigste Grundsätze der ökologischen Landwirtschaft (modifiziert nach BMLEV 2014a)

17.2.1 Kennzeichnung

Biolebensmittel werden über das sogenannte Bio-Logo gekennzeichnet. Das EU-Bio-Logo (siehe Abb. 17.2) muss seit Juli 2010 auf allen vorverpackten Biolebensmitteln innerhalb der EU angebracht werden. Diese so gekennzeichneten Produkte sind nach den Richtlinien der EU-Verordnung zum ökologischen Landbau hergestellt worden. Unverpackte Biolebensmittel können auf freiwilliger Basis mit dem Logo versehen werden.

Bei Verwendung des EU-Bio-Logos ist es obligat, das jeweilige Herkunftsland der Zutaten anzugeben. Die Bezeichnung „EU-Landwirtschaft" kann dann erfolgen, wenn mindestens 98 % der landwirtschaftlichen Zutaten aus der EU stammen.

Das 2001 eingeführte staatliche Bio-Siegel (siehe Abb. 17.3) kann auf freiwilliger Basis zusätzlich zum verpflichtenden EU-Bio-Logo genutzt werden. Mit dem Bio-Siegel werden Produkte und Lebensmittel gekennzeichnet, die nach den EU-Rechtsvorschriften für den ökologischen Landbau produziert und kontrolliert wurden. Es steht somit für eine ökologische Produktion von Lebensmitteln sowie eine artgerechte Tierhaltung. Die Rechtsgrundlage des Bio-Siegels stellt die Öko-Kennzeichnungsverordnung dar. Diese regelt außerdem das Anbringen nationaler oder regionaler Herkunftsangaben im Umfeld des Bio-Siegels.

Durch seine hohe Bekanntheit ist das Bio-Siegel ein wichtiges Symbol für die Vermarktung von Biolebensmitteln durch Erzeuger oder Händler geworden.

Abb. 17.2 Bio-Logo
der europäischen Union
(Europäische Kommission)

Abb. 17.3 Staatliches
Bio-Siegel (BMELV 2013a)

Um das Bio-Siegel verwenden zu dürfen, müssen folgende Kriterien der EU-Regelungen zum ökologischen Landbau erfüllt sein:

- Alle Zutaten, die einen landwirtschaftlichen Ursprung haben, müssen aus ökologischem Landbau stammen. Wenn erforderliche Zutaten nicht in Bio-Qualität verfügbar sind, können diese bis zu einem Anteil von maximal 5 % durch nichtökologische Zutaten ersetzt werden.
- Die Verwendung der Produktbezeichnungen „Bio" oder „Öko" dürfen nur Erzeuger verwenden, welche die Rechtsvorschriften für den ökologischen Landbau einhalten und sich den vorgeschriebenen Kontrollen unterziehen.
- Bei der Kennzeichnung der Produkte muss die Angabe der Codenummer der Öko- Kontrollstelle angegeben werden. Codenummern für deutsche Kontrollstellen sind nach folgendem Schema aufgebaut: DE-ÖKO-000. Hierbei klassifiziert „DE" Deutschland und „000" die dreistellige Kennziffer der Kontrollstelle.

Ökologische Betriebe müssen sich nach den EU-Regelungen zum ökologischen Landbau einer jährlichen Kontrolle unterziehen. In Deutschland übernimmt dies eine staatlich anerkannte Kontrollstelle, die eine jährliche Kontrolle in den ökologisch arbeitenden Betrieben durchführt. Auf der Kennzeichnung von ökologisch hergestellten Produkten mit dem EU-Bio-Logo müssen Name und Codierung der Kontrollstelle deutlich sichtbar sein. Ein großer Teil der ökologischen Betriebe ist einem der acht Anbauverbände angeschlossen, welche eigene Regelungen besitzen, die über die EU-Richtlinien hinausgehen. Die Anbauverbände werben auf den

Produkten mit ihrem eigenen Warenzeichen. Zu diesen Anbauverbänden gehören Demeter, Bioland, Naturland, Biopark, Biokreis, Ecoland, Gäs und Ecovin.

17.3 Pflanzliche Produktion im ökologischen Landbau

Der ökologische Landbau unterscheidet sich vom konventionellen Landbau durch vielerlei Aspekte. Nach Wilbois (2012) gelten folgende Punkte als maßgebend für den ökologischen Landbau:

- Es wird auf chemisch-synthetische Pflanzenschutzmittel verzichtet. Weiterhin werden Sorten in geeigneter Fruchtfolge angebaut, die stabile Erträge sichern. Der Pflanzenschutz erfolgt durch den Einsatz von Nützlingen und mechanische Maßnahmen wie Hacken und Abflammen.
- Der Einsatz von mineralischen Düngemitteln ist nicht gestattet. Die Gründüngung erfolgt durch stickstoffsammelnde Pflanzen (Leguminosen) und natürlichen Dünger.
- Einen hohen Stellenwert hat die Erhaltung der Bodenfruchtbarkeit durch intensive Humuswirtschaft. Der Boden ist im ökologischen Landbau als fruchtbar zu bezeichnen, wenn er ohne Hilfsmittel nachhaltige Erträge erzielt.
- Das Anstreben innerbetrieblicher Nährstoffkreisläufe ist ein weiterer wichtiger Aspekt des ökologischen Landbaus. Die Fütterung der Tiere in einem Betrieb soll zum größten Teil mit betriebseigenen Futtermitteln erfolgen. Pflanzliche Abfälle und tierischer Dung werden als Pflanzenschutzmaßnahme auf die Ackerflächen zurückgegeben.
- Es werden vielseitige Fruchtfolgen mit mehreren Fruchtfolgegliedern und Zwischenfrüchten angestrebt. Da die unterschiedlichen Kulturpflanzen individuelle Ansprüche an den Boden haben, verfolgt der ökologische Landbau das Ziel, die Wirkungen der Vorfrucht mit den Bedürfnissen der nachfolgenden Frucht optimal zu verbinden.
- Der Einsatz gentechnischer Methoden ist im ökologischen Landbau grundsätzlich nicht gestattet, ebenso der Anbau sogenannter Hydrokulturen.

17.3.1 Nachhaltigkeit als zentrales Grundprinzip

Nachhaltigkeitsaspekte stellen einen Grundgedanken in der ökologischen Landwirtschaft dar. Durch die ökologischen Landbaumethoden werden Bodenschutz und -fruchtbarkeit gefördert. Dies geschieht im Vergleich zum konventionellen Landbau durch eine vermehrte Humusbildung, größere Anteile an Biomasse und die erhöhte mikrobielle Aktivität. Ein weiterer Aspekt, der zur Nachhaltigkeit im Ökolandbau beiträgt, ist der Gewässerschutz. Eine Grundwasserbelastung mit Nitrat kommt im konventionellen Landbau häufiger vor als im ökologischen Landbau. Auch durch den Verzicht auf chemische Pflanzenschutzmittel wird das Grundwasser weniger belastet. Welche Aspekte in der ökologischen Landwirtschaft zur Nachhaltigkeit beitragen, sind zusammenfassend in Abb. 17.4 dargestellt.

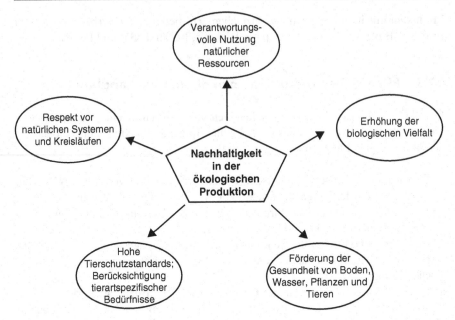

Abb. 17.4 Nachhaltigkeitsaspekte in der ökologischen Produktion von Lebensmitteln pflanzlicher und tierischer Herkunft (modifiziert nach BMELV 2007)

17.3.2 Geschlossene Stoffkreisläufe

Im Mittelpunkt der ökologischen Landwirtschaft steht die Förderung der Wechselwirkungen zwischen Pflanzen und Boden und somit das Vorhandensein geschlossener Stoffkreisläufe (siehe Abb. 17.5). Die Düngung kommt durch Förderung unterschiedlicher biologischer Prozesse insbesondere der Bodenfruchtbarkeit zugute. Weiterhin dienen Ernterreste den Bodenorganismen als Nahrung, welche wiederum für die Verfügbarkeit von Nährstoffen verantwortlich sind. Die angestrebten geschlossenen Stoffkreisläufe im ökologischen Landbau sind auch daran zu erkennen, dass Humusabbau und Humusaufbau etwa zu gleichen Teilen stattfinden.

17.3.3 Unterschiede zwischen konventioneller und ökologischer Pflanzenproduktion

Zusammenfassend sind in Abb. 17.6 die wichtigsten Unterschiede zwischen konventioneller und ökologischer Pflanzenproduktion dargestellt. Einige Unterschiede ergeben sich aus den rechtlichen Rahmenbedingungen des ökologischen Landbaus.

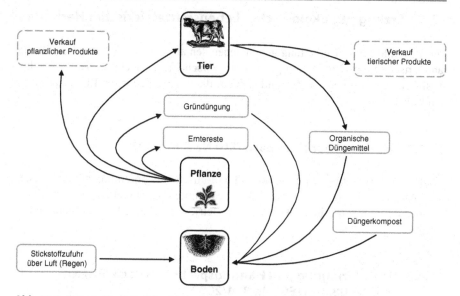

Abb. 17.5 Nährstoffkreisläufe im ökologischen Landbau (modifiziert nach Boelw 2012)

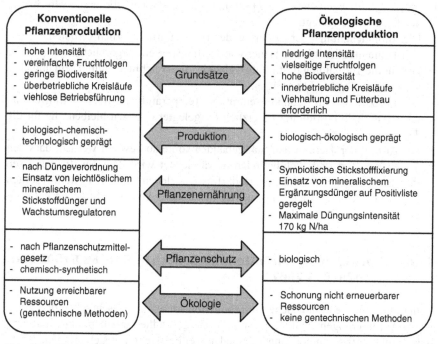

Abb. 17.6 Unterschiede zwischen konventionellen und ökologischen Produktionsverfahren im Pflanzenbau (modifiziert nach Tauscher et al. 2003)

17.4 Erzeugung ökologischer Lebensmittel tierischer Herkunft

Für die ökologische Tierhaltung gelten neben den allgemeinen Vorschriften für die landwirtschaftliche Produktion gesonderte Vorschriften, welche in den folgenden Ausführungen erläutert werden und sich auf die unterschiedlichen EU-Verordnungen beziehen.

17.4.1 Herkunft der Tiere nach (EG) Nr. 834/2007

Ökologische Tiere müssen in ökologischen Betrieben geboren und aufgewachsen sein. Andere Tiere können jedoch unter bestimmten Voraussetzungen zum Zwecke der Züchtung in einen ökologischen Betrieb zugekauft bzw. aufgenommen werden.

17.4.2 Unterbringung und Haltungspraktiken nach (EG) Nr. 889/2008 und (EG) Nr. 834/2007

- In den Durchführungsbestimmungen der Verordnung (EG) Nr. 889/2008 sind Mindeststallflächen und andere Bedingungen für die Unterbringung verschiedener Tierarten festgelegt.
- Die Anbindehaltung oder Isolierung der Tiere ist grundsätzlich verboten.
- Es ist eine möglichst kurze Dauer von Tiertransporten vorgesehen.
- Das für die Tierhaltung bestimmte Gebäude muss reichlich gelüftet sein und über ausreichend Tageslicht verfügen.
- Die Luftzirkulation, Staubkonzentration, Temperatur und relative Luftfeuchte muss innerhalb bestimmter gesetzlich festgelegter Grenzen bleiben, die für die Tiere ungefährlich sind.
- Die Anzahl der Tiere in den Stallgebäuden sollte so gewählt werden, dass den Tieren Komfort und Wohlbefinden gewährleistet wird. Die Nutztiere müssen ihre art- und rassenspezifischen Bedürfnisse ausleben können. Weiterhin sollten sie ihre natürlichen Bewegungen, wie Umdrehen, Abliegen, Strecken und Flügelschlagen ausführen können.

17.4.3 Verwendung von Futtermitteln nach (EG) Nr. 889/2008 und (EG) Nr. 834/2007

Futtermittel für die ökologische Tierproduktion sollten im Wesentlichen drei allgemeine Anforderungen erfüllen. Es soll die Tiergesundheit erhalten, eine hohe Produktqualität aufweisen und eine geringe Umweltbelastung mit sich bringen.

- Bei pflanzenfressenden Tieren muss mindestens 60% des Futtermittels aus dem eigenen Betrieb stammen. Falls dies nicht möglich ist, kann auch eine Zusammenarbeit mit anderen ökologischen Betrieben aus derselben Region erfolgen.
- Pflanzenfressern sollten abhängig von der Verfügbarkeit von Weiden möglichst viele Weidengänge ermöglicht werden. Mindestens 60% der täglichen Trockenfuttermasse muss aus sogenanntem Raufutter bestehen. Auch für Schweine und Geflügel ist eine bestimmte Tagesration von Raufutter vorgesehen.
- Zwangsfütterung ist in der ökologischen Tierhaltung prinzipiell verboten.
- Junge Säugetiere müssen während der Stillperiode mit natürlicher Milch gefüttert werden, bevorzugt wird die Milch der Muttertiere (sogenannte Mutterkuhhaltung).

17.4.4 Tiergesundheit nach (EG) Nr. 889/2008 und (EG) Nr. 834/2007

- Die Gesundheit der Tiere sollte idealerweise durch eine effektive Krankheitsverhütung gesichert werden. Um dies zu erreichen, sind Reinigungs- und Desinfektionsmaßnahmen in den Stallungen eine grundlegende Maßnahme. Dadurch können Kreuzinfektionen oder die Vermehrung von Krankheitserregern verhindert werden.
- Seit Januar 2006 ist es EU-weit, auch in der konventionellen Erzeugung, verboten, Antibiotika als leistungsfördernde Futtermittelzusatzstoffe („Fütterungsantibiotika") einzusetzen. Auch die präventive Gabe von chemisch-synthetischen allopathischen Arzneimitteln ist verboten. Weiterhin ist der Einsatz von wachstums- oder leistungsfördernden Stoffen untersagt.
- Die tierärztliche Behandlung erfolgt vorzugsweise durch Phytotherapie oder Homöopathie. Lässt sich die Krankheit eines Tieres jedoch nicht mit konventionellen Methoden behandeln, so können chemisch-synthetische allopathische Arzneimittel eingesetzt werden, um dem Tier Schmerzen und Leid zu ersparen.

17.4.5 Unterschiede zwischen konventioneller und ökologischer Erzeugung

Abbildung 17.7 stellt die Unterschiede zwischen ökologischer und konventioneller Erzeugung tierischer Lebensmittel zusammenfassend dar.

17.5 Kaufverhalten und Kaufmotive für Biolebensmittel

Nach Pfaff und Wilbois hat der ökologische Landbau ein relativ hohes Wachstumspotenzial vorzuweisen. Im Jahr 2011 betrug der Umsatz für Biolebensmittel in Deutschland ca. 6,6 Mrd. €. Die Biolebensmittel erreichten 2011 einen Umsatzanteil von ca. 4% am gesamten Lebensmittelmarkt.

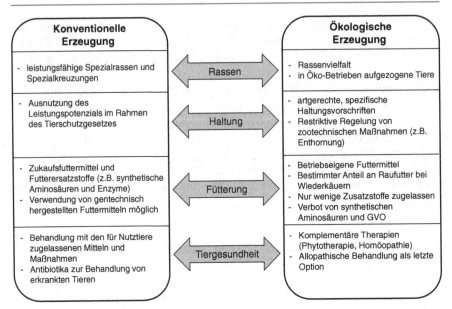

Abb. 17.7 Unterschiede zwischen konventioneller und ökologischer Erzeugung von Lebensmitteln tierischer Herkunft (modifiziert nach Tauscher et al. 2003)

Eine Bevölkerungsumfrage („Ökobarometer 2013") des BMELV hat durch eine Befragung von 491 Männern und 511 Frauen die wichtigsten Motive für den Kauf von Biolebensmitteln ermittelt und die soziodemografischen Merkmale der Bio-Käufer weitestgehend analysiert. In der durchgeführten Befragung gaben 22 % der Personen an, häufig beziehungsweise ausschließlich Bioprodukte zu kaufen. Zu den Gelegenheitskäufern von Biolebensmitteln zählten 52 % der Befragten. Lediglich 26 % der befragten Personen gaben an, nie Biolebensmittel zu kaufen. Besonders beliebt sind Biolebensmittel bei Personen unter 30 Jahren. Das wichtigste Kaufmotiv für ökologische Lebensmittel sehen die Befragten in der Regionalität und der damit verbundenen Unterstützung regionaler Betriebe. Dies wird auch dadurch deutlich, dass etwa 54 % ihre Biolebensmittel direkt beim Erzeuger erwerben. Das zweithäufigste Kaufmotiv ist die artgerechte Tierhaltung, gefolgt von einer geringen Schadstoffbelastung der Lebensmittel. Die häufigsten Einkaufsstätten für Biolebensmittel sind Supermärkte, Discounter, Bäcker, Wochenmärkte, Bioläden sowie der direkte Erwerb beim Erzeuger. Abbildung 17.8 gibt einen Überblick über Gründe, welche die Käufer dazu bewegen, regelmäßig Bioprodukte zu erwerben.

Welche Lebensmittelgruppen am häufigsten von den Konsumenten gekauft werden, ist in Abb. 17.9 dargestellt. Obst und Gemüse sowie Eier gelten dabei als beliebteste Bioprodukte worauf Kartoffeln, Milchprodukte und Backwaren folgen.

Eine größere Nachfrage ist insbesondere bei regionalen, biologisch erzeugten Produkten zu verzeichnen und wird durch die Verfügbarkeit von Biolebensmitteln bei Supermärkten und Discountern weiter verstärkt.

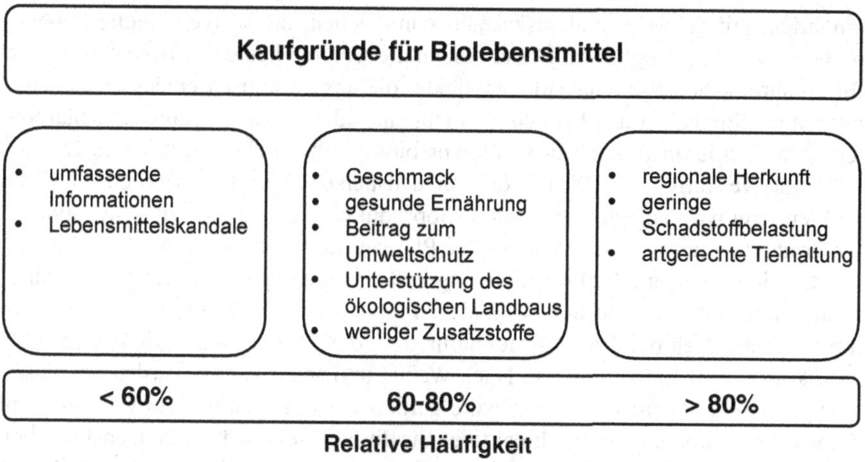

Kaufgründe für Biolebensmittel

- umfassende Informationen
- Lebensmittelskandale

- Geschmack
- gesunde Ernährung
- Beitrag zum Umweltschutz
- Unterstützung des ökologischen Landbaus
- weniger Zusatzstoffe

- regionale Herkunft
- geringe Schadstoffbelastung
- artgerechte Tierhaltung

< 60% **60-80%** **> 80%**

Relative Häufigkeit

Abb. 17.8 Gründe für den regelmäßigen Kauf und Häufigkeit des Erwerbs von Biolebensmitteln in Prozent in Deutschland im Jahr 2013, Mehrfachnennungen möglich (modifiziert nach Böln 2013)

17.6 Ernährungsphysiologische Qualität und Rückstände in Biolebensmitteln

Die wachsende Nachfrage nach Biolebensmitteln entsteht unter anderem dadurch, dass Verbraucher biologisch erzeugten Lebensmitteln, zum Teil, einen gesteigerten gesundheitlichen Nutzen beimessen. Dangour und Mitarbeiter analysierten zwölf relevante Studien, die den Gesundheitszustand von Probanden, die sich ökologisch

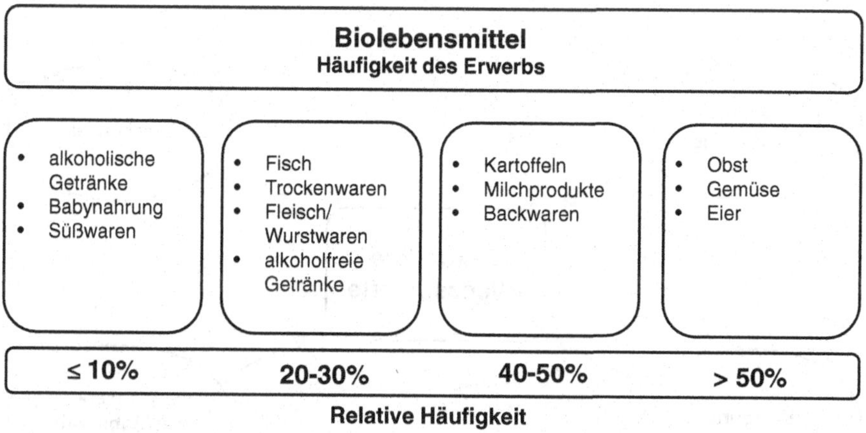

Biolebensmittel
Häufigkeit des Erwerbs

- alkoholische Getränke
- Babynahrung
- Süßwaren

- Fisch
- Trockenwaren
- Fleisch/ Wurstwaren
- alkoholfreie Getränke

- Kartoffeln
- Milchprodukte
- Backwaren

- Obst
- Gemüse
- Eier

≤ 10% **20-30%** **40-50%** **> 50%**

Relative Häufigkeit

Abb. 17.9 Produktpalette und Häufigkeit des Erwerbs von Bioprodukten in Prozent am gesamten Bio-Einkauf in Deutschland im Jahr 2013, Mehrfachnennungen möglich (modifiziert nach Böln 2013)

ernährten, mit dem Gesundheitszustand von solchen, die konventionelle Lebensmittel verzehrten, verglichen. Dabei fanden die Autoren keine signifikante Evidenz für ernährungsbedingte Gesundheitseffekte, die aus biologisch erzeugten Lebensmitteln resultieren. In den betrachteten Humanstudien von Dangour und Mitarbeitern konnte allerdings nach dem Verzehr biologischer Lebensmittel eine erhöhte antioxidative Aktivität im Plasma der Versuchspersonen ermittelt werden.

Weiterhin wird angenommen, dass Bioprodukte, im Vergleich zu konventionellen Produkten, teilweise mehr sekundäre Pflanzenstoffe enthalten. Als Begründung werden eine geringere Stickstoffdüngung und eine günstige Ausreifung aufgeführt. Zudem trägt der Verzicht auf Pestizide zu einer stärkeren Bildung pflanzeneigener Abwehrstoffe bei. Ein Beispiel dafür stellt die Apfelsorte „Golden Delicious" aus ökologischer Erzeugung dar. Nach Weibel und Mitarbeitern wurden bei dieser Sorte ca. 20 % höhere Flavonongehalte gefunden verglichen mit konventionellem Anbau. Die erhöhten Anteile bioaktiver Stoffe, wie sekundäre Pflanzenstoffe bei ökologisch erzeugtem Obst und Gemüse, lassen sich durch die besonderen Reifebedingungen erklären. Die Pflanze bildet abhängig von exogenen Faktoren, wie Sonneneinstrahlung, Temperatur, Stickstoff- und Wasserverfügbarkeit, vermehrt sekundäre Pflanzenstoffe (siehe Abb. 17.10).

Ökologisch erzeugtes Obst und Gemüse enthält tendenziell mehr Vitamin C. Infolge des langsameren Wachstums ist bei Bioobst und -gemüse häufig ein höherer Trockenmassegehalt zu verzeichnen, was sich positiv in den sensorischen Eigenschaften niederschlägt. Zudem weisen Bioprodukte im Vergleich zu konventionellen Produkten bisweilen niedrigere Nitratgehalte auf. Des Weiteren gibt es Hinweise, dass die Cadmiumgehalte in Bioprodukten, verglichen mit konventionellen Produkten, unter Umständen geringer sind.

Die Datengrundlage zur Beurteilung der Produktqualität von Biolebensmitteln im Vergleich zu konventionell erzeugten Produkten ist relativ heterogen. Die Arbeitsgruppe um Smith-Spangler untersuchte, ob Biolebensmittel rückstandsär-

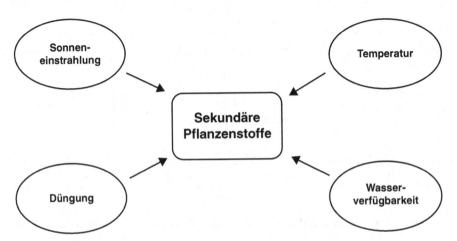

Abb. 17.10 Exogene Faktoren, die die Bildung sekundärer Pflanzenstoffe beeinflussen

mer sind als konventionell erzeugte Produkte. Hierzu betrachteten sie sieben Humanstudien und mehr als 200 Studien über Schadstoffe in Lebensmitteln. In den Auswertungen der Humanstudien zeigten sich bei einer ökologischen Ernährungsweise, verglichen mit einer konventionellen Ernährung, signifikant niedrigere Pestizidwerte im Urin der Testpersonen. Das Risiko für eine Belastung mit Pestiziden scheint, im Vergleich zu konventionellem Anbau, in ökologisch erzeugten Lebensmitteln geringer zu sein.

Weiterhin scheint das Risiko von isolierten Bakterien, die gegen mehr als drei Antibiotika resistent waren, in konventionell erzeugtem Geflügel- und Schweinefleisch höher zu sein als in ökologisch erzeugtem Fleisch. Das im Jahr 2012 durchgeführte Ökomonitoring (siehe www.untersuchungsaemter-bw.de) des Landes Baden-Württemberg zeigte, dass 70 % der Bioobst- und Biogemüseproben nicht mit Pestiziden belastet waren. Die vorhandenen Pestizidrückstände in biologischen Erzeugnissen sind dabei überwiegend auf die Kontamination von Pestiziden aus benachbarten Feldern zurückzuführen.

17.7 Ernährungsverhalten von Bio- und Nichtbio-Käufern

Betrachtet man die Produktqualität von Biolebensmitteln, sollte dem Aspekt nachgegangen werden, ob sich Bio-Käufer insgesamt gesundheitsbewusster ernähren als Nichtbio-Käufer. Nach Auswertung der Nationalen Verzehrstudie II (siehe www.was-esse-ich.de) verzehren Bio-Käufer im Vergleich zu Nichtbio-Käufern mehr Obst und Gemüse, weniger Fleisch und weniger Süßwaren sowie Limonaden als Nichtbio-Käufer. Bio-Käufer verzehren mehr Ballaststoffe und nehmen weniger Cholesterin auf als Nichtbio-Käufer. Dadurch erreichen Käufer von Bioprodukten die Zufuhrempfehlungen der Ernährungsgesellschaften für einige Nährstoffe eher als Nichtbio-Käufer, was grundsätzlich für eine gesündere Lebensmittelauswahl und ein gesundheitsbewussteres Verhalten spricht. Ein großer Anteil der Bio-Käufer ist normalgewichtig, wohingegen in der Gruppe der Nichtbio-Käufer häufiger Übergewicht und Adipositas auftreten. Im Vergleich rauchen Bio-Käufer weniger und sind körperlich aktiver. Weiterhin zeigte sich, dass Bio-Käufer ein größeres Interesse für Lebensmittel- und Ernährungsthemen haben als Nichtbio-Käufer.

Literatur

BMELV (2007) EG-ÖKO-Basisverordnung, Verordnung (EG) Nr. 834/2007 Des Rates vom 28. Juni 2007. Bundesministerium für Ernährung, Landwirtschaft und Verbraucherschutz, Berlin. http://www.bmelv.de/SharedDocs/Standardartikel/Landwirtschaft/Oekolandbau/EG-Oeko-VerordnungFolgerecht.html (Stand: 03.03.2014)
BMELV (2013a) Quartalsbericht zur Nutzung des Bio-Siegels Dezember 2013. Bundesministerium für Ernährung, Landwirtschaft und Verbraucherschutz, Berlin. http://www.bmel.de/SharedDocs/Downloads/Landwirtschaft/OekologischerLandbau/QuartalsberichtDezember2013.pdf?_blob=publicationFile (Stand: 03.03.2014)

BMELV (2013b) Weniger Antibiotika in der Tierhaltung: Novelliertes Arzneimittelgesetz verkündet. http://www.bmelv.de/SharedDocs/Pressemitteilungen/2013/278-KL-Verkuendung-16_AMG-Novelle.html (Stand: 03.03.2014)

BMELV (2013c) Ökobarometer 2013: Repräsentative Bevölkerungsbefragung im Auftrag des Bundesministeriums für Ernährung, Landwirtschaft und Verbraucherschutz. http://www.bmel.de/SharedDocs/Downloads/Ernaehrung/Oekobarometer_2013.pdf?_blob=publicationFile. Zugegriffen: 21. April 2015

BMELV (2014a) Ökologischer Landbau in Deutschland. Bundesministerium für Ernährung, Landwirtschaft und Verbraucherschutz, Berlin. http://www.bmelv.de/SharedDocs/Downloads/Landwirtschaft/OekologischerLandbau/OekolandbauDeutschland.pdf?_blob=publicationFile (Stand: 03.03.2014)

BMELV (2014b) Bio-Siegel. Bundesministerium für Ernährung, Landwirtschaft und Verbraucherschutz, Berlin. http://www.bmelv.de/DE/Landwirtschaft/Nachhaltige-Landnutzung/Oekolandbau/_Texte/Bio-Siegel.html (Stand: 03.03.2014)

Boelw (2006) Sind Biolebensmittel gesünder? Bund ökologische Lebensmittelwirtschaft, Berlin. http://www.boelw.de/fileadmin/alf/biofrage_19.pdf (Stand: 03.03.2014)

Boelw (2012) Nachgefragt: 28 Antworten zum Stand des Wissens rund um Öko-Landbau und Bio-Lebensmittel. Bund ökologische Lebensmittelwirtschaft. 4. Aufl, Berlin

Böln (2013) Ökobarometer 2013, Repräsentative Bevölkerungsbefragung im Auftrag des Bundesministeriums für Ernährung, Landwirtschaft und Verbraucherschutz (BMELV). http://www.bmelv.de/SharedDocs/Downloads/Ernaehrung/Oekobarometer_2013.pdf?_blob=publicationFile (Stand: 03.03.2014)

Bundesministerium der Justiz (2008) Gesetz zur Durchführung der Rechtsakte der Europäischen Union auf dem Gebiet des ökologischen Landbaus (Öko-Landbau-Gesetz-ÖLG). http://www.gesetze-im-internet.de/bundesrecht/_lg_2009/gesamt.pdf (Stand: 03.03.2014)

Dangour AD, Lock K, Hayter A, Aikemhead A, Allen E, Uauy R (2010) Nutrition-related health effects of organic foods: a systematic review. The Am J Clin Nutr 92:203–210

Europäische Kommission (2010) EU Verordnung Nr. 271/2010 der Kommission. Amtsblatt der Europäischen Union. http://eur-lex.europa.eu/LexUriServ/LexUriServ.do?uri=OJ:L:2010:084:0019:0022:DE:PDF (Stand: 03.03.2014)

Hoffmann I, Spiller A. (2010) Auswertung der Daten der Nationalen Verzehrsstudie II (NVS II): eine integrierte Verhaltens- und lebensstilbasierte Analyse des Bio-Konsums. Max-Rubner-Institut, Institut für Ernährungsverhalten, Karlsruhe und Georg-August-Universität Göttingen, Abteilung Marketing für Lebensmittel und Agrarprodukte, Göttingen, S 175

Kommission der Europäischen Gemeinschaften (2008) Verordnung (EG) Nr. 889/2008 der Kommission. Amtsblatt der Europäischen Union. http://www.gfrs.de/fileadmin/files/eg_vo_889–2008.pdf (Stand: 03.03.2014)

Ökomonitoring (2012) Ergebnisse der Untersuchungen von Lebensmitteln aus ökologischem Landbau. Ministerium für Ländlichen Raum und Verbraucherschutz Baden- Württemberg. http://www.untersuchungsaemter-bw.de/pdf/oekomonitoring2012.pdf#16 (Stand: 03.03.2014)

Pfaff S, Wilbois K-P (2013) Ökologische Erzeugung in der Landwirtschaft. In: Pfaff S, Hoffmann R (Hrsg) Praxishandbuch Biolebensmittel. 34. Aktualisierungslieferung. Behr's Verlag, Hamburg, S 9 ff

Rat der Europäischen Union (2007) Verordnung (EG) Nr. 834/2007 des Rates. Amtsblatt der Europäischen Union. http://eur-lex.europa.eu/LexUriServ/LexUriServ.do?uri=OJ:L:2007:189:000 1:0023:DE:PDF (Stand 03.03.2014)

Smith-Spangler C, Brandeau ML, Hunter GE, Bavinger JC, Pearson M, Eschbach PJ, Sundaram V, Liu H, Schirmer P, Stave C, Olkin I, Bravata DM (2012) Are organic foods safer or healthier than conventional alternatives? a systematic review. Ann Intern Med 157(5):348–366

Tauscher B, Brack G, Flachowsky G, Henning M, Köpke U, Meier- Ploeger A, Münzig K., Niggli U, Rahmann G, Willhöft C, Mayer-Miebach E (2003) Bewertung von Lebensmitteln verschiedener Produktionsverfahren – Statusbericht 2003. Senatsarbeitsgruppe „Qualitative Bewertung von Lebensmitteln aus alternativer und konventioneller Produktion"

Weibel FP, Bickel R, Leuthold S, Alfoeldi T (2000) Are organically grown apples tastier and healthier? A comparative field study using conventional and alternative methods to measure fruit quality. XXV International Horticultural Congress 1998. In: Herregods M (Hrsg) Acta Horticulturae, S 417–426

Wilbois K-P (2012) In Leitzmann C, Beck A, Hamm U, Hermanowski R (Hrsg) Praxishandbuch Biolebensmittel. 28. Aktualisierungslieferung, Behr's Verlag, Hamburg

Sachverzeichnis

© Springer-Verlag Berlin Heidelberg 2015
G. Rimbach et al., *Lebensmittel-Warenkunde für Einsteiger*, Springer-Lehrbuch,
DOI 10.1007/978-3-662-46280-5

Printed in the United States
By Bookmasters